·当代名家学术精要·

江晓原 著

反思科学
—— 江晓原自选集

上海文艺出版社

目 录

自序 …………………………………………………………… 1

一 天 文 学 史

中国古籍中天狼星颜色之记载 ………………………………… 3
上古天文考
  ——古代中国"天文"之性质与功能 ………………………… 9
历书起源考
  ——古代中国历书之性质与功能 …………………………… 31
托勒密评传 …………………………………………………… 51
中国古代对太阳位置的测定和推算 …………………………… 73
古代中国人的宇宙 …………………………………………… 81
《国语》所载武王伐纣天象及其年代与日程 ………………… 94
孔子诞辰:公元前552年10月9日 ………………………… 109

二 中 外 交 流

中国天学之起源:西来还是自生? ……………………………… 115
从太阳运动理论看巴比伦与中国天文学之关系 ……………… 128
巴比伦与古代中国的行星运动理论 …………………………… 136
巴比伦—中国天文学史上的几个问题 ………………………… 144
《周髀算经》:中国古代唯一的公理化尝试 …………………… 155
《周髀算经》盖天宇宙结构考 …………………………………… 164
《周髀算经》与古代域外天学 …………………………………… 172
六朝隋唐传入中土之印度天学 ………………………………… 180

元代华夏与伊斯兰天学交流之六个问题 …………………… 207
试论清代"西学中源"说 …………………………………… 217
关于望远镜的一条史料 …………………………………… 229
汤若望与托勒密天文学在中国之传播 …………………… 232
耶稣会士与哥白尼学说在华的传播
　　——西方天文学早期在华传播之再评价 ……………… 247

三　科学史与科学文化

被中国人误读的李约瑟
　　——纪念李约瑟诞辰一百周年 ………………………… 267
中国文化中的博物学传统 ………………………………… 285
当代"两种文化"冲突的意义
　　——在科学与人文之间 ………………………………… 291
经不起推理的理论结构
　　——评雷立柏《张衡，科学与宗教》 …………………… 300
霍金的意义：上帝、外星人和世界的真实性 ……………… 307

四　性　文　化　史

《天地阴阳交欢大乐赋》发微
　　——对敦煌写卷 P2539 之专题研究 …………………… 319
中国十世纪前的性科学初探 ……………………………… 330
古代性学与气功
　　——兼论评价内丹术的困难 …………………………… 342
高罗佩《秘戏图考》与《房内考》之得失及有关问题 …… 356

五　对科幻的科学史研究

西方科幻电影主题分析 …………………………………… 375
科幻中时空旅行之物理学历史理论背景研究 …………… 396
十九世纪的科学、幻想与骗局

——1835年"月亮骗局"之科学史解读 ………………… 421
科学史上关于寻找地外文明的争论
　　——人类应该在宇宙的黑暗森林中呼喊吗？ ………… 432
《宇宙创始新论》：求解费米佯谬一例 …………………… 444
《自然》杂志科幻作品考
　　——Nature 实证研究之一 ……………………………… 466
威尔斯与《自然》杂志科幻历史渊源
　　——Nature 实证研究之二 ……………………………… 486
科学与幻想：一种新科学史的可能性 ……………………… 502

六　科学政治学

当代东西方科技竞争中的权益利害与话语争夺
　　——黄禹锡事件后续发展与定性研究 ………………… 521
中国转基因主粮争议的科学政治学分析 ………………… 534
气候大战：一堂科学政治学的现场课 ……………………… 549

江晓原教授著作要目 ………………………………………… 565

自　序

编这类文集，通常都会伴随着对自己学术生涯的回顾。我也未能免俗，就在这里尝试回顾一番——大体按照时间顺序，但照顾到了叙事的完整，略近于旧史书之纪事本末体。

一

作为77级大学生，我从1978年春到1982年春，在南京大学天文系念书，专业是天体物理。这是一个数理要求极高、远离社会、几乎"不食人间烟火"的纯理科专业。

那四年是非常快活的时光。虽然因为我是天文系77级十九个学生中唯一没有念过高中的，所以第一年学习比较艰苦，我甚至不得不从学校图书馆借来高中课本自己补课，但从第二年起，学习步入正轨，我就开始经常干各种不务正业的事情了。

比如，我四年都是学校象棋队的成员，即使没有外出比赛任务时，系里的同学们也经常以"群策群力"将我击败为乐，所以我几乎天天下棋。又如，这四年间，我临写了七遍唐代孙过庭的《书谱》——这是草书的经典作品之一，他的《景福殿赋》我也临写过两遍，但不如对《书谱》那样能有五七分得其要领的感觉。后来我甚至尝试临写过怀素《自叙帖》和宋徽宗的《草书千字文》，但那类狂草很难掌握。

这四年间我还曾经花费了大量时间研读中国古典文学作品，因为当时我很想报考复旦大学中文系的研究生，所以认真做了准备。从大学二年级起，我的学习成绩基本上保持在天文系十九个同学中的第九、十名，我之所以如此名副其实地"甘居中游"，一是因为对天体物理专业并不十分热爱，二是为了"节省"下时间精力好去杂学旁骛。

1982年春我从南京大学天文系毕业。在我念大学四年级时，手中已经有了中国科学院自然科学史研究所的研究生入学通知书——考入该所的科学史专业纯属误打误撞，因我执意要将大学"完完整整"念完再去读研究生，所以到1982年春我才前往北京报到入学。

二

我的硕士研究生是提前答辩毕业的，1984年我进入中国科学院上海天文台工作，成为天文台的正式员工。当我去天文台报到时，我手里还有博士研究生的录取通知书。按照中国科学院自然科学史研究所和上海天文台双方领导——当时是席泽宗院士和叶叔华院士——事先商定的安排，我于1985年初再次前往北京，到中国科学院自然科学史研究所注册入学，成为该所的博士研究生，同时继续保持上海天文台的员工身份。1985年我在天文台获得助理研究员职称。

我写的第一篇学术论文，纯属不务正业，发表于1986年，该文后来被视为中国改革开放以来第一篇研究房中术的文献，而且正面肯定了中国古代房中术的某些科学价值。该文发表之后，虽谈不到"洛阳纸贵"，但刊登该文的那期杂志，在许多学校的图书馆被偷走或将该文所在的那几页撕去了（那时复印还未普及）。我的第二篇学术论文才是完全属于天文学史专业"正道"的，不过发表得比较快（1985年），所以在发表年份上反而成了第一篇。敝帚自珍，这两篇"少作"被我分别编入了本文集第一和第四单元。

业师席泽宗院士对我非常宽容，那时我写了文章，往往并不告诉席先生，就"自说自话"拿去发表了。据我所知，有很多老师不喜欢这样，他们要求学生写文章必须让自己看过，自己同意了才能发表——甚至在学生毕业以后仍然如此。但是席先生不是这样。有时他自己在刊物上见到了我的文章，还会打电话给我，鼓励一番。

1988年我从中国科学院自然科学史研究所毕业，获得科学史博士学位，成为中国第一个天文学史专业的博士，《科学时报》1988年6月17日在头版对此事作了报道。

这年我受国际天文学联合会（IAU）资助，去美国参加IAU的第二十届年会，在会上遇到黄一农——现在的台湾"中央研究院"院士，当时他也开始研究天文学史。IAU的年会通常人数众多，过程冗长，要开一个星期，所以会上我们经常见面。记得当时我们有过一次颇具特色的交谈。那天黄一农问我：大陆研究天文学史的有哪些重要学者？我当然先向他历数了诸位成名前辈：席泽宗院士、薄树人教授、陈久金教授、陈美东教授、刘金沂先生——这些前辈如今除了陈久金先生尚健在，俱归道山，令人感慨。他接着问：还有谁呢？我就直言不讳地说：那就要算到我了。当时黄一农也直言不讳地问道：那我怎么没读到多少你的论文呢？我回答说，你马上就会读到的。

事实上，当时我刚刚进入学术论文的高产期，已经发表了十多篇论文，而且写作冲动频繁，充满自信，知道还将会有一批论文次第面世，所以才有上面这样一段问答。

1990年，我经中国科学院特批，在上海天文台破格晋升为副研究员。

三

我学习了四年天体物理专业，毕业后却"改行"去学了科学史。天体物理专业确实给了我许多帮助——都是间接体现的，比如理科训练带来的在思路和方法层面的帮助，比如当年那些无穷无尽的数学物理习题带来的对数值和比例的敏感等等。但十年回首，我对于这个专业仍毫无贡献。

到1992年，机会终于来了。在国际天文学界，有一个不大不小的"天狼星颜色问题"，已经困扰了百余年，我也已经对它关注了一段时间。这时我在对中国古代星占学史料进行类型分析时，发现了一些决定性的证据，我认为在很大程度上可以解决这个"天狼星颜色问题"了，于是有《中国古籍中天狼星颜色之记载》一文之作。

此文在《天文学报》发表后，第二年就在英国杂志上出现了全文英译，西方研究"天狼星颜色问题"的权威学者对此文评价甚高。此文属于"利用古代文献解决现代科学课题"的类型，所以在天文学和科学史两个领域中都有意义。在我的学术生涯中，此文是唯一一篇关于天体物理专业的论文，也算是我对这个学习了四年的专业一点小小回报。

我涉入性学研究，最初是出于游戏心态，但是后来在朋友们的鼓动下，自己渐渐"认真"起来，所以在性文化史方面也写过一些"正经"的学术论文。不过我一直将自己对性学的研究兴趣严格限制在"学术研究"范畴之内，谢绝一切商业性质的活动，也谢绝一切与临床治疗发生直接关系的活动。简而言之，就是保持在"纸上谈兵"的状态中。我希望这种状态能够让我的性学研究——当时还是有可能招来非议的——保持"纯粹"。

天文台的气氛十分宽松,我的性学研究"副业"并未对我的学术成长带来消极影响。我在天文台每年年终的业务考核中,也从来不将任何与性学有关的文章列入。

四

进入1990年代,我一直过着平静的生活,不停地撰写学术论文,也经常去北京参加科学史界的学术活动。这是我心目中典型的"学术生涯",所以我十分安心,对于当时那些经商、改行、出国之类的潮流,完全无动于衷。

我1991年初版的专著《天学真原》,被科学史同行视为我的"成名作",在海峡两岸已经先后有七个版本,日译本不久也将在日本出版。它很长时期内都是北大、清华等高校有关专业研究生"科学史经典"课程中唯一研读的国人著作。同行称誉此书"开了天文学史研究的新纪元",是"社会史纲领在中国古代科学史研究中少有的成功范例"。

与学术界通常的惯例相比,颇为奇怪的是,《天学真原》并非我的博士论文。因为我当年答辩博士论文时,已经在《天文学报》、《自然科学史研究》、《自然辩证法通讯》等这类所谓的"一级学报"上发表了十篇比较像样的论文,业师席泽宗院士和答辩委员会一致认为,我只需将此十篇论文写成详细提要,即可提交答辩。这样做的一个后果是,此后我如果想出版我的博士论文,就需要在此十篇论文的基础上进行改编。但是毕业后我在学术研究方面得到了广阔的发展空间,而随着我学术兴趣的逐渐延伸,使我感到没有必要、也没有时间去进行这样的改编了。所以我的博士论文《明清之际西方天文学在中国的传播及其影响》一直未曾出版。

1994年我被中国科学院破格晋升为研究员,成为上海天文台最年轻的研究员。据说这个"纪录"一直保持到1999年我调入上海交通大学。

1996年,我在中国科学院上海天文台指导的第一个博士研究生钮卫星以优异成绩毕业,获得博士学位。他毕业后留在我领导的天文学史研究组工作,1999年随我一起调入上海交通大学,成为科学史系的"元老"。他已于2006年晋升为教授,也早已是博士生导师了。

这个阶段我开始参加一些科学史圈子之外的学术和文化活动。比如1997年,我应李政道先生的邀请,为他在北京召集的一次报告会作报告,题目也是李先生指定的。考虑到李先生的大名,我认真准备了相当学术的内容,不料到会上一看,不少听众都是画家(记得有华君武、黄胄夫人等,他们都是李先生的朋友),估计让他们听我原先准备的内容可能太抽象了,我就临时换了内容。报告后李先生宴请,那些画家对我表示,我讲的东西他们"基本能听懂"。至于我原先准备的内容,就权当一次学术操练,后来另行发表了,即本文集第一单元中的《古代中国人的宇宙》一文。

五

1999年对我来说是颇不平静的一年。新华社三次播发了和我有关的全球通稿。

第一次是因为我从中国科学院上海天文台调入上海交通大学,创建了中国第一个科学史系(1999年3月9日),并出任系主任。新华社为此播发了全球通稿。此事被视为科学史这个学科在中国最终完成了建制化的象征性事件。虽然此时正值"两会"期间,但中央电视台还是专程派出了四人摄制组前来上海采访报道。

第二次是因为我带领的参加"夏商周断代工程"的团队,公布了我们推算出来的武王伐纣的准确年代和完整日程。我的团队在"夏商周断代工程"中承担"武王伐纣时的天象研究"和"三代大火星象"两个专题,其中"武王伐纣时的天象研究"是整个断代工程中最关键的专题之一。文集第一单元中的《〈国语〉所载武王伐纣天象及其年代与日程》就是这个专题中最关键的成果内容。

这个专题后来在2001年获得了国家科技部、财政部、国家计委、国家经贸委联合颁发的"九五国家重点科技攻关计划优秀科技成果"奖。以"武王伐纣时的天象研究"专题内容为主体的学术专著《回天——武王伐纣与天文历史年代学》2002年获上海市第六届哲学社会科学优秀成果奖二等奖。

第三次是因为我在媒体上披露了正确的孔子诞辰。其实对于我们刚刚完成"武王伐纣时的天象研究"的团队来说,计算孔子诞辰是一件非常简单的工作,只消略出余绪即可。这就是本文集第一单元中的《孔子诞辰:公元前552年10月9日》一文。此文当时在海峡两岸多种杂志和报纸上被转载。

上面这三件事情,国内外许多报纸杂志和各地的电视台、广播电台也做了大量访谈、专题报道、嘉宾节目等等,甚至出现了报告文学性质的作品。

从1999年起,我的"清静岁月"结束了。

六

2002年11月21日到11月22日,京沪两地从事科学文化研究的学者聚集上海,举行了首届"科学文化研讨会",我担任会议主席。会议形成了《对科学文化的若干认识——首届"科学文化研讨会"学术宣言》,由与会者集体讨论起草,最终由我定稿,在报纸发表时署名"柯文慧"。出乎我们意料,这份宣言产生了热烈反响,毁誉参半。毁之者谓彼何人斯,有什么资格发表"宣言"?誉之者谓此为中国当代"科学文化运动"之发端。对于一些与会者,也毁誉参半。我们此后经常被国内媒体称为"科学文化人",而抨击者则称我们为"反科学文化人"。奇怪的是,十年后回首往事,就好像当年"印象派"原是嘲笑贬抑之辞,最终却变成一个响当当的名称,如今"反科学文化人"也已经不再是一个令人担忧或令人羞愧的名称了。事实上,此后我们每年都召开一次"科学文化研讨会",并从2007年开始出版丛刊《我们的科学文化》。

在今天看来,这篇宣言最重要的价值就在于,首次在国内明确提出了"科学主义"的危害问题,并明确表达了对"科学主义"的批判立场。这在当时还是相当超前和大胆的。首届"科学文化研讨会"宣言发表之后,围绕"科学主义"问题的争论相当热烈。不过令人欣慰的是,"反思科学"的纲领如今在学术界和大众媒体上都获得了更多的理解和支持。数年之后,对"科学文化人"的攻击渐趋平息,而"科学文化人"的观点却在国内学术界和大众媒体上得到了更多的传播和认同。

从2005年9月到2007年4月,我在《社会观察》杂志上连续写了十八期"听雨丛谈"专栏。虽然这个专栏的名称听起来十分闲适,似乎一派与世无争的样子,其实这些专栏文章可以说是我的大众阅读文本中相当具批判意识的一组。在这组文章中,我从各个方面对当时已经盛行的学术管理"量化考核"——如今还在愈演愈烈——进行了全面的批判。当然,这种批判纯属理论上的,在现实生活中,我自己也得忍受"量化考核"的管理,并且还表现优秀,不时获得管理部门的奖励。

七

我对科幻作品发生兴趣始于2003年,开始大量看科幻影片,并开始发表影评,接着也开始阅读和评论科幻小说,甚至开始给一些国外科幻小说的中文版写序。因为花了一些时间看科幻电影和小说,自己觉得有点像不务正业游手好闲,为了让自己安心,我开始尝试以学术文本的形式,在学术刊物上发表对科幻作品的评述、分析和研究。

之后我对科幻的兴趣越来越大,开始形成自己的一些看法,我认为我们应该用全新的眼光来看待科幻作品。我也持续发表了不少有关的文章,并且和中国科幻界最重要的杂志《科幻世界》以及最优秀的一些作家有了接触和交往。

2007年我应邀在"2007中国(成都)国际科幻·奇幻大会"上作了题为"科幻的三重境界"的主题报告。大会期间,又由《新发现》杂志安排,请我和刘慈欣——他被认为是中国目前最优秀的科幻小说作家——在女诗人翟永明著名的"白夜"酒吧作了一次对谈。由编辑王艳小姐整理后发表在《新发现》上。我和刘慈欣的观点大相径庭,但我们保持着友好的个人关系,颇合古人"君子和而不同"之旨。

穆蕴秋小姐是由我指导的第一个对科幻作品进行科学史研究的博士研究生,她的毕业论文也是国内这一方向上的第一篇博士论文,她以优异成绩获得博士学位。近年我们联名发表了一系列学术论文,本文集第五单元中收录了这方面的文章。

我发表影评,已经有十几年历史。经过初期的几次尝试之后,我将评论的影片集中在科幻类。因为我发现几乎所有的科幻影评都无法让我满意——它们通常都是由所谓"专业人士"撰写的,而在中国,一个能够被认可为电影方面的"专业人士"的人,几乎不可能是曾经受过严格科学训练的,所以他们评论别的所有类型的电影都可以游刃有余出色当行,但是一评论科幻电影就难免隔靴搔痒捉襟见肘了。

我开始发表影评的时候,恰好也是我开始从一个科学主义者"升级"为一个反科学主义者(反思科学,或反对唯科学主义,不是反对科学本身)的时候。而反科学主义作为一种思想纲领,能够给我们眼中的科幻作品带来全新的面貌和新的认识高度。此后我也将这方面的一些思考学术化并在学术刊物上发表(参见本文集第五单元)。

八

近几年来,我多次为高校师生、国企高管、政府官员作以反思科学为主题的讲座,主旨是以新的眼光重新审视科学,指出我们先前对科学的一些普遍误解,并由此重构一幅更符合当下现实的科学图像。这些讲座并没有激进的后现代内容,只是从常识和简单的逻辑出发,进行了一些新的思考。最初我曾担心讲座中某些听起来"离经叛道"的论点会使听众理解有困难,或产生抵触情绪,但事实上效果却非常好。许多听众表示:这对他们"思想上产生了很强的震撼","以前从来没有这样思考过"。我在这方面的讲演甚至被编入了《公务员科学要素读本》。

我对互联网的利弊进行比较认真的思考,始于 2008 年,那年我曾在《解放日报》上发表《三十年媒体之变迁:电台·电视·互联网》一文,开始反思互联网的弊端。此后我经常和朋友讨论这一话题,这种讨论有时也在媒体上发表。

我从二十世纪九十年代就开始在报纸杂志上写专栏,后来我渐渐有意识地将这些"反思科学"纲领下的研究和思考成果反映到专栏写作中去。其中最重要的两个,一个是法国科学杂志《新发现》中文版上的"科学外史"专栏,已持续九年;另一个是《文汇读书周报》"科学文化"版面上的"南腔北调"(与清华大学刘兵教授的对谈)专栏,已持续十三年。"科学外史"专栏的文章后来结集成书,即《科学外史》和《科学外史 II》,出版之后,居然迭邀虚誉,获得不少奖项,也是有点出人意料的。

在进行大众阅读文本写作的同时,我也尝试将这方面的成果学术化。较多的情况是指导博士研究生进行专题研究。进入新世纪,我们开始使用"科学政治学"这一概念,来概括这方面研究的特色,本文集第六单元的文章就是这方面比较重要的成果。

因为这是一部学术文集,编入的文章都是学术文本,尽管多年来我在报纸杂志上撰写了大量大众阅读文本,但都没有编入——包括在上面的回顾中偶尔被提到的。

最后，我要特别感谢四位合作者——他们与我合作的若干论文被编入了本文集。钮卫星教授和穆蕴秋小姐前面已经提到了；第三位是方益昉博士，他是我指导的美国留学生，已经以优秀成绩获得博士学位；第四位是孙萌萌小姐，也是我指导的博士研究生，目前还正在攻读博士学位。

2014 年 9 月 18 日
于上海交通大学科学史与科学文化研究院

一 天文学史

中国古籍中天狼星颜色之记载

一、问题及其意义

天狼星(Sirius, α CMa)为全天最亮恒星,呈耀眼的白色。它还是目视双星,其中 B 星(伴星)又是最早被确认的白矮星。但这一著名恒星却因古代对其颜色的某些记载而困扰着现行恒星演化理论。

在古代西方文献中,天狼星常被描述为红色。学者们在古巴比伦楔形文泥版书中,在古希腊、罗马时代 Ptolemy(托勒密)、L. A. Seneca(塞涅卡)、M. T. Cicero(西塞罗)、Q. H. Flaccus(贺拉斯)等著名人物的著作中,都曾找到这类描述。1985 年 W. Schlosser 和 W. Bergmann 又旧话重提,宣布他们在一部中世纪早期手稿中发现了图尔(Tours,在今法国)的主教 Gregory 写于公元六世纪的作品,其中提到的一颗红色星可确认为天狼星,因而断定天狼星直到公元六世纪末仍呈红色,此后才变白。[1] 由此引发对天狼星颜色问题新一轮的争论和关注。[2]

按现行恒星演化理论及现今对天狼双星的了解,其 A 星正位于主星序上,根本不可能在一二千年的时间尺度上改变颜色。若天狼星果真在公元六世纪前呈红色,理论上唯一可能的出路是将目光转向暗弱的天狼 B 星:该星为白矮星,而恒星在演化为白矮星之前会经历红巨星阶段,这样似乎有希望解释古代西方关于天狼星呈红色的记载——认为那时 B 星盛大的红光掩盖了 A 星。然而按现行恒星演化理论,从红巨星演化为白矮星,即使考虑极

---

[1] W. Schlosser, W. Bergmann, *Nature*, 318(1985), p.45.
[2] 自文献[1]发表后,截至 1990 年,仅在同一杂志就至少又发表了 6 篇商榷和答辩的文章。中文期刊如《大自然探索》5 卷 2 期、《科学》6 卷(1986)等也报道了此事。

端情况，所需时间也必然远远大于1500年，故古代西方关于天狼星为红色的记载始终无法得到圆满解释。

于是天文学家只能面临如下选择：或者对现行恒星演化理论提出怀疑，或者否定天狼星在古代呈红色的说法。

古代西方对天狼星颜色所作描述的真实性并非完全无懈可击：Seneca、Cicero、Flaccus等人或为哲学家，或为政论家，或为诗人，他们的天文学造诣很难获得证实；Ptolemy虽为大天文学家，但其说在许多具体环节上仍不无提出疑问的余地。至于Gregory所记述的红色星，不少人认为并非天狼星，而是大角(Arcturus, α Boo)[1]，该星正是明亮的红巨星。

而另一方面，古代中国的天文学—星占学文献之丰富、系统以及天象记录之细致是众所周知的。因此，有必要转而向早期中国古籍中寻求证据。为了保证史料的权威性，本文将考察范围严格限定于古代专业文献之内，哲学或文艺之类的论著概不涉及。

二、中国古籍中记载恒星颜色的一般情况

古代并无天体物理学，古人也不会以今人眼光去注意天体颜色。古代中国专业文献中之所以提到恒星和行星的颜色，几乎毫无例外都是着眼于这些颜色的星占学意义。首先必须指出，在绝大部分情况下，这些记载对于本文所讨论的主题而言没有任何科学上的意义。它们通常以同一格式出现，姑举两例如下：

其东有大星曰狼。狼角、变色，多盗贼。[2]

狼星……芒、角、动摇、变色，兵起；光明盛大，兵器贵。……其色黄润，有喜；色黑，有忧。[3]

---

[1] S. C. McCluskey, *Nature*, 325(1987), p. 87 及 R. H. van Gent, *Nature*, 325(1987), p. 87 皆认为 Gregory 所述为大角，而 Schlosser 与 Bergmann 又作答辩，仍坚持为天狼星之说，见 *Nature*, 325(1987), p. 89。

[2] 《史记·天官书》。

[3] 〔北周〕庾季才原撰、〔北宋〕王安礼等重修：《灵台秘苑》，卷十四。

上述引文中"狼星"均指天狼星（古人并不知其为双星）。显而易见，天狼星随时变色，忽黄忽黑（有些这类占辞中也提到红色），甚至发生"动摇"，以现代天文学常识言之是根本不可能的。而在古代中国星占学文献中，却对许多恒星都有同类说法（只是其兆示之事各有不同而已）。如将这类恒星变色、"动摇"之说解释为大气光象给古人造成的幻觉，虽然还很难完全圆通其说，但无论如何，至少可以肯定，欲解决天狼星在古代的颜色问题，求之于这类记载是没有意义的。[1]

值得庆幸的是，古代中国星占学体系中还留下了另一类数量很少但却极为可靠的记载。古人除相信恒星颜色有星占学意义外，对行星也作如是观，下面是这方面最早、也是最典型的一则论述：

五星色白圜，为丧、旱；赤圜，则中不平，为兵；青圜，为忧、水；黑圜，为疾，多死；黄圜则吉。赤角，犯我城；黄角，地之争；白角，哭泣之声；青角，有兵、忧；黑角则水。[2]

行星随时变换颜色及形状，同样是不可能的，这可姑置不论。但必须注意的是，古人既信此为真，则势必要为颜色制定某种标准——事实上，具体的做法是确定若干颗著名恒星作为不同颜色的标准星。对这一做法有必要进一步加以讨论。

现今所见这方面的最早记述出自司马迁笔下。他在谈论金星（太白）颜色时，给出五色标准星如下：

白比狼，赤比心，黄比参左肩，苍比参右肩，黑比奎大星。[3]

上述五颗恒星依次为：天狼、心宿二（α Sco）、参宿四（α Ori）、参宿五（γ Ori）、奎宿九（β And）。司马迁对五颗恒星颜色记述的可靠性可由下述事实得到证明：五颗星中，除天狼因本身尚待考察，暂置不论外，对其余四星颜色

---

[1] C. Gry, J. M. Bonnet-Bidaud, *Nature*, 347 (1990), p. 625 就是一个这样的例子。该文据《史记》中"狼角变色多盗贼"一句话立论，认为天狼星当时正在改变颜色，这实际上完全误解了《史记》原文的真实意义。
[2] 《史记·天官书》。
[3] 同上。

的记载都属可信。心宿二,光谱为 M_1 型,确为红色;参宿五,B_2 型,呈青色(即苍);参宿四,今为红色超巨星,但学者们已证明,它在两千年前呈黄色按现行恒星演化理论是完全可能的。[1]最后的奎宿九,M_0 型,呈暗红色,但古人将它定义为黑也有其道理。首先,古代中国五行之说源远流长,深入各个方面,星分五色,正是五行思想与星占学理论结合的重要表现之一[2],而与五行相配的五色有固定模式,必定是青、红、黑、白、黄,故其中必须有黑;其次,此五色标准星是观测时作比照之用的,若真正为"黑",那就会看不见而无从比照,故必须变通。

对于本文所讨论的问题而言,还有另一个可以庆幸之处:古人既以五行五色为固定模式,必然会对上述五色之外的中间状态进行近似或变通,硬归入五色中去,则他们谈论星色时就难免不准确;然而在天狼星颜色问题中,恰好是红、白之争,两者都在上述五色模式中,故可不必担心近似或变通问题。这也进一步保证了利用古代中国文献解决天狼星颜色问题时的可靠。

三、几项天狼星颜色记载之分析

由上节讨论可知,只有古人对五色标准星的颜色记载方属可信。这类记载在古代中国浩繁的星占学文献中为数极少,但我们恰可从中考察天狼星的颜色。表1是早期文献(不考虑公元七世纪之后的史料)中仅见的四项天狼星颜色可信记载的原文、出处、作者和年代一览。再对这四项记载进行分析与说明如下:

第一项,情况比较简单。司马迁自述"当太初元年(104B.C.)……太史公曰:先人有言,小子何敢让焉,于是论次其文"[3],这是他开始撰写《史记》之年,由此将《天官书》之作约略系于100B.C.(推求精确年份在事实上既办不到,对本文所论内容也无意义)。

第二项,《汉书》为班固(32—92A.D.)撰,但其中《天文志》等部分他生前未能完成,后由其妹班昭及马续二人续成之。《后汉书》记其事云:

> 兄固著《汉书》,其八表及天文志未及竟而卒,和帝诏昭就东观藏书

---

[1] 薄树人等:《科技史文集》第1辑,上海科学技术出版社,1978年,页75-78。
[2] 江晓原:《大自然探索》10卷(1991),页107。
[3] 《史记·太史公自序》。

阁踵成之。……后又诏融兄续继昭成之。[1]

孝明帝使班固叙《汉书》,而马续述天文志。[2]

由班昭生卒年(45—117A.D.)及汉和帝在位之年(89—105A.D.),系此项于100A.D.。

第三项,《荆州占》原书已佚,但在《开元占经》、《乙巳占》等书中有大量引录。此书被归于刘表名下。李淳风在《乙巳占》中开列他自述"是幼小所习诵"之星占学参考书共25种,其第18种即"刘表《荆州占》"。[3]刘表(142—208A.D.)自190A.D.任荆州刺史起,长期统治荆州地区,形成割据状态。《荆州占》出自他本人手笔还是由他召集星占学家编成已不得而知。这样就只能仍归于他名下,而系此项于200A.D.。

第四项情况也很简明。《晋书》成于646A.D.,其中《天文志》出于李淳风之手。

虽然因古代中国著作向有承袭前人旧说的传统,表1中四项记载在相当程度上可能是相关的,但并不能据此就认为古代星占学家在此问题上完全没有自己独立的见解。《荆州占》将天狼与织女同列为白色标准星,就很值得注意。天狼与织女(织女一,α Lyr)确属同一类型的白色亮星,例如在现代MK光谱分类中,天狼为A_1v型,织女为A_0v型,差异很小。这也进一步证实了表1中四项天狼星颜色记载的可靠性。

表1　古籍中四项对天狼星颜色之可信记载(100B.C.—646A.D.)

	原文	出处	作者	年代
1	白比狼	《史记·天官书》	司马迁	100 B.C.
2	白比狼	《汉书·天文志》	班固 班昭 马续	100 A.D.
3	白比狼星、织女星	《荆州占》[4]	刘表	200 A.D.
4	白比狼星	《晋书·天文志中》	李淳风	646 A.D.

---

[1] 《后汉书·班昭(曹世叔妻)传》。
[2] 《后汉书·天文志上》。
[3] [唐]瞿昙悉达:《开元占经》,卷四十五引。
[4] [唐]李淳风:《乙巳占》,卷一。

四、结　论

至此已可确知：在古代中国星占学文献中，大量虚幻的恒星变色、动摇之类的星占设辞不能用来考察恒星当时的实际颜色，而在可信的记载中，则天狼星始终是白色的。不仅没有红色之说，而且千百年来一直将天狼星视为白色标准星。这在本文考察的早期文献中是如此，此后更无改变。因此可以说，现行恒星演化理论将不会在天狼星颜色问题上再受到任何威胁了。

最后还可指出，天狼星颜色问题不仅已困扰西方天文学家至少一个多世纪，而且早在上个世纪就已被介绍到中国。清末王韬与伟烈亚力（A. Wylie）合译《西国天学源流》(1890)，其中谈到天狼星颜色："古人恒言天狼星色红，今色白，不知何故？"可惜学者们至今尚未能发现《西国天学源流》据以翻译的原书为何。[1] 当时这一问题的意义自然还未充分显现出来。

还有些现代西方学者则既对西人古籍中天狼星为红色之说深信不疑，又不想与现行恒星演化理论发生冲突，遂提出"古代曾有一片宇宙云掩过天狼星而将星光滤成红色"之类的假说。[2] 现既有古代中国文献关于天狼星始终为白色的确切记载，这类假说应可断然排除了。此外，司马迁的年代早于 Ptolemy 两百余年，司马迁既已将天狼星作为白色标准星，则该星此后再变红更是绝无可能，故 Ptolemy 天狼星为红色之说之不可信是显而易见的。

本文写作中，作者的研究生钮卫星曾帮助查阅文献，特此致谢。

原载《天文学报》33 卷 4 期（1992）

---

[1] 席泽宗：《香港大学中文系集刊》1 卷 2 期(1987)。

[2] 见 K. Brecher, *Technology Review*, 80(1977), No. 2. 又, C. Gry, J. M. Bonnet-Bidaud, *Nature*, 347 (1990)也主张同样假说。

上古天文考

——古代中国"天文"之性质与功能

是篇之作,非为考论中国古代天文学(astronomy)之成就或内容,而旨在阐明古代中国"天文"之性质及其社会、文化功能。顾专治天文学史者,或因此事无关乎"成就",或认为此事不属天文学史之范围,大都不屑及此。然而此事不明,则对于中国古代社会文化之历史,终不能臻于全面、深刻之理解。因草成此文,俾作引玉之砖,以就正于高明。

一、"天文"之本意

"天文"一词,较早见于《易·贲·彖》:"观乎天文,以察时变。"其意本指"天象",为古代中国"天文"一词传统含义之一。早期文献中作"天象"解之例甚多。兹更举稍晚文献中两例,以见此义保留之久。《汉书·王莽传》:

> 十一月,有星孛于张,东南行,五日不见。莽数召问太史令宗宣,诸术数家皆谬对,言天文安善,群贼且灭。莽差以自安。

此所谓"天文",指上述"有星孛于张"事。又《晋书·天文志下》引《蜀记》云:

> 明帝问黄权曰:天下鼎立,何地为正?对曰:当验天文,往者荧惑守心而文帝崩,吴、蜀无事,此其征也。

黄权所言"天文"亦指天象甚明。此类例子极多,无烦多举。

"观乎天文,以察时变","时变"云何?可求之于《易·系辞上》:"天垂象,见吉凶。"今人观天象为探索自然,先民观天象为预知由天象所兆示之人事吉凶,由此"天文"一词又引申为:仰观天象以预占人事吉凶之学。此"天文"之第二义也,可引《汉书·艺文志》之语说明之:

> 天文者,序二十八宿,步五星日月以纪吉凶之象,圣王所以参政也。

是"天文"在古人心目中,其性质如此。可知古代中国之"天文",实即现代所谓"星占学"(astrology)。历代正史中诸《天文志》,皆为典型之星占学文献,而其名如此,正与班固用法相同。而此类文献在《史记》中名为《天官书》,则尤见"天文"一词由天象引申为星占学之痕迹——天官者,天上之星官,即天象也。后人常"天文星占"并称,亦此之故,而非如今人以己意所逆,将"天文"与"星占"析为二物也。

"天文"之本意既明,则可知今人以"天文学"对译西文 astronomy(由拉丁文 astronomia 而来)一词,虽不为无因,终不免大违"天文"之传统本意。第以约定俗成既久,当然不妨继续沿用。

古代中国"天文"虽可对应于今人所言之星占学,然西人在此事上有两项不同概念,亦不可不稍察。古代中国星占专言军国大事,如战争胜负、年岁丰歉、王朝兴衰、帝王安危等,而不及一般个人之穷通祸福,对此类星占学,西方谓之 judicial astrology,以区别于欧洲专以个人出生时黄道十二宫等天象预测其人一生祸福之星占学,后者被称为 horoscope astrology。horoscope 意为"天宫图",即其人出生时刻之天象也。

二、"昔之传天数者"

在拉丁文中,astrologus 一词兼有两义,其一指现今意义上之"天文学家",其二为"星占学家"。此事适与中国古代相合,可视为古代中西文化有相同处的例证之一。在古代中国,本无现代意义上之天文学家,而仅有星占学家,但星占学家既要执行其职事,势不得不从事若干合于现代天文学范畴之工作——其最显著者为推算日、月及五大行星之运动规律与位置。故 astrologus 之两义,正揭示今之天文学家系从古之星占学家演变而来。此原为众所周知之理,无须深论,唯对于"古代中国本无现代意义上之天文学家而仅有星占学家"一事,尚可提供具体证据以说明之。

现今所见古籍论及此事者,以《史记·天官书》为最早,也最重要。此后各史《天文志》及言"天文"之书,或有论及此事者,不过复述太史公之文而稍有增损。故以《史记·天官书》所记最有考察价值。原文如下:

> 昔之传天数者,高辛之前:重、黎;于唐、虞:羲和;有夏:昆吾;殷商:巫咸;周室:史佚、苌弘;于宋:子韦;郑则裨灶;在齐:甘公;楚:唐昧;赵:尹皋;魏:石申。

此为中国历史上第一份astrologus名单。称为"昔之传天数者",至为确切。且名单追溯到上古时代,尤能看出上古"天文"发生与演变轨迹。

上述名单可以巫咸为界,分为两部分:巫咸及其以上诸人,皆为上古传说中人物;巫咸以下诸人则大抵为先秦史籍中有确切记载可征,因而较为真实者。太史公记巫咸及其以上诸人,大有深意,留待下节考述。此处先论巫咸以下诸人。

先秦典籍中以《左传》记载"传天数者"之行事最多,故以下据《左传》为主而兼采旁书,进行考察。考察之目的,不在论定事件之真伪,而在于判明诸"传天数者"在历史上主要以何种面目出现。

史佚

《左传》提及史佚五次,《国语》提及史佚一次,先依次列出如下:

> 且史佚有言曰:无始祸,无怙乱,无重怒。(僖十五年)

> 史佚有言曰:兄弟致美,救乏,贺善,吊灾;祭敬、丧哀,情虽不同,毋绝其爱亲之道也。(文十五年)

> 君子曰:史佚所谓毋怙乱者,谓是类也。(宣十二年)

> 史佚之志有之曰:非我族类,其心必异。(成四年)

> 史佚有言曰:非羁何忌?(昭元年)

> 昔史佚有言曰：动莫若敬，居莫若俭，德莫若让，事莫若咨。(《国语·周语下》)

以上六则，同一模式，皆援引史佚之政治格言，类宋明诸儒之称引语录然。稍可怪者，初看似无一语及于其"传天数"之事。

史佚，《国语》韦昭注谓"周文、武时太史尹佚也"。据《周礼·春官宗伯》，太史之职掌甚多，其中与"传天数"有关者包括：

> 正岁年以序事，颁之于官府及都鄙。颁告朔于邦国。闰月，诏王居门；终月，大祭祀。与执事卜日，戒及宿之日。

此后其职责与其他官员互有分合，逐渐演变成为皇家"天文"机构——兼有《周礼》中太史、冯相氏、保章氏、挈壶氏等职掌——之负责人，即后世之"太史令"。史佚既任太史，其本职自与"天文"有密切关系，此当为司马迁列之于"传天数者"名单之故。太史地位尊崇，殆类帝师，上述格言正与其身份相符。或因其格言极为有名，遂掩其旁的行事，而使其人特以政治格言名世。

苌弘

《左传》共载苌弘八事，列出如下：

> 景王问于苌弘曰：今兹诸侯何实吉，何实凶？对曰：蔡凶。此蔡侯般弑其君之岁也。……岁及大梁，蔡复，楚凶。天之道也。(昭十一年)

> 苌弘谓刘子曰：客容猛，非祭也，其伐戎乎？……君其备之。(昭十七年)

> 春王二月乙卯，周毛得杀毛伯过而代之。苌弘曰：毛得必亡，是昆吾稔之日也。侈故之以，而毛得以济侈于王都，不亡何待。(昭十八年)

> 苌弘谓刘文公曰：……周之亡也，其三川震。今西王之大臣亦震，

天弃之矣,东王必大克。(昭廿三年)

刘子谓苌弘曰:甘氏又往矣。对曰:何害,同德度义……君其务德,无患无人。(昭廿四年)

晋女叔宽曰:周苌弘、齐高张皆将不免。苌弘违天,高子违人。天之所坏,不可支也;众之所为,不可奸也。(定元年)

卫侯使祝佗私于苌弘曰:闻诸道路,不知信否——若闻蔡将先卫,信乎?苌弘曰:信。蔡叔,康叔之兄也,先卫,不亦可乎?子鱼曰:以先王观之,则尚德也。……吾子欲复文、武之略,而不正其德,将如之何?苌弘悦,告刘子,与范献子谋之,乃长卫侯于盟。(定四年)

六月癸卯,周人杀苌弘。(哀三年)

其中昭十一年、昭廿三年两事显属星占预言。古代中国人心目中之"天",常泛指"人"之外的整个大自然,故据"三川震"而言胜负,乃至昭十八年之预言毛得灭亡,都属"传天数"之事无疑。其余昭十七年、廿四年、定四年事,皆属政治活动及建议。定元年、哀三年两事则载苌弘之死。苌弘之死在《史记·封禅书》中也曾提到。

上八事年代确切,情节分明,据此已可勾勒苌弘其人之大致轮廓。《史记·天官书》张守节《正义》称苌弘"周灵王时大夫也",而《左传》所载八事皆景、敬两王时事,苌弘死时上距灵王末年六十三年,其为三朝老臣亦有可能,但主要活动于景、敬两王时则无疑。苌弘并非专职"天文"官员,但精擅星占之学,又积极参与政治活动,终因政治斗争而招杀身之祸,与后世北魏崔浩一生行事极相类似。

子韦

子韦事较早见于《吕氏春秋·制乐》:

宋景公之时,荧惑在心,公惧,召子韦而问焉,曰:荧惑在心,何也?子韦曰:荧惑者天罚也,心者宋之分野也,祸当于君。虽然……可移于岁。公曰:岁害则民饥,民饥必死,为人君而杀其民以自活也,其谁以我为君乎!是寡人之命固尽已,子无复言矣。子韦还走,北面载拜曰:臣敢贺君!天之处高而德卑,君有至德之言三,天必三赏君。今夕荧惑其徙三舍,君延年二十一岁。

此事亦见《淮南子·道应训》、《论衡·变虚》等篇,所述大同小异。是子韦以典型星占学家面目出现无疑。

又《汉书·艺文志》诸子略阴阳类共二十一家,为首即《宋司星子韦三篇》,其书虽佚,其主旨尚可得而言,班固阴阳类按语云:

阴阳家者流,盖出于羲和之官,敬顺昊天,历象日月星辰,敬授民时,此其所长也。

可知仍是古时星占学之别流。至于"羲和之官"、"历象日月星辰,敬授民时"等古代习语,今人多有误解,说详下文。

裨灶

《左传》纪裨灶行事共六则:

裨灶曰:今兹周王及楚子皆将死。岁弃其次而旅于明年之次,以害鸟帑。(襄廿八年)

于是岁在降娄,降娄中而旦,裨灶指之曰:犹可以终岁,岁不及此次也已。及其(伯有氏)亡也,岁在娵訾之口,其明年乃及降娄。(襄三十年)

夏四月,陈灾,郑裨灶曰:五年,陈将复封,封五十二年而遂亡。子产问其故,对曰:陈水属也,火水妃也,而楚所相也。今火出而火陈,逐楚而建陈也。妃以五成,故曰五年。岁五及鹑火而后陈卒亡,楚克有之,天之道也,故曰五十二年。(昭九年)

春王正月,有星出于婺女。郑裨灶言于子产曰:七月戊子,晋君将

死。今兹岁在颛顼之虚,姜氏任氏实守其地,居其维首,而有妖星焉,告邑姜也,邑姜,晋之妣也。(昭十年)

冬,有星孛于大辰。……郑裨灶言于子产曰:宋、卫、陈、郑将同日火。若我用瓘斝玉瓒,郑必不火。子产弗与。(昭十七年)

宋、卫、陈、郑皆火。……裨灶曰:不用吾言,郑又将火。郑人请用之,子产不可。……亦不复火。(昭十八年)

裨灶六事,全为典型之星占学预言。裨灶似特别熟悉木星运动,其前四事皆据此立论。此为星占学家掌握若干天文学知识之例证。但裨灶之言,或故神其说,或牵强附会。如襄三十年事,本不过预言伯有氏将在十一年后灭亡,乃引入岁星之运行、十二次等星占学专业概念,哗众取宠。又如昭十年事,天象为女宿出现新星,欲联系到晋君,苦于毫不相干,乃由二十八宿而十二次(玄枵之次婺女、虚、危三宿),由玄枵而颛顼(《尔雅·释天》:玄枵,虚也,颛顼之墟也),由颛顼而姜氏任氏,由姜氏任氏而邑姜,由邑姜而晋之先妣,最后终及于晋君。凡此种种,皆古时星占学家之惯技耳。

观上述史佚、苌弘、子韦、裨灶四人,子韦被认为是宋景公时"司星",以星占之事著于世,固属正常;裨灶与苌弘相似,职务为"大夫",并非专业星占学家,而《左传》提及裨灶六次,乃无一不是星占之事;史佚被认为是太史,为专职之"天文"官员,乃反以政治格言名世。可知"昔之传天数者",并不限于专职之"太史"、"司星"等,只需身为朝廷重要官员而又精于星占之学,皆有可行使"传天数"之职责。

甘公·唐昧·尹皋·石申

前述史佚、苌弘、子韦、裨灶四人,年代较远,却仍有颇多事迹可考;而甘、唐、尹、石四人活动于战国时期,年代较近,可考事迹反而甚少,故合论于此。四人之中,唐昧、尹皋未见事迹记载,推而论之,当不外甘、石之同类人物。

《史记·天官书》"昔之传天数者"名单提及甘公处,裴骃《集解》云:"徐广曰:或曰甘公名德也,本是鲁人。"张守节《正义》则称:

>《七录》云:楚人,战国时作《天文星占》八卷。

司马迁将甘公归于齐,张守节则谓楚人,又《汉书·艺文志》数术略后亦有"六国时楚有甘公"之语。《集解》鲁人之说转辗相引,似难信据。或者也可解释为本是鲁人,而后仕于齐或楚。

甘公行事,尚可于《史记·张耳陈余列传》中考见:

>张耳败走,念诸侯无可归者……甘公曰:汉王之入关,五星聚东井。东井者秦分也,先至必霸。楚虽强,后必属汉。故耳走汉。……汉王厚遇之。

则甘公亦典型之星占学家。此处《集解》引文颖之言曰:"善说星者甘氏也",是甘公当时以精通星占学闻名。

魏人石申,或作石申夫,行事未见记载。《史记·天官书》"昔之传天数者"名单处张守节《正义》称:"《七录》云:石申,魏人,战国时作《天文》八卷也。"

甘、石齐名,汉人常并称之。《史记·天官书》云:

>故甘、石历五星法,惟独荧惑有反逆行;逆行所守,及他星逆行,日月薄蚀,皆以为占。

此处"历"字宜注意,作动词用,犹步也,描述推算也。而描述推算五星运动正是古代历法之重要内容。甘、石已掌握一定水准之行星运动理论,但其宗旨则仍在星占。又《汉书·天文志》云:

>古历五星之推,亡逆行者,至甘氏、石氏《经》,以荧惑、太白为有逆行。

其说与《天官书》稍异。

关于甘、石著作,汉以后古籍中常称引(如上述《汉书·天文志》所谓之《经》)。其可怪者,《汉书·艺文志》数术略之天文类、历谱类竟未著录任何甘、石著作。仅在杂占类中著录一种:《甘德长柳占梦》十一卷,以星占学家而作占梦之书，在古时也属正常，《周礼·春官宗伯》有"占梦"之官，"掌其岁时，观天地之会，辨阴阳之气，以日月星辰占六梦之吉凶"，足见占梦古时确与"天文"相关。而自东汉以降，对甘、石著作之记载反而转多。许慎《说文解字》中出现《甘氏星经》之名，《后汉书·律历志》有《石氏星经》之称，梁阮孝绪《七录》谓甘公作《天文星占》八卷，石申作《天文》八卷，至《隋书·经籍志》乃称"梁有石氏、甘氏《天文占》各八卷"，又著录石氏《浑天图》、《石氏星经簿赞》、《甘氏四七法》等书，后两书《旧唐书·经籍志》亦著录，题"石申甫撰"及"甘德撰"。

甘、石星占著作目前可能尚有部分内容留存，主要见于唐瞿昙悉达所编《开元占经》，其中有甘氏、石氏、巫咸氏三家大量星占占辞及恒星表。又有唐萨守真《天地祥瑞志》、唐李凤《天文要录》抄本残卷，现皆藏于日本，其中也有甘氏、石氏及巫咸氏三家星占遗文。三氏星占之书一同留存，并非偶然，此事显然与《晋书·天文志上》所记西晋初陈卓有渊源：

> 后武帝时，太史令陈卓总甘、石、巫咸三家所著星图……以为定纪。

此外另有《甘石星经》一种，见于《说郛》、《汉魏丛书》、《道藏》等丛书中，题"汉甘公、石申著"，殆为后人伪托无疑。

关于甘、石遗书之真伪及成书年代，中外学者竞相考证，言人人殊[1]，此处不暇论及，但明其书皆为星占学著作可矣。唯有一事宜稍加申论：学者多从甘、石遗书之年代（据其中恒星位置以岁差之理推得，但仍多歧见）以推论甘、石其人生活之年代，而遗书年代又难以确认，遂每泛言甘公为"战国时代人"，时间跨度长达数世纪之久，而不知由前引《史记·张耳陈余列传》甘公为张耳作星占预言事，已可确定甘公生当战国末年，至楚汉相争时尚有活动也。此与甘氏遗书中星表年代较此更早也不矛盾，因星经之占辞、星表之数据，皆可承自前代，而行事则非身当其时不可也。

以上八人，为司马迁"昔之传天数者"名单之后半部。由考论结果可知：八人之中，或为著名星占学家，如子韦、甘德、石申；或为精擅星占学之政要，如苌弘、裨灶；或为以政治格言名世之太史，如史佚；而无一人为现今意义上

---

[1] 较近出之述评可参见潘鼐：《中国恒星观测史》第二章，学林出版社，1989年。

之天文学家。

司马迁之名单又将先秦时代重要的"传天数者"大体囊括,因而极具代表性。考之史籍,可补入该名单者至多不过鲁之梓慎、晋之卜偃等二三人而已。然此二三人皆为裨灶等之同类人物,故对考察司马迁名单所获之结论并无丝毫影响。

又八人之中,唯甘、石有著作残编传世,关于两氏遗书在古代中国"天文"上之地位,《晋书·天文志上》言之甚明:

> 降在高阳,乃命南正重司天……(与司马迁名单相似,略之——晓原案)魏有石申夫,皆掌著天文,各论图验。其巫咸、甘、石之说,后代所宗。

考之古代中国星占学文献,保存于《开元占经》等古籍中的甘、石、巫咸三氏之说,为正统,为主流,确是事实。

三、巫咸与通天巫觋

据前节所述,已知传世星占学系统有甘氏、石氏、巫咸氏三家。巫咸,《史记·天官书》列为"殷商",《晋书·天文志上》亦谓"殷之巫咸",张守节《史记正义》更谓:"巫咸,殷贤臣也,本吴人,冢在苏州常熟海隅山上。"然而谓殷代人而作此星占体系,其说实不可信。学者以传世巫咸星表推算其年代,乃远在公元之后[1],无论如何未能及于殷商。以古代所掌握之天文学知识而言,后人继承前代星表固是常事,但殷代人则绝不可能预知一两千年之后的星象(此事在今人已轻而易举)。故欲明巫咸之事,不能借助归于其名下之星占学遗书,即"殷贤臣"之说亦仅可聊备一格。然而巫咸其人,实勘破司马迁"昔之传天数者"名单奥义之大关键也,故又不可不另觅考察途径。

除"天文"古籍外,其他古籍中论及巫咸者颇多。其说虽似荒诞不经,但合而观之,大有帮助。先列出如次:

> 昔黄神与炎神争斗涿鹿之野,将战,筮于巫咸。巫咸曰:果哉而有

---

[1] 参见潘鼐:《中国恒星观测史》第二章,页116–117。

谷。(《太平御览》卷七九引《归藏》)

巫咸作筮。(《世本·作篇》)宋衷注：巫咸不知何时人。

神农使巫咸主筮。(《路史·后纪三》之说)

巫咸，尧臣也，以鸿术为帝尧之医。(《太平御览》卷七二一引《世本》)

昔殷帝太戊使巫咸祷于山河。(《太平御览》卷七九○引《外国图》)

巫咸，古神巫也，当殷中宗之世。(《楚辞·离骚》王逸注)

以上六则皆神话传说，单独一则，颇难信据，合而观之，则可明了两点：

其一，巫咸之身份。前三则谓巫咸创立筮法或为人筮吉凶，第四则系以"鸿术"为帝医，第五则为"祷于山河"，此三种行事，皆上古时代巫觋之"本职工作"也，故王逸径指巫咸为"古神巫也"，信乎不谬。其二，巫咸之时代。六则之中，而有五说：黄帝时、神农时、帝尧时、殷中宗(即太戊，又作大戊)时、"不知何时"。可知巫咸作为一传说中人物，其年代已无法确定。

综上两点，应将巫咸视为一近似虚构之概念化人物——上古神巫之代表或化身，最为妥当。此说或可在《山海经》两条记载中得到旁证：

巫咸国在女丑北，右手操青蛇，左手操赤蛇。在登葆山，群巫所从上下也。(《海外西经》)

有灵山，巫咸、巫即、巫盼、巫彭、巫姑、巫真、巫礼、巫抵、巫谢、巫罗十巫，从此升降。百药爰在。(《大荒西经》)

所谓"巫咸国"、"十巫"等，不妨视为上古巫觋——女巫曰巫，男巫曰觋——阶层之缩影。而十巫之首，正是巫咸，则将巫咸视为上古神巫之代表或化身，当是虽不中亦不远矣。

然而上引《山海经》记载,意义远不止于此。其最重要者,在于触及中国上古文化之核心观念——通天。登葆山、灵山,实即上古神话中之"天梯",群巫缘此上下,即上通于天矣。袁珂释"十巫从此升降"谓:"即从此上下于天,宣神旨、达民情之意。灵山盖山中天梯也。诸巫所操之主业,实巫而非医也。"[1]深得其旨。上古巫医同源,群巫升降之所既"百药爰在",则巫咸以"鸿术"而为帝医,特其余事而已。

关于通天之意义,留待下文详论。此处宜注意者,通天之人为谁——以巫咸为代表之上古巫觋也。持此观点,转而考察司马迁"昔之传天数者"名单之前半部,则此中未发之覆,遂能次第显现而真相大白矣。兹略仿上节之法,通过考述巫咸以上诸人,以申论之。

重、黎

关于重、黎,先秦典籍中记载颇多,兹列其较重要者数条如次:

> 皇帝哀矜庶戮之不辜,报虐以威,遏绝苗民,无世在下,乃命重、黎,绝地天通。(《尚书·吕刑》)

> 及少皞之衰也,九黎乱德,民神杂糅,不可方物。夫人作享,家为巫史,无有要质。民匮于祀,而不知其福。蒸享无度,民神同位。民渎齐盟,无有严威。神狎民则,不蠲其为。嘉生不降,无物以享。祸灾荐臻,莫尽其气。颛顼受之,乃命南正重司天以属神,命火正黎司地以属民,使复旧常,无相侵渎。是谓绝地天通。(《国语·楚语下》)

> 重实上天,黎实下地。(同上)

> 大荒之中,有山名曰日月山,天极也……颛顼生老童,老童生重及黎。帝令重献上天,令黎邛下地。(《山海经·大荒西经》)

以上数则,所述为一事,即重、黎受命断绝天地间之通道。《国语》"少皞之衰也"以下长段描述,即上古巫术盛行,人神交通之场景。天为神所居,地为人

---

[1] 袁珂:《山海经校注》,上海古籍出版社,1980年,页397。

所处,故人神交通与天地相通,实一义也。观夫"夫人作享,家为巫史",则可知交通天地人神之巫术普遍流行,大有"世俗化"之嫌,故帝颛顼采取断然措施。所谓"重献上天"、"黎邛下地",献训举,邛训抑,压也[1];举上天,压下地,正"绝地天通"之形象描述也。关于此举之真实意义,杨向奎有如下解释:

> 那就是说,人向天有什么请求向黎去说,黎再通过重向天请求。这样是巫的职责专业化,此后平民再不能直接和上帝交通,王也不兼神的职务了。……国王们断绝了天人的交通,垄断了交通上帝的大权。[2]

其说至为精当。此上古时代社会演变之历史,虽以神话面目呈现,但当时实况,即使稍有变形,当已大致反映于此神话故事之中。

由此可知,若以巫咸为上古通天神巫之抽象化身,则重、黎二人当可视为专业化巫觋之首席代表矣。

羲和

近代论者每因不明"天文"本意,遂将羲和(若果有其人的话)及以羲和为代表之古代 astrologus 与现代天文学家等量齐观,羲和竟以"古代天文学家"知名于世。然而考之古籍,此说与历史事实相去甚远,斯不可不辩也。

关于羲和,古有一人、两人(羲、和)乃至两氏四人(羲仲、羲叔、和仲、和叔)等说,因无关本文宏旨,以下不对此多加区分。兹仍先列有关羲和身份行事之记载如次:

> 有羲和之国,有女子名曰羲和,方浴日于甘渊。羲和者,帝俊之妻,生十日。(《山海经·大荒南经》)

> 羲和盖天地始生,主日月者也。故《启筮》曰:空桑之苍苍,八极之既张,乃有夫羲和,是主日月,职出入,以为晦明。(同上郭璞注)

---

[1] 袁珂:《山海经校注》,页 403–404。
[2] 杨向奎:《中国古代社会与古代思想研究》上册,上海人民出版社,1962 年,页 164。

> 颛顼受之……是谓绝地天通。其后三苗复九黎之德,尧复育重、黎之后,不忘旧者,使复典之,以至于夏、商。故重、黎氏世叙天地,而别其分主者也。(《国语·楚语下》)韦昭注:绍育重、黎之后,使复典天地之官,羲氏、和氏是也。

> 其后三苗服九黎之德,故二官咸废所职,而闰余乖次,孟陬殄灭,摄提无纪,历数失序。尧复遂重、黎之后,不忘旧者,使复典之,而立羲和之官。(《史记·历书》)

> 乃命羲和,敬顺昊天,数法日月星辰……(《史记·五帝本纪》)裴骃《集解》:孔安国曰:重、黎之后,羲氏、和氏世掌天地之官。张守节《正义》:《吕刑传》云:重即羲,黎即和,虽别为氏族,而出自重、黎也。

重、黎之为专业通天巫觋既已如前述,则观上列各条,羲和作为其后任,其身份与重、黎相同,已无疑义。所谓"典天地之官"、"掌天地之官",即专司沟通天地人神也。既明羲和为通天巫觋,《山海经》中之羲和神话遂亦有义理可寻:《国语·楚语下》固已明言"在男曰觋,在女曰巫"矣,则神话中羲和身为女子,于理亦无不可。帝俊与"有通天彻地之能"的女巫结婚,正可视为上古王巫结合之遗迹。而生日、浴日乃至"主日月",亦不外司天之象征也。由此而重温《尚书·尧典》中"乃命羲和,钦若昊天,历象(前引《史记》文作"数法",司马贞《索隐》谓与"历象"相同,意为"以历数之法观察日月星辰之早晚",是)日月星辰,敬授人时"等语,方可得到更深刻之理解。其语在表面上虽略有"科学"色彩,实质所指,仍不出通天事务也。

昆吾

"昔之传天数者"名单前半部诸人中,唯昆吾稍异。考之古籍,昆吾似为一与通天巫觋无关之神话传说人物。《山海经·大荒西经》云:"有三泽水,名曰三淖,昆吾之所食也。"不能由此知其为何种身份之人。《史记·楚世家》谓昆吾为重、黎之后裔:"吴回生陆终,陆终生子六人,坼剖而产焉。其长一曰昆吾……"而吴回为重、黎之弟。由此仍不知昆吾为何等人物。《左传》昭十八年苌弘预言毛得必亡,有"是昆吾稔之日也"之语,稔训为"恶贯满盈",是昆吾似未得善终。然而终无法知其为何种人。但司马迁列之于"传天数者"之中，必有所据，姑存疑于此。

综上所述，《史记·天官书》"昔之传天数者"名单之前半部，除昆吾一人稍异，姑置不论外，其余巫咸、重、黎、羲和诸人，皆为专司沟通天地人神之巫觋。斯诚不必凿定为具体之真人真事，第明乎诸人在历史上确以此种面目出现，已足为后文讨论之阶梯矣。再回忆名单之后半部，据上节考述，皆为著名之星占学家或参与星占事务者，则此"传天数者"名单之蕴义，已可得而言：

十四人既列入同一名单，则此诸人必有某种共同之处无疑。此共同之处为何？可一言以蔽之曰：通天。所谓"传天数者"，即专司通天事务之杰出人物也。观此名单，其上半部为专司沟通天地人神之巫觋，下半部则为以星占学名世之astrologus，文明演进之痕迹于此判然可见——古之天文—星占学家（此实为astrologus较切合之对译），即上古时代通天巫觋之遗裔也。换言之，天文星占之学，即通天之术也；太史观星测候，即不啻巫觋作法也。

四、灵台与通天事务

前述《山海经》中所载，以巫咸为首之十巫在"灵山"升降，上通于天。而后世皇家天文—星占学家观天之台，恰被称为"灵台"。两名相合，恐非偶然。灵本作靈，其下部赫然有"巫"字，指明灵台与巫之密切关系，亦犹筮下之"巫"字，表明筮本为巫之专职。故灵台者，本巫觋作法通天之坛场，而非科学家探索自然之机构也。论者多将灵台称为现代天文台之前身，如仅就台上有人观天一点而言，此语固无不可，然而两者之根本性质，遂由此而混淆矣。关于灵台之性质与用途，古人言之甚明：

> 天子有灵台，所以观祲象、察气之妖祥也。（《诗·大雅·灵台》郑玄注）

> ……灵台，观台也，主观云物、察符瑞、候灾变也。（《晋书·天文志上》）

灵台又被称为观星台、司天台等，为皇家"天文"机构之表征。在古代传说中,虽尚有清台、神台等名,但以灵台为最常用。东汉张衡作有《灵宪》,为一典型星占学著作,论者或谓不知其命名之义,其实,灵者,灵台也,宪者,宪则、法则也,故"灵宪"者,犹"星占纲要"或"天文要论"也。观其书所存内容,正是如此。

《诗·大雅》有《灵台》篇,首章云:

> 经始灵台,经之营之,庶民攻之,不日成之。

对此追论中国天文台历史者常加引用,所获推论,大致有二:中国天文台历史之早,于周文王时已有之,一也;周文王重视天文学,二也。但由前论"天文"本义及灵台性质,此种推论皆类郢书燕说,已不待言,而此章另有重大意义,则尚未见有阐述者。

夫"庶民攻之,不日成之"者,人海战术,搞"工程会战"以赶建灵台也。周文王即使真是"重视天文学",亦何至于如此?《灵台》篇小序有言:

> 《灵台》,民始附也。文王受命而民乐其有灵德。

此数语已初揭其秘。"民始附"者,政权初具规模也。其时周渐强盛,对商已有不臣之意。《灵台》篇孔颖达疏引公羊说云:

> 天子有灵台以观天文……诸侯卑,不得观天文,无灵台。

彼时商为天子,周文王仅为"不得观天文"之诸侯,而竟聚众并工赶造灵台,是已有犯上作乱之心,敢于窥窃神器,觊觎大宝矣。

九鼎之为神器,王孙满不许楚子问其轻重,此已为人所熟知,然而观天、通天之灵台,实为古时最大、最重要之神器。因为通天之事,为上古时代政治上头等急务,直接关乎统治权之有无。比如董仲舒《春秋繁露》卷十一云:

> 古之造文者,三画而连其中,谓之王。三画者,天、地与人也;而连其中者,通其道也。取天、地与人之中以为贯而参通之,非王者孰能当是?

若以此为造字之说，或未免穿凿，然而其所依据之观念，实为上古政治思想之要义所在。所谓"通其道"，即沟通天地人神也。又如张光直通过研究夏、商、周三代考古文物，得出如下结论：

> 占有通达祖神意旨手段的便有统治的资格。统治阶级也可以叫做通天阶级，包括有通天本事的巫觋与拥有巫觋亦即拥有通天手段的王帝。[1]

张光直的研究，因系以三代青铜器等文物为主，故未及于典籍中之"天文"等方面，但他对中国古代帝王（他喜称"王帝"）通天与统治权关系之论述，确有真知灼见。

灵台之性质与地位既明，则中国历史上官营"天文"之强大传统及有关现象，遂可获得合理解释。中国历史上，每一个王朝皆设有官营御用之灵台，后世改称司天台、太史院、钦天监等，甚至还有所谓"内灵台"，由宦官掌之。即令只金瓯一片之小朝廷，亦必设立钦天监。现代论者对于古人当四方攻伐、生死存亡时刻，何以如斯重视此不急之务，无法说明，遂常以"有重视天文学的传统"解释之，而不知愈当兵凶战危之时，灵台观天愈为急务也。《史记·天官书》云：

> 田氏篡齐，三家分晋，并为战国，争于攻取，兵革更起，城邑数屠，因此饥馑疾疫焦苦，臣主共忧患，其察禨祥，候星气尤急。

是时各国纷纷僭号称王，无复天子诸侯"名分"，当然各有各的灵台及星占学家，此甘、石、唐、尹诸人所以垂名于世也。而昔年周将革命，文王赶建灵台，固已树立榜样于先矣。

灵台既为观天通天、得国掌权之神圣处所，则灵台所陈列之观星仪器，也就不同凡响。清代《皇朝礼器图式》中详录当时皇家观象台上所陈大小仪器，上古遗留之传统观念，于此清楚可见。若谓之"重视科学仪器"，则世间其他科学仪器尚多，《图式》何以无一列入？礼器也者，通天通神、象征王权之重器也。"国之大事，在祀与戎"，戎所以攘外安内，祀所以通天通神，故礼

---

[1] 张光直：《考古学专题六讲》，文物出版社，1986年，页107。

器中包括观星之器,在古人看来实属顺理成章。极而言之,观星之器与传说中之九鼎,同一性质,同一级别也。

后世灵台之中,人员众多,分工明细。其日常事务,大体可分为两大端,曰观天,曰造历。观天为观"天文"以占人事吉凶,比较易知。太史之地位,虽不若上古时重、黎之神圣崇高,但作为"天意"之传达者与解释者,其品秩虽不甚高,却仍隐然有"帝师"意味,非同品秩之其他官员可比。秦汉以降,两千年间宫廷天文—星占学家谈论天象、预言吉凶之例甚多,皆不出前述苌弘、子韦、裨灶、甘公等人行事之模式。因观天为通晓"天意"之途径,而"天意"又直接关乎王朝之兴衰存亡,故古人观天甚勤,留下大量天象记录。此种记录,在今天固可利用为科学研究之资料,但在当时则尽为星占学文献,而不具有任何现代意义上之科学性质,此不可不注意也。

关于造历,现代论者常将其与观天分割开来,谓观天即使属星占学活动,造历则为现代意义上之数理天文学无疑矣。此说亦非无据,因传世之古代中国历法,其内容确属数理天文学。然而历法在古代之主要功能,及历法在古人心目中之性质,遂因上述说法而被掩盖。实际上,历法在古代中国,就其功能言之,是为星占活动所必需之工具(预知日、月和五大行星运行状况及位置);就其性质言之,则与星占学同为通天之手段,仍属"天文"范畴之内(古人常将"天文历法"、"星象历法"并称,正因此故)。关于此事笔者已有另文专论之[1],此处姑略举古人论述数则,以见在古人心目中,历法性质确乎如此。《汉书·艺文志》数术略历谱类下云:

> 历谱者,序四时之位,正分至之节,会日月五星之辰,以考寒暑杀生之实。故圣王必正历数,以定三统服色之制,又以探知五星日月之会,凶厄之患,吉隆之喜,其术皆出焉。此圣人知命之术也。

班固于《艺文志》各略各类后所加之简要评语,皆为古代中国具有代表性之观念,对于其说,自不能视而不见。又《后汉书·律历志下》云:

> 夫历有圣人之德六焉:以本气者尚其体,以综数者尚其文,以考类者尚其象,以作事者尚其时,以占往者尚其源,以知来者尚其流。大业

---

[1] 江晓原:《中国古代历法与星占术》,《大自然探索》7卷3期(1988)。

载之,吉凶生焉,是以君子将有兴焉,咨焉而以从事,受命而莫之违也。

此可视为对上引班固之说的补充与阐发。又《史记·历书》云:

> 尧复遂重、黎之后,不忘旧者,使复典之,而立羲和之官。明时正度,则阴阳调,风雨节,茂气至,民无夭疫。年耆禅舜,申戒文祖,云:"天之历数在尔躬"。舜亦以命禹。由是观之,王者所重也。

《史记·历书》为历代正史中《历志》、《律历志》之祖,其说同样值得重视。若谓古之历法具有现代数理天文学之内容则可,若谓其已具有同样性质,则一有此数理天文学,竟能使"阴阳调,风雨节,茂气至,民无夭疫",岂不荒唐?然而一旦明白历法亦为通天工具,则司马迁之言自不难解也。

五、为何严禁"私习天文"

帝颛顼使重、黎"绝天地通",从此垄断了交通天地人神的途径,该神话的重大象征意义,成为古代中国政治思想的精义之一,垂数千年而不变。在此问题,历代帝王从两方面着手:其一,官营"天文",即自己牢牢掌握通天手段;其二,禁止民间私习"天文",即不准旁人染指通天手段。

关于古代禁止民间私习"天文",天文学家曾偶有述及,但往往仅据《万历野获编》中之片言只语立论。而对于古代帝王此举之根本原因,则始终不得要领,或干脆避而不谈。历代帝王禁止私习"天文"之事,史不绝书。兹先列举若干则记载,再进而论其原因:

> (泰始三年)禁星气、谶纬之学。(《晋书·武帝纪》)

> 诸玄象器物、天文图书、谶书、兵书、七曜历、太乙、雷公式,私家不得有,违者徒二年。私习天文者亦同。(《唐律疏议》卷九)

> 诸道所送知天文相术等人凡三百五十有一。(太平兴国二年)十二月丁巳朔,诏以六十有八人隶司天台,余悉黥面流海岛。(《续资治通鉴长编》卷十八)

（景德元年春）诏：图纬推步之书，旧章所禁，私习尚多，其申严之。自今民间应有天象器物、谶候禁书，并令首纳，所在焚毁。匿而不言者论以死，募告者赏钱十万。星算伎术人并送阙下。（同上书卷五十六）

（至元二十一年）括天下私藏天文图谶、太乙、雷公式、七曜历、推背图、苗太监历。有私习及收匿者罪之。（《元史·世祖纪》之十）

（钦天监）人员永不许迁动，子孙只习学天文历算，不许习他业；其不习学者发南海充军。（《大明会典》卷二二三载洪武六年诏）

国初学者有历禁，习历者遣戍，造历者殊死。（《万历野获编》卷二十）

当代论者颇谓禁民间私习历法自明代始，此前则只禁"天文"不禁历法，但据上引各则记载，此说显然不确。《唐律》所禁，即包括"七曜历"，历代因之，七曜历虽与中国正统历法可能有所不同，终也是历法之属；又"推步之书"即指历法，此为古今公认，而宋真宗景德元年诏称"图纬推步之书，旧章所禁"，则历法之禁，早已有之。又由前论历法之性质，知其与"天文"同为古代通天手段，则既禁私习"天文"，自然也要同禁私习历法。

观上列诸禁私习"天文"历法记载，又可见其严酷程度，有今人不易想象者。宋太宗时诸私习者被送至京师，除录用于司天台者外，"余悉黥面流海岛"，对于如此粗暴行为，宋代士大夫中竟有人认为"盖亦障其流，不得不然也"（岳珂《桯史》卷一）。宋真宗时，更至"匿而不言者论以死，募告者赏钱十万"。明太祖之酷烈，竟又及于重、黎、羲和辈本身，不继承祖业者"发南海充军"，此与宋太宗将私习者"黥面流海岛"堪称异曲同工。

历代帝王禁止私习"天文"何以如此严厉？其原因仍当从前论通天之义求之。张光直论古代通天手段之独占云：

经过巫术进行天地人神的沟通是中国古代文明的重要特征；沟通手段的独占是中国古代阶级社会的一个主要现象；促成阶级社会中沟通手段独占的是政治因素，即人与人关系的变化……从史前到文明的过渡中,中国社会的主要成分有多方面的、重要的连续性。[1]

张光直虽因大致限于考古文物之研究而未能及于"天文"历法等方面,但其所得关于独占通天手段之重要性等结论则完全可适用于后者;而从史前至文明过渡阶级连续性之说,尤有助于说明上古"天文"对两千年封建社会之重大、深入影响。

昔王孙满之斥楚子,谓"鼎之轻重,未可问也"(《左传》宣三年),是因九鼎系通天之礼器、王权之象征,故不许旁人觊觎。后世帝王之禁民间私习"天文"历法,其理完全相同,不过为保证此通天通神、王权攸关之工具绝对为自己垄断而已。对此尤可引有关历法数事以说明之:《周礼·春官宗伯》载太史之职掌,有"正岁年以序事,颁之于官府及都鄙,颁告朔于邦国"一项,颁告朔即颁历法,历法既为通天之工具,则此历法由天子所颁赐,而诸侯臣民共遵用之,其象征此通天手段为天子所独占,至为明显矣。后世"奉谁家正朔"每成政治态度上之大关节,原因亦在于此。故沈德符谓明初"习历法者遣戍,造历者殊死",当非虚语。今存之明代《大统历》刊本封面上,皆盖有一木戳,其文曰:

> 钦天监奏准印造大统历日,颁行天下。伪造者依律处斩。有能告捕者,官给赏银五十两。如无本监历日印信,即同私历。

历本既为颁行天下之物,而犹有"伪造者依律处斩"之禁者,殆类今之"侵犯专利权"也。此权即为帝王独占通天手段之权。

私习"天文"之禁虽厉,然而代代重申禁令,足见私习始终不绝,得非煌煌上谕,每徒为具文乎?此又不可不稍辩也。固然,文化方面之禁令再严厉,终不能使"异端"绝对消失,观始皇帝之焚书坑儒,虽成文化之浩劫,而所禁之书并未绝迹,自己倒二世而亡,即可知矣。然而,历代之所以屡申私习"天文"之禁,其中另有原因。

观前列七条各代禁私习"天文"记载,皆为王朝初期之事,此绝非偶然也。"天文"既为通天手段,而此种手段之独占又与王朝统治权密不可分——在上古,原是王权之来源;至后世,乃演变为王权之象征,则每逢改朝

---

[1] 张光直:《考古学专题六讲》,页13。

换代之际,新崛起者必"窥窃神器",另搞一套通天手段为己用(如周文王之造灵台),以打破旧王朝对通天手段之独占。当斯时也,私习"天文"历法而投效新主者,在旧朝固为罪犯,在新朝则为佐命功臣矣。故历史上诸开国君主,身边常有此类人物为之服务,较著名者,如吴范之于孙权,张宾之于杨坚,李淳风之于李世民,刘基之于朱元璋等。然而青史留名,主要限于成功者,而当时群雄逐鹿,成则为王,败则为寇,失败者(其数量远较成功者为多)身边,同样会有此类人物。于是,旧朝所垄断之通天手段,遂经历一段扩散过程。至新朝打下江山,一统天下之后,自然会转而步旧朝后尘,尽力保证本朝独占特权,此所以历朝常在开国初期重新严申私习"天文"之禁也。此种做法,纯为帝颛顼命重、黎"绝地通天"之翻版。对于此中转折,可参考刘基一事,《明史·刘基传》:

(刘基)抵家,疾笃,以《天文书》授子琏曰:亟上之,毋令后人习也!

刘基是"天文"高手,当然深知此中危险。朱元璋天下既定,对于当年以通天术助他夺天下者,难免转而疑忌,政敌也正好借此打击刘基:"谓谈洋地有王气,基图为墓,民弗与,则请立巡检逐民。帝虽不罪基,然颇为所动,遂夺基禄。"故刘基临终亟令子上交《天文书》,且戒后人不可习之,正为免祸也。

六、结　语

综本文所述,可得如下结论:

古代中国之"天文",其本义为星占学(judicial astrology)。古代"天文"家即星占学家,实为上古巫觋之遗裔;巫觋以沟通天地人神为其职业。在上古时代,唯掌握通天手段者(有巫觋为之服务者)方有统治权,而"天文"即为最重要之通天手段,故"天文"在谋求统治权者为急务,在已获统治权者为禁脔。对"天文"之垄断主要表现为两方面:官营"天文"之传统,及对私习"天文"之厉禁。

原载《中国文化》(北京·香港·台北)1991年第4期

历书起源考

——古代中国历书之性质与功能

引　言

在古代中国人宇宙图像中，时间与空间密切联系在一起。人生天地之间，凡百行事，都必须选择在合适的时空点上进行，方能吉利有福，反之则有祸而凶。所谓"敬天之纪，敬地之方"（《钦定协纪辨方书》乾隆御制序），正是此意。堪舆、择吉（选择）、占卜等种种方术，极而言之，皆不外选择合适时空点以行事而已。就时间言，则为探讨何时可行何事，不可行何事，即各种吉凶宜忌之说。而历书（具注历）之性质与功能，也正须从此处入手去理解。

所谓具注历，通常主要指敦煌卷子中所见唐宋历书，以及传世之明《大统历》、清《时宪书》等，旧时《黄历》也可包括在内。因其中有大量历注而得名，以区别于出土汉简中所见之早期历谱。简言之，历书中必包含历谱成分，而仅有历谱则尚不足以构成历书。但实际上历书历谱中皆有历注，故并不能依据有无历注来区分两者。而建立有效区分此两者之合理判据，则为探讨历书起源、形成问题之重要技术关键。

历注可分广、狭二义。为日常行事选择合适时空点之各种吉凶宜忌之说可称为狭义历注。若就广义言之，则干支、节气、物候等内容也可视为历注。本文所论，仅限于狭义历注。[1]

---

[1] 本文所涉及之秦简日书、楚帛书、汉简历谱、敦煌卷子、唐宋历书及佛经等，依据如下版本：秦简日书：《云梦睡虎地秦墓》，北京：文物出版社，1981年。楚帛书：李零：《长沙子弹库战国楚帛书研究》，北京：中华书局，1985年。汉简历谱：《疏勒河流域出土汉简》、《银雀山汉简释文》、《居延汉简释文合校》，北京：文物出版社，1984、1985、1987年。敦煌卷子：黄永武辑：《敦煌宝藏》，台北：新文丰出版公司，1981—1986年。唐显庆三年历书：《吐鲁番出土文书》第六册，北京：文物出版社，1985年。宝祐四年会天历：《宛委别藏》册六十八朱彝尊跋本，南京：江苏古籍出版社，1986年。佛经：《大正新修大藏经》。正文中仅称引其各件标题、年号或通用编号。零星不在上列者及常见古籍则于正文中引用时注明出处。

一、历忌之学溯源

大量历注内容的来源及理论根据,为古代长期流传于中土的历忌之学——并非只是讲忌,而是宜、忌兼讲。故历忌之学与历书起源问题直接联结在一起。钱大昕《十驾斋养新录》卷十四云:

> 吴门黄氏有宋椠三秝撮要,凡五十七叶,不题撰人姓名,又无刊印年月,而纸墨极精。考直斋书录解题载此书一卷,又一本名择日撮要秝,大略皆同。建安徐清叟云:其尊人尚书公应龙所辑,不欲著名,即是书也。其书每日注天德、月德、月合、月空所在,次列嫁娶、求婚、送礼、出行、行船、上官、起造、架屋、动土、入宅、安葬、挂服、除服、词讼、开店库、造酒曲酱醋、市贾、安床、裁衣、入学、祈祷、耕种吉日,盖司天监用以注朔日者。其所引有万通秝、百忌秝、万年具注秝、万年集圣秝、会要秝、会同秝、广圣秝,大率皆选择家言也。郑樵艺文略有太史百忌秝图一卷……今皆不传。此书又引刘德成、方操仲、汪德昭、倪和父诸人说,盖皆术数之士,今无有举其姓名者矣。

其中所引各种"今皆不传"之古籍,即为历忌之书;而自嫁娶至耕种各项择吉名目,大体皆为传世历书中所见历注之通常项目。钱氏提到《通志略》中有关书目,其实郑氏书目中所列历忌之书远较钱氏上文所提及者为多,兹举其较明显者如次,见艺文略六阴阳:

> 五姓岁月禁忌一卷
> 杂忌历二卷(魏高堂隆撰)
> 百忌大历要钞一卷
> 历忌新书十二卷
> 太史百忌历图一卷
> 太史百忌一卷
> 广济阴阳百忌历二卷(吕才撰)
> 选日阴阳月鉴一卷
> 广圣历一卷(晋苗锐集)

集圣历四卷(杨可撰)

万年历十七卷(杨维德撰)

历忌之书的踪迹,还可自宋代再向前追溯。《隋书》经籍志三子部五行类中著录有如下多种,显然与上述钱、郑两氏提到的各书有承传关系:

杂忌历二卷(魏光禄勋高堂隆撰)

百忌大历要钞一卷

百忌历术一卷

百忌通历法一卷(梁有杂忌五卷,亡)

历忌新书十二卷

太史百忌历图一卷(梁有太史百忌一卷,亡)

二仪历头堪余一卷

堪余历二卷

注历堪余一卷

堪余历注一卷

大小堪余历术一卷(梁有大小堪余三卷)

四序堪余二卷(殷绍撰。梁堪余天赦有书七卷、杂堪余四卷,亡)

"堪余"即堪舆,早见于《淮南子》天文训:"堪舆徐行。"《汉书·艺文志》数术略五行类有"堪舆金柜十四卷",颜师古注引许慎云:"堪,天道;舆,地道也。"可知古人所言堪舆,本即后世"协纪辨方"之意,仍属历忌之学,第后世术家偏取"地道"一义,遂成专指择地相宅之类的术语。在郑樵艺文略中堪余别为一类,著录十一种,上引隋志书目之后六种皆在其中。

历忌之学的历史还可再向前追溯,大约在东汉时已十分盛行。王充《论衡·讥日篇》云:

世俗既信岁时,而又信日。举事若病、死、灾、患,大则谓之犯触岁月,小则谓之不避日禁。岁月之传既用,日禁之书亦行。世俗之人,委心信之;辩论之士,亦不能定。是以世人举事不考于心而合于日,不参于义而致于时。时日之书,众多非一。

所谓"时日之书",即历忌之学。王充所说之日禁,即后世历书中择日择吉之说。所谓"岁月"则指据节令、月份而讲求的各种宜忌,又称为"月讳",即上引郑樵艺文略中"五姓岁月禁忌"、"选日阴阳月鉴"之类,这在古时也很常见,如《荆楚岁时记》云:

> 五月俗称恶月,多禁。忌曝床荐席,及忌盖屋。……俗人月讳,何代无之,但当矫之归于正耳。

王充既愤于历忌之书盛行,乃论其较著者,欲"明其是非,使信天时之人将一疑而倍之"——但实际直到今日仍未克臻于此境。《讥日篇》共论六类历忌之书如下:

葬历,专讲葬事之择日。

祭祀之历,专讲祭祀活动之择日。

沐书,有关洗头的各种时日吉凶宜忌。

裁衣之书,讲裁衣之时日吉凶。

工伎之书,造房装车治船掘井等事之择日。

堪舆历,较普适的择吉之书。

尤可注意者,此六类历忌书中所讲论之种种内容,全为后世历书历注中极常见的典型项目。

历忌之学的历史,再前溯可至西汉初。一个著名事例发生于武帝时,见《史记·日者列传》末附褚先生所记:

> 孝武帝时,聚会占家问之,某日可取妇乎?五行家曰可,堪舆家曰不可,建除家曰不吉,丛辰家曰大凶,历家曰小凶,天人家曰小吉,太一家曰大吉,辩讼不决。以状闻,制曰:避诸死忌,以五行为主。

娶妇择日为后世历书中最常见历注之一。

迄今所能见到的历忌之学的源头,可以长沙子弹库楚墓出土帛书《丙篇》和分别于湖北云梦睡虎地及甘肃天水放马滩出土的两种秦简《日书》为表征。《日书》是供择日等术专用的工作手册,实即一种早期历忌专书,对此下文还要谈到。关于楚帛书内容,中外学者已有甚多讨论,但如何看待其《丙篇》,尚有在此处略加讨论的必要。一些学者因帛书《丙篇》逐月开列十二个月中的吉凶宜忌，遂将其与《礼记》月令篇、《吕氏春秋》十二纪之首章、《淮南子》时则训、《管子》幼官（玄宫）篇等联系起来，推测为同一类典籍。但事实上《礼记》月令篇等皆属古时"敬授人时"之典，讲的是何时应做何事；而帛书《丙篇》为吉凶宜忌之说，讲的是何时可做何事及不可做何事，两者在性质上完全不同，其功用也明显不同。例如，在帛书《丙篇》中可见到如下内容：

> 可以出师、筑邑，不可以嫁女、取臣妾。
> 不可以享祀，凶。
> 不可出师……不可以享。
> 不可以筑室……娶女，凶。
> 可以筑室。
> 可以攻城，可以聚众。

而这些内容皆可在后世历注中经常见到。故帛书《丙篇》实即王充所攻击的"岁月之传"，亦即历忌之学中的月讳之说。而李零谓帛书《丙篇》"其性质当与古代的历忌之书相近，《月令》诸书应该就是从这种东西发展而来"（《长沙子弹库战国楚帛书研究》，页46），前一句失于保守，后一句恐就不妥了。

楚帛书及秦简《日书》为现今所见最早之历忌专书，但择吉择日之类的思想，很可能早在远古时即已发端，因文献不足，仅可于传说中略见端倪，如《史记·五帝本纪》载帝尧时事云：

> 于是帝尧老，命舜摄行天子之政，以观天命。舜乃在璇玑玉衡，以齐七政。……揖五瑞，择吉月日，见四岳诸牧，班瑞。

此固不足视为信史，但历忌思想之源远流长，当已不难想见。至此，关于历忌之学的源流，或可得到如下之大致线索：

历忌之学至迟在战国时已颇具规模，自两汉而下，至六朝，再至唐宋以降，一直流传不绝；而其发展之终结，则可以清代集大成之《钦定协纪辨方书》三十六卷作为标志。

二、由典型历注项目看历忌之学之长久承传

中土历忌之学的源流既明,其内容又常见于后世历书中,然而却不可简单地认为历书即历忌之学与历谱结合而成——因为早在汉简历谱中就已屡见历注,故历书之形成尚须待下文继续深入探讨。兹先考察三种典型的历注项目,该三项目在中土两千年历谱历书中一直不变,由此可见历忌之学承传之久实达到惊人程度。

反支

《钦定协纪辨方书》卷九立成将反支单独立为一类,作为"日神按月朔取日数者"。反支属凶煞类,由每月朔日纪日干支之地支决定。出土汉简历谱中,永元六年(公元94年)及本始四年(公元前70年)残谱皆注有反支。最引人注目者则为银雀山出土的西汉元光元年(公元前134年)全谱——此为现今所见汉简历谱中年代最早的一份,其中所有反支之日全部注出。

关于反支的历忌在汉代已流行。《汉书》游侠陈遵传载张竦为贼兵所杀事,颜师古注引李奇曰:

> 竦知有贼,当去,会反支日,不去,因为贼所杀。桓谭以为通人之蔽也。

因信反支日不利出行,反误了性命。故《颜氏家训》卷七杂艺云:"至如反支不行,竟以遇害;归忌寄宿,不免凶终。拘而多忌,亦无益也。"又《后汉书》王符传引述其《潜夫论·爱日篇》云:

> 明帝时,公车以反支日不受章奏,帝闻而怪曰:民废农桑,远来诣阙,而复拘以禁忌,岂为政之意乎!于是遂蠲其制。

反支日不受章奏,自然可与张竦反支日不出行同视为迷信历忌之学的表现,而尸位素餐之官僚又可借此少办几日公,亦何乐而不为乎。

反支日推求之法,前人多引《后汉书》王符传李贤注所引《阴阳书》为据。

但近已发现远较李贤注更早的文献证据,云梦秦简《日书》甲种有"反枳"章(简742—743反面)如下:

> 反枳。子丑朔六日反枳,寅卯朔五日反枳,辰巳朔四日反枳,午未朔三日反(枳),申酉朔二日反枳,戌亥朔一日反枳。复卒其日子有复反枳,一月当有三反枳。

以汉简元光元年历谱考核之,与李贤注及《日书》"反枳"章完全一致。其推求之法可列表示之如下:

朔日地支	子丑寅卯辰巳午未申酉戌亥
第一反支日日期	六六五五四四三三二二一一
反支日地支之一	巳午午未未申申酉酉戌戌亥
反支日地支之二	亥子子丑丑寅寅卯卯辰辰巳

由此又可知《日书》"一月当有三反枳"之语,应是指一月中连头带尾遇到三次地支循环,而不是指一月中有三个反支日(一月中最多可有五个)。

反支之说起源于先秦,在汉代历谱中已成历注项目,此后一直沿用不改,直至清末历书。且此两千余年之间,其推求之法及吉凶含义均无改变。

血忌

汉简永元六年残历谱有血忌历注:

> 十一日甲午破血忌天李

"破"及"天李"也是历忌项目,此不论及。所谓血忌,义为忌见血,其说在汉代已有之,《论衡·讥日篇》云:

> 祭祀之历,亦有吉凶。假令血忌、月杀之日固凶,以杀牲设祭,必有患祸。

杀牲必见血,故在血忌日行之即有祸患。又唐韩鄂《四时纂要》卷一正月云:

> 丑为血忌,不可针灸、出血。

丑为纪日干支之地支。血忌日之推求依据每月中某一纪日地支来决定，逐月而异，可列表示之如下：

月　份	1	2	3	4	5	6	7	8	9	10	11	12
本月血忌日地支	丑	未	寅	申	卯	酉	辰	戌	巳	亥	午	子

血忌在唐宋历书中仍为典型历注项目，后世因之，直至清末，其推求之法及吉凶宜忌都无改变。

建除十二直

已出土汉简历谱中永元六年、本始四年、元康三年（公元前63年）及建平二年（公元前5年）四种残谱皆有建除十二直历注。永元六年谱已将十二直逐日注出，后三种则仅逢"建"日注明——但功效并无不同，因其余十一可类推而得。十二直之说同样起源甚早，如《淮南子·天文训》云：

> 寅为建，卯为除，辰为满，巳为平，主生；午为定，未为执，主陷；申为破，主衡；酉为危，主杓；戌为成，主少德；亥为收，主大德；子为开，主太岁；丑为闭，主太阴。

但对于这段话，两种传世的《淮南子》古代注本（习见之高诱注本及收于《道藏》中之许慎注本）都无说明。所谓主生主陷云云，语涉虚玄，兹不置论。而将十二直即建、除、满、平、定、执、破、危、成、收、开、闭与十二地支相对应，则有其理论及规则，两千年相传不绝，数术家多能言之。近年更于秦简《日书》中发现十二直推求法则及其吉凶宜忌之详细说明。

近年先后出土两部内容相仿的秦简《日书》，一出于湖北云梦睡虎地，一出于甘肃天水放马滩。两《日书》又各分甲、乙两部。于相去千里之遥的华中与西北先后发现相似文献已足令人惊异，更奇巧者，两《日书》皆有论十二直之专章，且论十二直推求法则部分竟然文字完全相同！睡虎地《日书》此章原有标题曰"秦除"（甲种，743—754号），放马滩《日书》此章无标题（甲种，1—12号），兹引前者为例：

> 正月：建寅、除卯、盈辰、平巳、定午、挚未、柀申、危酉、成戌、收亥、开子、闭丑。
>
> 二月：建卯、除辰、盈巳、平午、定未、执申、柀酉、危戌、成亥、收子、

开丑、闭寅。……

凡十二月。其中盈即满,挚同执,柀同破。其含义为:正月从纪日干支之地支为寅之日起,依次逐日为建、除、满、平……十二日一循环;二月则以纪日地支为卯之日为建,逐日排列;其余各月顺十二地支之序依次类推。此外,十二直推求排列中还有技术性的约定和附则。[1]

十二直与反支、血忌一样,都属历忌之学中典型的日禁之说。关于十二直所主之吉凶宜忌,云梦《日书》"秦除"章中有详细记述——竟比后世唐宋历书中所见者还要详细,颇富参考价值,兹引录其说如下,其中明显的通假字已代以正字:

> 建日,良日也。可以为啬夫,可以祠,利早不利暮,可以入人、始冠、乘车,有为也吉。
> 除日,臣妾亡不得,有瘅病不死,利市责劵□□□除地,饮乐,攻盗不可以执。
> 盈日,可以筑闲牢,可以产,可以筑宫室、为啬夫,有疾难起。
> 平日,可以娶妻、入人、起事。
> 定日,可以臧、为官府室祠。
> 执日,不可以行,以亡必挚而入公,而止。
> 破日,无可以有为也。
> 危日,可以责挚、攻击。
> 成日,可以谋事、起□、兴大事。
> 收日,可以入人民、马牛、禾粟、入室取妻及它物
> 开日,亡者不得,请谒得,言盗得。
> 闭日,可以劈决池、入臣徒、牛马、它牲。

建除十二直之说在先秦历忌书中已如此完备,至迟在汉代又进入历注。又前述汉武时七家辩论娶妇吉凶事,七家中有"建除家",可知彼时其说颇为流

---

[1] 关于十二直推求之约定及细则,可参阅以下两文:张培瑜:《出土汉简帛书上的历注》,《出土文献研究续集》,北京:文物出版社,1989 年;邓文宽:《天水放马滩秦简〈月建〉应名〈建除〉》,《文物》1990 年第 9 期。

行显赫,而《日书》"秦除"章,当即建除家之说也。此后自唐宋降及明清,历书皆逐日注出建除十二直,与汉简永元六年残历谱相比,两千余年未有改变。

以上反支、血忌与十二直,仅为两千余年间历注中较突出者,其他项目中虽有一些沿革变化,但也不乏类似的长期承传现象。试以云梦秦简《日书》与两千年后之《钦定协纪辨方书》相比较,即可发现两者有许多共同项目,以至于将《日书》视为秦代的《协纪辨方书》,实在不算如何夸张。

三、由历注内容建立区分历书与历谱之判据

历忌之学的源流及历注项目之长久承传既如上述,则如何区分历书与历谱似乎成为令人困惑的问题。所幸笔者对迄今所能见到的汉简历谱与唐宋以降各历书进行全面对比考察后,终于发现,尽管历注大体上是由简至繁,粗看似呈现连续演变过程,但实际上历谱与历书之间竟然存在着一条明确的分界。而这一点对于历书起源问题来说显然至关重要,故有必要稍详论之。

先从对比典型样品入手。汉简永元六年残历谱是现今所见汉简历谱中历注最繁的一种,敦煌卷子后唐同光四年(公元926年)历书则为敦煌历书中历注较简者,而宋宝祐四年(公元1256年)会天历又是历注较繁的样本,兹将此三种依次各录四日以资比照:

永元六年历谱(《疏勒河流域出土汉简》437号):

　　七月廿七日壬午开天李
　　廿八日癸未闭反支
　　廿九日甲申建□
　　卅日乙酉除

同光四年历书(罗振玉《贞松堂藏西陲秘籍丛残》中所刊部分):
　　(十二月)六日丁亥土开　治病吉
　　　　七日戊子火闭　野雉始鸲　符镇吉
　　　　八日己丑火建　上弦　裁衣吉

九日庚寅木除　嫁娶吉

宝祐四年会天历书(《宛委别藏》朱彝尊跋本)：

(七月)十七日丙午水开参
　　寒蝉鸣
　　天火白虎黑道天棒黑星天狱不举
　　不宜临政举官苫盖舍屋
　　人神在气冲　日游在房内东
十八日丁未水闭井
　　吉日　岁前小岁对玉堂黄道天玉明星
　　　　神在月德合兵吉金堂母仓
　　宜阅教军师修建邸第补理墙壁祭祀神祇
　　血支　人神在股内　日游在房内东
十九日戊申土建鬼
　　小时天牢黑道土府五离
　　不宜穿凿动土扫舍安床远出还家受田破券
　　人神在足　日游在房内中
二十日己酉土除柳
　　沐浴
　　吉日　岁前天恩吉期兵吉兵宝官日阴
　　　　德鸣吠大明七圣神在
　　宜行恩释禁修饰邸第举官荐贤祀神请福安葬坟墓
　　昼五十五刻　夜四十五刻
　　人神在内踝　日游在房内出

　　对比以上三件中各项历注，其由简趋繁固然显而易见，然而最重要、最关键之点则在于：永元六年残谱虽是汉简历谱中历注最繁者，已有建除十二直、反支、天李等历忌项目，却并无任何吉凶宜忌之结论。也就是说，历谱中虽注有历忌项目，但仅可免去人们推算之劳，而欲知该项目出现之日行事究竟有何宜忌，则仍须从历忌之书中去查检其结论——秦简《日书》即此种工具书之典型样本。举例来说，使用汉简历谱，虽能知某日为建、某日反支等等,但还不能得知建日是否宜于入人、反支日是否利于出行之类。而另一方面,以上引第二、第三例为代表之唐宋历书,则已将历忌项目(当然较汉代增加了许多)与有关该项目之吉凶宜忌一起结合进来。在唐宋历书中,人们已可直接得到对日常行事吉凶宜忌之若干具体指导。

现今已知之汉简历谱实物凡十余种,年代最早者为西汉元光元年(公元前134年),最晚为东汉建安十年(公元205年),跨越四个世纪之久。其中最简者仅载每日干支及个别节气,如神爵三年(公元前59年)历谱;最繁者即永元六年谱。但所有各谱中皆无任何吉凶宜忌之结论。

与此形成鲜明对比,现今所见唐宋及以后各种历书,或多或少,必有吉凶宜忌之历注(如上引同光四年历书中宜忌之说较少,而宝祐四年会天历中就明显较多)。由此遂可归纳出一条明确判据如下:

历书:历注中有吉凶宜忌之说者。

历谱:无历注或历注中无吉凶宜忌之说者。

上述判据不仅可为区分历谱与历书提供切实可行之法,更重要的是它表明了如下一项事实:即历书是历谱与历忌之学直接结合的产物。至此,探明历书起源及形成年代已成为可能。

四、历书形成年代之考证

历书既为历谱与历忌之学直接结合之产物,那么此种结合发生于何时?由上节所述区分历谱与历书之判据出发,已可在相当精确程度上对此作出解答。

现今所发现的古历实物中,自汉简历谱至唐宋历书,中间有长达四个世纪的时期几乎呈现空白。在此时段中只有一项材料可供考察,即通常所称的"敦煌北魏历书"。此件1944年被发现于敦煌市廛,1950年苏莹辉将其全文发表于《大陆杂志》(一卷九期)。奇怪的是,其原件现已下落不明。此件常被归入"敦煌历书"系列中论述,但它在年代上既孤悬唐宋之前,在体例上也与敦煌历书迥异,事实上此件只是一份历谱——而且是比任何现今所见汉简历谱更简略的历谱。故以下即称之为"北魏历谱"。北魏历谱有首尾完整之两年,因其体例在现存古历实物中极为特殊,且对以下讨论颇为重要,兹录其第一年之上半年谱文如次:

太平真君十一年历　岁在庚寅　大阴　大将军
正月大一日壬戌收
　　九日立春正月节　廿五日雨水
二月小一日壬辰满
　　十日惊蛰二月节　廿五日春分　廿七日社
三月大一日辛酉破
　　十一日清明三月节　廿六日谷雨
四月小一日辛卯闭
　　十二日立夏四月节　廿七日小满
五月大一日庚申平
　　十三日望芒种五月节　廿八日夏至
六月小一日庚寅成
　　十四日小暑六月节　廿九日大暑
……

每月仅列三日,于节气则极详备,另有社、腊、始耕、月会等注。历忌项目则仅有年神方位及建除十二直。非常明显的是,历注中并无任何吉凶宜忌之说,这与所有迄今所见汉简历谱一样。故依上节所述判据,此件属历谱无疑。

对本文论题而言,最重要之点是北魏历谱的年代——太平真君十一至十二年(公元450—451年),它提供了现今所见历谱的下限。再将历书的上限与之参照,即可推知由历谱至历书的演变发生于何时。

敦煌卷子中保存有唐、五代及宋时历书共数十种,已知年代最早者为唐元和三年(公元808年),或者也可能是贞元十四年(公元798年)[1],然而这还不是历书年代的上限。现今所见最早历书实物,系1973年于新疆吐鲁番阿斯塔那210号古墓出土之唐显庆三年(公元658年)历书残卷。兹录其七月一段如下,俾与上录北魏历谱对比:

---

[1] 席泽宗、邓文宽:《敦煌残历定年》,《中国历史博物馆馆刊》1989年第12期。该文综合前人工作,共考定敦煌历书三十七种之年份,其中以元和三年为最早。黄一农:《敦煌本具注历日新探》,台北:"中央研究院"史语所《新史学》,1992年。该文又考定十二种,其中五种为席、邓两氏之文所未论及,此五种中有一种(斯〇二三〇)黄氏推论可能为贞元十四年。

(十)九日己亥木平　岁后　祭祀纳妇加冠吉
　　廿日庚子土定　岁后　加冠拜官移徙壤土墙修宫室修确碓磴吉
　　廿一日辛丑土执　岁后　仓母归忌　起土吉
　　廿二日壬寅金破　岁后　疗病葬吉
　　廿三日癸卯金危　岁后　结婚移徙斩草吉
　　廿四日甲辰火成　下弦　阴错

显而易见,这已是典型之唐宋历书,历注项目虽不多,但其吉凶宜忌内容已可与宝祐四年会天历比肩。

　　至此已经看到:最晚的历谱为公元451年,最早的历书为公元658年。需要特别强调指出:在现今已见并可确定年份的全部古历实物中451年之前没有历书,而658年之后没有历谱! 由此当有足够的理由相信,自历谱至历书,其演变过程完成于451—658年之间。今后伴随出土文物增加,上述时段或可望进一步缩小。

五、历书形成原因之推测

　　历书之渊源及其由历谱演变形成之踪迹既如上述,那么此种演变之契机或原因何在,自然成为应该尝试解答的问题。笔者之见,此事或与以传入中土之佛教为代表的异域文化之启发影响不无关系。

　　451—658年期间,正值带有中亚—印度背景之七曜术及自身成分复杂的印度天学在中土广泛流行之际。[1]当时各种异域传入的时日吉凶宜忌之说,与此后中土历书中逐日吉凶宜忌历注实在仅距一步之遥——将这些宜忌之说注于历谱,系于逐日之下即可。对此仍不妨用比较史料之法入手。

　　现存汉译佛经中有不少论及天学及时日吉凶宜忌之经品。其论吉凶宜忌之法,常见有两种形式:一为日、月、火、水、木、金、土七曜(为"其精灵神验"之神,而非此七大运行之天体)轮流直日,每日当直之曜神不同,其日吉凶宜忌亦异。二为二十八宿(或二十七宿)与月球运动,月在天球恒星背景上运行,每日移居一宿,则每日行事之吉凶宜忌亦因月所在宿之不同而异。姑将此两种形式各引一例如下:

―――――――――
〔1〕详见江晓原:《天学真原》第六章之Ⅲ、Ⅳ,沈阳:辽宁教育出版社,1991年。

《文殊师利菩萨及诸仙所说吉凶时日善恶宿曜经》(《大正藏》No. 1299)卷下七曜直日历品第八云：

> 夫七曜者，所谓日月五星下直人间，一日一易，七日周而复始，其所用各各于事有宜者不宜者，请细详用之。……
>
> 太阳直日：其日宜册命拜官受职见大人，教旗斗战申威，及金银作持呪行医游猎放群牧，王公百官等东西南北远行，及造福礼拜设斋供养诸天神，所求皆遂。合药服食割甲洗头，造宅种树内仓库捉获逃走，入学经官理当并吉。其日不宜诤竞作誓，行奸必败，不宜先战，不宜买奴婢。……
>
> 太阴直日：其日宜造功德，必得成就。作喜乐朋僚教女人裁衣服，造家具安坐席穿渠造堤塘，修井灶买卖财物仓库内财，洗头割甲着新衣并大吉。其日不嫁娶入宅结交私情出行，不问近远行大凶，奴婢逃走难得，禁者出迟，杀生行恶入贼者必凶。……
>
> 荧惑直日……

此为七曜直日吉凶宜忌之说。

第二种时日宜忌见《摩登伽经》(《大正藏》No. 1300)卷下观灾祥品第六：

> ……我今复说月在众星所应为事：
> ……
> 月在毕日：宜应耕垦婚姻盖宅出财调兽裁衣等事，不宜责敛斗战造酒。其日雨吉。生者慈悲，多欲贪味，丰有财物，寿命延长。
> ……
> 月在翼日：一切事吉。是日生者，端严殊特，聪慧强识，亡失还得。其日有雨，秋稼成熟。
>
> 月在轸宿：一切皆吉。宜调象马授官造池，不利窃盗。其日有雨必当流溢。生者勇健，盗而多智，长寿少病。
> ……

此为月在各宿宜忌之说。

佛经中这些时日吉凶宜忌之说，在六朝隋唐之际广泛流传于中土。例如，《隋书》经籍志三历数类七曜术（或称七曜历）著作被著录者达二十二种。有人因诸书名中或有"历"字样，遂推断这些书为历法著作，其实按当时习惯用法，"历"字常作为日禁月讳之书的特征用语，亦即王充所抨击之"时日之书"，前引《宿曜经》第八品称为"七曜直日历"即一有力例证。又如，敦煌卷子伯三○八一，整理者拟题为《七曜日占法七种》，七种名目如下：

  七曜日忌不堪用
  七曜日得病望
  七曜日失脱逃走禁
  七曜日生禄福刑推
  七曜日发兵动马法
  七曜日占出行及上官
  七曜占五月五日直

观其各项具体内容，实与《宿曜经》七曜直日历品为同类作品。尤可注意者，这类作品也赫然出现于敦煌历书中，如《雍熙三年丙戌岁具注历日》（伯三四○三），为北宋初年历书（公元986年），开首即有"推七曜直日吉凶法"，直可视为前引《宿曜经》七曜直日历品之节本，稍引几段如次以资对比：

  第一密，太阳直日。宜出行，捉走失。吉事重吉，凶事重凶。
  第二莫，太阴直日。宜纳财，治病，修井灶门户，吉。忌见官，凶。
  第三云汉，火直日。宜买六畜，合火，下书契，合市，吉。忌针灸，凶。
  ……

又前引《摩登伽经》所示之月在各宿宜忌之说，在唐宋历书中也有直接反映，如前引宋宝祐四年会天历书中即注有每日月所在宿之名（本文所引四日依次为参、井、鬼、柳）。而历书中注明七曜直日（通常于日曜日注密或蜜字，其余六日可类推）更为极普遍的现象。

如前所述，作为历书中吉凶宜忌之说理论基础的历忌之学，在中土本自源远流长，其内容与稍后佛经中输入之异域吉凶宜忌之说也无太大不同。

然而中土历忌之学长期未与历谱发生直接结合，历谱中虽有少数历忌项目之历注，但始终未能为日常行事宜忌提供直接指示。至历书出现，乃成为具有指示日常行事宜忌功能之直接指南。而另一方面，佛经中如《宿曜经》、《摩登伽经》等经品却具有同样功能（据笔者初步搜索，汉文《大藏经》中此类作品至少有十五种左右）。其中尤以七曜直日吉凶宜忌之说最为明显。七曜直日至为简单，无须推算，《宿曜经》七曜直日历品云：

忽不记得，但当问胡及波斯并五天竺人总知。尼乾子末摩尼常以密日持斋，亦事此日为大日，此等事持不忘。

可知彼时中亚、西域及印度之人对此事已臻习惯成自然之境，中土摩尼教也是如此，此殆如今人之熟悉星期几，日期或有忘记而须取日历查检，星期几则通常不可能记错。由此推论，历书之出现或系受到佛经作品之启发，确实大有可能。当然，因文献不足，此事尚难成为定论。

六、历书之繁盛及其原因

历书在唐宋时代繁荣之盛况，可先由敦煌历书之年代分布稍见其大略。现今已知四十二种年代确切可考之历书，分布于798—993年之195年间；此外尚有年代未定之残本至少九份，推而论之，其年代也当大致不出上述195年期间左右，故敦煌卷子中历书平均三年多即有一份。这一事实值得注意。历书固年年皆有，但敦煌卷子并非钦天监档案，而是五花八门，遍及古代文化许多方面，其中出现历书，并没有必然性。况且此处还必须考虑历书这种文献的特殊性质——时限问题：当新岁到来后，去岁历书按理已成废弃之物，不复为人宝爱，其他文献则不会有这一问题。如此而敦煌卷子中仍能平均三年多即保有一份历书，实为令人惊异之现象。若非历书已广泛盛行，且已深入世人日常生活之中，历书保存如此丰富密集殆将不可想象。

历书繁盛又可从雕版印刷之情况加以考察。敦煌历书大部分为写本，但亦有雕版印本，如唐乾符四年（公元877年）历书（斯〇〇六），为现今所见最早雕印历书；又如唐中和二年（公元882年）历书残页（斯〇一〇），为当时四川"成都樊赏家"雕印出售之私历。雕印历书在唐时已广泛流行，史籍中提到的印刷地点有长安、四川（成都、梓州）、淮南（扬州）、江东等处，印刷商号有"成都樊赏家"、"上都东市大刁家"等。兹略举唐代私印历书记载三则：

> （太和九年）十二月……丁丑，敕诸道府不得私置历日板。（《旧唐书》文宗纪下）

> 剑南两川及淮南道皆以板印历日鬻于市，每岁司天台未奏颁下新历，其印历已满天下，有乖敬授之道。（《全唐文》卷六二四东川节度使冯宿奏）

> 僖宗入蜀，太史历本不及江东，而市有印货者。每差互朔晦，货者各徵节候，因争执，里人执而送公，执政曰：尔非争月之大小尽乎？同行经纪，一日半日殊是小事，遂叱去。而不知阴阳之历，吉凶是择，所误于众多矣。（《唐语林》卷七）

私印历书当然有商业动机，商人抢在朝廷颁历之前先自行编算（当然由民间术士进行）雕印发售，占领市场。"阴阳之历，吉凶是择"，百姓要从中得到日常行事宜忌之指示，他们日常生活已离不开历书，因而市场广大。利之所在，商人乃纷起违法印售。由此不难推知历书在唐代繁盛之状。

历书在唐代有时又被作为珍物之一种，赐予大臣以示恩宠，兹举一例，《刘禹锡集》卷十二为杜佑作《谢历日面脂口脂表》云：

> 臣某言：中使霍子璘至，奉宣圣旨……兼赐臣墨诏及贞元十七年新历一轴，腊日面脂口脂……天书下临，睹三光之照耀；玉历爱授，知四时之环周。雕奁既开，珍药斯见。……命轻恩重，上答何阶？无任感抃屏营之至！

此为801年事。此"新历一轴"很可能也是雕印的，因此种颁赐多半不会限对杜佑一人，若同级官员皆有，则数量已不小，自以雕印为便。

历书之所以在唐代大为盛行，且此后长期不衰，其主要原因，似乎仍当从历书内容中求之。由于唐宋历书实物主要依赖敦煌卷子之奇缘方得保存下数十种，以这些实物为样本考察其内容是否有代表性，对此问题须先略加讨论。敦煌虽自安史之乱后已大体无法与中原直接交通，且中间又有六十年"陷番"时期（787—848年），但长期保持着汉族政权，成为汉文化之飞地，这可从张氏、曹氏政权世世"遥奉汉家正朔"——虽自行编算历书但仍坚持用中原年号——得到有力说明。再以传世宋宝祐四年会天历书考之，上距敦煌历书中年代最晚者（伯三五〇七，993年）已二百六十余年，但两者内容、格局皆大同小异。足证敦煌历书即使出于当地历术家（如翟奉达）自行编算，仍确属华夏传统文化氛围中之产物，其保存传世虽有极大偶然性，但以之为考察对象，所得结论仍将不失普遍意义。

历书中逐日所注行事宜忌之说已屡见前述，其功能为向世人提供日常行事时趋吉避凶之指导，可不必多论。此外历书还有另一类内容，带有普适性质，可视为历忌之学（中土旧有及佛经所传者，等等）结论规则之摘录，专供读历人举一反三，自窥门径之用。此种内容通常置于历书开首处。前引《雍熙三年丙戌岁具注历日》中"推七曜直日吉凶法"即其一例，同样内容也可见后唐同光二年历书（斯二四〇四）等件。此种普适理论内容甚多，比如同光二年历书中讲解多达三十余种神煞直日之宜忌，另有建除十二直之宜忌、不同纪日地支之日的宜忌等，兹各引一小段以见一斑：

月虚日不煞生祭神，八魁日不开墓，复日不为百事，九焦九坎日不种□及盖屋……

建日不开仓，除日不出财，满日不服药……

子日不卜问，丑日不买牛，寅日不祭祀……

此外尚有讲求修造方向吉凶之九星术（可以伯二六二三后周显德六年历书为例）、将人间姓氏分为宫商角徵羽五类依次讲各姓行事吉利年月之"五姓利年月法"（可以同光二年历书为例）等等，不一而足。甚至有与历日毫无关系者，如同光二年历书中绘有一图，上亘北斗七星，中有冠带持笏神人，身后小童侍立，前一人作跪拜祈祷状，旁有文字云：

谨案《仙经》云：若有人每夜志心礼北斗者，长命消灾大吉。葛仙公礼北斗法：昔仙公志心每夜顶礼北斗，延年益算。郑君礼斗官长敬，不注刀刃所伤。

诸如此类。降及明清,历朝所颁历书虽有其大体固定之格式,但种种宜忌之说、择吉之术则仍一脉相承。

要之,历书之出现,将昔日历忌之学由术士之枕中鸿秘转化为家传户晓常见之物,为世人日常行事提供简明易懂之吉凶宜忌指导,很快成为素来笃信天人合一、讲究在选定之合适时空点上行事的古代中国人生活中必不可少之物。历书繁盛之主要原因,当可由此入手加以理解。

原载《中国文化》(北京·香港·台北)1992年第6期

托勒密评传

生平及著作

托勒密（C. Ptolemaeus，最常用的是 Claudius Ptolemy）约生于公元 100 年，约卒于公元 170 年。

关于托勒密的生平，至今所知甚少。最主要的资料来自他传世著作中的有关记载，其次是罗马帝国时代和拜占庭时代著作家们传述的一些说法——通常颇为可疑。

在托勒密最重要的著作《至大论》（Almagest）中，记载着一些他本人所作的天文观测，这是确定他生活年代、工作地点的最可靠的资料。见于《至大论》书中的托勒密天文观测记录，最早的日期为公元 127 年 3 月 26 日，最晚的日期为 141 年 2 月 2 日。由此可知托勒密曾活动于罗马帝国皇帝哈德良（Hadrian，公元 117—138 年在位）和安东尼（Antoninus，公元 138—161 年在位）两帝时代。《至大论》是托勒密早年的作品，此后他还写了许多著作，由这些著作推断，托勒密在哈德良皇帝时代已很活跃，而且他一直活到马可·奥勒留（Marcus Aurelius，公元 161—180 年在位）皇帝时代。

由托勒密留下的观测记录来看，他的所有天文观测都是在埃及（当时在罗马帝国统治之下）的亚历山大城（Alexandria，今埃及亚历山大省的省会）所作。直到今天，仍未发现任何确切的证据，能表明托勒密曾在亚历山大城以外的地方生活过。有一种说法，认为他出生于上埃及的托勒密城（Ptolemais，今埃及的图勒迈塞），这可能是正确的，然而此说出于后世（晚至约 1360 年），且无旁证。

托勒密的姓名中，保存着一些信息，可供推测。Ptolemaeus 表明他是埃及居民，而祖上是希腊人或希腊化了的某族人；Claudius 表明他拥有罗马公民权,这很可能是罗马皇帝克劳狄乌斯(Claudius,公元41—54年在位)或尼禄(Nero,公元54—68年在位)赠与他祖上的。

托勒密的著作集古希腊天文学之大成,但是对于他个人的师承,迄今几乎一无所知。《至大论》中曾使用了塞翁(Theon)的行星观测资料,有人认为塞翁可能是他的老师,但这仅是猜测而已。托勒密的不少著作题赠给一个不知谁何的赛鲁斯(Syrus)。还有人认为泰尔的马里努斯(Marinus of Tyre)是托勒密的老师,托勒密在《地理学》(Geography)一书中使用并修订了马里努斯的不少资料。所有这些情况都还不足以确定托勒密的师承。

《至大论》是托勒密所有重要著作中最早的一部。托勒密的著作流传至今的,包括完整的和不完整的,共有十种。除《至大论》将于下文详论外,其余九种略述如下。

《实用天文表》(Handy Tables)。所有必要的天文表其实在《至大论》中都已包括,但散在全文各处,查阅不便,乃将各表汇为一编,并修订参数,且将表的形式改编得更便于实际应用,还增加了一些表。历元改为米底国王菲力普(Philip)登基之年的埃及历法1月1日(即公元前324年11月12日)。此书在后来很长时期内成为同类作品的标准样式,这种样式一直沿用至中世纪以后。

《行星假说》(Planetary Hypotheses),两卷。仅第一卷有希腊古本保存,全文有阿拉伯文译本传世。此书为托勒密晚年所作。除修订了《至大论》中的有关参数外,在行星黄纬运动和宇宙模式两方面都有很大发展。此书中的宇宙模式变得颇有中世纪阿拉伯天文学中宇宙模式的风格,这部分内容又是在只有阿拉伯文译本的卷二中,因此有人怀疑其中可能杂有后世阿拉伯天文学家的工作。

《恒星之象》(Phases of the Fixed Stars),两卷。仅有第二卷存世。此书专门讨论一些明亮恒星的偕日升与偕日落,这是在《至大论》中未曾充分展开处理的课题。书中有一份历表,列有一年中每一天偕日升及偕日落的若干亮星,并结合各种证据,列出这些星象对未来气候变化的预兆意义。这种把现代意义上的气象学与星占学结合在一起的传统,从古希腊一直持续到文艺复兴时代。

《四书》(Tetrabiblos),四卷。星占学专著。托勒密自己将此书视为《至大论》理所当然的互补之物或姊妹篇。此书在古代和中世纪极负盛名,托勒密也由此长期被视为星占学大家。

《**地理学**》(*Geography*)，八卷。这是古代地理学的经典著作之一。托勒密显然打算在此书中对当时所知的一切地理学和地图学知识集其大成，就像他在《至大论》中对天文学所做的那样。不过此书并未在地理学史上获得类似《至大论》在天文学史上那样的地位。这固然与书中的许多错误有关，但最根本的原因是当时地理学远未达到天文学那样成熟。

《**光学**》(*Optics*)，五卷。希腊文本已佚失，后世的阿拉伯文译本缺卷一及卷五的末尾部分，又已佚失，只有十二世纪时的拉丁文译本（据阿拉伯文转译）存世。

《**日晷论**》(*Analemma*)。除保存下一部分希腊文抄本残卷外，仅有十三世纪的拉丁文译本存世（译自希腊文）。此书研讨构造日晷时需要解决的角度、投影、比例等几何问题。书中的基本概念当非托勒密首创——他在书中提到古罗马工程师维特鲁威(Vitruvius)的《建筑十书》(*De Architectura Libri Decem*)里所述构造日晷之法，但托勒密在具体技巧上有许多改进。

《**平球论**》(*Planisphaerium*)。有十一世纪初年的阿拉伯文译本及十二世纪中叶据此阿拉伯文本转译的拉丁文译本传世。此书专论天球上的各种圆如何投影于平面，这是构造平面星盘的理论基础。

《**谐和论**》(*Harmonica*)，三卷。数理乐律学著作，根据各个不同的传统希腊体系，讨论各种音调及其分类中的数学音程等问题。此书第三卷的最末三章佚失，这三章是讨论各行星天球与音程之间的数学关系，开后来 J. 开普勒(Kepler)著名的同类研究之先河。据公元三世纪晚期玻费利(Porphyry)的评注，说此书只是前人、特别是戴狄慕斯(Didymus，公元一世纪时人)著作的转述引申，但其说的真实性无从判断。

上述十种皆为托勒密流传至今的著作。此外，根据一些古代著作家在他们作品中征引所及，可知托勒密还有另外一些著作。如他曾著有《体积论》(*On Dimension*)及《元素论》(*On Elements*)两书，都已佚失。他还写过一部讨论机械学的书，共三卷，也未能传世。

另一方面，托勒密盛名之下，又有不少古代著作伪托他的名义流传于世。例如，特别要提到《金言百则》(*Centiloquium*)一书，是一部星占学格言集，共一百条。被归于托勒密名下，而实出伪托。

托勒密的著作，在他身后一千数百年间，经过无数次转抄、翻译，版本众多，情况极其复杂。近现代西方学者为此付出了艰巨的劳动，做了大量整理、校刊、编纂以及翻译工作（这些工作的繁琐枯燥是令人望而生畏的），连那些佚失、疑似、伪托作品的有关情况和线索，也都作了考证及清理，这些工作的成果，绝大部分都已刊行于世，成为后人研究托勒密及他那个时代学术状况的基础。

《至大论》与托勒密的天文工作

《至大论》，全书十三卷。希腊文原名的本意是"天文学论集"，稍后常被非正式地称为"大论集"，可能是与另一部名为《小天文论集》的希腊著作相对而言。阿拉伯翻译家将书名译成 al-majisti，再经拉丁文转写之后，遂成 Almagest，成为此书的固定名称。此书的中文译名曾有《天文学大成》、《伟大论》、《大集合论》、《大综合论》等多种，但以《至大论》最符合 Almagest 的原意，而且简洁明了。

《至大论》问世之前的希腊天文学发展史，几乎没有什么第一手史料留传到今天。对于这段历史，人们只能借助于各种第二手史料获得初步认识。《至大论》本身就是这方面最主要的史料之一。大约从公元前四世纪晚期，希腊人开始进行天文观测，最初主要是确定冬至、夏至的日期，至公元前三世纪初，阿里斯泰鲁斯（Aristyllus）和梯摩恰里斯（Timocharis）在亚历山大城开始尝试确定恒星位置，并观测掩星现象（occultation）。这些观测为数既少，又无系统，更缺乏可靠的理论基础。后来巴比伦人的大量天文观测记录——年代可以上溯至公元前八世纪——传入希腊，情况才大有改观。活动于公元前四世纪初叶的欧多克斯（Eudoxus）可能已经知道这些观测，但真正确切使用这些观测资料的第一位希腊人，当推希帕恰斯（Hipparchus，活动于公元前 150—前 127 年间），希腊天文学成为一门定量的精密科学，是与希帕恰斯的工作分不开的。他借助巴比伦的交食记录，加上他本人的系统观测资料，构造了一个本轮（epicyclic）体系，能够颇为准确地预推太阳和月亮的位置，因而也就能够预报交食。但对于行星运动，希帕恰斯仅限于指出当时的体系与观测资料不合。当时希腊人已有了欧多克斯的同心天球体系，能够在精确度不高的情况下定量描述天体运动。

《至大论》继承了由欧多克斯、希帕恰斯所代表的古希腊数量天文学的主要传统，并使之发扬光大，臻于空前绝后之境。托勒密在书中构造了完备的几何模型，以描述太阳、月亮、五大行星、全天恒星等天体的各种运动；并根据观测资料导出和确定模型中各种参数；最后再造成各种天文表，使人们能够在任何给定的时间点上，预先推算出各种天体的位置。

《至大论》第一、二卷主要讲述预备知识。包括地圆、地静、地在宇宙中心、地与宇宙尺度相比非常之小可视为点等。有不少篇幅用来讨论球面三角学，这在托勒密之前已由希腊数学家梅内劳斯（Menelaus）作了很大发展。托勒密利用球面三角学处理黄道、赤道以及黄道坐标与赤道坐标的相互换算。他确定黄赤交角之值为 23°51′20″。他还给出了太阳赤纬表，表现为太阳黄经的函数，这样就能掌握一年内太阳赤纬的变化规律，进而可以计算日长等实用数据。

第三卷专门讨论太阳运动理论。主要是解决太阳周年视运动的不均匀性，即速度的变化（anomaly）。托勒密用图 1 的几何模型来处理这一问题。地球位于图中 O 处，大圆之心则在 M 处，设太阳 P 以对 M 点而言为匀角速度的状态，每年沿大圆绕行一周，那么显然，对 O 点而言 P 必非匀速。于是，一年中太阳在远地点 A 处运行最慢，而在近地点 Z 处运行最快。图中的三个角度，$\bar{k}$ 表示太阳的平运动，k 表示真运动，δ 则为后者的偏差，它们有如下关系：$k = \bar{k} \pm \delta$

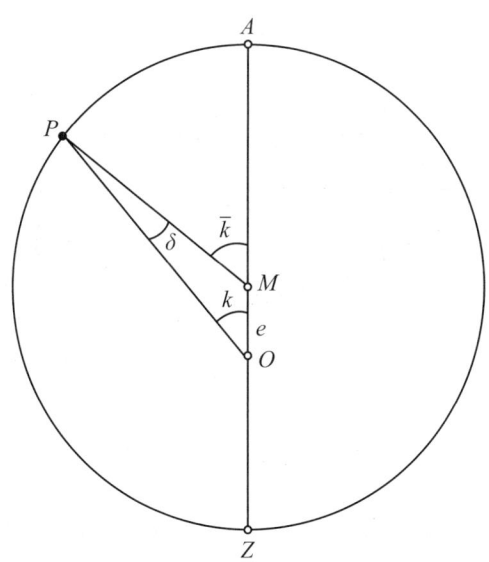

图 1：太阳周年视运动

托勒密利用他本人所作的观测，确定了一个时刻的太阳位置，他又选定历元，为亚述国王那波那撒（Nabonassar）登基之年的埃及历 1 月 1 日（即公元前747年2月26日),这样他就能够给出任一时刻的太阳实际位置。图1中的e称为两心差,是一个可以通过观测而确定的参数。托勒密在太阳运动方面的工作基本上未超出希帕恰斯的成就,但他采用的图1模式较希帕恰斯采用的本轮模式要简单明快得多。

《至大论》第四、五两卷主要讨论月球运动理论。托勒密首先区分了恒星月、近点月、交点月和朔望月这四种不同概念。为了建立精确可用的月球运动表,托勒密采用两种不同的几何模型来处理月球运动。其一见图2所示,图中P_1、P_2、P_3分别代表由三次月食观测所确定三处月球位置,因月食时月黄经恰与太阳黄经相差180°,而太阳位置由《至大论》卷三的理论已可准确得知,这样月球位置也就可准确得知。δ_1与δ_2为从地球O处见此三次月食时所张的角(可由观测得知),角度θ_1与θ_2可根据月球的平运动确定。这样,托勒密能够依靠几何学办法,推求出图2中r与R之比,r代表月球所在本轮的半径,R则代表本轮之心与地球的距离(也就是均轮的半径)。第二种月球运动模型见图3所示。本来在前一模型中,月球本轮之心C绕地球O而转动,如图3(a)中所示,但托勒密在研究中发现了"出差"(evection),这是

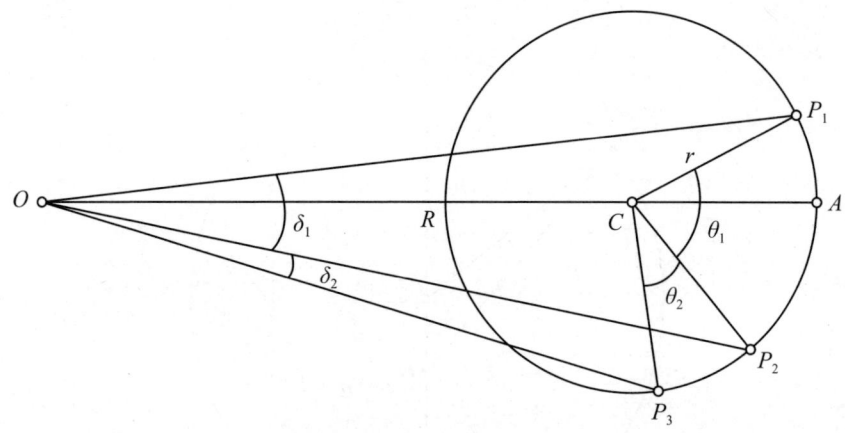

图2:托勒密月运动模型之一

月球运动理论史上最重要的进展之一,为此他改用图3(b)中的模型,令月球本轮之心C绕M点绕转,而M点又以地球O为圆心绕转,M绕O而转的速度与C绕M而转的速度相同但方向相反。可以证明,图3(b)中的线段$OM+MC$之长,正等于图3(a)中的OC之长。这样,托勒密遂能成功地用图3(b)的模型来描述包括出差在内的各种月球运动差数,使之与实际观测结果

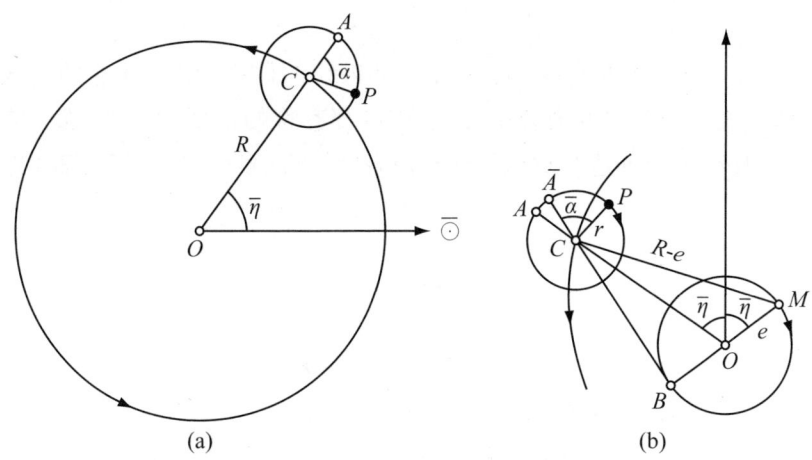

图3：托勒密月运动模型之二

吻合甚好。另外,在讨论月球黄经运动时,通常都假定月球就在黄道面内运行(图2、图3的模型都是如此),但这样的简化对于研究交食来说显然是不行的,托勒密采用黄白交角5°之值。托勒密在第五卷中还讨论了日、月的视差等问题,但颇多错误。

《至大论》第六卷,在四、五两卷基础上,专论交食理论。这实际上可视为他在前面各卷中所述日、月运动理论的检验和应用。

第七、八两卷专论恒星。托勒密将自己的观测与希帕恰斯等前人的观测结果进行比较,讨论了岁差问题。希帕恰斯对岁差值的估计是"不小于每百年1°",但托勒密似乎就采纳了每百1°之值,这样就使他的岁差值偏小了。这两卷的主要篇幅用于登载一份恒星表,即著名的"托勒密星表",这是世界上最早的星表之一。表中共记录1022颗恒星,分属于48个星座,每颗下都注有该星的黄经、黄纬、星等(从1至6等)三项参数。关于这份星表在多大程度上是承袭自希帕恰斯的,一直有许多猜测。表中各星,没有一颗是亚历山大城可见而罗得岛(Rhodes,希帕恰斯的天文台所在地)不可见的;况且在星表中注明各星黄经、黄纬及星等、将星分为6等之类都是希帕恰斯开创的先例,因此颇有人怀疑托勒密的星表并非出自他亲自所测,不过是将希帕恰斯旧有之表加上岁差改正值而已。用现代方法检验,托勒密星表总的来说黄经值偏小,有的学者认为造成这种误差的主要来源是托勒密日、月运动理论的不完善处,因在古代西方,测定标准星坐标值的主要方法是借助太阳运动表,并以月亮为中介来进行,而其余恒星的坐标值是根据少数标准星来测定的。

从《至大论》第九卷起,转入对行星运动的研究,用去五卷的巨大篇幅。如果说以前各卷的内容中,或多或少都有希帕恰斯的遗产,那么在这五卷中,托勒密的创造和贡献显得有声有色,丰富多彩,是任何人都不会怀疑的。

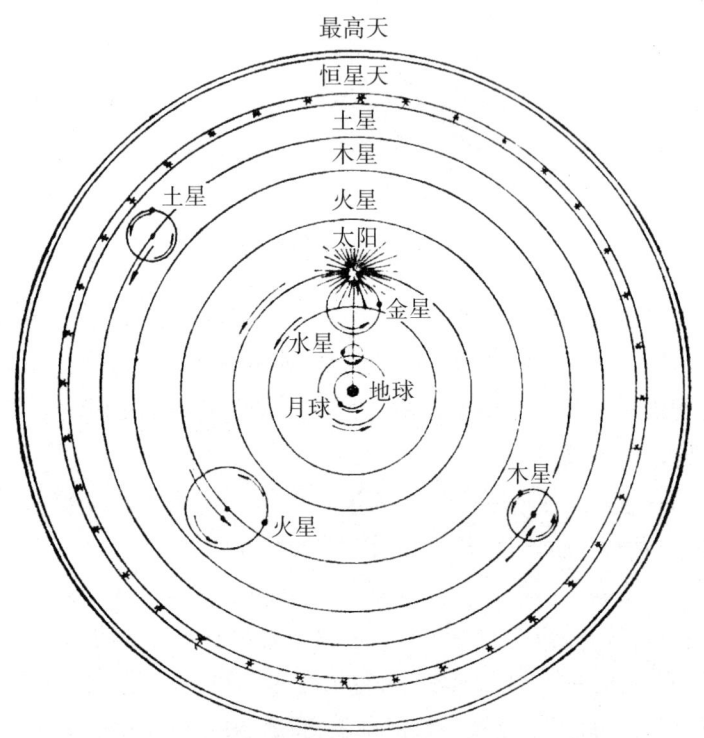

图4:托勒密的宇宙体系示意图

在第九卷一开始,托勒密阐明了他所构造的地心宇宙体系,如图4所示,这个体系从此成为欧洲和阿拉伯天文学普遍遵循的理论基础,长达一千余年。为了具体用数学方式描述各行星的运动及状况,托勒密设计了如图5所示的几何模型,用于处理土、木、火三颗外行星的情况。在图5中,O依旧表示地球,行星P在其本轮上绕行,本轮之心C在大圆(即均轮)上绕行,但是大圆之心虽为M,C点的运行却只是从E看去才是匀速的。M点与O点及E点的距离相等,其长度为e,称为偏心率(eccentricity)。对于外行星而言,托勒密将e视为一个经验系数,根据最后计算所得行星位置与实测之间的吻合情况,可加以调整。$\bar{k}$ 为平近点角,连接 O、M、E、A 各点的直线为拱线(apsidal line)。对外行星而言,PC 线与地球对平太阳位置的连线始终保持平行。为了确定外行星的各项参数,包括拱线方位在内,托勒密选用三项行星位置的观测记录,用类似前面以三次月食定月运动模型参数的方法来处理。处理金、水两颗内行星的模型与图 5 稍有不同,对于拱线位置和 e 值等参数的确定,更多地依赖于对内行星大距(elongation)的观测资料。

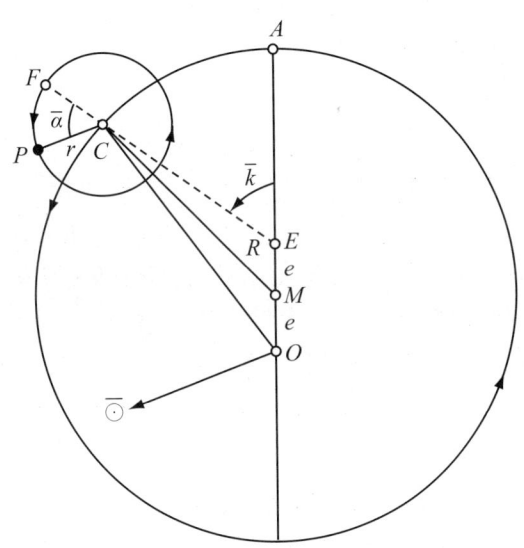

图 5：托勒密的行星运动模型

图 5 中 E 点的引入,是一个非常引人注目的重要特征,该点从中世纪以后通常被称为"对点"(equant)。对点的引入大胆冲破了古希腊天文学中对匀速圆周运动(uniform motion)的传统迷信,这种迷信纯出于哲学思辨。如果认为图 5 中的对点使得托勒密的行星模型在某种程度上已开了后世开普勒椭圆运动模型的先声,也不能算过分夸张的说法。事实上,运用图 5 模型求得的行星黄经,与在开普勒椭圆模型中代入相同的偏心率 e 值后所得结果,误差仅仅在 $10'$ 以内。托勒密引入对点所体现的对匀速圆周运动信念的超越,使他在这一方面甚至走在了哥白尼(Copernicus)的前头。

运用几何模型,逐个处理五大行星的黄经运动,占去了《至大论》九至十一卷的大部分篇幅。到第十二卷中,托勒密致力于编算外行星在逆行时段的弧长和时刻表,以及内行星的大距表。

在《至大论》第十三卷中，托勒密专门讨论行星的黄纬运动。诸行星轨道面与黄道面并不重合，而是各有不同的小倾角，这一事实从日心体系的角度来看，十分简单，但要在地心体系中处理这一事实，就比较复杂。在《至大论》中，托勒密未能将这一问题处理好。他令外行星轨道面（也即均轮deferent所在的平面）与黄道面有一个倾角 i_0，又令本轮与均轮各自的平面之间有一个倾角 i_1，这两个倾角之值又不相等，这使问题变得非常繁琐。

但是，当《至大论》完成问世之后，行星黄纬问题显然仍旧萦绕在托勒密心头。在他晚年的作品《行星假说》第一卷中，他改善了行星黄纬运动模型，关键的一步是令 $i_0 = i_1$，这意味着：本轮面始终与黄道面保持平行。而均轮面与黄道的倾角，则正好对应于后世日心体系中行星轨道与黄道面的倾角。《行星假说》第一卷中的行星黄纬运动模型，已是在地心体系下处理这一问题的最佳方案。

对于宇宙体系的结构及运行机制问题，托勒密在《至大论》中采取极为务实而明快的态度，他在全书一开头就表明，他的研究将采用"几何表示"（geometrical demonstration）之法进行。在卷九开始讨论行星运动时他说得更明白："我们的问题是表示五大行星与日、月的所有视差数——用规则的圆周运动所生成"。他将本轮、偏心圆等仅视为几何表示，或称为"圆周假说的方式"。那时，在他心目中，宇宙间并无任何实体的天球，而只是一些由天体运行所划过的假想轨迹。然而，当他撰写《行星假说》一书时，很可能有一种不同于他早年简洁明快风格、而是带有神秘主义色彩的倾向，在他思想上滋生起来。在此书第二卷对宇宙体系的讨论中，出现了许多实体的球；每个天体有自己的一个厚层，内部则是实体的偏心薄球壳，天体即附于其上。这里的偏心薄球壳实际上起着《至大论》中本轮的作用。而各个厚球层（其厚度由该层所属天体距地球的最大与最小距离决定）与"以太壳层"是相互密接的。在此书中，托勒密一改《至大论》中的几何表示之法，致力于追求所谓"物理的"（physical）模式。

星 占 学

关于托勒密在他身后的历史时期中，作为天文学家和作为星占学家，哪个名声更大的问题，学者们有不同的看法，不过至少在中世纪晚期，他的名声首先是和他的星占学巨著《四书》联系在一起的。

《四书》的写作，大致在完成《至大论》之后，而在撰写《地理学》之前，托勒密本人将此书视为《至大论》的姊妹篇。在《至大论》中，托勒密几乎完全不涉及星占学（只有卷二、卷六等少数几处与星占学有间接关系），他只是致力于让人们能够预先推算出任何时刻的各种天体位置。而在《四书》中，他试图详细阐述这些天体在不同位置上对尘世事务的不同影响，他认为这两方面是不可偏废的。托勒密坚信天体对人间事务有着真实的、"物质上的"（physical）影响力，他从太阳、月亮对大地的物质影响出发，由类比推论出上述信念。当然，托勒密并非宿命论者，他承认左右人世事务的因素有多种，天体的影响力只是其中之一。

《四书》全书共四卷。第一卷解释星占学的技术性概念。第二卷研究天象对大地的一般性影响，包括依据天象进行气象预报，以及所谓"星占地理学"（astrological geography）。第三、四两卷专论天象对人生的影响，主要是解释如何根据一个人出生时刻的算命天宫图（horoscope）来预言其人一生的祸福命运。这种星占学并非托勒密首创，早在好几百年前就已发源于巴比伦，传入希腊化世界（包括埃及在内）也已很久，所以托勒密当然不能不在大体上与旧有的星占学原则相一致。然而在这两卷中他还是经常有所创新和发展。

托勒密在《四书》中所讨论的，属于"生辰星占学"（horoscope astrology），这是西方星占学中较为后起的一支，专论个人的穷通祸福。而星占学中更为古老的一支，称为"军国星占学"（judicial astrology），专论王朝的军事大事，包括战争胜负、年成丰歉等。这种星占学还要划分天区，使出现于不同天区的天象，能够预兆不同地区或不同时间（季节、昼夜等）将要发生的事。托勒密在《四书》中完全未涉及这一支星占学，这一点正标志着西方星占学史上潮流的转换——军国星占学随着巴比伦文明的衰退，在西方世界（包括中东等地）很快走向沉寂，而后起的生辰星占学则登场成为主流。

《四书》在托勒密各种著作中，相对说来是最独立的，它与托勒密的其他著作在内容上没有什么直接联系。

地 理 学

地理学在古希腊有相当高度的发展，它可以概括为"地方志"和"地图学"两个主要方面。地图学是古代数理地理学——也是希帕恰斯创立的——的主要内容,包括绘制地图所需的几何投影方法(古希腊人早已确立地圆概念,所以地图投影问题无法回避)、主要城市的经纬度测算等。而到了托勒密生活的时代,罗马人的世界性大帝国大大增进了欧、亚、非三大洲各民族之间的了解和交流,无数军人、官吏、僧侣、商人、各色人等的远方见闻,正有利于古代地理学向一个新的高度迈进。

托勒密的《地理学》八卷,在相当程度上是以泰尔人马里努斯的工作为基础的。此人是托勒密的前辈,如果没有托勒密《地理学》一书记述了他的工作和成就,他很可能从此在历史上湮没无闻;这情形和希帕恰斯的天文学成就全赖托勒密《至大论》记载保存极为相似。与在天文学史研究中的情形一样,有人也将托勒密《地理学》贬斥为马里努斯的"拙劣抄袭者"。然而在事实上,《至大论》对希帕恰斯和《地理学》对马里努斯工作的保存及记述,适足以证明,托勒密在此两大领域内,都将自己的工作置于前辈最伟大成就的基础之上,百尺竿头,再求进步。而他本人在此两书中的巨大成就,也是有目共睹的。

《地理学》第一卷为全书的理论基础。托勒密在其中评述了马里努斯的一系列工作,并介绍他本人所赞成的地理学体系。从数理科学发展史的角度来看,其中特别值得注意的,是他对地图绘制法的讨论,他不赞成马里努斯所用的坐标体系,认为它对实际距离的扭曲太大。为此他提出两种地图投影方法。第一种见图6,各圆弧都以 H 点为圆心作成,代表不同的纬线;各经线皆为以 H 点为中心向南方辐射的直线;注意 H 点并非北极(应是位于北极上空的某一点)。图中经度仅180°,纬度仅有从北纬63°至南纬16°25′,这是因为当时的地理学家所知道的"有人居住世界"(inhabited world)就仅在此极限之内。图6中特别画出北纬36°的纬线,这是那时各种地图的常例。北纬36°正是罗得岛所在的纬度,从中犹可看到这门学问的创始人、设立天文台于罗得岛的希帕恰斯的影子。用现代的标准来看,图6中的赤道以北地区的投影,完全符合圆锥投影(conic projection)的原理。至于赤道以南纬16°25′之区的地区,托勒密采用变通办法,将南纬16°25′纬线画成与北纬16°25′对称的状况,并作对等的划分。这也不失为合理。

《地理学》中提出的第二种投影方法见图7,纬线仍是同心圆弧,但各经线改为一组曲线。这个方案中还绘出了北回归线,即纬度为23°50′的纬线。第二种投影法,大致与后世地图投影学中的"伪圆锥投影"(pseudo-conic projection)相当,它比圆锥投影复杂,因为现在任一经线与中央经线的夹角不再

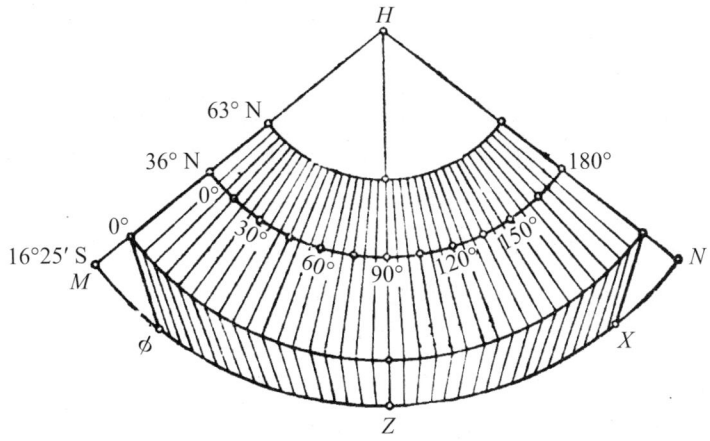

图 6：托勒密的投影法之一

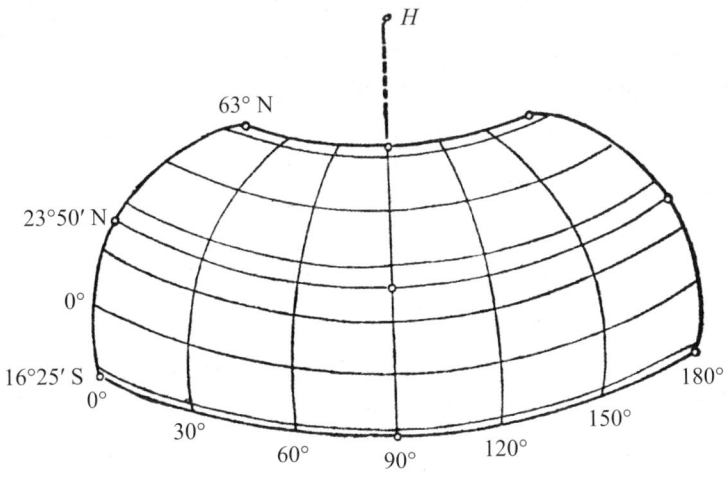

图 7：托勒密的投影法之二

是常数(在圆锥投影中该夹角为常数,等于两线所代表的经度差乘以一个小于1的常数因子),而是变为纬度的函数。

　　托勒密指出上面两种投影法各有利弊,第二种能更好地反映实际情况,但操作使用起来不如第一种方便,因此他建议这两方法都应考虑采用。托勒密在《地理学》中的世界地图,就是采用第二种投影法绘制的,他表示这是因为"我个人在这个工作方面及一切的事务上,宁愿采取较好和较困难的方法,而不采取粗糙和较容易的方法"。托勒密的上述两种地图投影法,是地图投影学历史上的巨大进步,他在这方面的创造直到将近1400年之后才后继有人。

《地理学》第二至第七卷，列述欧、亚、非三大洲共约 8100 处地点的地理经度和纬度值，以及当地山川景物、民族等情况的简短记述，也经常记录并讨论一些地点相互之间的距离和道路。所以《地理学》一书有时又被称为《地理志》，书中对 358 个重要城市（principal cities）作了较详细的记述，并记下这些城市在一年中的最大日长（该值是当地地理纬度的函数）。这些内容见于第八卷中。这一卷很可能是托勒密在尚未受教于马里努斯著作的早年所作，很像一部地理学著作的初稿，与前七卷相对独立。《地理学》第八卷主要是一部由 26 幅区域地图组成的地图集，其中欧洲 10 幅，亚洲 12 幅，非洲 4 幅。每个地区以下再划分为省，各地区由其平均纬度来标定位置，并根据其东南西北四个极点画出自然界线。

《地理学》资料有许多错误，这是历史条件的局限，难以避免。在当时，测定一个地点的地理经纬度，从理论上说其方法早已解决：地理纬度可由在当地作天文观测来确定（比如测定一年中圭表在当地影长的变化），地理经度则可由在两地先后观测一次交食来确定（获得两地经度差），但这方法理论上虽然可行，而实行上世界之大，万里悬隔，很少有人能真正去实施，据研究，托勒密只掌握少数几个城市的来自天文测定的地理纬度值；至于两地同测一次交食的观测资料，他能依据的似乎只有一项：公元前 331 年 9 月 20 日的一次月食，曾在迦太基（Carthage）和美索不达米亚的阿尔比勒（Arbela）被先后观测。不幸的是，这项资料记载有重大错误：两地见食的时间差应该只有两小时左右，但托勒密误为约三小时，这一错误很可能是导致托勒密地图一系列错误的主要原因之一。

托勒密在《地理学》中，明确将他所研究的内容与地方志区分开来，他在书中完全不涉及地方志，基本上将内容限于地图学的范畴之内。托勒密的这种做法受到一些现代研究者的批评，认为他的这种取舍实际上使地理学降级为地图编制学，使地理描述内容变得贫乏，因而他对古代地理学的衰落负有责任。但托勒密作为一个醉心于精密数理科学的学者，在数学化的地图学和搜奇志怪的古代地方志之间，更热衷于前者，是十分正常的；况且他当然也有权根据自己的学术兴趣去选择研究方向。

光　学

　　关于托勒密之前的希腊光学,令人所能了解的情况非常之少,因为文献缺乏。有一种欧几里得(Euclid,约公元前 300 年)的著作,讨论所谓"纯光学"(pure optics),其中只有一些从日常现象中简化而得的粗略的公设(postulate),以及若干从公设中导出的基本几何定律。在反射光学方面,留下了希罗(Hero,约公元 60 年)一种著作的错谬百出的拉丁译本,以及一种成于众手却托名欧几里得的论著。从中只能偶尔见到阿基米德(Archimedes,公元前三世纪)折射光学的吉光片羽,知道他曾使用实验方法。与上述情况相比而言,传世的托勒密《光学》一书,要算一部结构完整的巨著了。和《至大论》及《地理学》两书的情形相仿,托勒密在光学方面也完全当得起古希腊传统的压轴大师(这三门学问在托勒密身后都很快归于千年沉寂——至少在欧洲是如此)。

　　《光学》第一卷已经佚失,但其内容仍可由余下几卷及旁的材料推知,这一卷是讨论视觉(vision)的。托勒密和不少古代学者一样,相信有一种"视流"(visual flux)从人眼中发出,并呈锥状散射而及于物体,这种锥状流束被称为"视线"(visual rays)。第二卷接着讨论光和颜色在视觉中的作用。

　　《光学》第三、四两卷专门研究反射光学(catoptrics)理论,这是此书中非常有价值的部分。首先,托勒密确认了三条定理:

(1)　镜中物体之像成于人眼与镜面反射点连线的延长线上某一点处。
(2)　镜中物体之像成于物体与镜面垂直线的延长线上某一点处。
(3)　视线的入射角与反射角相等。

　　由上述三条,镜中成像的位置和形状自然就可唯一确定。这三条定理通过实验来加以说明和揭示。

　　接下去,托勒密又对上述三条反射光学定理加以发展,讨论了许多非平面镜的反射规律,其中包括球凸镜、球凹镜等,甚至还有一些他所谓的"组合镜"(如柱面镜之类)。

　　《光学》一书的第五卷是全书最有价值的部分。托勒密在这一卷中讨论折射理论。他先描述了水使容器底部的物体看起来像被抬高了的实验(见图 8),以说明光线从空气进入水这一不同媒质时,在两媒质边界处有折射发

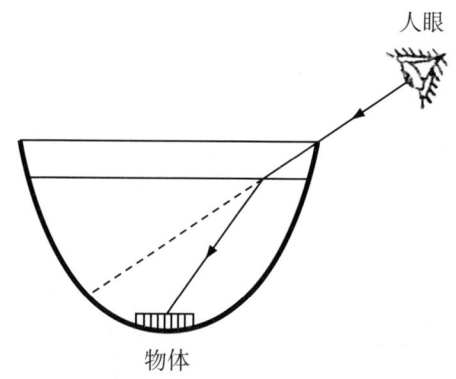

图8：托勒密描述光线折射的实验

生。接着，托勒密详细说明一个测定折射规律的定量实验，如图9所示，在一个铜盘上以两条直径垂直中分成4个象限，铜盘圆心处有一小杆可如钟面时针那样转动；将铜盘置于注水的缸中，盘面与水平面垂直，且使水正好浸没盘的一半。这样，设在露于空气中的上半铜盘缘某处，比如图9中的 ε 处，作一标记，人眼从 ε 处望铜盘圆心，再转动处在水中的小杆，使之看起来与 ε 及圆心在同一直线上，则小杆此时与铜盘边缘相交于 η 点，只要不断改变 ε 点的位置，则 η 点的位置也必随之改变，于是可以记下一系列入射角 ι 与折射角 ξ 之值，从中看到两者的变化规律。托勒密记录了如下数据：

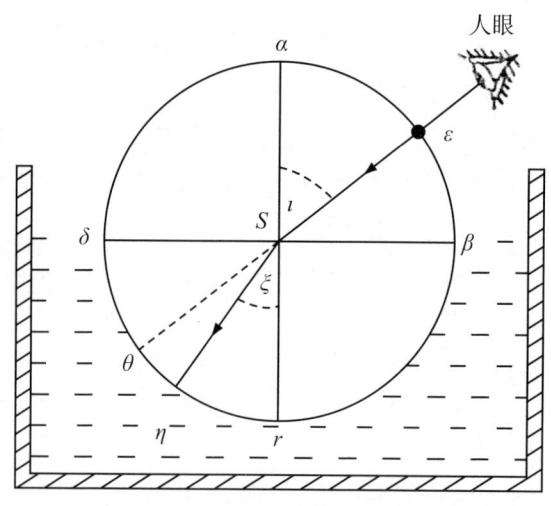

图9：托勒密测定光线折射规律的实验

入射角 l	折射角 ξ	弯曲量
10°	8°	2°
20°	15°30′	4°30′
30°	22°30′	7°30′
40°	29°	11°
50°	35°	15°
60°	40°30′	19°30′
70°	45°30′	24°30′
80°	50°	30°

右边那一栏"弯曲量"的二次差在任何情况下都是常数（在托勒密所设入射角每隔10°变倾一次的情况下该常数之值为30′）。有的学者因此认为托勒密在这里实际上已到了发现斯聂耳（snell）折射定律的大门口,这定律表明,对于给定的两种媒质而言,在其分界面上发生的折射,其入射角的正弦与折射角的正弦之比为常数,也就是图9中：$\frac{\sin l}{\sin \xi}$ = 常数。托勒密已经掌握了正弦函数表,他在《至大论》中还特别讨论过,并给出了一份正弦表。如果他能想到将正弦角与他的折射实验数据加以对比,他有可能比斯聂耳早约1500年就发现折射定律。但事实上托勒密的上述数据与折射定律只是近似而已,并未很好吻合,所以他其实距斯聂耳的定律尚远。

在《光学》第五卷中,托勒密还研究了光线在空气与玻璃交界面上的折射,他发现玻璃对空气的折射率比水对空气的折射率大,这是正确的。在这一卷中托勒密又论及与天文观测有关的折射,以及折射量与媒质密度的关系、折射的成像等问题。不过托勒密最终未能将他所讨论的折射规律表示为数学公式。

托勒密的历史功绩

在讨论托勒密的历史功绩及影响时,不能不先谈到一些很容易使人误入歧途的成见。这些成见并非学术研究所得出的成果,而是与某些特定时期的宣传活动密切结合在一起,因而广泛流传,其中比较重要的有如下两种。

第一种成见,是将托勒密看成只是一些古代科学文献的编辑者,由此引申开去,就自然会有诸如《至大论》不过袭自希帕恰斯、《地理学》只是马里努斯著作的翻版之类的俯瞰偏激之论。这种成见的发端,据研究很可能是十九世纪初期的法国数学家、天文学史家 J. B. 德朗布尔(Delambre)的《古代天文学史》(Histoire de l'astronomie ancienne)一书,这种看法早已被学者们的研究所否定,但在一些非学术的读物中有时仍可见到。

第二种成见,是将托勒密与亚里士多德(Aristotle)两人不同的宇宙体系混为一谈,进而视之为阻碍天文学发展的历史罪人。在当代科学史著述中,以李约瑟(J. Needham)"亚里士多德和托勒密僵硬的同心水晶球概念,曾束缚欧洲天文学思想一千多年"的说法为代表,至今仍在许多中文著作中被反复援引。而这种说法其实明显违背了历史事实。亚里士多德确实主张一种同心叠套的水晶球(crystalline spheres)宇宙体系,但托勒密在他的著作中完全没有采纳这种宇宙体系,他也从未表示他赞同这种体系。另一方面,主要由希腊—阿拉伯学者保存、传述下来的亚里士多德学说,直到十三世纪仍被罗马教会视为异端,多次禁止在大学里讲授。因此,无论是托勒密还是亚里士多德,都根本不可能"束缚欧洲天文学思想一千多年",至 1323 年,教皇宣布托马斯·阿奎那(T. Aquinas)为"圣徒",阿奎那庞大的经院哲学体系被教会官方认可,成为钦定学说。这套学说是阿奎那与其师大阿尔伯图斯(Albertus Magnus)将亚里士多德学说与基督教神学全盘结合而成。在论证水晶球宇宙体系时,阿奎那曾引用托勒密的著作来论证地心、地静之说。此后亚里士多德的水晶球宇宙体系确实束缚了欧洲天文学思想约二三百年,但这显然无法构成托勒密的任何罪状。

托勒密的《至大论》,在他身后不久就成为古代西方世界学习天文学的标准教材。公元四世纪就出现了帕普斯(Pappus)的评注本和亚历山大城的塞翁(Theon of Alexandria)的评注本。约在公元 800 年出现阿拉伯文译本。随后出现更完善的译本,它们与阿拔斯王朝的哈里发阿尔马蒙(Al-Ma'mun)对天文学的大力赞助密切联系在一起。1175 年,出现了克雷莫纳的杰拉尔德(Gerard of Cremona)从阿拉伯文译的拉丁文译本,《至大论》开始重新为西欧学者所了解。在此之前不久,1160 年左右还有一个从希腊文本译出的拉丁文译本出现在西西里,但可能不太为人所知。这些译本,连同来自阿拉伯一些以《至大论》为基础的新论著,在十三世纪大大提高了西方天文学的水准,而在此前漫长的中世纪时期,西方世界的天文学进展主要出现在阿拉伯世界,然而阿拉伯天文学家更是大大受益于托勒密的天文学著作。

阿拉伯天文学家接触到《至大论》后，很快发现它所代表的天文学水准明显超出当时波斯和印度的天文学。同时，他们也通过实际观测而发展《至大论》在太阳运动理论方面的欠缺，因此他们通常在这方面作出改进，而在月球和行星运动理论上则继承托勒密的遗产。这样的事例很多，比如巴塔尼（Al-Battani）的《积尺》（Zij，天文历算之书，约成于公元880年）就是一例。此书第一部分仿照《至大论》的模式，第二部分仿照《实用天文表》（在此之前也已有阿拉伯文译本）。巴塔尼改善了黄赤交角之值等一系列与太阳运动有关的数据，但此书在很大程度上仍是托勒密学说的复述。又如法干尼（Al-Farghani）编撰了一部《至大论》的纳要（epitome，约公元850年），成为中世纪晚期标准宇宙图像的一部分，但丁（Dante Alighieri）的著名长诗《神曲》（Divina Commedia）中的宇宙图像就是如此。受到托勒密天文学著作启发和激励的著名阿拉伯天文学家，还可以提到纳西尔丁·图西（Nasir al-Din alTusi，1201—1271）和伊本·沙提尔（Ibn al-Shatir，活动于十四世纪中叶），前者是那个时代有国际声望的学者兼政治人物，他的天文体系中力图恢复匀速圆周运动，而不赞成托勒密的对点（equant），不过反对的理由纯出于哲学思辨。后者对托勒密的月球运动模式有所改进。

托勒密的天文学著作经阿拉伯学者之手而重为欧洲所知之后，又在欧洲保持了长时间的影响力，至少延续到十六世纪。在此之前，没有任何西方的星历表不是按托勒密理论推算出来的。虽然星历表的精确程度不断有所提高，但由于托勒密所使用的古希腊本轮—均轮系统具有类似级数展开的功能，即为了增加推算的精确度，可以在本轮上再加一个小轮，让此小轮之心在本轮上绕行，而让天体在小轮上绕行。只要适当调整诸轮的半径、绕行方向和速度，即可达到要求。从理论上说，小轮可以不断增加，以求得更高的精度，有些天文学家正是这样做的，关于小轮体系的繁琐，是许多宣传性读物中经常谈到的话题，这也成为托勒密的罪状之一，但这在很大程度上是错误的。姑以被誉为"简洁"的哥白尼体系为例，在《天体运行论》（De Revolutionibus）中，哥白尼仍使用小轮和偏心圆达34个之多（地球3个，月球4个，水星7个，金星、火星、木星和土星各5个）。

西方天文学发展的最基本思路是：在已有实测资料基础上，以数学方法构造模型，再用演绎方法从模型中预言新的天象；如预言的天象被新的观测证实，就表明模型成功，否则就修改模型。在现代天体力学、天体物理学兴起之前，模型都是几何模型——从这个意义上说，托勒密、哥白尼、第谷（Tycho Brahe）乃至创立行星运动三定律的开普勒，都无不同。后来则主要是物理模型，但总的思路仍无不同，直至今日还是如此。如果考虑到上述思路正是确立于古希腊，并且正是托勒密的《至大论》第一次完整、全面、成功地展示了这种思路的结构和应用，那么对于托勒密在天文学史上的功绩和影响就不难获得持平之论。正如著名的西方数理天文学史家 O. 奈格堡（Neugebauer）所指出的：“全部中世纪的天文学——拜占庭的、最后是西方的——都和托勒密的工作有关，直到望远镜发明和牛顿（Newton）力学的概念开创了全新的可能性之前，这一状态一直普遍存在。"

托勒密的光学著作，对后世也有相当持久的影响。《光学》一书，至少为十一世纪初著名的阿拉伯学者伊本·海赛木（Ibn al-Haytham，卒于 1039 年，在拉丁世界以海桑 Alhazen 之名为人所知）撰写的光学巨著提供了灵感。伊本·海赛木的《光学书》（*Kitab al-Manazir*），形式和许多内容都来自《光学》，其中一些实验也被认为是源于托勒密的。《光学书》不久就被译成拉丁文，名《光学宝鉴》（*Opticoae thesaurus*），成为中世纪晚期的标准论著，人们在罗吉尔·培根（Roger Bacon）、达·芬奇（Leonardo da Vinci）和开普勒的著作中，都可以看到《光学宝鉴》的影响，因而也就是托勒密留下的影响。

托勒密《谐和论》一书，作为音乐著作，在后世的权威不十分大，但他的一些音乐原则在西部拉丁世界也是颇为人知的。比较引人注目的是此书对开普勒的影响，开普勒曾表明要在他自己的《宇宙谐和论》（*Hermonice mundi*，1619）中将《谐和论》第三卷译出作为附录，并将此卷已佚失的末三章"复原"。这个附录后来并未出现，但他的《宇宙谐和论》全书却成为步托勒密后尘之作。

最后必须谈到托勒密地理学对后世的巨大影响。《地理学》一书在九世纪初叶便有了阿拉伯译本，书中关于伊斯兰帝国疆域内各地记载中的不准确之处，很快被发现并代之以更准确的记述，原初的阿拉伯文译本已经佚失，但此书在伊斯兰地理学中的直接与间接影响是值得注意的。《地理学》约在 1406 年出现由 J. 安杰勒斯（Angelus）从希腊文本译出的拉丁文译本。因为此书即使在当时（在它问世后 1200 年！）仍是对已知世界总的地理情况的最佳指南，所以很快流行起来。直到十六世纪，许多制图学在十六世纪的进展提供了强大的刺激。托勒密的投影法受到非议，由此导致各种新投影法的问世。《地理学》中的第一种投影法（本文图 6 所示）在墨卡托（Mercator）1554 年的欧洲地图中受到非议，第二种投影法（本文图 7 所示）从 1511

年起受到更多的批评。然而无论如何，托勒密的《地理学》为后人提供了世上最早的有数学依据的地图投影法。

  一个伟大学者的论著，有时会对人类历史的发展产生不可思议的直接影响。这种影响是他在撰写其论著时绝对想象不到的，托勒密就是少数这样的伟大学者之一。现代学者的详细研究表明：C. 哥伦布（Columbus，1451—1506）在开始他那改变人类历史的远航之前，至少曾细心阅读过五本书，其中之一就是托勒密的《地理学》，而其余四本与此不是同类著作，因此可知哥伦布的地理思想主要来自托勒密。哥伦布相信通过一条较短的渡海航线，就可以到达亚洲大陆的东海岸，结果他在他设想的亚洲东岸位置上发现了美洲新大陆——尽管他本人直到去世时仍认为他发现的正是托勒密地图上所绘的亚洲大陆。

原载《世界著名科学家传记·天文学家 II》，科学出版社，1994 年

文　　献

原始文献

〔1〕 *Almagest*：J. L. Heiberg，*Claudii Ptolemaei Opera Quae Exstant Omnia*（以下简称 *Omnia*），I，*Syntaxis Mathematica*，2 pts.，Leipzig，1898 – 1903.

〔2〕 *Handy Tables*：N. Halma，*Tables Manuelles Astronomiques de Prolémée et de Théon*，3 pts.，Paris，1822 – 1825.

〔3〕 *Planetary Hypotheses*：J. L. Heiberg，*Omnia II*，*Opera Astronomica Minora*，Leipzig，1907，pp. 70 – 106.

〔4〕 *Phaseis*（*Phases of the Fixed Stars*）：同〔3〕，pp. 3 – 67。

〔5〕 *Analemma*：同〔3〕，pp. 189 – 223。

〔6〕 *Planisphaerium*：同〔3〕，pp. 227 – 259。

〔7〕 *Tetrabiblos*：J. L. Heiberg，*Omnia*，III，I，*ΑΠΟΤΕΛΕΣΜΑΤΙΚΑ*，Leipzig，1957.

〔8〕 *Geography*：C. F. A. Nobbe，*Claudii Ptolemaei Geographia*，vol. 2，Leipzig，1843 – 1845.

[9] *Optics*：G. Govi, *L'Ottica di Claudio Tolomeo*, Turin, 1885.

[10] *Harmonica*：I. Düring, *Die Hrmoniehre des Klaudios Ptolemaios*, GÖteborgs HÖgskolas arskrift, 36(1930), 1.

[11] 疑似、伪托及佚著残篇：F. Lammert, *Omnia III*, 2, Leipzig, 1961；J. L. Heiberg, *Omnia II*, *Opera Asronomica Minora*, Leipzig, 1907, pp. 263 - 270。

研究文献

[12] F. Boll, "Studien über Caludius Ptolemäus", *Jahrbücher für ciassiche Philelogie*, supp. 21(1894), pp. 53 - 66.

[13] C. H. F. Peters and E. B. Knobel, *Ptolemy's Catalogue of Stars*, *a Revision of the Almagest*, Washington D. C., 1915.

[14] O. Neugebauer, *The Exact Sciences in Antiquity*, 2nd ed., Providence, R. I., 1957.

[15] B. L. van der Waerden et al., "Ptolemaios 66", in *Pauly-Wissowa XXIII*, 2, Stuttgart, 1959, pp. 1788 - 1859.

[16] N. Swerdlow, *Ptolemy's Theory of the Distances and Sizes of the Planets*, ph. D. thesis, Yale University, 1968.

[17] G. J. Toomer, "Ptolemy", in *Dictionary of Scientific Biography XI*, New York, 1981, pp. 186 - 206.

[18] 江晓原：《天文学史上的水晶球体系》，《天文学报》28 卷 4 期(1987)，页 403 - 409。

[19] N. Swerdlow, "Ptolemy's Theory of Inferior Planets", *Journal for the History of Astronomy*, 20(1989), Part 1, pp. 29 - 60.

[20] 江晓原：《明末来华耶稣会士所介绍之托勒密天文学》，《自然科学史研究》8 卷 4 期(1989)，页 306 - 314。

中国古代对太阳位置的测定和推算

中国古代历法一向以冬至为起算点,需要尽可能准确地定出冬至点的位置,即冬至时刻太阳的位置。又,起源于战国时期的二十四节气制度也取决于太阳的周年运动。上述两事都要求解决这样一个问题:

确定任意时刻太阳在天球上的坐标。

坐标以恒星为参照背景,但太阳不可能出现在这样的背景之上(日蚀时偶尔有可能)。所以解决上面的问题并非易事。本文打算对中国古代解决这一问题的方法及其沿革作初步的探讨。

一、昏旦中星法

先秦时代如何测定太阳位置,目前尚未发现明确史料。但至迟在东汉时已使用"昏旦中星法"。南朝梁大同九年(543年)虞劇等人在奏议中回顾确定太阳位置的困难时有"汉世课昏明中星"等语。[1]编䜣、李梵等在公元85年制定的后汉《四分历》中载有一张表,据二十四节气分成二十四栏,给出一年中二十四个日子的"日所在"、"黄道去极"、"晷景"、"昼漏刻"、"夜漏刻"、"昏中星"、"旦中星"等项内容。[2]我们姑名之为"日度表",以别于后世之日躔表。值得注意的是表中"日所在"、"昏中星"、"旦中星"三项,说明昏旦中星与太阳位置的密切关系(详见本文第五节)。这种表后世许多历法中都有,内容大同小异。

昏旦中星法是在昏、旦时刻测出当时上中天的恒星赤经,由此按比例推

---

[1] 一行:《大衍历议·日度议》,《历代天文律历等志汇编》,第7册,中华书局,1976年,页2198。
[2] 《续汉书·律历志下》,《历代天文律历等志汇编》,第5册,页1531–1533。

算出夜半时刻上中天的经线,则与之差半周天(按照中国古度,即差 182 又 5/8 度)的方向即太阳赤经。

实施此法当然可以用浑仪。因在给定时刻上中天的经线上未必刚好有可见星(中国古代不论其上有无可见星,都称该经线为该时刻的"中星",这在"日度表"中非常明显),所以必须测出附近可见星(当然尽可能选已经测定赤经的标准星)与子午线的赤经差。不过,天体中天还可用表在子午面内"参望"测出;只要有比较精确的漏壶相配合,测赤经差也不是非用浑仪不可。事实上,要测定 t 时刻的子午线赤经,只要让漏壶自 t 时刻起持续运行着,直到用"参望"确定附近某标准星中天时为止,这一段 Δt 所对应的就是 t 时刻子午线与标准星的赤经差。

这样看来,先秦时代即使还没有浑仪,仍有可能使用昏旦中星法。对此有一点值得注意:《礼记·月令》中已经给出了每月的太阳位置和昏旦中星,如"孟春之月,日在营室(这当是指特定的某一天而言的),昏参中,旦尾中",只是太阳位置比较粗略,未精确到度而已。这可视为"日度表"的先声。

昏旦中星法的精度不可能很高,有如下几个误差来源:

1. 漏壶的误差。宋代漏壶高度发达,每昼夜的积累误差还大于 1.5 分钟,读数则只能精确到 1~2 分钟。[1] 此前误差无疑更大。秦汉以后的定义,"昏"是日落后二刻半,"明"为日出前二刻半。因只需要使用二刻半略多的时间,积累误差当比一昼夜的小很多,故误差主要来自读数。设读数精度达到 2 分钟,则在天球上已对应 30′(弧度)的误差。

2. 确定日出、日落的误差。日轮弧度共 30′,无论以日轮上下缘还是以日轮水平中分线来和地平线比较,对有长期观测经验的专业工作者来说,误差不至于超过 10′。问题是地平线本身。由于在内陆观测,极目东西,都有海拔,因而不可能是真正的地平线。这一因素可导致很大误差,其数值恐怕只有到当地去进行实测才能估计。此外,朝云晚霞,人目幻觉,都可能引入误差。

3. 浑仪的误差。因可选择子午线附近已测定赤经的标准星,浑仪在此只需要用来测一小段赤经值,故误差主要在刻度上。明以前浑仪实物今皆不存,难以考察其刻度情况。明浑仪最小刻度相当于 6′,以前的可能更大些。此外,刻度的均匀与否,刻线的粗细等因素也直接影响读数的精确。如

---

[1] 全和钧:《中国科学院上海天文台年刊》第 4 期(1982),上海科学技术出版社,页 345。

不用浑仪而用竖表和漏壶来测赤经,误差更大。因而估计这一项的数值也很困难。但可间接推得,详见下文。

二、夜半中星法

昏旦中星法之后,又出现夜半中星法,即改在夜半时分测定子午线的赤经,则与之差半周天的方向即为太阳赤经。

此法虽较简便,消除了上节所讨论的误差2,却使误差1大为增加。因现在要求漏壶至少运行半昼夜,这样积累起来的误差,在虞𠠇时代,估计为1分钟是绝不过分的(宋代仍有0.75分钟,见前文)。再加上读数误差,将达3分钟左右。上节所讨论的误差3不变。但此法又引入误差4,即用圭表或浑仪校正漏壶的误差。因现在要求漏壶长时间运行,这一校正变得极为重要。校正一般在正午进行。据研究,宋代圭表测定太阳正午的最大误差为40秒,用浑仪作子午线观测所产生的赤经误差也有5.6′,对应时间22秒。[1]宋代如此,梁应过之。设虞𠠇用浑仪测定日中以校正漏壶,误差4可假定为30秒左右。

据上节及本节的分析,即可将昏旦中星法的误差 E_h 和夜半中星法的误差 E_y 作比较:

$$(1): E_h = E_1 + E_2 + E_3 = 2 \text{ 分} + E_2 + E_3$$
$$(2): E_y = E_1 + E_3 + E_4 = 3 \text{ 分} + E_3 + 30 \text{ 秒} = E_3 + 3.5 \text{ 分}$$

仅从(1)(2)两式尚不能确定 E_h、E_y 之值,所幸在虞𠠇奏议中留下了珍贵史料:"汉世课昏明中星,为法已浅,今候夜半中星以求日冲,金鱼得密。……臣等频夜候中星,而前后相差或至三度。"从这段记载可知:

$$E_h > E_y$$
$$E_y = 1.5° (对应于时间为6分钟)$$

代入(2)式可求得:

$$E_3 = 2.5 \text{ 分}(对应于天球上的弧度为 37'30'')$$

注意到(1)(2)两式中的 E_2 之值相等,可知: $E_2 > 1.5$ 分钟。

上面的讨论表明,至迟在公元六世纪中叶,已经使用夜半中星法,在精度上比昏旦中星法有改进。

---

[1] 全和钧:《中国科学院上海天文台年刊》第4期(1982),页345。

三、月 蚀 冲 法

中星法精度虽不甚高,但只要晴天皆可实施,所以虽在虞𠠎之前一百五十余年即有更精确的方法问世,却一直未能完全取代中星法。

公元384年,后秦姜岌造《三纪甲子元历》,提出在月蚀时测出月亮赤经,则月之冲即日所在。[1]此法简洁明了,为测定太阳位置提供了一个有力手段。正如一行所说:"岌以月蚀冲知日度,由是躔次遂正,为后代治历者宗。"[2]

一行晚于虞𠠎百数十年,对于月蚀冲法和两种中星法的优劣都可了然。照他的意见,"躔次"是有了月蚀冲法才正的,这表明月蚀冲法的精度应该明显高于两种中星法。月蚀冲法根除了中星法误差中的1、2、4三项,然而第3项有所增加。因为现在不是作子午线附近的经度测量(作此种测量时误差甚小),而是估计30′左右的月面中心,也会有角分级的误差。考虑到那时浑仪的制造、安装工艺、刻度、取准、定平等方面的误差都不能忽视。

还必须注意,月蚀冲法有一个重大局限:实施机会极少。包括半影月蚀在内,一年只能有2～5次月蚀,每次又只有半个地球可见,对某一确定地点而言,每年只能遇到极少几次,甚至一次也遇不到。考虑到这一点,如果月蚀冲法的误差和中星法不相上下,它就毫无意义,绝不会被一行、郭守敬(参见本文第四节)等天文学家所重视。所以月蚀冲法的误差可望远小于1.5°,殆无疑问。

四、中 介 法

姜岌之后直到北宋末年,测定太阳位置的方法一直没什么革新。1106年,姚舜辅造《纪元历》,首创用观测金星来确定太阳位置。在金星成为晨星或昏星的日子里,于日出后或日没前测得金星与太阳的角距,又在日出前或

---

[1] 《晋书・律历志下》,《历代天文律历等志汇编》,第5册,页1648。顺便订正一下,《晋书・律历志下》谓"后秦姚兴时,当孝武太元九年,岁在甲申,天水姜岌造《三纪甲子元历》",李淳风在此记载有误,"姚兴"应作"姚苌"。按姚兴即位于后秦姚苌建初八年(393年)阴历十二月,当东晋孝武帝司马曜太元十八年,岁在癸巳。

[2] 一行:《大衍历议・日度议》,《历代天文律历等志汇编》,第7册,页2198。

日没后的恒星背景上测出金星位置,再考虑此两测间金星的移动,即可推知太阳位置。

此法的误差来源,有浑仪、漏壶、行星运动表等方面,精度显然比月蚀冲法低。其优点则在实施机会较月蚀冲法为多。

此法要以对行星视运动掌握得较为精确为前提,所以直到十二世纪初方才出现。这种以某个天体(当然不必限于金星)为中介使恒星背景与太阳联系起来的思想,古希腊人已有之。Hipparchus 曾以月亮为中介作过这种测量。十五世纪末,Bernard Walther 开始用金星作中介。[1]不过,他们的目的却与姚舜辅相反,是借助太阳运动表和中介天体来求恒星赤经。

郭守敬的观测活动对考察中介法很有价值。1277 年 4 月发生月蚀,他用月蚀冲法测定太阳位置,推得冬至时刻太阳赤经为箕宿十度(中国古度,周天为 365 又 1/4 度,下同)。然后持续三年用月亮、木星及金星等中介天体测求太阳位置,共 134 次观测,推得冬至时刻太阳位置赤经"皆躔箕宿,适与月蚀冲法允合"。[2]这段史料表明:

1. 将中介天体从金星推广到月亮和其他行星之后,观测机会颇多。

2. 中介法的经度较月蚀冲法为低。后者得出"箕宿十度",而前者虽有百数十次观测,仅得"皆躔箕宿"。当时箕宿所跨度数,据郭守敬所测为十度四十分(中国古度)[3],故可认为,当时中介法所得结果弥散在月蚀冲法所得位置附近,一侧可达四十分。亦即中介法的最大可能误差约比月蚀冲法大 24′。姚舜辅时代可能更大些。

3. 中介法未能取代月蚀冲法。郭守敬是将月蚀冲法所得结果视作标准的。

五、日 度 表

上述四种方法,都只是在太阳运动中进行"抽查",欲知任意时刻的太阳位置,必须推算。

古人最初将日运动视作均匀的:每年在恒星背景上东行 365 又 1/4 中国

---

[1] J. L. E. Dreyer, *Tycho Brahe: A Picture of Scientific Life and Work in the Sixteenth Century*, New York, 1963.

[2] 郭守敬:《授时历议》,《历代天文律历等志汇编》,第 9 册,页 3325－3326。

[3] 同上,页 3323。

古度,每昼夜运行一度。这样,只要测定某一时刻的太阳位置,即可推知任意时刻的位置。历法中通常先推出冬至时刻的太阳位置,然后依次为起算点,其他时刻的太阳位置只要按比例推求即得。自《三统历》以降,各历所载"推日度术"大同小异,都不出上述思路。祖冲之《大明历》(463 年)引入岁差计算,冬至点成为时间的函数,但从冬至点出发推算太阳位置,思路仍无改变。前述在后汉《四分历》中开始出现的"日度表",就是太阳均匀运动概念的产物。制作"日度表"看来是为了工作方便,因为不用此表也不难推算出太阳位置。

"日度表"给出一年中二十四个日子的太阳赤经,这二十四个值很容易通过一年的实测获得。表中"昏中星"、"旦中星"两项下经度值的中分线,正是夜半时刻当地子午线的赤经值,与之差半周天的方向,正是"日所在"栏中给出的太阳赤经。虽然只测昏中星(或旦中星)也可推算出夜半的太阳位置,但要加上从昏(或旦)到夜半太阳已经东行约四分之一度这一改正,而用求昏、旦中星中分线的方法即已自动消除了这一误差。

很可能,"日度表"大多是推算出来的,并非出自实测。因为既然太阳周年视运动是均匀的,测一次即可推得其余,又何必每个值都去实测呢?直到公元六世纪,中国天文学家才知道事情远没有这么简单。

六、张子信的发现

公元 526—528 年间,张子信开始在一个海岛上进行天文观测[1],持续三十年左右(比 Tycho 在汶岛的观测时间还长)。其间他发现太阳周年视运动的不均匀性。牵一发而动全身,他的发现使传统历法中许多方面都需要重新考虑,于是有隋唐历法改革高潮出现。"后张胄玄、刘孝孙、刘焯等,依此差度,为定入交食分及五星定见定行,与天密合,皆古人所未得也"。[2]

张子信究竟用什么方法作出了上述发现,可惜史料极少,只提到他用了浑仪。[3]当时还没有中介法,他只能使用中星法和月蚀冲法。不过要发现太阳周年视运动的变化,靠一年一两次的月蚀机会是不行的,他必定主要依

---

[1] 《隋书·天文志》说张子信"因避葛荣乱,隐于海岛中,积三十许年……",《历代天文律历等志汇编》,第 2 册,页 599。葛荣之乱持续三年,在公元 526 - 528 年间。

[2] 同上书。

[3] 同上书。

靠中星法。不难设想，他为了便于长期观测，也事先算制了一张"日度表"。如果他坚持每天（或几天一次）用中星法测定太阳位置，并将所得值与"日度表"对照，那么，虽然中星法有 1.5°左右的误差，但只要注意经过适当长的一段日子，比如每一节气的积累值，就不难发现"日行在春分后则迟，秋分后则速"[1]。

还必须注意，由于张子信是在海岛上观测，有理想的地平线，从而可使昏旦中星法的误差 2 明显减小，两种中星法的误差可能不相上下。所以我们可以推断的是：

张子信借助浑仪和漏壶，用中星法对太阳位置作长期观测，发现了太阳周年视运动的不均匀性。

事实上，这个发现几百年前就已完全有条件作出。很可能之前的天文学家毫不怀疑太阳运动的均匀性，根本没有想到对算制的"日度表"进行实测检验。本来，对日运动掌握得不精确，必然会影响交食预报的准确性，而古人也早就知道将交食预报作为检验历法的重要手段之一，但因交食预报还牵涉到月运动、回归年与朔望月的取值、冬至时刻和冬至点的确定等许多因素，天文学家们对这些问题注意得更多，以致未曾将怀疑的目光投向太阳运动。

七、日 躔 表

公元 604 年，刘焯撰《皇极历》，首创日躔表和等间距二次内插法，用来处理太阳周年视运动的不均匀性。日躔表和"日度表"的继承关系是显然的：也依二十四节气分成二十四栏。刘焯在每栏下给出了"躔衰"、"衰总"、"陟降率"、"迟速数"四项[2]，依次为每经一节气太阳实行度与平行度之差及其积累值，和因日运动不均匀而对平朔望的改正值及其积累值（乘以某些常数因子）。历代日躔表基本上都依此结构，只是各项名称常有不同而已。自《崇天历》起又加入太阳每经一节气的平行度积累值一项[3]，这一项实即"日度表"的"日所在"项。

---

[1] 《隋书·天文志》，《历代天文律历等志汇编》，第 2 册，页 599。
[2] 刘焯：《皇极历》，《历代天文律历等志汇编》，第 6 册，页 1937－1938。
[3] 陈美东：《日躔表之研究》，《自然科学史研究》3 卷 4 期（1984）。

如前所述,张子信发现的关键在勤测。既如此,他的发现很快就会普及。而由于太阳周年运动是不均匀的,日躔表就不能闭门造车地算制出来,必须通过实测获得二十四个"躔衰"值。所用方法,显然离不开中星法。后世日躔表的改进,主要在"躔衰"值如何更精确地描述实际情况。

日躔表可以说是给出了一个函数在二十四个点上的值,其余点上之值则用近似函数表示。这就要借助于内插法。从《皇极历》开始,推算任意时刻的太阳位置都是依靠日躔表(用"躔衰"、"衰总"两项即可)和内插法。[1]尽管后代的表和内插法有所改进,但整个方法却不再变,历一千余年之久。直到明末传入西方天文学,才改为几何方法。

原载《中国科学院上海天文台年刊》第 7 号(1985)

---

[1] 关于内插法在这方面的应用和成就,已有很多人作过研究。除前引陈美东文外,还可参阅:钱宝琮:《中国数学史》第二编第五章,科学出版社,1984 年;中国天文学史整理研究小组:《中国天文学史》第七章,科学出版社,1981 年。

古代中国人的宇宙

引　言

"时空"一词,出于现代人对西文 time-space 之对译,古代中国人则从不这么说。《尸子》(通常认为成书于汉代)上说:

> 四方上下曰宇,往古来今曰宙。

这是迄今在中国典籍中找到的与现代"时空"概念最好的对应。不过我们也不要因此就认为这位作者(相传是周代的尸佼)是什么"唯物主义哲学家"——因为他接下去就说了"日五色,至阳之精,象君德也,五色照耀,君乘土而王"之类的"唯心主义"色彩浓厚的话。

在今天,"宇宙"一词听起来十分通俗(在日常用法中往往只取空间、天地之意),其实倒是古人的措词;而"时空"一词听起来很有点"学术"味,其实倒是今人真正通俗直白的表达。

以往的不少论著在谈到中国古代宇宙学说时,有所谓"论天六家"之说,即盖天、浑天、宣夜、昕天、穹天、安天。其实此六家归结起来,也就是《晋书·天文志》中所说"古言天者有三家,一曰盖天,二曰宣夜,三曰浑天"三家而已。

本文将在梳理有关历史线索的基础上,设法澄清前贤的一系列误解,并对如何评价历史上的各种宇宙模式提出新的判据。

怎样看待宇宙的有限无限问题

既然宇是空间,宙是时间,那么空间有没有边界？时间有没有始末？无论从常识还是从逻辑角度来说,这都是一个很自然的问题。然而这问题却困惑过今人,也冤枉过古人。

困惑今人,是因为今人中的不少人一度过于偏信"圣人之言",他们认为恩格斯已经断言宇宙是无限的,那宇宙就一定是无限的,就只能是无限的,就不可能不是无限的!然而"圣人之言"是远在现代宇宙学的科学观测证据出现之前作出的,与这些证据(比如红移、3K 背景辐射、氦丰度等)相比,"圣人之言"只是思辨的结果。而在思辨和科学证据之间应该如何选择,其实圣人自己早已言之矣。

今人既已自陷于困惑,乃进而冤枉古人。凡主张宇宙为有限者,概以"唯心主义"、"反动"斥之;而主张宇宙为无限者,又必以"唯物主义"、"进步"誉之。将古人抽象的思辨之言,硬加工成壁垒分明的"斗争"神话。在"文革"及稍后一段时间,这种说法几成众口一词。直到今日,仍盘踞在不少人文学者的脑海之中。

首先接受现代宇宙学观测证据的,当然是天文学家。现代的"大爆炸宇宙模型"是建立在科学观测证据之上的。在这样的模型中,时间有起点,空间也有边界。如果一定要简单化地在"有限"和"无限"之间作选择,那就只能选择"有限"。

古人没有现代宇宙学的观测证据,当然只能出以思辨。《周髀算经》明确陈述宇宙是直径为 810,000 里的双层圆形平面——笔者已经证明不是先前普遍认为的所谓"双重球冠"形。汉代张衡作《灵宪》,其中所述的天地为直径"二亿三万二千三百里"的球体,接着说:

> 过此而往者,未之或知也。未之或知者,宇宙之谓也。宇之表无极,宙之端无穷。

张衡将天地之外称为"宇宙",与《周髀算经》不同的是他认为"宇宙"是无穷的——当然这也只是他思辨的结果,他不可能提供科学的证明。而作为思辨的结果,即使与建立在科学观测证据上的现代结论一致,终究也只是巧合而已,更毋论其未能巧合者矣。

也有明确主张宇宙有限者,比如汉代扬雄在《太玄·玄摛》中为宇宙下的定义:

> 阖天谓之宇,辟宇谓之宙。

天和包容在其中的地合在一起称为宇,从天地诞生之日起才有了宙。这是明确将宇宙限定在物理性质的天地之内。这种观点因为最接近常识和日常感觉,即使在今天,对于没有受过足够科学思维训练的人来说也是最容易接纳的。虽然在古籍中寻章摘句,还可以找到一些能将其解释成主张宇宙无限的话头(比如唐代柳宗元《天对》中的几句文学性的咏叹),但从常识和日常感觉出发,终以主张宇宙有限者为多。[1]

总的来说,对于古代中国人的天文学、星占学或哲学而言,宇宙有限还是无限并不是一个非常重要的问题。而"上下四方曰宇,往古来今曰宙"的定义,则可以被主张宇宙有限、主张宇宙无限以及主张宇宙有限无限为不可知的各方所共同接受。

对李约瑟高度评价宣夜说的商榷

宣夜、盖天、浑天三说中,宣夜说一直得到国内许多论者的高度评价,其说实始于李约瑟。李氏在《中国科学技术史》的天学卷中,为"宣夜说"专设一节。他热情赞颂这种宇宙模式说:

> 这种宇宙观的开明进步,同希腊的任何说法相比,的确都毫不逊色。亚里士多德和托勒密僵硬的同心水晶球概念,曾束缚欧洲天文学思想一千多年。中国这种在无限的空间中飘浮着稀疏的天体的看法,要比欧洲的水晶球概念先进得多。虽然汉学家们倾向于认为宣夜说不曾起作用,然而它对中国天文学思想所起的作用实在比表面上看起来要大一些。[2]

这段话使得"宣夜说"名声大振。从此它一直沐浴在"唯物主义"、"比布鲁诺早多少多少年"之类的赞美歌声中。虽然我在十多年前已指出这段

---

[1] 可参看郑文光、席泽宗:《中国历史上的宇宙理论》,人民出版社,1975年,页145–146。
[2] 李约瑟:《中国科学技术史》第四卷"天学"(注意这是七十年代中译本的分卷法,与原版不同),科学出版社,1975年,页115–116。

话中至少有两处技术性错误[1],但那还只是枝节问题。这里要讨论的是李约瑟对"宣夜说"的评价是否允当。

"宣夜说"的历史资料,人们找来找去也只有李约瑟所引用的那一段,见《晋书·天文志》:

> 宣夜之书亡,惟汉秘书郎郗萌记先师相传云:天了无质,仰而瞻之,高远无极,眼瞀精绝,故苍苍然也。譬之旁望远道之黄山而皆青,俯察千仞之深谷而窈黑,夫青非真色,而黑非有体也。日月众星,自然浮生虚空之中,其行其止皆须气焉。是以七曜或逝或住,或顺或逆,伏现无常,进退不同,由乎无所根系,故各异也。故辰极常居其所,而北斗不与众星西没也。摄提、填星皆东行。日行一度,月行十三度,迟疾任情,其无所系著可知矣。若缀附天体,不得尔也。

其实只消稍微仔细一点来考察这段话,就可知李约瑟的高度赞美是建立在他一厢情愿的想象之上的。

首先,这段话中并无宇宙无限的含义。"高远无极"明显是指人目远望之极限而言。其次,断言七曜"伏现无常,进退不同",却未能对七曜的运行进行哪怕是最简单的描述,造成这种致命缺陷的原因被认为是"由乎无所根系",这就表明这种宇宙模式无法导出任何稍有实际意义的结论。相比之下,西方在哥白尼之前的宇宙模式——哪怕就是亚里士多德学说中的水晶球体系,也能导出经得起精确观测检验的七政运行轨道。[2]前者虽然在某一方面比较接近今天我们所认识的宇宙,终究只是哲人思辨的产物;后者虽然与今天我们所认识的宇宙颇有不合,却是实证的、科学的产物。[3]两者孰优孰劣,应该不难得出结论。

宣夜说虽因李约瑟的称赞而在现代获享盛名,但它未能引导出哪怕只

---

[1] 李约瑟的两处技术性错误是:一、托勒密的宇宙模式只是天体在空间运行轨迹的几何表示,并无水晶球之类的坚硬实体。二、亚里士多德学说直到十四世纪才获得教会的钦定地位,因此水晶球体系至多只能束缚欧洲天文学思想四百年。参见江晓原:《天文学史上的水晶球体系》,《天文学报》28卷4期(1987)。

[2] 在哥白尼学说问世时,托勒密体系的精确度——由于Tycho将它的潜力发挥到了登峰造极的地步——仍然明显高于哥白尼体系。

[3] 我们所说的"实证的",意思是说,它是建立在科学观测基础之上的。按照现代科学哲学的理论,这样的学说就是"科学的"(scientific)。

是非常初步的数理天文学系统——即对日常天象的解释和数学描述,以及对未来天象的推算。从这个意义上来看,宣夜说(更不用说昕天、穹天、安天等说)根本没有资格与盖天说和浑天说相提并论。真正在古代中国产生过重大影响和作用的宇宙模式,是盖天与浑天两家。

浑天说:纲领和起源之谜

关于《周髀算经》中的盖天宇宙模型,它的宇宙的正确形状、它所叙述的北方高纬度地区天象和寒暑五道知识、它们与域外天学的关系,以及《周髀算经》盖天宇宙模型作为中国古代唯一的公理化尝试,笔者已经发表了一组系列论文[1],并出版了对《周髀算经》文本的学术注释及白话译文。[2] 故此处仅讨论浑天说。

与盖天说相比,浑天说的地位要高得多——事实上它是在中国古代占统治地位的主流学说,但是它却没有一部像《周髀算经》那样系统陈述其学说的著作。

通常将《开元占经》卷一所引《张衡浑仪注》视为浑天说的纲领性文献,这段引文很短,全文如下:

> 浑天如鸡子。天体(这里意为"天的形体")圆如弹丸,地如鸡子中黄,孤居于内。天大而地小。天表里有水,水之包地,犹壳之裹黄。天地各乘气而立,载水而浮。周天三百六十五度又四分度之一,又中分之,则一百八十二分之五覆地上,一百八十二分之五绕地下。故二十八宿半见半隐。其两端谓之南北极。北极乃天之中也,在正北,出地上三十六度。然则北极上规径七十二度,常见不隐;南极天之中也,在南入地三十六度,南极下规径七十二度,常伏不见。两极相去一百八十二度

---

[1] 江晓原:《〈周髀算经〉:中国古代唯一的公理化尝试》,《自然辩证法通讯》18 卷 3 期(1996)。江晓原:《〈周髀算经〉盖天宇宙结构考》,《自然科学史研究》15 卷 3 期(1996)。江晓原:《〈周髀算经〉与古代域外天学》,《自然科学史研究》16 卷 3 期(1997)。

[2] 江晓原、谢筠:《周髀算经译注》(国务院古籍整理八五规划书目之一),辽宁教育出版社,1996年。顺便指处,先前有些论著中有所谓"第一次盖天说"、"第二次盖天说"之说,谓古代的"天圆地方"之说为"第一次盖天说",而《周髀算经》中所陈述的盖天说为"第二次盖天说"。其实后者有整套的数理体系,而前者只是一两句话头而已,两者根本不可同日而语。因此上面这种说法没有什么积极意义,反而会带来概念的混淆。

半强。天转如车毂之运也,周旋无端,其形浑浑,故曰浑天也。

这就是浑天说的基本理论。内容远没有《周髀算经》中盖天理论那样丰富,但其中还是有一些关键信息似乎未被前贤注意到。

浑天说的起源时间,一直是个未能确定的问题。可能的时间大抵在西汉初至东汉之间,最晚也就到张衡的时代。认为西汉初年已有浑天说,主要依据两汉之际扬雄《法言·重黎》中的一段话:

或问浑天,曰:落下闳营之,鲜于妄人度之,耿中丞象之。

郑文光认为这表明落下闳(活动于汉武帝时)的时代已经有了浑仪和浑天说,因为浑仪就是依据浑天说而设计的。[1]有的学者强烈否认那时已有浑仪,但仍然相信是落下闳创始了浑天说。[2]迄今未见有得到公认的结论问世。

在上面的引文中有一点值得注意,即北极"出地上三十六度"。

这里的"度"应该是中国古度。中国古度与西方将圆周等分为360°之间有如下的换算关系:

$$1 \text{ 中国古度} = 360/365.25 = 0.9856°$$

因此北极"出地上三十六度"转换成现代的说法就是:北极的地平高度为35.48°。

北极的地平高度并不是一个常数,它是随着观测者所在的地理纬度而变的。但是在上面那段引文中,作者显然还未懂得这一点,所以他一本正经地将北极的地平高度当作一个重要的基本数据来陈述。由于北极的地平高度在数值上恰好等于当地的地理纬度,这就提示我们,浑天说的理论极可能是创立于北纬35.48°地区的。然而这是一个会招来很大麻烦的提示,它使得浑天说的起源问题变得更加复杂。

我们如果打开地图来寻求印证,上面的提示就会给我们带来很大的困惑——几个可能与浑天说创立有关系的地区,比如巴蜀(落下闳的故乡)、长

---

[1]《中国历史上的宇宙理论》,页69。
[2] 例如李志超教授在《仪象创始研究》一文中说:"一切倡言在西汉之前有浑仪的说法都不可信。'浑仪'之名应始于张衡,一切涉及张衡以前的'浑仪'记述都要审慎审核,大概或为伪托,或为后代传述人造成的混乱。"见《自然科学史研究》9卷4期(1990)。

安(落下闳等天学家被招来此地进行改历活动)、洛阳(张衡在此处两次任太史令)等等,都在北纬35.48°之南很远。以我之孤陋寡闻,好像未见前贤注意过这一点。如果我们由此判断浑天说不是在上述任一地点创立的,那么它是在何处创立的呢?地点一旦没有着落,时间上会不会也跟着出问题呢?

不过在这里我仅限于将问题提出,先不轻下结论。

在浑天说中大地和天的形状都已是球形,这一点与盖天说相比大大接近了今天的知识。但要注意它的天是有"体"的,这应该就是意味着某种实体(就像鸡蛋的壳),而这就与亚里士多德的水晶球体系半斤八两了。然而先前对亚里士多德水晶球体系激烈抨击的论著,对浑天说中同样的局限却总是温情脉脉地避而不谈。

浑天说中球形大地"载水而浮"的设想造成了很大的问题。因为在这个模式中,日月星辰都是附着在"天体"内面的,而此"天体"的下半部分盛着水,这就意味着日月星辰在落入地平线之后都将从水中经过,这实在与日常的感觉难以相容。于是后来又有改进的说法——认为大地是悬浮在"气"中的,比如宋代张载《正蒙·参两篇》说"地在气中",这当然比让大地浮在水上要合理一些。

用今天的眼光来看,浑天说是如此的初级、简陋,与约略同一时代西方托勒密精致的地心体系(注意浑天说也完全是地心的)根本无法同日而语,就是与《周髀算经》中的盖天学说相比也大为逊色。然而这样一个初级、简陋的学说,为何竟能在此后约两千年间成为主流学说?

原因其实也很简单:盖天学说虽然有它自己的数理天文学,但它对天象的数学说明和描述是不完备的(例如,《周髀算经》中完全没有涉及交蚀和行星运动的描述和推算)。而浑天说将天和地的形状认识为球形,这样就至少可以在此基础上发展出一种最低限度的球面天文学体系。只有球面天文学,才能使得对日月星辰运行规律的测量、推算成为可能。但中国古代的球面天文学始终未能达到古希腊的水准——今天全世界天文学家共同使用的球面天文学体系,在古希腊时代就已经完备。浑天说中有一个致命的缺陷,使得任何行之有效的几何宇宙模型以及建立在此几何模型基础之上的完备的球面天文学都无法从中发展出来。这个致命的缺陷,简单地说只是四个字:地球太大!

中国古代地圆说的致命缺陷

中国古代是否有地圆说,常见的答案几乎是众口一辞的"有"。然而这一问题并非一个简单的"有"或"无"所能解决。

被作为中国古代地圆学说的文献证据,主要有如下几条:

南方无穷而有穷。……我知天下之中央,燕之北、越之南是也。(《庄子·天下》引惠施)

浑天如鸡子。天体圆如弹丸,地如鸡中黄,孤居于内,天大而地小。天表里有水,天之包地,犹壳之裹黄。(东汉·张衡《浑天仪图注》)

天地之体状如鸟卵,天包于地外,犹卵之裹黄,周旋无端,其形浑浑然,故曰浑天。其术以为天半覆地上,半在地下,其南北极持其两端,其天与日月星宿斜而回转。(三国·王蕃《浑天象说》)

惠施的话,如果假定地球是圆的,可以讲得通,所以被视为地圆说的证据之一。后面两条,则已明确断言大地为球形。

既然如此,中国古代有地圆学说的结论,岂非已经成立?

但是且慢。能否确认地圆,并不是一件孤立的事。换句话说,并不是承认地球是球形就了事。在古希腊天文学中,地圆说是与整个球面天文学体系紧密联系在一起的。西方的地圆说实际上有两大要点:

一、地为球形;

二、地与"天"相比非常之小。

第一点容易理解,但第二点的重要性就不那么直观了。然而在球面天文学中,只在极少数情况比如考虑地平视差、月蚀等问题时,才需计入地球自身的尺度;而绝大部分情况下都将地球视为一个点,即忽略地球自身的尺度。这样的忽略不仅非常必要,而且是完全合理的,这只需看一看下面的数据就不难明白:

地球半径　　　　　　　6,371 公里

地球与太阳的距离　　　149,597,870 公里

上述两值之比约为 1:23481。

进而言之,地球与太阳的距离,在太阳系九大行星中仅位列第三,太阳系的广阔已经可想而知。如果再进而考虑银河系、河外星系……那更是广阔无垠了。地球的尺度与此相比,确实可以忽略不计。古希腊人的宇宙虽然是以地球为中心的,但他们发展出来的球面天文学却完全可以照搬到日心宇宙和现代宇宙体系中使用——球面天文学主要就是测量和计算天体位置的学问,而我们人类毕竟是在地球上进行测量的。

现在再回过头来看中国古代的地圆说。中国人将天地比作鸡蛋的蛋壳和蛋黄,那么显然,在他们心目中天与地的尺度是相去不远的。事实正是如此,下面是中国古代关于天地尺度的一些数据:

天球直径为 387,000 里;地离天球内壳 193,500 里。(《尔雅·释天》)

天地相距 678,500 里。(《河洛纬·甄耀度》)

周天也三百六十五度,其去地也九万一千余里。(杨炯《浑天赋》)

以第一说为例,地球半径与太阳距离之比是 1:1。在这样的比例中,地球自身尺度就无论如何也不能忽略。然而自明末起,学者们常常忽视上述重大区别而力言西方地圆说在中国"古已有之",许多当代论著也经常重复与古人相似的错误。

非常不幸的是,不能忽略地球自身的尺度,也就无法发展出古希腊人那样的球面天文学。学者们曾为中国古代的天文学为何未能进展为现代天文学找过许多原因,诸如几何学不发达、不使用黄道体系等等,其实将地球看得太大,或许是致命的原因之一。

评价宇宙学说的合理判据

评价不同宇宙学说的优劣,当然需要有一个合理的判据。

我们在前面已经看到,这个判据不应该是主张宇宙有限还是无限,也不能是抽象的"唯心"或"唯物"——历史早已证明,"唯心"未必恶,"唯物"也未必善。

另一个深入人心的判据,是看它与今天的知识有多接近。许多科学史研究者将这一判据视为天经地义,却不知其实大谬不然。人类对宇宙的探索和了解是一个无穷无尽的过程,我们今天对宇宙的知识,也不可能永为真理。当年哥白尼的宇宙、开普勒的宇宙……今天看来都不能叫真理,都只是人类认识宇宙的过程中的不同阶梯,而托勒密的宇宙、第谷的宇宙……也同样是阶梯。

对于古代的天文学家来说,宇宙模式实际上是一种"工作假说"。因此以发展的眼光来看,评价不同宇宙学说的优劣,比较合理的判据应该是:

看这种宇宙学说中能不能容纳对未知天象的描述和预测——如果这些描述和预测最终导致对该宇宙学说的修正或否定,那就更好。

在这里我的立场很接近科学哲学家波普尔(K. R. Popper)的"证伪主义",即认为只有那些通过实践(观测、实验等)能够对其构成检验的学说才是有助于科学进步的,这样的学说具有"可证伪性"(falsifiability)。而那些永不会错的"真理"(比如"明天可能下雨也可能不下"之类)以及不给出任何具体信息和可操作检验的学说,不管它们看上去是多么正确(往往如此,比如上面那句废话),对于科学的发展来说都是没有意义的。[1]

按照这一判据,几种前哥白尼时代的宇宙学说可排名次如下:

1. 托勒密宇宙体系。
2. 《周髀算经》中的盖天宇宙体系。
3. 中国的浑天说。

至于宣夜说之类就不具有加入上述名单的资格了。宣夜说之所以在历史上没有影响,并非因它被观测证据所否定,而是因为它根本就是"不可证伪的",对于解决任何具体的天文学课题来说都是没有意义的,因而也就没有任何观测结果能构成对它的检验。其下场自然是无人理睬。

托勒密的宇宙体系之所以被排在第一位,是因为它是一个高度可证伪

---

[1] 波普尔的学说在他的《猜想与反驳》(1969)和《客观知识》(1972)两书中有详尽的论述。此两书都有中译本(上海译文出版社,1986年,1987年)。在波普尔的证伪学说之后,科学哲学当然还有许多发展。要了解这方面的情况,迄今我所见最好的简明读物是查尔默斯(A. F. Chalmers):《科学究竟是什么?》,商务印书馆,1982年。

的、公理化的几何体系。从它问世之后,直到哥白尼学说胜利之前,西方世界(包括阿拉伯世界)几乎所有的天文学成就都是在这一体系中作出的。更何况正是在这一体系的营养之下,才产生了第谷体系、哥白尼体系和开普勒体系,最终导致它自身被否定。

我已经设法证明,《周髀算经》中的盖天学说也是一个公理化的几何体系,尽管比较粗糙幼稚。其中的宇宙模型有明确的几何结构,由这一结构进行推理演绎时又有具体的、绝大部分能够自洽的数理。"日影千里差一寸"正是在一个不证自明的前提亦即公理——"天地为平行平面"——之下推论出来的定理。[1] 而且,这个体系是可证伪的。唐开元十二年(公元724年)一行、南宫说主持全国范围的大地测量,以实测数据证明了"日影千里差一寸"是大错[2],就宣告了盖天说的最后失败。这里之所以让盖天说排名在浑天说之前,是因为它作为中国古代唯一的公理化尝试,实有难能可贵之处。

浑天说没能成为像样的几何体系,但它毕竟能够容纳对未知天象的描述和预测,使中国传统天文学在此后的一两千年间得以持续运作和发展。它的论断也是可证伪的(比如大地为球形,就可以通过实际观测来检验),不过因为符合事实,自然不会被证伪。而盖天说的平行平面天地就要被证伪。

中国古代在宇宙体系方面相对落后,但在数理天文学方面却能有很高成就,这对西方人来说是难以想象的。其实这背后另有一个原因。中国人是讲究实用的,对于纯理论的问题、眼下还未直接与实际运作相关的问题,都可以先束之高阁,或是绕而避之。宇宙模式在古代中国人眼中就是一个这样的问题。古代中国天学家采用代数方法,以经验公式去描述天体运行,效果也很好(古代巴比伦天文学也是这样)。宇宙到底是怎样的结构,可以不去管它。宇宙模式与数理天文学之间的关系,在古代中国远不像在西方那样密切——在西方,数理天文学是直接在宇宙的几何模式中推导、演绎而出的。

---

[1] 关于这一点的详细论证请见江晓原:《〈周髀算经〉:中国古代唯一的公理化尝试》,《自然辩证法通讯》18卷3期(1996)。
[2] 同样南北距离之间的日影之差是随地理纬度而变的,其数值也与"千里差一寸"相去甚远——大致为二百多里差一寸。参见中国天文学史整理研究小组:《中国天文学史》,科学出版社,1981年,页164。

关于宇宙是否可知的思考

《周髀算经》在陈述宇宙是直径为 810,000 里的双层圆形平面后,接着就说:

> 过此而往者,未之或知。或知者,或疑其可知,或疑其难知。

意思是说,在我们观测所及的范围之外,从未有人知道是什么,而且无法知道它能不能被知道。此种存疑之态度,正合"知之为知之,不知为不知,是知(智)也"之意,较之今人之种种武断、偏执和人云亦云,高明远矣。张衡《灵宪》中说"过此而往者,未之或知也。未之或知者,宇宙之谓也",也认为宇宙是"未之或知"的。

在对宇宙的认识局限这一点上来说,古代中国人的想法倒是可能与现代宇宙学思考有某种暗合之处。例如明代杨慎说:

> 盖处于物之外,方见物之真也,吾人固不出天地之外,何以知天地之真面目欤?[1]

他的意思是说,作为宇宙之一部分的人,没有能力认识宇宙的真面目。类似的思考在现代宇宙学家那里当然会发展得更为精致和深刻,例如惠勒(J. A. Wheeler)在他的演讲中,假想了一段宇宙与人的对话,我们不妨就以这段对话作为本文的结束:

宇宙:我是一个巨大的机器,我提供空间和时间使你们得以存在。这个空间和时间,在我到来之前,以及停止存在之后,都是不存在的,你们——人——只不过是在一个不起眼的星系中的一个较重要的物质斑点而已。

人:是啊,全能的宇宙,没有你,我们将不能存在。而你,伟大的机器,是由现象组成的。可是,每一个现象都依赖于观察这种行动,如果

---

[1]《升庵全集》卷七十四"宋儒论天"。

没有诸如像我所进行的这种观察,你也绝不会成为存在![1]

惠勒的意思是说,没有宇宙就不会有人的认识,而没有人的认识也就不会有宇宙——这里的宇宙,当然早已不是"纯客观"的宇宙了。

原载《传统文化与现代化》1998 年第 5 期

---

[1] 见方励之编:《惠勒演讲集——物理学和质朴性》,安徽科学技术出版社,1982 年,页 18。

《国语》所载武王伐纣天象及其年代与日程*

依据早期史籍中关于武王伐纣时的各种天象记载,以天文学方法来求解武王伐纣之年代,并设法重现武王伐纣时之日程表,是一件相当复杂的工作。在完成这一工作的过程中,我们设计了几种不同的方案。非常令人惊异的是:这几种方案所得的结果,全都导向一个完全相同的结论!本文就是上述方案之一。

一、文本之释读

《国语·周语下》伶州鸠对周景王所述武王伐殷时天象:

> 昔武王伐殷,岁在鹑火,月在天驷,日在析木之津,辰在斗柄,星在天鼋。星与日辰之位皆在北维。

对于这段叙述中字面及术语之释读,前贤多从韦昭注。韦昭三国时人(公元204—273年),他的注有多大的可信程度,今人当然可以提出怀疑——事实上有人连《国语》中的这段记载本身都疑为伪作。[1]但解决这一

---

* 本项研究受国家九五重大科研项目"夏商周断代工程"及国家自然科学基金(批准号19573015)资助。本文系与钮卫星合著。

[1] 比如倪德卫就曾将《国语》中伶州鸠的这段话指为伪作,认为是"公元前一世纪中叶,有一个狡猾的学者真相信了《武成》的日期"而伪造的。见倪德卫:《国语武王伐殷天象辨伪》,《古文字研究》12号(1985)。但倪氏首先犯了一个根本性的错误——他认定伶州鸠所述天象必定是同一天的天象,而实际上自然不是如此。倪氏论武王伐纣之年有数篇论文,皆好为新异之说,其大胆假说固有余,小心求证实不足也。

疑惑的原则其实极为简单,那就是:若有比韦昭更可信的不同释读,自然应该舍韦昭而就彼;但若并无更可信之释读,却又无端怀疑韦昭之注,那除了导致历史虚无主义的结论之外,对解决问题毫无帮助。

实际情况是,韦昭注本不仅是现存最早的注本,而且其注"保留了今已亡佚的东汉郑众、贾逵,三国虞翻、唐固等注本的片段"。[1]再说历代学者对韦昭注也无异议。因此目前唯一合理的选择,只能是以韦昭注作为我们工作的出发点。

疑惑既除,接下来就可逐句释读:

岁在鹑火:意为木星在鹑火之次,此句不会有歧义。

月在天驷:"月在天驷"从字面上理解,当然是指月球运行至与天驷在一起之处。根据我们的研究,此句关系极大,却常被研究者所忽视。"天驷"者,星名也,即天蝎座π星(Scoπ),特别值得注意的是,这颗星也正是二十八宿中房宿的距星。此处韦昭注云:"天驷,房星也。"正可证明这种解释。[2]

日在析木之津:韦昭注:"津,天汉也。析木,次名。"《左传》、《国语》提到"析木"时总跟着"之津"二字,"津"为天河,说明"析木"所指的天区位于黄道上横跨银河之处,《汉书·律历志》中,《三统历》定析木之次对应范围为尾10度,跨箕宿,至斗11度,案之星图,正在银河之中。这也说明《三统历》所述二十八宿与十二次之间的对应关系,应有很早的起源(注意我们据此确定析木之津的范围时,并不要求在商周之际就存在十二次系统)。析木之津所占天区,公元前1100年—公元前1000年间的黄经范围在223°～249°之间。

此处先要特别指出:月球运行每月一周天,太阳每年一周天,因此很多稍具天文常识的学者都会认为,"月在天驷"每月都会出现一次,因而是一年可以见到12次的天象,而实际上精密的天文学计算和演示都表明,这种天象在周地竟要平均10年才能与"日在析木之津"同时被观测到一次。[3]

辰在斗柄:韦昭注:"辰,日月之会。斗柄,斗前也。"此句可以产生两处争议:"辰"为何意?"斗柄"何指?需要逐一分析。先讨论"辰"。在古籍

---

[1] 上海师范大学古籍整理研究所校点:《国语》,上海古籍出版社,1988年,页一。
[2] 有人认为也可指中国古代的"天驷"星官(由包括天蝎座π星在内的四颗黄经几乎完全相等、与黄道成垂直排列的恒星组成,古人将之比附驾车之四匹马)。
[3] 详细说明请见下文。如果将"天驷"理解为四颗星组成的星官,也要平均3年才能被观测到一次。

中,"辰"可以有八种用法,列出如下:

一、日月交会点,即合朔时太阳所在位置。

二、大火(即天蝎座 α,中名心宿二)。如《国语·晋语四》:"岁在大火,大火,阏伯之星也,是为大辰。"又《苏武诗》:"昔为鸳与鸯,今为参与辰。"

三、北极星,即"北辰"。如《尔雅·释天》:"北极谓之北辰。"又虞世南《奉和月夜观星应令》:"天文岂易述,徒知仰北辰。"

四、泛指众星,如星辰、三辰。

五、十二时辰之一,七至九时。

六、日子、时刻。今吴语中犹将"时间"称为"辰光"。

七、十二地支之五。

八、"晨"之通假字。

上述八种用法中,第四种在此处没有意义,第五、六、七、八种可置勿论。需要讨论的是前面三种。或许有人会问:韦昭注为何一定正确?"辰"在此处为何不能理解为心宿二或北极星?其实天文学常识早已排除了这两种可能性:因为"斗柄"无论何指,肯定是指恒星无疑,而心宿二或北极星也都是恒星,天文学常识告诉我们,恒星是相对固定的("恒星"正是由此得名),一颗恒星不可能跑到另一颗恒星那里去。如果将"辰"在此处理解为心宿二或北极星,那岂不是和说"天狼星在织女星"一样荒谬?所以韦昭注"日月之会"(即太阳和月亮运行到黄经相等之处)在这里确实是唯一合理的释读。

接下来再谈"斗柄"。"斗"可以指北斗,也可以指南斗,即二十八宿中的斗宿。但"辰"既然是"日月之会",就完全排除了北斗的可能——太阳和月亮只能在黄道附近运行,它们永远不可能跑到北斗那里去。所以"斗柄"只能是指南斗。

这样,"辰在斗柄"的唯一合理释读就是:日、月在南斗(斗宿)合朔。

星在天鼋:韦昭注:"星,辰星也。天鼋,次名,一曰玄枵。"辰星即水星。水星常在太阳左右,其大距极限仅 $28°$ 左右——也就是说水星至多只能离开太阳 $28°$ 远。此句意为"水星在玄枵之次"。这也给出了相对独立的信息——在武王伐纣的过程中,应该能见到"星在天鼋"的天象。

星与日辰之位皆在北维:此句没有独立信息——当太阳和水星到达玄枵之次时,它们就是在女、虚、危诸宿间,这些宿皆属北方七宿,此即"北维"之意也。

二、天象之验算

文本之释读既已解决，乃可验算伶州鸠所述各项天象及有关天象——文本背后的天文学含义将通过这些验算而进一步显现。但在此之前还要先对验算所用的天文学软件有所交代。

在对上述天象进行检验计算，以及此后的回推、筛选计算中，行星、月球历表为必需之物，而天文学前沿研究所用历表时间跨度不够（一般只有几百年，我们的研究需要三千年以上）。1963 年斯塔曼（Stahlman）曾用分析方法算出太阳和行星公元前 2000 年—公元 2000 年间的位置表，以供天文史研究之用。但该表精度不甚高，而且使用不便，所以有的学者干脆自己用天体力学方法回推，并且都号称自己的方法最精确。由于他们的源程序通常都秘不示人，故他人皆无从比较其优劣。

而在国际上，美国著名的喷气推进实验室（JPL）之斯坦迪士（Standish）等人，长期致力于行星和月球历表的研究工作，他们用数值积分方法，结合最新的理论模型和观测结果，研制出了与各个时期的科学水平相适应的系列星历表，提供给全世界学者使用。绝大多数 JPL 星历表时间跨度较短，目的是供天文学前沿、航天等领域应用。到八十年代他们又制作了长时间跨度的行星历表 DE102（公元前 1411 年—公元 3002 年），在国际上得到广泛使用（但国内天文史专家不用）。

最近斯坦迪士等人又研制了时间跨度更长的行星历表 DE404（公元前 3000 年—公元 3000 年），它不但吸收了雷达、射电、VLBI（甚长基线干涉）、宇宙飞船、激光测月等等高新技术所获得的最新观测数据，而且在力学模型上有所改进，保证了积分初始值的精确性和理论的先进性。并且在积分过程中，不但与历史上的观测记录进行了比较，而且同时比对了纯粹用分析方法所得的结果。这样就进一步保证了星历表的稳定性和可靠性。[1]

经我们与斯坦迪士本人联系，他将全套 DE404 数据库及计算软件无偿提供给我们使用。这也可算国际天文学界对夏商周断代工程之间接支持。

另一个比较重要的软件是 SkyMap3.2，这是一个非常先进的天象演示软

---

[1] DE404 精度极高，其误差估计：行星每世纪在百分之一角秒量级，月球在一角秒量级。这样的误差对于本课题所涉及的计算来说，已经完全不必考虑。

件,能够在给定观测时间、观测地点之经纬度后,立即演示出此时此地的实际星空,包括恒星、太阳、月亮、各行星、彗星乃至河外星云等几乎所有天体的精确位置。我们用 DE404 检验了该软件的精度,发现在前推三千余年时,其误差仍仅在角秒量级,这对本专题的研究来说已经绰绰有余。[1]

接下来逐条进行验算:

岁在鹑火 前贤几乎全都将目光集中在"岁在鹑火"的天象上,此天象看似简单,其实大有问题。在一些先秦文献中,"岁在某某"(后世又多用"岁次某某")是一种常见的天象记载。这类天象记载的真实性,前贤很少怀疑。有不少学者在处理先秦年代学问题时,还将岁星天象记载作为重要的判据来使用。然而,先秦文献中的此类记载其实大可怀疑。我们曾对《左传》、《国语》中有明确年代的岁星天象记载进行地毯式的检索,共得 9 项;然后针对此 9 项记载,用 DE404 进行回推计算,结果发现竟无一吻合!对这一无可置疑之事实,此处无暇讨论其原因。只是陈述事实,至于合理解释,则尚待高贤之论也。[2]但至少已经可以看出,用"岁在鹑火"作为确定伐纣之年的依据,是不可靠的。所以在下面的工作中,我们先不使用"岁在鹑火"——但考虑到伶州鸠所述天象的特殊性,不妨用作为辅助性的参证。

月在天驷与日在析木之津 第一步,从"月在天驷"和"日在析木之津"入手。先设定(注意,也可使用更宽泛的设定,但最终仍导致相同结果[3]):

(1) 太阳黄经在 223°~249°范围内(日在析木之津)。

---

[1] DE404 软件给出的结果是历书时,考虑到地球自转速度的长期变化,为在准确时间上重现历史天象还需要做一个修正,在距今 3000 年时,这一修正的结果是一个将近 8 小时的量。我们给出的结果已经考虑了这项修正。SkyMap3.2 软件在其给出结果中也已经考虑了这项修正。

[2] 前贤已经注意到这个问题,如新城新藏就试图对此事实给出一种解释。他从《左传》、《国语》中若干次有关岁星记载的年代向后推算,假定人们是认定岁星正好 12 年一周天,则可推算出一个年份,即公元前 376 年,认为这是《左传》、《国语》中有关岁星天象的起算年代。见新城新藏:《东洋天文学史研究》,中华学艺社,1933 年,页 391–392。但其说并不能解释《左传》、《国语》中所有明确年代的岁星天象记载,况且公元前 376 年这一起算点从何而来也难以说明。

[3] 从"月在天驷"和"日在析木之津"入手进行推算时,也可以采用比本文所用宽泛得多的设定,例如在另一个方案中,我们采用了:

(1) 太阳黄经在 215°~255°范围内(比析木之津略宽)。

(2) 月球黄经在天驷四星(该四星黄经在公元前 1050 年左右都在 200°~201°之间)前后 ±15°之间(明显比"月在天驷"宽泛)。

(3) 月球黄纬不限。

这样的设定,使得第一步的筛选结果不是 13 个日期而是 145 个,但是经过后续的各个步骤进一步筛选之后,最终仍然得出与本文完全相同的结论!

(2) 月球与天驷星之黄经差小于 2°(月在天驷)。

(3) 月球黄纬小于负 4.5°。[1]

以 DE404 数据库计算公元前 1119 年—公元前 1000 年间日、月位置,发现只有表 1 中所示 13 个日子能同时满足上述三条件:

表 1　月在天驷·日在析木之津及岁星天象表

日期(公元前)	日干支	岁星天象
1119.12.12	丁卯	东面不见
1101.11.24	甲申	东面不见
1100.12.11	丙午	东面不见
1099.12.1	辛丑	东面不见
1082.11.24	癸亥	岁在南偏西
1081.11.13	戊午	东面可见,但金、土在左右
1062.11.14	戊戌	东面不见
1062.12.11	乙丑	东面不见
1045.12.3	丁亥	东面只岁星可见,且位置极好
1043.11.14	戊寅	东面不见
1043.12.11	乙巳	东面可见,但位置太低
1026.12.4	丁卯	东面不见
1007.12.4	丁未	东面不见

这个初看起来似乎每月都可发生的天象,为何实际上要 10 年左右才能见到一次? 主要有两个原因:一是月球轨道与黄道之间有倾角,只有当月球黄纬在负 5°左右时,月球才会恰好紧挨着天驷,位于其正上方或正下方,甚至掩食天驷。这才是真正的"月在天驷"。二是这种天象通常都发生在清晨周地地平线附近,往往还未升上地平就已天亮,或在天亮后才发生。使用 SkyMap3.2 软件演示当时天象,完全证实了这两点。

图 1 右下方就是公元前 1045 年 12 月 3 日这天清晨 5:30 在周地所见的"月在天驷"天象(这次"月在天驷"只能被观测到三个多小时)。

---

[1] 这是由天蝎座 π 星之位置所决定的。该星在公元前 1050 年左右时,黄经为 200.74°,黄纬为 −5.09°;而月球运动偏离黄道的极限约为 5.5°,故取月黄纬小于 4.5°则有 1°之变动范围,而天蝎座 π 星恰在其中位处。

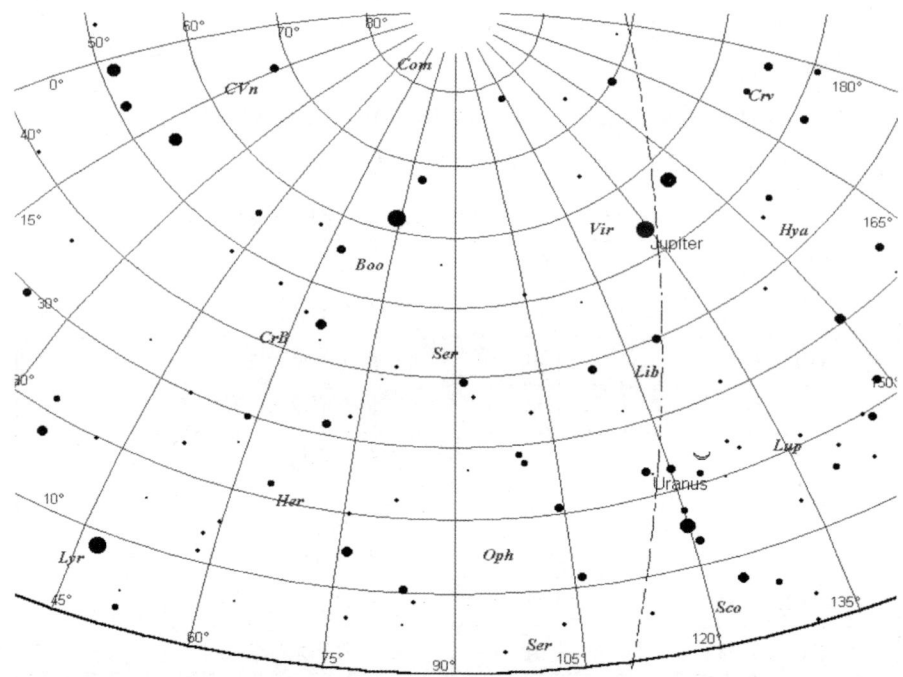

图 1：公元前 1045 年 12 月 3 日清晨之"月在天驷"天象

在表 1 这 13 个日子中如何选择，则不能不求助于伶州鸠所述天象之外的历史文献：

东面而迎岁 古籍中所保留的武王伐纣时天象记录中，关于岁星（即木星）天象，除前述伶州鸠"岁在鹑火"之外，另有三条，皆极重要：[1]

> 武王伐纣，东面而迎岁。（《淮南子·兵略训》）

> 武王之诛纣也，行之日以兵忌，东面而迎太岁。（《荀子·儒效》）

> 武王征商，隹甲子朝，岁鼎克昏，夙有商。（利簋铭文）

---

[1] 关于武王伐纣时的天象记载，在各种古籍中共有十余条。以往对武王伐纣之年的研究中，有涉及天象记录者，往往仅取一二条立论，故言人人殊，难有定论。而实际上正确的原则，应该对所有记载逐一考察，不可用者应证明其何以不可用，而所得武王伐纣年代日程应与所有可用者同时吻合。对此笔者另有专文详细论述。

前两条表明周师出发向东行进时见到"东面而迎岁"的天象。后一条表明牧野之战那天的日干支是甲子,而且此日清晨在牧野见到"岁鼎"——即木星上中天。[1]

周师出发之日,依韦昭注日干支为戊子,谓"武王始发师东行,时殷十一月二十八日戊子,于夏为十月",其说应本于刘歆《三统历·世经》(载《汉书·律历志下》)"师初发,以殷十一月戊子"之说。刘歆之说可信与否,原可怀疑,但除此之外,并无别说,则此处先以此为假设,由此出发进行推理。若结果与其他文献不能吻合,自可疑之;若处处吻合,则自应信其为真也。

现在观察表1,其中日干支最近于戊子者为公元前1045年12月3日丁亥,次日就是戊子。[2]非常奇妙的是,偏偏只有这一天真正符合"东面而迎岁"的天象!这天清晨5:30在周地向正东所见之实际天象见图1。其余各日,或东面不可见岁星,或虽可见但与金星、土星一同出现,唯独此日以及此后多日皆能在清晨见到岁星(而且只有岁星)出现在东方天空。

至此我们可以初步设定,武王伐纣之师于公元前1045年12月4日出发。[3]

《武成》与《世俘》之历日　出兵之日既定,则另两条史料就可发生重大作用:其一为《汉书·律历志下》引《尚书·周书·武成》曰:

惟一月壬辰,旁死霸,若翌日癸巳,武王乃朝步自周,于征伐纣。粤若来三(当作二)月,既死霸,粤五日甲子,咸刘商王纣。

其二为《逸周书卷四·世俘解第四十》:

惟一月丙午旁生魄,若翼日丁未,王乃步自于周,征伐商王纣。越

---

[1]　"上中天"是指天体运行到当地子午线上,或者说在正南方达到最大地平高度。太阳上中天时就是当地正午。关于利簋铭文,这里必须提到李学勤先生在1998年12月20日撰写的一篇文章:《利簋铭与岁星》(提要),指出张政烺在1978年第1期《考古》上发表的《利簋释文》一文,最先提出利簋铭文中的"岁"应释为岁星,李先生认为:"张政烺先生首倡的这一说法,能照顾铭文全体,又可与文献参照,应该是最可取的。"

[2]　在处理这类问题时,学者们从来都假定纪日干支是自古连续至今而且从不错乱的。这虽是一个有点无奈的假定,但一者没有这个假定一切都将无从谈起,二者也确实未发现过决定性的反例。

[3]　根据下面的讨论可知,实际上周师在此日前后若干天内出发,都合情理。

若来二月既死魄,越五日甲子朝,至,接于商。则咸刘商王纣。

上述两条史料通常被认为同出一源。其中"死魄"指新旧月之交,此时月亮完全看不见——理解为朔亦无不可。"生魄"指望。对于此类月相术语之定义,多年来"定点"、"四分"等说聚讼纷纭,迄无定论。去岁李学勤先生发表论文,证明在《武成》、《世俘》等篇中,依文义月相只能取定点说,一言九鼎,使武王伐纣之年研究中的一个死结得以解开。[1]

《武成》与《世俘》历日对表 1 也有筛选作用:在周师出发后、甲子日克商前,应有两次朔发生,第一次日干支为辛卯或壬辰,第二次则约在克商前五日左右,日干支为庚申或辛酉(考虑周初对朔的确定有一日之误差)。因此出师之后十余日即遇日干支为甲子,则该日即应排除,因为在此十余日内不可能有《武成》所记载的两次朔发生;若考虑下一个甲子,则从出师至克商长达七十余日,又与《武成》所载不合。[2] 又,出师之后的两次朔,其日干支不是《武成》所要求的辛卯或壬辰及庚申或辛酉,则该日亦应排除,因为显然与《武成》历日不合。

《武成》及《世俘》历日可以为我们提供一个伐纣战役日程表,与这个日程表结合起来考察,就能揭示出伶州鸠所述一系列天象的真正面目。下面我们借助 DE404,以精确回推之实际天象,来检验《武成》及《世俘》历日与伶州鸠所述一系列天象之间的吻合程度。

辰在斗柄 这是指日月合朔于南斗之处。周师出发之日为公元前 1045 年 12 月 4 日,计算表明,三日后出现一次朔,为公元前 1045 年 12 月 7 日,日干支为辛卯,次日即壬辰,这与《武成》篇"惟一月壬辰旁死霸"非常吻合——"旁死霸"可以理解为"旁朔之日",那就没有误差了。况且考虑到周初确定朔的水准,一天的误差是完全可以容忍的。此次朔时的太阳黄经为 246.27°,考虑岁差,计算当时二十八宿中斗宿的位置,在黄经 237.64°~261.51°之间,朔正好发生在此宿中!

"辰在斗柄"既已证实,不妨在此将《武成》、《世俘》中其余月相与干支记录一并验证如下:

---

[1] 李学勤:《〈尚书〉与〈逸周书〉中的月相》,《中国文化研究》1998 年第 2 期(夏季号)。
[2] 自周地至牧野约 900 里,史籍中从无周师在途中遭到抵抗的记载,故役伐纣之师日行 30 里,自以一个月左右的时间为宜。这种"反叛中央"的战役,理应速战速决,而绝不能迁延缓进——万一"勤王之师"来救,行动就可能失败。

辛卯日在南斗之宿出现朔之后15天，即公元前1045年12月22日，望，日干支为丙午，《世俘》篇云"惟一月丙午旁生魄"，与实际天象精确吻合。

下一个朔，据《武成》篇"既死霸，粤五日甲子，咸刘商王纣"，该甲子日（即牧野之战克商之日）为公元前1044年1月9日，则既死霸为公元前1044年1月5日庚申，计算表明，实际的朔发生于次日辛酉，仍仅一日误差。

这里有一点值得特别指出：通常都认为《世俘》篇中的"惟一月丙午旁生魄"应据《武成》改为"壬辰旁死魄"，"若翼日丁未"应据《武成》改为"癸巳"，但据我们上面的验算，这样的改动不仅是不必要的，而且很可能是错误的，因为丙午这天正是旁生魄——望，而"若翼日丁未"自然也是正确的陈述。我们可以给出一个新的解释：

将《武成》"王朝步自周"释为"武王自周地出发"（注意：周师已经先期出发），将《世俘》"王乃步自于周"释为"武王从周地来到军中"。武王于一月壬辰旁死魄之次日从周地出发，至一月丙午旁生魄的次日与大部队会合。这样的解释合情合理，又不必改动文献，就可使《武成》、《世俘》两者同时畅然可通，应该是更可取的。

星在天鼋 "天鼋"者，玄枵之次也，在武王伐纣时代，位置约在黄经278°～306°之间。我们借助DE404计算从公元前1045年12月至公元前1044年3月的水星黄经，结果发现：

从公元前1045年12月21日起，水星进入玄枵之次。此时，它与太阳的距角达到18°以上。而按照中国古代的经验公式，上述距角超过17°时，水星即可被观测到。事实也是如此。此时水星作为"在天鼋"之昏星，至少有5天可以在日落后被观测到。然而更奇妙的是，在甲子克商之后，从公元前1044年2月4日起，直至24日，水星再次处于玄枵之次，而且其距角达到19.99°～27.43°之多，几乎达到其大距之极限。此时水星成为"在天鼋"之晨星，更易观测，有20天可在日出前被观测到。

要知道水星是很不容易被观测到的，哥白尼就将未观测到水星引为终身憾事。这也很有助于说明，为什么"星在天鼋"会成为伐纣时故老相传之重要天象，被伶州鸠所传述了。

星与日辰之位皆在北维 前面说过，"星与日辰之位皆在北维"没有独立信息，太阳和水星到达玄枵之次时，它们就是在"北维"。

岁鼎克昏　现在只剩下最后一项验证:公元前 1044 年 1 月 9 日这天早上是否有木星上中天的天象可见？这一点是利簋铭文所要求的。以 Sky-Map3.2 演示之,结果令人惊奇！

图 2 显示的是公元前 1044 年 1 月 9 日甲子清晨,在牧野当地时间 4:55 向正南方所见的实际天象:岁星恰好上中天,地平高度约 60 度,正是最利于观测的角度,而且南方天空中没有任何其他行星。此时周师应已晨兴列阵,正南方出现"岁鼎"天象,非但太史见之,大军万众皆得见之。设想此时太史指云"岁鼎佳兆,正应克商",则军心振奋,此正星占学之妙用也。

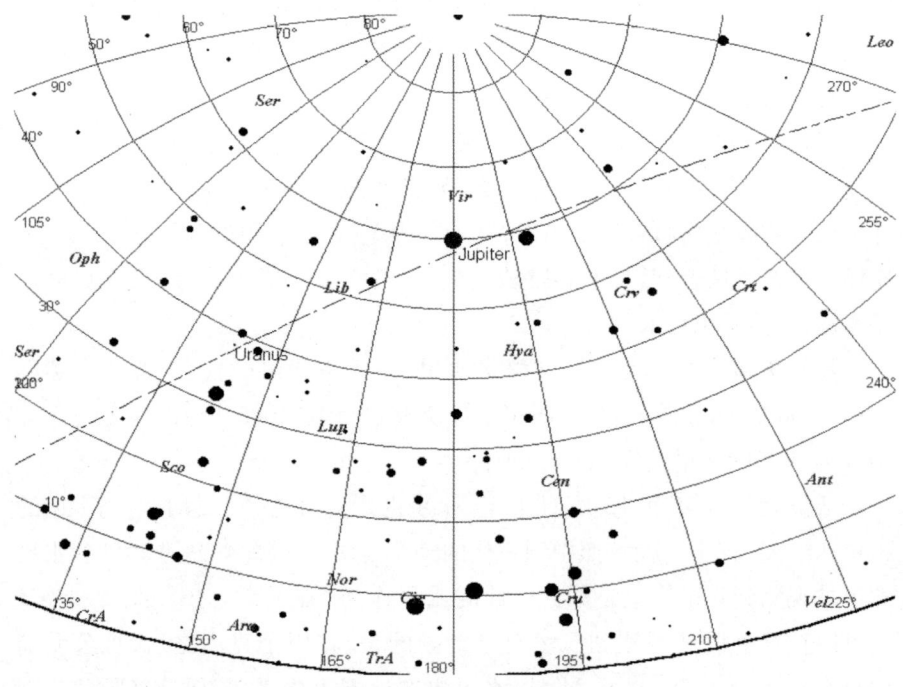

图 2:公元前 1044 年 1 月 9 日清晨上中天的木星(岁鼎)

至此已经清楚看到:伶州鸠所述武王伐纣时一系列天象能够与《武成》、《世俘》所载日程以及《淮南子》、《荀子》等文献所述岁星天象一一吻合。更重要的是,根据《武成》"粤五日甲子,咸刘商王纣"及利簋铭文,牧野之战的日期就此可以确定了！

牧野之战日期是:公元前 1044 年 1 月 9 日甲子。

三、"岁在鹑火"问题

现在终于到讨论"岁在鹑火"问题的时候了。尽管前贤都对此大感兴趣,但我们已经看到,对于确定武王伐纣的年代和日程来说,"岁在鹑火"的条件是完全不必要的。不过此项记载既然甚得学者们厚爱,自应有所交代。

伶州鸠对周景王所说的伐纣天象中,实际上包括四条独立的信息:即岁在鹑火、月在天驷、日在析木之津、星在天鼋。后三条经过上面的推算及多重验证,表明它们皆能与《武成》《世俘》、利簋铭文等相合,可见伶州鸠之说相当可信。然则"岁在鹑火"一条何以就偏偏不可信?

先考察当时岁星的位置:由计算可知,从周师出发到甲子克商,岁星黄经约在168°~170°之间,这是在那个时代的寿星之次(这当然只是表示回推计算的结果,那时未必有十二次的概念),确实与"岁在鹑火"不合。

然而这个问题并非无法解决!

"武王伐纣"是一个时间段的概念。它应有广、狭二义。就狭义言之,是从周师出发到甲子克商。若取广义言之,则可视为一个长达两年多的过程——就像我们说抗日战争进行了八年、解放战争进行了三年一样,"武王伐纣"的战争进行了两年,以牧野克商而告胜利结束。例如据《史记·周本纪》:

> 九年,武王上祭于毕,东观兵,至于盟津。……是时,诸侯不期而会盟津者八百诸侯,诸侯皆曰:纣可伐矣!武王曰:女未知天命,未可也,乃还师归。居二年,闻纣昏乱暴虐滋甚……

在牧野之战的前二年,武王已经进行了一次军事示威,表明了反叛的姿态,八百诸侯会孟津,这完全可以视为"武王伐殷"的开始。这一年,按照我们推算的伐纣年代,应该是公元前1047年。用DE404计算的结果表明,这一年岁星的运行范围在黄经68°~107°之间,而此时鹑火之次的黄经范围在96.63°~129.91°之间,下半年大部分时间岁星都在鹑火之次![1]

---

[1]《汉书·律历志下》刘歆《三统历·岁术》记载了十二次与二十八宿之对应,其中的鹑火之次是"初柳九度……终张十七度",柳、张距星在当时的黄经很容易以岁差推算而得,据此就可求出鹑火之次的黄经范围。周初是否已有十二次,此处不必肯定,因为关键是传下来的数据,而不是表达数据的方式——方式可以随时代而改变。

这样,我们完全有理由认为,伶州鸠所说的"昔武王伐殷岁在鹑火"也是正确的。但这当然不能用来证明《左传》、《国语》中其他岁星记载的正确性——该问题还需另外解决。

四、结果及讨论:精确重现的日程

在我们开始工作时,并不必断定伶州鸠所述天象真是武王伐纣时之实录,但视为故老相传,当有所本之史料可矣。若以天文学方法回推计算,彼时果有此种天象,则自不可遽指为后人伪作也。然而计算的结果,非但与实际天象精确吻合,而且与《武成》、《世俘》、《淮南子》、《荀子》、利簋铭文等文献文物中的有关记载处处吻合,这就不能不令人惊叹了。

一个特别引人注目之处,是伶州鸠所述各项天象,其顺序大有文章——它们实际上是按照伐纣战役进程中真实天象发生的先后顺序来记载的。这样看来,说伶州鸠所述天象是武王伐纣时留下的天象实录,实不过分。

李学勤先生最近撰《伶州鸠与武王殷天象》一文[1],讨论了如下问题:"岁在鹑火"以下一段话,是否可能系后世插入?伶州鸠是怎样的人,他怎么会传述武王时的天象?这段话究竟应当从哪一角度去解释?他的结论是:

> "岁在鹑火……"一段话,是《周语下》原文,不可能为后世窜入。
> 伶州鸠家世任乐官,武王时天象应为其先祖所传述。
> 五位三所是武王伐殷过程中一系列占候,不能作为同时天象来要求。

旨哉斯言,对于我们理解伶州鸠所述武王伐纣天象,以及其他文献中的有关天象记载,皆有极大启发。

对于史籍中众说纷纭的记载,有一个问题始终令人困扰,那就是:古籍中的记载到底在多大程度上是真实的?然而当我们研究的结果逐渐浮现出来时,我们感到非常惊讶。我们只是在对古籍记载存疑的前提下,用天文学方法"姑妄算之",但是在经过非常复杂、也可以说是非常苛刻的验算和筛选之后,而且是在完全不考虑考古学、甲骨学、碳14测年等方面结果的条件之

---

[1] 文作于1999年1月18日,已在参与夏商周断代工程的专家范围内发表。

下,发现各种文献竟然真能相互对应,而且能够从中建立起唯一的一个伐纣日程表(因为这是严格筛选出来的最优结果),这不能不使人由衷感叹:古人不我欺也!所以由本文的结果,或许也可以反过来印证,古籍中关于武王伐纣天象的绝大部分记录都是真实的。许多关于刘歆伪造天象史料之类的说法,其实是缺乏根据的。

最后,我们综合了《武成》、《世俘》、《国语》、《淮南子》、《荀子》、《史记》等史籍中对武王伐纣之天象及史事的全部重要记载,作成反映重现的武王伐纣精确日程之一览表,如表2所示。

表2 武王伐纣天象与历史事件一览表

公历日期(公元前)	干支	天象	天象出处	事件	事件出处
1047		岁在鹑火(持续约半年)	国语	孟津之会,伐纣之始	史记周本纪
1045.12.3	丁亥	月在天驷 日在析木之津	国语		
1045.12.4	戊子	东面而迎岁(此后多日皆如此)	淮南子 荀子	周师出发	三统历世经
1045.12.7	辛卯	(朔)			
1045.12.8	壬辰	壬辰旁死霸	武成		
1045.12.9	癸巳			武王乃朝步自周	武成
1045.12.21	乙巳	星在天鼋(此后可见5日)	国语		
1045.12.22	丙午	丙午旁生魄(望)	世俘		
1044.1.3	戊午			师渡孟津	史记周本纪
1044.1.5	庚申	既死霸	武成		
1044.1.6	辛酉	(朔)			
1044.1.9	甲子	岁鼎(木星于清晨4:55上中天)	利簋铭文	牧野之战,克商	利簋铭文 武成、世俘
1044.2.4	庚寅	星在天鼋(此后可见20日。又朔)	国语		
1044.2.19	乙巳	既旁生霸(望)	武成		
1044.2.24	庚戌			武王燎于周庙	武成
1044.3.1	乙卯			乃以庶国祀馘于周庙	武成

表 2 中所显示的日程及事件,与现今能够找到的文献旁证俱能惊人吻合。

原载《自然科学史研究》18 卷 4 期(1999)

孔子诞辰：公元前 552 年 10 月 9 日

孔子的生年，历来就有问题。唐代司马贞《史记索隐》在《史记·孔子世家》记载孔子逝世处就感叹说："《经》、《传》生年不定，致使孔子寿数不明。"可见这一问题由来已久。二十世纪已经出现了几种不同的孔子诞辰，各持一端，在年、月、日上皆有异说，使得各处的纪念活动无法一致。其实只要引入天文学方法，就可以明确解决这一重要的历史年代学问题。

比较流行的孔子生年，是依据《史记·孔子世家》中"鲁襄公二十二年而孔子生"得出，鲁襄公二十二年即公元前 551 年。但此说有两个问题：

一是与《史记·孔子世家》下文叙述孔子卒年时，说"孔子年七十三，以鲁哀公十六年四月己丑卒"不合。因为鲁哀公十六年即公元前 479 年，551－479＝72 岁。这只能用"虚岁"之类的说法勉强解释过去。

二是没有孔子出生的月、日记载。这就是说，仅仅依靠《史记·孔子世家》，无法为今天的孔子纪念活动提供任何具体日期。

另一种说法的文献依据是《春秋公羊传》和《春秋谷梁传》。先看原始文献：

>《春秋公羊传》："（襄公）二十有一年……九月庚戌朔，日有食之。冬十月庚辰朔，日有食之……十有一月，庚子，孔子生。"
>
>《春秋谷梁传》："（襄公）二十有一年……九月庚戌朔，日有食之。冬十月庚辰朔，日有食之……庚子，孔子生。"

这里两者都明确记载孔子出生于鲁襄公二十一年，即公元前 552 年；又都明确记载了孔子出生日的纪日干支——庚子。所不同者，一为十一月，一为十月。

我们可以先从文献本身的自洽程度,来判断《春秋公羊传》和《春秋谷梁传》两者的记载中谁更可信。从纪日干支的简单排算就可知:九月庚戌朔,接着十月庚辰朔,接下去二十天后是庚子,则此庚子只能出现在十月,整个十一月中根本没有"庚子"的干支。可见《春秋公羊传》的记载自相矛盾。因此,显然应以《春秋谷梁传》的记载作为出发点——即孔子出生于鲁襄公二十一年(按照《春秋》所用历法的)十月庚子这一天。

接下来要确定"十月庚子"这一天是公历的几月几日。这没有像确定鲁襄公二十一年是公历哪一年那么简单。首先,这里牵涉到春秋时代的历法,其中月份是怎么安排的——简单地说,就是那时历法中的正月相当于现今夏历的几月,而这一点目前尚无定论(先前某些孔子诞辰有误即与此有关)。为了绕开这一尚无定论的问题,而将结论唯一确定下来,我们就不得不求助于天文学。

非常幸运的是,《春秋公羊传》和《春秋谷梁传》在孔子出生这一年中都记载了日食,这是我们解决问题的天文学依据。日食是非常罕见的天象,同时又是可以精确回推计算的天象。《春秋》242 年中,共记录日食 37 次,用现代天体力学方法回推验证,其中大部分皆真实无误。经推算,公元前 552 年,即鲁襄公二十一年这年中,在曲阜确实可以见到一次食分达到 0.77 的大食分日偏食,而且出现此次日食的这一天,纪日干支恰为庚戌,这就与"九月庚戌朔,日有食之"的记载完全吻合。而在次年,即鲁襄公二十二年,没有任何日食。

为了确定这次庚戌日食的日期,我们采用不考虑月份的记时坐标,即天文学上常用的"儒略日",这是一种以"日"为单位,单向积累的记时系统——中国古代连续不断的纪日干支系统实际上与"儒略日"异曲同工。公元前 552 年发生曲阜可见日食的那个庚戌日,对应的儒略日为 1520037。而儒略日与公历的对应是早已明确解决了的,与 1520037 对应的是公元前 552 年 8 月 20 日。

至此我们已经获得了一个确切无疑的、同时又与春秋历法无关的立足点:即公元前 552 年 8 月 20 日,对应于鲁襄公二十一年九月庚戌朔日。接下去的工作就只需根据干支顺序作简单排算即可,结果可以用表格表示如下:

儒略日	史籍记载历日	天象与事件	公历日期(公元前)
1520037	襄二十一年九月庚戌朔	日食	552 年 8 月 20 日
1520067	襄二十一年十月庚辰朔	日食(实际未发生)	552 年 9 月 19 日
1520087	襄二十一年十月庚子	孔子诞生	552 年 10 月 9 日
1546536	哀十六年四月己丑	孔子去世	479 年 3 月 9 日

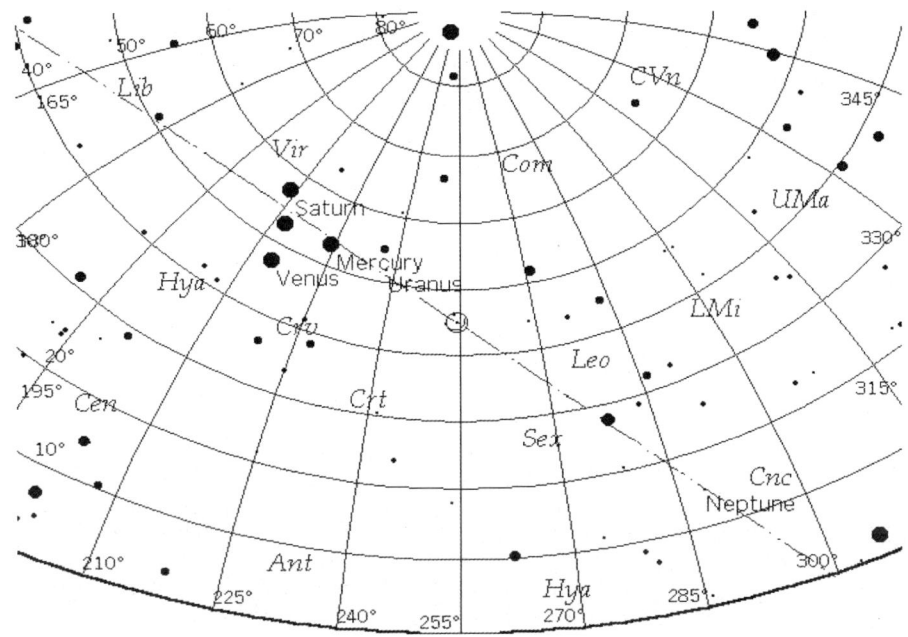

公元前552年8月20日日食天象图

所以结论是：

孔子于公元前552年10月9日诞生，公元前479年3月9日逝世。

注意这个结果方才与《史记》中"孔子年七十三"的记载确切吻合。

先前有不少论者，在孔子诞辰问题上，定年依据《史记》说，定月日却又依据《谷梁传》说，而此两说在生年上明明是相互矛盾的。不先辨别哪一种史料更可信，以决定取舍，却在两种相互矛盾的记载中"各取所需"，从逻辑上是说不通的。这样做无法保证立论的自洽。

根据上述结论，邮电部在1989年发行"孔子诞辰2540周年"纪念邮票，在年份上并无差错，因为 1989 +（552 - 1）= 2540 年（没有公元0年，故减1），只是日期上稍有出入而已。同样道理，今年1999年就是孔子诞辰2550周年，具体纪念活动的日期，则应确定为10月9日。

原载《历史月刊》（台湾）1999年第8期

二 中外交流

中国天学之起源：西来还是自生？

对于古代中国天学史的研究，即使就较为严格的意义上说，至少也可认为在乾嘉诸儒考据之学中已发现其端。此后延绵不绝，直至今日。然而令人惊奇的是，在如此长久的传统之下、如此众多的论今之中，中国天学的起源问题（就本文标题所指的意义而言）几乎始终是被回避的。而在少数论及此事的中国学者那里，该问题的答案又几乎总是早已被预先设定——自发生成。至于如何生成和发生，则通常只有三言两语的文学性描述和推测。这一情况直到当代权威著作中仍无改变，只是改用一些较为现代的话头而已。

与中国学者的情形成为鲜明对比，西方学者对于中国天学的起源问题却数百年来一直兴趣不衰，发表了大量专著和论文，有些在当时还引起过相当的轰动。随着时光流逝，他们的大部分工作如今已很少为人所知，他们的许多结论当然也已过时。然而他们所讨论的问题，却由此而被继承下来，构成理解古代中国天学史和上古文明史所必不可少的背景中的一部分，因而直到今天仍未失去其诱惑力和启发意义。

鉴于上述情况，本文将尝试对中国天学起源之争的有关历史略作简要的回顾与评述，并进而提出自己的一些初步看法。聊充引玉之砖，意在引起科学史界对该问题的注意——无论如何，天学在古代中国知识体系中绝不是孤立的，而起源问题对于深入理解古代中国天学史也是无法回避的。

背景：中国文明的起源问题

关于古代世界各文明的起源问题，素有两派不同的基本观点：一元论与多元论。一元论者相信上古各文明有一个共同源头，多元论者则反之，认为各种文明可以各自独立产生。

随着地理大发现以及其后新时代的到来,各民族、各国家之间的交往空前增加,致使"地球变小"。在向现代世界疾进的竞赛中,欧洲人成功地领先一步,于是他们的足迹和眼光遍及全世界,文明起源一元论也随之盛行起来。当人们在万里悬隔的不同国度历史上发现一些相同、相似事物或观念时,产生一元论思想,并进而试图探明其共同源头何在,本属自然之情理。然而这种一元论却极易招致被选为"源头"之外的民族的反感情绪——在眼前竞争中失利的人往往神经过敏。尤其是当双方都掺入民族沙文主义情绪时,学术争论很快就会误入歧途。

自逻辑角度言之,一元论者给自己招来的任务实在是过于艰巨了:既主张诸文明同出一源,则至少要阐明从源头向各方扩散传播的动力、机制和途径,而这样的任务几乎是不可能真正完成的。在此过程中必然会遇到无数难以解释的细节,并随时会面临难以完满答复的驳难。相比之下,多元论者认为各文明可独立产生,就回避了上述全部任务,自然较容易在理论上守住阵脚。加之学术日益成长,西方学者也随之从沙文主义色彩的自我优越感中解脱出来。因而上两世纪及本世纪初流行的"泛埃及说"、"泛巴比伦说"等一元论派学说,如今都已退潮。

然而,一元论的基本思想显然仍未失去其魅力。在经过一些收缩和精致化之后,一元论依旧得到不少学者——包括著名科学史专家在内——的一致支持。姑举李约瑟的论述为例:

> 确实,(下述观点)已经成为公认的看法,这就是:所有最古老的和最基本的发明,例如火、轮子、耕犁、纺织、动物驯养等等,只能想象为是由一个中心地区起源,而后再从那里传播出去。美索不达米亚流域最早的文明被认为是极可能的中心。……确实很难令人相信,青铜的冶炼曾经过多次的发明。但是到了晚得多的时期,如在公元后第一千纪期间,对于较复杂的发明,例如手推转磨、水轮、风车、提花机、磁罗盘和映画镜等,人们也有同样的想法。这些东西当中的任何一种,都很难想象会有两个起源。[1]

---

[1] 李约瑟:《中国科学技术史》第一卷,科学出版社·上海古籍出版社,1990年,页240-241。

要恰当评价这段论述显然远非易事。可以指出的是,李氏在这段论述中表现出来的"泛巴比伦"倾向,与他在中国天学起源问题上所持的一些结论正相吻合.对此下文还将论及。

对于中国文明的起源,西人曾提出过许多理论。这些理论通常不是假定华夏区域的土著接受某种西方文明,而是作釜底抽薪之论——论证中华民族系从西方迁来。最早出现者为埃及说,发端于耶稣会士柯切尔(A. Kircher)。柯氏曾发表《埃及之谜》(罗马,1654)和《中国礼俗记》(阿姆斯特丹,1667)两书,从中文与埃及象形文字相似之处出发,论证中国人为埃及人之后裔。稍后有1716年法国主教尤埃(Huet)著《古代商业与航海史》,主张古埃及与印度早有交通,故埃及文明乃经印度而传入中国,进而认为中、印皆为古埃及人之殖民地,两国民族则大多为埃及血统。著名法国汉学家德经(J. de Guignes)也力倡中国为埃及殖民地之说,他可说是持中国文明源于埃及之说者中最著名的人物。德经于1758年11月14日发表题为《中国人为埃及殖民说》之演讲,从汉字与古埃及象形文字相似立论,进而称中国古史实即埃及史,甚至考证出埃及人迁居中土之具体年代(1122 B. C.)。[1]此外持类似观点的尚有S. de Mairan(1759)、Warburton(1744)、Needham(1761)等人,立论之法各有异同。同时反对者也有不少。而至二十世纪,这些学说都已失去其影响力。

当埃及说逐渐衰落时,又有巴比伦说代之而兴,主张中华民族源于巴比伦。十九世纪末,伦敦大学教授拉克佩里(T. de Lacouperie,法国人)发表《中国上古文明西源论》一书,认为中华民族系由巴比伦之巴克族东迁而来,且将中国上古帝王与巴比伦历史上之贵族名王一一对应,如谓黄帝即巴克族之酋长、神农则为萨尔贡王(Sargon)等等,并找出双方在文化上大量相似之处。[2]拉氏之说出后,一时响应者颇多。至1899年有日人白河次郎、国府种德合著《支那文明史》,进一步发挥拉氏之说,且列举巴比伦与古代中国在学术、文字、政治、宗教、神话等方面相似者达七十条之多,以证成其说。1913年英国教士鲍尔(C. J. Ball)作《中国人与苏美尔人》一书,也持同样之说。

与埃及说问世之后的情况不同,巴比伦来源说问世后竟一度大受中国

---

[1] J. de Guignes, *Mémoire dans lequel on prouve, que les Chinois sont une colonie égyptienne*, Desaint & Saillant, Paris(1760).

[2] T. de Lacouperie, *The Western Origin of the Early Chinese Civilization*, London(1840).

学者欢迎,本世纪初响应之作纷起,如丁谦《中国人种从来考》、蒋智由《中国人种考》、章炳麟《种姓编》、刘师培《国土原始论》、《华夏篇》、《思故国篇》、黄节《立国篇》、《种原篇》等,皆赞成或推扬拉氏之说。之所以会出现这种在今天看来非常令人惊奇的现象,方豪的解释是:"此说最受清末民初中国学人之欢迎,以当时反满之情绪甚高,汉族西来之说,可为汉族不同于满族之佐证。"[1]

值得注意的是,即使到中华人民共和国成立之后,在共和国一流学术权威的著述中,巴比伦来源仍未受到断然拒斥。例如郭沫若《甲骨文字研究》一书,初版于1931年,共和国成立之后又曾三次重印(人民出版社,1952;科学出版社,1961、1982),在其中仍可见到如下论述:

> 似此,则商民族之来源实可成为问题。意者其商民族本自西北远来,来时即挟有由巴比伦所传授之星历智识,入中土后而沿用之耶?[2]

由此可见巴比伦来源说确有相当的生命力。当然,此说同样有许多反对者。

以上西源之说,今日虽已不再流行,但因古埃及象形文字与汉字确有许多惊人相似之处,巴比伦与古代中国在天学方面的相似之处也不易完全否认,有此类理由为支柱,西源说自问世后,终能不绝如缕,不仅常被后人提到,而且还能唤起勇敢者旧论重提的雄心(下面将会谈到一个这样的例子)。此外,在华夏民族西源说的大方向下,还有诸如印度说(A. de Gobineau)、中亚说(R. Pumpelly 等)、新疆说(Richthofen)、蒙古说(R. C. Andrew 等)等不同主张。国人卫聚贤也曾从容貌(发、须、目、鼻)、语言文字、风俗、货币、帝王世次记法、文法等七方面,在中国古籍中搜讨证据,主张夏民族为亚利安人种。[3]又瑞典人安特生(J. G. Anderson)从仰韶文化遗址中出土之彩陶与西方考古发掘所见彩陶之相似立论,主张中土彩陶文化系发源于西方而后东传。[4]其说也保持着相当持久的影响力。

文明起源一元论并不仅仅导致泛埃及、泛巴比伦之类的西源说,它同样还可导致相反的极端——不妨名之曰"泛中国说"。比如1669年有J. Webb

---

[1] 方豪:《中西交通史》,岳麓书社,1987年,页32。
[2] 郭沫若:《释支干》,《郭沫若全集·考古编》第一卷,科学出版社,1982年,页284。
[3] 卫聚贤:《古史研究》第三集,上海文艺出版社,1990年,页36–43。
[4] J. G. Anderson, "An Early Chinese Culture",《地质汇报》5卷1期(1921)。

创中国语言为古代人类公用语之说,1789 年又有 D. Webb 主张希腊语源出中国,等等。这类想当然极易受到国人的青睐,在此方向上不乏继起之作。其中较重要者可以提到顾实。顾实致力于中国历史上一部争议很大、充满谜案的奇书《穆天子传》的研究,他坚信该书中所记载的周穆王远行实有其事,所行之处则远至欧洲大陆,最后的结论更是充满狂想激情:

> 则周天子疆宇之广远,岂非元蒙古大帝国之版图尚或不能等量齐观,而不可称人类自有建国以来,最大帝国、最大版图,当推周穆王时代哉!……则即发现上古我民族在人文上之尊严,与地理上之广远,均极乎隆古人类国家之所未有,可不谓曰我民族无上光荣之历史哉![1]

其说之不足信据是显而易见的。约略与顾实同时,又有姚大荣的论著,更堪称"泛中国说"之标本。姚氏著《世界文化史源》一书,卷帙浩繁,未曾刊印,仅有他私家印刷的该书提要行世。姚氏也从《穆天子传》入手,但又发挥邹衍"大九州"之说,最终竟断言上古世界诸文明的总源在华夏,而华夏古帝皇曾是全球最高统治者,至于埃及、巴比伦则不过后来独立之诸侯云云,充满奇情异想。这类学说到今日大体上仅剩下史料价值。

令人迷惑的中国天学西源说

在古代文明起源及传播问题中,天学实占有一种特殊的重要地位,原因至少有三:(1)天学作为一门高度复杂抽象的学问,足以成为衡量一民族开化与文明程度的理想标尺之一;(2)天学是一门精密科学,许多天象皆可用现代方法准确逆推,在解决古史研究中年代学之类的问题时,常能独擅胜场;(3)天学在古代东方型专制政治中扮演着极重要的角色。[2]因此在各种中国文明西源说中,经常将论证中国天学源于西方作为其说的重要支柱。事实上,西方学者数百年来对中国天学起源的探讨,是与探讨文明起源这一背景完全分不开的。

---

[1] 顾实:《穆天子传西征讲疏》,《读穆传十论》,中国书店,1990 年,页 31,自序页 2。

[2] 江晓原:《天文·巫咸·灵台——天文星占与古代中国的政治观念》,《自然辩证法通讯》13 卷 3 期(1991),系统的论证可见《天学真原》(辽宁教育出版社,1991 年)第三章。

论证中国天学源于西方,这在文明起源一元论中固是题中应有之义("泛中国说"自然例外),但对多元论来说也同样可以采纳。因为即使承认中国文明独立发生,仍可认为其中的天学知识系从西方输入。

论证中国天学西源的尝试,在早期中国文明西源说中已见端倪,稍后即有专著问世。法国人巴伊(S. Bailly)于1775年发表《古代天文学史》,其中研究了巴比伦、印度与中国的古代天学,断定三者同出一源——源于一个可能曾位于亚洲大陆北纬49°附近某处而现已消亡的民族。[1]其说颇为玄虚。作为立论基础,他对三大古代天学的理解也难免失之浮浅,但仍不失为从天学本身论证中国天学西源说的一次认真尝试。此后这种中国天学西源说的观点在法国汉学家中颇有传统。比如直到二十世纪二十年代,著名汉学家马伯乐(H. Maspero)仍主张类似学说。马氏认为古代中国天学中大部分成分是受到西方启发后才出现的:在大流士(Darius I,521 – 486B. C.在位)时代从波斯和印度传入二十八宿、岁星纪年、圭表和漏壶,稍后在亚历山大大帝(Alexander the Great,334 – 325B. C.在位)时代传入十二循环法和星表体系,等等。[2]但后来马氏自己也不再强烈坚持这些很难站得住脚的结论。

在中国天学西源说发展史上,日人饭岛忠夫与新城新藏之间的激烈论战特别引人注目,对中国学术界的影响也较此前各说为大。饭岛自1911年起发表一系列文章,力倡中国古代天学体系来自西方之说,新城则持相反意见。两人交替发表文章和演讲,相互驳难。饭岛1925年出版《支那古代史论》[3],全面阐述其说。他认为中国天学直到公元前三世纪才建立体系,该体系是从西方输入的,直接的理由有十条:

一、中国古代的宇宙生成论与古希腊人的相似。

二、中国四分历取回归年长度为 $365\frac{1}{4}$ 日,古希腊 Eudoxus 也取同样数值。

三、由四分历回归年长度和19年7闰法则,可得76年周期(即从历元时刻起经76年之后,合朔与冬至时刻又回到同一天同一时刻),而古希腊 Clippus 也在330B. C.左右创立同样的周期法。又中国与希腊都曾以428B. C.这年的冬至日午前零时为历元。

---

[1] S. Bailly, *Histoire de l'astronomie ancienne*, Paris(1775).

[2] H. Maspero, *La China Antique*, Paris(1927).

[3] 饭岛忠夫:《支那古代史论》,东洋文库,1925年。

四、古希腊制定 76 年周期法所依据的观测完成于 400B.C. 左右,而巴比伦之测定春分点与古代中国之测定冬至点也恰在同一时代。

五、楔形文泥版书中所见巴比伦星占学,其中有些内容与《史记·天官书》相似;而巴比伦星占学在公元前四世纪左右传入希腊。

六、中国二十八宿体系与巴比伦和印度的同类体系同出一源。

七、巴比伦与印度皆有与中国相似的木星(岁星)纪年法,而印度此法又系西方输入。

八、《春秋》所记 36 次日食中,有两次为中国全境所不能见,但用巴比伦推算日食之沙罗周期(Saros)推算之则正相吻合。

九、中国古代天学仪器如圭表、漏壶、浑仪等,与古代西方颇相似。

十、古代中国乐(律)历相关,此与古希腊 Pythagoras 学说相似。

至于古希腊天文学东来的途径和方式,饭岛仅有猜测之辞,他将中国战国时代的学术繁荣与亚历山大东征联系起来。

饭岛依靠上述证据支撑的中国天学西源说,确实很难成立。上述十条证据中,有的本身尚待证明(比如六),当然难以持为证据,大部分则都暗含了"相似即同源"的先验判断(这又要引导到前述一元论与多元论的原则问题上去)。而饭岛的论敌新城则在并不否认"相似即同源"的情况下,力辩中西天学并无饭岛所说的那些相似之处,他的结论是:

> 要之,自太古以来至汉之太初间约二千年,中国之天文学史全系独立发达之历史,其间丝毫未尝有自外传入之形迹。[1]

然而饭岛之说却受到一些中国学者的欣赏,之所以会如此,另有一层背景。

饭岛之意,本不止于论证中国天学之西源,而是要从天学入手,全面重新考察"支那古史"。主要做法是试图从天学内容去考证一些重要古籍的年代。他的结论竟是断定《诗经》、《尚书》、《春秋》、《左传》、《国语》等书"皆为西纪前三百年附近以后之著作"。而对于由大量考古发现如商周青铜器、殷墟甲骨文等揭示的无可怀疑的中国上古文明史,饭岛竟倾向于抹杀或否认(他甚至怀疑青铜器和甲骨文是后世伪造)。但是饭岛之说问世时,恰值中国学术界疑古之风大炽,许多古籍都被指为后世伪造或假托,或被指为曾

---

[1] 新城新藏:《东洋天文学史研究》,沈璿译,中华学艺社,1933 年,页 22。

经过刘歆等人的篡改。于是饭岛之说适逢其会,被引为疑古派的同盟和友军,刘朝阳的论述可作为当时这种想法的典型例证:

> 案饭岛之说,虽不能必其全能成立,然其所谓现存中国古籍皆在西纪前三百年附近以后出世之结论,极为可靠。在国内前次所引起之古史论战场上,此结论或可为顾颉刚之一有力帮助。[1]

当然,随着时代变迁与学术演进,古史辩派所代表的学术思潮早已完成其历史使命;而矫枉过正,将结论推得过远,最终也不免重新退回来。饭岛之说虽在天学史研究上仍有一些参考价值,总的来说则早已归于沉寂。

关于古代中国天学可能来源于西方的猜测和探索,在当代仍保持着活力,受到一些著名学者的支持。这里姑举郭沫若、李约瑟两人为例。郭、李两人名满天下,皆为中国学者所熟悉,然而他们关于这方面的论述在国内却极少受到注意,其中原委,可能颇为微妙。

郭氏关于殷民族可能来自西方、来时可能已携有巴比伦天学知识的推测前已引述,他在别处也谈过这样的观点,兹再引述一二:

> 这个新的问题根据作者的研究也算是解决了的,详细论证请看拙著《甲骨文字研究》的《释支干》篇,在这儿只能道其大略:便是十二辰本来是黄道周天的十二宫,是由古代巴比伦传来的。[2]

> 就近年安得生对彩色陶器的推断以及卜辞中的十二辰的起源上看来,巴比伦和中国在古代的确是有过交通的痕迹,则帝的观念来自巴比伦是很有可能的。[3]

需要指出,郭沫若并非"全盘"的中国天学西源论者,他只是主张中国天学中有重要基本成分系来自西方。例如他对二十八宿就主张中国起源说。[4]

---

[1] 刘朝阳:《饭岛忠夫〈支那古代史论〉评述》,《中山大学语言历史研究所周刊》,No. 94 – 96 (1929),页68。

[2] 郭沫若:《青铜时代》,《郭沫若全集·历史编》第一卷,人民出版社,1982年,页327 – 328。

[3] 同上,页330。

[4] 郭沫若:《释支干》,《郭沫若全集·考古编》第一卷,科学出版社,1982年,页284。

但他的《释支干》确是一篇非常渊博而又极富启发性的力作,文中关于巴比伦黄道十二宫等天学知识于上古传入中土之说也颇能言之成理。国内在这方面迄今尚未出现堪与之比肩的后起之作。

与郭沫若相仿,李约瑟也并非"全盘"中国天学西源论者,但他所论西源部分的重点,却恰与郭沫若构成"互补"情形——他一再强调二十八宿源于巴比伦。李约瑟在这方面的论述极少受中国学者的注意,却曾受到某些堪称巧妙(!)的歪曲[1],因此有必要稍多引述一点,以明真相。李约瑟在提到伏尔泰(Voltaire)与巴伊之间的争论时说:

> 前者为印度和中国的成就辩护,后者则极力贬低。不过,巴伊在他的议论中有一点是猜想得对的:他说印度和中国的科学至少有一部分来自比它们更古老的文明。[2]

巴伊的学说已见前述。李约瑟此处所说比印度与中国"更古老的文明",据其著作中多次论述可知所指正是巴比伦。例如:

> 中国、印度和阿拉伯等三种主要"月站"体系同出一源,这一点是几乎无可置疑的,不过来源何在却是极为古老的问题。……奥尔登贝格(Oldenberg)在一篇重要论文中提出一种说法,他认为巴比伦有一种原始型"白道"(lunar zodiac)为亚洲各民族所普遍接受,这三种体系都是从这种白道发展起来的。[3]

> 我本人一直相信绕赤道的月站原始圈是起源于巴比伦的,以致根据这样的情况,我将高兴地同意阿博博士(Dr. Aaboe)在这个会议上所讲的巴比伦起源的重要性,唯一的困难是不能从巴比伦天文学中推衍出二十八宿和"纳沙特拉"来。[4]

---

[1] 江晓原:《天学真原》,辽宁教育出版社,1991年,页308-309。
[2] 李约瑟:《中国科学技术史》第三卷(中译本题为第四卷),科学出版社,1975年,页14。
[3] 同上,页186-190。
[4] 李约瑟:《中国古代和中世纪的天文学》,《李约瑟文集》,辽宁科技出版社,1986年,页479-480。

> 进一步的研究将会发现,这一体系(指二十八宿——引者按)或许更可能是巴比伦的创造,然后向几个方向传播,到达印度和中国。[1]
>
> 所谓"二十八宿",即位于赤道或其近处的星座所构成的环带,是中国人、印度人和阿拉伯人的天文学所共有的。一些对这几种文化的古籍原文很少了解或毫不了解的著作家们,采取各执己见的态度,经常作出武断的论述。我们以后将指出,二十八宿的发源地可能不是这几个地方当中的任何一个,它们关于二十八宿的概念统统是从巴比伦传去而衍生的。[2]

从上面这些论述看,李约瑟的"泛巴比伦主义"倾向是相当明显的。他的这些观点,与他那些热烈讴歌中国古代成就的论述相比,可以说在中国学术界是大受冷遇。

文明起源旧话重提

前已指出,中国天学的起源问题是与中国文明起源这一大背景无法分开的,因此,当后者在近年再次被郑重提起时,我们理应予以足够的重视,而且,有些新尝试已明显超越了前代西方汉学家处理同一课题的学术水准。其中苏联学者列·谢·瓦西里耶夫的新著尤为引人注目。

瓦氏新著书名就叫《中国文明的起源问题》,全书以"阵地战"方式,对所论主题全面清算,进而提出新的假说。瓦氏抛弃了以往文明起源一元论的陈旧简单模式,而代之以一种"梯级—传播"的理论,其要旨如下:

> 如果说文化相互作用和扩散的机制在某种程度上可以比作连通的血管系统,那么这种相互作用的实际结果、成就和处在人类及其文化进化过程中不同水平的人类居住地区的传播便可以想象为一种有许多梯级的金字塔。[3]

---

[1] 李约瑟:《古典中国的天文学》,《李约瑟文集》,页466。
[2] 李约瑟:《中国科学技术史》第三卷,页7–8。
[3] 列·谢·瓦西里耶夫:《中国文明的起源问题》,郝镇华等译,文物出版社,1989年,页34–35。

按瓦氏之说,上古文明可以多元发生。开始各地人群都竞相攀爬文明进化之金字塔,在早期阶段仍适用"传播决定论",即对外接触与外来影响这一竞赛起主要作用。而一旦上到文明的门槛——瓦氏所设想的金字塔第四台阶,则外部影响变成次要。故文明产生的过程有如下特征:

> 突破完成得越晚,即最初文明的某个发源地发生得越晚(而中国文明的最初发源地在旧大陆是最后一个),其他文明的文化成就能起的作用就越大。[1]

在上述理论框架之下,瓦氏构造出他自己对于中国文明起源的假说,认为中国文明是土著文化(早殷青铜文化)与一西来之较高文化融合的产物。该西来文化由一支"目前尚不知道的"草原部落带来,而该部落当时"已有了象形文字体系和天文历法,掌握了艺术的技巧"。也就是说,在瓦氏的新假说中,中国天学也是源于西方的。其说与郭沫若早年的猜测颇有相合之处。

显而易见,"梯级—传播"理论较之一元论或多元论,融合说较之先前的西源说或本土说都要精致得多。其包容量更大,能解释的现象和疑问更多,因而在理论上也更经得起驳难。在这种理论框架中的中国天学西源说,是一种"上古传入说"。下面就将看到,这比饭岛或马伯乐之类的"晚近传入说"要容易自圆其说。

从文化功能看中国天学起源

本文作者曾探讨了古代中国天学与王权之间密不可分的关系,由此阐明古代中国天学的文化功能。[2]同时,古代中国天学极强的继承性和传统也是众所周知的。这样,就有可能为讨论中国天学起源问题提供一个新的视角。

在相当大一部分中国天学西源论者心目中,天学在中国上古文化中的地位及功能或许与在古希腊文化中并无不同——主要是他们对于古代中国

---

[1] 列·谢·瓦西里耶夫:《中国文明的起源问题》,页38。
[2] 江晓原:《天文·巫咸·灵台——天文星占与古代中国的政治观念》。详细而系统的分析论证则见《天学真原》第三章。

文化缺乏深入理解之故。许多学者想当然地将古代中国天学视为与现代天文学同一性质的事物。因此他们先验地认为，古代中国的天学可以像其他某些技艺那样从别处输入，就好比赵武灵王之引入胡服骑射，或者汉武帝之寻求大宛汗血马那样。换言之，他们认为古代中国可以在自身文明相当发达之后，再从西方传入天学。但是，只要明了古代中国天学与王权的相互关系，所有这类主张"晚近传入"的西源说都将不攻自破——原因很简单，古代中国天学的文化功能决定了它只能与华夏文明同时诞生，它在华夏文明建立过程中既扮演了如此重要的角色，就不可能等到后来才被输入进来。

然而，对于另一类中国天学西源说，即主张中国天学早在上古时期就已从西方传入——这类学说通常都要和中国文明西源说的大理论结合在一起，则看来阐明中国天学的文化功能尚不足以构成否定它们的理由。因为按照这类学说，华夏文明本身就可能是由某一支西来文化发展而成，而天学是该文化东迁时已有的（如前述郭沫若的猜测）；或者华夏文明是某个西来文化与土著文化融合而成，而天学是由西来者带来的（如前述瓦西里耶夫之说）。总之天学的西来是在华夏文明确立之前或同时。这样就与中国上古天学的文化功能并无矛盾。

至此，或可得出如下较为保守的结论：

古代中国天学起源甚早，它在较晚时期（例如战国时期）才从西方传入的可能性可以排除。中国天学的起源问题是与中国文明的起源问题分不开的，而此两问题都还有进一步研讨的余地。

在此还有两点需要略加申论：

一是研究起源问题的意义。像中国天学的起源这类问题，几乎可以断言是不可能得出确切答案的。已出的中外各说都很难成为定论。事实上，这类课题不妨视为纯粹"学术操练"的场地或项目——也许永无定论，但不断会有人来做新的尝试。只要抛弃夜郎自大、沙文主义、神经过敏、辉格倾向等等的非学术情绪，心平气和，则人人皆可登场，互较各自假说的优劣。虽然难有定论，但研讨起源问题有着非常积极的启发作用，例如，迄今为止围绕中国天学起源问题的种种争论，对于深入理解中国古代天学就能产生很大的促进。学术的进步，本来就更多地体现在研究探讨的动态过程之中，而不在于一言既出众口息喙的"定论"的积累之下。

二是对古代中国天学体系的认识。尽管关于中国天学究竟源于西方还是自发生长的问题中外学者众说纷纭，但对于中国天学有其自身体系这一点基本上无多异议。因此可以说,即便中国天学真是上古时自西方传来,那它也早已在华夏文明建立的过程中受到吾土吾民(不管从人种学上说他们来自何方)创造力的滋润和养育,从而形成了自己的体系和面貌。而且,该体系在此后漫长岁月里一直牢固保持着。六朝隋唐时代,各种西亚、中亚和印度的天学虽曾在中土广泛传播[1],但当它们形成的浪潮退去之后,中国传统天学在整体上竟几乎毫无改变,至多只是采纳了某些技术性成就以充实自己的体系而已。这和古代印度天学随着不同异域文化的进入而屡次改变自身结构面貌[2],恰成意味深长的对比。

原载《自然辩证法通讯》14 卷 2 期(1992)

---

[1] 江晓原:《天学真原》,第六章。
[2] D. Pingree, "History of Mathematical Astronomy in India", *Dictionary of Scientific Biography*, New York(1981), vol. 16, p. 534.

从太阳运动理论看巴比伦与中国天文学之关系

一、太阳运动表的数理

太阳运动理论在塞琉古时期的巴比伦数理天文学中虽不如行星和月运动理论那样重要,但现今已发掘整理出来的楔形文字材料中仍颇有可资考察者。

表1选自一份塞琉古时期的巴比伦星历表。[1]原表有18栏之多,表1只列了其中关于太阳运动的几栏,从时间上看,表1截取了巴比伦历法中的一整年,即塞琉古纪年第209年(S. E. 209),相当于100B.C.。左起第一栏为月份。第四栏是太阳每月所在的黄道宫。第三栏是太阳于当月合朔时刻在该宫中的度数。第二栏是第三栏相邻两行之差,意即太阳当月所行经的黄经度数。表1已蕴含相当复杂的数理,且在巴比伦星历表中极为典型。与本文的讨论密切有关的为如下二点:

表1 巴比伦星历表(100B.C.)

I	28,39,17,58	18,54,34,16	múl
II	28,21,17,58	17,15,52,14	maš
III	28,18,1,22	15,33,53,36	kušú
IV	28,36,1,22	14,9,54,58	a
V	28,54,1,22	13,3,56,20	absin
VI	29,12,1,22	12,15,57,42	rín
VII	29,30,1,22	11,45,59,4	gír-tab

---

[1] O. Neugebauer, *Astronomical Cuneiform Texts*, Lund Humphries, 1955, vol.3, no.122.

（续表）

Ⅷ	29,48,1,22	11,34,26	pa
Ⅸ	29,57,56,38	11,31,57,4	máš
Ⅹ	29,39,56,38	11,11,53,42	gu
Ⅺ	29,21,56,38	10,33,50,20	zib-me
Ⅻ	29,3,56,38	9,37,46,58	hun

（1）二次差分。表1第二栏是第三栏相邻两行之差，亦即每月合朔时刻太阳黄经的一次差分 D；第二栏相邻两行之差，即二次差分，则为常数：

$$D^2 = 0;18° \tag{1}$$

（2）折线函数。如以时间为横坐标，以第二栏之值即以朔望月为单位时间给出的太阳运动速度为纵坐标，绘出 $V-t$ 关系曲线，则可得著名的折线函数（见图1）。这是一种周期函数，诸极大值 M 与极小值 m 由下式给出：

$$V(n) + V(n+1) = \begin{cases} 2M - D^2, （极大） \\ 2m + D^2, （极小） \end{cases} \tag{2}$$

注意诸 M、m 必位于横轴上 n 与 $n+1$ 之间的某一位置上；设 M 位于 X_M 处，则有：

$$X_M = [M - V(n)]S/D^2 \tag{3a}$$

其中 S 为朔望月长度，D^2 则由（1）式给出。相仿，关于 m 的具体位置有：

$$X_m = [V(n) - m]S/D^2 \tag{3b}$$

再看中国古代的太阳运动不均匀性改正表——日躔表。表2取自刘焯《皇极历》(600A.D.)[1]，这是中国历史上第一张日躔表，其结构一直为后世所遵循。原表有六栏，这里只列了有关的前四栏。我们发现，表2与表1有令人印象深刻的相同之处。

表2 中国日躔表(600A.D.)

11	28	0	冬至 W.S.
12	24	28	小寒
	20	52	大寒
1	20	72	立春

---

[1]《历代天文律历等志汇编》第6册，中华书局，1976年，页1937－1938。

(续表)

		24	92	雨水
2		28	116	惊蛰
		-28	144	春分 S.E.
3		-24	116	清明
		-20	92	谷雨
4		-20	72	立夏
		-24	52	小满
5		-28	28	芒种
		28	0	夏至 S.S.
6		24	-28	小暑
		20	-52	大暑
7		20	-72	立秋
		24	-92	处暑
8		28	-116	白露
		-28	-144	秋分 A.E.
9		-24	-116	寒露
		-20	-92	霜降
10		-20	-72	立冬
		-24	-52	小雪
11		-28	-28	大雪

　　表2左起第一栏是中国历法中的月份，和表1所用的巴比伦历法一样，皆为阴阳合历。第四栏是一年中的二十四节气。第二栏则给出每个节气（平气，即回归年的1/24）内太阳实测行度与平均行度之差。第三栏为第二栏数值的累计值。为了减少枝蔓，这里略去了表2中数值单位之类的技术性细节。由于在中国历法中，第一个节气即冬至时刻的太阳位置被认为是已知的，所以表2第三、四栏实际上给出了太阳一年中24个时刻的位置，这与表1第三、四栏给出一年中12个时刻的太阳位置本质上完全一样。表2第二栏反映了太阳运行速度围绕着平均值波动的情况，这和表1第二栏也完全相同。

但是,最重要的相同之处在于,表 2 第二栏也是第三栏的一次差分 D;而且第二栏相邻两行之差,即二差分 D^2,也同样为常数。如将表 2 分成四段来看,每段中皆有:

$$D^2 = 4$$

根据表 2 绘出的 $V-t$ 曲线见图 2。除了 V 有阶跃这一点与巴比伦的图 1 不同外,图 2 竟俨然也是一种折线函数!

不过,尽管在思路、结构、二次差分和 $V-t$ 曲线等方面表 1 与表 2 极为相似,但两者也有一个重要的不同之点:表 1 是推算出来的,预推 S. E. 209 这一年的天象(其他巴比伦星历表也都是对具体时刻天象的推算);而表 2 并未给出任何具体年月的太阳位置,从理论上说,日躔表对任何一年的太阳运动都适用。中国历法中的月离表和五星动态表(五步)也有同样的普适性质。

二、对太阳运动速度的描述

由本文(2)式求得表 1 中太阳运行速度的极大值 M 与极小值 m 如下:

$$M = 30;1,59°$$
$$m = 28;10,39,40°$$

由折线函数的性质可知,M 出现在 Ⅷ 月,m 出现在 Ⅱ 月。换言之,对于 M,$n = $ Ⅷ;对于 m,$n = $ Ⅱ,由表 1 可知:

$$V(\text{Ⅷ}) = 29;48,1,22°$$
$$V(\text{Ⅱ}) = 28;21,17,58°$$

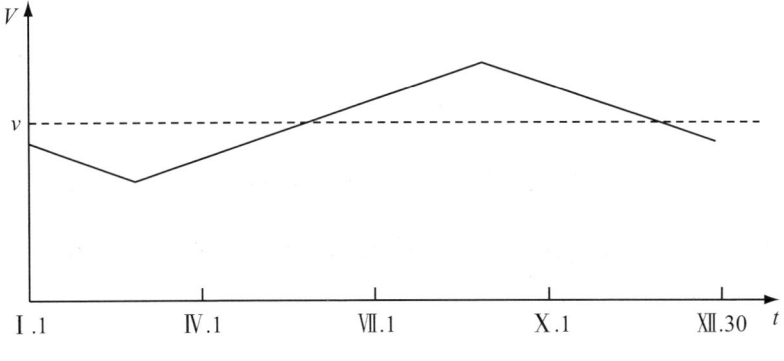

图 1:表 1 的 $V-t$ 曲线(巴比伦,**100B. C.**)

代入本文(3a)、(3b),近似取朔望月之长 $S = 29.53^d$(巴比伦所用 S 值实际上更为精确,但在此处的计算中并无意义),求得:

$$X_M = 22.9$$
$$X_m = 17.5$$

取整数,即得太阳运行最快在这一年Ⅷ月 23 日,最慢在Ⅱ月 18 日。中间相隔半年,其间 V 呈线性变化,或者说,太阳作匀加(减)速运动。这些情况都已反映在图 1 中(不过要注意,图 1 只绘出了一个太阴年的 $V-t$ 曲线,未满一回归年)。两千年前能将太阳周年运动的变化描述到这样程度,应该说已算非常之好。

再考虑地球轨道近日点的进动。巴比伦历法以春分为岁首,这当然并不能使每年的 1 月 1 日恰好为春分日。然而,巴比伦在塞琉古时期使用 19 年 7 闰法,仍有规律可循。[1] 表 1 的年份为 S. E. 209,春分日在上年Ⅻ月 16 日,夏至在本年Ⅲ月 18 日,冬至在Ⅸ月 24 日。必须注意,这里的历日不是以平太阳日计的,而是用巴比伦的一种特殊单位 tithi,定义为朔望月长度的 1/30,这样每月皆为 30 tithi。不过在计算精度要求不高的情况下,可忽略其造成的差别,在考虑分至时只将每月以 30 日计即可。[2] 作为近似计算,这里取地球近日点黄经进动的速度为:

$$6189''/百年$$

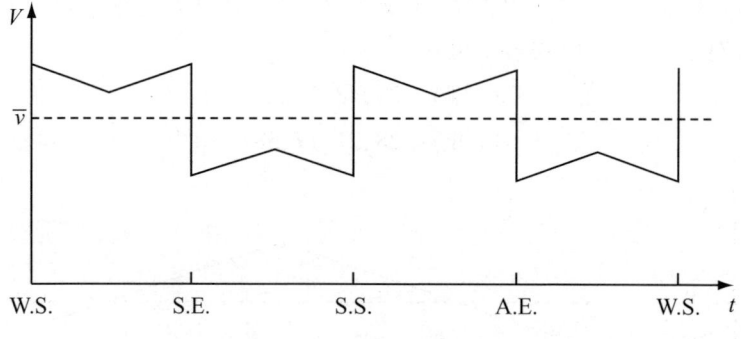

图 2:表 2 的 $V-t$ 曲线(中国,600A. D.)

而以 1250 A. D. 为地球在冬至日过近日点之时,于是不难求得 S. E. 209 即

---

[1] O. Neugebauer, *A History of Ancient Mathematical Astronomy*, Springer-Verlag, 1975, pp. 360 – 362.
[2] Neugebauer 指出,这容易造成 ±1 天的误差。同前注,p. 364。

100 B. C. 时太阳过近地点日期先于冬至日的日数 $N_{100\text{B.C.}}$：

$$N_{100\text{B.C.}} = (12.5 + 1) \times 6189 \times 365.24/360 = 23.5$$

即当时太阳运行速度达到最大之日在冬至前23.5天,或即巴比伦历法Ⅷ月30日。但表1中 M 所在之日却较此早了7天;再仿此考察 m 的情况,也得出提前7天的结果。这表明,表1对整个太阳周年运动的描述并无大偏差,而7天的误差只是图1中 V-t 曲线的坐标平移。这就明显地提示我们:表1的起源很可能需要追溯到太阳在Ⅷ月30日过近地点的时代——500B. C. 左右。这一推测与巴比伦星历表所指天象皆为事先推算而非实测的性质完全一致。而且也为探讨塞琉古时期巴比伦数理天文学的渊源提供了新的参考资料和线索。

与巴比伦形成鲜明对照,中国直到公元六世纪以前一直认为太阳周年运动是匀速的。早期文献中尚未发现任何怀疑这一点的材料。《皇极历》是中国第一部考虑太阳运动不均匀性的历法,但从表2及据此作出的图2可以明显看出, V-t 曲线虽然也反映了太阳运行速度围绕平均值波动的情况,但对波动的规律尚未正确掌握。V 在分至点处发生阶跃,尤与实际情况不符。这一点非常奇怪。

按照通常的看法,《皇极历》对太阳周年运行速度变化的引入来源于公元六世纪中叶张子信的发现。关于张子信的材料虽然颇为缺乏,但仍有他"言日行在春分后则迟,秋分后则速"的明确记载。[1]他的说法是符合实际情况的。然而图2中的 V-t 曲线却分明与张子信的说法不同。例如, V 在秋分时反而从 M 跃降为 m。因此,《皇极历》的太阳运动理论很可能另有渊源。

不过,从《皇极历》以后,中国天文学在太阳运动理论方面进步非常迅速。一行在著名的《大衍历》(727A. D.)中给出了颇为完善的日躔表[2],据此所绘的 V-t 曲线见图3。图3的数理已较巴比伦更为复杂,速度不再是时间的线性函数。图3对太阳速度变化的描述比图2好得多,也与张子信的说法一致。

但是,过近日点的时刻仍是一个问题。在张子信时代, $N_{550\text{A.D.}} = 12.2$ 天,在一行时代则 $N_{727\text{A.D.}} = 9.1$ 天。因此张子信"春分后则迟,秋分后则速"之说实际上"后天"12天之多,但这可能只是他大致的说法;而从图3可见,

---

[1] 《历代天文律历等志汇编》第2册,页599。

[2] 《历代天文律历等志汇编》第7册,页2222 – 2224。

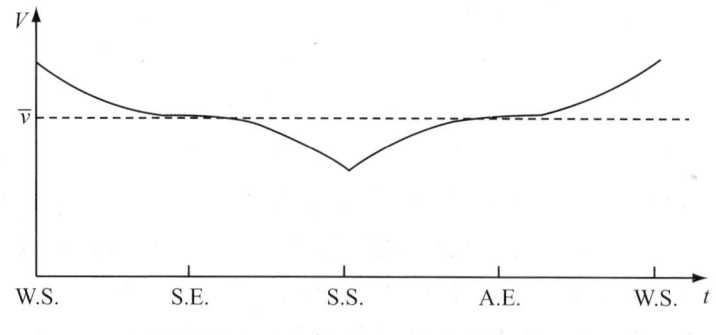

图3:《大衍历》日躔表中的 V-t 曲线(中国,727A.D.)

《大衍历》明确以冬至为日行最速之时,反比当时的实际情况迟了9天。

三、两点讨论

关于巴比伦与中国古代天文学的关系,历来众说纷纭。由于早期史料不足,对于各种富有想象力的推测来说,始终存在着广阔余地。例如,郭沫若主张巴比伦黄道十二宫早在2000B.C.时即已东来,并进而推测中国古代天文学是在殷初来源于巴比伦。[1]但另一些学者则认为中国天文学有独立的起源。比如李约瑟非常重视中国天文学的赤道拱极星特征,又认为对星空的划分与西方迥异"是关于中国天文学独立起源和发展的最令人信服的论据之一"[2]。本文则为中国天文学的独立起源提供了一个新证据:

太阳运动是天文学最基本的问题之一,直接关系到交食预报、历法安排、行星理论等方面。巴比伦在500B.C.,或至迟在100B.C.已能相当好地描述太阳运行速度的变化,而中国至少在700年之后才开始处理同一课题;考虑到在塞琉古时期(312B.C.—64B.C.)中国天文学也早已高度发达,如果中国天文学与巴比伦同源,那在如此重要的方面有如此巨大的差别是难以想象的。

同时,本文指出的巴比伦与中国日运动理论中的诸相似之处,也为中国天文学发展过程中的巴比伦影响问题提供了新材料:

《皇极历》日躔表中出现与巴比伦星历表相同的结构、差分形式和相似

---

[1] 郭沫若:《释支干》,《郭沫若全集·考古编》卷一,科学出版社,1982年,页283－284。
[2] 李约瑟:《古典中国的天文学》,《李约瑟文集》,辽宁科学技术出版社,1986年,页467。

的折线函数,并不是这一时期的孤立现象。例如,巴比伦的黄道十二宫也在这一时期的中国文献中出现。[1]还有非常重要的一点是,《皇极历》等历书中出现的与巴比伦相似的诸现象(本文只提到了这些现象中与日运动有关的一部分)皆为此前中国天文学所未有。这使我们有理由推测:巴比伦的若干天文学知识很有可能在公元六世纪传入中国并被采纳到中国天文学的传统体系中去了。李约瑟曾从别的材料出发提出过类似猜测。[2]此外,张子信的观测活动受到某些外来启发也是可能的。但所有这些都还有待于进一步的证实。

原载《天文学报》29 卷 3 期(1988)

---

[1] 夏鼐:《从宣化辽墓的星图论二十八宿和黄道十二宫》,《考古学和科技史》,科学出版社,1979 年,页 45-47。
[2] 李约瑟:《中国科学技术史》,科学出版社,1975 年,页 81。

巴比伦与古代中国的行星运动理论

一、行星运动周期

《从太阳运动理论看巴比伦与中国天文学之关系》一文据出土的巴比伦星历表讨论了巴比伦天文学家在描述太阳运动时所采用的数学结构，并指出了折线函数的一些性质。而事实上，巴比伦星历表中数理方法的统一性是非常令人惊奇的——折线函数几乎被用来处理一切重要课题，包括处理行星运动。折线函数的另一重要性质，在该文中因与主题关系不大而未加讨论，即：折线函数的周期性。折线函数的周期 P 可由下式给出：

$$P = 2(M-m)/D^2 \tag{1}$$

其中 M、m 和 D^2 依次为函数的极大值、极小值和二次分差。M、m 的求法已在《从太阳运动理论看巴比伦与中国天文学之关系》中给出。

如能找到两个最小整数 Y 和 Z，使 P 可以表为：

$$P = Y/Z \tag{2}$$

则折线函数之值将有：

$$y(n) = y(n+Y)$$

其意义是：经过 Y 个时间单位后，函数值又可按周期 P 内的情形重复，而此 Y 个时间单位则对应于黄道 Z 周。

P 虽然并不总是具有实际的天文学内容，但在巴比伦天文学中却有极为重要的意义。巴比伦天文学家既用折线函数来处理几乎一切重要的天文课题，也几乎将一切天象都以各种周期运动描述之。这只是一种近似拟合，然而竟往往能达到很高精度。

巴比伦天文学家对行星视运动中的冲、留、重现、隐（伏之始）等"特征天象"(characteristic phenomena)特别重视，他们通过各种周期来预报这些天象的日期与黄经。对于五大行星的周期运动,塞琉古时期(312B. C.—64B. C.)的巴比伦天文学家主要依据如下基本关系式来处理[1]：

$$
\left.\begin{array}{llll}
\text{Saturn} & 256F = 265\ \text{年} = 9Pe \\
\text{Jupiter} & 391F = 427\ \text{年} = 36Pe \\
\text{Mars} & 133F = 284\ \text{年} = 151Pe \\
\text{Venus} & 720F = 1151\ \text{年} \\
\text{Mercury} & 1513F = 480\ \text{年}
\end{array}\right\} \quad (3)
$$

其中 F 表示一个会合周期中的某一种特征天象再次出现的时间,实即以年为单位的会合周期。Pe 表示绕黄道一周,实即该行星的恒星周期。就外行星而言,F 和 Pe 前的系数正是周期 P 在(2)式中的 Y 和 Z 值,因此有：

$$YF = N(\text{年}) = ZPe \quad (4)$$

由(4)式显然可分别求出 F 和 Pe。

中国古代天文学对会合周期 F 相对来说更重视些,因为对任意时刻行星位置的推算是借助于一会合周期内的行星动态表来进行的。在与塞琉古王朝约略同时的中国西汉王朝(206B. C.—8 B. C.),中国天文学家也表现出了与(4)式相同的思路。《太初历》(104B. C.)给出了五大行星的 Y 和 N 值[2],Y 被称为"见中法",N 被称为"星岁数"。由于在(4)式中 Y、Z 与 N 之间有如下关系：

$$Y + Z = N$$

故由 Y 和 N 即可推出诸 Z 值。据此整理出来的数值见表 1：

表1　《太初历》给出的 Y、N 值(中国,**104B. C.**)

/	见中法(Y)	星岁数(N)	$N - Y(Z)$
Saturn	4175	4320	145
Jupiter	1583	1728	145
Mars	6469	13824	7355
Venus	2161	3456	
Mercury	29041	9216	

中国古代只有少数历法直接给出行星的恒星周期,而大部分用"日平行

---

[1] O. Neugebauer, *A History of Ancient Mathematical Astronomy*, Springer-Verlag,1975,p. 390.

[2] 《历代天文律历等志汇编》第5册,中华书局,1976年,页1418－1422。

率"的形式间接给出,即给出行星每天的平均行度。《太初历》将此一数值称为"通其率":

$$通其率 = Z/N(中国古度/天) \qquad (5)$$

其中 Z、N 皆为表1中之值。而由(4)式可知:

$$Pe = N/Z$$

恒星周期 Pe 竟与日平行率互为倒数,这一巧合是有原因的。中国古代将大球大圆分为 $365\frac{1}{4}$ 中国古度,这最初是为了与当时的回归年长度 $365\frac{1}{4}$ 日相吻合,使太阳周年视运动恰为一日一度。《太初历》时代中国仍采用与 $365\frac{1}{4}$ 非常相近的回归年长度值,故(5)式尚可近似成立。而准确地说,日平行率的表达式应为:

$$日平行率 = \frac{Z}{N} \cdot \frac{365\frac{1}{4}}{回归年天数}(中国古度/天)$$

根据(3)式中的巴比伦数据和表1中的中国《太初历》数据,再引用(4)式,求出以年为单位的行星会合周期 F、恒星周期 Pe,并以现代值参照之列于表2中。

表2 巴比伦、古代中国及现代五大行星的会合周期(F)与恒星周期(Pe)

/		Babylonian (312 – 64 B.C.)	Chinese (104 B.C.)	modern
Saturn	F	1.035	1.035	1.035
	Pe	29.444	29.793	29.458
Jupiter	F	1.092	1.092	1.092
	Pe	11.861	11.917	11.862
Mars	F	2.135	2.137	2.135
	Pe	1.881	1.880	1.881
Venus	F	1.599	1.599	1.599
	Pe			
Mercury	F	0.317	0.317	0.317
	Pe			

从表2可见,在取三位小数的情况下,巴比伦行星会合周期 F 竟已与现

代值全部吻合,《太初历》的值也仅有火星略异。看来确定 F 值要较 Pe 值容易些。而在公元前二世纪末,中国西汉王朝的天文学家在 F 值的精度上已可与当时的巴比伦同行并驾齐驱。这里《太初历》值的进步是明显的,因为在马王堆汉墓出土的帛书《五星占》(写定年代约为 170 B.C.)中,土、木、金三星的会合周期值依次是 1.032、1.083、1.600。至于恒星周期 Pe,巴比伦的数值更精确些,但《太初历》之值也已经相当好。

在行星运动周期方面,巴比伦与古代中国还有两个明显的相同之点值得注意。

1. 内行星的恒星周期,中国古代一直认为是 1 年;无独有偶,据现今所知塞琉古时期的巴比伦文献来看,巴比伦天文学家也认为金、水二星的恒星周期为 1 年。造成这种相同错误的原因何在,目前还难以确定。

2. (3)式和表 1 中诸数据的来源。(3)式中巴比伦数据涉及的最长时间为 1151 年,而表 1 中《太初历》数据更涉及 13824 年这样的漫长时期。但这绝不意味着这些数据果真是通过如此漫长年代的观测才取得的。事实上,这些巨大数字只是对某些观测所得的基本数据进行数学处理的结果。这些基本数据可以靠较短时间(比如几十年)的观测而得,但很少能恰为整数。以巴比伦的木星 427 年周期为例:观测木星 12 年绕黄道一周多 5°,而 71 年绕黄道 6 周不足 6°,于是 427 年周期即可由 12 和 71 年这两个短周期的线性组合而得:

$$427 = 6 \times 12 + 5 \times 71$$

仿此,火星的 284 年周期可由 47 和 79 年小周期线性组合而得:

$$284 = 47 + 3 \times 79$$

如此等等。[1]而中国天文学家的处理方法,则是设法将基本数据的奇零尾数部分用近似分数表示出来,在这一过程中,分数的分母以及分子与整数部分的乘积就形成了较大数值。表 1 中的数据就是此种处理方法的典型表现。《太初历》对此的做法正是中国历代历法采用的传统方法。

又,在巴比伦折线函数中,(1)、(2)式所表示的周期 P,对行星问题而言,既不是会合周期,也不是恒星周期,而只有纯数学的意义。这种周期在中国古代天文学理论中通常不受注意。这当然是由于巴比伦天文学特别重视周期之故。

---

[1] O. Neugebauer, *A History of Ancient Mathematical Astronomy*, pp. 441 – 442.

二、对行星运动的数学描述

巴比伦行星理论首先重视的是如何给出一系列特征天象的日期和黄经,其方法则是探索各种周期,以此来预推特征天象。至于给出逐日的行星位置则只是第二位的课题。不过巴比伦天文学家也已能将这一课题处理得相当好。

在迄今发现的塞琉古时期巴比伦星历表中,唯有一份详细列出了六个月间水星逐日的黄经值及其一次差分 D[1],表的年代约在塞琉古纪年第122年(S. E. 122,即189 B. C.)。从该表中可以明显看出,巴比伦天文学家把水星运动分成几段来处理,每段的运行规律也不同。兹逐段整理列出如下,其中罗马数字是巴比伦历法中的月份,其后的阿拉伯数字是日期:

(1) Ⅰ12 – Ⅱ5:顺伏,匀速运动($D = 1°45', D^2 = 0$)。

(2) Ⅱ6 – 27:顺行,为昏星,其中Ⅱ7 – 27 为匀加速运动($D^2 = -4'12''$),其余为变加速运动($D^2 \neq$ 常数)。

(3) Ⅱ28 – Ⅲ25:逆伏,匀速运动($D = -6', D^2 = 0$)。

(4) Ⅲ26 – Ⅳ27:顺行,为晨星,其中Ⅳ5 – 19 为匀加速运动($D^2 = 5'45''$),Ⅳ21 – 27 为匀速运动($D = 1°37'30'', D^2 = 0$),其余为变加速运动($D^2 \neq$ 常数)。

(5) Ⅳ28 – Ⅵ10:顺伏,匀速运动($D = 1°45', D^2 = 0$)。

(6) Ⅵ11 – 29:顺行,复为昏星,其中Ⅵ12 – 29 为匀加速运动($D^2 = -5'30''$),其余为变加速运动($D^2 \neq$ 常数)。

显然,巴比伦对行星运动的数学描述已经非常复杂,这与中国的情形颇不相同。

在古代中国行星理论中,很长时期都把行星运动视为匀速。600 A. D. 之前,中国一直采用如下方法来给出任意时刻的行星位置:制作一个会合周期内的行星动态表,这种表可能是由多年观测而得,也可能只是参考某些观测资料构造而成。将此会合周期分为顺、留、逆、伏等若干时间段,每段有各自的平均速度。欲知某时刻的行星位置,则先求出该时刻在会合周期中的位置,然后由行星动态表即可知行星此时运行于哪一段,已运行了若干度,从

---

[1] O. Neugebauer, *Astronomical Cuneiform Texts*, Lund Humphries, 1955, vol. 3, no. 310.

而给出该时刻的行星位置。由于行星在各段中都被假定为匀速运动,故此种预推行星位置的方法不可能很精确。

至公元六世纪中叶,张子信发现了行星运动的不均匀性,此后行星动态表中才开始出现非匀速运动的处理。最早作出这方面尝试的是刘焯《皇极历》(600 A.D.)和张胄玄《大业历》(608 A.D.)。这两部历法都只对木星、火星和金星运动的某些时段考虑了匀加速运动,对上述三星的其余时段和土星、水星的全部时段都仍用传统的匀速运动。兹以《皇极历》中的木星动态表为例[1],采用与上文相同的表述方式,整理列出如次:

(1) 顺行 110 天:匀加速运动($D^2 = -70$ 分)。

(2) 初留 28 天。

(3) 逆行 87 天:匀速运动($D = -6436$ 分,$D^2 = 0$)。

(4) 二留 28 天。

(5) 顺行 110 天:匀加速运动($D^2 = 70$ 分)。

(6) 伏。

《大业历》中的处理几乎完全一样,只是数值稍异而已。这里的"分"也是角度单位,因与主题关系不大,不再加以换算。显而易见,与将近八个世纪之前的巴比伦星历表相比,刘焯和张胄玄对行星运动的数学描述还处在相当初级的阶段。他们表中人为的对称性也与实际情况并不相符。顺便指出,由于水星靠近太阳,很难观测,其会合周期又最短,故描述水星动态要比木星等其余四大行星更困难。

巴比伦星历表中行星的逐日位置并非实测记录,而是预先推算的结果,这就必然要用内插法。通过在一系列已知其时刻与发生位置的特征天象之间进行内插以获得其余诸值。由于各段的运动规律不同,使用的内插法也不相同。在上述水星位置星历表中,已出现了一些 $D^2 \neq$ 常数,即变加速运动的时段,而另一份关于木星的星历表[2],列出了自塞琉古纪年 147 年 9 月至 148 年 5 月(相当于 164 B.C.—163 B.C.)间每天的木星黄经及其一次、二次差分 D、D^2 之值,其中全为变加速运动,只有三次差分 D^3 才为常数($D^3 = 0''.1$)。这样的表,只有采用非线性内插法才能算得。不过关于巴比伦星历表计算过程中的非线性内插法,尚未发现更详细的原始文献。

---

[1] 《历代天文律历等志汇编》第 6 册,页 1963–1964。

[2] O. Neugebauer, *Astronomical Cuneiform Texts*, vol. 3, no. 654–655.

在中国,当刘焯开始在《皇极历》中用非匀速运动来描述太阳、行星运动时,为了借助躔表、行星动态表来预推任意时刻的太阳和行星位置,他也意识到了非线性内插法的必要,为此他创立了等间距二次内插法[1],开创了中国古代天文学中广泛使用非线性内插法的传统。

一般而言,数学处理所采用的方式越复杂先进,其效果也相应好些。当然两者之间并无必然的正比关系。在描述行星运动方面,巴比伦的数学处理即使与《皇极历》相比,仍要先进不少,其实际效果也更精确些。研究表明:中国在两汉时期(206B.C.—220A.D.)对五大行星位置的推算与当时实测数据之间一般有约8°的误差,而从公元八世纪初开始,推算行星位置的误差大部分已降至3°以内。[2]巴比伦的情况,以前述水星星历表为例,在"伏"阶段,误差也可达8°左右,这显然与假定这一阶段行星做匀速运动有关(在巴比伦行星理论中,"伏"阶段不受重视,假定行星在此期间匀速运行固然不准确,但对周期的准确性并无影响);而在其他阶段,据巴比伦星历表与现代值绘制的水星时间—黄经关系曲线表明,两者吻合甚好。[3]故可以说,在描述行星运动方面,巴比伦天文学家与中国同行相比,曾长期保持着领先状态。不过,中国从《皇极历》开始采用非匀速运动处理之后,对行星位置的推算精度提高很快。

三、两种行星理论的关系

古希腊行星理论致力于预知任意时刻的行星位置,希腊天文学家采用构造几何模型的方法来推算。巴比伦行星理论的首要目标则是预报行星一系列特征天象的日期和黄经,采用代数方法,力图发现各种周期来进行推算。而中国古代的行星理论,其目的与希腊人相同,其方法则在本质上与巴比伦人相同——也采用代数方法。

关于巴比伦与中国天文学的起源及关系问题,本文作者已在《从太阳运动理论看巴比伦与中国天文学之关系》一文中,从双方的太阳运动理论出发作过一些讨论。就行星理论而言,目前不存在什么有力的证据能否认双方

---

[1] 钱宝琮:《中国数学史》,科学出版社,1981年,页103–104。
[2] 陈美东:《观测实践与我国古代历法的演进》,《历史研究》1983年第4期。
[3] O. Neugebauer, *A History of Ancient Mathematical Astronomy*, p.1328, fig.33.

各自独立起源的可能性。以周期问题为例,塞琉古时期巴比伦天文学家已经掌握(3)式所示的关系式,而同时期中国西汉天文学家也已经掌握了表1所示的数据,其精确性只比巴比伦稍有逊色。而且,在《太初历》之前的马王堆汉墓帛书《五星占》(约170B.C.)中,对于金星使用下式[1]:

$$5F = 8 \text{ 年}$$

这比《太初历》之值粗略,但重要的是,这同时也表明:中国天文学家早在《太初历》之前很久就已经开始认识到巴比伦的(4)式了。这里双方年代大致相同固然还不足以将周期问题确认为巴比伦与中国行星理论各自独立起源的铁证——因为无法排除(4)式起源于更早时代的可能性,但是,如果秦汉时期的中国天文学家真有机会在周期问题上受教于塞琉古王朝的巴比伦同行,他们就没有必要使用准确性逊于巴比伦的数据,因为像(4)式这样的周期问题,其道理极简单,关键只在数据本身。

此外,从整个行星理论的格局来看,双方主要课题的不同——巴比伦关心特征天象的日期和黄经,中国则是推算任意时刻的行星位置,也强烈暗示了双方有着各自独立的起源。

关于行星运动的数学描述,所能引出的结论则比较复杂。这个问题和对太阳运动的数学描述有极为密切的关系。太阳和行星运动的不均匀性在中国同为张子信首先发现,又同为刘焯在《皇极历》中首先加以处理;刘焯在中国首创非线性内插法也与处理变速运动有内在的必然联系。一系列此前中国天文学中所未有过的新观念与新方法,从600 A.D.开始一齐出现在《皇极历》等历法中,这是非常值得注意的现象。

《从太阳运动理论看巴比伦与中国天文学之关系》认为中国与巴比伦天文学两者有着各自独立的起源,但巴比伦的若干天文学知识很可能在公元六世纪传入中国并被采纳到中国天文学的传统体系之中。本文对双方行星理论的讨论,将进一步加强上述观点。

原载《天文学报》31卷4期(1990)

---

[1] 《五星占·金星》云:"五出,为日八岁,而复与营室晨出东方。"见马王堆汉墓帛书整理小组:《〈五星占〉释文》,《中国天文学史文集》,科学出版社,1978年,页3。

巴比伦—中国天文学史上的几个问题

西亚两河流域古称美索不达米亚。这一地区的文明可以上溯到约4000B.C.时的苏美尔人(Sumerians)。以后，阿卡德人(Akkadians)、亚述人(Assyrians)、迦勒底人(Chaldeans)先后在这一地区建立统治。自马其顿的亚历山大大帝(Alexander the Great)于330 B.C.征服该地区起，开始了塞琉古王朝时期(Seleucid era，312B.C.—64B.C.)。虽然迦勒底人的占星术和天文学在欧洲早已非常有名，但只是近百年来的考古学研究才揭示出：在公元前的最后几个世纪中，有一个高度发达的数理天文学体系存在于美索不达米亚。已发现的天文学原始文献，绝大部分属于塞琉古时期，相当于中国的战国后期至西汉末。本文所论之巴比伦天文学，正是指此一体系而言。

对已发现的泥版文书中的巴比伦天文学文献，J. N. Strassmaier、J. Epping、F. X. Kugler 三位耶稣会神甫曾做了极为艰巨的整理工作，又有 O. Neugebauer 的综合性研究。然而正如 O. Neugebauer 所指出的，由于对巴比伦天文学的发展过程资料还很缺乏，"我们尚远远谈不到巴比伦天文学的历史"。[1]相比之下，尽管还存在着大量问题，我们对中国天文学及其历史的认识要令人满意得多。因此，同一年代的横向比较固然不失为重要方法之一，但不拘泥于年代上的一一对应而更多地着眼于两种体系的异同，也是必要和有意义的。

关于巴比伦—中国天文学中的太阳运动理论与行星运动理论，笔者已各有另文专门探讨其异同及相互关系。[2]本文则拟对双方天文学体系中的

---

[1] O. Neugebauer, *A History of Ancient Mathematical Astronomy*, Part One, Springer-Verlag, 1975, p.348.
[2] 江晓原：《从太阳运动理论看巴比伦与中国天文学之关系》，《天文学报》29卷3期(1988)；江晓原：《巴比伦与古代中国的行星运动理论》，《天文学报》31卷4期(1990)。

另外几个重要问题试作讨论。

一、天球坐标

自从中国传统天文学中的二十八宿体系为现代西方学者所知之后,关于该体系的起源问题就一直聚讼纷纭,迄今未有定论。早期颇有主张起源于巴比伦者,如 Hommel(1891)、L. Weber(1894)、Kingsmill(1907)等。后又逐渐形成了"印度或中国"的起源争论格局,许多学者倾向于排除巴比伦作为起源"候选人"的地位。但著名学者中亦仍有主张巴比伦起源说者,比如李约瑟。[1]

本文并不打算直接参与二十八宿起源的争论,而是要在这里对巴比伦天文学中另一个天球坐标系统略加探讨。该系统似乎还未受到二十八宿起源问题研究者们的足够重视。笔者以为,探讨这一坐标系统或许能对二十八宿起源问题有些新的启发。因为现代学者反对二十八宿起源于巴比伦说的主要理由之一是:"迄今还没有在古代巴比伦的天文学文献中发现二十八宿的确切证据。在楔形文泥版书中,从来没有发现二十八宿表。"[2]但是我们如果不拘泥于二十八这个数字,则类似中国二十八宿的天球坐标系统在巴比伦天文学中确实是存在的。

在塞琉古王朝时期,一直有两套天球坐标系统同时并存于巴比伦天文学中。一套即众所周知的黄道十二宫,另一套则不太被注意。该系统以三十一颗恒星构成参照系来描述月亮和行星的位置。J. Epping 称这些恒星为"标准星"(Normal-Stars)。三十一星的位置见下图[3]:

该坐标系统有如下几点值得注意:

(1) 黄经分布很不均。
(2) 黄纬分布的范围(−7°30′,10°)。
(3) 多数为著名亮星。
(4) 三十一星中有六颗是中国二十八宿中的距星(图中已用 * 号标

---

[1] 李约瑟:《中国科学技术史》第四卷,科学出版社,1975年,页185–200。
[2] 夏鼐:《从宣化辽墓的星图论二十八宿和黄道十二经》,《考古学和科技史》,科学出版社,1979年,页35。
[3] O. Neugebauer, *A History of Ancient Mathematical Astronomy*, Part three, Springer-Verlag, 1955, p.1349, fig. 78.

出）：

  β Ari（娄）
  μ Gem（井）
  θ Cnc（鬼）
  χ Vir（角）
  α Lib（氐）
  β Cap（牛）

  （5）在用该系统描述天体位置时，不说距离多少角度，而是给出长度单位"cubit"（腕）和"finger"（指）。30finger = 1cubit，其与角度的对应关系为[1]：

$$12\text{finger} = 1°$$

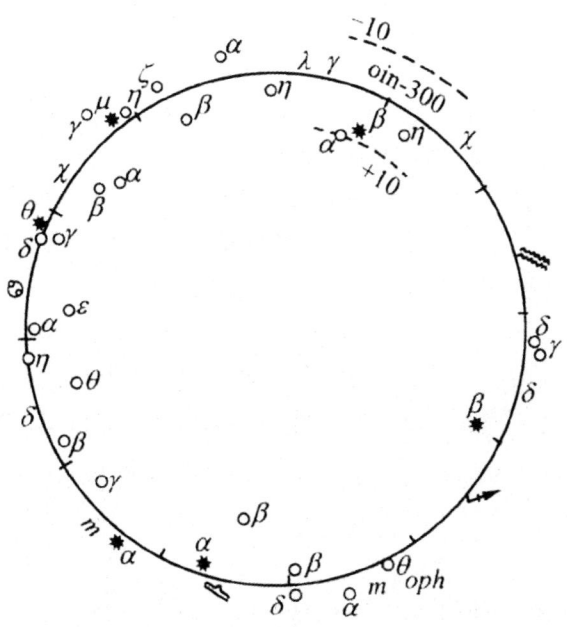

  经度分布不均匀正是中国二十八宿系统最显著的特点。由图不难看出，在这一点上三十一标准星与二十八宿极其相似。这是特别值得注意的。
  纬度分布问题需要略加讨论。现在很多学者都相信二十八宿是以赤道为准的。但笔者认为，在讨论二十八宿以赤道还是以黄道为准时，不应从整

---

[1] O. Neugebauer, *Astronomical Cuneiform Texts*, vol.1, Lund Humphries, 1955, p.39.

个宿的图形来着眼,而应只考虑二十八颗距星,或者说,只考虑"二十八标准星"。因为归根结底,在用二十八宿坐标系描述天体位置时,"入宿度"只是指天体与距星的赤经差(后世使用赤道系统并不等于二十八宿系统创立时也一定以赤道为准),而与该宿的其他诸星无关。而就二十八颗距星的分布而言,与黄道的吻合情况明显优于赤道。例如:胃宿距星赤纬达27度多,尾宿距星赤纬更达 -37 度多;但诸距星之黄纬则绝无如此大者。即使以2400B.C.时的赤道来参照,吻合程度稍佳,但仍与黄道不相上下。[1]况且二十八宿在中国的历史能否追溯到如此之早还大可怀疑。这里笔者并不试图论定二十八宿创立时必以黄道为准,而只是对赤道为准说提出疑问而已。与三十一标准星的黄纬($-7°30′, 10°$)相比,二十八宿距星的黄纬分布更为弥散。

三十一标准星多为著名亮星,这一点与二十八宿系统不同。

三十一标准星与二十八宿距星有六颗重合,这一点可以用偶然巧合来解释,但无疑也可以作其他解释。

在描述天体角距离时用长度单位,也是富有中国传统色彩的做法。中国古代在直接描述两天体角距离时也用长度单位,如"丈"、"尺"、"寸"等。在二十八宿系统中,倒是用"度"的,即中国古度。但最近有学者指出,这个所谓的"度",其本质仍是线度而非角度。[2]

巴比伦的黄道十二宫系统与三十一标准星系统很可能有完全不同的起源。后者存在于塞琉古时期,这当然只能视为它创立时间的下限。由于此前的材料太少,这一系统的起源情况还不太清楚。中国二十八宿系统创立年代的下限,已由考古材料得出为 430B.C.,即塞琉古王朝开始前一个多世纪。而其上限,因不确定因素很多,目前还难以确定。

到此为止,我们显然将有三种结论可供选择:

三十一标准星系统源于二十八宿系统。

二十八宿系统源于三十一标准星系统。

两系统有各自不同的起源。

上面的初步讨论,当然还远不足以使我们能够在上述三种结论中断然

---

[1] 李约瑟:《中国科学技术史》第四卷,页175,图94。

[2] 关增建:《传统 $365\frac{1}{4}$ 分度不是角度》,《自然辩证法通讯》11 卷 5 期(1989)。

作出选择,但是无论如何,我们至少不能对两种天球坐标系统之间的关系完全置之不理。

二、月球运动

由于月球运动远较太阳运动复杂,天文学家不得不对月球运动给以更大的注意,这在巴比伦和古代中国都是如此。预推真朔望时刻是巴比伦月球运动理论的基本问题之一,这也和中国古代一样。从现存星历表中可以看出,巴比伦天文学家在月球运动理论和交食理论中考虑了月球黄经、黄纬、月球及太阳运动速度、朔望月之长、交食时刻、食分等问题。[1]这些问题在中国的月球运动与交食理论中也都被考虑到了。

一个比较明显的不同之点是:巴比伦颇重视"朏"而中国非常重视"朔"。在中国古代,"告朔"是一种王家典礼,国君要在此时进行祭祀。因而预报"朔"的时刻是中国宫廷天文学家的重要任务之一。这在塞琉古王朝开始之前很久就已如此了。一般认为,中国至少在公元前八至七世纪即已能够预告朔日。而在巴比伦星历表中,可以发现诸如哪天是"朏"之日、"朏"与"晦"时刻月球与太阳的大距等项目。巴比伦人重视"朏",一方面是因他们以"朏"为月之始,另一方面也与古代美索不达米亚的纯阴历有关。巴比伦人力求尽可能准确地预告"朏"之日,这一努力被认为是塞琉古时期巴比伦月球运动理论的起源之一。[2]

关于沙罗周期(Saros)也需要略加讨论。沙罗周期在西方的起源虽然目前还不甚清楚,但下面的关系式是塞琉古时期的巴比伦天文学家肯定知道的[3]:

223 朔望日 ≈ 242 交点月 ≈ 239 近点月 ≈ 241 恒星月 ≈ 18 回归年

从数学上来说,交食周期可视为一个寻求朔望月与交点年长度的公倍数问题。设:

$$N \text{ 朔望月} = M \text{ 交点年} = K \text{ 交点月}$$

则此 N 朔望月中发生 $2M$ 次交食。中国古代至迟在公元前一世纪的文献中

---

[1] O. Neugebauer, *Astronomical Cuneiform Texts*, vol. 3, no. 60, no. 122.
[2] O. Neugebauer, *A History of Ancient Mathematical Astronomy*, Part One, p. 353.
[3] Ibid., p. 502.

已经出现了交食周期的记载。此后又提出过二十多种交食周期,其不同只在于上式中 N 或 M 与 K 的取值。第一个周期出现于《三统历》(7 B.C.):

$$N=135, M=11.5$$

而沙罗周期即 $N=223, M=19$ 的情形,它曾在中国的《统天历》(1199 A.D)中被提出。有趣的是,近代的纽康(Newcomb)周期,即 $N=358, M=30.5$,早在 762 A.D. 时已在中国的《五纪历》中被提出。

简言之,沙罗周期在中国古代只是一系列交食周期中的一个。不过,仅靠交食周期并不能解决交食的所有问题,何况任何交食周期本身还都只能是一种近似。因此交食理论必须从研究日、月运动入手,这在巴比伦和中国都是一样。

三、19 年 7 闰周期

阴阳合历中的闰月安排与日、月运动有密切关系,巴比伦和古代中国天文学都有这个问题。著名的 19 年 7 闰法则,即西方所谓"默冬(Meton)章",由古希腊的 Meton 于 431 B.C. 宣布。从现存巴比伦星历表看来,这一法则到了 380 B.C. 之后才完全有效。但巴比伦在 500 B.C.—400 B.C. 之间实际上已开始使用这一周期。因此 19 年 7 闰法则在西方的起源至今尚不清楚。

就现有的史料看来,中国掌握 19 年 7 闰法则比西方更早。而且在这个问题上,中国天文学再次表现出与在交食周期问题上完全相同的风格。中国自 589 B.C. 开始即已掌握 19 年 7 闰法则,此后又提出了 600 年 221 闰、391 年 144 闰等周期。这种关系式在中国古代称为"闰周"。毫无疑问,寻求闰周是基于回归年与朔望月长度值之间有简单数学关系这一假设的。但实际上该两值不可通约,故自 665 A.D. 之后,中国天文学家就放弃了对闰周的推求。事实上,就在塞琉古王朝时期的巴比伦星历表遵循 19 年 7 闰法则之时,中国天文学家已经在 104 B.C. 发现了更为科学的置闰法则——无中气之月置闰,并在《太初历》中提出。

发现 19 年 7 闰法则并不太困难,不同民族完全可能各自独立作出此项发现。巴比伦与中国发现该法则的途径很可能是不同的。巴比伦人一向重视各种周期,以便用来预推各种特征天象(characteristic phenomena),19 年 7 闰周期很自然会在这样的传统背景下被发现。巴比伦人不仅用这一周期来解决置闰问题,还用它来推算每年分、至时刻,甚至还用来推算每年天狼星偕日升、偕日落等天象的时刻。而中国天文学家虽然提出过不止一个闰周，却纯是从历法上着眼的。

然而，如再深入一层看，则巴比伦人对朔望日与回归年长度值之间数学关系的认识，实际上也并不仅限于 19 年 7 闰周期。比如有一份颇受重视的巴比伦星历表[1]，其历日是按 19 年 7 闰法则排的，但在推算太阳运动时，所用的折线函数的周期[2] P 可以表为：

$$P = 10019/810$$

其意义是：经过 10019 个朔望月之后，函数值又可按前面的情形重复；而此期间，太阳则在黄道上运行了 810 周。也就是说：

10019 朔望月 = 810 回归年

不难看出，这里蕴含着 810 年 299（= 10019 - (810 × 12)）闰的闰周。不过这是一个比较差的值，10019/810 的比值（12.36914）偏大，大于 19 年 7 闰（12.36842），更大于中国的 600 年 221 闰（12.36833）和 391 年 144 闰（12.36829）。而且巴比伦的上述关系式还不宜视为中国古代闰周的完全等价物，因为它仅处于注重各种周期的普遍背景之中，并未用于安排历法。

四、日 长 问 题

日长问题与太阳运动有密切关系。巴比伦天文学家已经知道日长随太阳黄经而变，一些星历表给出了一年中不同时间的太阳黄经和对应的日长[3]，春、秋分昼夜等长，冬、夏至时达到最小和最大日长，最大日长为 14 小时 24 分。不过此类表也是出自推算，并不十分准确。如按最大日长与地理纬度的关系，从 14 小时 24 分推得巴比伦的地理纬度，与实际不甚相等。[4] 日长问题在中国天文学中同样受到重视。有趣的是，类似巴比伦的太阳黄经—日长关系表在中国历法中也经常出现，例如后汉《四分历》（85 A. D.）中的表[5]，其中一栏给出一年中二十四节气之日的太阳赤经，另一栏给出该日

---

[1] O. Neugebauer, *Astronomical Cuneiform Texts*, vol. 3, no. 122.

[2] 关于折线函数及其数学性质可参见《从太阳运动理论看巴比伦与中国天文学之关系》、《巴比伦与古代中国的行星运动理论》。

[3] O. Neugebauer, *Astronomical Cuneiform Texts*, vol. 3, no. 9.

[4] O. Neugebauer, *A History of Ancient Mathematical Astronomy*, Part One, p. 367.

[5] 《历代天文律历等志汇编》第 5 册，中华书局，1976 年，页 1531 - 1533。

的日长。除了使用赤道坐标这一点外,与巴比伦的表完全一样。

然而,尽管出现了非常相似的表,实际上中国古代天文学家考虑日长问题的思路很可能与巴比伦人大不相同。中国天文学家主要是从实际应用着眼,他们关心计时系统怎样更好地反映一年中日长的变化。中国古代将一昼夜分为100刻,大约在与塞琉古王朝相当的时期,中国采用这样的办法:从冬至之日起,每过九天将昼长增加一刻,夜长则减一刻,至春分昼夜等长,夏至起则反之。这种调节方法并不十分令人满意,后来霍融建议根据太阳赤纬的变化来调节日长(102 A. D.)。[1]这一点值得注意,巴比伦将日长与太阳黄经相联系,中国则与太阳赤纬相联系,这显然是和中国天文学的传统特征——赤道系统分不开的;而从球面天文学的角度来看,两者是等价的。

五、独立起源与相互影响

中国古代天文学的起源是否与巴比伦有关,这一直是聚讼纷纭的问题,迄今难有定论。由于美索不达米亚的文明可以追溯到公元前数千年之久,因而在各种比较研究中很自然会产生别的相似学说"源于巴比伦"的猜测。从十九世纪起,一些西方汉学家研究了中国古天文学之后,已提出了不少主张中国天文学源于巴比伦的说法。非独西人有此看法,中国学者亦有持此说甚力者。兹举较著名者一例:郭沫若认为中国的十二辰系巴比伦黄道十二宫于2000 B. C.(!)左右时东来的结果,并进而推测:

> 意者其商民族本自西北远来,来时即挟有由巴比伦所传授之星历智识,入中土后而沿用之耶?抑或商室本发源于东方,其星历智识乃由西来之商贾或牧民所输入耶?[2]

应该指出,由于早期史料的缺乏,在中国天文学之起源是否与巴比伦有关这一问题上,各种富有想象力的推测始终存在着广阔余地。故各种"泛巴比伦主义"的说法虽然逐渐退潮,但问题始终未能完全解决。李约瑟对这个问题颇多论述,但他的各种说法给人的印象似乎是依违于巴比伦起源说与

---

[1]《历代天文律历等志汇编》第5册,页1486。
[2] 郭沫若:《释支干》,《郭沫若全集·考古编》卷一,科学出版社,1982年,页283-284。

双方独立起源说两者之间。例如，他一方面赞成二十八宿系统起源于巴比伦[1]，另一方面又认为中国古代对天空的划分与西方迥异是"关于中国天文学独立起源和发展的最令人信服的证据之一"[2]。由此也可见这一问题之复杂。

就目前已有的史料和研究结果来看，将巴比伦天文学与古代中国天文学视为两个各自独立起源的体系，笔者以为比较稳妥。在此先提出对独立起源说有利的三条新证据：

第一，太阳运动。《从太阳运动理论看巴比伦与中国天文学之关系》一文表明，巴比伦至迟在 100 B. C.，很可能在 500 B. C. 甚至更早就已能相当准确地处理太阳周年视运动的不匀速问题，而中国天文学直到 600 A. D. 才第一次着手处理这一问题。由于太阳运动是天文学最基本的问题之一，直接关系到交食预报、历法安排、行星理论等方面，考虑到在塞琉古王朝时期中国天文学也已高度发达，如果中国天文学与巴比伦同源，那在如此重要的方面有如此巨大的差别是难以想象的。

第二，行星运动。《巴比伦与古代中国的行星运动理论》一文表明，巴比伦天文学家在塞琉古王朝时期已能运用非常复杂的数学技巧来处理行星运动的非匀速问题，而中国天文学家同样直到 600 A. D. 才第一次着手处理同一问题。上古时代天文学与星占学的密切关系是众所周知的，而与行星有关的各种天象正是星占的主要内容，这一点巴比伦与古代中国都是如此。故就天文学本身而言，太阳运动固然是头等重要的问题，但如将问题置于社会和文化的历史背景来看，则行星运动的关系更为重大。如果中国天文学与巴比伦同源，那在行星运动的数学处理上表现出如此巨大的差异也是难以想象的。

第三，天文学的任务。中国古代天文学是应用性的，主要是为政治服务，其终极目的，是为统治者沟通天地与人神。[3]在此终极目的之下，当然也必须解决一系列与现代天文学相似的课题，但如欲深入认识事物的本质，则仅仅停留在这一系列具体课题所构成的表层而赞叹不已，目迷五色，显然是远远不够的。许多古代天文学体系，包括巴比伦天文学在内，都有类似的

---

[1] 见前引文献，李约瑟《中国科学技术史》第四卷。
[2] 李约瑟：《古典中国的天文学》，《李约瑟文集》，辽宁科技出版社，1986 年，页 459 – 473。
[3] 江晓原：《中国古代历法与星占术》，《大自然探索》7 卷 3 期（1988）。

终极目的——似乎只有古希腊天文学可能例外。就巴比伦与中国古代天文学而言,其终极目的固然相似,但为此目的而提出的任务则有明显不同的形式:中国天文学以给出任意时刻的天体位置为己任,中国的太阳运动理论、月球运动理论、行星运动理论等,无一不是如此;而巴比伦天文学的任务则是预推各种特征天象,给出这些天象的天空位置和出现时刻。这一巨大差别在双方现今保存下来的天文学史料中可以得到有力证明。绝大部分巴比伦星历表都是对未来岁月的天象的推算结果;令人惊奇的是,在浩如烟海的中国古代天文学史料中,迄今还未发现一张与巴比伦星历表性质完全相同的表——中国几千年来百余部历法中留下的卷帙浩繁的日躔表、月离表、五大行星运动修正表等,都是普适的,其用途是为天文学家推算任意时刻的天象提供工具。因为是推算任意时刻的天象,天文学家或许认为没有必要、也没有可能提供具体的推算结果,所以他们只提供推算方法。巴比伦天文学则强调对若干特征天象的推算,他们留下的大量星历表就是为此服务的(尽管从这些表中可以看出,他们在相当精度下也能给出任意时刻天体的位置)。这个重大差别使得两个天文学体系看起来有着明显不同的格局,如果认为中国天文学与巴比伦同源,那么这个差别更加难以想象。

但是,另一方面,即使中国天文学的起源确实与巴比伦无关,仍有许多证据表明,中国天文学在其发展过程中很可能受到过巴比伦天文学的影响。西方学者对此论述颇多。[1]《从太阳运动理论看巴比伦与中国天文学之关系》、《巴比伦与古代中国的行星运动理论》两文也对此提供了新的线索:《皇极历》(600A.D.)的日躔表中出现了与巴比伦星历表相同的结构、差分形式和相似的折线函数,《皇极历》和《大业历》(608A.D.)的五大行星动态表中对行星运动所作的非匀速运动处理也与巴比伦星历表相似。这些新的现象皆为此前中国天文学中所未有,而在600A.D.左右同时出现,这使人们有理由设想:一些巴比伦天文学知识很可能在公元六世纪末和稍后传入了中国,并被作为新方法和新发现接纳到中国天文学的传统体系中去了。当然这一设想还有待于进一步的证实。

就目前所发现的材料而言,巴比伦天文学在公元六世纪或稍后传入中国即使真有其事,它对中国的天文学的影响也是很有限的。在将一些新知

---

[1] 可参看李约瑟:《中国科学技术史》第四卷,页80-83;李约瑟:《古典中国的天文学》,页467;以及《中国科学技术史》中提到的有关文献。

识或新方法纳入自己的传统体系中去之后,中国天文学仍旧在自己的轨道上继续发展。直到十六世纪末西方天文学大举输入,情况才发生改变。

原载《自然辩证法通讯》12卷4期(1990)

《周髀算经》:中国古代唯一的公理化尝试

引　言

　　根据现代学者认为比较可信的结论,《周髀算经》约成书于公元前100年。自古至今,它一直毫无疑问地被视为最纯粹的中国国粹。而今视《周髀算经》为西方式的公理化体系,似乎有一点异想天开。然而,如果我们能够先捐弃成见,并将眼界从中国扩展到其他古代文明,再来仔细研读《周髀算经》原文,就会惊奇地发现,上述问题不仅不是那么异想天开,而且还有很深刻的科学史和科学哲学意义。

　　西方科学史上的公理化方法,用之于天文学上时,主要表现为构建宇宙的几何模型。从 Eudoxus、Callippus、Aristotle,到 Hipparchus,构建了一系列这样的模型,至 Ptolemy 而集前人之大成——*Almagest*(《至大论》)中的几何模型成为公理化方法在天文学方面的典范。直至近代,Copernicus、Tycho、Kepler 等人的工作也仍是几何模型。

　　古代中国的传统天文学几乎不使用任何几何方法。"浑天说"虽有一个大致的"浑天"图像,不失为一种初步的宇宙学说,但其中既无明确的结构(甚至连其中的大地是何形状这样的基本问题都还令后世争论不休),更无具体的数理,自然也不是宇宙的几何模型。事实上古代中国天文学家心目中通常根本没有几何模型这种概念,他们用代数方法也能相当精确地解决各种天文学问题,宇宙究竟是什么形状或结构,他们完全可以不去过问。

　　然而,《周髀算经》是古代中国在这方面唯一的例外——《周髀算经》构建了古代中国唯一的一个几何宇宙模型。这个盖天宇宙的几何模型有明确的结构,有具体的、绝大部分能够自洽的数理。《周髀算经》的作者使用了公理化方法,他引入了一些公理,并能在此基础上从他的几何模型出发进行有效的演绎推理,去描述各种天象。尽管这些描述与实际天象吻合得并不十分好,然而确实是应用公理化方法的一次认真尝试。对于古代中国科学史上这样一个突出的特例,有必要专门探讨一番。

"日影千里差一寸"及其意义

在《周髀算经》中,陈子向荣方陈述盖天学说,劈头第一段就是讨论"日影千里差一寸"这一公式,见卷上第3节[1]:

> 夏至南万六千里,冬至南十三万五千里,日中立竿无影。此一者天道之数。周髀长八尺,夏至之日晷一尺六寸。髀者,股也;正晷者,勾也。正南千里,勾一尺五寸;正北千里,勾一尺七寸。

这里一上来就指出了日影千里差一寸。参看图1:日影,指八尺之表(即"周髀")正午时刻在阳光下投于地面的影长,即图1中的 l,八尺之表即 h,当:

$$h = 8 \text{ 尺}$$
$$l = 1 \text{ 尺 } 6 \text{ 寸}$$

时,向南 16,000 里处"日中立竿无影",即太阳恰位于此处天顶中央,这意味着:

$$L = 16,000 \text{ 里,或}$$
$$H = 80,000 \text{ 里}$$

这显然就有:

$$L/l = 16,000 \text{ 里}/1 \text{ 尺 } 6 \text{ 寸} = 1,000 \text{ 里}/1 \text{ 寸}$$

即日影千里差一寸。

接着又明确指出,这一关系式是普适的——从夏至日正午时 $l = 1$ 尺 6 寸之处(即周地),向南移 1,000 里,日影变为 1 尺 5 寸;向北移 1,000 里,则日影增为 1 尺 7 寸。这可以在图1中看得很清楚。

同时,由图1中的相似三角形,显然还有:

---

[1] 本文所依据的《周髀算经》文本为:江晓原、谢筠:《周髀算经译注》,辽宁教育出版社,1995年。节号是这一文本中所划分之节的序号。

《周髀算经》：中国古代唯一的公理化尝试　157

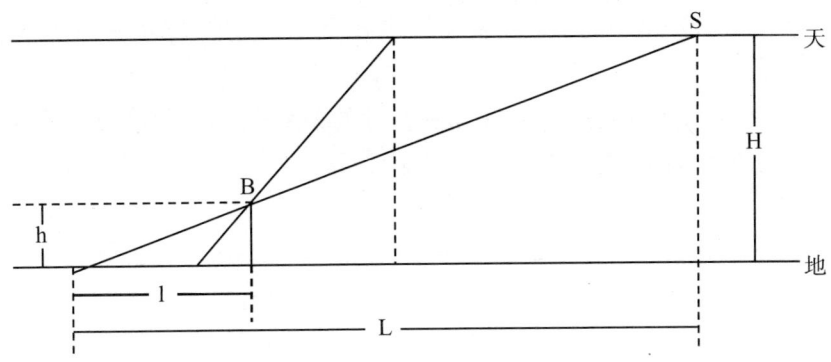

图1："日影千里差一寸"示意图

$$L/l = H/h = 1,000 \text{ 里}/1 \text{ 寸}$$

在上式中代入 h = 8 尺，即可得到：

$$H = 80,000 \text{ 里}$$

即《周髀算经》中天与地相距八万里的结论，见原文卷上第 3 节：

> 候勾六尺……从髀至日下六万里而髀无影。从此以上至日则八万里。

即在图 1 中令 l = 6 尺，L = 60,000 里，h = 8 尺，就可得出 H = 80,000 里。日在天上，故从"髀无影"之地"上至日" 80,000 里，自然就是天地相距 80,000 里。

上述关系式其实无论 l（即勾，也即日影）是否为 6 尺都能成立，《周髀算经》之所以要"候勾六尺"，是因为它只掌握勾股定理在"勾三股四弦五"时的特例[1]，故必须凑数据以便套用这一特例——勾 6 尺即表至日下 60,000

---

[1]《周髀算经》原文共有两处直接讲到勾股定理，一处在全书第 1 节："故折矩以为勾广三，股修四，径隅五。既方其外，半之一矩。环而共盘，得成三四五。两矩共长二十五，是为积矩。"另一处在第 3 节："候勾六尺……若求邪至日者，以日下为勾，日高为股，勾、股各自乘，并而开方除之，得邪至日——从髀所旁（即前文之'邪'，音、义俱同斜）至日所十万里。"皆为三、四、五之特例。但也有学者认为《周髀算经》中有普适的勾股定理，理由是原文第 4 节中有三个数据系用勾股定理算出而又非三、四、五之特例。然而《周髀算经》在给出这三个数据时，并未明确陈述勾股定理。必须注意：《周髀算经》在明确陈述勾股定理时皆为三、四、五之特例；况且，《周髀算经》全书中从未给出勾股定理的任何证明——对勾股定理的普适情形的证明是汉代赵爽在为《周髀算经》所作注文中完成的。

里，天地相距 80,000 里，于是从表"邪（即斜）至日"为 100,000 里，正是 3、4、5 的倍数。

《周髀算经》明确建立日影千里差一寸的关系式之后，接着就拓展这一关系式的应用范围。卷上第 4 节云：

> 周髀长八尺，勾之损益寸千里。……今立表高八尺，以望极，其勾一丈三寸，由此观之，则从周北十万三千里而至极下。

此处日影不再必要，这只需将图 1 中的 S 点（原为太阳所在位置）想象为北极位置，就可一目了然，现在：

$$h = 8 \text{ 尺}$$
$$l = 1 \text{ 丈 } 3 \text{ 寸}$$
$$L = 103,000 \text{ 里}$$

"勾之损益寸千里"的关系式仍可照用不误。在《周髀算经》下文对各种问题的讨论中，这一关系式多次被作为已经得到证明的公式加以使用（必须始终在"正南北"方向上）。

讨论到这里，有一点必须特别注意，就是：无论上引第 3 节还是第 4 节中所述千里影差一寸的关系式，若要成立，必须有一个暗含的前提——天与地为平行平面。这在图 1 中是显而易见的，如果没有这一前提，上述各种关系式以及比例、相似三角形等等全都会无从谈起。

这就是说，《周髀算经》将天地为平行平面这一点视为不证自明的当然前提。要理解这一状况，对于现代人来说会比古人困难得多。因为现代人已有现代教育灌输给他的先入之见——大地为球形，所以现代人见到古人这一前提，首先想到的是它的谬误。但古人却无此成见，他们根据直观经验很容易相信天与地是平行平面。这也正是《周髀算经》中"勾之损益寸千里"之说在古代曾广泛被接受的原因。古人认为推出这一结论是显而易见、不容置疑的，这里不妨举一些例：

> 欲知天之高，树表高一丈，正南北相去千里，同日度其阴，北表二尺，南表尺九寸，是南千里阴短寸；南二万里则无影，则直日下也。[1]

─────────
[1]《淮南子·天文训》。

日正南千里而(影)减一寸。[1]

悬天之景,薄地之仪,皆移千里而差一寸。[2]

这些说法都只要看图1即可了然。古人后来当然也发现了"勾之损益寸千里"不符合观测事实,但这已是很晚的事了。[3]在《周髀算经》成书以及此后相当长的年代里,古人对于这一关系式看来并不怀疑。

一些现代论著也曾经注意到《周髀算经》中"勾之损益寸千里"是以天地为平行平面作为前提的,但作者们首先想到的是这一前提的谬误(这一前提当然是谬误的),而他们在指出这"自然都是错误的"之后[4],也就不再深究,转而别顾了。

指出《周髀算经》中的错误,在今天来说确实已经没有多少意义;然而,如果我们分析讨论"勾之损益寸千里"及其前提"天地为平行平面"在《周髀算经》的盖天学说中究竟有什么样的地位和意义,却是大有意义之事。

公理与定理

在西方历史上,建立科学学说有所谓"公理化方法"(axiomatic method),意指将所持学说构造成一个"演绎体系"(deductive system)。这种体系的理想境界,按照科学哲学家 J. Losee 的概括,有如下三要点:

A. 公理与定理之间有演绎关系;

B. 公理本身为不证自明之真理;

C. 定理与观测结果一致。

其中,B 是 Aristotle 特别强调的。而 Euclid 的《几何原本》被认为是公理化方法确立的标志。但是在天文学上,由于这一学科的特殊性,应用公理化方法

---

[1] 《尚书纬·考灵曜》。
[2] 张衡:《灵宪》。
[3] 唐李淳风(公元602-670年)为《周髀算经》作注,列举历史上多次实测记录,明确否定了"日影千里差一寸"的关系式。他可能是历史上最早这样做的人。
[4] 钱宝琮:《盖天说源流考》,《科学史集刊》创刊号(1958)。这是现代学者系统研究《周髀算经》中盖天学说的第一篇重要文献。

会有所变通:

> 在理论天文学中,那些遵循着"说明现象"传统的人采取了不同态度。他们摒弃了 Aristotle 的要求——为了能说明现象,只要由公理演绎出来的结论与观测相符即可。这样,公理本身即使看起来是悖谬的甚至是假的,也无关紧要。[1]

也就是说,只需前述三要点中的一、三两点即可。这个说法确实可以在天文学史上得到证实,Aristotle 的"水晶球"体系、Ptolemy 的地心几何体系,以及中世纪阿拉伯天文学家种种奇情异想的宇宙几何模型,都曾被当时的天文学家当作公理(在这里类似于现代科学家所谓的"工作假说")来使用而不问其真假。

现在再来看《周髀算经》中的盖天学说,就不难发现,"天地为平行平面"和"勾之损益寸千里"两者之间,正是公理与定理的关系。仔细体味《周髀算经》全书,"天地为平行平面"这一前提是被作为"不证自明之真理",或者说,是被作为盖天学说系统的公理(亦即基本假设)之一的。

至于"天地为平行平面"之不符合事实,也应从两方面去分析。第一,如上所述,从公理化方法的角度来看,即使它不符合事实也不妨碍它作为公理的地位。第二,符合事实与否,也是一个历史性的概念——我们今天知道这一公理不符合事实,当然不等于《周髀算经》时代的人们也已经如此。

剩下的问题是"定理与观察结果一致"的要求。我们现在当然知道,由公理"天地为平行平面"演绎出来的定理"勾之损益寸千里"与事实是不一致的。演绎方法和过程固然无懈可击,然而因引入的公理错了,所以演绎的结果与事实不符。但对此仍应从两方面去分析。第一,演绎结果与观测结果一致仍是一个历史性概念,在古人观测精度尚很低的情况下,"勾之损益寸千里"无疑在相当程度上能够与观测结果符合。第二,也是更重要的,从公理演绎出的定理与客观事实不符,只说明《周髀算经》所构造的演绎体系在描述事实方面不太成功,却丝毫不妨碍它在结构上确实是一个演绎体系。

---

[1] J. Losee, *A Historical Introduction to the Philosophy of Science*, Oxford University Press, 1980, pp. 24–26.

"日照四旁"与宇宙尺度

《周髀算经》作为一个演绎体系,并不止一条公理。它的第二条公理是关于太阳光照以及人目所见的极限范围,见卷上第 4 节:

> 日照四旁各十六万七千里。
> 人所望见,远近宜如日光所照。

这是说,日光向四周照射的极限距离是 167,000 里,而人极目远望所能见到的极限距离也是同样数值。换言之,日光照不到 167,000 里之外,人也不可能看见 167,000 里之外的景物。从结构上看,这条原则也属于《周髀算经》中的基本假设,亦即公理。因为这条原则并非导出,而是设定的。

以往学者们在这个问题上的研究,主要是根据《周髀算经》所交代的有关数学关系式,试图去说明此 167,000 里之值因何而取。尽管各种说明方案在细节上互有出入,但主要结论是一致的,即认为这个数值是《周髀算经》作者为构造盖天宇宙模型而引入的,或者说是凑出来的。然而这里必须注意,拼凑数据固然难免脱离客观实际,同时却也不能不承认这是作者采用公理化方法(或者至少是"准公理化方法")构造盖天几何模型的必要步骤之一。而且还应该注意到,《周髀算经》引入日照四旁 167,000 里之值后,在"说明现象"方面确实能够取得相当程度的成功。正如程贞一、席泽宗所指出的:

> 由这光照半径,陈子模型(按即指《周髀算经》的盖天宇宙模型)大致上可解释昼夜现象及昼夜长短随着太阳轨道迁移的变化。……同时也可以解释北极之下一年四季所见日光现象。[1]

应该看到,在将近两千年前的中国,构造出这样一个几何模型,并且能大致

---

[1] 程贞一、席泽宗:《陈子模型和早期对于太阳的测量》,《中国古代科学史论·续篇》,〔日本〕京都大学人文科学研究所,1991 年。

上解释实际天象,实在已属难能可贵。[1]

《周髀算经》的盖天宇宙模型是一个有限宇宙:天、地为圆形的平行平面,两平面间相距80,000里;而此两平面大圆形的直径为810,000里。[2]此810,000里之值在《周髀算经》中属于导出数值。原书中有两处相似的推导,一处见卷上第4节:

> 冬至昼,夏至夜,差数所及,日光所逮观之,四极径八十一万里,周二百四十三万里。

另一处见卷上第6节:

> 日冬至所照过北衡十六万七千里,为径八十一万里,周二百四十三万里。

北衡即外衡,这是盖天模型中冬至日太阳运行到最远之处,以北极为中心,此处的日轨半径为238,000里;太阳在此处又可将其光芒向四周射出167,000里,两值相加,得到宇宙半径为405,000里,故宇宙直径为810,000里。注意这里宇宙直径是在《周髀算经》所设定的"日照四旁"167,000里之上导出的。

结　　语

《周髀算经》的盖天学说,作为一个用公理化方法构造出来的几何宇宙模型,和早于它以及约略与它同时代的古希腊同类模型相比,在"说明现象"方面固然稍逊一筹,然而我们在《周髀算经》全书的论证过程中,确实可以明

---

[1] 当然,《周髀算经》设定"日照四旁"167,000里之后,在其宇宙模型中"说明现象"时并非没有捉襟见肘之处。最明显的例子之一是春、秋分日的日出方位。在这两天,太阳应是从正东方升起而在正西方落下,但依日照167,000里的设定,此两日的太阳却是从周地的东北方升起而在西北方落下,这是不符合事实的。不过对于冬至日的日出方位,《周髀算经》仍能正确描述。

[2] 关于《周髀算经》中盖天宇宙模型究竟是何种形状与结构,现代论著中始终有重大误解。对此笔者另有专文《〈周髀算经〉盖天宇宙结构考》详细剖析论证,见《自然科学史研究》15卷3期(1996)。

显感受到古希腊科学的气息。从科学思想史的角度来说,公理化方法在两千年前的遥远东方,毕竟也尝试了,也实践了,这是意味深长的。

《周髀算经》之后,构造几何模型的公理化方法就在古代中国绝响了。特别令人疑惑的是,《周髀算经》的几何宇宙模型究竟是某种外来影响的结果,还是中国本土科学中某种随机出现的变异?而且,不论是上述哪一种情形,为何它昙花一现之后就归于绝响?可惜这些令人兴奋的问题已经超出了本文的范围。

原载《自然辩证法通讯》18 卷 3 期(1996)

《周髀算经》盖天宇宙结构考

一、问题的提出：《周髀算经》是否"自相矛盾"？

在《周髀算经》所述盖天宇宙模型中，天与地的形状如何，现代学者们有着普遍一致的看法，这里举出叙述最为简洁易懂的一种作为代表：

> 《周髀》又认为，"天象盖笠，地法覆盘"，天和地是两个相互平行的穹形曲面。天北极比冬至日道所在的天高60,000里，冬至日道又比天北极下的地面高20,000里。同样，极下地面也比冬至日道下的地面高60,000里。[1]

然而，同样普遍一致地，这种看法的论述者总是在同时指出：上述天地形状与《周髀算经》中有关计算所暗含的假设相互矛盾。仍举出一例为代表：

> 天高于地八万里，在《周髀》卷上之二，陈子已经说过，他假定地面是平的；这和极下地面高于四旁地面六万里，显然是矛盾的。……它不以地是平的，而说地如覆盘。[2]

---

[1] 薄树人：《再谈〈周髀算经〉中的盖天说——纪念钱宝琮先生逝世十五周年》，《自然科学史研究》8卷4期（1989）。这个说法与钱宝琮（《盖天说源流考》）、陈遵妫（《中国天文学史》）等人的说法完全一样。

[2] 陈遵妫：《中国天文学史》第一册，上海人民出版社，1980年，页136。

其实这种认为《周髀算经》在天地形状问题上自相矛盾的说法，早在唐代李淳风为《周髀算经》所作注文中就已发其端。李淳风认为《周髀算经》在这一问题上"语术相违，是为大失"。[1]

但是，所有持上述说法的论著，事实上都在无意之中犯了一系列未曾觉察的错误。从问题的表层来看，这似乎只是误解了《周髀算经》的原文语句，以及过于轻信前贤成说而递相因袭，未加深究而已。然而再往深一层看，何以会误解原文语句？原因在于对《周髀算经》体系中两个要点的意义缺乏认识——这两个要点是："日影千里差一寸"和"北极璇玑"。前一个要点笔者已有另文专门讨论[2]，下文仅略述其大要，重点则在讨论第二个要点，再分析对原文语句的误解问题。

二、"日影千里差一寸"及其意义

《周髀算经》中的盖天学说是一个公理化体系，其中的宇宙模型有明确的几何结构，由这一结构进行推理演绎时又有具体的、绝大部分能够自洽的数理。"日影千里差一寸"正是在一个不证自明的前提、亦即公理——"天地为平行平面"——之下推论出来的定理。这个定理且能推广其应用，即所谓"勾之损益寸千里"。

然而，认定《周髀算经》是"自相矛盾"的论者，总是勇于指出"天地为平行平面"这一前提之谬误，却不去注意这条公理在《周髀算经》体系中的地位。"天地为平行平面"固然不符合今天的常识，却未必不符合古人的常识。更重要的是，在"天地为平行平面"与"日影千里差一寸"这对公理—定理之间，有严密的数学推理所支持，并无任何矛盾。[3]

三、"北极璇玑"究竟是何物？

解决《周髀算经》中盖天宇宙模型天地形状问题的另一关键就是所谓"北极璇玑"。此"北极璇玑"究竟是何物，现有的各种论著中对此莫衷一是。

---

[1]《周髀算经》，钱宝琮校点《算经十书》之一，中华书局，1963 年，页二八。
[2] 江晓原：《〈周髀算经〉：中国古代唯一的公理化尝试》，《自然辩证法通讯》18 卷 3 期（1996）。
[3] 同上。

钱宝琮赞同顾观光之说,认为"北极璇玑也不是一颗实际的星",而是"假想的星"。[1]陈遵妫则明确表示:

> "北极璇玑"是指当时观测的北极星……《周髀》所谓"北极璇玑",即指北极中的大星,从历史上的考据和天文学方面的推算,大星应该是帝星即小熊座 β 星。[2]

但是,《周髀算经》谈到"北极璇玑"或"璇玑"至少有三处,而上述论述都只是针对其中一处所作出的。对于其余几处,论著者们通常都完全避而不谈——实在是不得不如此,因为在"盖天宇宙模型中天地形状为双重球冠形"的先入之见的框架中,对于《周髀算经》中其余几处涉及"北极璇玑"的论述,根本不可能作出解释。如果又将思路局限在"北极璇玑"是不是实际的星这样的方向上,那就更加无从措手了。

《周髀算经》中直接明确谈到"璇玑"的共三处,依次见于原书卷下之第8、9、12 节[3],先依照顺序录出如下:

> 欲知北极枢、璇玑四极,常以夏至夜半时北极南游所极,冬至夜半时北游所极,冬至日加酉之时西游所极,日加卯之时东游所极,此北极璇玑四游。正北极璇玑之中,正北天之中,正极之所游……(以下为具体观测方案)

> 璇玑径二万三千里,周六万九千里(《周髀算经》全书皆取圆周率 = 3)。此阳绝阴彰,故不生万物。

> 牵牛去北极……术曰:置外衡去北极枢二十三万八千里,除璇玑万一千五百里……东井去北极……术曰:置内衡去北极枢十一万九千里,加璇玑万一千五百里……

---

[1] 钱宝琮:《盖天说源流考》,《科学史集刊》创刊号(1958)。
[2] 陈遵妫:《中国天文学史》第一册,页 137 – 138。
[3] 本文所依据的《周髀算经》文本为:江晓原、谢筠:《周髀算经译注》,辽宁教育出版社,1995 年。节号是这一文本中所划分的序号。以下同此。

从上列第一条论述可以清楚地看到,"北极"、"北极枢"和"璇玑"是三个有明确区分的概念:

那个"四游"而划出圆圈的天体,陈遵妫认为就是当时的北极星,这是对的,但必须注意,《周髀算经》原文中分明将这一天体称为"北极",而不是如上引陈遵妫论述中所说的"北极璇玑"。

"璇玑"则是天地之间的一个柱状空间,这个圆柱的截面就是"北极"——当时的北极星(究竟是今天的哪一颗星还有争议)——作拱极运动在天上所划出的圆。

至于"北极枢",则显然就是北极星所划圆的圆心——它才能真正对应于天文学意义上的北极。

在上面所作分析的基础上,我们就完全不必再回避上面所引《周髀算经》第9、12节中的论述了。由这两处论述可知,"璇玑"并非假想的空间,而是被认为实际存在于大地之上——处在天上北极的正下方,它的截面直径为23,000里,这个数值对应于《周髀算经》第8节中所述在周地地面测得的北极东、西游所极相差2尺3寸,仍是由"勾之损益寸千里"推导而得。北极之下大地上的这个直径为23,000里的特殊区域在《周髀算经》中又被称为"极下",这是"璇玑"的同义语。

如果仅仅到此为止,我们对"璇玑"的了解仍是不完备的。所幸《周髀算经》还有几处对这一问题的论述,可以帮助我们解破疑团。这些论述见于原书卷下第7、9节:

极下者,其地高人所居六万里,滂沲四㯁而下。

极下不生万物,何以知之?……

于是又可知:"璇玑"又指一个实体,它高达60,000里,上端是尖的,以弧线向下逐渐增粗,至地面时,其底的直径为23,000里(参见本文图);而在此69,000里圆周范围内,如前所述是"阳绝阴彰,故不生万物"。

这里必须特别讨论一下"滂沲四㯁而下"这句话。所有主张《周髀算经》宇宙模型中天地形状为双重球冠形的论著,几乎都援引"滂沲四㯁而下"一语作为证据,却从未注意到"极下者,其地高人所居六万里"这句话早已完全排除了天地为双重球冠形的任何可能性。其实只要稍作分析就可发现,按照天地形状为双重球冠形的理解,大地的中央(北极之下)比这一球冠的边缘——亦即整个大地的边界——高六万里;但这样一来,"极下者,其地高人所居六万里"这句话就绝对无法成立了,因为在球冠形模式中,大地上比极下低六万里的面积实际上为零——只有球冠边缘这一线圆周是如此,而"人所居"的任何有效面积所在都不可能低于极下六万里。比如,周地作为《周髀算经》作者心目中最典型的"人所居"之处,按照双重球冠模式就绝对不可能低于极下六万里。

此外,如果接受双重球冠模式,则极下之地就会与整个大地合为一体,没有任何实际的边界可以将两者区分,这也是明显违背《周髀算经》原意的——如前所述,极下之地本是一个直径23,000里、其中"阳绝阴彰,不生万物"、阴寒死寂的特殊圆形区域。

四、《周髀算经》盖天宇宙模型的正确形状

根据前面几节的讨论,我们已经知道《周髀算经》所述盖天宇宙模型的基本结构是:

天与地为平行平面,在北极下方的大地中央矗立着高60,000里、底面直径为23,000里的上尖下粗的"璇玑"。

剩下需要补充的细节还有三点:

一是天在北极处的形状。大地在北极下方有矗立的"璇玑",天在北极处也并非平面,《周髀算经》在卷下第7节对此叙述得非常明确:

> 极下者,其地高人所居六万里,滂沲四隤而下。天之中央,亦高四旁六万里。

也就是说,天在北极处也有柱形向上耸立——其形状与地上的"璇玑"一样。这一结构已明确表示于本文图。该图为《周髀算经》盖天宇宙模型的侧视剖面图,由于以北极为中心,图形是轴对称的,故只需绘出其一半;图中左端即"璇玑"的侧视半剖面。

二是天、地两平面之间的距离。在天地为平行平面的基本假设之下,这

一距离很容易利用表影测量和勾股定理推算而得。[1]即《周髀算经》卷上第3节所说的"从髀至日下六万里而髀无影,从此以上至日则八万里"。日在天上,天地又为平行平面,故日与"日下"之地的距离也就是天与地的距离。而如果将盖天宇宙模型的天地理解成双重球冠形曲面,这些推算都无法成立。李淳风以下,就是因此而误斥《周髀算经》为"自相矛盾"。其实,《周髀算经》关于天地为平行平面以及天地距离还有一处明确论述,见卷下第7节:

> 天离地八万里,冬至之日虽在外衡,常出极下地上二万里。

"极下地"即"璇玑"的顶部,它高出地面六万里,故上距天为二万里。

三是盖天宇宙的总尺度。盖天宇宙是一个有限宇宙,天与地为两个平行的平面大圆形,此两大圆平面的直径皆为810,000里——此值是《周髀算经》依据另一条公理"日照四旁各十六万七千里"推论而得出[2],有关论述见于卷上第4、6节:

> 冬至昼,夏至夜,差数所及,日光所逮观之,四极径八十一万里,周二百四十三万里。

> 日冬至所照过北衡十六万七千里,为径八十一万里,周二百四十三万里。

北衡亦即外衡,这是盖天宇宙模型中太阳运行到距其轨道中心——北极——最远之处,此处的日轨半径为238,000里,太阳在此处又可将其光芒向四周射出167,000里,两值相加得宇宙半径为405,000里,故宇宙直径为810,000里。

《周髀算经》宇宙结构示意图(因为是轴对称的,只需画出半个):

---

[1] 推算之法及其有关讨论详见江晓原:《〈周髀算经〉:中国古代唯一的公理化尝试》。
[2] 同上。

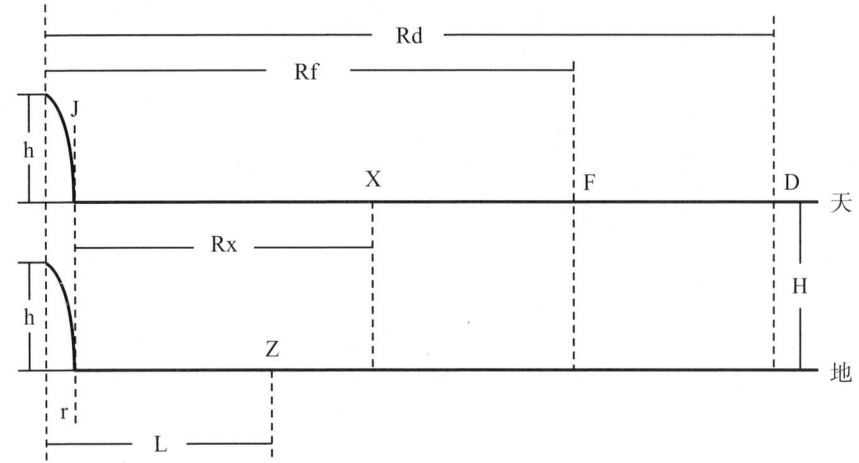

上图中各参数之意义及其数值,依据《周髀算经》原文所载,开列如下:

J　北极(天中)

Z　周地(洛邑)所在

X　夏至日所在(日中之时)

F　春、秋分日所在(日中之时)

D　冬至日所在(日中之时)

r　极下璇玑半径 = 11,500 里

Rx　夏至日道半径 = 119,000 里

Rf　春、秋分日道半径 = 178,500 里

Rd　冬至日道半径 = 238,000 里

L　周地距极远近 = 103,000 里

H　天地距离 = 80,000 里

h　极下璇玑之高 = 60,000 里

综上所述,《周髀算经》中盖天宇宙几何模型的正确形状结构如图所示。这一模型既然处处与《周髀算经》原文文意吻合,在《周髀算经》的数理结构中也完全自洽可通,为何前贤却一直将天地形状误认为双重球冠形曲面呢?这就必须仔细辨析"天象盖笠,地法覆盘"八个字了。

五、对"天象盖笠,地法覆盘"的明显误解

《周髀算经》卷下第 7 节有"天象盖笠,地法覆盘"一语,这八个字是双重

球冠说最主要的依据,不可不详加辨析。

这八个字本来只是一种文学性的比拟和描述,正如赵爽在此八字的注文中所阐述的:

> 见乃谓之象,形乃谓之法。在上故准盖,在下故拟盘。象法义同,盖盘形等。互文异器,以别尊卑;仰象俯法,名号殊矣。

这里赵爽强调,盖、盘只是比拟。这样一句文学性的比喻之辞,至多也只能是表示宇宙的大致形状,其重要性与可信程度根本无法和《周髀算经》的整个体系以及其中的数理结构——我们的讨论已经表明,"天地为平行平面"是上述体系结构中必不可少的前提——相提并论。

再退一步说,即使要依据这八个字去判断《周髀算经》中盖天宇宙模型的形状,也无论如何推论不出"双重球冠"的形状——恰恰相反,仍然只能得出"天地为平行平面"的结论。试逐字分析如次:

盖,车盖、伞盖之属也。其实物形象,今天仍可从传世的古代绘画、画像砖等处看到,它们几乎无一例外都是圆形平面的,四周有一圈下垂之物,中央有一突起(连接曲柄之处),正与本文图所示天地形状极为吻合。而球冠形的盖,至少笔者从未见到过。

笠,斗笠之属,今日仍可在许多地方见到。通常也呈圆形平面,中心有圆锥形凸起,亦与本文图所示天地形状吻合。而球冠形的斗笠,不知何处有之?

覆盘,倒扣着的盘子。盘子是古今常用的器皿,自然也只能是平底的,试问谁见过球冠形的盘子——那样的话它还能放得稳吗?

综上所述,用"天象盖笠,地法覆盘"八字去论证双重球冠之说,实在不知道是何所据而云然。而前贤递相祖述,俱不深察,甚可怪也。究其原因,或许是因为首创此说者权威之大,后人崇敬之余,难以想象智者之千虑一失。

原载《自然科学史研究》15 卷 3 期(1996)

《周髀算经》与古代域外天学

根据现代学者认为比较可信的结论,《周髀算经》约成书于公元前 100 年。自古至今,它一直被毫无疑问地视为最纯粹的中国国粹之一。讨论《周髀算经》中有无域外天学成分,似乎是一个异想天开的问题。然而,如果我们先将眼界从中国古代天文学扩展到其他古代文明的天文学,再来仔细研读《周髀算经》原文,就会惊奇地发现,上述问题不仅不是那么异想天开,而且还有很深刻的科学史和科学哲学意义。

一、盖天宇宙与古印度宇宙之惊人相似

根据《周髀算经》原文中的明确交代,以及笔者在《〈周髀算经〉:中国古代唯一的公理化尝试》和《〈周髀算经〉盖天宇宙结构考》中对几个关键问题的详细论证,我们已经知道《周髀算经》中的盖天宇宙有如下特征:

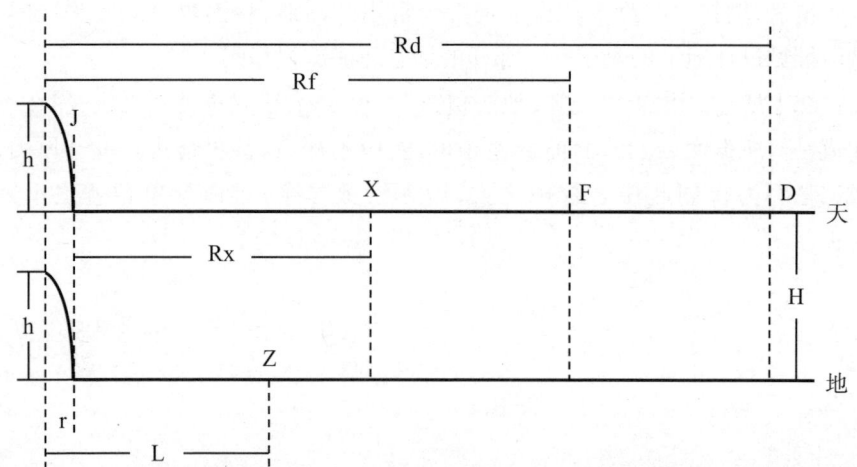

一、大地与天为相距 80,000 里的平行圆形平面。

二、大地中央有高大柱形物（高 60,000 里的"璇玑"，其底面直径为 23,000 里）。

三、该宇宙模型的构造者在圆形大地上为自己的居息之处确定了位置，并且这位置不在中央而是偏南。

四、大地中央的柱形延伸至天处为北极。

五、日月星辰在天上环绕北极作平面圆周运动。

六、太阳在这种圆周运动中有着多重同心轨道，并且以半年为周期作规律性的轨道迁移（一年往返一遍）。

七、太阳的上述运行模式可以在相当程度上说明昼夜成因和太阳周年视运动中的一些天象。

令人极为惊讶的是，笔者发现上述七项特征竟与古代印度的宇宙模型全都吻合！这样的现象恐非偶然，值得加以注意和研究。下面先报道笔者初步比较的结果，更深入的研究或当俟诸异日。

关于古代印度宇宙模型的记载，主要保存在一些《往世书》（*Puranas*）中。《往世书》是印度教的圣典，同时又是古代史籍，带有百科全书性质。它们的确切成书年代难以判定，但其中关于宇宙模式的一套概念，学者们相信可以追溯到吠陀时代——约公元前 1000 年之前，因而是非常古老的。《往世书》中的宇宙模式可以概述如下[1]：

大地像平底的圆盘，在大地中央耸立着巍峨的高山，名为迷卢（Meru，也即汉译佛经中的"须弥山"，或作 Sumeru，译成"苏迷卢"）。迷卢山外围绕着环形陆地，此陆地又为环形大海所围绕……如此递相环绕向外延展，共有七圈大陆和七圈海洋。

印度在迷卢山的南方。

与大地平行的天上有着一系列天轮，这些天轮的共同轴心就是迷卢山；迷卢山的顶端就是北极星（Dhruva）所在之处，诸天轮携带着各种天体绕之旋转；这些天体包括日、月、恒星……以及五大行星——依次为水星、金星、火星、木星和土星。

利用迷卢山可以解释黑夜与白昼的交替。携带太阳的天轮上有 180 条

---

[1] D. Pingree, *History of Mathematical Astronomy in India*, 收于 *Dictionary of Scientific Biography*, vol. 16, New York, 1981, p.554. 此为研究印度古代数理天文学之专著，实与传记无涉也。

轨道,太阳每天迁移一轨,半年后反向重复,以此来描述日出方位角的周年变化。……

又唐代释道宣《释迦方志》卷上也记述了古代印度的宇宙模型,细节上恰可与上述记载相互补充:

> ……苏迷卢山,即经所谓须弥山也,在大海中,据金轮表,半出海上八万由旬,日月回薄于其腰也。外有金山七重围之,中各海水,具八功德。

根据这些记载,古代印度宇宙模型与《周髀算经》盖天宇宙模型确是有惊人的相似之处,在细节上几乎处处吻合:

一、两者的天、地都是圆形的平行平面。

二、"璇玑"和"迷卢山"同样扮演了大地中央的"天柱"角色。

三、周地和印度都被置于各自宇宙中大地的南半部分。

四、"璇玑"和"迷卢山"的正上方都是各种天体旋转的枢轴——北极。

五、日月星辰在天上环绕北极作平面圆周运动。

六、如果说印度迷卢山外的"七山七海"在数字上使人联想到《周髀算经》的"七衡六间"的话,那么印度宇宙中太阳天轮的180条轨道无论从性质还是功能来说都与七衡六间完全一致(太阳在七衡之间的往返也是每天连续移动的)。

七、特别值得指出,《周髀算经》中天与地的距离是八万里,而迷卢山也是高出海上"八万由旬",其上即诸天轮所在,是其天地距离恰好同为八万单位,难道纯属偶然?

在人类文明发展史上,文化的多元自发生成是完全可能的,因此许多不同文明中相似之处,也可能是偶然巧合。但是《周髀算经》的盖天宇宙模型与古代印度宇宙模型之间的相似程度实在太高——从整个格局到许多细节都一一吻合,如果仍用"偶然巧合"去解释,无论如何总显得过于勉强。

当然,如果我们就此进入关于"谁源于谁"的考据之中,那又将远远超出本文的范围。

二、寒暑五带的知识来自何处？

《周髀算经》中有相当于现代人熟知的关于地球上寒暑五带的知识。这是一个非常令人惊异的现象——因为这类知识是以往两千年间，中国传统天文学说中所没有而且不相信的。

这些知识在《周髀算经》中主要见于卷下第9节[1]：

> 极下不生万物，何以知之？……北极左右，夏有不释之冰。

> 中衡去周七万五千五百里。中衡左右，冬有不死之草，夏长之类。此阳彰阴微，故万物不死，五谷一岁再熟。

> 凡北极之左右，物有朝生暮获，冬生之类。

这里需要先作一些说明：

上引第二则中，所谓"中衡左右"即赵爽注文中所认为的"内衡之外，外衡之内"；再由本文图就明确可知，这一区域正好对应于地球寒暑五带中的热带（南纬23°30′至北纬23°30′之间）——尽管《周髀算经》中并无地球的观念。[2]

上引第三则中，说北极左右"物有朝生暮获"，这就必须联系到《周髀算经》盖天宇宙模型对于极昼、极夜现象的演绎和描述能力。据前所述，圆形大地中央的"璇玑"之底面直径为23,000里，则半径为11,500里，而《周髀算经》所设定的太阳光芒向其四周照射的极限距离是167,000里[3]；于是，由本文图清楚可见，每年从春分至秋分期间，在"璇玑"范围内将出现极昼——昼夜始终在阳光之下，而从秋分到春分期间则出现极夜——阳光在

---

[1] 本文所依据之《周髀算经》文本为：江晓原、谢筠：《周髀算经译注》，辽宁教育出版社，1995年。节号是该文本中所划分的序号。以下同此。

[2] 关于本文图的绘制依据以及有关考证，详见《〈周髀算经〉：中国古代唯一的公理化尝试》和《〈周髀算经〉盖天宇宙结构考》两文。

[3] "日照四旁十六万七千里"是《周髀算经》设定的公理之一，这些公理是《周髀算经》全书进行演绎推理的基础，详见《〈周髀算经〉：中国古代唯一的公理化尝试》。

此期间的任何时刻都照射不到"璇玑"范围之内。这也就是赵爽注文中所说的"北极之下，从春分至秋分为昼，从秋分至春分为夜"，因为是以半年为昼、半年为夜。

《周髀算经》中上述关于寒暑五带的知识，其准确性是没有疑问的。然而这些知识却并不是以往两千年间中国传统天文学中的组成部分。对于这一现象，可以从几方面来加以讨论。

首先，为《周髀算经》作注的赵爽，竟然就表示不相信书中的这些知识。例如对于北极附近"夏有不释之冰"，赵爽注称："冰冻不解，是以推之，夏至之日外衡之下为冬矣，万物当死……此日远近为冬夏，非阴阳之气，爽或疑焉。"又如对于"冬有不死之草"、"阳彰阴微"、"五谷一岁再熟"的热带，赵爽表示"此欲以内衡之外、外衡之内，常为夏也。然其修广，爽未之前闻"——他从未听说过。我们从赵爽为《周髀算经》全书所作的注释来判断，他毫无疑问是那个时代够格的天文学家之一，为什么竟从未听说过这些寒暑五带知识？比较合理的解释似乎只能是：这些知识不是中国传统天文学体系中的组成部分，所以对于当时大部分中国天文学家来说，这些知识是新奇的、与旧有知识背景格格不入的，因而也是难以置信的。

其次，在古代中国居传统地位的天文学说——浑天说中，由于没有正确的地球概念，是不可能提出寒暑五带之类的问题来的。[1]因此直到明朝末年，来华的耶稣会传教士在他们的中文著作中向中国读者介绍寒暑五带知识时，仍被中国人目为未之前闻的新奇学说。[2]正是这些耶稣会传教士的中文著作才使中国学者接受了地球寒暑五带之说。而当清朝初年"西学中源"说甚嚣尘上时，梅文鼎等人为寒暑五带之说寻找中国源头，找到的正是《周髀算经》——他们认为是《周髀算经》等中国学说在上古时期传入西方，才教会了希腊人、罗马人和阿拉伯人掌握天文学知识的。[3]

现在我们面临一系列尖锐的问题：

既然在浑天学说中因没有地球概念而不可能提出寒暑五带的问题，那

---

[1] 薄树人：《再谈〈周髀算经〉中的盖天说——纪念钱宝琮先生逝世十五周年》，《自然科学史研究》8卷4期(1989)。

[2] 这类著作中最早的作品之一是《无极天主正教真传实录》，1593年刊行；影响最大的则是利玛窦(Mathew Ricci)的《坤舆万国全图》，1602年刊行；1623年有艾儒略(Jules Aleni)作《职方外纪》，所述较利氏更详。

[3] 江晓原：《试论清代"西学中源"说》，《自然科学史研究》7卷2期(1988)。

么《周髀算经》中同样没有地球概念,何以却能记载这些知识?

如果说《周髀算经》的作者身处北温带之中,只是根据越向北越冷、越往南越热,就能推衍出北极"夏有不释之冰"、热带"五谷一岁再熟"之类的现象,那浑天家何以偏就不能?

再说赵爽为《周髀算经》作注,他总该是接受盖天学说之人,何以连他都对这些知识不能相信?

这样看来,有必要考虑这些知识来自异域的可能性。

大地为球形、地理经纬度、寒暑五带等知识,早在古希腊天文学家那里就已经系统完备,一直沿用至今。五带之说在亚里士多德著作中已经发端,至"地理学之父"埃拉托色尼(Eratosthenes,公元前275—195年)的《地理学概论》中,已有完整的五带:南纬24°至北纬24°之间为热带,两极处各24°的区域为南、北寒带,南纬24°至66°和北纬24°至66°之间则为南、北温带。从年代上来说,古希腊天文学家确立这些知识早在《周髀算经》成书之前。《周髀算经》的作者有没有可能直接或间接地从古希腊人那里获得了这些知识呢?这确实是耐人寻味的问题。

三、坐 标 系 问 题

以浑天学说为基础的传统中国天文学体系,完全属于赤道坐标系统。在此系统中,首先要确定观测地点所见的"北极出地"度数,即现代所说的当地地理纬度,由此建立起赤道坐标系。天球上的坐标系由二十八宿构成,其中入宿度相当于现代的赤经差,去极度相当于现代赤纬的余角,两者在性质和功能上都与现代的赤经、赤纬等价。与此赤道坐标系统相适应,古代中国的测角仪器——以浑仪为代表——也全是赤道式的。中国传统天文学的赤道特征,还引起近代西方学者的特别注意,因为从古代巴比伦和希腊以下,西方天文学在两千余年间一直是黄道系统,直到十六世纪晚期,才在欧洲出现重要的赤道式天文仪器(这还被认为是丹麦天文学家 Tycho 的一大发明)。因而在现代中外学者的研究中,传统中国天文学的赤道特征已是公认之事。

然而,在《周髀算经》全书中,却完全看不到赤道系统的特征。

首先,在《周髀算经》中,二十八宿被明确认为是沿着黄道排列的。这在《周髀算经》原文以及赵爽注文中都说得非常明白。《周髀算经》卷上第4

节云：

> 月之道常缘宿，日道亦与宿正。

此处赵爽注云：

> 内衡之南，外衡之北，圆而成规，以为黄道，二十八宿列焉。月之行也，一出一入，或表或里，五月二十三分月之二十而一道一交，谓之合朔交会及月蚀相去之数，故曰"缘宿"也。日行黄道，以宿为正，故曰"宿正"。

根据上下文来分析，可知上述引文中的"黄道"，确实与现代天文学中的黄道完全相当——黄道本来就是根据太阳周年视运动的轨道定义的。而且，赵爽在《周髀算经》第 6 节"七衡图"下的注文中，又一次明确地说：

> 黄图画者，黄道也，二十八宿列焉，日月星辰躔焉。

日月所躔，当然是黄道（严格地说，月球的轨道白道与黄道之间有 5° 左右的小倾角，但古人论述时常省略此点）。

其次，在《周髀算经》中，测定二十八宿距星坐标的方案又是在地平坐标系中实施的。这个方案详载于《周髀算经》卷下第 10 节中。由于地平坐标系的基准面是观测者当地的地平面，因此坐标系中的坐标值将会随着地理纬度的变化而变化，地平坐标系的这一性质使得它不能应用于记录天体位置的星表。但是《周髀算经》中试图测定的二十八宿各宿距星之间的距度，正是一份记录天体位置的星表，故从现代天文学常识来看，《周髀算经》中上述测定方案是失败的。另外值得注意的一点是，《周髀算经》中提供的唯一一个二十八宿距度数值——牵牛距星的距度为 8°，据研究却是袭自赤道坐标系的数值（按照《周髀算经》的地平方案此值应为 6°）。[1]

《周髀算经》在天球坐标问题上确实有很大的破绽：它既明确认为二十八宿是沿黄道排列的，却又试图在地平坐标系中测量其距度，而作为例子给

---

[1] 江晓原：《试论清代"西学中源"说》，《自然科学史研究》7 卷 2 期（1988）。

出的唯一数值竟又是来自赤道系统。这一现象值得深思,在它背后可能隐藏着某些重要线索。

四、结　　语

反复研读《周髀算经》全书,给人以这样一种印象:它的作者除了具有中国传统天文学知识之外,还从别处获得了一些新的方法——最重要的就是笔者在《〈周髀算经〉:中国古代唯一的公理化尝试》中着重讨论的公理化方法(《周髀算经》是中国古代唯一一次对公理化方法的认真实践),以及一些新的知识,比如印度式的宇宙结构、希腊式的寒暑五带知识之类。这些尚不知得自何处的新方法和新知识与中国传统天文学说不属于同一体系,然而作者显然又极为珍视它们,因此他竭力糅合二者,试图创造出一种中西合璧的新的天文学说。作者的这种努力在相当程度上可以说是成功的。《周髀算经》确实自成体系、自具特色,尽管也不可避免地有一些破绽。

那么,《周髀算经》的作者究竟是谁？他在构思、撰写《周髀算经》时有过何种特殊的际遇？《周髀算经》中这些异域天文学成分究竟来自何处？……所有这些问题现在都还没有答案,但是笔者强烈认为,《周髀算经》背后极可能隐藏着一个古代中西方文化交流的大谜。

原载《自然科学史研究》16 卷 3 期(1997)

六朝隋唐传入中土之印度天学*

古代印度天学曾传入中土,对此中外学者已有人注意及之。[1]近年随着西方学者对古印度天学源流之探索,特别是对令人困扰的年代学问题之逐步澄清[2],古印度天学入华之事的意义遂有明显扩展:因古印度天学至少含有古代巴比伦及希腊两种成分,故此事必将融入古代欧亚大陆文化交流之大背景中,成为古代世界科学史—文化史之一重要组成部分。笔者近年研治古代中西天学之交流与比较,对于古印度天学入华之事,发现数量可观之新史料,对旧有线索亦设法重加梳理贯通。爰撰此文,尝试作一较为系统之论述。对于古代中印学术交流之研究及理解,或能有所助益。至于此中数理天文学内容之专门研究,则尚需俟之异日[3],本文暂不多涉及。

一、若干早期情况

印度天学随佛教东来而传入中土,其高潮出现于唐代,但此前早有先

---

* 本项研究得到国家自然科学基金资助。
[1] 比如方豪对此曾有简略叙述,见《中西交通史》,长沙:岳麓书社,1987年,页325–332。又如日人薮内清:《唐曹士蒍の符天历について》,《ビアリア》78号(1982),系此方向上之一项专门研究。
[2] 可以David Pingree的一系列研究为代表,其综合性成果为: *History of Mathematical Astronomy in India*,收入 *Dictionary of Scientific Biography*, vol. 16 (New York, 1981)。此 vol. 16 全为由国际权威学者所撰写之各古文明的数理天文史综述,计有埃及、巴比伦、印度、玛雅等,卷帙庞大,与该书前15卷之传记条目迥异。
[3] 薮内清有《九执历研究》一文,可为此种数理天文学研究之例,文载 *Acta Asiatica*, no. 36(1979),有中译文连载于《科学史译业》1984年4期及1985年1期。但汉译佛经中有不少论及天学之经品尚有待于此种研究,其中最突出之一例为《七曜攘灾诀》中之行星星历表,我们将另作专题研究。

声。其中影响甚大的事例之一,是为古代印度宇宙模式之传播。南北朝诸帝中佞佛者甚众,尤以梁武帝萧衍堪称极致——在位期间数度"舍身"于同泰寺(每次皆由群臣事后请求并以巨资"赎"之回宫),即其一例。[1]梁武既佞佛,推而广之,对于中国传统天学中的宇宙模式(是时浑天说早已占统治地位)也不满意起来,思欲以印度之说取代之。乃于长春殿召开御前学术讨论会,群臣阿旨,咸附和梁武之说。《隋书》记此事云:

> 逮梁武帝于长春殿讲义,别拟天体,全同《周髀》之文,盖立新意,以排浑天之论而已。[2]

许多论者都引此事谓梁武帝重新提倡《周髀》盖天之说,其实恐非如此。梁武"立新意以排浑天之论",其所立新意究竟为何,尚可于印度天学家瞿昙悉达所辑《开元占经》一书中见其梗概:

> 梁武帝云:自古以来谈天者多矣,皆是不识天象,各随意造,家执所说,人各异见,非直毫厘之差,盖实千里之谬。……四大海之外,有金刚山,一名铁围山,金刚山北又有黑山,日月循山而转,周回四面,一昼一夜,围绕环匝。[3]

其说实为佛教著作中极常见之说,兹稍引两例以证之。玄奘《大唐西域记》记此种宇宙模式称:

> 然则索诃世界,三千大千国土,为一佛之化摄也。今一日月所临四天下者,据三千大千世界之中……苏迷卢山,四宝合成,在大海中,据金轮上,日月之所照回,诸天之所游舍。七山七海,环峙环列。山间海水,具八功德。[4]

---

[1] 参见《梁书》卷一至三武帝纪,《南史》卷六至七梁武纪。又关于梁武种种佞佛之举,可见汤用彤:《汉魏两晋南北朝佛教史》,北京:中华书局,1983年,页341-344。
[2] 《隋书》卷十九天文志上。
[3] 《开元占经》,卷一,北京:中国书店影印文渊阁四库全书本,1989年,页17。
[4] 《大唐西域记》,北京:中华书局,1985年,页35。

又释道宣《释迦方志》所言更明确：

> 按索诃世界铁轮山内所摄国土，则万亿也。何以知之？如今所住，即是一国，国别一苏迷卢山，即经所谓须弥山也，在大海中，据金轮表，半出海上八万由旬，日月回薄于其腰也。外有金山七重围之，中各海水，具八功德。[1]

由此可知梁武所立"新意"，实佛家之旧说也。此种宇宙模式之说与《周髀》盖天之说在表面确有若干相似之处[2]，但自本质言之则有极大差异，因前者大抵为一种神话学说，而后者则包含一种数理天文学体系——尽管是初级而且不成功的。《隋书》记长春殿讲义事，云梁武之说"全同《周髀》之文"，虽未必确，但也表明其说并非《周髀》本身，否则不得谓之"立新意"也。此事如未细考，颇易产生误解。又陈寅恪对此事有大胆评述，谓：

> 是明为天竺之说，而武帝欲持此以排浑天，则其说必有以胜于浑天，抑又可知也。隋志既言其全同盖天，即是新盖天说，然则新盖天说乃天竺所输入者。寇谦之、殷绍从成公兴、昙影、法穆等受周髀算术，即从佛教受天竺输入之新盖天说，此谦之所以用其旧法累年算七曜周髀不合，而有待于佛教徒新输入之天竺天算之学以改进其家世之旧传者也。[3]

陈氏将梁武长春殿讲义事与其时印度天学之东来联系考察，较之后人拘执于"浑盖斗争"思路，可谓独具慧眼。唯"天竺输入之新盖天说"之论，似嫌过于大胆，考之史籍，亦尚缺乏足够证据。其实梁武所言之宇宙模式，本不过宗教家神话之说，并不包含数理天文学之成分，故即使在印度天学中，亦不能据此模式以解决任何具体的天文问题。而梁武君臣同声"排浑天"，结果终归于无效，原因亦在于此也。

六朝时印度天学在中土传播之情况，又可举刘宋时一事为例，颇有趣。

---

[1] 《释迦方志》，北京：中华书局，1983年，页6。
[2] 此事笔者将另文论述。
[3] 陈寅恪：《崔浩与寇谦之》，《金明馆业稿初编》，上海：上海古籍出版社，1980年，页118。

《释迦方志》载之：

> 昔宋朝东海何承天者，博物著名，群英之最，问沙门惠严曰：佛国用何历术，而号中平？严云：天竺之国，夏至之日，方中无影，所谓天地之中平也。此国中原，影圭测之，故有余分，致历有三代，大小二余增损，积算时辄差候，明非中也。承天无以抗言。文帝闻之，乃敕任豫受焉。[1]

此为古人借天学以光大宗教的事例之一。惠严日影之论，确有依据。因北回归线（地球上北纬23°30′之纬线）恰横贯印度中部，而在此地理纬度上，夏至之日正午太阳恰位于天顶正中，故能照耀万物而无影。中国绝大部分领土皆在北回归线以北，一年中任何一天都不可能日中无影。惠严乃利用此点将印度说成"天地之中"以提高佛国地位。至于历术之优劣繁简，地理纬度并不会对之产生值得一提的影响。然而以何承天之精通天学[2]，竟会一时"无以抗言"，若真有此事，则又从一个新的角度表明，古代中国"浑天"之说，在地圆概念乃至球面天文学方面确实尚有重大含混欠缺之处。[3]最后此事的结局值得注意："文帝闻之，乃敕任豫受焉"，所受为何？从上下文看，只能是"佛国历术"，即宋文帝命任豫从惠严处（？）学习印度历术。

以上所考述的事例，皆非孤立出现。史志书目表明：六朝时确已有若干印度天学著作传来中土，《隋书》著录有如下七种[4]：

《婆罗门天文经》二十一卷（原注：婆罗门舍仙人所说）
《婆罗门竭伽仙人天文说》三十卷
《婆罗门天文》一卷
《摩登伽经说星图》一卷

---

[1] 《释迦方志》，页7。此事又见梁释慧皎《高僧传》卷七，慧严（即惠严）传，文较简略。
[2] 参见《宋书》卷六四何承天传，又关于何氏在天学史上贡献之概述，可参见《中国大百科全书》（天文卷），何承天条，北京·上海：中国大百科全书出版社，1980年，页113－114。
[3] 直至明末耶稣会士传入西方近代之科学地圆说，国人乃为此争论不休，参见江晓原：《明清之际中国人对西方宇宙模型之研究及态度》，《近代中国科技史论集》，台北："中央研究院"近代史研究所，1991年，页33－53。
[4] 另有多种属七曜术者不计在内。七曜术自本质言之，为西方之生辰星占学（Horoscope Astrology），亦曾以印度天学为媒介，随佛教而东来，六朝隋唐时代盛行于中土。对于此事笔者拟另撰《七曜术新考》一文专论之，在本文中不及详述。

《婆罗门算法》三卷
《婆罗门阴阳算历》一卷
《婆罗门算经》三卷[1]

上述七种中,至少有一种迄今仍存世,即第四种《摩登伽经说星图》,此即今佛藏中《摩登伽经》[2]之"说星图品第五"。又,其余六种均冠以"婆罗门"字样,此点颇重要,这或许指明了上述印度天学书所属之门派。说到婆罗门,通常想到的不外婆罗门教或四种姓之首,看起来似乎《婆罗门天文经》等书为某些婆罗门所著或传述,但在此处恐不然。在古印度天学史上,婆罗门为一学派。"婆罗门学派"(Brahmapaksa,梵文 Brahman 原义为"梵天",后引申为婆罗门教之僧侣、教士等义;paksa 意为"学派")为古印度天学"希腊时期"之五大学派中年代最早者,约于公元 400 年时发端于笈多王朝治下之西部印度,再扩展至北部。其天学来源,据 D. Pingree 的意见[3],为古希腊一个在亚里士多德(Aristotle)哲学影响下的"非托勒密"(non-Ptolemaic)传统之天文学流派。[4]后来唐代传入中土之印度天学也可能与该学派有关(参见下文)。

隋志书目中出现的印度婆罗门天学学派在中土似乎仅为昙花一现。自两《唐书》以下之历代史志书目中,标明其印度来源的天学书不再被著录,而代之以入华印度天学家所撰中文著作(如瞿昙悉达《大唐开元占经》、瞿昙谦《大唐甲子元辰历》之类),以及大量以"符天"为标志之天学书——它们与七曜术有关,但更重要的是它们与印度天学之间的关系(详下)。只有郑樵《通志》中著录了"竺国天文"六种,前三种恰与上引隋志书目之前三种相同,第五种为今存之《宿曜经》[5],另两种为《西门俱摩罗秘术占》一卷及一行《大定露胆诀》一卷[6],皆不外星占学之作。关于瞿昙氏及俱摩罗,下一节

---

[1]《隋书》卷五九经籍志三,天文类、历数类。
[2]《大正新修大藏经》(以下简称《大正藏》)No. 1300(吴天竺三藏竺律炎共支谦译),卷廿一,页 399 起。
[3] *History of Mathematical Astronomy in India*, p. 555.
[4] 关于 Aristotle 与 Ptolemy 两家天文学说异同之辨析,可见江晓原:《天文学史上的水晶球体系》,《天文学报》28 卷 4 期(1987)。
[5] 全名为《文殊师利菩萨及诸仙所说吉凶时日善恶宿曜经》,《大正藏》No. 1299(不空译,杨景风注),卷廿一,页 387 起。
[6]《通志》卷六八,《艺文略》六,天文类。

将谈到。

二、唐代天学界之"天竺三家"

唐朝为中国历史上高度开放、高度自信、高度繁荣之盛大帝国。当斯时也，世界各国各族英杰人物之仕唐廷、取高位者比比皆是。印度天学之输入中土，也于此时达到空前盛况。在这样的背景之下，出现几代仕唐并领导皇家天学机构之印度天学世家如瞿昙氏，也就不奇怪了。他们所引入之印度天学，还会取得一定程度的官方地位。《宿曜经》杨景风注有云：

> 凡欲知五星所在分者，据天竺历术推知何宿具知也。今有迦叶氏、瞿昙氏、拘摩罗等三家天竺历，并掌在太史阁。然今之用，多用瞿昙氏历，与大术相参供奉耳。[1]

对于上述"天竺三家"，李约瑟曾提到过，但颇多错误。例如，他将上引杨景风注文中"三家天竺历并掌在太史阁"一语误译为"他们都在天文部门任职"，遂断言"他们确实曾入太史阁"。[2]但实际情况未必如此——关于拘摩罗氏就至今尚无确切材料证明其族人曾入太史阁。又如，李氏将迦叶氏族人迦叶济之年代定为公元788年[3]，却未给出任何依据，而据史籍记载，其人当活动于贞观年间（详下），相差约150年之久。

兹将此三家依次考述如下：

（一）迦叶氏（kasyapa）

关于迦叶氏，目前已发现之材料甚少。其天学似以推算交食见长。《旧唐书》述《麟德历》求交食之法时，附有"迦叶孝威等天竺法"之简述，共四百余字，中云：

> 迦叶孝威等天竺法，先依日月行迟疾度，以推入交远近日月蚀分加

---

[1]《宿曜经》，《宿曜文殊历序》三九，秘宿品第三。
[2] 李约瑟：《中国科学技术史》第四卷，北京：科学出版社，1975年，页75。
[3] 同上，页76。

时。日月蚀亦为十五分。……又云：六月依节一蚀。是月十五日是月蚀节，黑月尽是月蚀节。亦以吉凶之象，警告王者奉顺正法。苍生福盛，虽时应蚀，由福故也，其蚀即退。更经六月，欲蚀之前，皆有先兆。月欲有蚀，先月形摇振……亦是蚀之先候。此等与中国法数稍殊，自外梗概相似也。[1]

开首部分为迦叶氏推算交食之法。中间部分值得注意，从中可见迦叶氏所持印度天学中也有与中国传统星占学相似之军国星占（Judicial Astrology）成分。[2] 最后部分为约二十种日、月食先兆（略去未引），显系为前两部分服务及提供补充手段者。由此法被附于《麟德历》交食术之末这一事实来看，迦叶氏之学确实是在皇家天学机构中与"大术"（中土传统天学体系及方法）相参使用的。

迦叶氏族人另有仕唐者，至少有两人可考。其一为迦叶济，郑樵《通志》谓："西域天竺人。唐贞观泾原大将试太常卿。"[3] 是其人活动于贞观年间（627—649）。其二为迦叶志忠（至忠），曾因于景龙二年（708）向韦后献媚颂德而获厚赏：

> 右骁卫将军知太史事迦叶志忠上表曰：……伏惟皇后降帝女之精，合为国母，主蚕桑以安天下，后妃之德，于斯为盛。谨进桑条歌十二篇，伏请宣布中外，进入乐府，皇后先蚕之时以享宗庙。帝悦而许之。特赐志忠庄一区、杂彩七百段。[4]

其人既"知太史事"，或当为孝威后人。

（二） 拘摩罗氏（Kumara）

两《唐书》均仅提到拘（又作俱）摩罗氏一次，以《旧唐书》较详。所载迦叶孝威之学的情况相仿，此为《大衍历》交食术中之附录：

---

[1] 《旧唐书》卷三三历志二。
[2] 关于中国传统星占学中日月交食之意义、占辞、占法等，可参见江晓原：《星占学与传统文化》第三章第三节，上海：上海古籍出版社，1991年。
[3] 《通志》卷二九氏族略五，诸方复姓。
[4] 《旧唐书》卷五一后妃传，中宗韦庶人传。

按天竺僧俱摩罗所传断日蚀法,其蚀朔日度躔于郁车宫者,的蚀。诸断不得其蚀,据日所在之宫,有火星在前三后一之宫并伏在日下,并不蚀。若五星总出,并水见,又水在阴历,及三星已上同聚一宿,亦不蚀。凡星与日别宫或别宿则易断,若同宿则难断。更有诸断,理多烦碎,略陈梗概,不复具详者。

其天竺所云十二宫,则中国之十二次也。曰郁车宫者,即中国降娄之次也。[1]

显然仅为俱摩罗氏所擅交食术之简介,其术也是与"大术"相参使用的。此处还提到俱摩罗之身份为"天竺僧"。又前引《通志》"竺国天文"书目中有《西门俱摩罗秘术占》一卷,或亦其人所撰。

此处关于"郁车宫"之说颇有讨论之价值。其说谓天竺之十二宫即中土之十二次,并谓郁车宫对应于中国降娄之次。按降娄之次即娄、奎二宿,《大衍历》(公元727年颁行)时代之春分点正在此处;而由上引文中"朔日度躔于郁车宫者的蚀"一语,亦可证其处必为黄、赤道相交之点,故郁车宫当即白羊宫。昔郭沫若力倡中土十二次系由巴比伦十二宫东传演化而来之说,其力作《释支干》中曾对比巴比伦十二宫之阿卡德语名称、苏美尔语名称及中土对应宿名之形、音、义,发现颇多相合。由于印度天学中十二宫公认系源于巴比伦,今上引俱摩罗之说中"郁车"宫名又与白羊宫之阿卡德语名称"iku"及苏美尔语名称"E.KUE"[2]发音极为相近,故《旧唐书》之上引记载,或可为郭沫若之说添一有利旁证也。

(三) 瞿昙氏(Gautama)

瞿昙氏在"天竺三家"中最为显赫,史籍中有关记载亦远较前两家为多。但对于该家族成员之间的行辈关系,前人仅有推测之辞,至1977年于陕西长安县发现瞿昙譔墓志[3],始得完全理清。兹按年辈先后考述如次。

瞿昙譔墓志中追溯之最早一代为瞿昙逸,称其"高道不仕"。墓志又云

---

[1] 《旧唐书》卷三四历志三。
[2] 郭沫若:《释支干》,《郭沫若全集·考古编》第一卷,北京:科学出版社,1982年,页250。
[3] 晁华山:《唐代天文学家瞿昙譔墓的发现》,《文物》1978年10期。

瞿昙氏"世为京兆人",可知其居长安已久,未必自瞿昙逸方始。

逸生子罗。自罗起,瞿昙氏连续四代在唐朝皇家天学机构中担任要职,形成颇为引人注目之状况。瞿昙罗曾作两种历法,《新唐书》载其事云:

> (李淳风)作《甲子元历》以献,诏太史起麟德二年(665)颁用,谓之《麟德历》。……当时以为密,与太史令瞿昙罗所上《经纬历》参行。
>
> 神功二年(698)……改元圣历,命瞿昙罗作《光宅历》,将用之。三年,罢作《光宅历》,复行夏时,终开元十六年。[1]

《光宅历》在两《唐书》中皆有著录[2],后佚。方豪、薮内清、叶德禄等人皆推测其为印度历法,但都未给出任何理由。[3] 其实史籍中对《光宅历》内容的直接记载虽迄今未见,但笔者发现一段间接记载,当可有助于推测《光宅历》之内容,亦见《旧唐书》:

> 天后时,瞿昙罗造《光宅历》;中宗时,南宫说造《景龙历》,皆旧法之所弃者,复取用之,徒云革易,宁造深微? 寻亦不行。[4]

此谓《光宅历》所标举之改革处,不过将已废弃之旧法重加取用而已,这不啻说该历与先前传统历法并无不同。而该历若为印度历法,则必应有全新面目。故《光宅历》恐仍为中国传统模式之历法。瞿昙家族虽出天竺,但华化既深,瞿昙罗又久任太史令,他熟悉中国传统历法毫不奇怪。不能因其为天竺人(况且血统也多半不纯了——其家世居长安,极可能娶中国女子),即推测其所作必为天竺历法。观瞿昙悉达《开元占经》一书毫无异族色彩,即可知矣。《经纬历》之情形,大约亦当与《光宅历》相仿。

罗生子悉达,是为此家族中名声最大之人。他在历史上留下的两项主要业绩是编译《九执历》及编辑《开元占经》。关于前者,《新唐书》载其

---

[1] 《新唐书》卷二六历志二。
[2] 《旧唐书》卷四七经籍志下历算类有《大唐光宅历草》十卷,《新唐书》卷五九艺文志三,则归之于南宫说名下。
[3] 《中西交通史》,页326。又《九执历研究》。叶德禄:《七曜历入中国考》,《辅仁学志》十一卷一三七期(1942)。
[4] 《旧唐书》卷三二历志一。

事云：

> 《九执历》者，出于西域。开元六年（718）诏太史监瞿昙悉达译之。[1]

按唐人"西域"一词，含义远较今人习用之法为广，五天竺之地都包括在内，此由玄奘将其印度纪行名为《大唐西域记》可证。《九执历》为印度历法，将于后文论之，此处仅明其为悉达重要业绩之一即可。《开元占经》亦悉达奉敕而作，由书中载有《九执历》之文，又称"见行《麟德历》"，可知其成书当在译《九执历》之后，行用《麟德历》终止之前，即公元718—728年之间。

《开元占经》于历代史志书目中仅一见于《新唐书》，称"《大唐开元占经》一百一十卷，瞿昙悉达集"[2]，此后即无记载，书亦不传。至明末因一偶然机缘方被重新发现。书首载程明哲于万历丁巳（1617）记此事云：

> 至唐瞿昙悉达奉敕以成《占经》一百二十卷……然历来禁秘，不第宋、元，即我明巨公皆未之见，今南北灵台亦无藏本。吾弟好读乾象，又喜佞佛，以布施装金而得此书于古佛腹中，可谓双济其美。但不知藏之何代何人，而今一旦泄露……[3]

程氏所述为现今所见交代历书来历之唯一记载，按理似难贸然轻信；然考察书中内容，并无后人伪托迹象，故数百年来学术界对此一直未有怀疑。

《开元占经》成于盛唐，许多后来佚失之古籍彼时尚存于世，瞿昙悉达对这类古籍大量摘编及引录，使《开元占经》在古代学术史上具有极大价值。而这一切出于一位印度人之手，也足为古代中外文化交流史放一异彩。其书之重大价值，至少有如下五端：

1. 集唐前各家星占学说之大成，允为古代中国星占学最重要、最完备之

---

[1]《新唐书》卷二八历志四下。
[2]《新唐书》卷五九艺文志三，天文类。
[3]《开元占经》，页1。

资料库。[1]悉达身为皇家天学机构负责人,得以利用皇家秘藏之古今星占学禁书,此正为"奉敕"而作得天独厚之处。[2]

2. 保存了中国最古老的恒星观测资料,其中尤以甘、石、巫咸三氏之星表,成为今人研究先秦时代中国天学时最重要史料之一。[3]

3. 录载了中国上古至公元八世纪时所有相传历法之基本数据。自《史记》、《汉书》开创"天学三志"[4]之例后,此类数据大都得到记载,但先秦时之同类资料却全赖《开元占经》方得保存。

4. 引用已佚古代纬书多达八十余种,与明孙珏所辑《古微书》同为纬书之两大渊薮,且两者内容相同者非常之少。

5. 载入《九执历》之中译文,成为研究中印古代天学交流及印度古代文学之珍贵史料。《九执历》遗文已被迻译为英文而介绍至西方世界。[5]

悉达至少有子四人,现仅其中二人可考,一为第四子譔,另一子谦。譔子承父业,克绍箕裘,曾任秋官正、司天少监等职,为当时天学界活跃人物。《旧唐书》载其行事两则:

> 二年(上元二年,公元761年)七月癸未朔,日有蚀之,大星皆见,司天秋官正瞿昙譔奏曰:癸未太阳亏……亏于张四度,周之分野;甘德云:日从巳至午蚀为周,周为河南,今逆贼史思明据;《乙巳占》曰:日蚀之下有破国。

> 宝应元年(762),司天少监瞿昙譔奏曰:司天丞请减两员,主簿减两员,主事减一员,保章正减三员,挈壶正减三员,监候减两员,司辰减七员,五陵司辰减五员。从之。[6]

---

[1] 顺便指出,李约瑟在其《中国科学技术史》中论及古代中国星占学时(主要见于其书第二卷,科学出版社·上海古籍出版社,1990年;及第三卷——中译本作第四卷),置《开元占经》、《灵台秘苑》、《乙巳占》等早期正统主流星占学专著于不顾,却将晚至明代的一些书籍奉为主要史料,实为在史料选择、把握方面之重大失误。

[2] 对于天学之书在古代中国成为禁书之考述以及对此事成因之剖析,可详见江晓原:《天学真原》第三章之I,IV,沈阳:辽宁教育出版社,1991年。

[3] 关于三氏星表之研究考证向为中外学者热衷进行之课题,对此最新的综述考论可见潘鼐:《中国恒星观测史》,上海:学林出版社,1989年,页48-72。

[4] 关于"天学三志"(指天文志、律历志、五行志及名称稍异之同类内容),可参见《天学真原》,页34-35。

[5] 《九执历研究》。

[6] 《旧唐书》卷三六天文志下。

第一则为一次星占分析,口吻与中土传统星占家毫无二致,足见华化之深。第二则建议对皇家天学机构(唐代其名称屡变,此时称司天台)裁员达二十五人,得到皇帝批准实行。

瞿昙譔最著名的活动为年轻时与其他官员指控一行《大衍历》"写《九执历》其术未尽",当时其父悉达约已去世,他本人则尚未任要职,仅为一"善算"者。此事下文还将论及,兹先指出,虽然譔等之指控以失败告终,但后来他仍做到司天少监(皇家天文台副台长——考虑到古代中国天学家在政治运作中之特殊地位[1],则其重要性又远过于此)之职。

譔之兄弟谦,除知他撰有《大唐甲子元辰历》一卷外[2],其余事迹无考。

譔有六子,依次为昇、昪、昱、晃、晏、昴。六人中除瞿昙晏曾任司天冬官正[3],其余未再见涉足天学事务之记载。瞿昙氏仕唐之天学世家,大约至此已告消歇。兹将其可考者五代十一人图示如次(其中官职仅列已确切考知之最高天学官职):

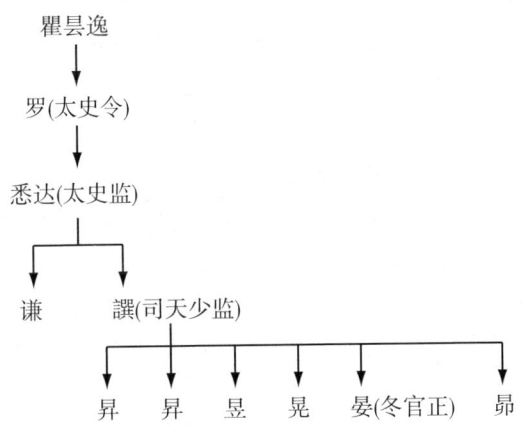

三、九执历及其来源

《九执历》系瞿昙悉达奉唐玄宗之命而译。译文见于《开元占经》卷一〇

---

[1] 参见《天学真原》,页55-62。
[2] 《新唐书》卷五九艺文志三,《旧唐书》卷四七经籍志下著录。
[3] 《通志》云:"西域天竺国人唐司天监瞿昙误子晏为冬官正","误"当为"譔"之误。

四,此为现今所知古籍中唯一载有《九执历》译文之处。其开首序言称:

> 臣等谨案,九执历法,梵天所造,五通仙人承习传授。……臣等谨凭天旨,专精钻仰,凡在隐秘,咸得解通。今削除繁冗,开明法要,修仍旧贯,缉缀新经,备列算术,具摽如左。[1]

《九执历》是否存在一种梵文原本,抑或仅为彼时各种印度天学书摘编而成,目前尚难定论。但由上引序言看,所谓"削除繁冗,开明法要,修仍旧贯,缉缀新经",似应是由多种文献摘编而成。所据文献至少已知一种,即彘日(Varahamihira)之《五大历数书汇编》(Pancasidhantika,约550年)。学者们已在《九执历》中发现一些此书的段落。[2] 按前引序中所云"五通仙人",或可解作"通晓五大历数书之哲人"。

方《五大历数书汇编》成书之时,印度天学之"希腊时期"五大学派中已有三派次第兴起。其中"婆罗门学派"本文前已提及,《五大历数书汇编》中《毗坦摩诃历数书》即属该派。此处特别要提到"夜半学派"(Ardharatrikapakas),发端于约公元500年,因取夜半时刻为历元而得名。该学派与《九执历》大有渊源。《五大历数书汇编》中《宝利莎历数书》及《太阳历数书》两种皆属该派。后一种来源更早,后"夜半学派"创始人诸弟子之一拉陀代伐(Latadeva)将其校订改编,使之适合于夜半系统——取公元505年3月20日与21日之间之夜半时刻为历元,此校订本之纲要即载于《五大历数书汇编》中者。然而至"希腊时期"五大学派中之"太阳学派"于公元800年左右兴起后,又出现另一种《太阳历数书》,其成书年代不可确考,约在公元八、九世纪之交。[3] 其书今存,且早有英译本问世[4],故颇为人所知。但其成书既远在瞿昙悉达编译《九执历》之后,兹不多论。

除拉陀代伐校订之《太阳历数书》外,"夜半学派"最基本的典籍为梵藏

---

[1] 《开元占经》,页742。

[2] 《九执历研究》。

[3] *History of Mathematical Astronomy in India*,p. 608.

[4] E. Burgess, Surya Siddhanta, *Translation of a Textbook of Hindu Astronomy* (Calcutta: Univ. of Calcutta, 1860, repr. 1935)。附带可以提到,近年有胡铁珠:《大衍历与苏利亚历的五星运动计算》,《自然科学史研究》9卷3期(1990)一文,依据上述文本以讨论其对《大衍历》之影响问题,但该文本之年代既远在《大衍历》之后约百年(胡文亦认为该文本为公元八、九世纪之交时物,而《大衍历》颁于公元727年),此一问题似应无法成立。

(Brahmagupta,亦常音译为婆罗门笈多)之《历法甘露》(*Khandakhadyka*,665年)。研究者已在《九执历》中发现数处与《历法甘露》相似之章节,故又提出编译《九执历》时是否曾参用此书之疑问,但尚难定论。[1]

综上所述,《九执历》编译时所参考依据之印度天学著作,至少有《五大历数书汇编》,或许还有《历法甘露》;所牵涉之学派至少有"夜半学派",也可能还有"婆罗门学派"。至于《五大历数书汇编》成书时已经兴起之第三派——"圣使学派",则其风格既与其余印度天学学派迥异,在中土又未见其踪迹,或当姑先不予考虑。而所有上述印度天学学派及著作之理论渊源,则全为希腊的。[2]兹将《九执历》与上述诸有关学派、著作之承传关系整理图示如次:

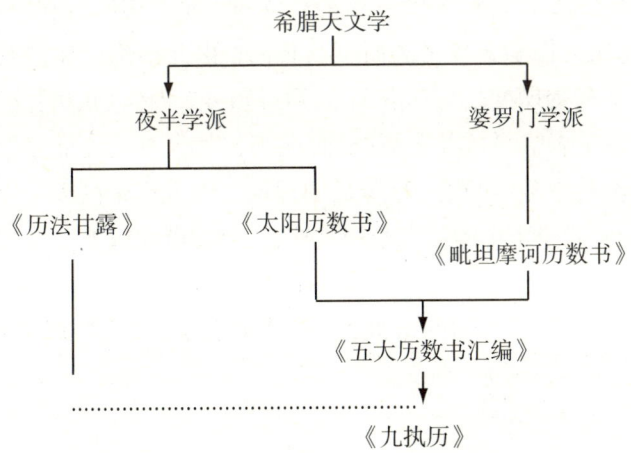

虽经过上图所示如许众多之中介环节,《九执历》中之希腊天文学成分竟依然清晰可辨!兹列出其中最为明显之六端如次:

1. 360°之圆周划分。
2. 六十进位制之计数法。
3. 黄道坐标系统。
4. 太阳周年视运动远地点(定为夏至点前10°,完全符合当时实际天象)。

---

[1] 矢野道雄于《九执历研究》文中所附之"补充说明"。他且相信"夜半系统是《九执历》的主要思想"。

[2] *History of Mathematical Astronomy in India*, p. 629.

5. 推求月亮视直径大小变化之法。

6. 正弦函数计算法及正弦表。

以上各端皆为中土传统天学体系中向所未有。

现存《九执历》译文中仅有日、月运动及交食部分,而全未涉及行星运动,此点值得注意。行星运动理论,无论在古希腊天文学还是古印度天学中皆为重要组成部分,且在中土亦不例外,而《九执历》中竟无一语及此,其原因何在? 当初编译《九执历》时是否曾有行星运动部分,现已不得而知,若有之,则瞿昙悉达稍后编辑《开元占经》时又何以不收载? 此事当与其时有关背景联系起来考察,或可索解。本文前述"天竺三家"中,迦叶氏与俱摩罗氏之术皆有简略记载存世。时光流逝,如大浪淘沙,一般而言,惟其当年最精擅、最著名之艺业,方有较多机会流传后世——而对迦叶、俱摩罗两氏之术的记载,恰都仅为推求交食之法而不及其他! 由此推论,当时"与大术相参供奉"者,主要仅为印度之交食推求术,当可知矣。而《九执历》之编译,应属同一模式。故笔者推测,《九执历》极可能当初就仅有交食部分(日、月运动理论主要是为此服务的)而无行星运动理论。因古代中国天学中向无几何学方法,在交食推求术上始终有着相当缺陷,故需借助域外之术"相参供奉"以为补充。

对于《九执历》所达到的水准,目前尚难定论。[1]《新唐书》对其评价甚低:

> 《九执历》者……其术繁碎,或幸而中,不可以为法。名数诡异,初莫之辨也。陈玄景等持以惑当时,谓一行写其术未尽,妄矣。[2]

瞿昙譔会同陈玄景、南宫说指控《大衍历》,事甚著名,但详情已难以确知,因可依据之原始资料主要仅有《新唐书》中如下一则记载:

> 时善算瞿昙譔者,怨不得预改历事,二十一年(733),与玄景奏:《大衍》写《九执历》,其术未尽。太子右司御率南宫说亦非之。诏侍御史李

---

[1] 薮内清认为:"印度的数理天文学在它传入中国的时候,已达到甚或超过当时中国天文学的水平。"(见《九执历研究》)但亦有学者持相反之论。

[2] 《新唐书》卷二八历志四下。

麟,太史令桓执圭,较灵台候簿,《大衍》十得七八,《麟德》才三四,《九执》一二焉。乃罪说等,而是否决。[1]

对此一公案,学者们早已注意及之。[2]但有一点似宜再稍加申论:指控虽以失败告终,判定失败之理由看起来也颇为"科学"——检验观象台天象记录档案以比较三历之准确率,《大衍历》遥遥领先,但即使完全接受此一结果,在逻辑上也无法完全驳倒"《大衍》写《九执历》"之指控。比如,指控者可以辩解说:正因《大衍历》博采众长,方能使其推算天象高度准确,此中也含有《九执历》之贡献。故笔者以为,上述公案很可能带有当时天学界门派之争的色彩。其实,三历遗文俱在,而用现代天体力学方法回推天象当比昔日"灵台候簿"更为可靠,令人完全可以对此公案重加审理。此外,欲判断何者先进,也不能仅以预推天象之准确率为唯一判据。

四、关于符天术

符天术者,一派以印度天学为中介而输入中土之西方生辰星占学(Horoscope Astrology)也。其与七曜术有密切关系,继七曜术在中土盛行高潮之后,亦曾一度流行于中土。其流行之迹及内容,尚可由中外史籍约略考知。

官修史志书目中,最早著录标举"符天"书籍者为《新唐书》,仅载两种,即:"曹士蒍《七曜符天历》一卷(建中时人)"及"《七曜符天人元历》三卷"。[3]皆"符天"与"七曜"同举,两者间亲缘关系一望可知。稍后,伴随学术潮流之转换,符天术遂自成流派,不复依傍他人。曹士蒍何许人,无从确考。上引唐志书目有附注曰"建中时人",此为唐德宗年号(780—783),则仅知其人活动于八世纪末。对于其人身份,史籍仅留下"唐建中时术者"一语。[4]其人系汉族人抑或西域人,亦难论定,因西域著名之"昭武九姓"中有曹姓,而中土自古亦有曹姓也。

唐志之后,《宋史》著录明确标举"符天"之书多达十五种,为便讨论,录出如次:

---

[1] 《新唐书》卷二七历志三上。
[2] 如陈久金:《瞿昙悉达和他的天文工作》,《自然科学史研究》4卷4期(1985)。文中第四节对此事有较详讨论。
[3] 《新唐书》卷五九艺文志三,历算类。
[4] 《新五代史》卷五八司天考一。

《符天经》一卷

曹士蒍《符天经疏》一卷

《符天通真立成法》二卷

《符天九星算法》一卷

《符天五德定分历》三卷

郭颖夫《符天大术休咎诀》一卷

张渭《符天灾福新术》五卷

《符天人元经》一卷

曹士蒍《七曜符天历》二卷

《七曜符天人元历》三卷

杨纬《符天历》一卷

《七曜符天历》一卷

《符天历》三卷

《符天行宫》一卷

章浦《符天九曜通玄立成法》二卷[1]

由上列书目，不难看出符天术在宋代依旧盛行。而尤可注意者，上列书目显示，符天术远非某些现代论著给人的印象那样，仅为一种历法。关于此点，尚有必要稍作进一步讨论。

符天术中当然也包含历法成分。夫历法者，在古代中国，主要为对日、月、五行星七大天体运行规律之推算及描述，近于现代所谓数理天文学。而任何类型的星占学（无论为 Horoscope 型——以出生时刻天象预言其人一生祸福休咎，抑或为 Judicial 型——以天象预卜王朝军国大事之吉凶），为预推天象以作预言，必须了解并掌握此七大天体之运行规律，而此事必须借助于数理天文学知识方可办到，故星占学说中通常必包含历法成分。[2]符天术自不例外。关于《符天历》在历法方面的某些创新，如雨水为岁首、万分为分母之类，前贤多有论及。[3]但由上引史志书目观之，如《大术休咎诀》、《灾福新术》、《通真立成法》、《通玄立成法》、《行宫》这类著作，其星占学色彩之浓烈判然可见。

---

[1] 《宋史》卷二〇六艺文志五，天文类、五行类；卷二〇七艺文志六，历算类。

[2] 对于此点之系统论证，请见《天学真原》，页 154－166。

[3] 王立兴《关于民间小历》（《科技史文集》第 10 辑，上海：上海科学技术出版社，1983 年）一文所论较详。

古代中国传统天学之"正统"地位至为坚强,域外天学很难取得官方地位,以前述"天竺三家"之显赫,其术亦仅能"与大术相参供奉"而已。而符天术源出印度,可能因在"中西合璧"方面所下工夫较深,不仅在民间流行颇广[1],受其明显影响之《调元历》且曾一度获得短暂之官方地位,史籍载其事云:

> 唐建中时术者曹士蒍,始变古法……号《符天历》,然世谓之小历,只行于民间。而重绩乃用以为法,遂施于朝廷,赐号《调元历》。[2]

> 唐曹氏《七曜符天历》,一云合元万分历,本天竺法……世谓之小历,行于民间,石晋《调元历》用之。[3]

但符天术在官方历法中的影响很快受到清除:

> 显德二年(955),诏朴校订大历,乃削去近世符天流俗不经之学……为《钦天历》。[4]

被削去之所谓"符天流俗不经之学",王朴自述颇详:

> 臣检讨先代图籍,今古历书,皆无蚀神首尾之文,盖天竺胡僧之袄说也。只自司天卜祝小术不能举其大体,遂为等接之法,盖从假用以求径捷,于是乎交有逆行之数,后学者不能详知,便言历有九曜,以为注历之恒式,今并削而去之。[5]

所谓"蚀神首尾"、"九曜"云云,皆为印度天学特有之说。印度天学对天球上黄、白二道之升交点和白道远地点特别重视[6],名之曰罗睺(Rahu)、计都

---

[1] 见王立兴《关于民间小历》。
[2] 《新五代史》卷五八司天考一。
[3] 〔宋〕王应麟:《困学纪闻》卷九,天道。
[4] 《新五代史》卷三一王朴传。
[5] 《旧五代史》卷一四〇历志所载王朴《上钦天历表》。
[6] 此两交点与日月交食有极大关系,由此亦可看出传入中土之印度天学以交食推求术独擅胜场,非无因也。

(Ketu),视为二"隐曜",又谓之"蚀神"之首尾,合日、月、五大行星七天体而成"九曜"。"九曜"又称"九执",同为梵文 Navagraha 之华译,本意为"九颗行星"。《九执历》即得名于此。

符天术之内容究竟如何,在中土已无文献可征。[1]但奇巧而幸运的是,其术可由日本文献而知之颇详。日本古代天学早先主要受中国影响,至平安朝(805—1185),印度星占学随佛教东去,乃兴起新的日本天学学派,谓之"宿曜道"。宿曜道之理论渊源,原先通常被归于《宿曜经》[2],但后来学者们发现,《符天历》是宿曜道的经典,故可借助宿曜道文献以了解符天术之内容及功能。薮内清云:

> 符天历虽曾有一时期用于编历,然其主要用途则在依据某人出生时刻之天象以预卜其命运,即制作所谓"宿曜勘文"。[3]

此种"宿曜勘文",通常列出其人生辰时刻,以及该时刻九曜在天象之位置(行于何宿、几度几分等),再接以由五层同心圆组成之"十二宫立成图"。薮内清曾引录日本《续群书类从》中一则"宿曜运命勘录"为"宿曜勘文"之例。[4]笔者亦曾寓目另一同类之例,为《六条有康氏所藏文书》中之"宿曜御运录",系镰仓时代之物。[5]两者几乎完全相同。而此种"宿曜勘文",其本质与欧洲占星家为人所作之算命天宫图(horoscope)完全无异也。

自宋以降,符天术亦告消歇,不复流行于世。

五、关于聿斯经

聿斯经,与符天术相仿,亦为以印度为中介而转入中土之西方 Horoscope 星占学支派,但不若符天术之盛行。其所标举之"聿斯"何义,疑莫能明。其

---

[1] 日本存有《符天历》残本,见多多良保佑所编《天文秘书》,然仅为太阳运动之计算部分,即"符天历经日躔差立成",还不足以窥符天术之全豹。参见薮内清:《唐曹士蒍の符天历につぃこ》。
[2] 此经由日本入华求学僧人空海等传去东土。
[3] 薮内清:《唐曹士蒍の符天历につぃこ》。
[4] 见其书卷九○八。
[5] 原件系东京大学史料编纂所所藏之影写本。笔者感谢金良年先生惠示此一文献之影印件。

术于唐代传入中土,最早之书目见于《新唐书》者仅两种:"《飞都利聿斯经》二卷",及"陈辅《聿斯四门经》一卷"。[1]《宋史》著录八种:

《都利聿斯经》一卷
《聿斯四门经》一卷(出现两次)
《聿斯歌》一卷
《聿斯经诀》一卷
《聿斯都利经》一卷
《聿斯隐经》三卷(另一次出现作一卷)
关子明注《安修睦都利聿斯诀》一卷
《聿斯妙利要旨》一卷[2]

《通志》亦著录七种,其中不见于唐、宋志者三种:

《徐氏续聿斯歌》一卷
《聿斯钞略旨》一卷
《罗滨都利聿斯大衍书》一卷[3]

此外在其他史籍中亦偶有零星著录。[4]

由于上述诸书迄今尚未发现任何幸存者,欲了解聿斯经究竟有何内容,只能求助于浩瀚古籍中论及此事之片言只语,以获得间接之信息。以下为笔者迄今所搜集到的数则史料:

贞元(785—804)中,都利术士李弥乾传自西天竺,有琚公者译其文。[5]

本梵书,五卷。唐贞元初,有都利术士李弥乾将至京师。推十一星

---

[1]《新唐书》卷五九艺文志三,历算类。
[2]《宋史》卷二〇六艺文志五,天文类、五行类;卷二〇七艺文志六,历算类。
[3]《通志》卷六八艺文略六,历数类。
[4] 如宋绍兴《秘书省续编四库阙书目》卷二,《直斋书录解题》卷十二等。
[5]《新唐书》卷五九艺文志三,历算类《都利聿斯经》下注。

行历,知人命贵贱。[1]

楚衍,开封陟城人……明相法及聿斯经,善推步阴阳星历之数,间语休咎无不中。[2]

由上引诸记载,可知数点:首先,"都利"当为异域地名之音译。或谓即"吐火罗"之异译[3],虽可聊备一说,毕竟有难通处——其书系"传自西天竺",且本为"梵书",而其时印度学术通过中亚转输中土的时代早已过去,中印间之直接交通已成主流[4],故李弥乾为吐火罗人之可能性虽不能绝对排除,但不会很大。至于伯希和(P. Pelliot)与沙畹(E. Chavannes)二氏谓聿斯经"观其名亦为康居之书"[5],恐怕更难成立。其次,聿斯经为印度之 Horoscope 星占学无疑。所谓"十一星",与前述"九曜"、"九执"同为印度天学特有之说,十一星者,七曜并罗睺、计都再加"紫气"、"月孛"二曜(俱非实有之天体,七曜则为实有)也。推排此十一星之运行(即所谓"行历")以预言人之贵贱休咎,正为典型之 Horoscope 星占学所行之事也。在宋代且有中土人士对此种星命书之仿作,虽不标聿斯之名,而确有其实,如《通志》著录《清霄玉鉴》三卷,其下注云:"终南山鲍侅撰,以十一星十二宫推知人命"[6],即此类也。

此外,笔者颇疑中国四柱八字算命术之创立,可能与印度传来之 Horoscope 星占学(实即一种算命术,且同以出生时刻为根据以施行推算)之影响、启发有关。上引《通志》书目中有《徐氏续聿斯歌》一种,此徐氏亦可能即五代宋初之徐子平(居易),其人被认为系四柱八字算命术之创立者,故斯术又称"子平术"。但此事既乏证据,只能姑存疑于此,以俟高明之教正焉。

---

[1] 《通志》卷六八艺文略六,历数类《都利聿斯经》下注。
[2] 《宋史》卷四六二楚衍传。
[3] 沈福伟:《中西文化交流史》,上海:上海人民出版社,1985 年,页 187。
[4] 大致而言,汉魏六朝时印度学术之输入主要由中亚各国为中介,后中印间直接交通日益频繁,至唐代,则中亚之"转口"殆已消失。此一现象,在佛学输入史上至为明显;而考印度天学之入华,亦呈同一趋势。
[5] 伯希和、沙畹:《摩尼教流行中国考》,冯承钧译,《西域南海史地考证译业八编》,北京:中华书局,1958 年,页 56。
[6] 《通志》卷六八艺文略六,历数类。

六、星神画像及其意义

六朝隋唐时代中土流传之星神画像，除偶为艺术史家把玩研讨外，其在古代中印天学交流史方面之重大意义，迄未引起学界之注意。兹仅以笔者闻见所及，略述星神画像在中土之发端、流行，并结合传世之斯画遗迹与佛藏中言星占学之经品及其他史料，以见中土星神画像与印度天学之关系。

以现今所见史料考之，中土星神画像之作，盖始于萧梁时大画家张僧繇。六朝时佛教已盛行于南北各朝，但对于中土绘画题材之影响，尚极微弱。传世及著录之六朝绘画作品，绝大部分为中土传统题材——为佛寺所绘壁画不在此例。[1]堪称例外者，除张僧繇，尚有刘宋时之陆探微，二人俱以佛教题材之绘画名世。[2]僧繇尤甚，几专以佛画为业：

> 僧繇画释氏为多，盖武帝时崇尚释氏，故僧繇之画往往从一时之好。今御府所藏十有六……[3]

北宋御府所藏僧繇画十六种，全为佛画。其中出现星神画像计有三种，为：《九曜像》、《镇星像》及《五星二十八宿真形图》。最后一种尚有唐人临本，流在东瀛。[4]是为星神画像传世之实物。其源流及意义俟下文详之。

降及隋唐，中印间直接交流日见频繁，风气所开，星神画像乃成为画家普遍采用之题材。仅据有作品流传后世，且为权威著作著录者而言，隋唐时代曾绘星神画像之大画家至少有九人。[5]若考虑到作品佚失或名声不甚显赫而未能流传后世者，当时曾绘星神画像之画家、画师必远较此数众多。星神像则大致可分五类：（一）五星神像，或五神俱绘，或仅绘其一；（二）七曜神像，五星神而外再加日、月之神；（三）二十八宿神像及"星官

---

[1] 据陈传席编：《六朝画家史料》，北京：文物出版社，1990年。此书收集六朝画家之有关史料广而且全，由此可获得对六朝绘画题材总体情况之了解。
[2] 《宣和画谱》卷一著录陆探微画十种，其八为佛画，如《无量寿佛像》、《降灵文殊像》、《摩利支天菩萨像》等。但其中尚未有星神画像。
[3] 《宣和画谱》卷一，张僧繇。
[4] 藏于大阪市立美术馆。
[5] 据陈高华编：《隋唐画家史料》（北京：文物出版社，1987年）一书统计而得，是书为《六朝画家史料》之姊妹篇，收入隋唐时代著名画家共四十八人之广泛资料。

像",后者实即于二十八宿神中选绘一种或数种;(四)罗睺计都神像,亦可两种俱绘或仅绘其一;(五)五星二十八宿神像,通常为此三十三神像之长卷。

兹据笔者初步统计所得,将上述星神画像及画家五类九人列表示之如次[1]:

画家＼星神	五星	七曜	二十八宿星官	罗睺计都	五星二十八宿
展子虔	※				
阎立德		※			
阎立本	※		※		※
吴道子	※	※	※	※	
杨庭光	※				
周昉	※		※		
韩滉	※				
孙位			※		
朱繇	※		※		

历史上众多星神画像,现今似仅前述张僧繇所作《五星二十八宿真形图》之传世唐人临本为艺术史家所注意[2],但由上表可见,画五星神像及二十八宿神像之作为数最多,而五星二十八宿神像不过前两种之合并,故传世之张僧繇《五星二十八宿真形图》在当时此类作品中实有足够代表性,以之为个案进行研讨,仍不失普遍意义。

《五星二十八宿真形图》今本已残,存五星及角、亢、氐、房、心、尾、箕、斗、牛、女、虚、危十二宿神像,卷首题"五星及廿八宿神形图"[3]。所绘神形,或为文士、官吏、妇女、武士等装束,或为兽首人身之怪物,或站立,或骑乘异兽。每神旁有篆文,介绍该神,充满星占神话之色彩,举三例如下:

(一)岁星神:豪侠势利。立庙可于君门。祭用白币,器用银,食上白

---

[1] 方格中之"※"号表示该画家有该类星神画像作品流传后世且被著录。依据之资料同前注。
[2] 笔者猜测,其他此类作品或亦当有保存至今者,但目前尚无条件进行全面之调查。
[3] 依据吴诗初:《张僧繇》(上海:上海人民美术出版社,1983年)一书中所刊图版共十六幅。关于该件版本等情况,见该书页28-31。

鲜。讳彩色,忌哭泣。岁星为君王。

（二）角星神:聪睿勇知,受快乐,通律历。名桲芳,姓炽振。

（三）女星神:淫乱贪谗,善医多病,受占候阴阳,诣邪妄说祸福,能以诣辞扇动人。庙广五万六千里。名为色舒。

星神画像在当时,原为佛家宗教画之一支,而此种星神概念及其形象,皆可于佛藏中专言星占学之经品内发现其来源。兹举数例以证之。

关于二十八宿之神,《宿曜经》中"序日宿直所生品第二"叙述甚详,逐宿述其神之姓及名号、嗜食之物(为祭祀该神时投其所好)、该宿神直日时之行事宜忌、此日诞生之人的性格命运等,兹举角、女二宿为例:

  角二星形如长幢,瑟室利神也,姓僧伽罗耶那。此宿直日,宜……

  女三星形如梨格,毗薮幻神也,姓目揭连耶那。食新生酥及鸟肉。此宿直日,宜……[1]

而在《七曜星辰别行法》一经中,更有二十八宿各宿之鬼(神)之图形[2],虽与《五星二十八宿真形图》残卷中各宿神像未能一一对应吻合,但总体上则可谓完全一致——两者皆为人形神像,但有时为兽首或兽足。故《五星二十八宿真形图》与《七曜星辰别行法》中之二十八宿神像,显为同一种学说之产物也。

关于五星神像,其来源更为明显。《梵文火罗九曜》一经[3],总有五星、日、月、罗睺及计都共九神之像,其中五星神之像与《五星二十八宿真形图》中者吻合程度极高。前者:土星神为骑牛老人;金星神为妇女;火星神为兽首人身,有四手各持武器;水星神亦为妇女;木星神为一男子。后者:土星神亦为骑牛老人,但作天竺修行者装束;金星神亦为妇女,但跨乘飞凤;火星神亦兽首人身,六手各持兵器,乘于马上;水星神则为文士形象;木星神为兽首人身怪物乘于四足异兽上。两者之同出一源,判然可见。

《梵天火罗九曜》中又有罗睺、计都二神像,皆为胸像,浮现于云气中,一

---

[1]《宿曜经》,《大正藏》No.1299,卷廿一,页389–390。

[2]《大正藏》No.1309,卷廿一,页452起。

[3]《大正藏》No.1304,卷廿一,页459起。

身三首,状貌狞厉。昔北宋内府藏有吴道子所绘之《罗睺像》二,《计都像》一[1],虽不得见,或当与前者相似也。

或谓:若中土星神画像源出于印度,何以与佛经在细节上未能吻合?此事甚易理解,盖绘画为艺术创作,其性灵之发挥,想象之驰骋,固不可能对前人亦步亦趋也。对此可举一例以证之:阎立本亦曾绘《五星二十八宿真形图》,董逌论其事云:

> 秘阁所藏《五星二十八宿真形图》,唐阎立本画。五星独有金、火、土,二十八宿存者十三,余亡失。……而此画金形若美女,两鬓如羽翼,乘飞凤而翔洋;土为道人;不知何据。经说昴形如梯……此画皆异。惟牛形如牛头,斗如人形,虚如鸟,娄如马,与经相合。[2]

可知阎作大致与张僧繇作相同,亦小有差异(如张作虚星神为男子,而非鸟形),而两者与佛经之间,差异又更大些。但总体格局相同,其理论观念上之同源即可知矣。

最后,也最重要的问题是:星神画像除作为艺术品外,还有无别的用途及意义?答案是有——其用途为对所画星神供奉祭祀,以祈福禳灾。究其理论之根本,则仍不出印度之 Horoscope 星占学也。兹引佛经中论及此事之若干例以证之:

> 我今宣说世间成就妙秘法。如是诸曜运行虚空,若一若二三四五等,临人众生命宿、对冲宿、迁移宿、大杀业宿、安宿、薄相宿、奴婢宿,作诸厄害。……各依本法念诵供养,一切灾难自然消灭。……若恶宿生每月供养。若三日七日供养,直转成吉祥直。秘勿令知俗人也。[3]

按印度 Horoscope 星占学之说,二十八宿轮流当直而各有善恶,若人诞生时恰逢"恶宿",即须供养该宿之神,以求"转成吉祥"。关于九曜,亦有类似之说,如:

---

[1]《宣和画谱》卷二,道释二。
[2]《广川画跋》卷五。
[3]《宿曜仪轨》,《大正藏》No.1304,卷廿一,页423。

行年至此计都……若临人名(命)官,最多逼塞,求官不遂,务被迁移,官符相缠,多忧疾病。……行年至此须送五道司命,画此神形,深室供养禳之,回祸作福。[1]

类似内容且可见于敦煌卷子中,足见其时之流行:

行年蚀神尾计都星……若临人命,注官府疾病相缠,此年大凶,宜深处画形供养。[2]

供养星神,尚可祈求普遍之福祉:

如是我闻,一时佛在阿拿迦睥帝大城,尔时有无数天龙……及木星火星金星木星土星太阴太阳罗睺计都,如是等二十七曜恭敬围定。……尔时世尊说真言已,告金刚手菩萨言:如是九曜真言,念者皆得成就,先须依法以香水涂曼拿罗阔十二指,或金银器或铜器瓦器等,献阏伽供养星曜,用前真言各念一百八遍,所求之事而悉成就。……若有人求长寿等,于八月七日起首,受持斋戒至十四日夜,依法供养宿曜至十五日……[3]

至此已不难明了,隋唐时星神画像之风行,实印度天学中星占禳祈之说在中土广泛盛行之反映也。可以设想,彼时王公贵人既信印度星占禳祈之说,欲将与自身有关之宿、曜之神"深处画形供养",则正画家扬名献艺之良机也。

综上所述,可知星神画像实为古代中印天学交流史上一大节目,能提供一新侧面以窥见当时印度星占学说在中土盛行之状况。

七、余　　论

六朝隋唐时代印度天学流传中土之踪迹,已大致考述如上。要而言之,

---

[1]《梵天火罗九曜》,《大正藏》No.1311,卷廿一,页461。
[2]伯3779,《敦煌宝藏》130册,台北:新文丰出版公司,1981—1986年,页566。
[3]《佛说圣曜母陀罗尼经》,《大正藏》No.1303,卷廿一,页421-422。

传入之印度天学以 Horoscope 星占学为主,当然亦有与此相关之数理天文学知识——其中以交食推求术最为重要。但有一问题,令人甚为困惑:印度天学既曾流行中土数百年,当时盛况如斯,对于此后中国天学之发展,是否产生影响? 自一般情况来看,此种影响竟几乎为零:"天竺三家"之历术只留下数百字的附注,自唐以后再也未能"与大术相参供奉";《九执历》销声匿迹,直至晚明方借极偶然之机缘重新问世;符天术、聿斯经等也早成绝响;当年供养星神禳灾祈福之风消歇不见,后世画家们也不再绘星神像……中国天学依然在自身旧有之架构下,沿旧有之轨迹运行;自明末上溯至先秦,一脉承传,清晰可见。中间印度天学留下之影响,即或有之,亦只可能于数理天文学方法之专深细微处寻得一二(迄今尚未有人确切寻出),实在微不足道也。反观印度天学自身,在巴比伦、希腊等天学迭次输入之下,格局屡变,面目全非,恰与中土天学之经历形成鲜明对比。个中因缘,或当求诸华夏民族文化之固有特质欤?

原载《汉学研究》(台湾)10 卷 2 期(1992)

元代华夏与伊斯兰天学交流之六个问题

成吉思汗南征北战,建立起横跨欧亚大陆的大帝国。在他身后,据有中国的元朝与欧、亚诸汗国并立,元朝是名义上的宗主国,故各国间文化交流颇为活跃。关于这一时期中国天文学与伊斯兰天文学之间的接触,中外学者曾有所论述。总的来说给人们造成的印象是此种接触确实存在,但其中不少具体问题尚缺乏明确的线索和结论。本文大体按照年代顺序,对较为重要的六个问题略加考述,以求对这一时期华夏与伊斯兰天文学之间的交流接触有一更为全面和清晰的认识。

耶律楚材与丘处机在中亚的天文活动

有关耶律楚材与丘处机这两位著名人物在中亚的天文学活动的记载,是颇为重要的背景材料。它们表明,元代中国与伊斯兰天文学的接触,在忽必烈时代的高潮到来之前,早已非常活跃地进行着。

耶律楚材(1189—1243)本为契丹人,辽朝皇室的直系子孙,先仕于金,后应召至蒙古,于1219年作为成吉思汗的星占学和医学顾问,随大军远征西域。在西征途中,他与伊斯兰天文学家就月蚀问题发生争论,《元史·耶律楚材传》载其事云:

> 西域历人奏:五月望,夜月当蚀;楚材曰否,卒不蚀。明年十月,楚材言月当蚀;西域人曰不蚀,至期果蚀八分。

此事发生于成吉思汗出发西征之第二年,即1220年,这可由《元史·历志一》中"庚辰岁，太祖西征，五月望，月蚀不效……"的记载推断出来。[1]发生的地点为今乌兹别克共和国境内之撒马尔罕（Samarkand）[2]，这可由耶律楚材自撰的西行记录《西游录》（向达校注，中华书局1981年版）中的行踪推断出来。

耶律楚材在中国传统天文学方面造诣颇深。元初承用金代《大明历》，不久误差屡现，上述1220年五月"月蚀不效"即为一例。为此耶律楚材作《西征庚午元历》（载于《元史·历志》之五至六），其中首次处理了因地理经度之差造成的时间差，这或许可以看成西方天文学方法在中国传统天文体系中的影响之一例——因为地理经度差与时间差的问题在古希腊天文学中早已能够处理，在与古希腊天文学一脉相承的伊斯兰天文学中也是如此。

据另外的文献记载，耶律楚材本人也通晓伊斯兰历法。元陶宗仪《南村辍耕录》卷九"麻答把历"条云：

> 耶律文正工于星历、筮卜、杂算、内算、音律、儒释。异国之书，无不通究。尝言西域历五星密于中国，乃作《麻答把历》，盖回鹘历名也。

联系到耶律楚材在与"西域历人"两次争论比试中都占上风一事，可以推想他对中国传统的天文学方法和伊斯兰天文学方法都有了解，故能知己知彼，稳操胜算。

约略于耶律楚材随成吉思汗西征的同时，另一位著名的历史人物丘处机（1148—1227）也正在他的中亚之行途中。他是奉召前去为成吉思汗讲道的。丘处机于1221年岁末到达撒马尔罕，几乎可以说与耶律楚材接踵而至。丘处机在该城与当地天文学家讨论了这年五月发生的日偏食（公历5月23日），《长春真人西游记》卷上载其事云：

> 至邪米思干（按即撒马尔罕）……时有算历者在旁，师（按指丘处机）因问五月朔日食事。其人云：此中辰时食至六分止。师曰：前在陆

---

[1] "太祖"原文误为"太宗"，但太宗在位之年并无庚辰之岁，故应从《历代天文律历等志汇编》（中华书局，1976年）第九册，页3330之校改。
[2] 此城在汉文古籍中有多种音译，如"飒秣建"（《大唐西域记》）、"薛米思坚"（《元朝秘史》）、"邪米思干"（《长春真人西游记》）、"寻思干"（《西游录》）等，皆指同一城，即古时Semiscant之地也。

局河时,午刻见其食既;又西南至金山,人言巳时食至七分。

此三处所见各不同。……以今料之,盖当其下即见其食既,在旁者则千里渐殊耳。正如以扇翳灯,扇影所及,无复光明,其旁渐远,则灯光渐多矣。

丘处机此时已73岁高龄,在万里征途中仍不忘考察天文学问题,足见他在这方面兴趣之大。他对日食因地理位置不同而可见到不同食分的解释和比喻,也完全正确。

耶律楚材与丘处机都在撒马尔罕与当地天文学家接触和交流,这一事实看来并非偶然。一百五十年之后,此地成为新兴的帖木儿王朝的首都,到乌鲁伯格(Ulugh Beg)即位时,此地建起了规模宏大的天文台(1420),乌鲁伯格亲自主持其事,通过观测,编算出著名的《乌鲁伯格天文表》——其中包括西方天文学史上自托勒密之后千余年间第一份独立的恒星表。[1]故撒马尔罕当地,似乎长期存在着很强的天文学传统。

马拉盖天文台上的中国学者是谁?

公元十三世纪中叶,成吉思汗之孙旭烈兀(Hulagu,或作 Hulegu)大举西征,于1258年攻陷巴格达,阿拔斯朝的哈里发政权崩溃,伊儿汗王朝勃然兴起。在著名伊斯兰学者纳速拉丁·图思(Nasir al-Din al-Tusi)的襄助之下,旭烈兀于武功极盛后大兴文治。伊儿汗朝的首都马拉盖(Maragha,今伊朗西北部大不里士城南)建起了当时世界第一流的天文台(1259),设备精良,规模宏大,号称藏书四十余万卷。马拉盖天文台一度成为伊斯兰世界的学术中心,吸引了世界各国的学者前去从事研究工作。

萨顿(G. Sarton)在他的《科学史导论》中提出,马拉盖天文台曾有一位中国学者参加工作。[2]此后这一话题常被西方学者提起。但这位中国学者的姓名身世至今未能考证出来。

萨顿之说,实出于多桑(C. M. D'Ohsson)《蒙古史》,此书中说曾有中国

---

[1] 托勒密的恒星表载于《至大论》中,此后西方的恒星表都只是在该表基础上作一些岁差改正之类的修订,故不是独立观测而得的。还有许多人认为托勒密的表也只是在他的前辈希帕恰斯(Hipparchus)的恒星表上加以修订而成的。

[2] G. Sarton, *Introduction to the History of Science*, W. & W., Baltimore, vol.2(1931), p.1005.

天文学家随旭烈兀至波斯,对马拉盖天文台上的中国学者则仅记下其姓名音译(Fao-moun-dji)。[1] 由于此人身世无法确知,其姓名究竟原是哪三个汉字也就只能依据译音推测,比如李约瑟著作中采用"傅孟吉"三字。[2]

再追溯上去,多桑之说又是根据一部波斯文的编年史《达人的花园》而来。此书成于 1317 年,共分九卷,其八为《中国史》。书中有如下一段记载:

> 直到旭烈兀时代,他们(中国)的学者和天文家才随同他一同来到此地(伊朗)。其中号称"先生"的屠密迟,学者纳速拉丁·图思奉旭烈兀命编《伊儿汗天文表》时曾从他学习中国的天文推步之术。又,当伊斯兰君主合赞汗(Ghazan Mahmud Khan)命令纂辑《被赞赏的合赞史》时,拉施德丁(Rashid al-Din)丞相招致中国学者名李大迟及倪克孙,他们两人都深通医学、天文及历史,而且从中国随身带来各种这类书籍,并讲述中国纪年,年数及甲子是不确定的。[3]

关于马拉盖天文台的中国学者,上面这段记载是现在所能找到的最早史料。"屠密迟"、"李大迟"、"倪克孙"都是根据波斯文音译悬拟的汉文姓名,具体为何人无法考知。"屠密迟"当即前文的"傅孟吉"——编成《伊儿汗天文表》正是纳速拉丁·图思在马拉盖天文台所完成的最重要业绩。由此还可知《伊儿汗天文表》(又称《伊儿汗历数书》,波斯文原名作 Zij-i-Ilkhani)中有着中国天文学家的重要贡献在内。

最后还可知,由于异国文字的辗转拼写,人名发音严重失真。要确切考证出"屠密迟"或"傅孟吉"究竟是谁,恐怕只能依赖汉文新史料的发现。

双语的天文学文献

李约瑟曾引用瓦格纳(Wagner)的记述,谈到昔日保存在俄国普耳科沃天文台的两份手抄本天文学文献。两份抄本的内容是一样的,皆为从 1204 年开始的日、月、五大行星运行表,写就年代约在 1261 年。值得注意的是两

---

[1] D'Ohsson:《多桑蒙古史》,冯承钧译,下册,中华书局,1962 年,页 91。
[2] 李约瑟:《中国科学技术史》第一卷,科学出版社·上海古籍出版社,1990 年,页 226。
[3] 韩儒林编:《中国通史参考资料》古代部分第六册(元),中华书局,1981 年,页 258。引用时对译音所用汉字作了个别调整。

份抄本一份为阿拉伯文(波斯文),一份则为汉文。1261 年是忽必烈即位的第二年,李约瑟猜测这两份抄本可能是札马鲁丁(详下文)和郭守敬合作的遗物。但因普耳科沃天文台在第二次世界大战中曾遭焚毁,李氏只能"希望这些手抄本不致成为灰烬"。[1]

在此之前,萨顿曾报道了另一件这时期的双语天文学文献。这是由伊斯兰天文学家撒马尔罕第(Ata ibn Ahmad al-Samarqandi)于 1362 年为元朝一王子撰写的天文学著作,其中包括月球运动表。手稿原件现存巴黎,萨顿还发表了该件的部分书影,从中可见此件阿拉伯正文旁附有蒙文旁注,标题页则有汉文。[2] 此元朝的蒙古王子据说是成吉思汗和忽必烈的直系后裔阿剌忒纳。[3] 这件文献中的天文学内容似尚未见专题研究问世。

札马鲁丁以及他送来的七件西域仪器

元世祖忽必烈登位后第七年(1267),伊斯兰天文学家札马鲁丁进献西域天文仪器七件。七仪的原名音译、意译、形制用途等皆载于《元史·天文志》,曾引起中外学者极大的研究兴趣。由于七仪实物早已不存,故对于各仪的性质用途等,学者们的意见并不完全一致。兹简述七仪原名音译、哈特纳(W. Hartner)所定阿拉伯原文对音、意译(据《元史·天文志》),并略述主要研究文献之结论,依次如下:

1. "咱秃哈剌吉(Dhatu al-halaq-i),汉言混天仪也。"李约瑟认为是赤道式浑仪,中国学者认为应是黄道浑仪[4],是古希腊天文学中的经典观测仪器。

2. "咱秃朔八台(Dhatu'sh-shu'batai),汉言测验周天星曜之器也。"中外学者都倾向于认为即托勒密在《至大论》(Almagest)中所说的长尺(organon parallacticon)。[5]

3. "鲁哈麻亦渺凹只(Rukhamah-i-mu'-wajja),汉言春秋分晷影堂。"用来测求春、秋分准确时刻的仪器,与一座密闭的屋子(仅在屋脊正东西方向

---

[1] 李约瑟:《中国科学技术史》第四卷(实为原书第三卷),科学出版社,1975 年,页 475。
[2] G. Sarton, *Introduction to the History of Science*, vol.3(1947), p.1529.
[3] 李约瑟:《中国科学技术史》第四卷,页 475。
[4] 中国天文学史整理研究小组编:《中国天文学史》,科学出版社,1981 年,页 200。
[5] 见 *Almagest*, V,12;以及李约瑟:《中国科学技术史》第四卷,页 478 所提供的文献。

开有一缝)连成整体。

4. "鲁哈麻亦木思塔余(Rukhamah-i-mustawiya),汉言冬夏至晷影堂也。"测求冬、夏至准确时刻的仪器,与上仪相仿,也与一座屋子(屋脊正南北方向开缝)构成整体。

5. "苦来亦撒麻(Kura-i-sama'),汉言浑天图也。"中外学者皆无异议,即中国与西方古代都有的天球仪。

6. "苦来亦阿儿子(Kura-i-ard),汉言地理志也。"即地球仪,学者也无异议。

7. "兀速都儿剌(al-Usturlab),汉言定昼夜时刻之器也。"实即中世纪在阿拉伯世界与欧洲都十分流行的星盘(astrolabe)。

上述七仪中,第1、2、5、6皆为在古希腊天文学中即已成型并采用者,此后一直承传不绝,阿拉伯天文学家亦继承之;第3、4两种有着非常明显的阿拉伯特色;第7种星盘,古希腊已有之,但后来成为中世纪阿拉伯天文学的特色之一,阿拉伯匠师制造的精美星盘久负盛名。如此渊源的七件仪器传入中土,意义当然非常重大。

札马鲁丁进献七仪之后四年,忽必烈下令在上都(今内蒙古多伦县东南境内)设立回回司天台(1271),并令札马鲁丁领导司天台工作。及至元亡,明军占领上都,将回回司天台主要人员征召至南京为明朝服务,但是该台上的西域仪器下落,却迄今未见记载。由于元大都太史院的仪器都曾运至南京,故有的学者推测上都回回司天台的西域仪器也可能曾有过类似经历。但据笔者的看法,两座晷影堂以及长尺之类,搬运迁徙的可能性恐怕非常之小。

这位札马鲁丁是何许人,学者们迄今所知甚少。国内学者基本上倾向于接受李约瑟的判断,认为札马鲁丁原是马拉盖天文台上的天文学家,奉旭烈兀汗或其继承人之派,来为元世祖忽必烈(系旭烈兀汗之兄)效力的。[1] 后来李迪提出:札马鲁丁其人就是拉施特(即本文前面提到的"拉施德丁丞相")《史集》(*Jami al-Tawarikh*)中所说的 Jamal al-Din(扎马剌丁),此人于1249—1252年间来到中土,效力于蒙哥帐下,后来转而为忽必烈服务,忽必烈登大汗之位后,又将札马鲁丁派回伊儿汗国,去马拉盖天文台参观学习,至1267年方始带着马拉盖天文台上的新成果(七件西域仪器,还有《万年

---

[1] 中国天文学史整理研究小组编:《中国天文学史》,页199。

历》)回到忽必烈宫廷。[1]

回回司天台上的异域天文学书籍

上都的回回司天台,既与伊儿汗王朝的马拉盖天文台有亲缘关系,又由伊斯兰天文学家札马鲁丁领导,且专以进行伊斯兰天文学工作为务,则它在伊斯兰天文学史上,无疑占有相当重要的地位——它可以视为马拉盖天文台与后来帖木儿王朝的撒马尔罕天文台之间的中途站。而它在历史上华夏天文学与伊斯兰天文学交流方面的重要地位,只要指出下面这件事就足以见其一斑:

> 至元十年(1273)闰六月十八日,太保传,奉圣旨:"回回、汉儿两个司天台,都交秘书监管者。"[2]

两个所持天文学体系完全不同的天文台,由同一个上级行政机关——秘书监来领导,这在世界天文学史上也是极为罕见(如果不是仅见的话)的有趣现象。可惜的是,对于这样一座具有特殊地位和意义的天文台,我们今天所知的情况却非常有限。

在这些有限的信息中,特别值得注意的是元代《秘书监志》中记载的一份藏书目录,这些书籍都曾收藏在回回司天台中,书目中天文数学部分共13种著作,兹录如下[3]:

1. 兀忽列的《四擘算法段数》十五部。
2. 罕里速窟《允解算法段目》三部。
3. 撒唯那罕答昔牙《诸般算法段目并仪式》十七部。
4. 麦者思的《造司天仪式》十五部。
5. 阿堪《诀断诸般灾福》□部。
6. 蓝木立《占卜法度》□部。
7. 麻塔合立《灾福正义》□部。

---

[1] 李迪:《纳速拉丁与中国》,《中国科技史料》11卷4期(1990)。
[2] 王士点、商企翁编次:《秘书监志》,浙江古籍出版社,1992年,页115。
[3] 同上,页129–130。

8. 海牙剔《穷历法段数》七部。
9. 呵些必牙《诸般算法》八部。
10. 《积尺诸家历》四十八部。
11. 速瓦里可瓦乞必《星纂》四部。
12. 撒那的阿剌忒《造浑仪香漏》八部。
13. 撒非那《诸般法度纂要》十二部。

这里的"部"大体上就是"卷"。第5、6、7三种的部数数目空缺;由"本台见合用经书一百九十五部"减去其余十种的部数总和,可知此三种书共有58"部"。

这些书是用什么文字写成的,尚未见明确记载。虽然不能完全排除它们是中文书籍的可能性,但笔者认为它们更可能是波斯文或阿拉伯文的;它们很有可能就是札马鲁丁从马拉盖天文台带来的。

由于上述书目中音译的人名和意译的书名都很难确切还原成原文,因此这13种著作的证认工作尚无多大进展。方豪认为第1种就是著名的欧几里得《几何原本》,"十五部"也恰与《几何原本》的15卷吻合[1],这个判断或许可信。还有人认为书目中第4种可能是托勒密《至大论》[2],似不可信,因《造司天仪式》显然是专讲天文仪器制造的,况且《至大论》全书13卷,也与"十五部"之数不合。

伊斯兰天文学对郭守敬及其仪器有无影响?

在札马鲁丁进献七件西域仪器之后九年、上都回回司天台建成后五年、回回司天台和"汉儿司天台"奉旨同由秘书监领导之后三年,中国历史上最伟大的天文学家之一郭守敬,奉命为"汉儿司天台"设计和建造一批天文仪器,三年后完成(1276—1279)。这批仪器颇多创新之处,如简仪、仰仪、正方案、阙几等。[3] 由于郭守敬造仪器在札马鲁丁献西域仪器之后,所造各仪又多前此中国所未见者,因此很自然地产生了"郭守敬仪器是否曾受到伊斯兰天文学影响"的问题。

---

[1] 方豪:《中西交通史》,岳麓书社,1987年,页579。
[2] 中国天文学史整理研究小组编:《中国天文学史》,页214-215。
[3] 关于诸仪的简要记载见《元史·天文志》之一。又关于最引人注目的简仪、仰仪,可参见中国天文学史整理研究小组编:《中国天文学史》,页190-194。

对此问题,国内学者主要的意见是否定的,认为札马鲁丁所献仪器"都没有和中国传统的天文学结合起来",原因有二:一是这些黄道体系的仪器与中国的赤道体系传统不合;二是使用西域仪器所需的数字知识等未能一起传入。[1]国外学者也有持否定态度的,如约翰逊(M. Johnson)明确指出,"1279年天文仪器的设计者们拒绝利用他们所熟知的穆斯林技术"。[2]李约瑟对此问题的态度不明确。例如关于简仪是否受到阿拉伯影响,他既表示证据不足,却又说"从一切旁证看来,确实如此(受过影响)"。[3]但是这些旁证究竟是什么,他却没有给出。

笔者以为,就表面而言,郭守敬的仪器中确实看不出伊斯兰天文学的直接影响,相反倒能清楚见到它们与中国传统天文仪器之间的一脉相传。对此可以给出一个相当有力的解释。

前述回、汉两司天台同归秘书监领导这一点至关重要,因为这一事实无疑已将郭守敬与札马鲁丁以及他们各自领导的汉、回天文学家置于同行竞争的状况中。郭守敬既奉命另造天文仪器,他当然要尽量"拒绝"对手的影响,方能显出他与对手各擅胜场,以便更求超越对手;倘若他接受了伊斯兰仪器的影响,就会被对手指为步趋仿效,技不如人,则"汉儿司天台"在此竞争中将何以自立?

但是在另一方面,笔者又以为,就间接的层面而言,郭守敬似乎又受到了阿拉伯天文学的一些影响。此处姑先举两个例子以说明之。

其一是简仪。简仪之创新,即在其"简"——它不再追求环组重叠,一仪多效,而改为每一环组测量一对天球坐标(简仪实际上是置于同一基座上的两个分立仪器:赤道经纬仪和地平经纬仪);这种一仪一效的风格,是欧洲天文仪器的传统风格,从札马鲁丁所献七仪到后来耶稣会士南怀仁(F. Verbiest)奉康熙帝之命所造六仪(今尚保存在北京古观象台),皆可看到这一风格。

其二为高表。札马鲁丁七仪中有"冬夏至晷影堂",其功能与中土古老的圭表一样,但精确度可以较高;郭守敬不屑学之,仍从传统的圭表上着手改进,他的办法是到河南登封去建造巨型的高表和量天尺(即巨型圭表)。

---

[1] 中国天文学史整理研究小组编:《中国天文学史》,页202。
[2] M. Johnson:《艺术与科学思维》,傅尚逵等译,工人出版社,1988年,页131。
[3] 李约瑟:《中国科学技术史》第四卷,页481。

但是众所周知,"巨型化"正是阿拉伯天文仪器的特征风格之一。

在上述两例中,一是由阿拉伯天文学所传递的欧洲风格,一是阿拉伯天文学本身所形成的风格,它们都可以视为伊斯兰天文学对郭守敬的间接影响。当然,在发现更为确实的证据前,笔者并不打算将上述看法许为定论。

以蒙古征服为契机,在欧亚大陆上所引发的东西方天文学交流,是一个远未获得充分研讨的课题。这场交流中的史实、遗迹,它的影响、意义等等,都是非常引人入胜的。我们迄今所知者,很可能仅是冰山之一角。

原载《传统文化与现代化》1993 年第 6 期

试论清代"西学中源"说

明末由耶稣会士传入的西方天文学和其他科学技术,使一部分中国上层人士如徐光启、李之藻、杨廷筠等人十分倾心。清人入关后又将先后在徐光启、李天经主持下由耶稣会士编撰的《崇祯历书》(经汤若望略加删改,易名为《西洋新法历书》)颁行天下,并长期任用耶稣会士主持钦天监。康熙本人也以耶稣会士为师,躬自习学西方天文和数学。所有这些,都对中国传统的信念和思想产生了强烈冲击。提出"西学中源"说是对这种冲击作出的反应之一。

"西学中源"说一度在中国士大夫中间广泛流行。对此说及其政治文化背景进行探讨,不仅从中西科技文化交流史和思想史的角度来看有重要意义,而且在今天还有相当的现实意义。

"西学中源"说主要是就天文历法而言的。因数学与天文历法关系密切,也被涉及。后来更推广到其他领域,但并不重要。故本文以天文历算为主,对"西学中源"说的产生、发展及其背景进行探讨。

一、"西学中源"说发端于明之遗民

据笔者所见史料,最先提出"西学中源"思想的是黄宗羲。黄氏对中西天文历法皆有造诣,著有《授时历法假如》、《西洋历法假如》等多种天文历法著作。明亡,黄氏起兵抗清,兵败后一度辗转流亡于东南沿海。即使在这样艰危困苦的环境中,他还在舟中与人讲学,仍在注历。"尝言勾股之术乃周公商高之遗而后人失之,使西人得以窃其传。"[1]这里黄氏讲的是数学,但

---

[1] 全祖望:《梨洲先生神道碑文》,《鲒埼亭集》卷十一。

那时学者常把"历算"视为一事。黄氏最先提出"西学中源"的概念,这一点全祖望也曾明确肯定过:"其后梅征君文鼎本周髀言历,世惊以为不传之秘,而不知公实开之"。[1]

"西学中源"说之另一先驱者为黄宗羲同时代人方以智。方氏崇祯十三年(1640)进士,明亡流寓岭南,一度追随永历政权,投身抗清活动。其《浮山文集》在清初遭禁毁,故流传绝少。在《游子六〈天径或问〉序》一文中,方氏谈论了中国古代天文历法之后说:"万历之时,中土化洽,太西儒来。脬豆合图,其理顿显。胶常见者骇以为异,不知其皆圣人之所已言也。……子曰:'天子失官,学在四夷'。"[2]方氏此文作于1651—1666年间,在时间上可能稍后于黄宗羲。值得注意,"天子失官,学在四夷"的说法,和后来梅文鼎、阮元所谓"礼失求野"之说颇相一致。

黄、方二氏提出了"西学中源"的思想,但未提供具体证据。而王锡阐则对此作了阐述,使此说大进了一步。王氏在明亡时曾两度自杀,获救后终身不仕,潜心天文历算,和梅文鼎同为清代第一流的天文学家。王氏精通中西天文学,其造诣远在黄、方之上。他多次论述"西学中源"说,其中最重要的一段文字如下:

> 今者西历所矜胜者不过数端,畴人子弟骇于创闻,学士大夫喜其瑰异,互相夸耀,以为古所未有,孰知此数端者悉具旧法之中而非彼所独得乎!一曰平气定气以步中节也,旧法不有分至以授人时,四正以定日躔乎?一曰最高最卑以步朓朒也,旧法不有盈缩迟疾乎?一曰真会视会以步交食也,旧法不有朔望加减食甚定时乎?一曰小轮岁轮以步五星也,旧法不有平合定合晨夕伏见疾迟留退乎?一曰南北地度以步北极之高下,东西地度以步加时之先后也,旧法不有里差之术乎?大约古人立一法必有一理,详于法而不著其理,理具法中,好学深思者自能力索而得之也。西人窃取其意,岂能越其范围?[3]

王氏这段话是"西学中源"说发展史上的重要文献之一,约写于1663年

---

[1] 全祖望:《梨洲先生神道碑文》,《鲒埼亭集》卷十一。
[2] 方以智:《浮山文集后编》卷二,收入《清史资料》第6辑,中华书局,1985年。
[3] 王锡阐:《历策》,收入《畴人传》卷三十五。

之前一点,与黄、方二氏之说年代相近。王氏第一次为"西学中源"说提供了具体证据(当然,实际上是错误的),五个"一曰",涉及日月运动、行星运动、交食、定节气和授时,几乎包括了当时历法的所有主要方面。他认为西法号称在这些方面优于中法,实则"悉具旧法之中",是中国古已有之的。不过,说西法中国古已有之,还有双方独立发明而暗合的可能,但王氏断然排除了这一点:"西人窃取其意",是从中法偷偷学去的。而且,王氏已经注意到中国传统天文学"详于法而不著其理,理具法中"的特点,这与西方天文学从基本的"理"出发进行演绎明显不同。为了完善自己的说法,他指出中法之理虽不明言,但"好学深思者自能力索而得之也",这就为"西人窃取其意"提供了可能性。这一思想为后来梅文鼎的理论开辟了道路。

值得注意的是,黄、方、王三人都是矢忠故国的明朝遗民,在政治上坚决不与清政府合作,已如前述。同时,三人又都是在历史上有相当大影响的重要人物。黄氏是明清之际的著名学者之一,后人将他与顾炎武、王夫之并称,号"三先生";方氏在中国哲学史、思想史上有重要地位;王锡阐则是当时以顾炎武为代表的遗民学者群中一个重要成员。这样的三个人不约而同地提出"西学中源"说,绝不应视为偶然现象。

最近有文章认为"西学中源"说最早是由康熙提出的,并由此出发讨论其产生的原因。[1]但此说实际上发端于明之遗民,已如上述。而康熙在晚些时候也曾提出"西学中源"说。现在的问题是:明朝遗民学者和清朝康熙皇帝这样居于截然不同社会地位的人,却先后提出一个相同的"西学中源"说。这是很值得研究的问题。它显然和当时的政治、思想和文化背景有关。后文将对此作初步探讨。

二、康熙提倡,梅文鼎大力阐扬

康熙确实也提倡"西学中源"说,而且起了很大作用。他曾有《御制三角形论》,其中提出:"古人历法流传西土,彼土之人习而加精焉。"这是明确关于历法的。他关于数学方面的说法更受人注意,一条经常被引用的史料是康熙五十年(1711)与赵宏燮论数,称:"即西洋算法亦善,原系中国算法,彼

---

[1] 李兆华:《简评"西学源于中法"说》,《自然辩证法通讯》7卷6期(1985)。

称为阿尔朱巴尔。阿尔朱巴尔者,传自东方之谓也。"[1]"阿尔朱巴尔"又作"阿尔热八达"或"阿尔热八拉",一般认为是 algebra 的音译。此词源于阿拉伯文 Al-jabr,意为"代数学"。康熙怎么能从 algebra 中看出"东来法"之意,目前尚缺乏详细资料。有人认为是和另一个阿拉伯文单词 A-erh-je-pa-la 发音相近而混淆的。[2]但康熙是否曾和阿拉伯文打过交道,以及供奉内廷的耶稣会士向康熙讲授西方天算时是否有必要涉及阿拉伯文(他们通常使用满语和汉语),都还是疑问。再退一步说,即便 algebra 真有"东来法"之意,在未解决当年中法到底如何传入西方这一问题之前,也仍然难以服人。这个问题后来梅文鼎慨然自任。

据来华耶稣会士的文件来看,康熙向耶稣会士学习西方天算始于1689年。从此他醉心于西方科学,连续几年每天上课达四小时,课后还做练习。[3]以后几十年中,他时常喜欢向宗室和大臣等谈论天文地理数学之类的知识,自炫博学,引为乐事。康熙很可能是在对西方天文数学有了一定了解之后独立提出"西学中源"说的,因为黄、方、王三氏皆心怀故国,隐居不仕,康熙"万几余暇"去研读三氏著作的可能性不大(但也不能绝对排除这种可能)。

康熙在天文历算方面的"中学"造诣并不高深。他了解一些西方的天文学和数学,也没有达到很高水平。这从他历次与臣下的谈论及他《几暇格物编》中的天文学内容可以看出来。梅文鼎的《历学疑问》,康熙自认为可以"决其是非",但那只是一本浅显的著作。相比之下,黄宗羲、王锡阐都是兼通中西天文学并有很高造诣的。因此他们提出"西学中源"说,或许还有从中西天文学本身看出相似之处的因素;而康熙则更多地出于政治考虑了。

康熙的说法一出,清代最著名的天文学家梅文鼎立刻热烈响应。他三番五次地说:"《御制三角形论》言西学贯源中法,大哉王言,著撰家皆所未及"[4];"伏读圣制《三角形论》,谓古人历法流传西土,彼土之人习而加精焉尔,天语煌煌,可息诸家聚讼"[5];"伏读《御制三角形论》,谓众角辏心以算

---

[1] 王先谦:《东华录》,康熙八九。
[2] George H. C. Wong, ISIS,54, Part 1, No. 175.
[3] 见洪若翰(de Fontaney)1703年2月15日致 R. P. de la Chaise 神父的信,《清史资料》第6辑,中华书局,1985年。
[4] 梅文鼎:《雨坐山窗》,《绩学堂诗抄》卷四。
[5] 梅文鼎:《上孝感相国(四之三)》,《绩学堂诗抄》卷四。

弧度,必古算所有,而流传西土。此反失传,彼则能守之不失且踵事加详。至哉圣人之言,可以为治历之金科玉律矣!"[1]于是梅氏用他"绩学参微"的功夫,来补充、完善"西学中源"说。他主要从以下三个方面加以论述:

一是论证"浑盖通宪"即古周髀盖天之学。

明末李之藻著有《浑盖通宪图说》,耶稣会士熊三拔(Sabbathinus de Ursis)著有《简平仪说》。前者讨论了球面坐标网在平面上的投影问题,并由此介绍星盘及其用法;后者讨论一个称为简平仪的天文仪器,其原理与星盘相仿。梅氏就抓住"浑盖通宪"这一点来展开论证:"故浑天如塑像,盖天如绘像……知盖天与浑天原非两家,则知西历与古历同出一原矣。"又进一步主张:"盖天以平写浑,其器虽平,其度则浑。……是故浑盖通宪即古盖天之遗制无疑也。"而且还列举具体例证:"今考西洋历所言寒热五带之说与周髀七衡吻合"、"周髀算经虽未明言地圆,而其理其算已具其中矣"、"是故西洋分画星图,亦即古盖天之遗法也"。有了五带、地圆、星图这些例证之后,梅氏断言:"至若浑盖之器……非容成、隶首诸圣人不能作也;而于周髀之所言一一相应,然则即断其为周髀盖天之器,亦无不可。""简平仪以平圆测浑圆,是亦盖天中之一器也。"

不难看出,梅氏这番论证的出发点就大错了。中国古代的浑天说与盖天说,完全不是如他所说的那样为"塑像"与"绘像"的关系。李之藻向耶稣会士学习了星盘原理后作《浑盖通宪图说》,只是借用了中国古代浑、盖的名词,实际内容是根本不同的。精通天文学如梅氏,按理不会不明白这一点,但他竟不惜穿凿附会,大做文章,这就不仅仅是封建士大夫逢迎帝王所能解释的了。至于"容成、隶首诸圣人",连历史上是否实有其人也大成问题,更不用说他们能制作将球面坐标投影到平面上去的"浑盖之器"了。五带、地圆、星图画法之类的例证也都是附会。

二是设想中法西传的途径和方式。

"西学中源"说必须补上这个环节才能自圆其说。梅氏先从《史记·历书》"幽、厉之后,周室微……故畴人子弟分散,或在诸夏,或在夷狄"的记载出发,认为"盖避乱逃咎,不惮远涉殊方,固有挟其书器而长征者矣"。不过他设想的另一条途径更为完善:《尚书·尧典》上有"乃命羲和,钦若昊天"的记载,梅氏又根据古代羲仲、羲叔、和仲、和叔四人"分宅四方"的

---

[1] 梅文鼎:《历学疑问补》卷一。

传说[1]，设想东、南有大海之阻，极北有严寒之畏，唯有和仲向西方没有阻碍，"可以西则更西"，于是把所谓"周髀盖天之学"传到了西方。他想象和仲西去之时是"唐虞之声教四讫"，而和仲到西方之后，"远人慕德景从，或有得其一言之指授，或一事之留传，亦即有以开其知觉之路。而彼中颖出之人从而拟议之，以成其变化，固宜有之"。

古代畴人子弟抱书器西向长征的可能性我们当然不能绝对排除，但问题的关键是，西方古典天文学和周髀盖天之说是两个根本不同的体系，没有任何"同出一源"的证据，因此无论畴人子弟或和仲（假定真有其人的话）西征的可能性有多大，西方天文学也不可能源于"周髀盖天之学"。梅氏之说，实出于中国封建士大夫的传统偏见。

早先王锡阐断言西法是"窃取"中法而成，梅氏则平和一些，认为是西人得到中国先贤"指授"，因而"有以开其知觉之路"发展而成的。而且给出了时间、地点和方式，这就使"西学中源"说显得大为完善。

三是论证西法与回回历即伊斯兰天文学之间的亲缘关系。

梅氏认为"西洋人精于算，复从回历加精"、"则回回泰西，大同小异，而皆本盖天"，所以"要皆盖天周髀之学流传西土，而得之有全有缺，治之者有精有粗，然其根则一也"。梅氏能在当时看出伊斯兰天文学与西方天文学的亲缘关系，比我们今天做到这一点要困难得多。因为当时中国学者对外部世界的了解还是非常少的。不过梅氏把两者的先后关系弄颠倒了。当时的西法比回历"加精"倒是事实，但追根寻源，回历还是源于西法的。

上述三方面的论述主要见于梅氏的《历学疑问补》第一卷中。通过他的阐发，"西学中源"说更见完备，影响也更大了。

三、阮元等人推波助澜

"西学中源"说有"圣祖仁皇帝"提倡于上，"国朝历算第一名家"写书撰文作诗阐扬于天下，一时流传甚广，也无人敢提出异议。1721年完成《数理精蕴》，号称御制，其中说：

---

[1] 这类传说在清代十分流行，《钦定书经图说》中有"命官授时图"专言此事。当时许多读书人都是信以为真的。

　　　　汤若望、南怀仁、安多、闵明我相继治理历法,间明算学,而度数之理渐加详备。然询其所自,皆云本中土流传。[1]

连在清廷供职的耶稣会士也承认"西学中源"。不过上列诸人是否真说过这样的话,至少,说时处在什么场合,有怎样的上下文,都还不无疑问。倘若《数理精蕴》所言不虚,那倒是一段考察康熙和耶稣会士之间关系的宝贵材料。耶稣会士在清宫中虽颇受礼遇,但归根到底还是中国皇帝的臣下,他们面对康熙"钦定"之说,看来也不得不随声附和。

《明史》于1739年修成,其《历志》中重复了梅文鼎"和仲西征"的虚构,又加以发挥说:"夫旁搜博采以续千百年之坠绪,亦礼失求野之意也。"[2]这一自我陶醉的说法,很受当时中国士大夫的欢迎。

乾嘉学派兴盛时,其重要人物如阮元、戴震等都大力宣扬"西学中源"说。阮元是为此说推波助澜的代表人物。1799年他编成《畴人传》,其中多次论述"西学中源",而且不乏"创新"之处:

　　　　然元尝博观史志,综览天文算术家言,而知新法亦集古今之长而为之,非彼中人所能独创也。如地为圆体则曾子十篇中已言之,太阳高卑与《考灵曜》地有四游之说合,蒙气有差即姜岌地有游气之论,诸曜异天即郄萌不附天体之说。凡此之等,安知非出于中国如借根方之本为东来法乎![3]

阮元本来是反对哥白尼日心说的。1760年耶稣会士蒋友仁(Michael Benoist)向清廷献《坤舆全图》,其说明文字中明确指出哥白尼日心说为唯一正确,而阮元在《畴人传》蒋友仁传论中仍然抨击日心说。但到了1840年,他似乎又变为赞同日心地动之说了,然而在这里他也为"西学中源"说找到用武之地:

　　　　元且思张平子有地动仪,其器不传,旧说以为能知地震,非也。元

---

[1]　《数理精蕴》上编卷一"周髀经解"。
[2]　《明史·历志一》。
[3]　阮元:《汤若望传论》,《畴人传》卷四十五。

窃以为此地动天不动之仪也。然则蒋友仁之谓地动,或本于此,或为暗合,未可知也。[1]

把张衡的候风地动仪说成是"地动天不动之仪也",以乾嘉学术大师而如此牵强附会,在今天看来简直难以置信,但在当时并不奇怪。乾嘉学派对清代学术界的影响是众所周知的,经阮元等人大力鼓吹,"西学中源"产生了持久而深入的影响。

有一个例子很能说明问题:1882年,那时清王朝已到尾声,"西学中源"说已提出两个多世纪了,查楫亭仍然如数家珍地谈到,重刻《畴人传》是"俾世之震惊西学者,读阮氏罗氏之书而知地体之圆辨自曾子,九重之度昉自《天问》,三角八线之设本自周髀,蒙气之差得自后秦姜岌,盈朒二限之分肇自齐祖冲之,浑盖合一之理发自梁崔灵恩,九执之术译自唐瞿昙悉达,借根之法出自宋秦九韶元李冶天元一术。西法虽微,究其原皆我中土开之"。[2]且不说此处"九执之术译自唐瞿昙悉达"一句中就有两个错误,单看那时已是现代天文学的时代,查氏还在这样闭目塞听,抱残守缺,就足见"西学中源"说影响之持久了。

"西学中源"说确立之后,又有从天文、数学向其他科学领域扩散之势。阮元把西洋自鸣钟的原理说成和中国古代刻漏之理并无二致,所以仍是源出中土。[3]这是推广及于机械工艺方面。毛祥麟更推广到医学,他把西医施行外科手术说成华佗之术的"一体",而且因未得真传,"犹似是而非",所以成功率不高。[4]这类论述多半是外行的臆说,并无学术价值可言。

四、"西学中源"说产生的背景

矢忠故国的明遗民和清朝君臣,在政治态度上是完全对立的,但这两类人不约而同地提倡"西学中源"说,这是一个值得注意的现象。他们各自的动机是什么?有什么异同?探讨这些问题的意义不限于科学史本身。

天文学上的中西之争,始于明末。在此之前,中国虽已两度接触到古希

---

[1] 阮元:《续畴人传》序。
[2] 查楫亭:《重刻〈畴人传〉后跋》。
[3] 阮元:《自鸣钟说》,《揅经室三集》卷三。
[4] 毛祥麟:《墨余录》卷七。

腊天文学——唐瞿昙悉达译《九执历》、元明之际传入回历,但一方面只是间接传入(以印度、阿拉伯为媒介),另一方面当时中国天文学仍很先进,胜过外来者,更无被外来者取代之虞,所以并无中西之争。即使明代在钦天监特设回回科,回历与《大统历》参照使用,也未出现过什么"汉回之争"。

但到明末耶稣会士来华时,西方天文学已发展到很高的阶段,相比之下,中国的传统天文学明显落后了。明廷决定开局修撰《崇祯历书》,意味着中国几千年的传统历法将被西洋之法所代替。而历法在封建社会是王朝统治权的象征物,这样神圣的事竟要采用外来的"西夷"之法,正是十十足足的"用夷变夏",对一向以"天朝上国"自居的中国士大夫来说实在难以容忍。正因为这一点,自《崇祯历书》开撰起,就遭到保守派持续不断的攻击,一次失败紧接着就再来一次。徐光启作为西学的护法神,力挽狂澜,终于使《崇祯历书》在1634年修成,不能不说是一个奇迹。但是保守派的攻击还是使得崇祯帝在《崇祯历书》修成后犹豫了十年之久,不能下决心颁行天下。而在此期间中西法多次较量,通过实测检验,中法没有一次能免于败北。[1]但当崇祯帝最终认识到"西法果密",下诏颁行时,亡国之祸也已临头。

清人入关后,立刻以《西洋新法历书》之名颁行了《崇祯历书》的删改本。他们采用西法根本没有明朝那样多的犹豫和争论,这有两方面的原因。一者中国历来改朝换代之后都要改历,以示"乾坤再造",而当时除了《崇祯历书》并无胜过《大统历》的好历供选择;二者当时清人刚以异族而入主中国,无论如何总还未马上以"夏"自居。既然自己也是"夷",那么"东夷"与"西夷"就没什么大不同,完全可以大胆地取我所需。正如李约瑟博士注意到的那样,"但在改换朝代之后,汤若望觉得已可随意使用'西'字,因满族人也是外来者"。[2]

首倡"西学中源"说的黄、方、王三人,都是中国几千年传统文化养育出来的学者,又是大明的忠臣。他们目睹"东夷"入主华夏,又在颁正朔、授人时这样的神圣之事上全盘引用"西夷"之法,而且还以西夷之人主持钦天监,无疑有着双重的不满。提倡"西学中源"说的目的,三氏中以王锡阐表示得最明确:他主张恢复传统的历法,而在西法中只应取一些具体成果来补中法

---

[1]《明史·历志一》中载有八次这样较量的记录,时间在1629—1637年间,内容包括日食、月食、行星运动等方面。中法优胜的记录一次也没有。

[2] 李约瑟:《中国科学技术史》第四卷,科学出版社,1975年,页674。

之不足,即所谓"镕彼方之材质,入《大统》之型模"。为此他一面尽力摘寻出西法的疏漏之处,一面论证"西学中源",然后得出结论:"夫新法之戾于旧法者,其不善如此;其稍善者,又悉本于旧法如彼。"[1]他的六卷《晓庵新法》正是贯彻这一主张的力作。

黄、方、王都是在野布衣,又在政治上抱定不与清人合作的宗旨,所以他们没有能力也不愿意去对清政府就历法问题有所建言。在这种情况下提倡"西学中源"还有缓解理论困境的作用:传统文化的熏陶使他们坚持"用夏变夷"的理想,而严峻的现实则在"用夷变夏"。如果论证了"夷源于夏",就可避免这个问题了。这一思路正是后来清朝君臣所遵循的。

黄、方、王研究中西历法,因看出其相似之处而提出"西学中源",有没有纯科学的动机?一般说来,研究中西历法而发现其相似之处,从而设想二者同源,完全可以仅从纯科学的思考得之。但在谁源于谁这一点上,科学以外的因素就很容易起作用了。笃信"用夏变夷"的中国士大夫当时很难作出"西学中源"之外的答案。即使到了近代,习惯于"欧洲中心"说的西方学者在看到中西天文学某些相似之处后,不是也热衷于论证其发源于巴比伦甚至希腊吗?当然,两者相似未必就同源。

清人入主华夏,本不自讳言为"夷",也无从讳。到1729年,雍正帝还坦然表示:"且夷狄之名,本朝所不讳",他只是抬出《孟子》云:"舜,东夷之人也;文王,西夷之人也"来强调"惟有德者可为天下君"[2],不在于夷夏。但实际上由于清人入关后全盘接受了汉文化,加之统一政权,已经历了两代人的时间,汉族士大夫的亡国之痛也渐渐淡忘,这时,清人就开始不知不觉地以"夏"自居了。这一转变,正是康熙亲自提倡"西学中源"说的背景。

康熙初年杨光先事件暴露了"夷夏"问题的严重性。这一事件可视为明末天文学上中西之争的余波,杨光先的获罪标志着"中法"最后一次重大努力仍然归于失败。杨氏说"宁可使中夏无好历法,不可使中夏有西洋人"[3],清楚地表明他并不把历法本身放在第一位,只不过耶稣会士既以天文历法为进身之阶,他也就企图从攻破他们的历法入手。杨氏虽失败,但也获得不少正统派士大夫的同情,他们主要是从捍卫中国传统文化着眼的。

---

[1] 王锡阐:《历策》,收入《畴人传》卷三十五。
[2] 雍正语俱见《大义觉迷录》卷一,载《清史资料》第4辑,中华书局,1983年。
[3] 杨光先:《日食天象验》,《不得已》卷下。

清人的两难处境在于:一方面他们需要西方天文学来制定历法,需要耶稣会士帮助办外交,需要西方工艺学来制造天文仪器和大炮,需要金鸡纳来治疗疟疾,等等;另一方面,又要继承中国几千年来的文化传统,以"夏"自居,以"天朝上国"自居,以维护其统治。因而历法等领域内"用夷变夏"的现实日益成为一个令清朝君臣头痛的问题。在这种情况下,康熙提倡"西学中源"说,不失为一个巧妙的解脱办法。这样既能继续引进、采用一些西方科技成果(从这一点来看,"西学中源"说在历史上是起过一些积极作用的),又在理论上避免了"用夷变夏"之嫌。西法虽优,但源出中国,不过青出于蓝而已,而采用西法则成为"礼失求野之意也"。康熙的这番苦心,士大夫们立刻心领神会了。所以康熙只用片言只语提了个头,梅文鼎、阮元等人就不遗余力地来响应、来宣扬了。前引梅氏"伏读"诸语,谀词盈耳,除了"君臣之分"外,不难看出双方强烈的共鸣。对于这种问题,封建社会中确实是政治高于科学的,所以梅氏虽身为历算名家,在论证"西学中源"时也不免穿凿附会。

"西学中源"在士大夫中受到广泛欢迎,以至于流传二百余年之久,还有一个原因。当年此说的提倡者曾希望以此来提高民族自尊心,增强民族自信心。中国的封建统治者向来以"天朝上国"自居,醉心于"声教远被"、"万国来朝",清人也不例外。但现在忽然在历法、教学、工艺等方面技不如人了,这使他们深感难堪。阮元之言可为代表:

> 使必曰西学非中土所能及,则我大清亿万年颁朔之法必当问之于欧逻巴乎?此必不然也!精算之士当知所自立矣。[1]

然而技不如人的现实是无情的。"我大清"二百六十年颁朔之法确实从欧罗巴来。"西学中源"虽可使士大夫陶醉于一时,但随着科学发展,幻觉终将破碎。而且事实上清代也有一些著名学者如江永、赵翼等,保持着清醒、公正的态度,不去盲目附和"西学中源"说。

最后顺便指出,中西文化交流源远流长,这是毋庸置疑的,但"西学中源"说的荒谬,在今天已经显而易见。然而此说的流风余韵,似乎至今不绝。我们研究了"西学中源"说之后,再看诸如《易经》中已有二进制、《周易参同契》中的场论"之类的说法,就会觉得似曾相识了。这就是研究"西学中

---

[1] 阮元:《汤若望传论》,《畴人传》卷四十五。

源"说的现实意义。对于我们这样一个有悠久而高度文明并经常以此自豪的民族来说,提供这样一个前车之鉴以戒来者,恐怕还是有必要的。

原载《自然科学史研究》7 卷 2 期(1988)

关于望远镜的一条史料

望远镜的发明权问题在现代西方学者中至今未有定论。以前很多人认为是伽利略所发明的,现在比较流行的说法是:由荷兰人于1608年发明,而伽利略只是闻讯仿制并首先将其用于天文学观测。但也有许多学者相信望远镜的历史可以追溯到更早。本文所分析的明清古籍中的一条史料有可能为此提供新的证据和线索。

明人郑仲夔《玉麈新谭·耳新》卷八中有如下一段记载:

> 番僧利玛窦有千里镜,能烛见千里之外,如在目前。以视天上星体,皆极大;以视月,其大不可纪;以视天河,则众星簇聚,不复如常时所见。又能照数百步蝇头字,朗朗可诵。玛窦死,其徒某道人挟以游南州,好事者皆得见之。[1]

如果这段记载属实,那就表明望远镜早在伽利略用以进行天文观测之前很久就已有了,并且还被带到了中国。利玛窦(Mathew Ricci,1552—1610年)是最早进入中国的耶稣会传教士之一,他于1582年到达中国,1610年逝世于北京,而伽利略正是在这一年公布了他用望远镜进行天文观测所获得的一系列新发现。[2]若望远镜直到1608年才被发明,则当时远在北京的利氏生前无论如何也不可能得到它,因为那时从欧洲到北京的旅程要数年之久。这样,就有必要对上引郑氏的记载作进一步的分析和考察,以判断其可

---

[1] 郑仲夔:《玉麈新谭·耳新》卷八,收入《明史资料丛刊》第3辑,江苏人民出版社,1983年,页204。

[2] Galileo, *Sidereus Nuntius*, Venice (1610), E. Carlos trans., *The Sidereal Messenger*, London (1880, repr. 1959).

信程度究竟如何。

从称利氏为"番僧"这一点来看,郑氏所记当为 1595 年之前的事。利氏从 1583 年进入中国内地,起初他和其他耶稣会传教士都作和尚打扮,故被认为"番僧"。但从 1595 年开始,利氏等人改为儒服[1],这对他们打入中国上层社会大为有利。此后许多与利氏交游的中国官员、学者在他们留下的记载中,都称利氏为"西儒"而不再将之视为僧侣了。

从内容上来看,郑氏所记与耶稣会士所著的中文著作中关于望远镜的论述似乎是相互独立的。在当时耶稣会士中文著作中,普遍将望远镜的发明权归于伽利略,如 1615 年阳玛诺的《天问略》、1626 年汤若望的《远镜说》、1634 年由汤若望等四人编撰的《崇祯历书》(五纬历指卷一)等都是这样记载的。根据郑氏的自序,《耳新》成书于 1634 年,此时《天问略》、《远镜说》两书皆已刊行,郑氏读到它们固属可能。但是上述二书中所述伽利略用望远镜观测到的六大天文发现(即金星位相、月面山峰、土星光环、太阳黑子、木星卫星、银河众星),有五项郑氏都未提到。因此郑氏所记不像是因袭耶稣会士中文著作之说,很可能另有所据。

就地点与人物而言,郑氏所记也不完全是无稽之谈。据考证,利氏在华交游人物中确有一位道士,姓王,他于 1599 年在南京与利氏往来。[2]不过据郑氏所记,道士似在南方活动,而利氏自 1600 年获准居留京师之后,直至去世,十年间未再南下。如郑氏所记为利氏北上之前事(这种可能性很大),则"玛窦死,其徒某道人挟以游南州"之语尚存疑问。

由上所述,郑氏的记载还是值得重视的,并无足够的理由将其视为小说家言而不屑一顾,况且退一步来说,科学史研究中从小说家言发掘史料的先例也有许多。

以上仅就郑氏记载本身分析言之。而关于利玛窦的望远镜,《耳新》所言并非唯一记载。比如稍后的王夫之在《思问录外篇》中也有"玛窦身处大地之中,目力亦与人同,乃倚一远镜之技,死算大地为九万里"之语。[3]但王氏未提供进一步的细节,无法知道其说之所自。

---

[1] Joseph Shih, S. J.:《基督教远征中国史》法译本序;《利玛窦中国札记》,中华书局,1983 年,页 660。

[2] 林金水:《利玛窦交游人物表》,《中外关系史论丛》第 1 辑,世界知识出版社,1985 年。

[3] 王夫之:《思问录外篇》,收入《思问录·俟解》,中华书局,1956 年,页 64。

在望远镜发明权之争中,英国数学家迪格斯父子是重要的候选人。托玛斯·迪格斯(T. Digges)留下了一份详细的望远镜使用说明,这被认为可能是其父伦纳德·迪格斯(L. Digges)生前已发明了望远镜的证据。[1]伦纳德·迪格斯死于1571年,其时伽利略才七岁。

又,晚清著名学者王韬曾与传教士伟烈亚力合译《西国天学源流》一书,其中也谈到十六世纪的望远望:"伽利略未生时,英国迦斯空于1549年已用远镜于象限仪。迦斯空死后二十余年,无人知用者,而法兰西有某者造之,夸为创事,且造分厘镜。其死,二器亦无传,而伽利略复为之。"但学者们目前还未发现《西国天学源流》所据的原本。[2]

诸如此类的说法,都有可能从郑氏《耳新》的记载中获得支持。

原载《中国科技史料》11卷4期(1990)

---

[1] H. C. King, *The History of the Telescope*, London (1955), pp. 29 – 30.

[2] 席泽宗:《王韬与自然科学》,《香港大学中文系集刊》1卷2期(1987)。

汤若望与托勒密天文学在中国之传播

引　言

　　《崇祯历书》(1634)为至开普勒早期工作为止的欧洲天文学的集大成之作。由于汤若望个人的巨大努力,它又被改编成《西洋新法历书》而在中华帝国获得了官方天文学的崇高地位(1645)。《西洋新法历书》所介绍的各家天文学说中,第谷学说固然居于最重要的地位,然而托勒密天文学说也有着极为重要的地位——常能与前者分庭抗礼,有时甚至超过之。归根结底,第谷以及他之前和之后的许多大师都是喝着托勒密天文学的乳汁成长起来的,这种历史感和发展眼光,正是汤若望特别向他的中国读者强调的。在很大程度上,正是由于汤若望,才使得清代的中国学者有可能较为系统地了解托勒密天文学。

　　本文尝试分三个步骤来讨论汤若望与托勒密天文学在中国传播的关系。第一部分略论汤若望在《崇祯历书》中的贡献,以及他对此一巨著的改编。第二部分专论汤若望对托勒密天文学的看法和论述——这方面的大部分内容都是他在《西洋新法历书》中新增加的。第三部分考述《西洋新法历书》文本中对托勒密天文学采纳引用的详细情况。

一、汤若望与《西洋新法历书》

甲、汤若望在《崇祯历书》中的贡献

　　《崇祯历书》通常被认为是在徐光启领导下(末期徐卒后李天经继之),由汤若望与龙华民、邓玉函、罗雅谷四位耶稣会士共同编撰而成。但实际上绝大部分工作出于汤、罗二人之手。这一事实可以从几方面得到证实。

当《崇祯历书》于崇祯二年(1629)九月开局修撰时,徐光启仅招请了龙、邓二人参与。但龙华民教务繁冗(自1610年起一直任中国耶稣会总会长),对于他的前任利玛窦所定之在华传教方略也有不同看法——而参与修历之举正属利氏方略之实施[1],稍后便很快退出了历局的工作。[2]而邓玉函则忽于次年逝世。于是徐光启不得不再招请另两位会士以继任其事,他于崇祯三年五月的奏疏中叙述此事颇详,中云:

> 先是臣光启自受命以来,与同西洋远臣龙华民邓玉函等,日逐讲究翻译……不意本年四月初二日臣邓玉函患病身故。此臣历学专门,精深博洽,臣等深所倚仗,忽兹倾逝,向后绪业甚长,止藉华民一臣,又有本等道业,深惧无以早完报命。臣等访得诸臣同学尚有汤若望罗雅谷二臣者,其术业与玉函相埒,而年力正强,堪以效用。[3]

汤、罗到局之后,编撰工作主要由他们两人承担。历局中的其余中方成员则由汤、罗两人施以培训,从事辅助性工作。此种情况可由主持者徐光启的临终遗言得到证实。崇祯六年十月,徐因担心自己可能病将不起,而修历工作也已完成大半,乃上疏陈奏历局工作人员之专长、功劳及升赏之建议,其中首叙汤、罗:

> 撰译书表,制造仪器,算测交食躔度,讲教监局官生,数年呕心沥血,几于颖秃舌焦,功应首叙;但远臣辈守素学道,不愿官职,劳无可酬,唯有量给无碍田房,以为安身养赡之地。[4]

一月后徐光启即病逝。李天经继之主持历局,萧规曹随,于次年(1634)完成编撰《崇祯历书》之浩大工程。

为对汤若望在《崇祯历书》中的贡献获得更为清晰的概念,可通过《崇祯

---

[1] 利氏本人生前就曾表示愿意参与明廷的修历工作。请参见利玛窦:《利玛窦中国札记》,中华书局,1983年,页272。
[2] 方豪:《中国天主教史人物传·龙华民传》,上册,中华书局,1988年,页97。
[3] 徐光启:《修改历法请访用汤若望罗雅谷疏》,《徐光启集》第七卷,上海古籍出版社,1984年,页343-344。
[4] 徐光启:《治历已有成模恳祈恩叙疏》,《徐光启集》第八卷,页427-428。

历书》各部分纷繁不一的署名情况略作考察和统计。

《崇祯历书》完成后,虽迟迟未能正式颁布天下,但在明亡之前早已有木版刊刻印刷。当清军进入北京城时,这些版片正存放于汤若望所居之天主堂内。[1]后汤若望增删改订而成《西洋新法历书》,刊行时在很大程度上利用了这些版片。故《西洋新法历书》版本中所见的署名情况,仍可反映当时《崇祯历书》各作者在此书中的地位与贡献。以前有的论述将汤若望诋为"贪他人之功据为己有",显然是夸大其词而缺乏事实根据的。

徐宗泽曾披览《西洋新法历书》版本多种,据他记述,多数部分的署名为徐光启、汤若望与罗雅谷(不计后面的辅助人员名单)[2],举一例如下,为封面内页所题:

> 明礼部尚书兼翰林院学士协理詹事府事加俸一级徐光启督修修政历法极西耶稣会士汤若望撰,罗雅谷订。

又王重民著录他亲自所见的美国国会图书馆所藏的《西洋新法历书》善本(九十卷本),各部分前皆有作者署名,称"著"、"撰"、"述"、"订"、"删定"等。此书共包括著作二十七种,其中《远镜说》没有署名,《学历小辩》署"历局与魏文魁辩论文稿",又缺《新历晓惑》一种[3],而此三种皆为汤若望所撰。[4]据此,可对《西洋新法历书》二十八种著作之作者署名情况统计如次:

归于汤若望一人名下者:七种。

汤"撰"而他人"订"者:六种。

他人"撰"而汤"订"者:十种。

汤与他人同撰者:一种。

与汤若望无涉者仅四种。

因此,即使考虑到《西洋新法历书》中有数种为汤若望所新增,汤若望也无疑是《崇祯历书》中两个最重要的撰者之一。

---

[1] 徐宗泽:《中国天主教传教史概论》,土山湾印书馆,1938年,页216;上海书店影印,1990年。
[2] 徐宗泽:《明清间耶稣会士译著提要》,中华书局,1989年,页249起。
[3] 王重民:《中国善本书提要》,上海古籍出版社,1983年,页227。
[4] 徐宗泽:《明清间耶稣会士译著提要》,页373。

乙、汤若望对《崇祯历书》之改编

清军进入北京以后，汤若望通过一系列积极而颇具手腕的活动，终使《崇祯历书》所代表的西方天文学在清朝取得官方正统地位，他本人成为钦天监负责人，开中国数千年未曾有过之先例。[1]对于汤若望的这些活动，学者早有论述。[2]但这些活动中有一项，即汤若望将《崇祯历书》改编为《西洋新法历书》一书，虽屡屡被论者提及，却往往仅一笔带过而已。此处稍对汤若望这一改编工作作较为具体的讨论。

当初徐光启、李天经在督修《崇祯历书》期间，曾分五次向崇祯帝进呈历局完成之著作，共计四十四种一百三十七卷。[3]日后汤若望即在此基础上实施改编。改编成的《西洋新法历书》，因多次挖改、删补并重印，版本情况甚为繁复，本文主要依据两个较为完善且有代表性的版本进行考察：一为笔者亲加披阅之北京故宫博物院藏本(简称故宫本)，此为顺治二年(1645)刊本。[4]一为前述王重民著录之美国国会图书馆藏本(简称国会本)，系康熙年间刊印之本。[5]

从纲目上看，汤若望对《崇祯历书》四十四种作了重大删并。故宫本《西洋新法历书》仅二十八种，国会本仅二十七种，且其中分别有十一种及十种为汤若望所新增者。据笔者初步考察，删并主要是针对各种表进行的，而对于理论基础部分，即五种《历指》(日躔、月离、恒星、交食、五纬)，汤若望几乎只字未改。[6]

---

[1] 在唐代虽有天竺人瞿昙氏、迦叶氏等任皇家天学机构负责人("知太史事"、"太史监"等，同清代之钦天监监正)，但彼等系数世定居中土，华化已深；尤重要者，彼等在任上奉行的仍为中土传统天学方法，故不可能与汤若望事等量齐观。见江晓原：《天学真原》，辽宁教育出版社，1991年，页364–366。

[2] 如黄一农：《汤若望与清初西历之正统化》，《新编中国科技史》，台北：银禾文化事业公司，1990年，页465–490。

[3] 五次进呈书目俱见北京故宫博物院所藏《西洋新法历书》第二套之《治历缘起》八卷中。又徐宗泽《明清间耶稣会士译著提要》页241–244亦有引录。其中《交食历指》与《交食表》各分两次进呈，此各计为一种。

[4] 此为汤若望从顺治元年即开始刊刻之"官样大字"新版，与明亡前已存于汤若望处之版片不同，后者版式较小，汤若望称之为"小板"。但此本《历疏》卷二最末一疏为汤若望于顺治二年五月初二日所奏，故推断为顺治二年刊本。

[5] 王重民的判断。因此本中汤若望赐号"通玄教师"之"玄"字已挖改为"微"，当为避康熙之讳而改。详见王重民：《中国善本书提要》，页227。

[6] 北京故宫博物院现有明刊《崇祯历书》残本二十卷(《五纬历指》九卷、《五纬表》十卷、《比例规解》一卷)，笔者曾据以与故宫本《西洋新法历书》参校比较，以《五纬历指》为例，两者完全相同。诸《历指》后又收入《古今图书集成》，文字亦无变动。

故宫本及国会本《西洋新法历书》中汤若望新增的著作,可列表一览如次:

著作名称	卷数	故宫本	国会本
历疏	2	√	
治历缘起	8	√	√
新历晓惑	1	√	
新法历引	1	√	√
测食略	2	√	√
学历小辩	1	√	√
远镜说	1	√	√
几何要法	4	√	√
浑天仪说	5	√	√
筹算	1	√	√
黄赤正球	2	√	
历法西传	1		√
新法表异	2		√

这些新增著作,大都篇幅较小。其中以汤若望自撰者较多,但亦有他人著作,如《几何要法》题"艾儒略口述,瞿式谷笔受";亦有昔日历局旧著之改订而采入者,如题为"汤若望撰,罗雅谷订"的《浑天仪说》之类。

自客观效果言之,汤若望的改编确实使《西洋新法历书》较《崇祯历书》显得紧凑完备。同时无可讳言,增入近十种由汤若望所撰之小篇幅著作,也令读者印象中汤若望在此巨著中的分量大为加重。但另一方面,汤若望新增入的自撰著作也使后人得以窥见他的若干学术观点,而这不是历局其余人的论述所能替代的。就本文的主题而言,这些新增著作中特别值得注意的是汤若望的天文学史观——主要见于《历法西传》和《新法历引》[1]。

---

[1] 通常都作《新法历引》。但故宫本仅题作《历引》。

二、汤若望对托勒密天文学之评述

汤若望的天文学史观,特别强调发展、进步与积累。对于欧洲天文学发展史上最重要的代表人物,他举出多禄某(托勒密)、亚而封所、歌白泥(哥白尼)和第谷四人:

> 兹惟新法,悉本之西洋治历名家曰多禄某、曰亚而封所、曰歌白泥、曰第谷四人者。盖西国之于历学,师传曹习,人自为家,而是四家者首为后学之所推重,著述既繁,测验益密,历法致用,俱臻至极。[1]

汤若望标举上述四人以代表至当时为止的欧洲天文学发展史,这在那个时代应是相当合理的见解。[2]与其余三人相比,亚而封所似乎稍逊一等,这一点汤若望也明确意识到了。在《历法西传》中,他又详论此四人,且依次为《至大论》(Almagest)、《天体运行论》(De Revolutionibus)及第谷之《新编天文学初阶》(Astronomiae instauratae progymnasmata, 1602)、《论天界之新现象》(De Mundi aetherei recentioribus phaenomenis, 1588)四部著作撰写了中文提要,唯不及于亚而封所之书,仅谓"缘属祖述成书,故今亦不及叙"。[3]

《历法西传》为汤若望专向中国读者介绍欧洲天文学发展史纲要之作(尽管极为简略),他在其中对托勒密及其天文学的评价可以说是至高无上:

> 西洋之于天学,历数千年,经数百手而成,非徒凭一人一时之臆见,贸贸为之者。日久弥精,后出者益奇,要不越多禄某范围也。[4]

汤若望时代,近代天文学已在欧洲兴起,而这种天文学正是一脉相传从

---

[1] 汤若望:《新法历引》,据《古今图书集成》历象汇编历法典卷七八历法总部总论六,第32册,中华书局影印,1934年,页16正面。
[2] 在评判古人之历史论述时,今人不能以因历史发展而使自己具有的高度去苛求古人,参见江晓原:《第谷天文体系的先进性问题》,《自然辩证法通讯》11卷1期(1989),页47–52。
[3] 汤若望:《历法西传》,据《古今图书集成》历象汇编历法典卷七七历法总部总论五,第32册,页12反面。
[4] 同上,页13正面。

古希腊天文学——以托勒密的工作为其最高代表——的基础上生长发展起来的。因此汤若望对托勒密的上述评价,即使从今天的眼光看,也完全可以成立。

汤若望在《历法西传》中为托勒密、哥白尼、第谷三人的四部著作作了提要,但其中为《至大论》所作提要占的篇幅超过了其余三种提要的总和。这篇《至大论》中文提要,颇为详细,内容也相当准确。[1]作为十七世纪欧洲天文学在华传播史上的重要文献,实有很大价值,兹特录其全文,作为本文附录一。

对于《至大论》其书,汤若望也有评述,他将《至大论》视为当时天文学的源泉:

以上十三卷,属多禄某所著……可为历算之纲维,推步之宗祖也。但其辞句太古,浅学罕能习之。[2]

这也是与历史事实大体符合的。

三、《西洋新法历书》中的托勒密天文学

甲、《西洋新法历书》引述托勒密天文学之一般格式

《历书》最引人注目的特点之一,即在许多课题的处理中都遵循如下程序:首先介绍托勒密的观测记录及其数学处理过程,次介绍哥白尼的,最后是第谷及其门人的。[3]此种现象在行星运动理论部分尤为明显,兹以土星为例以见一斑:

《五纬历指》卷二论土星运动之第一章为"测土星最高及两心差先法第一"[4],旨在求得土星轨道远地点及土星均轮心与地心之差。此章事实上几乎是《至大论》XI5 之全文移译[5],构建模型之直接依据为三次土星冲日

---

[1] 经与 *Almagest* 之 R. C. Taliaferro 英译本(收入 *Great Books of the Western World*, vol. 16 [Chicago 1952], pp. 1 – 478)对比可知。

[2] 汤若望:《历法西传》,《古今图书集成》历法总部总论五,第 32 册,页 12 反面。

[3] 如 K. Longomontanus(色物利诺)、Kepler(刻白尔、格白尔,今译开普勒)等。

[4] 自此以下凡引用《五纬历指》,俱据故宫本《西洋新法历书》第十函,只注卷章。

[5] *Almagest*, R. C. Taliaferro 英译本,页 364 – 376。

观测[1],基本数据为该三次冲日时刻之土星黄经及太阳平黄经,并引用示意图四幅。[2]然后以几何方法推导计算,颇为繁复,此处不及尽述。第二章为"测土星最高及两心差后法第二",以与前章完全相同之格局引用哥白尼三次土星冲日观测[3],以及推导计算之法。此系译自《天体运行论》之V6。[4]并引用其中示意图两幅[5],前一幅图与《至大论》XI5 上相同[6],后一幅富有哥白尼自己的特色,哥白尼在其行星运动理论中多次使用该图所示之模型。

尽管从哥白尼之说问世后,天文学家渐有放弃地心模式者,但托勒密用来解决具体天文学课题的方法与思路,直到开普勒行星运动定律大行于世之前,仍为西方天文学家所不可或缺,连哥白尼本人也不例外。第谷与托勒密的距离当然更近,仍以《五纬历指》中所论土星运动为例,至介绍第谷及其门人之工作时称:

> 近年第谷门人用多禄某法作别图,稍定前数。……用此图可推土星均数。[7]

此即第谷及其门人采用托勒密旧法,而修订成新模型及新参数之例。

以上所述介绍、引用托勒密、哥白尼及第谷三家天文学工作之顺序格式,在《历书》中大量可见。由此可知汤若望所称托勒密之学"可为历算之纲维,推步之宗祖",在《历书》中并非虚语。

乙、《西洋新法历书》引用《至大论》内容之考证与统计

《历书》大量引用《至大论》中内容,突出表现在观测记录及示意图两方面。《至大论》载有托勒密本人在公元 124—141 年间所作的大量观测记录,此外尚有许多前人的观测记录亦因载入是书中而得以保存。《历书》引用

---

[1] 日期为公元 127 年 3 月 26 日、133 年 6 月 3 日、136 年 7 月 8 日。
[2] *Almagest*, R. C. Taliaferro 英译本,页 364、367、368、376。
[3] 日期为公元 1514 年 5 月 5 日、1520 年 7 月 13 日、1527 年 10 月 10 日。
[4] *De Revolutionibus*, C. G. Wallis 英译本,收入 *Great Books of the Western World*, vol. 16 [Chicago 1952], pp. 501 – 838。V6 在页 749 – 755。
[5] 同上,页 749、752。
[6] *Almagest*, R. C. Taliaferro 英译本,页 364 上之图。
[7] 《五纬历指》卷二,"测土星次行后法第七"。

《至大论》中所载观测记录达二十七项之多,笔者考证的结果,详列于本文附录二。其中有个别观测数值两者未能完全吻合,这是由于《至大论》经十几世纪的传抄、翻译及注释,版本异常繁复,造成若干细节出入,应是意料中事。本文所据的版本与当年汤若望等会士所用者颇有不同。[1]

考证示意图的引用情况,要复杂得多。在对某两部以不同语言写成的著作进行比较研究时,图常是最为明显简捷的线索,以至于研究者即使未谙其中一种语言,有时仍能发现两者之间的关系。[2]但此种做法也有潜在的危险,而因《至大论》"历算之纲维,推步之宗祖"的地位,其危险又特别严重。现代天文学兴起之前,几乎所有的西方天文学家皆从《至大论》或基于《至大论》之教科书学习天文学;《至大论》中处理基本课题的一些几何方法在其后十几个世纪中一直是标准方法,因而《至大论》中大量示意图曾被无数次复制和引用。为此不能不特别小心。举例来说,如在《历书》中发现一幅与《天体运行论》中相同的图,是否能即由此推断该图及所示内容系引自后者?还不能——因为后者可能又是引自《至大论》的,后者还可能是采用了《至大论》的方案但又根据新的观测重新确定了参数。为此笔者在考证时,一面尽力追根寻源,力求不遗漏那些转述自其他来源(见下文)而实属于《至大论》中的内容;同时又遵循如下原则:只取图中参数与《至大论》原书一致者。如此考证的结果,《西洋新法历书》共引用《至大论》中的示意图十七幅,详列于本文附录三。

丙、《西洋新法历书》引述托勒密天文学之其他来源

《历书》在引述托勒密天文学时,并不仅限于从《至大论》一书取材。有时汤若望等人显然认为,某些后人的重述或简编本中的内容更适合他们的需要;有时他们还认为有必要引述一些托勒密晚期的工作——未包括在《至大论》中者,这都会促使他们转而求助于其他著作。据笔者初步考证,这种著作至少可能有如下三部:

---

[1] 在对所有可得到的抄本进行系统研究的基础上提出的现代版本,由 Heiberg 于 1898—1903 年间在莱比锡出版,本文所据即为此一版本之英译。汤若望等人当年所用的版本,现已知至少有 1515 年及 1528 年的两种拉丁文版,前者译自阿拉伯文,后者译自希腊文,依次为《北堂书目》第 2518 及 2519 号;见 Catalogue of the Peit'ang Library, Peking, 1949 年,页 739。北堂藏书现仍保存于北京,但常人无由得见。

[2] 一个例子可见严敦杰:《伽利略的工作早期在中国的传播》,《科学史集刊》1964(7),页 8—27。

其一为哥白尼《天体运行论》,这在本文附录三中即可见到两例,兹不多论。事实上,《天体运行论》一书也是汤若望等人编撰《历书》时的重要参考书。[1]

其二为题 Regiomontanus 撰之《托勒密〈至大论〉纲要》(*Epitoma Almagesti Ptolemaei*,1496)。此书虽成于 Regiomontanus 之手,但他明确将其前六卷之著作权归于其师兼合作者、著名的 George Peurbach。《历书》在讨论行星黄纬运动时有一段引述称:

> 王宝翰(原注:距今百五十年)曰:五星纬行,前古未有识者,迄多禄某始觉其理而明其法,测验功深,乃得立成而布算。[2]

据笔者考证,此"王宝翰"当即 George Peurbach,所引论述当即出于《托勒密〈至大论〉纲要》一书。[3]此书也确是当年汤若望等人编撰《历书》时所用的参考书之一。[4]

其三为托勒密《行星假说》(*Planetary Hypotheses*)。托勒密早岁作《至大论》,此后其行星运动理论又有颇大变化,其中重要的方面之一即行星黄纬问题,乃于晚年作《行星假说》一书综述之。在《至大论》中,外行星均轮面与黄道面之倾角 i_0 不同于本轮面与均轮面之倾角 i_1,即本轮面与黄道面不平行;至《行星假说》中,改令 $i_0 = i_1$,即本轮面平行于黄道面,遂使理论大为简化。[5]而《历书》在处理行星黄纬问题时,明确采纳本轮(小轮)与黄道面平行方案,屡言"盖小轮恒于黄道为平行面故也","小轮心在交上无纬度者,其平面与黄道平面相合为一"。[6]并将其说归于托勒密,则显为《行星假说》中之说可知矣。

《行星假说》全书分两卷,在希腊文手稿中仅保存了第一卷的前面部分,

---

[1] 诸会士携来中土使用之《天体运行论》至少有两种版本:1566 年版及 1617 年版,分别编为《北堂书目》第 1385、1384 号。见 *Catalogue of the Peit'ang Library*, 页 401。
[2] 《五纬历指》第七卷,五纬纬行,"古测纬行第一"。
[3] 详见江晓原:《明末来华耶稣会士所介绍之托勒密天文学》,《自然科学史研究》8 卷 4 期(1989),页 306–314。
[4] 当时会士携来之此书初版本今尚存北京,《北堂书目》第 2553 号,见 *Catalogue of the Peit'ang Library*, 页 750。
[5] O. Neugebauer, *A History of Ancient Mathematical Astronomy*, Berlin (1975), p. 909。
[6] 俱见《五纬历指》第七卷,五纬纬行,"古测纬行第一"。

习称为 I.1，行星黄纬理论正在该部分中。I.1 由 Bainbridge 译为拉丁文，1620 年出版于伦敦[1]，故汤若望等人应已有可能利用此书，况且他们还有可能利用他人著作中的转述。

原载 *Monumenta Serica*, *Monograph Series*(《华裔学志丛书》,德国) ⅢV,1998 年

附录一

汤若望所作《至大论》中文提要全文[2]

若多禄某即西洋历学名师,在郭守敬前一千百有余年,汉顺帝永建时人。著书一部,计十有三卷。

第一卷:详正历学大指,如诸星运行、天体浑圆、地与海共为一球、地居天与空气之正中、地较天大不过一点等项。次著角理,不但以勾股测直线之长短,且用曲线三角形量天,是为以圆齐圆,所得诸星相距度分最准。又求二至相距几何度分、在赤道内外几何度分,并二曜相离最远为几何度分;设黄道纬度求赤道相应经度、设黄道经度求赤道相应纬度。

第二卷:论宗动天,设黄道在地平上之点求其距赤道之地平弧,设日之高求正侧各景之长短、又求黄道各点之半昼弦,解正仪昼夜等众星常见之故、偏仪二至规下岁一次无景、距赤道愈远昼夜愈不等而两极下每岁为一昼夜。

第三卷:考太阳行,求二分时刻、辩二至气至时难求时刻,求岁实与每日太阳平行,乃作平行立成表。又推论日行,用同心规及小轮或同心及不同心合一之理;推地心与日规相距几何远,随求太阳最远点(亦名最高),定太阳历元及太阳行度每日不等之数。

第四卷:论太阴行,证求太阴真行度即月食可考、月有迟疾平三行,乃求

---

[1]《行星假说》全书仅在阿拉伯文译本中方得保存,此种全本至 1967 年始得出版。或疑此书 I.1 之外的部分中可能有若干中世纪阿拉伯天文学家的工作羼入。

[2] 据汤若望:《历法西传》,《古今图书集成》历象汇编历法典卷七八历法总部总论六,页 12 正面至反面。江晓原标点。

月平行并月每日纬度,即以齐月诸行;或用同心圈及小轮,或不用同心圈,二法同理;设三月食求同心规及小轮两半径,以定月诸行历元;又求月行正交中交之时,推二交逆行之数。

第五卷:解月自行以求月经纬度,必用小轮推月加减立成表。求月之更大纬度与月之地半径差度,复求日月二轮与地球半径之比例,及日月与地景之似径(地景其形如角,所求之径乃月所过截地景之处)。又求月半径及景半径与地半径之比例,求日真径,求日远于地,求景之长大(已上三求皆以地半径为度)。求日月地之比例(原书称三大,即日月与地)。设日月之远求地半径差、推视差立成表、比日月两视差、分月视差有三种。

第六卷:解日月合会,求日月平朔平望并定朔定望时及其宫度分,求地景及月半径定日月食限,论日月半年中能再食,月食后五阅月中能再食、七阅月中不再食,日于五阅月中各地能两食,七阅月中一地能两食,日于三十日中一地不能再食。更求月正纬度,设月真所在求视所在,求月正会前后四刻之视行及日月似会(即日食),即求日食初亏食甚复圆三时定日食分秒。

第七卷:论诸恒星远近终古如一,证其昼夜行外别有他行,论其顺天经行以黄道极为本极,定岁差度。设三星相距以二星经纬度求第三星经纬度,详测星法。

第八卷:论天汉起没,详天汉中大星所在及众星拱向并其出入,设黄道经纬度求赤道纬度等。

第九卷:求五星每年及每日平行,解五星大小轮理。求水星之本行,求水星最高,求水星大小圈半径比例,又求水星小轮上平行以求水星各行历元。

第十卷:解金水二星之行,求金星最高及不同心轮与小轮半径比例,设时定金星诸行历元。求土木火三星之小轮及小轮之本行(亦名岁行),设火星三处求其最高,测从地心至不同心圈其远几何,求火星小轮之半径,推火星平行,定火星诸行之历元。

第十一卷:解土木二星之理,即求地心与木星本心之差及木星本轮与小轮之半径并其平行,定木星之历元;后设土星三次舍以求其最高,求土星小轮之半径而定其历元。设五星之平行求其实经度。

第十二卷:解五政行度有退留疾等之故,即求其留界及逆行之半弧,更求金星左右距日之极大弧度,并水星与日最远度。

第十三卷:论齐五星纬度之法,求火木土三星各本圈及黄道交角,并定其纬度。论五星伏见,先求火木土三星伏见相距之时,次求金水二星伏见及其相距之时。

已上十三卷,属多禄某所著。除右引各目外,尚有三百余款,可为历算之纲维,推步之宗祖也。但其辞句太古,浅学罕能习之,故诸名家更互演绎,各有论著。

附录二

《西洋新法历书》引用《至大论》观测记录一览

	观测日期(公元)年/月/日	观测内容	观测者	至大论	西洋新法历书	说明
1	133/5/6	月食	Ptolemy	IV 6	月离历指一	日黄经略异
2	134/10/24	月食	Ptolemy	IV 6	月离历指一	日黄经略异
3	135/3/6	月食	Ptolemy	IV 6	月离历指一	日黄经略异
4	135/10/3	月球视差	Ptolemy	V 13	月离历指二	数据略异
5	127/3/26	土星冲日	Ptolemy	X 15	五纬历指二	
6	133/6/3	土星冲日	Ptolemy	X 15	五纬历指二	
7	136/7/8	土星冲日	Ptolemy	X 15	五纬历指二	
8	133/5/17	木星冲日	Ptolemy	XI	五纬历指三	
9	136/8/31	木星冲日	Ptolemy	XI 1	五纬历指三	
10	137/10/8	木星冲日	Ptolemy	XI 1	五纬历指三	
11	130/12/11	火星冲日	Ptolemy	X 7	五纬历指四	
12	135/2/21	火星冲日	Ptolemy	X 7	五纬历指四	火星黄经略异
13	139/5/27	火星冲日	Ptolemy	X 7	五纬历指四	
14	132/3/8	金星大距	Theo	X 1	五纬历指五	
15	140/7/30	金星大距	Ptolemy	X 1	五纬历指五	
16	127/10/12	金星大距	Theo	X 1	五纬历指五	

（续表）

	观测日期(公元)年/月/日	观测内容	观测者	至大论	西洋新法历书	说明
17	136/12/25	金星大距	Ptolemy	X 1	五纬历指五	
18	129/5/20	金星大距	Theo	X 2	五纬历指五	大距值略异
19	136/11/18	金星大距	Ptolemy	X 2	五纬历指五	日黄经略误
20	134/2/17	金星大距	Ptolemy	X 3	五纬历指五	
21	140/2/18	金星大距	Ptolemy	X 3	五纬历指五	金星黄经略误
22	−272/10/12	金星掩星	Vir Timocharis	X 4	五纬历指五	数据颇异
23	138/6/4	水星大距	Ptolemy	IX 7	五纬历指六	
24	141/2/2	水星大距	Ptolemy	IX 7	五纬历指六	
25	−265/11/15	水星大距	迦勒底人	IX 7	五纬历指六	
26	134/10/3	水星大距	Ptolemy	IX 8	五纬历指六	
27	135/4/5	水星大距	Ptolemy	IX 8	五纬历指六	

附录三

《西洋新法历书》引用《至大论》示意图一览

	示意图内容提要	至大论	西洋新法历书	说　明
1	太阳远地点及两心差	III 4	日躔历指	转引自《天体运行论》，较原书有省略
2	日月距离、实径与地影长	V 15	月离历指二	
3	外行星会合周期	X 7	五纬历指一	
4	土星远地点及两心差	X 15	五纬历指二	
5	土星远地点及两心差	X 15	五纬历指二	
6	土星远地点及两心差	X 15	五纬历指二	

（续表）

	示意图内容提要	至大论	西洋新法历书	说　明
7	土星会合周期	X 15	五纬历指二	
8	土星会合周期	XI 6	五纬历指二	
9	木星远地点及两心差	XI 1	五纬历指三	稍有省略
10	木星远地点及两心差	XI 1	五纬历指三	同上
11	火星远地点及两心差	X 7	五纬历指四	同上
12	火星远地点及两心差	X 7	五纬历指四	同上
13	火星远地点及两心差	X 7	五纬历指四	同上
14	金星本轮及两心差	X 2	五纬历指五	
15	金星轨道之两心差	X 3	五纬历指五	同上
16	水星大距与远地点	IX 8	五纬历指六	
17	行星黄纬	XIII 3	五纬历指七	同上

耶稣会士与哥白尼学说在华的传播

——西方天文学早期在华传播之再评价

引　言

明末耶稣会士来华,以传播西方科学技术知识作为打入中国上层社会的手段,以帮助他们的传教活动。在耶稣会士传播的科学技术知识中,天文学知识最为重要。这是因为,在中国漫长的封建社会中,天文历法向来被视为王权得以确立的必要条件和象征[1],而耶稣会士恰好获得了运用他们的天文学知识为明廷修历的机会。正是通过修历,使耶稣会士得以直接接触中华帝国的最高统治者,并进入中国社会的上层,从而使他们的传教事业一度站稳了脚跟。

对于耶稣会士在中国传播西方天文学的动机,很多人士作过论述。认为这是一种帮助传教的手段,基本上可以成为定论。然而,动机与效果并不是一回事。对于耶稣会士在中国传播西方天文学的客观效果,学者们的看法很不一致,甚至是明显对立的。虽然有人主张"由于他们的活动形成了中国与西方近代科学文化的早期接触"[2],因而应该肯定他们的功绩,但公开表达这种观点的人相当少。因为在十八世纪的很长时期中,人们不大敢谈论耶稣会士的功绩。而更有影响的则是流行已久的"阻挠说"。其说认为:"正是由于耶稣会传教士的阻挠,直到十九世纪初中国学者(阮元)还在托勒

---

[1] 关于此一结论之详细论证,请参阅以下两书:江晓原:《天学真原》,辽宁教育出版社,1992年(又台湾洪叶文化事业有限公司,1995年);以及江晓原:《天学外史》,上海人民出版社,1999年。

[2] 例如林健:《西方近代科学传来后的一场斗争》,《历史研究》1980年第2期。

密体系与哥白尼体系之间徘徊"[1]，并进而论定："近代科学在中国当时未能正式出现，那阻力并不来自中国科学家这方面，而来自西方神学家那方面。"[2]

但是，评价一种活动的历史功过，主要不应该从这种活动的动机出发，更不应该从某些现成的、未经深入考察过的观念模式出发，轻率作出结论。特别是，如果那些模式是出于某种非学术的原因而被虚构出来的（详见下文），就更容易将讨论引入歧途。

鄙意以为，对于耶稣会士在中国传播西方天文学的历史功过，应该从史料出发，并结合中西天文学发展的历史进程及当时的历史背景，针对这种活动本身，以及这种活动所产生的客观效果，进行实事求是的研究，以得出尽可能公允的评价。这正是本文打算进行的尝试。

一、Tycho 体系在当时不失为先进

耶稣会士汤若望（Adam Schall von Bell）等人在编撰《崇祯历书》时采用了 Tycho 的宇宙体系而未采用 Copernicus 的日心说，通常被认为是"阻挠"了中国人接受日心说，因而其心可诛。为此我们有必要先考察 Tycho 体系，看它在当时究竟是先进还是落后，然后再进而探讨"阻挠说"能否成立。

这里还需要注意的是，在评价一个历史事物时，如果笼统地、不加推敲地使用"先进"或"落后"这类概念，很容易带来混乱，而无助于问题之讨论。因此我们必须从三个方面对 Tycho 体系进行考察：

甲、"先进"与否因时间而异

Copernicus 之《天体运行论》（*De Revolutionibus*）发表于 1543 年，今天我们从历史的角度来评价它，谓之先进，固无问题，但十六、十七世纪的欧洲学术界，对它是否也作如是观？而且，当时学者之怀疑 Copernicus 日心说，并不是没有科学上的理由。

日心地动之说，早在古希腊时代 Aristarchus 即已提出，但始终存在着两条重大反对理由——Copernicus 本人也未能驳倒这两条反对理由。第一条，

---

[1] 何兆武、何高济：《利玛窦中国札记》中译本序言，中华书局，1983 年，页 20。
[2] 何兆武：《略论徐光启在中国思想史上的地位》，《哲学研究》1983 年第 7 期。

是观测不到恒星的周年视差（地球如确实在绕日公转，则从其椭圆轨道之此端运行至彼端，在此两端观测远处恒星，方位应有所改变），这就无法证实地球是在绕日公转。Copernicus 在《天体运行论》中只能强调恒星非常遥远，因而周年视差非常微小，无法观测到。[1]这确实是事实。但要驳倒这条反对理由，只有将恒星周年视差观测出来，而这要到十九世纪才由 F. W. Bessel 办到——1838 年他公布了对恒星天鹅座 61 观测到的周年视差。[2]第二条理由被用来反对地球自转，认为如果地球自转，则垂直上抛物体的落地点应该偏西，而事实上并不如此。这也要等到十七世纪伽利略阐明运动相对性原理以及有了速度的矢量合成之后才被驳倒。因此在耶稣会士修撰《崇祯历书》时（1629—1634），Copernicus 学说并未在理论上获得胜利。当时欧洲天文学界的大部分人士对这一学说持怀疑态度，正在情理之中。

作为和本文论题密切相关的历史背景，我们应该对当时的欧洲天文学界有一个正确的了解。多年来一些非学术的宣传品给公众造成了这样的错觉：似乎当时除了 Copernicus、Galileo、Kepler 等几人之外，欧洲就没有其他值得一提的天文学家了。又因为罗马教廷烧死了 Bruno（其实主要不是因为他宣传日心说）、审判了 Galileo，就将当时的情形简单化地描述成"神学迫害科学"、"宗教与科学斗争"，并进而将当时的许多学术之争都附会到这种"斗争"模式中去。[3]而实际上，当时欧洲还有许多天文学家，其中名声大、地位高者大有其人，正是这些天文学家、天文学教授组成了当时的欧洲天文学界。其中有不少是教会人士（Copernicus 本人也是神职人员），参与在华修历的耶稣会士如汤若望、邓玉函（Joannes Terrenz）等人皆是此界中人——邓玉函且与 Galileo、Kepler 皆有很好的私交。Galileo、Kepler 等人率先接受日心说，固属出乎其类，拔乎其萃，足证其伟大，但这并不能成为当时怀疑日心说的人士"反动"、"腐朽"的证据。

Tycho 就是日心说的怀疑者之一。他提出自己的宇宙新体系（De Mundi, 1588），试图折中日心与地心两家。尽管 Galileo、Kepler 不赞成其说，但在

---

[1] Copernicus, *Commentariolus*, see E. Rosen, *Three Copernican Treatises*, Dover, 1959.

[2] J. Bradley 发现了恒星的周年光行差，作为地球绕日公转的证据，和恒星周年视差同样有力，但那也是 1728 年之事了。

[3] 这种模式先前曾在苏联的一些读物中流行，后来在二十世纪五十年代被中国的普及读物广泛采用，而一个人少年时代所接受的观念，往往会根深蒂固地留在头脑中，结果许多当代作者就依旧重复着上述模式。

当时和此后一段时间里 Tycho 体系还是获得了相当一部分天文学家的支持。比如 N. Reimers 的著作(*Ursi Dithmari Fundamentum astronomicum*,1588),其中的宇宙体系几乎和 Tycho 的一样,Tycho 还为此与他产生了发明权之争。又如丹麦宫廷的"首席数学教授"、哥本哈根大学教授 K. S. Longomontanus 的著作《丹麦天文学》(*Astronomia Danica*,1622)也是采用 Tycho 体系的。直到 J. B. Riccioli 雄心勃勃的巨著《新至大论》(*New Almagest*,1651),仍主张 Tycho 学术优于 Copernicus 学说。该书封面画因生动反映了作者这一观点而流传甚广:司天女神正手执天秤衡量 Tycho 与 Copernicus 体系——天秤的倾斜表明 Tycho 体系更重,而 Ptolemy 体系则已被委弃于女神脚下。

乙、"先进"与否因判据而异

当时许多欧洲天文学家认为 Tycho 体系足以与 Copernicus 体系并驾齐驱甚至更为优越,除了上述两条关于日心说的反对理由之外,是有他们的判断依据的。他们当时的判断依据是否和我们今日所用的相同,这一点对于本文的论题至关重要——先前许多讨论都是因为忽视了这一点而陷于混乱。

我们今日认为 Copernicus 体系"先进",主要是用"接近宇宙真实情况"这一判据。但是这一判据只有我们今日才能用,因为现在我们对宇宙的了解已经大大超越了前人,我们将今日所知之太阳系情况定义为真实,回头看前人足迹,谁较接近,则谓之先进。而当时人们对日心还是地心尚在争论不休,尚未有一个公认的"标准模型",如何能使用这条判据?

另一个判据,现代学者多喜用之,即"简洁"。但这一判据其实对 Copernicus 体系并不十分有利。多年来许多普及读物给人们造成这样的印象:Ptolemy 体系要用到本轮、均轮数十个之多,而 Copernicus 日心体系则非常简洁。许多读物上转载了 Copernicus 表示日心体系的那张图。[1] 那张图确实非常简洁,然而那只是一张示意图,并不能用它来计算任何具体天象。类似的图 Ptolemy 体系也有,一套十多个同心圆,岂不比 Copernicus 体系更加简洁?[2] 而实际情况是,Copernicus 要描述天体的具体位置时,仍不得不使用

---

[1] 该图的手稿影印件可见 N. M. Swerdlow, O. Neugebauer, *Mathematical Astronomy in Copernicus' De Revolutionibus*, Springer-Verlag,1984,p.572。

[2] A. Berry, *A Short History of Astronomy*, Dover Publications, INC.,1961,p.89.

本轮和偏心圆——地球需要用3个,月球4个,水星7个,金星、火星、木星、土星各5个,共计34个之多。[1]这虽比Ptolemy体系的79个圆少了一些,但也没有数量级上的差别。而且,Copernicus是个"比Ptolemy本人更加正统的'本轮主义者'"。[2]

这里需要附带说一句,"简洁"并不是一个科学的判据,因为它是以"自然规律是简洁的"为前提,而这无疑是一个先验的观念——事实上我们根本无法排除自然规律不简洁的可能性。

第三个判据,是从古希腊天文学开始一脉相承,直到今天仍然有效的,即"对新天象的解释能力"。1610年Galileo发表他用望远镜观测天象所获得的6条新发现,其中有两条对当时的各家宇宙体系提出了严峻挑战。当时欧洲的宇宙体系主要有如下4家:

1. 1543年问世的Copernicus日心体系。
2. 1588年问世的Tycho准地心体系。
3. 当时尚未退出历史舞台的Ptolemy地心体系。
4. 当时仍然维持着罗马教会官方哲学中"标准天文学"地位的Aristotle"水晶球"地心体系。[3]

Galileo发现了金星有位相(即如月亮那样有圆缺),这一事实对上列后两种体系构成了致命打击,因为在这两种体系中根本无法解释金星位相。但是Copernicus和Tycho的体系则都能够圆满解释金星位相。所以在"对新天象的解释能力"这条判据之下,Tycho仍能与Copernicus平分秋色。

最后是第四个判据,也是天文学家最为重视的判据,即"推算出来的天象与实测吻合"。此一判据古今中外皆然,明清之际中国天文学家则习惯于以一个字表达之,曰"密",即计算天象与实测天象之间的密合程度。然而恰恰是这一最为重要的判据,对Copernicus体系大为不利,而对Tycho体系极为有利。

那时欧洲天文学家通常根据自己所采用的体系编算并出版星历表。这种表给出日、月和五大行星在各个时刻的位置,以及其他一些天象的时刻和方位。天文学界同行可以用自己的实测来检验这些表的精确程度,从而评

[1] A Short History of Astronomy, p. 121.
[2] A Short History of Astronomy, p. 123.
[3] 关于"水晶球"体系,请见江晓原:《天文学史上的水晶球体系》,《天文学报》28卷4期(1987)。

价各表所依据之宇宙体系的优劣。Copernicus 的原始星历表身后由 E. Reinhold 加以修订增补之后出版,即 *Tabulae Prutenicae*(1551),虽较前人之表有所改进,但精度还达不到角分的数量级——事实上,Copernicus 对"密"的要求是很低的,他曾对弟子 Rheticus 表示,理论值与实测值之间的误差只要不大于 10′,他即满意。[1]

而 Tycho 生前即以擅长观测享有盛誉,其精度前无古人,达到前望远镜时代的观测精度最高峰。例如,他推算火星位置,黄经误差小于 2′;他的太阳运动表误差不超过 20″,而此前各星历表(包括 Copernicus 的在内)的误差皆有 15~20′之多。[2] 行星方面误差更严重,直到 1600 年左右,根据 Copernicus 理论编算的行星运动表仍有 4°~5° 的巨大误差,故从"密"这一判据来看,Tycho 体系明显优于 Copernicus 体系,这正是当时不少欧洲学者赞成 Tycho 体系的原因。

特别值得注意的是,以"密"定历法——也即中国的数理天文学方法——的优劣,也是中国天学自古以来的传统。耶稣会士既想说服中国人承认西方天文学优越,他们当然最好是拿出在当时中国人的判据下为优的东西来给中国人。这东西在当时不能是别的,只能是 Tycho 体系。

丙、Tycho 体系相对于中国传统方法的先进性

不少人云亦云的文章都说,当时耶稣会士所介绍的以 Tycho 体系为基础的西方天文学是"陈旧落后"的。但是"先进"和"落后"都是有时间性的,Tycho 体系以今视之固为落后,但是和当时中国传统的天文学方法相比,究竟是先进还是落后,只有对有关史料进行考察之后才能下结论。

《明史·历志一》中,载有当时天文学上"中法"和"西法"直接较量的史料八条,包括日食、月食、行星运动三个方面。这八次较量都是完全以"密"为判据的——双方预先公布各自推算的未来天象,届时由各地观测的结果来衡量谁的推算准确。对于此八条珍贵史料,笔者先前已经逐一作过考证,此处仅列出这八次较量的年份和天象内容:

1629 年,日食。

1631 年,月食。

---

[1] *A Short History of Astronomy*, p. 128.
[2] J. L. E. Dreyer, *Tycho Brahe*, Edinburgh, 1890, p. 334.

1634年，木星运动。

1635年，水星及木星运动。

1635年，木星、火星及月亮位置。

1636年，月食。

1637年，日食。

1643年，日食。

这八次较量的结果竟是8比0——中国的传统天文学方法"全军覆没"，八次都远不及"西法"准确。其中三次发生于《崇祯历书》编成之前，五次发生于编成并"进呈御览"之后。到第七次时，崇祯帝"已深知西法之密"。最后一次较量的结果使他下了决心，"诏西法果密"，下令颁行天下。可惜此时明朝的末日已经来临，诏令也无法实施了。[1]

而且必须强调指出，能够显示"中法"优于"西法"的材料，在《明史·历志》中一条也没有！这就有力地表明：当时耶稣会士和徐光启、李天经等人所掌握的以Tycho体系为基础的西方天文学方法，较之中国传统方法，有着极为明显的先进性。这当然是以"密"为判据的——值得注意，即使是反对西法的保守派如冷守忠、魏文魁等人，也完全赞成以"密"为判据来定优劣，所以才屡屡和对手一同去进行实测检验。

多次实测检验无一例外皆为西法优胜，这就不是偶然的了。李约瑟认为，当时耶稣会士所持西方天文学有以下六点较中国先进[2]：

1. 交食预报。
2. 以几何方法描述行星运动。
3. 几何学小日晷、星盘及测量上之应用。
4. 地圆概念和球面坐标方法。
5. 新代数学和计算方法、计算工具。
6. 仪器制造。

这是颇为全面的归纳。

这里还有一个问题需要略加讨论。当年王锡阐对于中法之负于西法不服，谓："旧法之屈于西学也，非法之不若也，以甄明法意之无其人也。"[3] 坚

---

[1] 请见江晓原：《第谷(Tycho)天文体系的先进性问题》，《自然辩证法通讯》11卷1期(1989)。

[2] 李约瑟：《中国科学技术史》第四卷，科学出版社，1975年，页641–643。

[3] 王锡阐：《历策》，载《畴人传》卷三十五。

持认为中国传统方法并不比西方的差,只是掌握运用未得其人,潜力尚未充分发挥,这才屈于西法。其说很容易从感情上在后世乃至当代获得赞成者,然而无情的历史事实是,西方天文学引入之后,中国学者竞相学习,再也没有人如王锡阐所希望的那样以"甄明法意"为己任了。王锡阐本人是进行这种努力的最后一人,他的《晓庵新法》凝聚了他的心血,寄托了他的希望,然而并不成功。[1] 再往后,现代形态的西方天文学全面植入中土,连中土的"法义"也成为历史陈迹,当然更不可能证明中法会有多少"潜力"——中医在西医大举进入后,至今保持生命力,可以证明它确实有潜力;而如今全世界都只有同一种天文学在实际运作,恐怕只能说明,众多古老文明中的传统天学,还没有任何一个具有能与西方天文学相颉颃的潜力。

二、"阻挠说"完全不能成立

这里要讨论的"阻挠",暂时仅限于天文学,即耶稣会士是否曾阻挠中国人接受 Copernicus 学说,乃至阻挠中国人接受近代天文学。至于本文后面的结论能否从"近代天文学"推广至"近代科学",兹事体大,非本文所拟论述。

甲、罗马教廷对 Copernicus 学说态度之变化

这只需简单列出一个大事年表即可,为了方便读者掌握本文讨论的线索,此处将一些有关事件也一并列入:

1543 年,《天体运行论》出版。

1616 年,Galileo 受到宗教裁判所"训诫",警告他不得持有、传播和捍卫日心说,只许将日心说视为假说,而不能视为真实的理论。《天体运行论》被列入"禁书目录"。

1633 年,Galileo 受到宗教裁判所审判,判处终身监禁,其著作《关于托勒密和哥白尼两大世界体系的对话》被列入"禁书目录"。

1728 年,J. Bradley 发现光行差,构成对日心地动学说的有力证据。

1757 年,罗马教廷取消对 Copernicus 日心学说的禁令。

1760 年,耶稣会士蒋友仁向乾隆帝献《坤舆全图》,正面介绍了 Copernicus 日心学说。

---

[1] 参见江晓原:《王锡阐和他的〈晓庵新法〉》,《中国科技史料》9 卷 1 期(1986)。

1799 年,阮元在《地球图说》序中激烈攻击 Copernicus 日心学说。

1822 年,《关于托勒密和哥白尼两大世界体系的对话》被从"禁书目录"中删去。其实在此之前该书早已在欧洲广泛流传。

乙、三位与 Copernicus 学说有关的来华耶稣会士

流行多年的"阻挠说",其思路其实颇为简单,可以归纳成一个三段论:

大前提:罗马教廷仇视和害怕 Copernicus 学说(烧死 Bruno,审判 Galileo)。

小前提:来华耶稣会士是罗马教廷的忠实助手。

结　论:来华耶稣会士仇视和害怕 Copernicus 学说。

根据这个思路,某些学者(包括对这一时期的中西方文化颇有研究的学者)认定,耶稣会士必定阻挠中国人接受 Copernicus 学说。

上面这个三段论,初听起来似乎就像"凡人必有死,Socrates 是人,Socrates 必有死"一样雄辩,其实是大有问题的。首先是大前提就不像"凡人必有死"那样简单,更大的问题是,Socrates 是"人"的子集,而来华耶稣会士并不是"罗马教廷"的子集。特别是在对待 Copernicus 学说的态度上,他们并不像有些人士想当然所臆断的那样,和审判 Galileo 时的罗马教廷完全一致。早期来华耶稣会士中,至少有三位与在中国传播 Copernicus 学说有关[1]:

第一位是卜弥格(Michael Boym)。他在 1646 年将一套 Kepler 编的《鲁道夫星表》(Rudolphine Tables)转送到北京(《北堂书目》第 1902 号),热情称赞此书"在计算日全食、偏食和天体运动方面是独一无二的、最好的"。[2] 该书是 Kepler 违背了 Tycho 的意愿而按照 Copernicus 体系编成的,其中大量采用了 Tycho 的观测成果,是当时最好的星表。

第二位是穆尼阁(Nicholas Smogulecki)。他曾在南京传播 Copernicus 学说。这件事在国内不少读物中还被编造成绘声绘色的故事,流传甚广。

第三位是祁维材(Wenceslaus Kirwitzer)。"肯定是一个 Copernicus 主义者"[3],可惜在 1626 年短命而亡。

上述三人都是耶稣会士,而且发生的事又都在罗马教廷"训诫"Galileo

---

[1] 《中国科学技术史》第四卷,页 665 – 666。
[2] P. M. D'Elia, *Galileo in China*, Harvard University Press, 1960, p. 53.
[3] *Galileo in China*, pp. 25 – 28.

并颁布包括《天体运行论》在内的"禁书目录"(1616)之后。穆尼阁传播 Copernicus 学说更在教廷审判 Galileo(1633)之后。这足以证明来华耶稣会士中在此问题上并不是与教廷完全一致的。

此外, J. Bradley 在 1728 年发现光行差,成为对日心地动学说的有力证据,教廷在 1757 年取消了对 Copernicus 学说的禁令,于是法国传教士蒋友仁(Michael Benoist)在 1760 年借向乾隆帝献《坤舆全图》之机,介绍了 Copernicus 学说。蒋友仁也是耶稣会士。

丙、《崇祯历书》对 Copernicus 学说的介绍和评价

我们再来看参与修撰《崇祯历书》的几位耶稣会士对 Copernicus 学说的态度。

参加这一工作的耶稣会士共有汤若望、邓玉函、龙华民(Nicolaus Longobardi)、罗雅谷(Jacobus Rho)四人。清军入关后,汤若望将《崇祯历书》略加增删改动,呈献清廷,以《西洋新法历书》之名颁行。故此书之最后删订者为汤若望。

《天体运行论》是修撰《崇祯历书》时最重要的参考书之一。[1] 汤若望等人大量引用了《天体运行论》中的材料,共计译用了原书的 11 章,引用了 Copernicus 所作 27 项观测记录中的 17 项。[2] 更重要的是,还对 Copernicus 在天文学史上的地位,以及《天体运行论》的内容作了介绍和述评。这是 Copernicus 学说问世不到一个世纪时,耶稣会士在远东对此所发表的述评,因而无疑是天文学史上的珍贵史料,有必要特别提出来讨论。

《西洋新法历书·新法历引》中云:

兹惟新法,悉本之西洋治历名家曰多禄某(按即 Ptolemy)、曰亚而封所(按即 Alfonso X[3])、曰歌白泥(按即 Copernicus)、曰第谷(按即 Tycho)四人者。盖西国之于历学,师传曹习,人自为家,而是四家者,首

---

[1] 耶稣会士携来中国使用的《天体运行论》至少有两种版本:1566 年版及 1617 年版,分别编为《北堂书目》第 1385 号及 1384 号。见 *Catalogue of the Peit'ang Library*, Peking, 1949, p. 401。

[2] 江晓原:《明清之际西方天文学在中国的传播及其影响》,博士学位论文,北京,1988 年 5 月,页 40。

[3] 莱昂和卡斯提尔的国王(1223—1284),通常译为阿尔方索十世。当时风行欧洲的《阿尔方索星表》和另一部天文学著作都归在他名下,故竟得与另三人并列。

为后学之所推重,著述既繁,测验益密,立法致用,俱臻至极。

这里将 Copernicus 列为四大名家之一,给以很高的评价,而且指出他的学说已经成为欧洲最有影响的几家天文学说之一。这样的判断是实事求是、恰如其分的。所谓"俱臻至极",当然是指四家在各自的时代臻于至极,这也是符合实际情况的。

《西洋新法历书·历法西传》中云:

有歌白泥验多禄某法虽全备,微欠晓明,乃别作新图,著书六卷。

接着依次简述了《天体运行论》六卷的大致内容。这里虽未谈到日心说,但是:

一、指出了 Ptolemy 体系"微欠晓明",有不及日心说之处。

二、还指出了 Copernicus 有一个新的宇宙体系,即"别作新图"(按照《西洋新法历书》体例,各宇宙体系皆谓之"图")。

三、指出了日心说所在的《天体运行论》,即"著书六卷"。

《西洋新法历书·五纬历指一》中则直接介绍了日心地动说中的重要内容:

今在地面以上见诸星左行,亦非星之本行,盖星无昼夜一周之行,而地及气火通为一球自西徂东,日一周耳。如人行船,见岸树等,不觉己行而觉岸行;地以上人见诸星之西行,理亦如此。是则以地之一行免天上之多行,以地之小周免天上之大周也。

这段话几乎就是直接译自《天体运行论》第 1 卷第 8 章[1],用地球自转来说明天球的周日视运动。这是日心地动学说中的重要内容,很值得注意,尽管随后作者表示他们赞同的是另一种解释。[2]

《西洋新法历书》是由汤若望定稿的,时间在 1645 年,已在教廷宣布《天

---

[1] Copernicus, *De Revolutionibus*, *Great Books of the Western World*, vol. 16, Encyclopaedia Britannica, 1980, p. 519.

[2] "然古今诸士,又以为实非正解"——他们的"正解",自然就是 Tycho 体系。

体运行论》为禁书和审判 Galileo 之后。作为一个耶稣会士,他能够这样介绍和评述 Copernicus 以及《天体运行论》,已属难能可贵。他和另外三位耶稣会士在《崇祯历书》中大量译用《天体运行论》中的内容,也同样是值得称道的。

丁、来华耶稣会士是否进行了阻挠?

现在我们可以在历史事实的基础上来讨论这个问题了:来华耶稣会士是否曾阻挠中国人接受 Copernicus 学说?答案显然是否定的。

要是汤若望等人真的像某些人想当然的那样是对 Copernicus 学说"恨得要死,怕得要命",那他们完全可以在《崇祯历书》中对 Copernicus 学说绝口不提,为何要既介绍其人,又介绍其书及地动学说?引用 Copernicus 的观测记录,即使从技术角度来说有其必要,那也完全可以不提他的著作和"新图",更无必要将他列为四大名家之一,使之可以与 Ptolemy 和 Tycho 分庭抗礼。而且,在一百多卷的《崇祯历书》和《西洋新法历书》中,除了上述"实非正解",再没有一句否定 Copernicus 学说的话。

所以,我们可以很有把握地指出,汤若望等来华耶稣会士不仅没有阻挠中国人接受 Copernicus 学说,相反还向中国人介绍了这一学说的某些重要部分,给了这一学说很高的评价,对中国人了解、接受这一学说起了促进作用——尽管在程度上还是有限的。而且,在对待 Copernicus 学说的态度上,来华耶稣会士们和罗马教廷并非完全一致。

戊、Tycho 体系在客观上是否能产生阻挠作用?

Tycho 体系当然不是他闭门造车杜撰出来的,而是他根据多年的天文观测——他的观测精度冠绝当时——精心构造出来的。这一体系力求能够解释以往所有的实测天象,又能通过数学演绎预言未来天象,并且能够经得起实测检验。事实上,Ptolemy、Copernicus、Tycho、Kepler 乃至 Newton 的体系全都是根据上述原则构造出来的。而且,这一原则依旧指导着今天的天文学。今天的天文学,其基本方法仍是通过实测建立模型——在古希腊是几何的,Newton 以后则是物理的;也不限于宇宙模型,比如还有恒星演化模型等。然后用这模型演绎出未来天象,再以实测检验之。合则暂时认为模型成功,不合则修改模型,如此重复不已,直至成功。当代著名天文学家 A. Danjon 对此说得非常透彻:

> 自古希腊的希巴恰斯(Hipparchus)以来两千多年,天文学的方法并没有什么改变。[1]

不少人士认为,耶稣会士在中国传播的是"托勒密和第谷的唯心主义体系"[2],或"托勒密的神学体系"[3],至少是人云亦云的说法,源于对天文学及其历史的无知。

这里涉及中西天文学传统中的两个重大差异。

首先是对天象的描述方法。中国自古使用大流土方法,通过近似公式——在本质上与巴比伦的周期公式相同——去描述天体运动。西方则至少从古希腊的 Eudoxus、Hipparchus、Ptolemy 以下,一脉相承,都用几何模型方法。证明这两种方法的优劣不是本文的任务(尽管结论是显而易见的,毕竟中国传统方法未能产生出现代天文学),但从《崇祯历书》修成以后,几何模型方法——即所谓西法——确实风靡了中国天文学界。中国学者认为西法的一个重要优越性,是可以提供对天象的解释,而这种解释是中国传统方法所不能提供的。对此李之藻 1613 年在向朝廷推荐耶稣会士时说得非常明白:

> 其所论天文志历数,有中国昔贤所未及者。不徒论其度数,又能明其所以然之理。[4]

而明显的事实是,这种用几何模型描述天象的方法,在 Ptolemy、Copernicus、Tycho 等人手里没有任何区别。因此从方法上来说。Tycho 体系不可能妨碍中国人接受 Copernicus 学说。

其次是宇宙模型问题。众多的本轮、均轮偏心圆固然只是为了方便计算而假设的,并非实有其物,对此 Ptolemy、Copernicus、Tycho 等人皆无异议,不少中国学者(包括阮元在内)也都明白这一点。但对于地心或日心这种模型的大结构,各家都认为是反映了宇宙真实情况的。而此种宇宙模型,在中

---

[1] A. Danjon:《球面天文学和天体力学引论》,科学出版社,1980 年,页 3。
[2] 辛可:《哥白尼和日心说》,上海人民出版社,1973 年,页 62。
[3] 《利玛窦中国札记》中译本序言,页 21。
[4] 《明史·历志一》。

国传统天学中毫无用处,也从未产生过。因此 Copernicus 的日心模型也好,Ptolemy 的地心体系也好,Tycho 的折中体系也好,对中国学者来说都是外来的新事物,而它们在作为宇宙模型这一点上又是一致的,有什么理由认为中国学者接受了 Tycho 体系之后就会妨碍接受 Copernicus 学说呢？难道中国学者都是先入为主、不会思考之人,以致一旦接受了某种外来之说,就会一味盲从,从此拒绝一切别的更好的学说？

再次是欧洲天文学史所能提供的旁证。众所周知,自 Ptolemy 以后一千数百年间,几乎所有的西方天文学家,包括中世纪的阿拉伯天文学家,乃至 Copernicus、Tycho、Kepler 等伟大天文学家,无一不是从 Ptolemy 的天文学巨著《至大论》中汲取了极其丰富的养料——在这一千数百年间,《至大论》就是天文学的《圣经》。与此相仿,Kepler 也从 Tycho 的工作中获得营养。Ptolemy、Tycho 体系在欧洲为 Copernicus、Kepler 提供了养料,成为他们前进的阶石,难道到了中国就偏偏会成为人们接受后者的障碍？

己、是阮元在阻挠中国人接受日心说

阮元直到十八、十九世纪之交仍坚决反对日心说。他又是乾嘉学派中的重要人物,对当时的中国学术界有相当大的影响,他之不接受日心说,被认为是耶稣会士"阻挠"之故,成为"阻挠说"的重要例证之一。而事实上这种说法是很难站得住脚的。

1760 年耶稣会士蒋友仁向乾隆帝献《坤舆全图》,其解说文字中明确主张 Copernicus 学说是唯一正确的。此图虽藏于深宫,一般学者无由得见,但后来由钱大昕润色,将图中解说文字以《地球图说》的书名出版(1799)。阮元为此书作了序。阮元完全了解蒋友仁对 Copernicus 学说的全面介绍,然而真理的力量竟未能征服阮元使他接受日心说。阮元恰恰是从耶稣会士那里知道 Copernicus 日心说的,他自己拒不接受,怎么能归罪于耶稣会士的"阻挠"呢？

遍查《崇祯历书》、《西洋新法历书》以及明清之际来华耶稣会士撰写的其他重要天文著作,除了前述"实非正解"一语,几乎找不到有什么攻击诋毁 Copernicus 学说的话语。而恰恰是阮元,不止一次攻击、否定 Copernicus 的日心学说,例如他攻击日心说,谓：

上下易位,动静倒置,则离经畔道,不可为训,固未有若是其甚焉者也。[1]

所以，要说有谁曾经阻挠过中国人接受 Copernicus 学说的话，那绝不是耶稣会士，而是"经筵讲官南书房行走户部左侍郎兼管国子监算学"阮元![2]

三、耶稣会士的历史功绩

通过上面的讨论不难看出：

第一，Tycho 体系在当时比 Copernicus 体系更"密"，因此耶稣会士不可能、也无必要用这个比较优越的体系来"阻挠"在当时看来还不那么优越的 Copernicus 体系，而且在客观上也做不到这一点。

第二，汤若望等人不仅不仇视 Copernicus 学说，事实上还向中国学者作了介绍和积极评价。

第三，最终向中国全面介绍 Copernicus 学说的仍是耶稣会士。

第四，如果说介绍了 Tycho 体系，而未全面介绍 Copernicus 体系，就是"阻挠"中国人接受后者，那么干脆任何体系都不介绍又算什么？恐怕反而不是阻挠了？

因此，"阻挠说"是一个在史料上既得不到任何支持，在逻辑上又非常混乱，纯属"想当然耳"的、蛮不讲理的主观臆断之说。

在评价耶稣会士向中国人传播西方天文学的历史功过时，他们是否阻挠中国人接受 Copernicus 学说仅仅是一个方面。另一个方面是，耶稣会士是否只拿西方天文学中那些"陈旧落后"的内容来欺哄中国人？答案也是否定的。Tycho 体系在当时并不落后，耶稣会士选择它有科学上的理由，已见前述。此外，耶稣会士还曾将欧洲当时非常新颖的天文学成果介绍进来。

例如，《崇祯历书》和《西洋新法历书》中介绍了不少 Galileo、Kepler 等人

---

[1] 阮元编：《畴人传》，卷四十六。
[2] 阮元享寿颇高，他在 1799 年编撰《畴人传》时明确排拒哥白尼学说，但是四十余年之后，在《续畴人传》序中，他似乎转而赞成地动之说了，但此时他又陷入另一种荒谬之中："元且思张平子有地动仪，其器不传，旧说以为能知地震，非也。元窃以为此地动天不动之仪也。然则蒋友仁之谓地动，或本于此，或为暗合，未可知也。"将汉代张衡的候风地动仪猜测为演示哥白尼式宇宙模型的仪器，未免太奇情异想矣。

的天文学工作。

又如，Galileo用望远镜作天文观测获得的新发现，发表于1609年（*Sidereus Nuntius*），仅六年之后，来华耶稣会士阳玛诺（Emanuel Diaz）的中文著作《天问略》中已经对此作了介绍。

再如望远镜，1626年汤若望的中文著作《远镜说》一书已经详细论及其安装、使用和保养等事项。而至迟到1633年，徐光启、李天经先后领导的历局中已经装备此物用于天象观测，上距Galileo首次公布他的新发现不过二十余年，这在当时应该算是非常快的交流速度了。

其实，耶稣会士向中国人介绍当时欧洲新的科学成果，本来是很容易理解的，因为他们试图用这些科学成果来打动中国学者，获得中国学者的尊重，从而打开进入中国上层社会的道路。靠陈货是办不到这一点的，因为当时中国传统天文学毕竟仍有相当的水平。

但是，在评价耶稣会士传播西方天文学的功过时，最重要的一点通常都被忽略了。而忽略了这一点，要想得到正确公允的评价是不可能的。

前面已经指出，天文学的基本方法从古希腊到今天是一脉相承的。因此以西方天文学方法为基础的《崇祯历书》（《西洋新法历书》）是中国天文学从传统向现代演变，走上世界天文学共同轨道的转折点。而这部"西方古典天文学百科全书"在中国的广泛传播，和耶稣会士在清朝钦天监二百年的工作，无疑为这一演变作出了贡献——这一演变如今早已经完成。

明乎此，就不难看清，要正确评价耶稣会士在中国传播西方天文学的功过，不能一味纠缠于中国学者接受Copernicus学说之迟早，却不对天文学发展的历史进行考察和理解。因为问题的关键并不在于中国人接受Copernicus学说之迟早（况且我们今天已经知道这一体系远非宇宙的真实情况，只是人类探索宇宙的漫长阶梯中的一级而已），而在于认识到，耶稣会士将西方天文学的基本方法和精神介绍给了中国学者，而且这种方法和精神与现代天文学是共同的。无论是用Tycho体系还是用Copernicus体系——哪怕就是用Ptolemy的地心体系，甚至利玛窦《乾坤体义》中的水晶球体系，都能产生同样的效果！

故本文的结论是：

明清之际耶稣会士在中国传播西方天文学，在客观上完全是有功无过。

他们的功绩在于,使中国在十七世纪初即得以了解最终成长为现代天文学的西方天文学,并促进了中国传统天学向现代天文学的演变,开始使中国走入世界天文学的共同轨道。

本文曾在"利玛窦及四百年来之中西文化互动国际学术研讨会"(香港,2001)上报告。

原载《二十一世纪》2002 年 10 月号

三 科学史与科学文化

被中国人误读的李约瑟

——纪念李约瑟诞辰一百周年

一、经媒体过滤的李约瑟

由于多年来大众传媒的作用,李约瑟成了"中国科学史"的同义语。至少在大众心目中是如此。

通常,大众心目中的李约瑟,首先是"中国人民的伟大朋友",因为他主编的巨著《中国科学技术史》,"为我国的科学文化作了极好的宣扬"[1],为中国人争了光。这部巨著新近的"精彩的提炼",则是R. K. G. 坦普尔的《中国:发明与发现的国度》——由国内专家推荐给"广大青少年读者"的一部普及读物,其中共举出了100个"中国的世界第一",以至于可以得出惊人的结论:"近代世界赖以建立的种种基本发明和发现,可能有一半以上源于中国。"[2]

由于中国至少一个多世纪以来一直处在贫穷落后的状态中,科学技术的落后尤其明显,公众已经失去了汉唐盛世的坦荡、自信心态。因此这些"世界第一"立刻被用来"提高民族自尊心、树立民族自信心"。从李约瑟的研究工作被介绍进来的一开始,就是按这样的逻辑来认识的:李约瑟作为一个外国人,为我们中国人说了话,说我们中国了不起,所以他是中国人民的伟大朋友。

自1954年他出版《中国科学技术史》第一卷《总论》,此后约二十年,正是中国在世界政治中非常孤立的年代。在这样的年代里,有李约瑟这样一

---

[1] 张孟闻编:《李约瑟博士及其〈中国科学技术史〉》,华东师范大学出版社,1989年,页1。
[2] R. K. G. Temple:《中国:发明与发现的国度》,陈养正等译,二十一世纪出版社,1995年,页11。

位西方成名学者一卷卷不断地编写、出版弘扬中国文化的巨著,更何况他还为中英友好和交往而奔走,甚至为证明美军在朝鲜和中国东北使用细菌武器而奔走,这当然令中国人非常感激,或者可以说是感激涕零。正如鲁桂珍在《李约瑟小传》中所说:"当时中国多么需要有人支持,而李约瑟大胆给予了支持。"[1]

媒体描述给公众的李约瑟,影响了公众心目中的中国科学史。

在许多公众心目中,中国科学史,就是搜寻、列举中国历史上各种发明、成就的,是寻找"中国的世界第一"的。或者干脆一句话:中国科学史研究的目的就是进行爱国主义教育。这种观点一度深入人心,几乎成为普遍的共识。

大众心目中的中国科学史又影响了对中国科学史的研究取向。

科学史研究到底该不该以进行爱国主义教育为目的,十几年前国内科学史界曾在一些会议上爆发过激烈争论。[2]当时肯定的观点占据主流地位,只有一些年轻人勇敢地对此表示了怀疑和否定。到今天,情形当然大有进步,相当多的学者已经认识到,科学史和其他科学学科一样,只能是实事求是的、没有阶级性的、不存在政治立场的学术研究。不过,缺乏这种认识的人士无疑还有很多。

最后,还有书名问题。李约瑟的巨著本名《中国的科学与文明》(*Science and Civilization in China*),这既切合其内容,立意也好;但他请冀朝鼎题署的中文书名作《中国科学技术史》,结果国内就通用后一书名。其实后一书名并不能完全反映书中的内容,因为李约瑟在他的研究中,虽以中国古代的科学技术为主要对象,但他确实能保持对中国古代整个文明的观照,而这一点正是国内科技史研究的薄弱之处。关于这个书名,还有别的故事,说法各不相同。我们这里关心的是取名背后的观念——我们之所以欢迎这个狭义的书名,难道没有想把可能涉及意识形态的含义"过滤"掉的潜意识吗?

二、李约瑟与西方科学史家

对国内大部分公众而言,多年来媒体反复宣传的结果,给他们造成了这样

---

[1] 《李约瑟博士及其〈中国科学技术史〉》,页19。
[2] 参见江晓原:《爱国主义教育不应成为科技史研究的目的》,《大自然探索》5卷4期(1986)。

一个概念:李约瑟是国际科学史界的代表人物。这个概念其实有很大偏差。

和现今充斥在大众媒体中的往往片面和过甚其词的描述相比,真正的持平之论出自李约瑟身边最亲近的人。鲁桂珍的《李约瑟小传》无疑是一本非常客观、全面的作品,鲁桂珍在其中坦言:

> 李约瑟并不是一位职业汉学家,也不是一位历史学家。他不曾受过学校的汉语和科学史的正规教育。[1]

> 实际上他根本没有正式听课学过科学史,只是在埋头实验工作之余,顺便涉猎而已。[2]

正因为如此,在西方"正统"科学史家——从"科学史之父"乔治·萨顿(George Sarton)一脉承传——中的某些人看来,李约瑟不是"科班出身",而是"半路出家"的,还不能算是他们"圈子"中人,只能算是"票友",至多只是"名票"而已。所以在西方科学史界,对李约瑟不那么尊敬的也大有人在。现任李约瑟研究所所长何丙郁举过这样一个例子:

> 普林斯顿大学著名的科学史教授 Charles Gillespie,是李约瑟的学术敌人,他说:"我不懂中文,也不懂中国史,也不是科学家,可是我知道,凡是用马克思主义作为研究的出发点的书,其结论都是不可靠的。李约瑟是以马克思主义作为出发点,所以他的论点也不可靠,我不必看他的书了。"[3]

这样的事例通常也是中国人所不乐意看到的。

另一个突出的例子是美国的席文(Nathan Sivin)。席文很长时间以来就是"李约瑟过时论"的积极鼓吹者。例如,1999 年 8 月在新加坡开第九届国际东亚科学史会议,休息时我和他闲聊,他又提起这一话头,说是"你们现在再读李约瑟的书已经没有意思了,李约瑟的书早已过时了"。当我委婉地告

---

[1] 《李约瑟博士及其〈中国科学技术史〉》中有节译本,见其书页 7-8。
[2] 同上,页 15。
[3] 何丙郁:《从李约瑟说起》,《性与命》第 1 期,1995 年,页 134-138。

诉他，中国同行都认为他的文章很难读懂——即使翻译成了中文仍然如此，他似乎颇感意外，但接着就说："至少不会比李约瑟的书更难懂吧？"我说我们的感觉恰恰相反。他沉吟了一会儿，断然说道："那一定是翻译的问题！"——其自信有如此者。

李约瑟又有《中国古代科学》一书，由五篇演讲稿组成，这些演讲是1979年李约瑟在香港中文大学新亚书院举办的第二届"钱宾四先生学术文化讲座"上作的。上来第一篇《导论》，自述他投身中国科学技术史研究之缘起及有关情况，这些缘起一般读物中已经很常见（近年还有人特别强调其中遇见鲁桂珍这一幕）。但在这篇《导论》中，有"先驱者的孤独"一节，备述他受到的种种冷遇——而且就在他一生工作的剑桥大学！欲知其感慨之深，怨语之妙，不能不抄两段原文：

> 东方研究院从未打算与我们多加往来，我以为主要原因在于通常这些院系成员多为人文学家、语文学家和语言学家。以往这些专家没有时间了解科学技术与医药方面的知识，而从今天开始他们又嫌太迟了。[1]

> 更有甚者，同样一堵墙也把我们拒于科学史系门墙之外，这一现象何其怪异啊！这是因为通常而言，他们的主要兴趣在于欧洲文艺复兴之后的科学发展，部分原因在于他们对其他语种不得其门而入。……欧洲以外的科学发展是他们最不愿意听到的。[2]

当然，"国风好色而不淫，小雅怨诽而不乱"，若李约瑟者，亦庶能近之，所以他最后只是说道："然而这个时代已经赋予我们很高的荣誉了，又何必埋怨太多呢？"聊自宽解而已，保持着君子风度。值得注意的是，李约瑟的上述演讲作于1979年，距他获得萨顿奖（1968）也已经有十一年之久了。有人喜欢拿李约瑟获得萨顿奖，和他七十寿辰时有西方科学史界的头面人物为之祝寿，来证明李约瑟是被西方科学史界普遍接受的[3]，那为什么在按理说是

---

[1] 李约瑟：《中国古代科学》，李彦译，上海书店出版社，2001年，页11。
[2] 同上。
[3] 刘钝等编：《中国科学与科学革命》，辽宁教育出版社，2002年，页24。

这种被普遍接受的象征性事件发生了十一年和九年之后（"然而这个时代已经赋予我们很高的荣誉了"应该包括获得萨顿奖这件事），李约瑟还要说上面这段话呢？"更有甚者，同样一堵墙也把我们拒于科学史系门墙之外，这一现象何其怪异啊！"这样的话语，难道不是李约瑟自己仍然感到没有被西方科学史界普遍接受的有力证明吗？

在西方，对中国古代文明史、科学史感兴趣的人，以研究中国古代文明史、科学史为职业的人，都还有许多。姑以研究中国科学史著称的学者为限，就可以列举出何丙郁、席文、日本的薮内清（最近已归道山）、山田庆儿等等十余人。至于研究其他各种文明史、科学史的西方学者，那就不胜枚举了。国际科学史与科学哲学联合会开起年会来，与会者常数百人，尽管其中也会有不少"票友"，但人数之多，仍不难想见。

三、《中国科学技术史》是集体的贡献

《中国科学技术史》（我们如今也只好约定俗成，继续沿用此名）按计划共有七卷。前三卷皆只一册，从第四卷起出现分册。剑桥大学出版社自1954年出版第一卷起，迄今已出齐前四卷，以及第五卷的九个分册、第六卷三个分册和第七卷一个分册。由于写作计划在进行中不断扩大，分册繁多，完稿时间不断被推迟，李约瑟终于未能看到全书出齐的盛况。

翻译李约瑟《中国科学技术史》的工作，一直在国内受到特殊的重视。在"文革"后期，曾由科学出版社出版了原著的少数几卷，并另行分为七册，不与原著对应。不过在"文革"中这已算罕见的"殊荣"了。到八十年代末，重新翻译此书的工作隆重展开。专门成立了"李约瑟《中国科学技术史》翻译出版委员会"，卢嘉锡为主任，大批学术名流担任委员，并有专职人员组成的办公室长期办公。所译之书由科学出版社与上海古籍出版社联合出版，十六开精装，远非"文革"中的平装小本可比了。新译本第一批已出第一第二两卷，以及第四卷和第五卷各一个分册。

下面是现任李约瑟《中国科学技术史》翻译出版委员会办公室主任胡维佳提供的各卷书目（有☆者已出版英文版，有★者已出版中文版）：

★ 第一卷　导论
　　李约瑟著,王铃协作;1954

★ 第二卷　科学思想史
　李约瑟著,王铃协作;1956

☆ 第三卷　数学、天学和地学
　李约瑟著,王铃协作;1959

　第四卷　物理学及相关技术
☆ 第一分册　物理学
　李约瑟著,王铃协作,罗宾逊(K. G. Robinson)部分特别贡献;1962
★ 第二分册　机械工程
　李约瑟著,王铃协作;1965
☆ 第三分册　土木工程和航海(包括水利工程)
　李约瑟著,王铃、鲁桂珍协作;1971

　第五卷　化学及相关技术
★ 第一分册　纸和印刷
　钱存训著;1985
☆ 第二分册　炼丹术的发现和发明:点金术和长生术
　李约瑟著,鲁桂珍协作;1974
☆ 第三分册　炼丹术的发现和发明(续):从长生不老药到合成胰岛素的历史考察
　李约瑟著,何丙郁、鲁桂珍协作;1976
☆ 第四分册　炼丹术的发现和发明(续):器具、理论和中外比较
　李约瑟著,鲁桂珍协作,席文部分贡献;1978
☆ 第五分册　炼丹术的发现和发明(续):内丹
　李约瑟著,鲁桂珍协作;1983
☆ 第六分册　军事技术:投射器和攻守城技术
　叶山(Robin D. S. Yates)著,石施道(K. Gawlikowski)、麦克尤恩(E. McEwen)和王铃协作;1995
☆ 第七分册　火药的史诗
　李约瑟著,何丙郁、鲁桂珍、王铃协作;1987

第八分册　军事技术：射击武器和骑兵

☆ 第九分册　纺织技术：纺纱

库恩（Dieter Kuhn）著；1987

第十分册　纺织技术：织布和织机

第十一分册　非铁金属冶炼术

第十二分册　冶铁和采矿

☆ 第十三分册　采矿

Peter J. Golas 著；1999

第十四分册　盐业、墨、漆、颜料、染料和胶粘剂

第六卷　生物学及相关技术

☆ 第一分册　植物学

李约瑟著，鲁桂珍协作，黄兴宗部分特别贡献；1986

☆ 第二分册　农业

白馥兰（Francesca Bray）著；1988

☆ 第三分册　畜牧业、渔业、农产品加工和林业

丹尼尔斯（C. A. Daniels）和孟席斯（N. K. Menzies）著；1996

第四分册　园艺和植物技术（植物学续编）

第五分册　动物学

第六分册　营养学和发酵技术

第七至十分册　解剖学、生理学、医学和药学

第七卷　社会背景

第一分册　初步的思考

第二分册　经济结构

☆ 第三分册　语言与逻辑（现已调整为第一分册）

哈布斯迈耶（C. Harbsmeier）著；1998

第四分册　政治制度与思想体系、总的结论

李约瑟固然学识渊博，用力又勤，但如此广泛的主题，终究不是他一人之力所能包办。事实上，《中国科学技术史》全书的撰写，得到大批学者的协助。其中最主要的协助者是王铃和鲁桂珍二人，此外除了上列各册中已经

标明的协作者之外,据已公布的名单,至少还有 R. 堪内斯、罗祥朋、汉那-利胥太、柯灵娜、Y. 罗宾、K. 提太、钱崇训、李廉生、朱济仁、佛兰林、郭籁士、梅太黎、欧翰思、黄简裕、鲍迪克、祁米留斯基、勃鲁、卜正民、麦岱慕等人。

何丙郁曾表示:假如没有鲁桂珍,就不会有李约瑟,而只有一个在生物化学领域的 Joseph Needham。这个说法也得到鲁桂珍的认同,"鲁桂珍很欣赏这句话。她还念给李老听,博得一个会心微笑"。[1]

何丙郁还有一个非常值得重视的看法:

> 长期以来,李老都是靠他的合作者们翻阅《二十五史》、类书、方志等文献搜寻有关资料,或把资料译成英文,或替他起稿,或代他处理别人向他请教的学术问题。他的合作者中有些是完全义务劳动。请诸位先生千万不要误会我是利用这个机会向大家诉苦,或替自己做些宣传。我只是请大家正视一件事情:那就是请大家认清楚李老的合作者之中大部分都是华裔学者,没有他们的合作,也不会有李老的中国科技史巨著。李老在他巨著的序言中也承认这点。[2]

说李约瑟的《中国科学技术史》是集体的贡献,并不是仅能从有许多华裔科学家协助他这一方面上来立论,还有另一方面。何丙郁说:

> 我还要提及另一个常被忘记的事情,那就是李老长期获得中国政府以及海内外华人精神上和经济上的大力支持,连他晚年生活的一部分经费都是来自一位中国朋友。换句话来说,我们要正视中华民族给李约瑟的帮助,没有中华民族的支持,也不会有李约瑟的巨著。假如他还在世,我相信他也不会否认这个事实。从一定程度上来讲,《中国科学技术史》可以说是中华民族努力的成果。[3]

这样大胆坦诚的说法,也只有外国人何丙郁敢说。

剑桥大学出版社和李氏生前考虑到公众很难去阅读上述巨著,遂又请

---

[1] 何丙郁:《李约瑟的成功与他的特殊机缘》,《中华读书报》2000年8月9日。
[2] 同上。
[3] 同上。

科林·罗南(Colin A. Ronan)将李氏巨著改编成一种简编本,以便公众阅读。书名《中华科学文明史》(The Shorter Science & Civilization in China),篇幅仅李氏原著十几分之一,共分六卷,从1978年起陆续出版,至今已出五卷。此六卷简编本的中文版权,已由上海人民出版社一并购得,目前正由上海交通大学科学史系负责翻译。前三卷将于2000年年底问世。今年正值李氏百岁诞辰,这部《中华科学文明史》中译本的出版,将成为对李氏数十年辛勤工作和他对中华文明之深厚感情的纪念,而广大公众也将有条件较为全面地直接了解李氏的成果。

四、《中国科学技术史》所受到的批评

真正全部通读《中国科学技术史》已出各册的人,在这个世界迄今很少,今后也绝不会太多——它的卷帙对于终日忙碌的红尘过客来说实在过于浩繁。就总体而言,它首先是一个不可逾越的巨大存在——迄今为止还没有任何别的著作,在全面研究中国古代科学技术发展及与整个文明的关系方面,达到如此的规模、深度和水准。自从本书问世之后,任何一个研究中国历史文化或需要深究中国国情的人,如果不阅读这本书——至少是有密切关系的卷册章节,那就在他的知识背景中留下了不应有的空缺,因为没有任何别的著作能在这方面替代它。

对于李约瑟研究中国科学技术史的工作本身,海内外许多学者曾指出其中的各种错误,这些错误丝毫不能否定李约瑟的巨大成就,这一点是没有疑问的。人非圣贤,孰能无过?何况是《中国科学技术史》这样浩大的学术工程,要不出任何失误是不可能的。李约瑟的研究和结论,当然也不可能没有失误。书中的具体失误,各方面的专家已经指出不少,这里无须缕陈,仅略举一二例稍言之。

比如,李约瑟与鲁桂珍认为中国古代利用人尿炼制的药物"秋石"中含有性激素,这就将人类发现和使用性激素的历史提前了一千年左右。他们的这一结论一度在西方学术界引起相当的轰动,但是近年内地和台湾学者的考证和实验研究表明,"秋石"中其实并无性激素。[1]

这只是具体失误的例子。就全书整体言之,李约瑟出于对中国传统文

---

[1] 孙毅霖:《秋石方模拟实验及其研究》,《自然科学史研究》7卷2期(1988)。

明的热爱和迷恋,他似乎在不少问题上有对中国古代成就过分拔高的倾向。这种倾向在李约瑟本人身上尚不足为大病,但"城中好高警,四方且一尺",近年坦普尔著书谈中国的"一百个世界第一",其中颇多穿凿附会之处,尤为推波助澜。影响所及,就不免造成国内一些论著在谈论祖先成就时夜郎自大的虚骄之气。

李约瑟的这些错误,我认为可能有深层原因。

他本人对中国文化的异乎寻常的热爱。李约瑟和中国文化本来并无渊源,此渊源起于他和鲁桂珍的相遇——有不少学者还注意到当时鲁桂珍年轻貌美,此后他的思想和兴趣发生了巨大转变,他在《李约瑟文集》中文本序言中自述云:

> 后来我发生了信仰上的皈依(conversion),我深思熟虑地用了这个词,因为颇有点像圣保罗在去大马士革的路上发生的皈依那样。……命运使我以一种特殊的方式皈依到中国文化价值和中国文明这方面来。[1]

按李约瑟自己的说法,这"皈依"发生于1939年前后。

但他对中国文明的热爱既已成为某种宗教式的热情,到时候难免会对研究态度的客观性有所影响。李约瑟的不少失误,都有一个共同的来源,那就是他对中国道教及道家学说的过分热爱——热爱到了妨碍他进行客观研究的地步。而他在给坦普尔《中国:发明与发现的国度》一书的英文版序言中竟说:

> 对于这样一项任务(按指编写《中国科学技术史》),非常重要的不在于知之甚多,而在于对中国人民及其自古以来的成就怀有满腔热情。[2]

热情的重要性超过了知识本身,若仅就治学而论,后果曷堪设想?

---

[1] 潘吉星主编:《李约瑟文集》,辽宁科学技术出版社,1986年,页1。顺便指出,本书的译文存在不少错误,参见谭奇文:《不能容忍的错误——请看一些"名译"的质量》,载1987年12月10日《光明日报》。

[2] 《中国:发明与发现的国度》,页6。

另一方面，还可以参考台湾学者的意见。如前所述，李约瑟虽然在生物化学方面早有成就，但他并未受过科学史学科的专业训练，也未受过科学哲学的专业训练，因此朱浤源指出未能"把什么叫科学加以定义"是李约瑟的一大困境，也就不奇怪了。朱浤源说：

> 我们翻开开宗明义的第一册《导论》，发现李氏竟然未将"科学"加以定义。或许研究生化胚胎学，不需要对"科学"加以定义，因为生化已在科学之内。但要探究中国古代为期两千年的所有科学的时候，什么是"科学"就变得十分要紧，以作为全套研究以及所有参与者思索研究架构以及选取材料的准绳。从第一册看到所谓 plan of the work，介绍了中文如何英译，参考资料如何引用，缩写的方法为何，参考书目的制作。此外，就无有关定义、研究假设、研究途径、研究方法以及研究技术的说明。……由于没有定义，哪一些学门、哪一些分科、哪一些材料应该纳入，哪一些不应该纳入，就没有客观的标准，从事抉择的时候，较难划定统一的范围。在这种情况下，整个研究计划就不是由研究人员所单独左右，材料本身也可以反过来左右研究计划；一旦材料越来越多，定义又付缺如，研究人员必须被材料所左右，使工程越做越大。[1]

根据上文所列书目，"使工程越做越大"的后果已经有目共睹。而实际上，李约瑟有时拔高古代中国人的成就，也和不对科学加以界定有关系。

五、李约瑟的"道教情结"

李约瑟的"道教情结"是他的中国科学技术史框架中极为重要的特色，值得作深入研讨，限于篇幅，此处仅提供初步线索。

先看何丙郁在 1995 年所叙述的一个场景：

> 今年八月时，剑桥大学李约瑟研究所举办为期两天的讨论会，主题是"道家是否对中国科技的贡献最大"，邀请欧洲各国有名的汉学家与

---

[1] 朱浤源：《李约瑟的成就与困境》，收于王钱国忠编：《李约瑟文献 50 年》，贵州人民出版社，1999 年。

会,他们举出中国历史上很多非道家人士,如汉代张衡、唐代一行和尚等科学家,在数学、天文等基础科学方面的贡献远多于道家,除了炼丹术的研究是道家贡献最大。在场学者,包括旁听的研究生,没有一个人同意李约瑟的观点,而李约瑟自始至终没说半句话。[1]

当时何丙郁只好出来打圆场,说同意或反对李约瑟观点的都不算错,关键看对"道"如何理解云云。可知李约瑟在这个问题上的观点未被西方学者广泛接受。

李约瑟自号"十宿道人"、"胜冗子",足见他对中国道教学说之倾心。而道教学说是中国古代对性问题涉及最多、最直接的学说。对于道教的房中术及有关问题,李约瑟长期保持着浓厚兴趣。可能是由于国人对性问题的忌讳(尽管这种忌讳如今已越来越少),不愿意将李约瑟这位"中国人民的伟大朋友"与性这种事情联系起来,所以李约瑟在这方面的论述一直不太为国内了解和注意。

早在二十世纪五十年代,李约瑟在撰写《中国科学技术史》第二卷时,见到高罗佩(R. H. van Gulik)赠送给剑桥大学图书馆的自著《秘戏图考》[2],他不同意高氏将道教"采阴补阳"之术称为"性榨取"(sexual vampirism),遂与高氏通信交换意见。李约瑟后来在《中国科学技术史》中述此事云:

> 我认为高罗佩在他的书中对道家的理论与实践的估计,总的来说否定过多……现在高罗佩和我两人经过私人通信对这个问题已经取得一致意见。[3]

高氏似乎接受了李约瑟的意见,他在下一部著作《中国古代房内考》(Sexual Life in Ancient China)序言的一条脚注中称:"《秘戏图考》一书中所有关于'道家性榨取'和'妖术'的引文均应取消。"[4] 不过在正文中高氏对李约瑟

---

[1] 何丙郁:《从李约瑟说起》。
[2] R. H. van Gulik: *Erotic Colour Prints of the Ming Period*,1951 年由作者于东京私人印刷 50 部,分赠世界各大图书馆、博物馆及研究单位。1992 年广东人民出版社出版了杨权的中译本,其中所有的春宫图都已删去。
[3] 李约瑟:《中国科学技术史》第二卷,科学出版社·上海古籍出版社,1990 年,页 161。
[4] 高罗佩:《中国古代房内考》(*Sexual Life in Ancient China*),李零译,上海人民出版社,1990 年,页 11。

的意见仍有很大程度的保留。

二十年后,李约瑟又谈到高罗佩,以及他自己与高氏当年的交往,对高氏有很高的评价:

> 除了可敬的亨利·马伯乐(H. Maspero)之外,本学科(指"中国传统性学研究")最伟大的学者之一是高罗佩。一九四二年的战争期间我第一次见到他。作为荷兰的临时代办他正准备离开重庆,而我正去就任英国大使馆科学参赞的职位。后来,如果我记得不错的话,在他和水世芳小姐的婚礼上,我们交谈过一次。……战后,我沉迷于道教和长寿术的研究,和他有过一段很长的通信联系。我使他相信,用道家的观点来叙述和规范性技巧没有任何异常和病理问题,这同他源自深厚的文学素养的信念相一致。[1]

水世芳是高罗佩所娶的中国妻子——令浸润中国传统文化甚深的高氏十分倾心的一位大家闺秀。

李约瑟说自己"沉迷于道教和长寿术的研究",这毫不夸张。他热心收集房中术书籍,为在北京琉璃厂"一位出名女老板"那里买到了叶德辉编的《双梅景闇丛书》而欣喜不已,他称此书为"伟大的中国性学著作"。[2]他的《中国科学技术史》第二卷中关于房中术的章节,主要就是在叶德辉此书所提供的古代文献和高罗佩研究成果的基础上写成。

李约瑟在书中讨论了"采阴补阳"、"还精补脑"、"中气真术"等房中学说。他对这些学说持相当欣赏的态度,认为它们"具有很大的生理学意义"。在谈到《素女经》、《玄女经》、《玉房秘诀》、《洞玄子》、《玉房指要》等古籍以及其中的各种告诫时,李约瑟说:

> 在成都有一位深研道教的人给我的回答使我难以忘怀。当我问他有多少人照此教诫行事时,他说:"四川的士绅淑女或许有半数以上是这样做的。"[3]

---

[1] 张仲澜:《阴阳之道——古代中国人寻求激情的方式》(*The Tao of Love and Sex*),王正华等译,李约瑟序,台北:风云时代出版股份有限公司,1994年,页1。
[2] 同上。
[3] 《中国科学技术史》第二卷,页162。

他还从另外一些角度对道家的房中术大加赞赏：

> 承认妇女在事物体系中的重要性,接受妇女与男人的平等地位,深信获得健康和长寿需要两性的合作,慎重地赞赏女性的某些心理特征,把性的肉体表现纳入神圣的群体进化——这一切既摆脱了禁欲主义,也摆脱了阶级区分:所有这些向我们再一次显示了道家的某些方面是儒家和通常的佛教所无法比拟的。[1]

尽管大部分房中术学说其实明显是男性中心主义的。

在完成《中国科学技术史》第二卷之后,李约瑟继续对性学史保持着浓厚兴趣,不久又"再度投身于这一论题的研究"。他密切注意着这方面新的研究成果。1972年,当华裔瑞典人张仲澜(Jolan Chang)《阴阳之道——古代中国人寻求激情的方式》一书出版时,他对之大加赞赏,热情向读者推荐:

> 更光亮的明星出现在这片领域,他就是我们来自斯德哥尔摩的朋友张仲澜。我把他论中国人,乃至整个人类的性学著作推荐给不带偏见的读者。由于训练有素,他找到了独特的语汇用以解释现代社会男女以及中国文化在心灵、爱和性方面所显露的智慧。[2]

张氏的书主要是根据古代房中术文献,结合现代社会情形讨论性技巧的,其中还包括许多他对自己性生活经历的现身说法。

中国古代房中术理论的主旨,不仅仅是帮助人们享受性爱,更重要的是认为房中术是一种健身、养生之术,甚至是一种长生(长生不老)之术。道教中的其他许多方术,如导引、行气、服食、辟谷等等,都有类似的主旨,以享受人生,长生可致为号召。对于这一点,李约瑟至少在相当程度上是相信的!他说:

> 因为中国炼丹术最重要的内丹部分和性技巧密切相关,就像我们

---

[1]《中国科学技术史》第二卷,页165。
[2]《阴阳之道——古代中国人寻求激情的方式》,页2。

所相信的,它能使人延年益寿,甚至长生不老。[1]

道教学说特别使他迷恋,因此他脑海中有时浮现出"长生不老"之类的信念,似乎也就不足为怪了。如果有人因此而将他引为近年某些招摇撞骗、别有用心的伪科学宣传的护法,则又是对李氏的大不敬了。但是李约瑟确实一生倾慕道家和道教,他坚信:

> 道家有不少东西可以向世界传授,尽管作为一种有组织的宗教,道教今天已经垂死或已死亡,但或许未来是属于他们的哲学的。[2]

李约瑟也许正是抱着这样的美好信念走完他的人生历程。

六、我们误读了李约瑟的学术意义

我们的误读包括两个层面:

第一,对李约瑟的研究成果和结论进行筛选,只引用合于己意的,而拒绝不合己意的,甚至歪曲后引用。这种误读大多是有意的。

第二,也是更为严重的,是从整体上误读了李约瑟后半生工作的学术意义。这种误读则在很大程度上是无意的。

先谈第一个层面:

李约瑟的巨著虽然得到中国学者普遍的赞扬,但并不是书中所有特色都为中国学者所热烈欢迎。这些特色中至少有两个方面多年来一直受到冷遇。

在一般读者,往往一说起中国科技史研究就想到李约瑟。而事实上,西方学者对中国古代科技史的研究,早在二三百年前就已开始。这方面的研究滥觞于清代来华传教的耶稣会士,比如宋君荣(A. Gaubil)对中国天文学史的论述。后来则由一代又一代的汉学家们逐渐光大,形成传统,至今仍很兴旺。自从二十世纪初国人自己开始进行具有现代学术形态的中国科技史研究之后,碍于文字隔阂和民族情绪,对西方汉学家的研究成果极少接触和

---

[1] 《阴阳之道——古代中国人寻求激情的方式》,页1-2。
[2] 《中国科学技术史》第二卷,页166。

引用。而李约瑟作为一个西方研究者,很自然地大量介绍和引用了西方汉学家研究探讨中国古代科学——文化史的成果。可惜这一点至今仍然很少被国内学者所注意。

李约瑟身为西方人,又在西方研究中国科技史,与国内研究者相比有一项优势,即他的眼界可宽广得多。因此他的论述中,经常能够浮现出世界科学技术发展的大背景,这就避免了一些国内研究者"只见树木,不见森林"之病。在此基础上,李约瑟经常探讨和论证中国古代科学技术与异域相互交流影响的可能性。这样一来,不免在他笔下出现一些"西来说"。

比如,他认为中国古代天文学可能受到巴比伦天文学的很大影响。对于二十八宿体系,他持巴比伦起源说甚力,兹略举其论述为例:

> 所谓"二十八宿",即位于赤道或其近处的星座所构成的环带,是中国人、印度人和阿拉伯人的天文学所共有的。一些对这几种文化的古籍很少了解或毫不了解的著作家们,采取各执己见的态度,经常作出武断的论述。我们以后将指出,二十八宿的发源地可能不是这几个地方中的任何一个,它们关于二十八宿的概念统统是从巴比伦传去而衍生的。[1]

> 奥尔登贝格(Oldenberg)在一篇重要论文中提出一种说法,他认为巴比伦有一种原始型"白道"(lunar zodiac)为亚洲各民族所普遍接受,这三种体系(按指中国、印度和阿拉伯的二十八宿体系)都是从这种白道发展起来的。[2]

这类交流、影响和"西来"之说,都为国内许多学者所不喜爱——他们通常只字不提李约瑟这方面的观点,既不采纳引用,也不批评反驳,只当李约瑟根本就没说过。有的人士则只挑选对自己有利的结论加以引用,有少数学者——其中包括非常著名的——甚至严重歪曲李约瑟的观点来证成己说。[3]

---

[1] 李约瑟:《中国科学技术史》第四卷,科学出版社,1975年,页7-8。
[2] 同上,页190。
[3] 例如夏鼐,参见江晓原:《天学真原》,辽宁教育出版社,1992年,页308-309。

再谈第二个层面：

许多人想当然地认为，李约瑟的意义就是研究中国科学史，或者是研究科学史。有些人在向国内科学史家奉赠廉价桂冠时，往往期许某某人是"中国的李约瑟"。这种廉价桂冠背后的观念，其实大谬不然！

李约瑟的《中国科学技术史》中有宽广的视野。可以毫不夸张地说，迄今为止，中国自己的学者专家中，还没有人展示过如此宽广的视野。李约瑟著作中展现出东西方文明广阔的历史背景，而东西方科学与文化的交流及比较则是贯穿全书的一条主线。

李约瑟的巨著确实主要是研究中国科学史，为此他受到中国人的热烈欢迎，然而他带给中国人民、带给中国学术界最宝贵的礼物，反而常常被国人所忽视。我们希望从李约瑟那里得到一本我们祖先的"光荣簿"，而李约瑟送给我们的礼物，却是用他的著作架设起来的一座桥梁——沟通中国和西方文化的桥梁。

因此，如果中国要出一个"中国的李约瑟"的话，此人绝不应该是写另一本《中国科学技术史》的人，此人只能是一个发下大愿，要以毕生精力撰写一部多卷本《欧洲的科学与文明》的中国人——当然不一定要在中年遇见一个年轻貌美的欧洲女性愿意做他终身的亲密伴侣。

李约瑟出生于1900年，37岁上就成了英国皇家学会会员，他在生物化学和胚胎学方面的成名著作《化学胚胎学》和《生物化学与形态发生》都在40岁前问世。在科学前沿已经获得很高地位之后，再转而从科学技术史入手架设中西方文化桥梁，就比较容易获得支持，这一点极为重要。在李约瑟向中国文化"皈依"的年代，以及此后很长的年代中，中国都没有这样的条件，正如何丙郁所说：

> 五十年代中国确有好几位优秀科学家具备类似的潜质，科学上的成就也不比李老差。可是引述一句一位皇家学会院士对我说的话：院士到处都有，我从来没有听说李约瑟搞中国科技史是英国科学界的损失；可是在五十年代，要一位钱三强或曹天钦去搞中国科技史，恐怕是一件中国人绝对赔不起的买卖。[1]

---

[1] 何丙郁：《李约瑟的成功与他的特殊机缘》。

就是在今天,这买卖我们恐怕仍然赔不起。何况在如今这个浮躁奔竞的年代,要出这样一个"中国的李约瑟",我看至少还需要等待几十年。

当然,就像科学和学术没有国界一样,沟通中西方科学文化的桥梁应该也没有国界——既然李约瑟已经为世人架设了这样一座桥梁,我们也就不一定再去修建这座桥梁的中国型号。我们的当务之急,是在这座桥上行进。

所以,"中国的李约瑟"也可能永远不会产生了。

七、再谈所谓"李约瑟难题"

最后,我们还需要再略谈一谈所谓的"李约瑟难题",以及以此为中心的持久热情。因为这也可以归入误读的范畴之内。我必须直言不讳地说,所谓的"李约瑟难题",实际上是一个伪问题。因为那种认为中国科学技术在很长时间里"世界领先"的图景,相当程度上是中国人自己虚构出来的——事实上西方人走着另一条路,而在后面并没有人跟着走的情况下,"领先"又如何定义呢?"领先"既无法定义,"李约瑟难题"的前提也就难以成立了。对一个伪问题倾注持久的热情,是不是有点自作多情?

如果将问题转换为"现代中国为何落后",这倒不是一个伪问题了(因为如今全世界几乎都在同一条路上走),但它显然已经超出科学技术的范围,也不是非要等到李约瑟才能问出来了。

当然,伪问题也可以有启发意义,但这已经超出本文论述的范围。

顺便提一下,作为对"李约瑟难题"的回应之一,席文曾多次提出,十七世纪在中国,至少在中国天文学界,已经有过"不亚于哥白尼的革命",这一说法也已经被指出是站不住脚的。[1]

原载《自然辩证法通讯》23 卷 1 期(2001)

---

[1] 江晓原:《十七、十八世纪中国天文学的三个新特点》,《自然辩证法通讯》10 卷 3 期(1988)。

中国文化中的博物学传统

近年刘华杰教授大力提倡复兴博物学，欲以此为救助当下唯科学主义泛滥之解毒剂，并进而上升至理论高度，遂有"科学史之博物学编史纲领"之议，鄙意极为赞同。前不久与华杰、刘兵两教授对谈，三人对博物学编史纲领获如下共识：以人类生态环境和可持续生存为基本价值，中兴博物学，重写科学史。

退而思之，博物学在中国传统文化中，虽无其名，实有其实，若隐若现之间，自有一传统在。本人既好古成癖，何不将有关线索初步整理一番，或可为华杰教授提供偏师之助也。

博物学是一种世界观

已故科学史前辈刘祖慰教授尝言：古代中国人之处理知识也，如开中药铺，有数十上百小抽屉，将百药分门别类放入其中，即心安矣。刘教授言此，其辞若有憾焉——认为中国人不致力于寻求世界"所以然之理"，故不如西方之分析传统优越。然而今日视之，此种处理知识的风格，正与博物学精神相通。

与此相对，西方之分析传统致力于探求各种现象、物体之间的相互关系，以此解释宇宙运行之原因。自古希腊开始，西方哲人即孜孜不倦建构几何模型，欲用以说明宇宙如何运行，其最典型代表，即为托勒密（Ptolemy）宇宙体系。

比较两者，差别即在于：古代中国人主要关心外部世界"如何"运行，而以希腊为源头的西方知识传统（西方并非没有别的知识传统，第未能光大耳），更关心世界"为何"如此运行。在科学主义"缺省配置"语境中，我们习惯于认为"为何"是在解决了"如何"之后的更高境界,故西方的传统比中国的传统更高明。

然而考之古代实际情形,如此简单的优劣结论未必能够成立。以天文学言之,古代中国人并不致力于建立几何模型去解释七政(日、月、五大行星)"为何"如此运行,但他们用抽象的周期叠加(古代巴比伦也使用类似方法),同样能在足够高的精度上计算并预报任意时刻的七政位置。而通过持续观察天象变化以统计、收集各种天象周期,同样可视之为富有博物学色彩之活动。

如从科学主义"缺省配置"语境"升级",则西方模式的优越性将进一步被消解。例如,按照史蒂芬·霍金(Stephen Hawking)在《大设计》中的意见,他所认同的是一种"依赖模型的实在论"(model-dependent realism),即"不存在与图像或理论无关的实在性概念"(There is no picture-or theory-independent concept of reality)。在这样的认识中,我们以前所坚信的外部世界的客观性,已经不复存在。既然几何模型只不过是对外部世界图像的人为建构,则古代中国人干脆放弃这种建构直奔应用(毕竟在实际应用中我们只需要知道七政"如何"运行),又有何不可?

传说中的"神农尝百草"故事,亦可在类似意义下得到新的解读:"尝百草"当然是富有博物学色彩的活动,神农通过此一活动得知哪些草能够治病而哪些不能,然而在此一传说中,神农显然不会致力于解释"为何"某些草能够治病而某些不能,更不会去建立"模型"以说明之。

从《博物志》看中国博物学传统的表现形式

在中国儒家经典中,博物学精神有颇为充分的体现。孔子曰:"小子何莫学夫诗?诗可以兴,可以观,可以群,可以怨;迩之事父,远之事君;多识于鸟兽草木之名。"(《论语·阳货》)同为儒家经典之《诗经》,其博物学色彩之浓厚可知。例如,日本人冈元凤的《毛诗品物图考》,详述《诗经》中提到的各种植物,并逐一附有手绘精美图形,曾让我爱不释手。

古代中国人的博物学传统,当然不会仅限于"多识于鸟兽草木之名"。体现此种传统的典型著作,首推晋代张华《博物志》一书。书名"博物",其义尽显,此书从作者到内容,无不充分体现作为中国博物学传统表现形式之代表资格。

张华(公元232—300年)字茂先,范阳方城(今河北涿州)人,出身贫困,曾经牧羊,但好学不倦,博览群书,从政之后,遂成名士。《世说新语·言语》记载"诸名士共至洛水戏",张华获得"张茂先论《史》、《汉》,靡靡可听"的评语。

关于《博物志》,在王嘉《拾遗记》(当时一部同类著作)中有一传说,谓张华写成《博物志》四百卷,上奏晋武帝,得到"记事采言,亦多浮妄"的审阅意见,令其删改。张华遵命,删节成原著之四十分之一,遂成如今传世之十卷本。此说并不十分可信,姑妄听之而已。但我们分析十卷本《博物志》,仍然足以作为典型。

《博物志》中内容,大致可分为如下几类:一、山川地理知识;二、奇禽异兽描述;三、古代神话材料;四、历史人物传说;五、神仙方伎故事。此五大类,完全符合中国文化中的博物学传统。兹按上述顺序,将此五大类每类各选一则,以见一斑:

《考灵耀》曰:地有四游,冬至地上北而西三万里,夏至地下南而东三万里,春秋两分其中矣。地常动不止,譬如人在舟而坐,舟行而人不觉。七戎六蛮,九夷八狄,形类不同,总而言之,谓之四海。

蜥蜴或名蝘蜓,以器养之以朱砂,体尽赤,所食满七斤,治捣万杵,点女人支体,终年不灭。唯房事则灭,故号守宫。《传》云:东方朔语汉武帝,试之有验。

昔高阳氏有同产而为夫妇,帝放之此野,相抱而死,神鸟以不死草覆之,七年男女皆活,同体二头四手,是蒙双民。

《列传》云:聂政刺韩相,白虹为之贯日;要离刺庆忌,彗星袭月;专诸刺吴王僚,鹰击殿上。

皇甫隆遇青牛道士姓封名君达,其论养性法则可施用,大略云:体欲常少劳,无过虚。食去肥浓,节酸咸。减思虑,损喜怒,除驰逐。慎房室,春夏施泻,秋冬闭藏。详别篇。武帝行之有效。

以上五则，深合中国古代博物学传统之旨。第一则，涉及宇宙学说，且有"地动"思想，故为科学史家所重视。第二则，为中国古代长期流传的"守宫砂"传说之早期文献，相传守宫砂点在处女胳膊上，永不褪色，只有性交之后才会自动消失。第三则，古代神话传说，或可猜想为现代之"连体人"。第四则，关于三位著名刺客的传说，此三名刺客及所刺对象，历史上皆实有其人。第五则，涉及中国古代房中养生学说。"青牛道士封君达"是中国房中术史上的传说人物之一。

对于《博物志》，不可视为神奇。事实上此类著作在中国古代相当普遍，绝大部分传世文人笔记作品中，皆有此种博物情怀。兹稍举宋代沈括《梦溪笔谈》一例——此书被李约瑟誉为"中国科技史的坐标"，世人遂多以为其书至为"科学"，其实书中同样有与《博物志》类似内容，只是比例较小而已。《梦溪笔谈》卷二十"神奇"中有云：

> 天圣中近辅献龙卵，云得自大河中，诏遣中人送润州金山寺。是岁大水，金山庐舍为水所漂者数十间，人皆以为龙卵所致。至今匮藏，余屡见之，形类色理都如鸡卵，大若五斗囊，举之至轻，唯空壳耳。

此类记载，在中国历代笔记作品中实属汗牛充栋，无烦多举。

中国博物学传统在当下的积极意义

如以上述六则笔记作为中国文化中博物学传统之代表，或者有人会问：这算什么传统？难道是一个"怪力乱神"的传统吗？我的意见是——这是一个能够容忍怪力乱神的博物学传统。而一个能够容忍怪力乱神的博物学传统，在当下社会中，确实可以在某种程度上充当消解唯科学主义的解毒剂。

那么"子不语怪力乱神"的名言，是否与儒家经典中的博物学精神相冲突呢？鄙意以为并无冲突。"子不语怪力乱神"并不等于孔子排斥怪力乱神，只是表明孔子本人不谈论怪力乱神而已——谈论、处理怪力乱神，本来就是巫觋们的职责，不是孔子给自己设定的职责，故孔子不谈论这类话题。

进而言之，能够容忍怪力乱神，这一点不仅不是这一传统应被批判否定的理由，恰恰相反，这一点可以视为中国文化中博物学传统的中国特色。

那么为何一个能够容忍怪力乱神的博物学传统，可以在当下社会中充当消解唯科学主义的解毒剂？这必须从"当代科学"的狭隘和傲慢说起。

"当代科学"——当然是通过当代"主流科学共同体"的活动来呈现——对待自身理论目前尚无法解释的事物，通常只有两种态度：

第一种，坚决否认事实。在许多唯科学主义者看来，任何现代科学理论不能解释的现象，都是不可能真实存在的，或者是不能承认它们存在的。比如对于UFO，不管此种现象出现多少次，"主流科学共同体"的坚定立场是：智慧外星文明的飞行器飞临地球是不可能的，所有的UFO观察者看到的都是幻象。又如对于"耳朵认字"之类的人体特异功能，"主流科学共同体"发言人曾坚定表示，即使亲眼看见，"眼见也不能为实"，因为世界上有魔术存在，那些魔术都是观众亲眼所见，但它们都不是真实的。"主流科学共同体"为何要坚持如此僵硬的立场？因为只要承认有当代科学理论不能解释的事物存在，就意味着对当代科学至善至美、至高无上、无所不能之形象与地位的严峻挑战。

第二种，面对当代科学理论不能解释的事物，将所有对此类事物的探索讨论一概斥之为"伪科学"，以此拒人于千里之外，以求保持当代科学的"纯洁"形象。此种态度颇有"鸵鸟政策"之风——对于这些神秘事物，你们去探索讨论好了，反正我们是不会参加的。

以上两种态度，最基本的共同点即为断然拒斥"怪力乱神"。"主流科学共同体"中的许多人相信，这种断然拒斥是为了"捍卫科学事业"，是对科学有利的。

至此，问题已经相当清楚：一个能够容忍怪力乱神的博物学传统，必然是一个宽容而且开放的传统；同时又是一个能够敬畏自然，懂得与自然和谐相处的传统。这样的传统至少可以在两方面成为当代唯科学主义的解毒剂：

一、在这个传统中，对于知识的探求不会画地为牢故步自封。事实上，即使站在科学主义立场上，也可以明显看出，断然拒斥怪力乱神实际上对于科学发展是有害的。考之欧美发达国家，彼处科学技术发达领先固无疑问，但彼处对怪力乱神更为宽容的社会氛围，则常被我们视而不见。"伪科学"与"真科学"之间本来无法划出明确界限，前者其实可以成为后者发展的温床之一。

二、也许是更为重要的，以敬畏自然、与自然和谐相处的理念，矫正当代唯科学主义理念带来的对于自然界疯狂征服、无情榨取的态度——此种态度与环境保护、绿色生活等理念皆有直接冲突。

当然,肯定中国文化中的博物学传统在当下的积极意义,并不等于盲目高估此一传统的历史成绩。应该承认,按照今天流行的标准,在以往历史中,此一传统在物质科学发展方面的贡献,不如西方科学的分析传统。但是未来情形又会如何,则是现在无法预测的。况且评价的标准也会随时代而改变,有朝一日此一传统或能发扬光大,我们自当乐观其成。

原载《广西民族大学学报》2011 年第 6 期

当代"两种文化"冲突的意义
——在科学与人文之间

近几百年来,整个人类物质文明的大厦,都是建立在现代科学理论的基础之上的。我们身边的机械、电力、飞机、火车、电视、手机、电脑……无不形成对现代科学最有力、最直观的证明。科学获得的辉煌胜利是以往任何一种知识体系都从未获得过的。

由于这种辉煌,科学也因此被不少人视为绝对真理,甚至是终极真理,是绝对正确的乃至唯一正确的知识;他们相信科学知识是至高无上的知识体系,甚至相信它的模式可以延伸到一切人类文化之中;他们还相信,一切社会问题都可以通过科学技术的发展而得到解决。这就是所谓的"唯科学主义"观点。[1]而八十年前那场著名的"科玄论战",则至少为此后中国社会中唯科学主义的流行提供了某种象征。[2]

来自哲学的先见之明?

正当科学家对科学信心十足、豪情万丈,而公众对科学一见钟情、虔心顶礼之时,哲学家们却也没有闲着。

哲学家的思考往往是相当超前的。哈耶克(F. A. Hayek)早就对科学的过度权威忧心忡忡了,他认为科学自身充满着傲慢与偏见。他那本《科学的反革命——理性滥用之研究》(*The Counter-Revolution of Science:Studies on*

---

[1] Scientism 通常译为"唯科学主义",其形容词形式则为 scientistic(唯科学主义的)。
[2] 〔美〕郭颖颐:《中国现代思想中的唯科学主义(1900—1950)》,江苏人民出版社,1995年,页135。

the Abuse of Reason），初版于 1952 年。从书名上就可以清楚感觉到他的立场和情绪。书名中的"革命"应该是一个正面的词,哈耶克的意思是科学(理性)被滥用了,被用来反革命了。什么是革命? 革命就是创新,反对创新,压抑创新,就是"反革命"。哈耶克指出,有两种思想之间的对立：

一种是"主要关心的是人类头脑的全方位发展,他们从历史或文学、艺术或法律的研究中认识到,个人是一个过程的一部分,他在这个过程中作出的贡献不受(别人)支配,而是自发的,他协助创造了一些比他或其他任何单独的头脑所能筹划的东西更伟大的事物"。[1]

另一种是"他们最大的雄心是把自己周围的世界改造成一架庞大的机器,只要一按电钮,其中每一部分便会按照他们的设计运行"。[2]

前一种是有利于创新的,或者说是"革命的"；后一种则是计划经济的、独裁专制的,或者说是"反革命的"。

哈耶克的矛头似乎并不是指向科学或科学家,而是指向那些认为科学可以解决一切问题的人。哈耶克认为这些人"几乎都不是显著丰富了我们的科学知识的人",也就是说,几乎都不是很有成就的科学家。照他的意思,一个"唯科学主义"(scientism)者,很可能不是一个科学家。他所说的"几乎都不是显著丰富了我们的科学知识的人",一部分是指工程师(大体相当于我们通常说的"工程技术人员"),另一部分是指早期的空想社会主义者及其思想的追随者。有趣的是,哈耶克将工程师和商人对立起来,他认为工程师虽然对他的工程有丰富的知识,但是经常只见树木不见森林,不考虑人的因素和意外的因素；而商人通常在这一点上比工程师做得好。

哈耶克笔下的这种对立,实际上就是计划经济和市场经济的对立。而且在他看来,计划经济的思想基础,就是唯科学主义——相信科学技术可以解决世间一切问题。计划经济思想之所以不可取,是因为它幻想可以将人类的全部智慧集中起来,形成一个超级的智慧,这个超级智慧知道人类的过去和未来,知道历史发展的规律,可以为全人类指出发展前进的康庄大道。哈耶克反复指出：这样的超级智慧是不可能的,最终必然要求千百万人听命于一个人的头脑。[3]而这样做的结果如何,如今世人早已经领教够了。

---

[1] [美]F. A. 哈耶克：《科学的反革命——理性滥用之研究》,冯克利译,译林出版社,2003 年,页 108。

[2] 同上,页 108。

[3] 同上,页 89。

"两种文化"的提出

面对科学获得的越来越大的权威,如果说哈耶克1952年的《科学的反革命》是先见之明的警告,那么斯诺1959年的《对科学的傲慢与偏见》就是顺流而下的呼喊。[1]

斯诺(C.P.Snow)1959年在剑桥做了一次著名的演讲,取名《对科学的傲慢与偏见》。他当时认为科学的权威还不够,科学还处于被人文轻视的状况中,科学技术被认为只是类似于工匠们摆弄的玩意儿。这倒很有点像中国古代的情形——工匠阶层是根本不能与士大夫们平起平坐的。斯诺是要为科学争地位,争名分,要求让科学能够和人文平起平坐。他的这种主张,自然在随后的年代得到科学界的热烈欢迎。

从那时到现在已经过去了四十多年,斯诺去世(1980)也二十多年了。历史的钟摆摆到另一个端点之后,情况就不同了。斯诺要是生于今日的中国,特别是那些以理工科立身的大学中,他恐怕就要做另一次讲演了——他会重新为人文争地位,争名分,要求让人文能够和科学平起平坐。

哈耶克的上述思想,可以说是有大大的先见之明。在哈耶克发表他这些思想的年代,我们正在闭关自守,无从了解他的思考成果。就连七年后斯诺发表的演讲,我们也几十年一无所知。而近二十年前,当我们热烈欢迎斯诺《对科学的傲慢与偏见》的中译本时,实际上是从唯科学主义立场出发的。

科学与科学哲学·"怎么都行"

科学既已被视为人类所掌握的前所未有的利器,可以用它来研究一切事物,那么它本身可不可以被研究?

哲学中原有一路被称为"科学哲学",这是专门研究科学的哲学(类似的命名有"历史哲学"、"艺术哲学"等等)。这些科学哲学家们有不少原是学自然科学出身,是喝着自然科学的乳汁长大的,所以他们很自然地对科学有着依恋情绪。起先他们的研究大体集中于说明科学如何发展,或者说探讨科学成长的规律,比如归纳主义、科学革命(库恩、科恩)、证伪主义(波普

---

[1] 此书最新的中译本:〔英〕C.P.斯诺:《两种文化》,陈克艰等译,上海科学技术出版社,2003年。

尔)、研究范式(库恩)、研究纲领(拉卡托斯)等等。对于他们提出的一个又一个理论,许多科学家只是表示了轻蔑——就是只想把这些"讨厌的求婚者"(极力想和科学套近乎的人)早些打发走(劳丹语)。因为在不少科学家看来,这些科学哲学理论不过是一些废话而已,没有任何实际意义和价值,当然更不会对科学发展有任何帮助。

然而后来情况出现了变化。"求婚者"屡遭冷遇,似乎因爱生恨,转而开始采取新的策略。今天我们可以看到,这些策略至少有如下几种:

一、从哲学上消解科学的权威。这至迟在费耶阿本德的"无政府主义"理论(认为没有任何确定的科学方法,"怎么都行")中已经有了端倪。认为科学没有至高无上的权威,别的学说(甚至包括星占学)也应该有资格、有位置生存。

这里顺便稍讨论一下费耶阿本德的学说。[1]就总体言之,他并不企图否认"科学是好的",而是强调"别的东西也可以是好的"。比如针对"科学不需要指导——因为科学能够自我纠错"的主张,他就论证,科学的自我纠错只是更大的自我纠错机制(比如民主)的一部分。诸如此类的论证,当然是和他的"怎么都行"的方法论一致的。他的学说消解了科学的无上权威,但是并不会消解科学的价值。任何一个头脑清醒的人,知道科学并非万能,并非至善,只会更适当地运用科学,这将既有助于人类福祉的增进,对科学本身也有好处。既然如此,费耶阿本德当然也就不是科学的敌人——他甚至也不是科学的批评者,他只是科学的某些"敌人"的辩护者而已。

据说作为一个哲学家,"不怕荒谬,只怕不自洽",似乎费耶阿本德也有点这样的劲头,所以宣称要"告别理性"——我想应该理解为矫枉过正的意思,不可能真正告别理性。为什么要矫枉过正呢? 因为自从科学获得了巨大的权威以后,不仅"只站在科学的立场上,当然很可能会认为科学的一切都是最好的",就是许多人文学者,也在面对科学的时候日益自惭形秽,丧失了平视的勇气。他们经常在谈到科学的时候先心虚气短地说:我对科学是一窍不通的啊;而不少科技工作者或自命的科学家,如果谈到文学的时候,

---

[1] 保罗·费耶阿本德的著作被引进中国,已经有三种:《自由社会中的科学》(上海译文出版社,1990年)、《反对方法——无政府主义知识论纲要》(上海译文出版社,1992年)、《告别理性》(江苏人民出版社,2002年)。

却不会心虚气短。有的人甚至对人文学者傲然宣称:我的论文你看不懂,你的论文我却看得懂。所以,有些"傲慢与偏见",事实上是双方共同培养起来的。

再说,"理性"也可以有不同的定义,这就要用到分层的想法了。技术层面的理性,谁也不会告别,因为这是我们了解自然、适应自然、改善生活最基本的工具。费耶阿本德要"告别"的"理性",应该是在价值层面的一种"理性"——这种"理性"认为,自然科学是世间最大的价值,而其他的知识体系或精神世界,比如文学或历史等等,与之相比则是相形见绌、微不足道的。由于现代科学在物质方面的巨大成就,它确实被一些头脑简单的人认为应该凌驾于所有的知识体系或精神世界之上。

二、关起门来自己玩。科学哲学作为一个学科,其规范早已建立得差不多了(至少在国际上是如此),也得到了学术界的承认,在大学里也找得到教职。科学家们承不承认、重不重视已经无所谓了。既然独身生活也过得去,何必再苦苦求婚——何况还可以与别的学科恋爱结婚呢。

三、更进一步,挑战科学的权威。这就直接导致"两种文化"的冲突。

"两种文化"的冲突

科学已经取得了至高无上的权威,并且掌握着巨大的社会资源,也掌握着绝对优势的话语权。而少数持狭隘的唯科学主义观点的人士则以科学的捍卫者自居,经常从唯科学主义的立场出发,对来自人文的思考持粗暴的排斥态度。这种态度必然导致思想上的冲突,就好比在一间众声喧哗的屋子里,一位人文学者(比如哲学家)刚试图对科学有所议论,立刻被申斥:去去去!你懂什么叫科学?这里有你说话的地方吗?哲学家当然大怒——哲学原可以研究世间的一切,为什么不能将科学本身当作我们研究的对象?我们要研究科学究竟是怎样在运作的、科学知识到底是怎样产生出来的。

这时原先的"科学哲学"也就扩展为"对科学的人文研究",于是"科学知识社会学"(SSK)、"建构论"等等的学说就出来了。宣称科学知识都是社会建构的(用通俗的话说,也就是少数人在房间里商量出来的),并非客观真理,当然也就没有至高无上的权威性。

这种激进主张,理所当然地引起了科学家的反感,也遭到许多科学哲学家的批评(比如劳丹就猛烈攻击"强纲领")。著名的"科学大战"[1]、"索卡尔诈文事件"[2]等等,就反映了来自科学家阵营的反击。对于喝着自然科学乳汁长大的人来说,听到有人要否认科学的客观真理性质,无论如何在感情上总是难以接受的。

索卡尔诈文事件的意义,其实就在于通过这样一个有点恶作剧的行动,向世人展示了,人文学术中有许多不太可靠的东西。这对于加深人们对科学和人文的认识,肯定是有好处的。科学不能解决人世间的一切问题(比如不能解决恋爱问题、人生意义问题等等),人文同样也不能解决一切问题,双方各有各的使用范围,也各有自己的长处和短处。在宽容、多元的文明社会中,双方固然可以经常提醒提醒对方"你不完美"、"你非全能",但不应该相互敌视,相互诋毁。我想只有和平共处才是正道。

如果旧事重提,那么当年围绕着斯诺的演讲所发生的一系列争论,比如"斯诺—利维斯之争"[3],在今天看来也将呈现出新的意义。十多年来,国内的科学史和科学哲学界的人士也没有少谈"两种文化",但在很长一段时间里,科学和人文,这两种文化不仅没有在事实上相亲相爱,反而在观念上渐行渐远。而且有很多人已经明显感觉到,一种文化正在日益侵凌于另一种文化之上。

眼下最严重的问题,在于工程管理方法之移用于学术研究(人文学术和自然科学中的基础理论研究)管理,在于工程技术的价值标准之凌驾于学术研究中原有的标准。按照哈耶克的思想来推论,这两个现象的思想根源,也就是计划经济——归根结底还是唯科学主义。

科学本身已经取得了并且还将继续取得巨大的成就,这是无可否认的。"科学的负面效应"这种提法也是不妥的,与其说"科学的负面效应",不如说是滥用科学带来的负面效应。因为科学本身迄今为止是非常成功的,几乎是无可挑剔的,问题出在认为科学可以解决人世间一切问题的信念和尝

---

[1] 关于"科学大战",可参阅〔美〕A.罗斯主编:《科学大战》,夏侯炳等译,江西教育出版社,2002年。

[2] 关于"索卡尔诈文事件"及有关争论,可参阅〔美〕索卡尔等:《"索卡尔事件"与科学大战——后现代视野中的科学与人文的冲突》,蔡仲等译,南京大学出版社,2002年。

[3] 关于"斯诺—利维斯之争"的事后评述,可见于上海科学技术出版社2003年版《两种文化》中科利尼的长篇导言;斯诺本人对利维斯的抨击,可见于《两种文化》的另一个中译本(纪树立译,三联书店,1994年)中所收入的斯诺《利维斯事件和严重局势》一文。

试——这就是唯科学主义和哈耶克所说的"理性滥用"。

改革开放以来,科学与人文之间,主要的矛盾表现形式,已经从轻视科学与捍卫科学的斗争,从保守势力与改革开放的对立,向单纯的科学立场与新兴的人文立场之间的张力转变。这一判断或许并不十分准确,但无疑是富有启发性的。

中国的两种文化的总体状况比较复杂。一是科学作为外来文化,与中国传统文化存在着巨大差异,科玄论战的矛盾基础依然存在。二是中国的科学基础仍然薄弱,但是唯科学主义却已经经常在社会话语中占据不适当的地位。三是科学及技术尚未发挥足够的作用,但是技术所造成的社会问题(如环境问题等)却已经出现。

公众理解科学

在西方,学术的政治或意识形态色彩比较淡,讲究的是标新立异,各领风骚三五年,因此各种新奇理论层出不穷,原在意料之中。对于"建构论"等学说出现的原因,也应作如是观。上面想象的场景,当然带有一点"戏说"色彩。但是,这些在西方已经有二十多年历史的学说,并不是完全没有道理的。

首先,科学——以及人类的一切其他知识——的最终目的,应该是为人类谋幸福,而不能伤害人类。因此,人们担心某种科学理论、某项技术的发展会产生伤害人类的后果,因而要求质疑,展开讨论,是合理的。毕竟谁也无法保证科学永远有百利而无一弊。"兼听则明,偏听则暗",其实就是这个道理;"如果我们有缺点,就不怕别人批评指正,不管是什么人,谁向我们指出都行,只要你说得对,我们就改正,你说的办法对人民有好处,我们就照你的办",其实也是这个道理。无论是对"科学主义"的质疑,还是对"科学主义"立场的捍卫,只要是严肃认真的学术讨论,事实上都有利于科学的健康发展。

其次,如今的科学,与牛顿时代,乃至爱因斯坦时代,都已经不可同日而语了。一个最大的差别是,先前的科学可以仅靠个人来进行,一个人在苹果树下冥想,也可能作出伟大发现(这是关于牛顿的这个传说最重要的象征意义之一)。事实上,万有引力和相对论,都是在没有任何国家资助的情况下完成的。但是如今的科学则成为一种耗资巨大的社会活动,要用无数金钱

"堆"出来,而这些金钱都是纳税人的钱,因此,广大公众有权要求知道:科学究竟是怎样运作的,他们的钱是怎样被用掉的,用掉以后又究竟有怎样的效果。

至于哲学家们的标新立异,不管出于何种动机,至少在客观上为上述质疑和要求提供了某种思想资源,而这无疑是有积极意义的。

对新理论成果的大胆接纳

为了协调科学与人文这两种文化的关系,一个超越传统"科普"概念的新提法——科学传播——开始被引进。科学传播的核心理念是"公众理解科学",即强调公众对科学作为一种人类文化活动的理解和欣赏,而不仅是单向地向公众灌输具体的科学和技术知识。事实上,这既符合"弘扬科学精神,传播科学思想,介绍科学方法,普及科学知识"的主体属性原则,也契合了传播学中的贴近法则和创新法则。这一理念必将为进一步发展的受众市场所支持和证明。

另一方面,"科学知识社会学"等学说,在兴起了二十多年后,大致从2000年开始,许多这方面的重要著作被译介到中国学术界。2001年,东方出版社出版了五本这方面的西方著作:《知识和社会意象》(布鲁尔)、《制造知识:建构主义与科学的语境性》(诺尔-塞蒂娜)、《科学与知识社会学》(马尔凯)、《科学知识与社会学理论》(巴恩斯)、《局外人看科学》(巴恩斯)。在此前后,江西教育出版社也出版了《书写生物学》、《真理的社会史》、《科学大战》等著作。已经出版中译本的至少不下十几种。

与此同时,在中国高层科学官员所发表的公开言论中,也不约而同地出现了对理论发展的大胆接纳。

例如,科技部部长徐冠华在2002年12月18日的讲话中说:

> 我们要努力破除公众对科学技术的迷信,撕破披在科学技术上的神秘面纱,把科学技术从象牙塔中赶出来,从神坛上拉下来,使之走进民众、走向社会。……随着科技的迅猛发展和国民素质的提高,越来越多的人已经不满足于掌握一般的科技知识,开始关注科技发展对经济和社会的巨大影响,关注科技的社会责任问题。……而且,科学技术在今天已经发展成为一种庞大的社会建制,调动了大量的社会宝贵资源;

公众有权知道,这些资源的使用产生的效益如何,特别是公共科技财政为公众带来了什么切身利益。[1]

又如,中国科学院院长路甬祥在前不久的一次讲话中认为:

> 科学技术在给人类带来福祉的同时,如果不加以控制和引导而被滥用的话,也可能带来危害。在 21 世纪,科学伦理的问题将越来越突出。科学技术的进步应服务于全人类,服务于世界和平、发展和进步的崇高事业,而不能危害人类自身。加强科学伦理和道德建设,需要把自然科学与人文社会科学紧密结合起来,超越科学的认知理性和技术的工具理性,而站在人文理性的高度关注科技的发展,保证科技始终沿着为人类服务的正确轨道健康发展。[2]

所有这一切,都不是偶然的。这是中国科学界、学术界在理论上与时俱进的表现。这些理论上的进步,又必然会对科学与人文的关系、科学传播等方面产生重大影响。2002 年年底,在上海召开了首届"科学文化研讨会"(上海交通大学科学史系主办),会后发表了此次会议的"学术宣言"[3],对这一系列问题作了初步清理。随后出现的热烈讨论,表明该宣言已经引起学术界的高度重视。[4]

原载《上海交通大学学报》11 卷 5 期(2003)

---

[1] 载 2003 年 1 月 17 日《科学时报》。
[2] 载 2002 年 12 月 17 日《人民政协报》。
[3] 柯文慧:《对科学文化的若干认识——首届"科学文化研讨会"学术宣言》,载 2002 年 12 月 25 日《中华读书报》。
[4] 围绕着这份宣言,出现在网上和纸媒上的各种讨论和争论,已经形成了大量文献。即将于 2003 年秋季召开的第二届"科学文化研讨会"(北京大学哲学系主办),将对这些讨论和争论进行回顾和梳理。

经不起推理的理论结构

——评雷立柏《张衡,科学与宗教》

《张衡,科学与宗教》,由奥地利人雷立柏(Leopold Leeb)用中文撰写,社会科学文献出版社 2000 年出版。本书实际上是作者的博士论文——1999 年作者以此书在北京大学哲学系获博士学位。作者写作此书,用力甚勤,特别在张衡的著作方面,下了不少工夫。一个外国人能在中国古籍中如此浸淫,也要算难能可贵了。

这是一本相当奇特的书,所以笔者也打算尝试用某种奇特的方式来评论它。

在评论之前,先介绍此书的大体结构:

全书正文分为七章,另有两个附录。

第一章"导言",讨论科学与宗教的关系,以及此书的写作意图。

第二章"张衡研究的现状",是对前贤在张衡研究方面成果的综述,收集资料颇为完备。

第三章"方法论:雅基博士的观点",介绍雅基(Stanley Laurel Jaki)其人及其有关观点。此人 1924 年生于匈牙利,先获神学博士学位,后在美国获物理学博士学位。雷立柏对此人有关科学史的观点极为服膺,此书就是在雅基观点的指导下写成的——事实上就是运用雅基的观点和方法来处理关于张衡的史料。

第四章"张衡与宗教神话因素",在张衡传世作品中,逐字逐句收集神话因素。

第五章"张衡,科学与宗教",从标题也可知是此书的主体。仍用逐字逐句搜寻之法,在张衡作品中归纳出七种精神,依次为:

1. "外在超越"精神
2. 观察精神
3. "自然法则"与宇宙的可理解性（重点是"世界的可衡量性"）
4. 事物的特殊性（特别是关于"光明与特殊性"）
5. "wonderment"精神（按即好奇心）
6. 乐观精神
7. 严肃认真性

第六章"托勒密与张衡的比较"，从天文学思想、对前人成就的引用、知识之承传与普及、宗教因素四个方面，对托勒密与张衡作了比较。

第七章"重新评价张衡的思想"，是全书的总结。

就总体言之，本书的写作是应该肯定的——至少前贤没有这样处理过有关张衡的史料，这种新的尝试是应该鼓励的。但是，鼓励或欣赏一种新的文献处理方式，并不一定就是赞同此种方式或所得的结论。

在构成本书主体部分的第五章，雷氏主要从张衡《西京赋》、《东京赋》、《南都赋》、《思玄赋》等作品中，归纳出张衡的七种精神。而在此基础上，到本书的结论部分第七章，雷氏根据此七种精神断言：

> 基于以上七个观点可以说，张衡著作中有一些很符合科学精神的因素。这些因素不是"假科学"或"伪科学"的因素，而是完全符合真正有创造性的科学精神的。（第181页）

这样，第五章中归纳的张衡七种精神，就成为本书的立论基础。

雷氏的做法，是从张衡作品中寻章摘句，尽力搜寻与上述七种精神有关——实际上是他认为有关——的字、词和句子，以构成证据。具体的例证，可以从本文表一至表四的左起第一栏"张衡"中看到。

需要特别说明两点：一、为省篇幅，本文仅将雷氏举证较多的四种精神（"观察精神"、"世界的可衡量性"、"光明与特殊性"、"wonderment"精神）整理成表，其余三种，因雷氏举证较少，且做法与此四种完全一样，故可以轻易"举四反三"。二、雷氏举证之中，颇有极为牵强附会者，笔者在整理时大部分已略去，但仍保留了少数勉强可通的例证——比如雷氏将张衡《同声歌》（还误写为《同声赋》）中"素女为我师，仪态盈万方，众夫所希见，天老教轩皇"四句也列为"wonderment 精神"的证据,而此四句说的是新婚之夜洞房里张挂的介绍性交姿势的春宫图。见春宫图而"wonderment",今人或许会如此,古人如何,其实不得而知,但姑予保留。这样的处理已经使各表之"张衡"栏显得更为有理。

然而,问题恰恰出在雷氏这看起来颇为有理的归纳之中。

雷氏所依据者,主要是张衡《西京赋》、《东京赋》、《南都赋》、《思玄赋》四赋,而只要对东汉之际的中国文学史稍有涉猎,就可知张衡"两京赋"之作,并非孤立。《艺文类聚》卷六十一引张衡《西京赋》,有一小序云:

> 昔班固睹世祖迁都于洛邑,惧将必逾溢制度,不能遵先圣之正法也,故假西都宾盛称长安旧制,有陋洛邑之议,而为东都主人折礼衷以答之。张平子薄而陋之,故更造焉。

此序不一定出于张衡之手,有的学者怀疑是后人所加,但所述两赋之创作意图是可信的。又《后汉书·张衡传》也说:

> 时天下承平日久,自王侯以下,莫不逾侈,衡乃拟班固两都,作二京赋,因以讽谏。精思傅会,十年乃成。

可以旁证张衡赞成班固《西都赋》、《东都赋》之主题,但是不满意其内容或技巧,故有《西京赋》、《东京赋》之作。

更进一步来看,雷氏所用张衡诸赋,其前其后,都不乏同类作品。比如班固有《幽通赋》,张衡就有《思玄赋》,差可对应。稍后西晋左思有著名的"三都赋"——《蜀都赋》、《吴都赋》、《魏都赋》,也是精思十年方才问世的力作,写成后被竞相传抄,"洛阳纸贵"的典故,就是由此而来。而"三都"之作,与班固之"两都"、张衡之"二京",有着明显的承传关系。

指出这些作品的相同类型和承传关系,在这里有什么意义呢?

意义就在于,如果从张衡诸赋中归纳出七种精神的同时,却忽略了那些在张衡稍前或稍后的作者的同类作品,确实可以得出貌似有理的归纳和立论。然而,如果稍加思考,我们就会发现雷氏的归纳和立论,实际上经不起哪怕是极为简单的推理。

作为这种推理的尝试,笔者取班固《西都赋》、《东都赋》、《幽通赋》、左思《蜀都赋》、《吴都赋》、《魏都赋》共六篇作品,对它们作了一番与雷氏对张衡诸赋所作的同样功夫,结果见于本文表一至表四的第二、第三栏中:

表一 "观察精神"

张衡	班固	左思
《西京赋》: 仰福帝居 嗟内顾之所观 视往昔之遗馆 伏櫺槛而俯听,闻雷霆之相激 瞰宛虹之长须,察云师之所凭 上飞闼而仰眺,睹瑶光与玉绳 眇不知其所返 弥望广象,顾临太液 徒观其城郭之制 俯察百隧 隅目高匡 目观穷 临迥望之广场	《西都赋》: 仰悟东井之精,俯协河图之灵 乃眷西顾,实惟作京 睎秦岭,睋北阜 乃观其四郊,浮游近县 南望杜霸,北眺五陵 若游目于天表 览沧海之汤汤 览三山川之体势,观三军之杀获 目极四裔 都都相望,邑邑相属	《蜀都赋》: 望之天迴,即之云昏 开高轩以临江,列绮窗而瞰江
《东京赋》: 目瓾阿房 掩观九州 审曲面势 召伯相宅 睿哲玄览 于是观礼,礼举仪具 省幽明以黜陟 望先帝之旧虚 观丰年之多余 左瞰汤谷,右睨玄圃 眇天末以远期	《东都赋》: 躬览万国之有无 散皇明以爥幽 指顾倏忽	《吴都赋》: 览八纮之洪绪,一六合而光宅 窥东山之府则瑰宝溢目,睹海陵之仓则红粟流衍 徘徊徜徉,寓目幽蔚,览将帅之拳勇,与士卒之抑扬

（续表）

张衡	班固	左思
《南都赋》： 俯而观乎云霓 亘望无涯 微眺流睇 察兹邦之神伟，启天心而瘄灵 真人南巡，睹旧里焉		《魏都赋》： 南瞻淇澳，则绿竹纯茂 揆日晷，考星耀
《思玄赋》： 潜服膺以永靓兮 览丞民之多僻兮	《幽通赋》： 梦登山而迥眺兮，睹幽人之仿佛 观天网之纮覆兮	

表二 "世界的可衡量性"

张衡	班固	左思
《西京赋》： 于是量径轮，考广嘉，经城流，营郭郛，取殊裁于八都，岂启度于往旧 方轨 程巧致功 数课众寡	《西都赋》： 批三条之广路，立十二之通门 封畿之内，厥土千里 缭以周墙，四百余里，离宫别馆，三十六所 宫馆所历，百有余区	《蜀都赋》： 经途所亘，五千余里 阛二九之通门，画方轨之广途
《东京赋》： 经邑 糜地不营，土圭测景 审曲面势 周公初基，其绳则直 规遵王度，动中得趣 乃营三宫，布教颁常。复庙重屋，八达九房。规天矩地，授时顺乡 同衡律而壹轨量		《吴都赋》： 上图景宿，辨于天文者也；下料物土，析于地理者也 拓土画疆，卓荦兼并 通门二八 列寺七里 四方之所规则
		《魏都赋》： 画雍豫之居，写八都之宇 仪形宇宙 八极可围于寸眸

表三 "光明与特殊性"

张衡	班固	左思
《西京赋》： 流景耀之华晔 阳耀阴藏 众星之环极 流悬黎之夜光 焕若昆仑 流景内照，引耀日月 光炎烛天庭	《西都赋》： 发五色之渥彩，光爓朗以景彰 隋侯明月，错落其间 金釭衔璧，是为列钱，翡翠火齐，流耀含英 悬黎垂棘，夜光在焉 精曜华烛，俯仰如神 激日景而纳光	《吴都赋》： 耀明月于涟漪 迴曜灵于太清
《东京赋》： 昭明有融，既光厥武 辉烈光烛 耀威中原 火列具举 煌火驰而星流	《东都赋》： 扬光飞文，吐爓生风 日月为之夺明 三光宣精	《魏都赋》： 应期运而光赫 皎日笼光于绮寮 庭燎晳晳
《南都赋》： 随珠夜光 曙朱光		
《思玄赋》： 佩夜光 速烛龙令执炬 颜的砺以遗光 列缺晔其照夜		

表四 "wonderment 精神"（好奇心）

张衡	班固	左思
《同声歌》： 素女为我师，仪态盈万方。众夫所希见，天老教轩皇。	《幽通赋》： 惟天地之无穷兮	
《西京赋》： 群窈窕之华丽，嗟内顾之所观 何工巧之瑰玮 众形殊声，不可胜论 攒珍宝之玩好，纷瑰丽以侈靡 奇幻儵忽，易貌分形	《西都赋》： 实列仙之攸馆，非吾人之所宁	《蜀都赋》： 异类众夥，于何不育 卓荦奇谲，倜傥罔已

(续表)

张衡	班固	左思
《东京赋》： 奇树珍果 瑰异谲诡,灿烂炳焕 信天下之壮观也		《魏都赋》： 山川之倬诡,物产之魁殊,或名奇而见称,或实异而可书 先生玄识,深颂靡测

从上面四个表中不难看出,一种近乎荒谬的推理结果正在向我们浮现,那就是：

班固、左思,以及张衡之前之后的许多其他作者,都不折不扣地具备了和张衡一样的、亦即雷氏所谓的"完全符合真正有创造性的科学精神"！

既然张衡因有此七种精神而有资格与托勒密进行比较,那么我们又有什么理由不进行班固与托勒密的比较呢？又有什么顾虑不进行左思与托勒密的比较呢？

再稍微前进一小步,如果我们就司马相如或扬雄和亚里士多德的"科学精神"进行比较,又有什么不可以呢——在司马相如的《子虚赋》、《上林赋》中,在扬雄的《甘泉赋》、《羽猎赋》中,我们照样可以找到许多表明"观察精神"、"世界的可衡量性"、"光明与特殊性"以及"wonderment 精神"的词句！

当然,我们大家都知道,张衡是一个在当代国际天文学界得到公认的有科学成就的学者(国际编号为1802的那颗小行星就是以张衡的名字命名的),而司马相如、扬雄、班固或左思不是。大约也没有谁会真的去作班固与托勒密或司马相如与亚里士多德的比较研究——其实也未尝不可以比较,就看从什么角度去比了。

然而,如果要寻找张衡这样一个近两千年前的学者的"科学精神",确实是一件很困难的事。笔者撰此文,既无意于恶作剧或煞风景,也无力指出应在何处有效地寻找张衡的"科学精神"的证据。笔者只是试图指出,不应该、也不可能指望在《西京赋》之类的作品中去找到这种证据。因为在这类文本之中,以雷氏所用之法,所能找出的证据,在中国许多其他古典文学作品中都广泛存在着。如果将科学精神宽泛化、庸俗化,再加之以在古籍中寻章摘句,穿凿附会,搞得科学精神随处可见,唾手可得,就难免顾此失彼,在理论结构中隐含荒谬的结果。

原载《自然辩证法通讯》24卷1期(2002)

霍金的意义：上帝、外星人和世界的真实性*

一、科学之神的晚年站队

一个思想家，或者说一个被人们推许为、期望为思想家的人——后面这种情形通常出现在名人身上——到了晚年，往往会有将自己对某些重大问题的思考结果宣示世人、为世人留下精神遗产的冲动。即使他们自己没有将这些思考看成精神遗产，他们身边的人也往往会以促使"大师"留下精神遗产为己任，鼓励乃至策划他们宣示某些思考结果。史蒂芬·霍金（Stephen Hawking, 1942—）就是一个最近的例子。

霍金最近发表了——也可能是他授权发表，甚至可能是"被发表"——相当多听起来有点耸人听闻的言论，引起了媒体的极大兴趣。而媒体的兴趣当然就会接着引发公众的兴趣。要恰当评论他的这些言论，需要注意到某些相关背景。

最重要的一个背景是：霍金已经成为当代社会的一个神话。所以任何以他的名义对外界发表的只言片语，不管是真知灼见，还是老生常谈，都会被媒体披露和报导，并吸引公众相当程度的注意力。而当霍金谈论的某些事物不是公众日常熟悉的事物时，很多人慑于霍金神话般的大名，就会将他的哪怕只是老生常谈也误认为是全新的真知灼见。

霍金最近言论中有三个要点：一是关于宇宙是不是上帝创造的，二是关于我们要不要主动和外星文明交往，以及他另一个不太受关注却更为重要的"依赖模型的实在论"观点，恰好都属于这种情形。而且有可能进而产生某些真实的社会影响。

---

* 本文系与穆蕴秋合著。

二、上帝不再是必要的

　　以前霍金明显是接受上帝存在的观点的。例如在他出版于1988年的超级畅销书《时间简史》中，霍金曾用这句话作为结尾："如果我们发现一个完全理论，它将会是人类理性的终极胜利——因为那时我们才会明白上帝的想法。"[1]

　　但霍金现在在这个问题上改变了立场。最近他在新作《大设计》一书末尾宣称：因为存在像引力这样的法则，所以宇宙能够"无中生有"，自发生成可以解释宇宙为什么存在，我们为什么存在。"不必祈求上帝去点燃导火索使宇宙运行"。[2]也就是说，上帝现在不再是必要的了。

　　科学家认为不需要上帝来创造宇宙，这听起来当然很"唯物主义"；但是确实有许多科学家相信上帝的存在，相信上帝创造了宇宙或推动了宇宙的运行，他们也同样作出了伟大的科学贡献——牛顿就是典型的例子。"上帝去点燃导火索使宇宙运行"其实就是以前牛顿所说的"第一推动"。

　　这种状况对于大部分西方科学家来说，并不会造成困扰。因为在具体的科学研究过程中，科学家研究的对象是已经存在着的宇宙（自然界），研究其中的现象和规律。至于"宇宙从何而来"这个问题，可以被搁置在无限远处。正如伽利略认识到"宇宙这部大书是用数学语言写成的"，但写这书的仍然可以是上帝；伽利略作出了伟大的科学发现，但他本人仍然是一个虔诚的宗教徒，他的两个女儿都当了修女。虽然教会冤枉过伽利略，但最终也给他平反昭雪了。

　　科学和宗教之间，其实远不像我们以前所想象的那样水火不相容，有时它们的关系还相当融洽。比如在"黑暗的中世纪"（现代的研究表明实际上也没有那么黑暗），教会保存和传播了西方文明中古代希腊科学的火种。在现代西方社会中，一个科学家一周五天在实验室从事科学研究，到星期天去教堂做礼拜，也是很正常的。

　　霍金自己改变观点，对于霍金本人来说当然是新鲜的事情，但对于"宇宙是不是上帝创造的"这个问题来说，其实是老生常谈。因为他的前后两种

---

[1] S. Hawking, *A Brief History of Time*, New York: Bantam Books, 1998, p.191.
[2] S. Hawking, L. Mlodinow, *Grand Design*, New York: Bantam Books, 2010, pp.98–99.

观点,都是别人早就反复陈述和讨论过的。霍金本人在《大设计》中也没有否认这一点,在该书第二章中,霍金花去了不小的篇幅回顾先贤们在这一问题上表达的不同看法。比如书中提到,开普勒、伽利略、笛卡尔和牛顿等人就认为自然法则是上帝的成果。而与这种观点相反的是,后来的法国数学家拉普拉斯则排除了出现奇迹和上帝发挥作用的可能性,他认为给定宇宙在某一时间所处的状态,一套完全的自然法则就充分决定了它的未来和过去。霍金选择站在了后者一边,他说,拉普拉斯所陈述的科学决定论(scientific determinism)是"所有现代科学的基础,也是贯穿本书的一个重要原则"。[1]

但是霍金抛弃上帝,认为宇宙起源可以用一种超弦理论(即所谓 M 理论)来解释的想法,激起了西方一些著名学者的批评。例如,高能物理学家罗塞尔·斯丹德(Russell Stannard)在《观察家报》说:霍金的上述思想是一个科学主义的典型例子。科学主义者通常认为,科学是通往认知的唯一途径,我们将完全理解所有事情,"这种说法是胡说八道,而且我认为这是一个非常危险的说法,这使得科学家变得极其傲慢。宇宙因为 M 理论而自发生成,那么 M 理论又从哪里来的呢? 为什么这些智慧的物理定律会存在?"而英国前皇家学院院长、牛津大学林肯学院药理学教授格瑞菲尔德(Lady Greenfield)也批评霍金沾沾自喜,宣称科学可以得到所有答案,"科学总是容易自满。……我们需要保持科学的好奇心与开放性,而不是自满与傲慢"。她还批评说:"如果年轻人认为他们想要成为科学家,必须是一个无神论者,这将是非常耻辱的事情。很多科学家都是基督教徒。"[2]

不过在中国公众多年习惯的观念中,总是将科学看作康庄大道,而将宗教信仰视为"泥潭",所以看到霍金的"叛变"才格外兴奋,以为他终于"改邪归正"了。霍金只是改变了他的选择——有点像原来是甲球队的拥趸,现在改为当乙球队的粉丝了。当然,一个著名粉丝的"叛变"也确实会引人注目。

三、不要主动和外星文明交往

在第二个问题上,2009 年 5 月份,霍金在发现频道(Discovery Channel)

---

[1] S. Hawking, L. Mlodinow, *Grand Design*, pp. 17 – 20.
[2] 《霍金 VS 上帝:谁通往终极真理?》,《环球杂志》2010 年 10 月 16 日第 20 期,页 66 – 70。

上一档以他本人名字命名的《史蒂芬·霍金的宇宙》(Stephen Hawking's Universe)节目中表示,他认为几乎可以肯定,外星生命存在于宇宙中许多别的地方:不仅仅只是行星上,也可能在恒星的中央,甚至是星际太空的漂浮物质上。按照霍金给出的逻辑——这一逻辑其实也是老生常谈——宇宙有1000亿个银河系,每个星系都包含几千万颗星体。在如此大的空间中,地球不可能是唯一进化出生命的行星。

当然,这样的情景只是纯粹假想的结果,但霍金由此提出一个严肃的告诫:一些生命形式可能是有智慧的,并且还具有威胁性,和这样的物种接触可能会为人类带来灾难性的后果。霍金说,参照我们人类自己就会发现,智慧生命有可能会发展到我们不愿意遇见的阶段,"我想象他们已经耗光了他们母星上的资源,可能栖居在一艘巨型太空飞船上。这样先进的外星文明可能已经变成宇宙游民,正在伺机征服和殖民他们到达的行星"。[1]

由于中国公众以前许多年来都只接触到一边倒的观点——讴歌和赞美对外星文明的探索,主张积极寻找外星文明并与外星文明联络,所以现在听到霍金的主张,中国的媒体和公众都甚感惊奇。其实在这个问题上,霍金同样只是老生常谈,同样只是"粉丝站队"。

在西方,关于人类要不要去"招惹"外星文明的争论,已有半个世纪以上的历史。

主张与外星文明接触的科学界人士,从二十世纪六十年代开始,推动了一系列SETI(以无线电搜寻地外文明信息)计划和METI(主动向外星发送地球文明信息)计划。这样做的主要理由,是他们幻想地球人类可以通过与外星文明的接触和交往而获得更快的科技进步。很多年来,在科学主义的话语体系中,中国公众只接触到这种观点。

而反对与外星文明交往的观点,则更为理智冷静,更为深思熟虑,也更以人为本。半个多世纪以来西方学者在这方面作过大量的分析和思考。比如以写科幻作品著称的科学家布林(D. Brin)提出猜测说,人类之所以未能发现任何地外文明的踪迹,是因为有一种目前还不为人类所知的危险,让所有其他外星文明都保持沉默——这被称为"大沉默"(Great Silence)。[2]因

---

[1] J. Leake, "Don't talk to aliens, warns Stephen Hawking" [EB/OL], *The Sunday Times*, 2010 – 04 – 25[2010 – 12 – 7]. http://www.timesonline.co.uk/tol/news/science/space/article7107207.ece.

[2] D. Brin, "The Great Silence-the Controversy Concerning Extraterrestrial Intelligent Life", *Royal Astronomical Society, Quarterly Journal*, 1983, 24(3), pp. 283 – 309.

为人类目前并不清楚,外星文明是否都是仁慈而友好的(卡尔·萨根就曾相信外星文明是仁慈的)。在此情形下,人类向外太空发送信息,暴露自己在太空中的位置,就很有可能招致那些侵略性文明的攻击。[1]

地外文明能到达地球,一般来说它的科学技术和文明形态就会比地球文明更先进,因为我们人类还不能在宇宙中远行,不具备找到另一文明的能力。所以一旦外星文明自己找上门来了,按照我们地球人以往的经验,很可能是凶多吉少。

还有些人认为,外星人的思维不是地球人的思维。它们的文明既然已经很高级了,就不会像地球人那样只知道弱肉强食。但是,我们目前所知的唯一高级文明就是地球人类,我们不从地球人的思维去推论外星人,还能从什么基础出发去推论呢?上面这种建立在虚无缥缈的信念上的推论,完全是一种对人类文明不负责任的态度。

而根据地球人类的经验和思维去推论,星际文明中同样要有对资源的争夺,一个文明如果资源快耗竭了,又有长距离的星际航行能力,当然就要开疆拓土。这个故事就是地球上部落争夺的星际版,道理完全一样。

笔者的观点是,如果地外文明存在,我们希望它们暂时不要来。我们目前只能推进人类对这方面的幻想和思考。这种幻想和思考对人类是有好处的,至少可以为未来做一点思想上的准备。但是从另一个角度来看,人类完全闭目塞听,拒绝对外太空的任何探索,也不可取,所以人类在这个问题上有点两难。我们的当务之急,只能是先不要主动去招惹任何地外文明,同时过好我们的每一天,尽量将地球文明建设好,以求在未来可能的星际战争中增加幸存下来的概率。

对地外文明的探索,表面上看是一个科学问题,但本质上不是科学问题,而是人类自己的选择问题。我们以前的思维习惯,是只关注探索过程中的科学技术问题,而把根本问题(要不要探索)忽略不管。

在中国国内,笔者的研究团队从 2008 年开始,就已经连续发表论文和文章,论证和表达了同样的观点,比如发表在《中国国家天文》上的 2009 年国际天文年特稿《人类应该在宇宙的黑暗森林中呼喊吗?》一文中,我们就明确表达了这样的观点:至少在现阶段,实施任何形式的 METI 计划,对于人类来

---

[1] D. Brin, "Shouting at the Cosmos... Or How SETI has Taken a Worrisome Turn into Dangerous Territory?" [EB/OL], 2006[2010-12-7]. http://www.davidbrin.com/shouldsetitransmit.html.

说肯定都是极度危险的。[1]

四、"依赖模型的实在论"——霍金在一个根本问题上的站队选择

前面谈及的,霍金关于宇宙是不是上帝创造的,以及我们要不要和外星文明交往这两个问题上的最新看法,很受中外媒体的关注。其实霍金近来意义最深远的重大表态,还不是在这两个问题上。

在《大设计》中,霍金还深入讨论了一个就科学而言具有某种终极意义的问题——和前面提到的两个问题一样,霍金仍然只是完成了"站队",并没有提供新的立场。但是考虑到霍金"科学之神"的传奇身份和影响,他的站队就和千千万万平常人的站队不可同日而语了。正是在这个意义上,我们认为霍金在前面两个问题上"有可能用老生常谈作出新贡献",而在这个我们下面就要讨论的重大问题上,霍金已经不是老生常谈了,因为他至少作出了新的论证。

1. 金鱼缸中的物理学

在《大设计》标题为"何为真实"(What is Reality?)的第三章中,霍金从一个金鱼缸开始他的论证。[2]

假定有一个鱼缸,里面的金鱼透过弧形的鱼缸玻璃观察外面的世界,现在它们中的物理学家开始发展"金鱼物理学"了,它们归纳观察到的现象,并建立起一些物理学定律,这些物理定律能够解释和描述金鱼们透过鱼缸所观察到的外部世界,这些定律甚至还能够正确预言外部世界的新现象——总之,完全符合我们人类现今对物理学定律的要求。

霍金相信,这些金鱼的物理学定律,将和我们人类现今的物理学定律有很大不同,比如,我们看到的直线运动可能在"金鱼物理学"中表现为曲线运动。

现在霍金提出的问题是:这样的"金鱼物理学"可以是正确的吗?

---

[1] 江晓原、穆蕴秋:《人类应该在宇宙的黑暗森林中呼喊吗?》,《中国国家天文》2009 年第 5 期,页 11 – 17。
[2] S. Hawking, L. Mlodinow, *Grand Design*, p. 21.

按照我们以前所习惯的想法——这种想法是我们从小受教育的时候就被持续灌输到我们脑袋中的——这样的"金鱼物理学"当然是不正确的。因为"金鱼物理学"与我们今天的物理学定律相冲突,而我们今天的物理学定律被认为是"符合客观规律的"。但我们实际上是将今天对(我们所观察到的)外部世界的描述定义为"真实"或"客观事实",而将所有与我们今天不一致的描述——不管是来自金鱼物理学家的还是来自前代人类物理学家的——都判定为不正确。

然而霍金问道:"我们何以得知我们拥有真正的没被歪曲的实在图像?……金鱼的实在图像与我们的不同,然而我们能肯定它比我们的更不真实吗?"

这是一个非常深刻的问题,答案并不是显而易见的。

2. 霍金"依赖模型的实在论"意味着他加入了反实在论阵营

在试图为"金鱼物理学"争取和我们人类物理学平等的地位时,霍金非常智慧地举了托勒密和哥白尼两种不同的宇宙模型为例。这两个模型,一个将地球作为宇宙中心,一个将太阳作为宇宙中心,但是它们都能够对当时人们所观察到的外部世界进行有效的描述。霍金问道:这两个模型哪一个是真实的? 这个问题,和上面他问"金鱼物理学"是否正确,其实是同构的。

尽管许多人会不假思索地回答说:托勒密是错的,哥白尼是对的,但是霍金的答案却并非如此。他明确指出:"那不是真的。……人们可以利用任一种图像作为宇宙的模型。"霍金接下去举的例子是科幻影片《黑客帝国》(*Matrix*,1999—2003)——在《黑客帝国》中,外部世界的真实性受到了颠覆性的质疑。

霍金举这些例子到底想表达什么想法呢? 很简单,他得出一个结论:"不存在与图像或与理论无关的实在性概念"(There is no picture-or theory-independent concept of reality)。而且他认为这个结论"对本书非常重要"。所以他宣布,他所认同的是一种"依赖模型的实在论"(model-dependent realism)。对此他有非常明确的概述:"一个物理理论和世界图像是一个模型(通常具有数学性质),以及一组将这个模型的元素和观测连接的规则。"霍金特别强调了他所提出的"依赖模型的实在论"在科学上的基础理论意义,视之为"一个用以解释现代科学的框架"。[1]

那么霍金的"依赖模型的实在论"究竟意味着什么呢？

这马上让人想到哲学史上的贝克莱主教（George Berkeley，1685—1753）——事实上霍金很快就在下文提到了贝克莱的名字——和他的名言"存在就是被感知"。非常明显，霍金所说的理论、图像或模型，其实就是贝克莱用以"感知"的工具或途径。这种关联可以从霍金"不存在与图像或理论无关的实在性概念"的论断得到有力支持。

在哲学上，一直存在着"实在论"和"反实在论"。前者就是我们熟悉的唯物主义信念：相信存在着一个客观外部世界，这个世界不以人的意志为转移，不管人类观察、研究、理解它与否，它都同样存在着。后者则在一定的约束下否认存在着这样一个"纯粹客观"的外部世界。比如"只能在感知的意义上"承认有一个外部世界。现在霍金以"不存在与图像或理论无关的实在性概念"的哲学宣言，正式加入了"反实在论"阵营。

对于一般科学家而言，在"实在论"和"反实在论"之间选择站队并不是必要的，随便站在哪边，都同样可以进行具体的科学研究。但对于霍金这样的"科学之神"来说，也许他认为确有选择站队的义务，这和他在上帝创世问题上的站队有类似之处。他认为"不需要上帝创造世界"也许被我们视为他在向"唯物主义"靠拢，谁知《大设计》中"依赖模型的实在论"却又更坚定地倒向"唯心主义"了。

这里顺便指出，吴忠超作为霍金著作中文版的"御用译者"，参与了绝大部分霍金著作的中文版翻译工作，功不可没。但在他提供给报纸提前发表的《大设计》部分译文中，出现了几个失误。[2]最重要的一个，是他在多处将"realism"译作"现实主义"，特别是将"依赖模型的实在论"译成"依赖模型的现实主义"，这很容易给读者造成困扰。"realism"在文学理论中确实译作"现实主义"，但在哲学上通常的译法应该是"实在论"，而霍金在《大设计》中讨论的当然是哲学问题。在这样的语境下将"realism"译作"现实主义"，就有可能阻断一般读者理解相关背景的路径。又如托勒密的《至大论》（Almagest），霍金在提到这部著作时称它为"a thirteen-book treatise"，这当然是

---

[1] S. Hawking, L. Mlodinow, *Grand Design*, p.24.
[2] 吴忠超：《没有人看见过夸克——霍金最新力作〈大设计〉选译》，《南方周末》2010年10月7日。

正确的,但是译成"一部十三册的论文"就不妥了,宜译为"一部十三卷的论著"。

五、《大设计》可能成为霍金的"学术遗嘱"

《大设计》作为霍金的新作,一出版就受到了极大关注——《科学》(Science)、《自然》(Nature)等有影响力的杂志几乎在同一时间发表了评论文章。[1]之所以出现这样的情形,除了霍金所具有的媒体影响力之外,恐怕还有另一个重要的原因——此书极有可能成为霍金留给世人的最后著作。

霍金在书中两个被认为最为激进的观点,在两份书评中都受到了特别的关注:他声称利用量子理论证明了多宇宙的存在,我们这个宇宙只是同时从无中生出、拥有不同自然法则的多个宇宙中的一个;预言 M 理论作为掌管多世界法则的一种解释,是"万有理论"的唯一切实可行的候选。

不过,在《自然》杂志的书评作者迈克尔·特纳(Michael Turner)看来,霍金的上述论断其实并不太具有说服力。根本原因是,多宇宙这一颇有创见的思想虽然"有可能是正确的",但就目前而论,它却连能否获得科学资格都是有疑问的——不同宇宙之间无法交流,我们并不能观测到其他宇宙,这导致多宇宙论成为一个无法被检验的理论。而特纳认为,霍金在《大设计》中其实只是用多宇宙这一存在争议的观点"替代而不是回答了关于怎样选择和谁选择的问题",并没有真正回答宇宙为什么是"有"而不是"无"。至于霍金主张的引力让万物从无中生有,则是从根本上回避了空间、时间和 M 理论为何如此的问题。

霍金在《大设计》书中第一页便宣称"哲学已死",这一高傲的姿态也激怒了不少人士。例如《经济学人》上的书评认为:霍金宣称"哲学已死",却把自己当成了哲学家,宣布由他来回答基本问题,"这些言论与现代哲学很难作比……霍金与莫迪纳把哲学问题看成闲来无事喝茶时的消遣了"。[2]

虽然一些人对霍金书中的观点持有异议,但霍金本人的影响力却是不能不承认的,用特纳的话来说就是"只要是霍金,人们就愿听",况且霍金清

---

[1] J. Silk, "One Theory to Rule Them All", Science, 2010-10-08, 330(6001), pp.179-180. M. Turner, "Cosmology: No miracle in the multiverse", Nature, 2010-10-06, 467, pp.657-658.

[2] 《霍金 VS 上帝:谁通往终极真理?》。

楚、直白、积极的表达方式还是很具煽动性的。

就本文所分析的霍金最近在三个重要问题——上帝、外星人和世界的真实性——上的站队选择而言,笔者认为,最有可能对人类社会产生深远影响的是第二个问题:霍金加入了反对人类主动与外星文明交往的阵营。就笔者所知,他可能是迄今为止加入这一阵营的最"大牌"的科学家。考虑到霍金的影响力,尽管这也不是他的创新,但很可能成为他对人类文明作出的最大贡献。

原载《上海交通大学学报》19卷1期(2011)

四 性文化史

《天地阴阳交欢大乐赋》发微
——对敦煌写卷 P2539 之专题研究

引　言

《天地阴阳交欢大乐赋》残卷,敦煌写卷 P2539 号。自本世纪初被发现后,最早对之发生浓厚兴趣者当推长沙叶德辉。叶氏将 P2539 列为他的《双楳景闇丛书》之第五种,于 1914 年刊刻印行;在跋文中叶氏提出了一些很初步但不失为正确的看法。此后 P2539 并未受到敦煌学家的特别重视,但遭到一些中国作家的误解,以致出现了本来不应存在的真伪问题。另一方面,P2539 引起不少西方汉学家的注目,次第出现了一些西文评注本[1],一些有关西文著作中也时有提及。本文将从真伪问题、与性学史之关系、与色情文学史之关系三个方面,对 P2539 进行专题研究。

一、P2539 之真伪问题

P2539 为伪作之说,倡自沈雁冰。沈氏在他 1927 年间问世的一篇论文中称：

> 现代人叶德辉所刊书中有《天地阴阳交欢大乐赋》,云是白行简所撰,得之敦煌县鸣沙山石室唐人抄本……但是我很疑叶氏的话,未必可

---

[1] 高罗佩(R. H. van Gulik)在 *Erotic Colour Prints of the Ming Period*(东京,私人印行,1951 年)一书中有英文详细摘要,页 90 - 94;在 *Sexual life in Ancient China*(Leiden：E. J. Brill,1974 年)一书中又有英文评注,页 203 - 208。荷兰文译注有 W. L. Idema 所作,载 *Cahiers van Den Lantaarn*, No. 19(Leiden：De Lantaarn,1983)。

靠……考白行简……有《李娃传》见于《太平广记》、《三梦记》见《说郛》,风格意境都与《大乐赋》不类……所以,要说作《李娃传》的人同时会忽然色情狂起来,作一篇《大乐赋》,无论如何是不合情理的。至于《三梦记》述三人之梦,幻异可喜,非但没有一毫色情狂的气味,更与性欲无关。昔杨慎伪造《杂事秘辛》,袁枚假托《控鹤监记》,则《大乐赋》正同此类而已。[1]

沈氏盛名之下,其说流传颇广,故有必要对此说略作考辨。

沈氏怀疑叶德辉所交代的《大乐赋》来源,乃至引杨慎、袁枚事暗指叶氏自己是《大乐赋》之伪造者,显然是因为当时敦煌学尚在初创阶段,沈氏本人对于敦煌卷子的收藏、整理又毫无所知,故而出现了直接的知识性错误,这在今日已不足置辩。P2539 原卷早经刊布于世,无可怀疑。[2]但沈氏认为《大乐赋》非白行简所作,从学术标准来看尚不属无意义之争论,应该加以讨论。

事实上沈氏否定 P2539 为白行简作的理由也是站不住脚的。因为沈氏的理由是基于如下前提的:一个文人始终只可能创作同一种"风格意境"的作品。换言之,或者篇篇作品皆为"色情狂"(姑不论将 P2539 斥为"色情狂"也是不妥当的),或者一篇涉及色情的作品也没有。这样的前提显然是悖于常理而无法成立的。兹不论整个中国文学史,仅就白行简所生活的唐代而言,文学方面明显的反例就俯拾皆是。[3]古代一人作品风格迥异之例本极常见。

沈氏否认 P2539 为白行简作的理由既不能成立,则在未发现任何新的反对证据或理由之状况下,我们只有接受原卷子标题下所题:"白行简撰"的

---

[1] 沈雁冰:《中国文学内的性欲描写》,载《中国文学研究》下册,上海:商务印书馆,1927 年,页 5-6。
[2] 本文所据者为《敦煌宝藏》(台北:新文丰出版公司,1985 年)中影印件,第 121 册,页 616-618。
[3] 此处仅举数例为证,如李白对酒:"玳瑁筵中怀里醉,芙蓉帐里奈君何?"当然是色情,而这与《古风五十九首》之一:"我志在删述,垂辉映千春。希圣如有立,绝笔于获麟。"风格意境相去绝远。又如李商隐《药转》:"郁金堂北楼画东,换骨神方上药通。"咏及私通与堕胎,《碧城三首》之二:"紫凤放娇衔楚佩,赤麟狂舞拨湘弦。"极写男女情欲,这都属色情无疑,但他同样也写《韩碑》:"汤盘孔鼎有述作,今无其器存其辞。呜呼圣皇及圣相,相与烜赫流淳熙。"这样的颂诗。他又在《上河东公启》中称:"至于南国妖姬,丛台妙妓,虽有涉于篇什,实不接于风流。"表白自己虽有香艳之作,其实不好风流(发展到极致,即所谓"色情狂")。二李能如此,白行简又何尝不能?

说法,这应该是目前唯一合理的措置。

P2539 是否白行简作,并非无关宏旨之问题,因为此事直接影响到对该文意义的评价(详本文第二部分)。以下即在"P2539 确为白行简作"的认识基础上,展开进一步的讨论。

二、P2539 与性学史

在中国历史上,唐代可以说是各种方术盛行的第二个高潮时期。[1] 这些方术的主流始终是长生及占卜,而房中术从一开始就是长生术中极重要的一种。[2] 有不少迹象表明,房中术在唐代的流行程度,可能远出于今人通常的想象之外,P2539 对此提供了极为珍贵的史料。

在 P2539 残卷中有四处直接提到或直接引述了房中术著作,先列出如次:

或高楼月夜,或闲窗早暮,读素女之经,看隐侧之铺。

《交接经》云:男阴……曰阴干。

素女曰:女人……过穀实则死也。

《洞玄子》曰:女人阴孔,为丹穴池也。

所谓"素女之经",指《素女经》,与《洞玄子》同为至今尚有大量章节传世的中国古代著名房中术专著。[3]《交接经》也为同类著作无疑,但今已佚失。

---

[1] 第一高潮在汉魏之际,《后汉书》为此专设《方术列传》。后有人抨击此举,如宋罗大经《鹤林玉露》丙编卷二谓:"君子所不道,而乃大书特书之,何其陋也。"实则此正为《后汉书》实事求是之举。

[2] 关于房中术的性质及主旨,可参阅拙著:《性在古代中国》,西安:陕西科技出版社,1988 年,页 64-70。关于房中术与其他长生术之关系,可见另一拙著:《中国人的性神秘》,北京:科学出版社,1989 年,页 39 之方框图。

[3]《素女经》、《洞玄子》其他若干种古代房中著作,有大量内容保存于日人丹波康赖所编《医心方》一书之第二十八卷,系将群书按内容分类编排。是书成于公元 984 年,但至 1854 年方刊行。后叶德辉从中辑出数种,刊入《双楳景闇丛书》,《素女经》、《洞玄子》分别为其第一、四种。《医心方》则有中国影印本(北京:人民卫生出版社,1955 年)。

"素女曰"云云,则为《素女经》行文的典型格式。"素女"之名,由来甚久,但她与房中术联系在一起,则大致始于东汉。[1]成书于公元656年之《隋书·经籍志》,所著录房中古籍有《素女秘道经》一卷(并《玄女经》)、《素女方》一卷等。《洞玄子》则此前最早见于《医心方》,但由白行简的生卒年(776—826)可推定P2539约作于公元800年左右,其中既称引《洞玄子》,遂将此书历史提前近两个世纪。

此处需要提到叶德辉与沈雁冰关于P2539中所引《素女经》、《洞玄子》真伪的歧见。叶氏于P2539跋文云:"至注(指白行简夹加原注——晓原按)引《洞玄子》、《素女经》皆唐以前古书……而在唐宋时此等房中书流传士大夫之口之文,殊不足怪。"[2]其说本属不谬。但沈氏却认为:"叶氏……竟专以此赋证明《洞玄子》、《素女经》(按此二书,本刻在叶氏《观古堂丛书》中,近又辑刊于《医心方》中,虽托古籍,实为伪作)之非伪,尤叫人犯疑。"[3]然而沈氏这里再次犯了直接的知识性错误。他因怀疑P2539出自叶氏本人伪造,遂勇于斥伪,却未弄明白《医心方》成书先于叶氏刊书前近千年、刊行于世也早于叶氏刊书半个多世纪这一基本事实。叶氏据P2539以证两书不伪固然不错,但如今又有了更新证据。1973年于长沙马王堆三号汉墓出土大量帛、简书,其中有数种房中术著作[4],分析其内容,可以有力证明:《医心方》中所保留之房中书,渊源有自,其学说上接秦汉甚至更早。[5]故《素女经》、《洞玄子》等房中古籍之真实性已无须P2539来证明。

P2539中又多次出现古代房中家术语,兹举数例如下:

阳峰直入,邂逅过于琴弦;阴干邪冲,参差磨于榖实。

然更纵湛上之淫,用房中之术。行九浅而一深,待十候而方毕。

含妳唧舍,抬腰束膝。龙宛转,蚕缠绵。

---

[1] 如张衡《同声歌》:"素女为我师,仪态盈万方。"又王充《论衡·命义》亦提及。
[2] 《双槑景闇丛书》第五种末页,1914年刊。
[3] 沈雁冰:《中国文学内的性欲描写》。
[4] 整理发表于《马王堆汉墓帛书》(四),北京:文物出版社,1985年。
[5] 对此问题笔者有另文阐述。

"琴弦"、"榖实"是房中书上极常用之语,而且源远流长,早在马王堆汉墓帛简书中就已使用。[1]这是两个表达女性阴道位置的术语。[2]"九浅一深"是中国古代房中家描述操作技巧的术语。此语较多为人所知,因后世色情文学中也曾提到。但必须指出:"九浅一深"所描述之技巧,与房中术的其他技巧一样,本是修习长生术的努力,而绝非如许多人所误解的那样被作为纵欲贪欢之手段。[3]"龙宛转"、"蚕缠绵"则是两种交接姿势的名称。[4]

P2539又大量袭用房中书中的习惯语言,如"金沟"、"乳肚"、"以帛子干拭"、"婴儿含乳"、"冻蛇入窟"等等,皆为房中书常见的用语和比喻。P2539中有些段落几乎可以看作是房中书若干章节的韵文改写。[5]

P2539对于房中家求长生之旨,也能领悟,并非仅将房中术视为欢乐技巧。比如有一段谈到:

> 回精禁液,吸气咽精,是学道之全性,图保寿以定神。

此即房中家惜精禁泄、"还精补脑"之说。[6]

以上各现象,充分表明P2539作者非常熟悉房中家著作。为了进一步评价这一事实的意义,应先转而考察作者白行简其人。

白行简(768—826),字知退,大诗人白居易之弟。两《唐书》皆有传。他进士及第,做过幕僚,历任校书郎、左拾遗、司门员外郎、主客郎中等职,此种经历在当时文士中极为平常。关于其为人,《新唐书》唯"敏而有辞,后学所慕尚"一语[7],《旧唐书》稍详:"行简文笔有兄风,辞赋尤称精密,文士皆师法之。"[8]值得注意的是:两传中皆根本未提及他有任何特殊经历、遭遇或爱好,比如修习方术、善医道或爱好房中家言之类。这一点至少说明:P2539

---

[1] 见《养生方》及《天下至道谈》,《马王堆汉墓帛书》(四),页118,页166。
[2] 比如P2539原注引《素女经》云:"女人阴深一寸曰琴弦,五寸曰榖实。"
[3] 比如《医心方》卷二十八"治伤第廿"引《玉房秘诀》云:"调五藏消食疗百病之道,临施张腹,以意内气,缩后,精散而还归百脉也。九浅一深,至琴弦麦齿之间,正气还,邪气散去。"
[4] 见《医心方》卷二十八"卅法第十三"引《洞玄子》所述之第六、第五种。
[5] 比如P2539自"或高楼月夜,或闲窗早暮"至"当此时之可戏,实同穴之难忘"大段,与《医心方》卷二十八"临御第五"、"九状第十四"就是如此。
[6] 参见拙著《性在古代中国》,页86-87。
[7] 《新唐书》卷一一九,白行简传。
[8] 《旧唐书》卷一六六,白行简传。

的作者白行简,作为一个普通文士,在历史上并不以方术名世。

倘若白氏是如《后汉书》《方术列传》中所记载的那类方术之士,那 P2539 中充满房中家言这一事实就因不具有一般性而显得意义不大了;但白氏既根本不以方术名世,更非房中大家,则在 P2539 中所表现出来的他对房中家文献之熟悉,就只能这样解释:当时房中家著作流传甚广,一般文士中颇有熟悉者。

上面的解释会产生一个问题:如果当时房中书在文士间流传甚广,为何今日却很难从传世唐代诗文中找出多少旁证来?对此问题可以有如下认识:

首先,自宋以降,性忌讳、性禁锢的压力在中国日益深重,而时间是有过滤作用的,滤去何种内容,依据社会的道德判断、价值取向而定。漫长的岁月,即使平庸之作被淘汰,也使不合后世道德标准(或其他某些标准)的作品湮灭无闻——P2539 很可能正是如此。类似 P2539 这样的作品,自然是"君子所不道",若非敦煌石室中保存了写本残卷,就难免失传的命运。无独有偶,唐代另一篇带有色情味道的奇文,张鷟的《游仙窟》,也是在中国久已失传,幸赖日本保存才流传下来的。可以设想,或许还有一些类似 P2539 的唐代诗文,已经永无机会重见天日了。其次,像 P2539 这样极尽铺陈、无遮无隐地描述性活动与性艺术,究竟是有些"出格"的,诸房中书当然更是如此,虽然唐代文人在此问题上远较后人坦荡,终不至于群起来作、经常来作类似 P2539 或谈论房中家言的文字。因此,虽可由 P2539 推断房中书在唐代广泛流传于文士之间,却不必指望在传世唐人诗文中发现多少旁证。

房中书在唐代流行之广,倒是可以在传世的三部唐代医学巨著中略见端倪。孙思邈《千金要方》、《千金翼方》、王焘《外台秘要》三书皆有相当大的篇幅讨论房中术[1],丹波康赖《医心方》正是模仿了此种格局。而此种格局是其他朝代医籍中所没有的。还有若干已佚的房中书也曾在唐代流行,比如 P2539 中提到的《交接经》即其一。

三、P2539 与色情文学史

P2539 与《游仙窟》

在中国,色情文学的历史远较性学或房中术的历史为短。关于中国色情文学的早期情况,常被提到的有《赵飞燕外传》与《杂事秘辛》两文,前者题

---

[1] 三书皆有影印本(北京:人民卫生出版社,1955 年)。

为"汉河东都尉伶玄"撰,而学者们一致认为系伪托,确切年代虽不可考,但绝非汉代作品;后者述东汉选妃事,实则基本上可确定为明朝杨慎所作,伪托古人的。况且,此两文虽有数处带色情意味的描写,但若与后世色情文学作品相比,尚远远够不上格,故尚未能视之为色情文学的发端。

现存有确切年代可考而又真正够得上色情文学资格的,最早当数初唐张鷟《游仙窟》一文。写作年代约在公元 700 年稍前一点[1],大致比 P2539 早一个世纪。文用男主角第一人称,叙述三位陌生男女如何相识、调笑、交欢,最后依依惜别的故事。以骈文写成,文辞浮艳华美。它将绝大部分篇幅用于描述男女调情的过程,其色情程度尚远远逊于 P2539。文中仅有若干咏物诗是影射男女欢合的,即所谓"素谜荤猜",兹略举"十娘咏刀鞘诗"一例:

数捼皮应缓,频磨快转多。渠今拔出后,空鞘欲如何![2]

真正写到欢合时,就只是一笔带过了。《游仙窟》主要是通过详细铺叙男女调情的过程来构成色情的意境。而与之形成鲜明对照,P2539 把大量注意力集中于欢合这一活动本身,故到了 P2539,无论用广义还是狭义的标准来衡量,都堪称是"正牌的"色情文学了。该两文可以毫不夸张地称为中国古代色情文学之祖。

P2539 残卷今存约三千字,除卷首白行简自序外,以下据文意大致可分为十二段,依次描述如下内容:

(1)少年新婚之夜的欢合。(2)贵族男子与其姬妾的欢合。(3)昼合。(4)贵族夫妇一年四季的种种欢合情状。(5)老年夫妇间的欢合。(6)皇帝在宫廷中的性生活。(7)怨女旷夫窃玉偷香式的欢合。(8)野合。(9)与婢女欢合。(10)与丑妇交合。(11)僧侣及帝王之同性恋。(12)下层村民之性生活。(不全,以下残去)

各段描述之繁简相差甚远:有的反复渲染,极尽铺陈;有的则只是虚写;也有的仅寥寥数语。[3]

---

[1]《唐人小说》(上海:上海古籍出版社,1978 年)页 34-35 上汪辟疆的考证。
[2]《游仙窟》全文可见《唐人小说》,页 19-33,为汪辟疆校录之本。"咏刀鞘诗"见页 27。
[3] 如(2)可为铺陈最甚之例。(11)则纯为虚写,但沈雁冰却指斥"甚至变态性欲的男风都描写得淋漓尽致",距离事实甚远。其实该段只是《史记·佞幸列传》有关记载的韵文改写。(5)最简单,仅 46 字。

值得注意,《游仙窟》以骈文写成,而 P2539 则采用赋体。一方面,此两种文体在中国古典文学各体裁中最适宜排比铺陈、炫耀文采;另一方面,由于采用了古典的文学体裁,P2539 与后世用白话或半白话写成的色情文学作品相比,毕竟还是"雅驯"得多,至少在形式上和给人的感觉上是如此。

P2539 与唐人性观念及性心理

如果从现代流行的宣传性读物给人们造成的中国"封建社会"印象——这种印象在许多方面背离事实甚远——出发,去估计唐代人的性观念与性心理,那将很容易误入歧途。如果参以高宗纳父妾、玄宗夺媳、公主再嫁、金陵女子夜奔李白、薛涛和鱼玄机等名妓与达官文士诗酒风流之类的戏剧性事例,那也要依分析考察的视角、深度和方法,方能决定其结论的合理程度,但仍不易指望臻于完备的境界。还有一些较少为人注意到的事例,有力地表明:唐代人的性观念和性心理,即使在现代人看来,有时也难以想象。[1]大致而言,可用"坦荡"二字约略概括之。P2539 在这方面提供了生动证据。

P2539 之出现本身就是唐人性观念坦荡的表现。此种文字,如令宋以后道学家见之,必义愤填膺,斥为万恶不赦,而白行简作了此文,却也未在当时背上"浮薄"之类的恶名。[2]况且他作此文并非悄悄以此来宣泄性压抑——当时文士大约很少有性压抑,而是公开发表,至少是在朋友圈子里传阅的。因他在自序中称:作此文是"唯迎笑于一时",表明 P2539 是当时文士间的游戏笔墨,类似上层社会人士开下流玩笑之举(但形式上依旧"高雅")。如不让别人传阅,就不可能"迎笑于一时"。而敦煌石室中的抄本,正好证明了P2539 在当时的流传,已远远超出白行简身边的圈子。

P2539 在描述怨女旷夫偷情的那段中,设想一男子深夜潜入人家闺房,对睡眠中的妇女实行非礼。当女子惊觉后,按今天人们的估计,她们似乎不外是呼救、反抗或怒斥该男子。但是令人惊异,在白行简笔下,她们的反应却是这样:

---

[1] 比如《旧唐书》卷七八《张行成传》中朱敬则对武则天的谏章即为此类事例之一。朱敬则指斥"陛下内宠已有薛怀义、张易之、昌宗,固应足矣",不该再觅新宠,致有朝臣以"阳道壮伟"自求供奉内廷,"无礼无仪,溢于朝听"。奏上,则天轻描淡写地表示:"非卿直言,朕不知此。"君臣谈论此种问题,竟毫不避忌。
[2] 比如流传颇广的宋仁宗斥落柳永进士及第的故事(见《能改斋漫录》卷十六),就反映了截然不同的观念。与 P2539 相比,柳词毫无色情,犹被斥为"浮艳虚薄"。

未嫁者失声如惊起,已嫁者佯睡而不妨;有婿者诈嗔而受敌,不同者违拒而改常;或有得便而不绝,或有因此而受殃。

由于 P2539 是游戏笔墨,其中描述有多大程度的现实性,看起来值得怀疑。但退一步来说,即令我们站在最保守的立场上,假定这一段纯出白行简凭空杜撰,并无任何现实生活基础,这段描述仍有重要意义:白行简敢于杜撰出如此大违礼教的情景,以之"迎笑于一时",而不担心会招来抨击,这至少说明那时确有一部分士大夫的性观念坦荡到如斯地步。更何况,这一段还未必是百分之百的杜撰。

就反映唐人性观念与性心理之坦荡而言,P2539 堪称与《游仙窟》异曲同工。[1]这两篇罕见的奇文都出现于唐代,也不应视为偶然。考虑到时间的过滤作用,此类篇什得以传世者自然很少,遂使该两文成为考察唐代文化不可多得之珍贵史料。

P2539 所反映的坦荡性观念,并非无根之木、无源之水。如将其置于中国人性观念变迁的历史背景之下来看,其中颇有去古未远之处。在中国,"阴阳天人感应观"源远流长,这种观念认为:阴(地、女性等)与阳(天、男性等)要相互交合方好,方是事物的生机。因而在古代中国人眼中,男女两性的交合,实为一种充满神圣意味的佳景,一件值得崇敬讴歌的美事。上古陶器上形形色色的性象征图案[2],《易·系辞》下所谓:"天地絪缊,万物化醇;男女构精,万物化生",《易·象·归妹》所谓:"归妹,天地之大义也,天地不交而万物不兴",《孟子·万章》上所谓:"男女居室,人之大伦也",乃至《神仙传·彭祖》所谓:"天地得交接之道,故无终竟之限;人失交接之道,故有伤残之期"[3],一以贯之,都是此种观念的表现。白行简也是在此种观念的强烈影响之下创作 P2539 的,《天地阴阳交欢大乐赋》之名本身就明确反映了这一点。他又在自序中重复了与前人相似的说法:

---

[1] 比如在《游仙窟》中,主人公初识十娘,就要求"共十娘卧一宿",而十娘也不以为忤;以及宾主间的"素谜荤猜"戏谑。十娘五嫂毕竟并非倡家。

[2] 较为大胆的论述可见赵国华:《生殖崇拜文化略论》,《中国社会科学》1988 年第 1 期。

[3] 借彭祖之口而言。当然不妨视为葛洪辈房中理论家的见解。事实上,此为中国古代房中家最重要的观点之一。

> 天地交接而覆载均,男女交接而阴阳顺[1],故仲尼称婚嫁之大,诗人著《螽斯》之篇者,本寻根不离此也。

从这样的角度来看,P2539之用优美华丽的文辞反复描述,歌咏男女欢合,只是古老传统在唐代的一次新的文学实践而已。

据现有史料,自 P2539 之后,色情文学经历了很长一段几乎空白的时期,直至明朝中叶方才勃然兴盛。在此期间,虽曾出现秦醇的《赵飞燕别传》、托名韩偓的《迷楼记》等作品,但都只能与前述《赵飞燕外传》等属同类程度,尚不足与明清色情文学作品比肩。

现存明清色情文学作品中,大致可分为两类:一类是将色情描写作为"调味品",以求取悦于某些读者,从而增加作品受欢迎的程度,如长篇小说《禅真逸史》、《禅真后史》、《隋炀帝艳史》等,"三言"、"二拍"中的一些故事也属此类。这类作品的主题不是性爱。另一类则专以性爱为主题,如《肉蒲团》、《弁而钗》、《如意君传》等。此两类作品虽都常有不堪入目之处,但后一类作品与 P2539 所体现的上古传统之间,仍有某种若断若续的精神联系。

正常的性爱与病态的色情之间,毕竟是存在明显区别的。"健康自然"或可作为此种区别的判据之一。例如,在古代中国色情文学中,媚药(以及淫器)是经常出现的重要内容之一,常借此渲染病态、疯狂的纵欲场景。[2] 又如,以欣赏少女初次交合时疼痛为特征的,近乎性虐待狂(sadism)的变态心理,也是古代中国色情文学中常见的描写。[3] 但是在 P2539 中,这两类内容都丝毫未曾涉及。P2539 中实写的性爱场景基本上不失健康自然、欢乐明快,至少从性心理学的角度来看是如此。而对帝王男宠之类则仅是虚写。

另一方面,有一个后世色情文学中百用不厌的手法,在 P2539 中已见应用,即所谓"劝百讽一"。在尽情渲染色情场景及情态的前后,往往引入"万

---

[1] "男女交接而阴阳顺"是"阴阳天人感应观"的重要方面之一,有许多表现:比如《春秋繁露》卷十六"清雨止雨篇":"四时皆以庚子之日令吏民夫妇皆偶处,凡求雨之大礼,丈夫欲藏,女子欲和而乐神。"又如《三国志·吴书·陆凯传》:"今中宫万数,不备嫔嫱,外多鳏夫,女吟于中,风雨逆度,正由此起。"又《旧唐书·宪宗纪》:"元和八年,出宫女二百车,任所从适,以水灾故也。"又《白居易集》卷五八载为元和四年旱灾而上奏章:"臣伏见自太宗、玄宗已来,每遇灾旱,多有拣放,书在国史,天下称之。"祈雨要吏民夫妇"偶处",水旱灾害要释放宫女适人,男女交接被视为关乎风调雨顺与否、天人之际和谐与否的重大问题。
[2] 典型的例子可见《二刻拍案惊奇》卷十八。《金瓶梅》中此类场景也多次出现。
[3] 典型的例子可见《醒世恒言》卷二十三,及《隋炀帝艳史》第三十一回。

恶淫为首"之类的道德说教作为点缀,以示作者写作动机之纯正无邪。[1]在 P2539 中已可见到这一手法的表现。作者在第(6)段中描述帝王的后宫生活,先以华美的辞藻和欣赏的笔触渲染:

于是阉童严街,女奴进膳;昭仪起歌,婕妤侍宴。成贵妃于梦龙,幸皇后于飞燕。

然乃启鸾帐而选银环,登龙媒而御花颜。慢眼星转,著眉月弯。侍女前扶后助,娇客左倚右攀。献素而宛宛[2],内玉茎而闲闲。三刺两抽,纵武皇之情欲;上迎下接,散天子之髾鬟。乘羊车于宫里,插竹枝于户前。

这里没有任何批判的情绪,相反却充满艳羡和激赏。但末了笔锋一转,对于皇帝后宫太众作了一两句批评:

今则南内西宫,三千其数,逞容者俱来,争宠者相妒,矧夫万人之躯,奉此一人之故?

"劝百讽一"之法,与赋这一文学形式有着特殊关系。昔日汉赋中的煌煌巨制,如司马相如《子虚赋》、《上林赋》等,侈陈天子、诸侯游猎之规模盛大、壮丽豪华,最后留下不足百分之十的篇幅,归结到戒奢务俭、修明政治之类的结论上去,就是"劝百讽一"的标准模式。白行简既用赋体,自然不会不知道这一传统。甚至可以猜测:《大乐赋》在其末尾也可能用少量篇幅谈一些节欲或礼教的话头。至于"劝百讽一"之法本身,也未必纯属虚伪或仅为避免道德批判的障眼法。从文艺理论的角度来看,应该有其地位和道理。但此事显然已越出本文所定范围,兹不深论。

原载《汉学研究》(台湾)9 卷 1 期(1991)

---

[1] 比如《肉蒲团》的作者在第一回中表白:"做这部小说的人,沥其一片婆心,要为世人说法。劝人息欲,不是劝人纵欲;劝人秘淫,不是劝人宣淫。……《周南》、《召南》之化,不外是矣。"即其一例。

[2] 卷子原文如此,由上下文可推知素下脱去一"臀"字。

中国十世纪前的性科学初探

引　言

中国古代医学非常发达,性科学——古代称为"房中术"——作为医学的一个重要分支,也不例外。但很久以来,只要一提起房中术,人们往往大摇其头,将它和炼丹、求仙等视为一路货,甚至更坏,斥之为"诲淫"、"色情"、"腐朽糜烂"。结果造成性神秘,使许多人的身心健康受到不应有的损害。这种情况今天已经改变,由于现代科学的发展,性神秘的帷幕逐渐被拉开。目前国内的书店、图书馆中都有不少介绍性知识的读物,报纸杂志上也时常刊载普及性知识、性卫生的文章。

房中术中固然有非科学的糟粕,但也不乏科学的内容和成就。如果从科学史的角度出发对之加以研究和探讨,应该说也是有意义的。

一、史料及流布情况

史志书目

《汉书·艺文志》成于东汉时,其方技略中载有"房中八家",这无疑是秦汉间或更早期的著作:

> 容成阴道二十六卷
> 务成子阴道三十六卷
> 尧舜阴道二十三卷
> 汤盘庚阴道二十卷
> 天老杂子阴道二十五卷

天一阴道二十四卷
　　黄帝三五养阳方二十卷
　　三家内房有子方十七卷

还附有一小段议论："房中者,情性之极,至道之际,是以圣王制外乐以禁内情,而为之节文,传曰:'先王之作乐,所以节百事也。'乐而有节,则和平寿考;及迷者弗顾,以生疾而陨性命。"[1]这种节制的主张,一直为后代所继承。不难看出,班固并未将房中术视为"海淫"邪道,而是和其他学术分支一视同仁的。可惜他所记这八家著作今天都已佚亡。

魏晋南北朝期间,性科学继续发展,出现一批新的房中术著作。成于唐初(公元656年)的《隋书·经籍志》子部医方类中有[2]:

　　序房内秘术一卷(葛氏撰)
　　玉房秘诀八卷
　　徐太山房内秘要一卷
　　素女秘道经一卷(并玄女经)
　　新撰玉房秘诀九卷
　　素女方一卷
　　彭祖养性一卷[3]
　　郯子说阴阳经一卷

等书。其中有的流传至今(详下文),再注意到上述诸书与《汉书·艺文志》所载无一相同,我们可以推测:中国古代房中术的格局大约是在魏晋南北朝时期确定下来的。这还有另一个证据:成书于宋嘉祐五年(公元1060年)的《新唐书·艺文志》子部医术类中有:

　　葛氏房中秘书一卷

---

[1]《汉书》卷三十。
[2]《隋书》卷三十四。
[3] 此书即使不是房中术专著,至少也和房中术有关。彭祖是古代房中术著作中经常称引的人物(参见附表一),说他因善房中"采补"之术而得长生。又"养性"亦为与房中术关系密切的话头,如《千金要方》中房中术的章节即放在"养性"卷(卷廿七)中。

冲和子玉房秘诀十卷(张鼎)
　　彭祖养性经一卷

等书,皆为《隋书·经籍志》中已著录者,而不再出现成批的新著作。《冲和子玉房秘诀》当即《隋书·经籍志》中的《玉房秘诀》,后者今存一种,内屡称"冲和子曰";《旧唐书·经籍志》(公元945年成)中亦载有《房秘录诀》八卷,云冲和子撰,盖是同书异名。

《医心方》

有关性的知识在古代医书中常有收载,唐代尤甚。如孙思邈的《备急千金要方》卷二十七、甄权《古今录验》卷二十五、王焘《外台秘要》卷十七等,都有若干记载。不过作者们通常总是把性知识作为很小的一节,并且往往在书靠近末尾部分才出现。史志书目中房中术著作也多半著录在子部医方类的接近末尾处。

今天我们能在其中找到最系统的房中术材料的医书,当推《医心方》。此书由日本人丹波康赖于公元984年(中国宋太平兴国七年)写成,但直到1854年方才刊行。[1]收录了《素女经》、《玉房秘诀》、《洞玄子》等房中术专著中的大量内容,按不同方面的问题分类编排,并在每一段之首载明出于何书。多亏了《医心方》,中国十世纪以前的房中术理论才得以保存其主要内容直至今日。照叶德辉的意见,"大抵汉、隋两志中故书旧文十得八九"。[2]说"十得八九"虽未必确,但《医心方》作为今天研究中国十世纪以前的房中术的主要材料来源则无可疑。

叶德辉的工作

叶德辉酷好收集古代医书,对房中术著作也有极大兴趣。他从《医心方》和其他医书中辑录出《素女经》、《素女方》、《玉房秘诀》、《玉房指要》、《洞玄子》等著作,连同敦煌卷子中的白行简《天地阴阳交欢大乐赋》残卷,于1903—1914年间刻入《双楳景闇丛书》中。[3]每种都附有他写的序或跋。其中对史料

---

[1] 见《医心方》序,人民卫生出版社影印本,1955年。李约瑟云此书成于公元982年,恐误,见 *Science and Civilization in China*, Ch.10(i)·(4), Cambridge, 1956。

[2] 见叶德辉:《新刊素女经序》,载《双楳景闇丛书》第一种。

[3] 《素女经》、《素女方》、《玉房秘诀》·《玉房指要》、《洞玄子》、《天地阴阳交欢大乐赋》依次为《双楳景闇丛书》之第一、二、三、四、五种。以下凡引上列诸书皆据此。

作了一些初步的考证工作，都还正确。还发表了一些评论，也不无可取。比如他已知有普及性知识的西方读物东来，指出其中有些内容中国"古已有之"，即房中术。又主张普及性知识对人民健康有帮助。都不失为正确的见解。

性知识在唐代相当普及

白行简《天地阴阳交欢大乐赋》残卷在本世纪初发现于敦煌鸣沙山藏经洞，这篇赋在文学史上虽无多大价值可言，却为研究房中术在唐代的流传情况提供了不少信息。此赋专门描写性生活，文辞浮艳，极尽铺陈之能事。其中多处出现房中术专著中的术语，如"九浅一深"之类。而且在有些地方白行简还加了注，注中提到《交接经》、"素女曰"、"洞玄子曰"等语。可以推知白行简是看过或至少知道《素女经》、《洞玄子》之类的著作的。还可推知唐代流传的房中术著作除《医心方》中所涉及的之外还有一些，《交接经》即其一。

白行简（公元768—826年），白居易之弟，两《唐书》皆有传。《新唐书》本传十分简略，关于其为人只说"敏而有辞，后学所慕尚"。[1]《旧唐书》稍详，也只说"有文集二十卷。行简文笔有兄风，辞赋尤称精密，文士皆师法之。居易友爱过人，兄弟相待如宾客"。[2] 没有任何他对房中术或医学感兴趣的记载。他贞元末进士及第，做过幕僚，担任过校书郎、左拾遗、司门员外郎、主客郎中等官职，写了传世唐人小说中的名篇《李娃传》。这是当时很典型的文士，没什么奇特的经历和造诣。《天地阴阳交欢大乐赋》多半是他的游戏笔墨，正如他在赋前序中所说："唯迎笑于一时"。但在赋中竟有大量房中术术语，对这一现象最好的解释恐怕只能是：房中术著作在白行简时代普遍流行，至少在士大夫阶层是如此，否则白行简不会那么熟悉。

联系到唐代两部重要医学著作，孙思邈的《备急千金要方》和王焘的《外台秘要》中都有相当大的篇幅（与一般医学著作相比而言）论述房中术，加之当时又有许多房中术专著流传，我们可以推想性知识在唐代是相当普及的。

二、主要内容的初步分析

"多交少泄"可以延年

所谓"多交少泄"，就是主张男子多性交，越多越好，但少泄精，认为这样

---

[1]《新唐书》卷一一九。
[2]《旧唐书》卷一六六。

可以益寿延年。《素女经》说："法之要者在于多御少女而莫数泻精,使人身轻,百病消除也。"这是古代性学家一个普遍信念,即所谓"采阴补阳"。几乎每部房中术著作中都有这个观点。这种观点不仅反映了对妇女的轻视,而且本身也是违背今天的科学常识的。事实上,过度频繁的性生活(无论男方射精与否),将对男女双方产生一系列不良后果,对健康有害无利,更毋论益寿延年。

上述错误信念是如何产生的呢？很可能,它一方面来源于某些观察归纳,另一方面来源于传统的哲学思辨。古代性学家已经知道性压抑的害处,《素女经》说："黄帝问素女曰:今欲长不交接,为之奈何？素女曰:不可。"同书中还注意到长期性压抑造成的精神恍惚状态,称之为"鬼交之病"："由于阴阳不交,情欲深重,即鬼魅假象与之交通。"《千金要方》也说"阴阳不交伤也"。[1]性压抑既不可取,中国古代又早有阴阳之说,地与天、女与男等都是和阴、阳对应的,而阴阳交合才是好事,是事物的生机,《周易》里就有这种思想。也许就是这两方面引导性学家确立了"多交益寿"的信念。

上述猜测的可靠程度目前尚难断定,如能发现早期的房中术著作(比如《汉书·艺文志》中所著录者),或许可以得到较为明确的线索和证据(参见本文末附注二)。

在"多交少泄可以延年"的错误信念支配下,古代性学家把控制射精作为重要课题来研究。他们追求"坚持勿施"(《玉房秘诀》)、"动而不施"(《素女经》),甚至还有"但能御十二女而不复施泻者,令人不老,有美气;若御九十三女而自固者,年万岁矣"(《备急千金要方》卷二十七)这样荒诞不经的说法。孙思邈等人主张在即将射精的瞬间做各种动作以阻止射精,如闭住呼吸、紧握两手等。[2]

又有"还精补脑"之说,主张在将要射精的瞬间用手于阴囊与肛门之间处压迫输精管,使精液不从阴茎射出,认为这样精液就会上行而达脑子,起滋补作用。[3]这无疑是没有科学根据的,实际上这是现代仍在采用的避孕方法之一(但并不可靠),在这种情况下,精液进入膀胱,以后随小便排出,根本谈不到什么"补脑"。

---

[1] 孙思邈:《备急千金要方》卷二十七,人民卫生出版社影印本,1982年。
[2] 《备急千金要方》卷二十七,以及《玉房秘诀》中都有这样的建议。
[3] 较详细的描述见《玉房指要》,《玉房秘诀》及《备急千金要方》卷二十七中亦有此说。

多交少泄延年之说带有明显的封建统治阶级烙印。"御女"越多越好——谁能做到这一点？恐怕只有后宫上万的封建帝王、侍妾成百的富豪显贵才能如此。而且这种说法把妇女视为附庸，《玉房秘诀》和《千金要方》中都对女性身体的外观作了细致的描述，提出与有某些特征的女子交接可以"益寿延年"，而与有另一些特征的女子交接则"贼损人"。《玉房秘诀》中还列举了十七种"不御"的情况。当然，有时也有男女平等的思想，如《玉房秘诀》说"非徒阳可养也，阴亦宜然"，《千金要方》中也谈到"男女俱仙之道"。

多交少泄可以延年这一信念可以说是房中术理论中最成问题的。[1]然而，很可能正是这个信念成为推进中国古代性科学发展的重要动力。由于相信"多交"可以祛病延年，就促使性学家们以极大的兴趣对性知识作深入的探讨，取得了不少科学成就——这将在下文依次论及。这一点也可以帮助解释在宋明理学盛行之后，道学家们高唱"存天理，灭人欲"，而性又是人欲中被视为最低下者，一方面是普遍的性神秘，另一方面却是研究房中术者仍代不乏人，房中术的著作仍能代代流传，以至于我们今日还能读到。

性生活的和谐

古代性学家在这一点上达到了很高的成就，几乎和现代的认识完全一致。

首先是认识到不和谐的性生活之不可取："若男摇而女不应，女动而男不从，非直损于男子，亦乃害于女人。"（《洞玄子》）因此"交接之道无复他奇，但当从容安徐，以和为贵"（《玉房指要》）。不仅在整个过程中要力求"安徐"，更重要的是在达到性高潮之前要做一系列准备工作，以使高潮逐步到来："必须先徐徐嬉戏，使神和意感"（《备急千金要方》卷二十七）。

关于这些准备工作，《洞玄子》中论述甚详，诸如拥吻、爱抚等，和现代普及性知识的读物中所建议的几乎毫无二致。古代性学家对性知识探讨之深入细致，于此可见一斑。《洞玄子》还注意到男女性欲高潮的配合："凡欲泄精之时，必须候女快，与精一时同泄"，这正是现代性知识的结论，各种普及读物几乎一致主张夫妇之间应力求达到这一状态。

由于男性通常很容易达到高潮，因此《洞玄子》主张男方在女方未达高

---

[1] 现代医学认为，男性在性交时长期忍精不射是有害的。

潮时应控制射精,这和现代的主张完全吻合。它建议采用"闭目内想,舌柱下腭,蹋脊引头,张鼻歙肩,闭口吸气"的方法,这和孙思邈等人的"坚持勿施"的方法颇相类似。这不奇怪,因为两者基本上是一回事。

女方达到高潮需要较长时间,判断女方是否已达高潮,是一项重要内容。中国古代性学家对此十分重视。《素女经》用了大量篇幅来探讨此事,提出女方在逐渐达到高潮时出现的"五征":"面赤"、"乳坚鼻汗"、"嗌干咽唾"、"阴滑"、"尻传液",与现代科学的研究颇相合。当然,现代的研究更加细密,趋于定量,如乳房的外形变化等。[1] 此外还有女方的"五欲"、"九气"、"十动",男方的"四至"(《素女经》)之类,都与"五征"相仿,力求通过对某些动作和现象的观察来确定男女(主要是女方)在整个性反应周期中所处的阶段。

高潮未必每次都能达到(特别是女方),双方同时达到更不易,有时一方甚至无意于过性生活。《素女经》主张在这种"男欲接而女不乐,女欲接而男不欲,二心不和,精力不感"的情况下,不要进行性交。

性生活与健康

中国古代性学家虽有多交少泄可以延年的错误信念,倒也使他们对过多射精会造成危害这一点有了认识。各种房中术著作几乎一致认为过于频繁的射精将对身体健康造成损害,因此纷纷提出以几天射精一次为好,我们姑称之为"射精周期"。较典型的可举《千金要方》为例:"人年二十者四日一泄,三十者八日一泄,四十者十六日一泄,五十者二十一日一泄,六十者闭精勿泄,若体力犹壮者一月一泄。"《素女经》中的"素女法"与此完全一样。一般说来,各家周期中对应相同年龄的天数出入颇大。比较详细的一种见于《素女经》,将人分成"盛"、"衰"两类(详见附表二)。

机械地规定几天射精一次并不科学,因为各人身体状况千差万别,绝非"盛"、"衰"两类所能概括。现代医学主张每人自己建立自己的周期——以每次性交后第二天不感疲劳为原则。事实上,各家周期的天数大有出入,这本身就反映了不同的人之间差异之大。因为古代性学家不可能像今天的医学家那样通过调查成千上万人的情况来获得统计资料,他们的研究对象(毫无疑问,首先是他们本人)肯定局限在很小的范围之内,因此一到定量的问题,很容易以偏概全。

---

[1] R. Kolodny 等著,吴阶平等编译:《性医学》,第 1 章,科技文献出版社,1983 年。

上述周期理论主张年纪越大越少射精,这也是符合客观情况的。随着年龄增大,性机能一般总要衰退。孙思邈在谈到老年人的性生活时特别强调不要射精,如果有一个阶段突然觉得性欲大增,他认为这对老年人来说是回光返照,十分危险,"必谨而抑之,不可纵心竭意以自贼也,若一度制得,则一度火灭,一度增油;若不能制,纵情施泻,即是膏火将灭,更去其油,可不深自防!"[1]

古代性学家几乎都把在何种情况下不宜性交作为房中术理论的重要组成部分。各家论述大同小异,内容则科学与谬误杂陈。照他们的理论,忌性交的情况名目繁多,主要可分成人的状态和外界环境两类。

附表三搜集了 14 种不宜性交的状态,包括双方的情绪、身体状况等方面。这些说法未必都有科学根据,但和房中术的其他论点是自洽的,于此也可见中国古代性科学理论相当完备。

据前所述,古代性学家主张性生活要"从容安徐"、"神和意感",力求双方和谐,获得快感,既然如此,双方在性交时的情绪就非常重要。如大喜大怒、无性欲或性欲极强烈等情况,自然不可能"从容安徐"、"神和意感"。

关于性交时身体的状况,附表三中有些说法也是科学的。比如酒醉后性交、受孕的害处,现代已有明确结论。又如刚吃饱饭就性交,必然不利于消化。劳作之后身体疲乏,不宜性交,这在今天的健康常识来看也是正确的。至于性交之前的大小便问题,在现代性科学理论中虽不重要,但从在性交前应力求身体舒适这一点来看,附表三中的说法也无不妥。对于在这些不宜性交的状况下进行了性交会造成什么后果,《素女经》提出"七损"之说:"绝气"、"溢精"、"裸脉"、"气泄"、"机关厥伤"、"百闭"、"血竭",不过对症状(多半是性功能障碍)的描述都很简略。

另一类不宜性交的情况是就外界环境而言的,其中科学成分可能不多。如《素女经》提出在晦朔弦望、大风、大雨、雷电霹雳、大寒大暑、地震、四季节变之日、每年的五月十六日等时刻皆不宜性交。其他著作也有类似说法。若说雷电风雨地震等使人惊怕,大寒大暑使人不适,因而会妨碍"从容安徐",还讲得过去;但四季节变之日或一年中的某一天性交了就会有灾殃,就没有什么道理。至于太阳、月亮的相对位置对人有什么影响,因而在晦朔弦望之时性交是否有损健康,现在下结论可能还为时过早。注意到古代性学家曾提到这一点,或许会对性科学的研究有一点启发也未可知。

---

[1] 但这个说法能否得到现代性学理论的支持,是很可疑的。

受孕

在这个问题上房中术理论主要研究两个方面:一是什么情况下不宜受孕,二是在月经周期中的哪些天宜于受孕。

凡前一节所述不宜性交的情况都不宜受孕,这在古代性学家看来是显而易见的,因为理论上的自洽要求如此。《素女经》提出受孕时"必避九殃":日中、夜半、日蚀、雷电、月蚀、虹霓、冬夏至日、弦望、醉饱。《玉房秘诀》中的说法更详,列有十几种情况,认为在这些情况下受孕所生的孩子都不好,有"大醉之子必痴狂"、"劳倦之子必夭伤"等说法,其中有些为现代科学所支持,也有些并无什么根据。当然,说"必"是错误的,按照现代的理论,只能说大醉之子中出现痴呆的概率比较大。

关于受孕时刻,各家之说有截然相反者。如《素女经》把"夜半"列为"九殃"之一,认为不可受孕,应在"夜半之后,鸡鸣之前",孙思邈在《千金要方》中也主张夜半后受孕。但《洞玄子》却说"夜半得子为上寿,夜半前得子为中寿,夜半后得子下寿"。在今天看来,这种争论可能没什么重要意义。

关于在月经周期中的哪些日子才可能受孕,古代性学家几乎人人皆错。他们异口同声地主张"以妇人月事断绝洁净三日而交",孙思邈甚至说:"待妇人月经绝后一日三日五日……有子皆男;……二日四日六日施泻,有子皆女,过六日后,勿得施泻,既不得子,亦不成人。"这和现代科学理论明显相左。妇女排卵一般在月经周期的中间阶段,这段日子里方能受孕。上述错误在中医著作中代代相传,直到明清时才获改正。

怀孕之后的注意事项,也是房中术理论的内容。《洞玄子》中谈到"胎教",主张女子孕后应"端心正念,常听经书",和现在很流行的"胎教"理论相比,具体内容当然随时代而异,但在认为孕妇的心理、精神状态会对胎儿产生影响这一点上是完全一致的。封建时代以听"经书"为尚,现在则建议孕妇听音乐、欣赏艺术品等。《洞玄子》还列举出许多孕后的禁忌,颇为科学:视恶色、听恶语、淫欲、咒诅、骂詈、惊恐、劳倦、妄语、忧愁、食生冷醋滑、乘车马、登高、临深、下坂、急行、服饵、针灸,几乎没有一点荒诞玄虚的成分,全与今天的卫生常识相合。

性功能障碍及其治疗

房中术理论描述了阳痿、阴冷、射精不能等性功能障碍,并主张通过性行为来治疗。男方一般不要射精,并且双方要采取一些特定的性交姿势。这些并非全是谬说,有些与现代性医学十分吻合。比如《素女经》中有"八益"之说:固精、安气、利藏、强骨、调脉、蓄血、益液、道体,用八种不同的性交姿势,来治疗女方阴冷、月经不利等症。其中"蓄血"主张采取女上位姿势,这正是现代性医学在治疗女性性欲高潮障碍时建议采取的方法之一。[1]此书在谈到"七损"的治疗时,对"气泄"、"机关厥伤"、"百闭"也都建议用女上位姿势,尤其是对于"百闭",指出是由于"自用不节,数交失度"导致射精不能,这和现代理论及推荐的治疗方法完全一致。《素女经》对"七损"(皆为男性性功能障碍)的治疗方法,都要求双方用特定的姿势多次交接(男方不射精),"日九行,十日愈"。这种多次"操练"的方法,正是现代一些性医学家向男方有性功能障碍的夫妇推荐的重要治疗方法之一。[2]

古代中国和现代西方在治疗方法的一些细节上吻合得令人叹为观止,如对"百闭"即射精不能的治疗,《素女经》主张采用女上位姿势,并且由女方来完成插入动作,而在 R. Kolodny 等人所著的《性医学》中,对治疗射精不能(以及阳痿)推荐了完全相同的方法。[3]可见中国古代性学家在这些问题上曾作过广泛的探索。

和现代性医学理论一样,房中术著作也主张用药物来治疗性功能障碍。许多书中有治阳痿之方[4],还有壮阳之方[5],治妇女"阴肿疼痛方"等[6]。这些药方在古代中医著作中也常可见到。但还有一些如"阴长方"、"令玉门小方"之类[7],危言耸听,恐无太多科学成分可言。

三、结　　论

以上对中国十世纪之前的性科学—房中术作了初步探讨,大略可得如下结论:

---

[1] 《性医学》,第18章。
[2] 同上,第17章。
[3] 同上。
[4] 如《素女方》、《玉房秘诀》、《洞玄子》等。
[5] 如《素女经》、《玉房指要》等。
[6] 如《玉房秘诀》等。
[7] 如《玉房秘诀》、《玉房指要》、《洞玄子》等。

秦汉间或更早即有房中术专著问世。

房中术理论大约在魏晋南北朝期间形成目前的格局，以后日臻完善。房中术理论中"多交少泄可以延年"之说是最不可取的部分，但在性生活的和谐、性生活与健康、受孕、性功能障碍及其治疗等四方面，中国古代性学家有过很多科学的成就。

上述五方面构成中国十世纪以前房中术的主要内容。

房中术在唐代十分普及。

孙思邈是非常重要的性学家。

有一些重要的性学家已佚其名。

最后有一点需要特别指出，在古代中国的房中术研究者中，除早期情况不甚明确外，道教徒几乎可以说是主力军。附表一中出现的大多是道教人物，也可间接证明这一点。但道教典籍芜杂浩繁，本文又仅限于十世纪之前，故还有不少道教徒的研究工作未能论及。笔者不揣浅陋，姑以此文作为引玉之砖。

原载《大自然探索》5 卷 2 期(1986)

修订附注：

一、本文作于 1985 年，发表于《大自然探索》杂志 5 卷 2 期(1986)，当时曾在国内外引起很大轰动，被认为是国内最早对房中术理论进行客观学术研究的成果。

二、本文写作时，笔者尚未及看到刚刚由文物出版社正式出版的《马王堆汉墓帛书·肆》中的房中术文献。本文发表后不久，笔者得到了这些文献，其中《十问》、《合阴阳》、《天下至道谈》等早期文献，完全证明了笔者在本文中的猜测——中国房中术理论的基本观念早在秦汉之际甚至先秦时代已经形成。另外，关于现代性学的材料，那时对于一个非专业研究者来说，能够得到的也只能是吴阶平编译的《性医学》一书了，而今天比《性医学》更全、更新的现代性学著作早已司空见惯。

附表一　《双楳景闇丛书》所收五种古代房中著作称引人物表

	黄帝	素女	玄女	采女	彭祖	高阳负	冲和子	青牛道士	巫子都	道人刘京	洞玄子	老子
素女经	●	●	●	●	●							
素女方	●	●				●						
玉房秘诀					●		●	●	●			
玉房指要					●					●		
洞玄子											●	●

附表二　《素女经》射精周期表

	15岁	20岁	30岁	40岁	50岁	60岁	70岁
盛	1日2次	1日2次	1日1次	3日1次	5日1次	10日1次	30日1次
衰	1日1次	1日1次	2日1次	4日1次	10日1次	20日1次	勿施

附表三　房中理论中14种不宜性交之状况

	千金要方	素女经	素女方	玉房秘诀
愤怒	●			
极度喜悦		●		
阴茎尚不坚硬		●		
女方月经未净	●			
男方无性欲		●		
男方性欲极强烈				●
双方未能情投意合		●		
忍着大小便	●			
刚解过大小便		●	●	●
醉		●		
饱		●	●	●
疲乏	●	●	●	●
劳作后汗未干		●	●	
刚洗过澡刚洗过头		●	●	●

古代性学与气功

——兼论评价内丹术的困难

引　言

近年来,一些中国古代方术渐有重出、复兴之势,文人学者亦多有言之者,已形成一种社会风潮。在众术中,内丹术特别引人注目。内丹术曾吸收了房中术的一些内容,这一与性有关的禁区,近年正日益被逼近。许多人希望能对此"正名",并希望社会承认其真实性和科学性。

然而,这类以长生可致为号召的方术,曾长期被目为虚妄、腐朽,甚至是诲淫诲盗的邪说,一朝重被"发掘",还想进入科学殿堂,也引起了许多人士的困惑与批评。

鉴于上述情况,为了对问题获得深入的理解,有必要对古代性学与内丹术的有关主张及两者间的历史渊源进行探索。本文拟对此作初步尝试,并进而指出:必须首先在评价标准和理论方面进行思考,然后才谈得到正名或承认与否的问题。

一、房中家的有关主张

全面评述房中术理论不是本文的任务[1],这里只据古代文献讨论房中术的一些有关主张。

首先是交接与长寿的关系。房中家认为交接是达到长寿甚至永生的手

---

[1] 一个初步的评述可见江晓原:《性在古代中国》,陕西科技出版社,1988年,第3、4章。

段,至少是手段之一。这种主张和中国传统的哲学观念有很深的内在联系。一个比较典型的说法如下:

> 男女相成,犹天地相生也,所以神气导养,使人不失其和。天地得交接之道,故无终竟之限;人失交接之道,故有伤残之期。能避众伤之事,得阴阳之术,则不死之道也。天地昼分而夜合,一岁三百六十交而精气和合,故能生产万物而不穷;人能够则之,可以长寿。[1]

这种观点显然是植根于中国古代"天人感应"理论之中的。葛洪是最重要的房中术理论家之一。他还谈到交接的利弊:

> 玄素谕之水火,水火煞人,而又生人,在于能用与不能耳。大都知其要法,御女多多益善;如不知其道而用之,一两人足以速死耳。[2]

所谓"玄素"即房中术。《玄女经》、《素女经》都是古代房中术的经典著作,至今尚有残篇存世。用"玄素"指房中术,是当时习见的用法。稍后另一大房中家孙思邈也重复了类似的论调,并借古代传说加以发挥:

> 黄帝御女一千二百而登仙,而俗人以一女伐命,知与不知,岂不远矣。知其道者,御女苦不多耳。[3]

这种视女性为工具,以男性为中心的学说,只是房中术的一个方面。另一方面,也有相反的学说,那是可令女子青春长驻的房中术:

> 冲和子曰:非徒阳可养也,阴亦宜然。西王母是养阴得道之者也,一与男交而男立损病,女颜色光泽,不著脂粉。[4]

这方面在神仙传说中有许多事例,兹举一个较早的典型例子:

---

[1] 葛洪:《神仙传》"彭祖"。
[2] 葛洪:《抱朴子》内篇卷六。
[3] 孙思邈:《千金要方》卷二七。
[4] 丹波康赖:《医心方》卷二八引《玉房秘诀》。

> 女丸者,陈市上沽酒妇人也,作酒常美。遇仙人过其家饮酒,以素书五卷为质。丸开视其书,乃养性交接之术。丸私写其文要,更设房室,纳诸少年,饮美酒,与止宿,行文书之法。如此三十年,颜色更如二十时。[1]

而在房中家那里,则有所谓"男女俱仙之道",陶弘景说:

> 《仙经》曰:男女俱仙之道,深内勿动,精思脐中赤色大如鸡子,乃徐徐出入,精动便退。一旦一夕可数十为之,令人益寿。男女各息意共存之,唯须猛念。[2]

《仙经》是已佚之书,但历代房中家、神仙家皆屡加称引。稍后孙思邈也重复了上述说法。这里要求在交接时兼行气功,也是房中术理论的基本特色之一。

房中家提倡勤行交接,但并不是指今天人们通常理解的性交。这就引导到房中家的第二个基本主张——惜精。男性的精液,被认为是异常宝贵而神奇的物质,与人的生命和健康有极大关系。这显然与认识到精液在生殖过程中的作用有关:

> 《仙经》曰:无劳尔形,无摇尔精,归心寂静,可以长生。又曰:道以精为宝,宝持宜闭密,施人则生人,留已则生已。结婴尚未可,何况空废弃?弃损不竟多,衰老命已矣。[3]

这是明人所引,似乎那时《仙经》尚未佚去,但也可能是从别的书转引的(后面的五言韵文不像晋朝以前的作品)。不过惜精的观念在房中家那里渊源甚古,至少可以追溯到秦汉之际:

---

[1] 刘向:《列仙传》"女丸"。关于《列仙传》的作者问题参见李剑国:《唐前志怪小说史》,南开大学出版社,1984年,页187-190。
[2] 陶弘景:《养性延命录》卷下。
[3] 高濂:《遵生八笺》"延年却病笺·下·高子三知延寿论"。

古代性学与气功

> 黄帝问于曹熬曰:民何失而死?何得而生?曹熬答曰:……玉闭坚精,必使玉泉毋倾,则百疾弗婴,故能长生。[1]

即主张在性交时不可射精。这样做的好处是:

> 必乐矣而勿泻,才将积,气将褚,行年百岁,贤于往者。[2]

后来的房中家对此陈述得更为详细明白:

> 素女曰:一动不泻则气力强,再动不泻耳目聪明,三动不泻众病消亡,四动不泻五神咸安,五动不泻血脉充长,六动不泻腰背坚强,七动不泻尻骨益力,八动不泻身体生光,九动不泻寿命未央,十动不泻通于神明。[3]

这段韵文也可以在秦汉之际的文献中找到明显的先声。孙思邈则说得更为简洁诱人:

> 但数交而慎密者,诸病皆愈,年寿日益,去仙不远矣。……能百接而不施泻者,长生矣。[4]

射精会伤身促寿,交接时不射精的好处又被描述成如此之大,于是性交不可避免地成为一项危险万分的活动:

> 御女当如朽索御奔马,如临深坑,下有刃,恐堕其中。若能爱精,命亦不穷也。[5]

这种不射精的性交,男性得不到高潮时刻的快感,对此房中家试图以

---

[1] 马王堆三号汉墓出土简书《十问》,《马王堆汉墓帛书》(四),文物出版社,1985年,页146。
[2] 同上,页148。
[3] 丹波康赖:《医心方》卷二八引《玉房秘诀》。
[4] 孙思邈:《千金要方》卷二七。
[5] 丹波康赖:《医心方》卷二八引《玉房指要》。

"长远利益"来说服修习者:

> 采女问曰:交接以泻精为乐,今闭而不泻,将和以为乐乎?彭祖答曰:夫精出则身体怠倦,耳若嘈嘈,目苦欲眠,喉咽干枯,骨节解堕,虽复暂快,终于不乐也。若乃动不泻,气力有余,身体能便,耳目聪明,虽自抑静,意爱更重,恒若不足,何以不乐耶?[1]

这种交而不泻的理论中,还有非常重要的一点,即所谓"还精补脑"之说。此事原与本文论题有关,但笔者已另有论述[2],兹从省略。

要而言之,房中家主张用男方不射精的性交以求健身长寿(但要注意,房中家并不绝对排斥射精,相反,他们主张每隔一定时间应安排一次射精的交接),这是房中术理论中最基本的原则。孙思邈甚至说:

> 夫房中术者,其道甚近,而人莫能行。其法,一夜御十女,闭固而已,此房中之术毕矣。[3]

尽管孙氏将事情说得如此简单,但那只是夸张的说法。实际上房中家认为,欲求健身长寿,还必须在交接的同时辅之以气功,方能有效。比如陶弘景说:

> 但施泻,辄导引以补其虚,不尔,血脉髓脑日损,风湿犯之,则生疾病。由俗人不知补泻之宜故也。[4]

这是说射精之后要进行导引来"补泻"。这种想法也至少在秦汉之际已肇其端。

在交接时也要兼行气功。前引陶弘景谈"男女俱仙之道"就是一例。还有充满神秘色彩的说法,比如:

---

[1] 丹波康赖:《医心方》卷二八引《玉房秘诀》。
[2] 江晓原:《性在古代中国》,页 90–92。
[3] 孙思邈:《千金要方》卷二七。
[4] 陶弘景:《养性延命录》卷下。

（在交接的同时）思存丹田,中有赤气,内黄外白,变为日月,徘徊丹田中,俱入泥垣,两半合成一因。闭气深内勿出入,但上下徐徐咽气,情动欲出,急退之。此非上士有智者不能行也。……虽出入仍思念所作者勿废,佳也。[1]

这种主张与前两项主张相比,因所言之事很难捉摸,似乎更强调内心的感觉和领悟,在表述时也就往往玄乎其玄了。例如:

如亲房事,欲泄未泄之时,亦能以此提呼咽吸,运而使之归于元海,把牢春汛,不能龙飞,甚有益处。所谓造化吾手,宇宙吾心,妙莫能述。[2]

所谓"把牢春汛,不能龙飞"云云,仍是指抑制射精。

房中家的上述几项主张,都在很大程度上对内丹术产生了影响。至于这些主张的真伪对错,如欲寻求一言九鼎的评判,使反对者和赞成者同时息喙,那在今天看来还为时尚早。本文第三部分还将论及这一点。

二、内丹与房中术的历史渊源

详述内丹义理同样不是本文的任务。这里仅就内丹与房中术的关系作初步探讨。这又要从房中术与道教的渊源谈起。

房中术与道教有着特殊关系。道教创始之初,房中术就是天师道的重要修行方术之一。[3]其后寇谦之改革天师道,很多人因他有"除去三张伪法,租米钱税,及男女合气之术,大道清虚,岂有斯事?专以礼度为首,而加以服食闭炼"[4]的宣言,就认为他革除了房中术,其实不然。他的《云中音诵新科之诫》中分明说道:

然房中求生之本,经契故有百余法,不在断禁之列。若夫妻乐法,

---

[1] 孙思邈:《千金要方》卷二七。
[2] 高濂:《遵生八笺》"延年却病笺·上·李真人长生一十六字妙诀"。
[3] 江晓原:《性在古代中国》,页59-63。
[4] 《魏书》卷一一四。

  但勤进问清正之师，按而行之，任意所好，传一法亦可足矣。[1]

  足见仍不排斥房中术。寇谦之所谓房中术"经契故有百余法"，也不全是无稽之谈，比如稍前葛洪也有"而房中之术，近有百余事焉"的说法。[2]此后房中术一直是道教非常重视的方术之一。前面提到的三位大房中家葛洪、陶弘景和孙思邈，就都是道教中的著名人物。

  到宋代，情况发生了一些变化。有一种流行的说法，以为房中术到宋代以后由衰落而失传。这种说法，可能主要是因今天已见不到宋以后的房中术专著和有关书目著录。但实际上房中术仍在流行。一方面它名声变坏，被视为诲淫邪术；另一方面它又被内丹家的双修派所吸收采纳。

  道门之研究内丹，在残唐五代已渐成风气。入宋后，南北二宗相继兴起，内丹成为道教最主要的修炼方术。但内丹究竟在哪些方面、在多大程度上吸收了房中术理论，则迄今仍晦暗不明。这种状况在很大程度上是由于内丹家闪烁其词、神秘虚玄的表述方式造成的。

  何谓内丹，照宋代吴悮的说法是：

  内丹之说，不过心肾交会，精气搬运，存神闭息，吐故纳新，或专房中之术，或采日月精华，或服饵草木，或辟谷休妻。[3]

  这里只能看出内丹与房中术有关系，具体情况还不清楚。但"专房中之术"与"辟谷休妻"或许可理解为双修派与清修派的不同特征。

  今人常有道教北宗禁欲，南宗不禁之说，其实这是非常简单化的说法。单就"禁欲"一词的定义而言，禁欲与不娶妻是两个概念，全真即便不娶妻，并不等于戒绝一切性行为，更不等于在内丹中必定排斥双修。

  内丹家最重视的经典，是东汉魏伯阳《周易参同契》和北宋张伯端《悟真篇》，陈致虚的话可为代表：

  且无知者妄造丹书，假借先圣为名，切不可信。要当以《参同契》、

---

[1]《魏书》卷一一四。寇谦之声称这是"自天地开辟以来，不传于世，今运数应出"，才由太上老君赐授予他的。

[2] 葛洪：《抱朴子》内篇卷八。

[3] 吴悮：《指归集序》。

《悟真篇》为主。[1]

《参同契》兼及内、外丹,后世内丹家的许多基本话头,都已出现在其中。《悟真篇》则专述内丹,问世后影响极大,注家甚多。

《悟真篇》虽和其他许多丹经一样,言辞隐晦闪烁,但结合注家之说(注家的言辞,几乎无一例外,也都是"犹抱琵琶半遮面"的),仍可看出其中的双修概念和对房中术的采纳。各家注中,对这一问题涉及较多者为《紫阳真人悟真篇三注》。所谓三注,表面上看是因集陈致虚(上阳子)、薛道光(有人认为实即翁葆光)、陆墅(子野)三人之注故名,但也有学者认为是陈致虚一人所撰,另假薛、陆之名而已。[2]陈致虚生当元代,其师为兼承南、北二宗之学的全真道士赵友钦。陈本人的内丹著作也有融合南北二宗的特色。下面试就《悟真篇》原文并结合陈注略作考察,间亦参以其他有关材料讨论之。

《悟真篇》有"二物会时情性合,五行全处虎龙蟠。本因戊己为媒娉,遂使夫妻镇合欢"之句,陈注云:

> 金丹之言夫妻者,独妙矣哉!又有内外,亦有数说。……皆为男女等相。又能以苦为乐,亦无恩爱留恋,且以割采为先。交媾只半个时辰,即得黍米之珠。是以不为万物不为人,乃逆修而成仙作佛者,此为金丹之夫妻也。[3]

这段话里提到了"夫妻"、"交媾"等语,但这还不足以证明所言必为男女双修之事。类似上面的说法,在内丹家著作中很常见,有些内丹家认为这只是借用的表达方式,类似屈原之用香草美人以喻君臣离合,并非真指男女交媾之事。比如马钰说:

> 虽歌词中每咏龙虎婴姹,皆寄言尔。是以要道之妙,不过养气。[4]

---

[1] 陈致虚:《金丹大要》卷一。
[2] 曾召南、石衍丰:《道教基础知识》,四川大学出版社,1988年,页123。
[3] 陈致虚等:《紫阳真人悟真篇三注》,收入《正统道藏》,第二册,文物出版社·上海书店出版社·天津古籍出版社联合影印本,1988年。以下引此不再注出。
[4] 王颐中集:《丹阳真人语录》。

这可能更合于清修派的见解。

《悟真篇》又有"阳里阴精质不刚,独修此物转羸尪。劳形按引皆非道,服气飡霞总是狂"之语,《三注》云:

> 阳里阴精,己之真精是也。精能生气,气能生神,荣卫一身,莫大于此。油枯灯灭,髓竭人亡,此言精气实一身之根本也。

此种珍视精液的观念,显然是从房中家那里继承而来。为何将精液称为"阳里阴精"值得注意。道家有一种观念,认为女性全身属阴,唯生殖器为纯阳;男性则反是,全身属阳,唯生殖器属阴,故称精液为"阳里阴精"。又早期房中术著作皆称"阴道",如《汉书·艺文志》著录之房中八家,以及马王堆汉墓出土简书中常见的"接阴之道"等,因这些著作多以男性为中心,故所称之"阴"正与"阳里阴精"一致。由此就更容易理解《三注》下面的说法:

> 若或独修此物,转见尪羸。按引劳形,皆非正道;飡霞炼气,总是强徒。设若吞日月之精华,光生五内,运双关,摇夹脊,补脑还精,以至尸解投胎,出神入定,千门万法,不过独修阳里阴精之一物尔。孤阴无阳,如牝鸡白卵,欲抱成雏,不亦难乎!

这里明确表示仅修"孤阴"——仅仅惜精和炼精是不行的,因此否定了"还精补脑"之类的法术。这就向双修概念前进了一步。

《悟真篇》又云:"不识阳精及主宾,知他哪个是疏亲?房中空闭尾闾穴,误杀阎浮多少人。"对此《三注》谓:

> 四大一身皆属阴,不知何物是阳精?盖真一之精乃至阳之气,号曰阳丹,而自外来制己阴汞,故为主也。二物相恋,结成金砂,自然不走,遂成还丹。迷徒不达此理,却行房中御女之术。强闭尾闾,名为炼阴,以此延年,实抱薪救火耳。

至此双修的概念明显。所谓至阳之气自外来云云,联系到前面所说男女阳中之阴、阴中之阳的观念,不难看出已暗示了异性之间的性行为。但陈致虚竭力要与"御女之术"划清界限:

> 阳精虽是房中得之，而非御女之术。若行此术，是邪道也，岂能久长？……世之盲师以摇阴三峰御女之怪术转相授受，所谓以盲引盲。

这里所谓"三峰御女"之术，因涉及口、乳、阴（称为上、中、下峰）而得名，又和半传说半真实的道教人物张三丰扯上关系，有《三丰丹诀》一书，内述此术颇详。"三峰"与"三丰"同音，殆类文字游戏，不过增其神秘感而已。此术事涉秽亵，已与经典房中术大相径庭，且有伦理道德问题，故为自居正统的内丹家如陈致虚辈大力抨击，但实际上却很难说与内丹术全无关系。

《悟真篇》又云："姹女游行自有方，前行须短后须长。归来却入黄婆舍，嫁个金翁作老郎。"陈注云：

> 姹女是己之精。游行有方者，精有所行之熟路。……待彼一阳初动之时，先天真铅将至，则我一身之精气不动，只于内肾之下就近便处运一点真铅以迎之，此谓前行短也。

这里"一阳初动"、"先天真铅将至"，以及上面提到的"真一之精乃至阳之气"云云，都已是典型的"三峰之术"中概念，而且似乎很难再用"寄言"之说来理解。

《悟真篇》又有"白虎首经至宝，华池神水真金，故知上善利源深，不比寻常药品"等语，《三注》云：

> 首者，初也；首经即白虎初弦之气，却非采战闺丹之术。若说三峰二十四品采阴之法，是即谤毁大道，九祖永沉下鬼，自身见世恶报者。

所谓"白虎初弦之气"，即少女首次月经，所谓"闺丹"即此种物质制成，亦即所谓"先天红铅"，凡此种种，皆为"三峰之术"中的典型内容，但陈致虚等仍力辩《悟真篇》与此无关。可是《三注》接着又说：

> 男子二八而真精通，女子二七而天癸降，当其初降之时，是首经耶？不是首经耶？咦！路逢侠士须呈剑，琴遇知音始可弹！

到此可以说再也掩饰不住与"三峰之术"的亲缘关系了。陈致虚等的辩白至少是将他们心目中内丹双修之术与"三峰之术"间的一些差别无限夸大了。这样做或许是为了避免社会舆论的攻击。

还有一种看法,认为《悟真篇》系统的内丹确有双修之术,但双修的伙伴(侣)不是异性,而是同性。也就是说,这涉及两男性之间的性行为。今天一些内丹理论者的文章已经强烈暗示了这一点。有一位修习者也向笔者证实了这一说法。[1]

就文献言之,这也并非毫无根据。例如,内丹家就有所谓"乾鼎"之说,"鼎"谓人体,"乾",阳,与"坤"对言,则"乾鼎"即男侣。又陈致虚等人反复声明他们所言与"三峰御女"无关,有人认为也可理解为是因其所言之"侣"并非女性。此外,关于道士之间的男性同性恋,在明代是流传颇广的话题。[2]这或许也从一个侧面旁证了当时道士修炼内丹有同性为侣之事。

以上所述,仅是以《悟真篇》及陈注为例,以见内丹双修之一斑而已。内丹之术尚有许多精微隐奥之处,系修习者口口相传,仅靠典籍未能尽知。但内丹双修之术与房中术的历史渊源,已可从上面的讨论略见端倪。内丹本是气功,双修又涉及性行为,这种性行为当然也不是射精畅欲的常规方式。故可以说,房中家以交接求健身长寿、惜精、交接时并行气功这三项主张,都被内丹双修派以特有的方式吸取了。

当然,据内丹家言,还有双修中上乘之法,"神交而体不交",却仍有性快感;甚至清修也可能臻此境界:"自觉身孔毛间,跃然如快,又如淫欲交感之美。"[3]诸如此类,因事涉玄虚,这里暂不论及。

三、当前理论上的问题

前两节所论,纯是从科学史的角度言之,但今天这个问题已有很强的现实意义。许多迹象表明,随着"气功热"的深入,气功中与性有关的禁区正在日益被逼近。兹举最近出版的气功书籍两例如次。其一云:

---

[1] 与笔者的私人通信。
[2] 比如小说《禅真逸史》第十三回:"这是我道家源流,代代相传的。若要出家做道士,纵使钻入地缝中去也是避不过的。……凡道家和妇人交媾,谓之伏阴;与童子淫狎,谓之朝阳。实系老祖流传到今,人人如此。"小说家言不能视为信史,但至少是社会上存在此种观念的反映。
[3] 《上洞心丹经诀》卷中,"修内丹法秘诀"。

> 强肾固精,是各门各派的健身功法和中医所祈求的一种理想的效果,意思是说:既增强造精能力,又能做到精满而不自溢,使过剩的精子被身体吸收,起还精补脑和壮体强身的作用。[1](着重号系笔者所加)

这里已提到了"还精补脑",而此事是与男女性交接分不开的。不过这里还未直接言及双修。下面的例子则又更进一大步:

> 此功法核心在"合",旨在双修,系"密中之秘"。[2](着重号系笔者所加)

> 有人说"人部功法"是"房中术",我认为如果这不是好人的欠知,那这就是坏人的诬陷。[3]

内丹之术,若行清修,只涉及个人,大体不会产生伦理道德问题;若行双修,情况就比较复杂,但也不至于如某些人所担心的那样完全无法解决。这里要讨论的则是科学性问题,这个问题还有着更广泛的意义,非独仅对内丹之术而言。

目前有许多人热心于研究内丹。一些学者认为之所以还难以对内丹作出确切评价,一是由于真有深入实践经验者太少,二是用仪器测量有技术困难。这两点固是实情,但评价内丹最大的困难并不在此。

现代科学是建立在物质世界的客观性假定之上的。这个假定认为:物质世界是独立于人类意志之外的客观存在,它不会因人的主观意念而改变。正因如此,物质世界才有客观规律可被人类认识。物质世界客观性假定的一个重要推论是:真实的科学实验具有可重复性。这成为检验理论正确与否的有力判据。

但客观性假定面对气功理论却产生了问题:当把人类自身肉体作为对象时,人能认为自己的肉体是独立于自己意念之外的客体吗?用正统的唯

---

[1] 边治中:《中国道家秘传养生长寿术》,黑龙江人民出版社,1988 年,页 99-100。
[2] 刘汉文:《中国禅密功》,黑龙江人民出版社,1988 年,页 108。
[3] 同上,页 250。

物主义观点来看,人的意念不过是肉体内的一些物理、化学活动而已。但是人的意念能够对自身肉体产生影响,这一点气功表现得非常明显。例如,修习气功能治疗不少疾病,这已没有人能否认。而气功不同于体操,这里意念是极为重要的。

这种用意念来改变肉体状态的努力,有一条很重要的原则——"诚则灵",也就是说,只有坚信自己的意念会起作用,意念才真能起作用。其实极而言之,"坚信"本身就是一种意念。由此言之,只要承认意念对肉体的作用,就无法完全否定"诚则灵"。然而这样一来就无法保证实验的可重复性了。举例来说,一个将信将疑或存心想否定气功的人,他如果"修习"气功,多半毫无效果,这时他如将气功斥为江湖骗术,显然无法使练功有效的人心服;但另一方面,对方也无法说服他,因为"诚则灵"与现代科学的原则是格格不入的。理论上困境正始于此。

目前已获得修习成效的各种气功,其中有些还只是内丹术中的初步筑基功夫。倘若深入修习下去,"诚则灵"的问题将更为突出。有些人士已预见到这一点,例如:

> 虽不怕"若天机之轻泄,祖则罪诞",但因某些功理还不可能用现代语言进行解释和解释清楚,所以对不理解而抱有怀疑的好心人,对只迷信过去和自己的反对者,最好少讲和不讲避免误会。[1]

许多人希望内丹术能发扬光大,并使之造福人类。其用心虽好,却存在着一个严重的问题。内丹精微之处,号称隐秘难解,而修习者绝不轻传,关键仍在"诚"字——对不理解或有怀疑者"少讲和不讲",欲知其说,则先须信。换言之,"理解的要信,不理解的也要信,在信中加深理解"。这样的原则是与现代科学的思维法则无法相容的。科学在今天毕竟已经深入人心,科学所取得的无数成就是任何古代方术根本无法望其项背的。所以"先信后理解"、"诚则灵"之类的原则,尽管也许不是没有一定道理,但在客观上确实极大地限制了内丹等方术的复兴和光大——如果可能并且有价值的话。加之内丹家"三千功行与天齐"、"始知我命不由天"之类的成仙话头,在张伯端的时代已经不免是"欲向人间留秘诀,未逢一个是知音",何况是今天,听

---

[1] 刘汉文:《中国禅密功》,页136。

起来更像伪科学的味道。

"伪科学"(pseudo-science),也译作"类科学"或"拟科学",本来并不是一个怎么坏的词,今天西方通常用来指那些与正统的现代科学原则相悖,但又讲得头头是道的奇异学说。在内丹问题上,可以说,以正统的现代科学为一方,以修习者、提倡者为另一方,已经形成理论上尖锐的对立。要摆脱这一困境并非易事。

后者的出路,初看起来有两条。一是力图使自己摆脱 pseudo-science 的状态,以求被科学殿堂接纳。这正是目前不少人士的努力方向。例如,试图用一些现代科学的术语来谈论气功和内丹,或用科学仪器作某些测量等等。但是只要稍微了解一下当代科学哲学(philosophy of science)理论就可明白,这条路多半走不通。因双方的基本假定、出发点、推理规则和表述方式等都完全不同,所以任何表面改动都不可能最终说服科学殿堂的门卫——除非将入门规则改一改。

这正是第二条出路。近年来气功修习者、内丹提倡者、人体特异功能的赞成者等等,都在主张修改科学殿堂的入门规则,比如,放松对实验可重复性的死硬要求,或者承认"诚则灵"。但现代科学是一个相当严密、完备的体系,在某一方面否定原有基本准则,往往意味着对整个科学体系的挑战。例如有一位著名物理学家评论人体特异功能时就说:如果这些是真的,那全部物理学和整个科学都要重写了。由此不难预见,科学殿堂的入门规则至少在可见的将来还无望修改。

在这种僵局之下,人们恐怕还是不得不接受多元化的概念:科学殿堂不妨依旧神圣庄严,闲人莫入;但内丹术也不妨继续修习和研究下去(如有伦理道德问题,自然另当别论)。同时,设法使两个体系得以沟通、对话的各种尝试则始终是有价值的。也可以说,这算不正名的正名;对其科学性则目前既无法肯定,也无法否定——在两个体系"此亦一是非,彼亦一是非"的状态下,要否定一方与要对方承认自己同样困难。至于有人借此招摇撞骗,那自当别论。

原载《大自然探索》9 卷 1 期(1990)

高罗佩《秘戏图考》与《房内考》
之得失及有关问题

荷兰职业外交官高罗佩（R. H. van Gulik）[1]，因撰写《秘戏图考》[2]及《中国古代房内考》[3]两书而驰名欧美与东方，由此奠定他作为汉学家的学术和历史地位。两书先后问世迄今已数十年，在此期间这方面的研究已有许多新进展，则今日回顾高氏两书，就其得失及有关问题作一专题研讨，既有必要，亦饶趣味。

一、"两考"缘起，及其作意、内容与结构

高氏生前先后在世界各地出版论著、小说、译作及史料凡十六种，从这

---

[1] 高氏1910年生于荷兰，3至12岁随其父（任军医）生活于印度尼西亚，种下热爱东方文明之根芽。中学时自习汉语，1934年入莱顿（Leiden）大学攻法律，但醉心于东方学，修习汉语、日语及其他一些亚洲语言文字。1935年获博士学位。此后奉派至日本任外交官。高氏四处搜求中国图书字画、古玩乐器，并成珠宝鉴赏家；通书法及古乐，能奏古琴，作格律诗。1942—1945年间在华任外交官，与郭沫若、于右任、徐悲鸿等文化名流交往。高氏渴慕中国传统士大夫生活方式，自起汉名高罗佩，字忘笑，号芝台，名其寓所曰"犹存斋"、"吟月庵"；并于1943年娶中国大家闺秀水世芳为妻。1949年又回日本任职。此外还曾任外交官于华盛顿、新德里、贝鲁特、吉隆坡等处。1965年出任驻日大使，1967年病逝于荷兰。

[2] *Erotic Colour Prints of the Ming Period*, with An Essay on Chinese Sex Life from the Han to The Ch'ing Dynasty, B. C. 226 – A. D. 1644. Privately published in fifty copies, Tokyo, 1951.《秘戏图考》为高氏自题之中文书名。中译本：《秘戏图考》，广州：广东人民出版社，1992年。

[3] *Sexual Life in Ancient China*: A preliminary survey of Chinese sex and society from ca. 1500B. C. till 1644A. D., Leiden: E. J. Brill, 1961, 1974.《中国古代房内考》为高氏自题之中文书名。中译本：《中国古代房内考》，李零等译，上海：上海人民出版社，1990年（内部读物）；更正式的版本：商务印书馆，2007年。

些出版物足可想见其人对古代中国及东方文化兴趣之深、涉猎之广。[1]其中在欧美最为风靡者为高氏自己创作之英文系列探案小说《狄公案》[2],自1949年出版起,至今在美、英等国再版不绝。书中假托唐武周时名臣狄仁杰,敷演探案故事,致使"狄公"(Judge Dee)在西方读者心目中成为"古代中国的福尔摩斯"。高氏对古代中国社会生活、风俗民情及传统士大夫生活方式之深入理解,在《狄公案》中得到充分反映——此为撰写"两考"必不可缺之背景知识。

"两考"之作,据高氏自述,发端于一"偶然事件"。[3]高氏在日本购得一套晚明春宫图册《花营锦阵》之翻刻木版[4]——中国色情文艺作品收藏家在日本不乏其人,高氏也热衷于搜藏及研究晚明色情文艺,认为这套印版价值甚高,遂着手将其印刷出版。起先只打算附一篇关于中国春宫图艺术的概论,及至动笔撰写,始觉洵非易事,还须了解更多关于中国古代性生活、性

---

[1] 高氏十六种出版物一览如下:1.《广延天女,迦梨陀娑之梦》(Urvasi, a Dream of Kalicasa,梵文英译),海牙,1932年。2.《马头明王诸说源流考》(Hayagriva, the Mantrayanic Aspect of Horse-cult in China and Japan, with an introduction on horse-cult in India and Tibet),莱顿,1935年。此即高氏之博士论文。3.《米芾论砚》(米芾《砚史》之英译及注释),北平,1938年。4.《中国琴道》(The Lore of the Chinese Lute),东京,1940年。5.《嵇康及其〈琴赋〉》(Hsi K'ang and his Poetical Essay on the Lute),东京,1941年。6.《首魁编》(中文日译),东京,1941年。7.《东皋禅师集刊》,重庆,1944年。8.《狄公案》(Dee Goong An),东京,1949年。9.《春梦琐言》(Tale of a Spring Dream),东京,1950年。明代色情小说,高氏据其在日本所搜集之抄本印行。10.《秘戏图考》。11.《中日梵文研究史论》(Siddham: An essay on the history of Sanskrit studies in China and Japan),那格浦尔(Nagpur,印度),1956年。12.《棠阴比率》(英译及注释),莱顿,1956年。13.《书画说铃》(英译及注释),贝鲁特,1958年。14.《中国绘画鉴赏》(Chinese Pictorial Art as Viewed by the Connoisseur),罗马,1958年。15.《中国古代房内考》。16.《长臂猿考》(The Gibbon in China: An Essay in Chinese Animal Lore),莱顿,1967年。

[2] 《狄公案》系列共中篇十五部、短篇八部,在大陆已有中译全本,译者为陈来元、胡明。译文仿明清小说笔调,流畅可读。陈、胡两氏之中译本在大陆又有多种版本,较好的一种为山西太原:北岳文艺出版社,1986年。近年且有将《狄公案》故事改编为同名电视连续剧者,然去高氏原著中典雅意境颇远。盖高氏《狄公案》之作,既借用西方探案小说之技巧,并掺有西方之法律、价值观念,同时又济之以对中国古代社会文化之体察玩味,颇有中西合璧之妙。

[3] 见《秘戏图考》,页I。

[4] 《花营锦阵》原为蓝、黑、绿、红、黄五色之套色木刻印本,高氏所购为单色翻刻之木版。《秘戏图考》之英文书题为《明代春宫彩印》,其实全书四十余幅春宫图中仅十幅为彩印,其余三十多幅——包括作为该书最初主体的《花营锦阵》全册二十四幅在内——皆为单色,似略有名实不甚副之嫌。

习俗等方面的知识；因感到在此一领域并无前人工作可资参考[1]，高氏只好自己来做"筚路蓝缕以启山林"的功夫，于是有《秘戏图考》之作，1951 年印行。数年后，此书在学术界引起一些反响与争论（参见本文第五节），高氏自己也发现了一些新的相关资料，方思有所修订，适逢荷兰出版商建议他撰写一部"论述古代中国之性与社会"的、面向更多读者的著作，于是有《中国古代房内考》之作。[2]

《秘戏图考》全书共三卷。

卷一为"一篇汉至清代中国人性生活之专论"，又分为三篇。上篇为中国古代与性有关的文献之历史概述；中篇为中国春宫图简史；下篇为《花营锦阵》中与图对应之二十四阕艳词的英译及注解，主要着眼于西人阅读时的难解之处。

卷二为"秘书十种"，皆为高氏手自抄录之中文文献。第一部分系录自日本古医书《医心方》卷二十八之"房内"、中医古籍《千金要方》卷二十七之"房中补益"，以及敦煌卷子伯二五三九上的《天地阴阳交欢大乐赋》。[3]第二部分为高氏搜集的明代房中书《纯阳演正孚佑帝君既济真经》、《紫金光耀大仙修真演义》、《素女妙论》，以及一种残页《某氏家训》。第三部分为两种春宫图册《风流绝畅图》、《花营锦阵》之题词抄录。又有"附录"，抄录若干零星相关史料，最重要者为四种色情小说《绣榻野史》、《株林野史》、《昭阳趣史》及《肉蒲团》中的淫秽选段。

卷三即全书最初方案中的主体——《花营锦阵》全册（二十四幅春宫图及各图所题艳词）。此外在卷一中，还有选自其他春宫图册的春宫图二十幅，其中十幅系按照晚明春宫图木刻套色彩印工艺在日本仿制而成。[4]

考虑到《秘戏图考》后两卷内容不宜传播于一般公众之中，高氏未将

---

[1] 与此有关的西文著作当然也有，但高氏认为这些著作充斥着偏见与谬说，故完全加以鄙弃，谓："在这方面我未发现任何值得认真看待的西方专著，却不期然发现一大堆彻头彻尾的垃圾。"(I found no special western publication on the subject worth serious attention, and a disconcertingly large amount of pure rubbish.) 见《中国古代房内考》，页 XI – XII。

[2] 见《中国古代房内考》，页 XIII – XIV。

[3] 《医心方》，日人丹波康赖编撰（成于公元 984 年）。《千金要方》，唐初孙思邈撰。《天地阴阳交欢大乐赋》，唐白行简撰（约作于公元 800 年）；对于此一文献之专题研究，可见江晓原：《〈天地阴阳交欢大乐赋〉发微》，《汉学研究》9 卷 1 期 (1991)。

[4] 《秘戏图考》，页 XI。

该书公开出版，仅在东京私人印刷五十部。全书自首至尾，所有英、汉、梵、日等文，皆由高氏亲笔手书影印。高氏将此五十册《秘戏图考》分赠世界各大图书馆及博物馆。他认为"此一特殊专题之书，只宜供有资格之研究人员阅读"。[1]他后来公布了此书收藏单位的名录，但只包括欧美及澳洲之三十七部，而"远东除外"。[2]根据现有的证据，中国大陆未曾获赠。

《房内考》在很大程度上可视为《秘戏图考》卷一那篇专论的拓展和扩充。他打算"采用一种视野开阔的历史透视，力求使论述更接近一般社会学的方法"，[3]意欲使两书能相互补益，收双璧同辉之功。《房内考》分为四编，用纵向叙述之法，自两周依次至明末，讨论古代中国人之性生活及有关事物。为使西方读者对所论主题易于理解，还随处插叙一些王朝沿革、军政大事之类的背景知识。因《房内考》面向大众公开出版，书中没有淫荡的春宫图、色情小说选段、全篇的房中书等内容，若干事涉秽亵的引文还特意译为拉丁文。

二、"两考"成就及有价值之论点

由上文所述，已可略见高氏其人对于中国古代文化有甚深切之浸润及理解体验，因而高氏与其他西方汉学家相比，甚少"隔"之病。故"两考"不仅成为开创之作，其中还多有高明的见解与论断。

"两考"之前，对于古代中国人性生活的专题论著，在西方可说是完全空白。既无客观之作，自然误解盛行，那些涉及此事的西人著作给人的印象往往是：中国人在性生活方面是光怪陆离、荒诞不经，性变态广泛流行，要不就是女人的小脚或是色情狂……西人如此，犹可以文化隔阂解之，然而求之于中土，同类论著竟也是完全空白，就不能不使人浩叹中国人在这方面禁锢之严、忌讳之深了。[4]正因如此，高氏"两考"之作虽难尽美，但开创之功已是

---

[1]《秘戏图考》，页 X。
[2]《中国古代房内考》，页 360。
[3] 同上，页 XIV。
[4] 比如高氏曾举有名学者周一良在论文中不熟悉中国色情文献资料之事为例，感叹"甚至一个本民族的中国学者对中国的色情文献也所知甚微"，见《秘戏图考》，页 102。

无人可比。[1]而直至今日,"两考"仍是西方性学及性学史著作家了解中国这方面情况之最主要的参考文献,也就毫不奇怪了。[2]

"两考"中不乏高明见解及有价值之论述,特别值得提出者有以下数端:

甲、房中术为中国多妻家庭所必需

高氏确认中国古代是通行一夫多妻家庭制度的,至少上层社会是如此——他认为这一点是如此显而易见,以至于无需进行论证。[3]在此一正确认定基础之上,高氏能够对一些重要而奇特的历史现象作出圆通的解释。其中最特出者为房中术。中国古代房中术理论的基本原则是要求男子能"多交不泄",即连续多次性交而不射精,甚至达到"夜御九女"的境界。这一原则垂两千年而不变。高氏指出,这是由于在多妻制家庭中,男性家主必须让众多妻妾都得到适度的性满足,始能保证家庭和乐:

> 这些房中书基本上都属于指导正常夫妻性关系的书。我说"正常",当然是指相对于中国古代社会结构来说的正常。这些材料中谈到的夫妻性关系必须以一夫多妻的家庭制度为背景来加以考虑。在这种制度中,中等阶层的男性家长有三四个妻妾,高于中等阶层的人有六至

---

[1] 进入1980年代后期,大陆学者始有中国性史方面的专著问世。如江晓原:《性在古代中国》(西安:陕西科学技术出版社,1988年)、《中国人的性神秘》(北京:科学出版社,1989年;台北:博远出版有限公司,1990年;北京:国际文化出版公司,1993年)、阮芳赋(F. F. Ruan):*Sex in China*(New York: Plenum Press, 1991);后两种还较多地涉及大陆现今的性问题。又有刘达临:《中国古代性文化》(银川:宁夏人民出版社,1993年)等二三种,则仿高氏《房内考》按时代顺序而述。然而所有上述各书,或失之于简,或失之于浅,或失之于泛。欲求比高氏"两考"更上层楼之作,唯江晓原:《云雨——性张力下的中国人》(上海人民出版社,1995年;东方出版中心,2006年)或能近之。

[2] 例如美国女学者R. Tannahill有*Sex in History*一书,遍论世界各古老文明之性生活及习俗等,其中中国部分几乎全取材于高氏《房内考》。Tannahill此书在台湾有李意马编译本,名《人类情爱史》;在大陆有全译本,名《历史中的性》,北京:光明日报出版社,1989年。

[3] 实际仍有论证的必要,因为学者们在古代中国是一夫一妻制还是一夫多妻制这一点上有明显的不同意见:潘光旦等人主张前者,吕思勉等人主张后者。一些当代著作中大多倾向于前者,主要理由是:(一)人口中男女比例之大致相等;(二)妻在法律地位上的唯一性。然而事实上,古代中国社会中长期普遍存在着相当大量的未婚及不婚人群,故(一)并不妨碍中上层社会实行多妻。(二)则是不成功的概念游戏——妻、妾、侍姬、家伎,乃至"通房丫头",都可以是男性家主之人类学意义上的女性配偶,此为问题的实质。对于此事的详细论证,详见江晓原:《云雨——性张力下的中国人》,东方出版中心,2006年,页17-22。

十二个妻妾,而贵族成员、大将军和王公则有三十多个妻妾。例如,书中反复建议男子应在同一夜与若干不同女子交媾,这在一夫一妻制的社会里是鼓励人们下流放荡,但在中国古代却完全属于婚内性关系的范围。房中书如此大力提倡不断更换性伙伴的必要性,并不仅仅是从健康考虑。在一夫多妻制家庭中,性关系的平衡极为重要,因为得宠与失宠会在闺阁中引起激烈争吵,导致家庭和谐的完全破裂。古代房中书满足了这一实际需要。[1]

为了让众多妻妾都能得到性满足,男子必须掌握在性交中自己不射精却使女方达到性高潮的一套技巧。房中术理论中的"采补"、"采战"等说,也都可溯源于此。高氏从多妻家庭的实际需要出发来说明房中术的原则及其在古代中国之长期流行,自然较之将房中术说成"古代统治阶级腐朽糜烂的生活所需"、"满足兽欲"或者"中国古代重视房中保健"等等,要更深刻而合理得多。

乙、"后夫人进御之法"精义

《周礼·天官冢宰》"九嫔掌妇学之法"郑玄注中有如下一段:

> 自九嫔以下,九九而御于王所。……卑者宜先,尊者宜后。女御八十一人当九夕,世妇二十七人当三夕,九嫔九人当一夕,三夫人当一夕,后当一夕。

古今学者严重误解上引这段郑注者,不乏其人。主要的误解在将"御"字理解为现代通常意义上的性交,遂谓在一月之内天子要性交 242 次[2],断无可能。顾颉刚斥之为"经学史上的笑话",不料自己反倒闹出笑话。[3] 其实这里"御"可理解为"侍寝",未必非逐个与天子性交不可。即便真的"雨露承

---

[1] 《中国古代房内考》,页 155。
[2] 每十五日循环一周,故每月之次数为:2 × (81 + 27 + 9 + 3 + 1) = 242。
[3] 顾颉刚云:"(郑玄)又这般残酷地迫使天子一夕御九女,在一个月之内性交 242 度,这就是铁打的身体也会吃不消。"见顾氏长文《由"丞"、"报"等婚姻方式看社会制度的变迁》,载《文史》第十四辑,北京:中华书局,1982 年,页 2。早先南宋魏了翁《古今考》也说此制"每九人而一夕,虽金石之躯不足支也"。

恩",天子也必行房中之术,依"多交不泄"之法,故"夜御九女"确有实践的可能。[1]高氏并未提及这些误解(很可能他并未见到),但他根据对房中术理论的理解,为此事提出了极合房中之旨的解释:

> 低等级的配偶应在高等级的配偶之前先与王(按即天子)行房交媾,并且次数也更多。而王后与王行房则一月仅一次。这一规定是根据这样一种观念……即在性交过程中,男人的元气是由女人的阴道分泌物滋养和补益。因此只有在王和低等级的妇女频繁交媾之后,当他的元气臻于极限,而王后也最容易怀上一个结实聪明的王位继承人时,他才与王后交媾。[2]

高氏对"后夫人进御之法"的解释,较之前人仅从郑注中谈及月相而望文附会[3],无疑深刻合理得多,至少更具实证色彩。

丙、古代中国人性行为非常健康

高氏曾寓目中国春宫画册十二种,共三百余幅,他统计了其中所描绘的性行为姿势,得到如下结果[4]:

百分比(%)	性交内容、姿势或体位
25	正常男上位
20	女上位
15	立位(女腿倚于桌凳等处,男立其前)
10	男后位
10	肛交
5	侧卧体位
5	男女蹲、坐合欢
5	cunnilinctio(与女阴口交)
3	penilinctio(与男根口交)

---

[1] 关于前人对此事的误解及房中术与古代帝王之特殊关系,笔者将另文详论之。
[2]《中国古代房内考》,页17。
[3] 如周密《齐东野语》卷十九"后夫人进御"条:"其法自下而上,像月初生,渐进至盛,法阴道也。"又云:"凡妇人阴道,晦明是其所急。……故人君尤慎之。"完全不得要领。
[4] 同[2],页330。

1　　　　　反常状况(如一男共二女等)
1　　　　　　女性同性恋

高氏认为,"性学家会同意上表是健康性习惯的良好记录"。[1]他认为古代中国人很少有变态性行为——在传世的房中书中未见这方面的任何讨论,其他文献中也极少这类记载。[2]只有女性同性恋(lesbianism)在他看来似乎是一个例外:

> 在一个大量女子被迫密近相处的社会中,女性同性恋似乎相当常见。……女性同性恋被认为是可以容忍的,有时甚至被鼓励。[3]

此处高氏仍立足于对古代中国上层社会多妻制的考虑。

尽管高氏对古代中国人性行为的了解主要限于春宫图,而且他也未能注意到在浩瀚的中国古籍中其实可以找到相当多的性变态记载[4],但是他下面的论证仍不失其雄辩合理:春宫图本有煽情之旨,画家自当竭尽其想象力以作艺术之夸张,况且晚明时代正值一部分士大夫放荡成风,而三百余幅春宫图中仍未画出多少变态性行为——勉强要算,也仅有口交、肛交和女性同性恋三种,可见古代中国人性行为的主流是很正常而健康的。[5]这一结论就总体而言是正确的。

丁、士大夫狎妓动机

高氏对于古代中国士大夫与妓女(通常是艺妓之类较高等的妓女)的交往,所涉史料虽不甚多,却有颇为真切的理解。他认为在这种交往中肉欲的满足"是第二位的因素",而许多士大夫与艺妓交往甚至是为了"逃避性爱",高氏论此事云:

> 浏览描写这一题材的文学作品,你会得到这样一个印象:除必须遵

---

[1]《中国古代房内考》,页330。
[2] 这一说法明显不妥,因高氏对中国古籍所见终究有限。参见本文第三节。
[3]《秘戏图考》,页148。
[4] 一些初步的线索可参见《性在古代中国》及 *Sex in China* 两书,但在笔者计划撰写的下一部书中,还将有更为全面的实证论述——笔者在中国古籍中发现的记载至少已涉及25种性变态。
[5] 同[1]。

守某种既定社会习俗外,男人常与艺妓往来,多半是为了逃避性爱,但愿能够摆脱家里的沉闷空气和出于义务的性关系。……他们渴望与女子建立一种无拘无束的朋友关系,而不必非导致性交的结果不可。[1]

高氏的理由是:能够交往高等妓女的士大夫,家中多半也妻妾成群,不仅不存在肉欲不得满足的问题,相反还必须维持"出于义务的性关系",有时殆近苦役。高氏此说,因特别强调了一个方面,听起来似乎与多年为大众所习惯的观念(狎客渔色猎艳荒淫无耻,妓女水深火热苦难无边)颇相冲突,但考之史实,实近于理。古代中国社会中,受过最良好文学艺术教养的女性群体,通常既不在良家妇女,也不在深宫后妃(个别例外当然会有),而在上等艺妓之中。故士大夫欲求能够诗酒唱和、性灵交通之异性朋友,舍此殆无他途。[2]在这类交往中,狎客与妓女之间仍存在着某种"自由恋爱"的氛围——性交既不是必须的,尤其是不可强迫的。[3]

戊、关于"清人假正经"

高氏在"两考"中多次抨击清朝人的"过分假正经"(excessive prudery)。例如:

中文著作中对性避而不谈,无疑是假装正经。这种虚情矫饰在清代一直束缚着中国人。……他们表现出一种近乎疯狂的愿望,极力想使他们的性生活秘不示人。[4]

他将他所见中国书籍中对性讳莫如深的态度(其实并非全是如此)也归咎于

---

[1]《中国古代房内考》,页181。

[2] 古代中国士大夫笔下所谓"兰心蕙质"、所谓"解语花"等等,皆此意也。鱼玄机、薛涛及她们与士大夫交往的风流韵事,只是这方面特别突出的例子。

[3] 自唐宋以降,大量涉及士大夫在青楼寻花访艳的笔记小说、专门记载和文学作品都证明了这一点。直到本世纪初,上海的高等妓女与狎客之间仍保持着这一"古意",有人说《海上花》时代上海租界的高等妓院里却推行一种比较人道的卖淫制度"(施康强:《众看官不弃〈海上花〉》,《读书》1988年第11期),其实自古而然也。《海上花》指《海上花列传》,全书初版于1894年,大陆有现代版本,北京:人民文学出版社,1982年。

[4] 同[1],页 XI。

清人的"假正经",甚至认为"清朝士人删改了所有关于中国性生活的资料"。[1]

尽管中国人对性问题的"假正经"未必从清代方才开始[2],这种"假正经"也远未能将道学家们看不顺眼的书籍删改、禁毁净绝,但高氏的抨击大体而言仍十分正确。高氏有感于清代士人每言"男女大防之礼教"自古而然,两千年前即已盛行,遂自陈《房内考》的主旨之一,"就是要反驳这种武断的说法"。[3]高氏的这一努力,对于历史研究而言固是有的放矢,就社会生活而论且不失其现实意义。[4]

己、道教与密宗"双修术"之关系

高氏在《秘戏图考》中已经注意到,中国道教房中采补双修之术(特别是孙思邈《千金要方·房中补益》所述者),"与印度密教文献和一些似以梵文史料为基础的文献中所说明显相似"。[5]他对此作了一些讨论,但对两者之间的关系尚无明确看法。十年后在《房内考》中,他对此事的论述发展为一篇颇长的附录,题为"印度和中国的房中秘术",其中提出一种说法,认为早在公元初就已存在的中国房中秘术曾"理所当然"地传入印度,至公元七世纪在印度站住了脚,被吸收和采纳。关于双方的承传,高氏的结论是:

> 中国古代道教的房中秘术,曾刺激了金刚乘在印度的出现,而后来又在至少两个不同时期以印度化形式返传中土。[6]

这两次返传,一次是指密教在唐代之传入,一次则以喇嘛教形式在元代传布于中土,两者都有男女交合双修的教义与仪轨。

高氏此说的主要价值,在于指出了中国道教房中双修之术与密宗金刚乘、印度教性力派(二者常被统称为"但特罗",即 Tantrism)双修之术有相同之处。至于印度房中双修秘术来自中国之说,则尚未能就成定论,因为印度

---

[1] 《秘戏图考》,页102。
[2] 这种"假正经"大致从宋代起渐成风气,此后有愈演愈烈之势。
[3] 《中国古代房内考》,页 XII。
[4] 无可讳言,当代中国人在某些性问题上的处境,甚至还不如古人。
[5] 同[1],页82。
[6] 同[3],页356。

秘术的渊源也很久远。[1]

最后可以提到一点,自从弗洛伊德的精神分析学说在二十世纪上半叶盛行之后,颇引起一些西方学者将之应用于历史研究的兴趣,在汉学家当中也不乏此例。[2]然而高氏在"两考"这样专门研究性文化史的著作中,倒是连弗洛伊德的名字也从未提到,书中也看不见受精神分析学说影响的迹象。

三、《房内考》总体上之欠缺

对于高氏"两考",如作总体评分,则《房内考》反逊于十年前之《秘戏图考》。因《秘戏图考》涉及领域较窄,所定论题较小,只是讨论晚明色情文艺及其历史渊源,高氏对此足可游刃有余。而且书中对于春宫图册及其印版、工艺等方面的详细考述,又富于文化人类学色彩,极具实证研究的价值。但到《房内考》,所设论题大大扩展,高氏"起家"于春宫图之鉴赏,对于中国古代其他大量历史文献未能充分注意和掌握运用,因此难免有些力不从心。此外,无可讳言,高氏在社会学、史学、性学等方面的学殖与理论素养,对于完成《房内考》所定庞大论题来说是不太够的。

《房内考》对史料掌握运用的欠缺,大略可归纳为三方面,依次如下:

其一为哲学与宗教典籍。先秦诸子或多或少都注意到性问题,而以儒家经典对此最为重视。高氏仅注意到《礼记》中一些材料,并搜集了《左传》中若干事例,但未作任何深入分析,其他大量史料皆未涉及。道教中的材料,高氏注意较多。[3]佛教虽被视为禁欲的宗教,但佛典中也以一些独特的角度(如为禁欲而定的戒律、"以欲钩牵而入佛智"等)涉及性问题。高氏对

---

[1] 若将此未定之论许为高氏"三大贡献"之一(柯文辉:《中国古代的性与社会——读〈中国古代房内考〉有感》,《世纪》1993年第2期),则言过其实,非通论也。(柯文中还有多处其他不通之论。)
[2] 例如,有谓屈子美人香草之喻为同性恋之寄托者;有谓孟郊"谁言寸草心,报得三春晖"为暗示"恋母情结"之家庭三角关系者。更有某德裔美国汉学教授以性象征串讲中国古诗,奇情异想,出人意表,如讲柳宗元《酬曹侍御过象县见寄》:"破额山前碧玉流,骚人遥驻木兰舟。春风无限潇湘意,欲采蘋花不自由。"谓:木兰舟者,女阴之象征也(形状相似),而骚人驻其上,即男女交媾之图像也。参阅张宽:《弗洛伊德精神分析的圈套》,《读书》1994年第2期。
[3] 现今《道藏》中涉及房中术的那部分文献,并无太大的重要性。高氏将这一情况归咎于编《正统道藏》时对性学材料的删汰。

这些都未加注意,只是将目光集中于金刚乘的双修术上。

其二为历朝正史。史官虽各有偏见和忌讳,但并未在正史中完全回避与性有关的问题。就性与社会、政治等方面关系而言,正史中大量材料,是其他史料来源无法替代或与之相比的。这方面的史料高氏几乎完全未加注意。造成如此严重的资料偏缺,令人奇怪,因为以高氏的汉学造诣和条件,他应该很容易了解这方面的史料。看来高氏从鉴赏晚明春宫图入手而进入这一领域,虽然能见人之所罕见,却也从一开始就局限了他的目光。

其三为浩如烟海的稗官野史,包括文人的杂记、随笔、志怪小说之类。这类作品在题材上几乎没有任何限制,由于多属私人游戏笔墨,因而政治或道德方面的忌讳也少。许多文人私下所发表的对性问题的看法和感想,许多关于性变态的记载,以及关于娼妓业的社会学史料,都保存在稗官野史之中。在这方面,高氏只注意到了极小的一部分,而且所引材料也缺乏代表性。此外对于反映文人个人精神世界的大量诗文,高氏也只是偶尔提到个别例子(如薛涛、鱼玄机的诗,此等处高氏有点猎奇之意),基本上未能掌握运用。

最后,在评价"两考"相互间高下时,有一点必须指出,即《房内考》中几乎所有重要论点都已在《秘戏图考》中出现,《房内考》只是增述了有关史料和外围背景。对于论题专门的《秘戏图考》而言,这些重要论点(参阅本文第二节)足以使该书显得厚重、渊博;但对于论题庞大的《房内考》而言,这些论点成为题中应有之义,处理起来就有"吃力不讨好"之虞了。

四、"两考"具体失误举例

"两考"为开创性之研究,况且高氏以现代外国之人而论古代中国之事,则书中出现一些具体失误,自在情理之中。兹举证若干例,以供参考:

高氏认为"中国社会最初是按母权制形式(matriarchal pattern)组成"[1],但是现代人类学理论普遍倾向于否认这种制度的真实性,因为迄今尚未在人类历史上发现任何母权制社会的确切证据,在中国古代也没有这样的确切证据。[2]

---

[1]《中国古代房内考》,页9。注意"母权制"(matriarchy)与"母系制"(matriliny)是不同的概念。在母系制社会中仍可由男性掌握大权。

[2] 例如马林诺夫斯基:《文化论》,北京:中国民间文艺出版社,1987年,页34;童恩正:《文化人类学》,上海:上海人民出版社,1989年,页333,等等,都持这样的看法。

高氏在《房内考》中引述《左传·哀公十一年》卫世叔离婚一事时,将"侄娣来媵"之"娣"误解为侄之妹,而实际上应是妻之妹。[1]

又同书中高氏引述《世说新语·贤媛》记山涛之妻夜窥嵇康、阮籍留宿事,说这是山涛妻想验证嵇、阮之间有无同性恋关系[2],未免附会过甚。

高氏有时年代错记、引文有误,这类小疵此处不必一提[3],也无伤大局。但他也时常出现不该有的"硬伤"。

比如他搜集、研读中国古代房中书甚力,却一再将《玉房秘诀》中"若知养阴之道,使二气和合,则化为男子;若不为男子,转成津液流入百脉……"这段话误解为"一个女人如何在交合中通过采阳而改变性别"[4],并与"女子化为男子"之说扯在一起。[5]然而只需稍稍披阅《玉房秘诀》等高氏经常引用的房中书,就可明白上面那段话,是说男精可在子宫内结成男胎[6],若不结胎,也能对女方有所滋养补益。

春宫图的评述、鉴赏,应是高氏无可争议的"强项",然而他在这方面也有令人不解的硬伤。最突出的一例,是在谈到春宫图册《花营锦阵》第四图时,高氏描述其画面云:

> 一个头戴官帽的男子褪下了裤子,姑娘(此处高氏原文为 girl)的裤子则脱在桌上。姑娘的一只靴子已脱落。[7]

然而检视《秘戏图考》中所印原图,这个所谓的"姑娘"穿的却是男式靴子,脱落了靴子的那只脚完全赤裸着,是一只未经任何缠裹摧残的健康天足。这样问题就大了:因为按晚明春宫图的惯例,女子必定是缠足,而且在图中女子全身任何部位皆可裸露描绘,只有足绝不能裸露。对于这一惯例高氏知之甚稔,并不止一次强调指出过,例如他说:

---

[1]《中国古代房内考》,页33。"侄娣来媵"中侄、娣与妻的辈分关系,在不少现代著作中都是语焉不详或有误解的,对此笔者有另文评论。

[2]《中国古代房内考》,页93。

[3] 在《房内考》李零等的中译本中,不少这类小疵已被细心注出。

[4]《秘戏图考》,页42。

[5] 同[2],页159。

[6] 几乎所有中国古代医书、房中书在谈到"种子"时,都是着眼于如何在女子子宫中结成男胎,"弄瓦之喜"则是不值一提的细事,重男轻女,有由来矣。

[7] 同[4],页211。

我尤其要指出中国人对表现女性裸足的传统厌恶。……只要让读者知道女子的裸足完全是禁忌就够了。即使最淫秽的春宫版画的描绘者也不敢冒犯这种特殊禁忌。[1]

既然如此,此《花营锦阵》第四图(高氏指出它是从另一春宫图册《风流绝畅》中移补而来)就不可能是描绘男女之间的事。事实上它描绘的是两男肛交,其题词《翰林风》也明确指示是如此。[2]高氏之误,可能是因原图上那少年梳了女式发型而起——其实这种换装在当时并不罕见,《金瓶梅》中就有确切的例证。[3]

又如高氏推测"明朝以前的春宫画卷似乎一种也没有保存下来"[4],这只是他未曾看见而已。例如在敦煌卷子伯二七〇二中就有线描春宫图(当然不及晚明的精美),照理他不难了解。[5]

再如,高氏寓目晚明春宫图如此之多,却偏偏忽略了《新刻绣像批评金瓶梅》(约刊于1630年前后)中几十幅有春宫内容的插图[6]——这些插图中人体比例之优美、线条之流畅,远胜于高氏推为上品的《鸳鸯秘谱》、《花营锦阵》等画册。

五、"两考"与李约瑟及"上海某氏"

李约瑟撰写《中国科学技术史》(Science and Civilization in China)第二卷

---

[1] 《秘戏图考》,页169-170。关于这一禁忌,还可引《肉蒲团》第三回中内容与之相发明:"要晓得妇人身上的衣服件件去得,惟有摺裤(脚带)去不得"。故在晚明春宫图中女子的小脚永远是被摺裤遮掩着的。

[2] 首二句云:"座上香盈果满车,谁家年少润无瑕……"其中"年少"一词通常都指少年男子;"果满车"用了"掷果潘郎"的典故,更表明为男子无疑。

[3] 《金瓶梅》第三十五回"西门庆为男宠报仇,书童儿作女妆媚客":"玳安……要了四根银簪子,一个梳背儿,面前一件仙子儿,一双金镶假青石头坠子,大红对衿绢衫儿,绿重绢裙子,紫销金箍儿。要了些脂粉,在书房里搽抹起来,俨然就如个女子,打扮得甚是娇娜。"

[4] 《秘戏图考》,页153。

[5] 西方汉学家要了解敦煌卷子中伯卷、斯卷等材料,当时仍远比中国学者方便。附带提起,高氏未能利用长沙马王堆汉墓出土的珍贵性学史料,虽是缺憾,但不足为高氏之病——这批史料出土时(1973),高氏已归道山。

[6] 《新刻绣像批评金瓶梅》,济南:齐鲁书社,1989年。此本插图二百幅,系据古佚小说刊行会影印本(1933)制版。

时,见到高氏赠送剑桥大学图书馆的《秘戏图考》。他不同意高氏将道教采阴补阳之术称为"性榨取"(sexual vampirism),遂与高氏通信交换意见。李约瑟后来在其书"房中术"那一小节的一条脚注中述此事云:

> 我认为高罗佩在他的书中对道家的理论与实践的估计,总的来说否定过多……现在高罗佩和我两人经过私人通信对这个问题已经取得一致意见。[1]

高氏似乎接受了李氏的意见,他在《房内考》序中称:

> 《秘戏图考》一书中所有关于"道家性榨取"和"妖术"的引文均应取消。[2]

然而高氏在同一篇序中又说:新的发现并未影响《秘戏图考》中的主要论点,"李约瑟的研究反倒加强了这些论点"。[3]而且《房内考》在谈到《株林野史》、《昭阳趣史》等小说时,仍称它们的主题是"性榨取"——只是说成"古房中书的原理已沦为一种性榨取"[4],算是向李氏的论点有所靠拢。

《秘戏图考》至少八处提到一位"上海某氏",此人是春宫图和色情小说之类的大收藏家。高氏书中谈到的《风流绝畅》、《鸳鸯秘谱》、《江南消夏》等春宫图册都是参照他所提供的摹本复制;他还向高氏提供了明代房中书《既济真经》、小说《株林野史》等方面的版本情况。

对于他们之间的交往,高氏记述了不少细节,如关于春宫图册《鸳鸯秘谱》的摹本:

> 该摹本是上海某收藏家好意送我的。他每幅图都让一个中国行家备制了六个摹样,一个表现全图,另外五个是每种不同颜色的线条的合成。他还送给我一个配图文字的摹本,以示书法风格。……我尤其要

---

[1] 李约瑟:《中国科学技术史》第二卷,北京·上海:科学出版社·上海古籍出版社,1990年,页161。
[2] 《中国古代房内考》,页 XIV。
[3] 同上,页 XIII。
[4] 同上,页316。

感谢这一慷慨襄助。[1]

此人还告诉高氏,《鸳鸯秘谱》中有六阕题词与小说《株林野史》中的相同,但是:

> 不幸的是,在他赠给我一份关于那部画册的内容和词后署名的完整目录之前,我们的通信中断了。[2]

由于此人要求高氏为其姓名保密,所以高氏在书中始终只称之为"上海某氏"、"上海一位不愿透露姓名的收藏家"等等。至今尚未能确考此神秘人物究竟为谁[3],也不知在此后中国大地掀天巨变中,特别是在"文革"十年浩劫中,此人和他的珍稀收藏品是何种结局。[4]

六、关于"两考"中译本

"两考"问世之时,正值中国大陆闭关锁国,《秘戏图考》未曾获睹自不必言,《房内考》原版是否购入也颇成问题。[5]信息是如此隔膜,以至于"文革"结束后,有的饱学之士闻有高氏之书,仍如海外奇谈。[6]所幸近年中外文化交流日见活跃,"两考"已相继出版中译本(1990年、1992年,详见本文注释)。

如仅就此两中译本而言,《房内考》的价值要超过《秘戏图考》。首先,在《房内考》全译本已经出版的情况下,再出现这个《秘戏图考》中译本意义不大——该译本已删去全部《花营锦阵》和其他所有真正的春宫图,以及所有

---

[1]《秘戏图考》,页174。

[2] 同上,页137。

[3] 友人樊民胜教授猜测,此人可能是周越然。周氏在二十世纪四十年代,据说以淫秽色情书籍之收藏闻名于上海。周氏也确实发表过这方面的文章,例如《西洋的性书与淫书》(载《古今半月刊》第四七期)等。

[4] 高氏身后留下的收藏品,包括书籍2500种,共约一万册,倒是成了他母校莱顿大学汉学院的专门收藏。其中想必包括这位"上海某氏"送给他的那些春宫图摹本。

[5]《房内考》中译者李零在"译后记"中说,1982年前后他曾在中国社会科学院考古研究所见到一册,"听说是由一位国外学者推荐,供中国学者研究马王堆帛书医书部分作为参考"。

[6] 参见施蛰存:《杂览漫记·房内》,《随笔》1991年第6期。

的色情小说选段。那篇专论现在成了主体,而这篇专论中的几乎所有主要论点和内容在《房内考》中都有,且有更多的发挥和展开。再说高氏当初欲令"两考"相互补充,就在于《秘戏图考》中有春宫图和原始文献,今既删去,就无从互补了。其次,在编校质量上,《秘戏图考》中译本也有欠缺。比如对所引古籍的句读标点,高氏手抄原版也有几处小误,但中译本有时却将高氏原不误者改误[1];又如多处出现因形近而误之错字,等等。

　　本文之作,要特别感谢台湾黄一农、许进发两先生惠然帮助提供珍贵资料。

原载《中国文化》(北京·香港·台北)1995 年第 11 期

---

[1] 例如《繁华丽锦》中"驻马听"曲末几句(中译本页 215,页 219 – 220;原版卷一页 200)、《花营锦阵》第廿一图题词末两句(中译本页 263,页 426;原版卷二页 158 – 159)、《既济真经》前言之中数句(中译本页 375;原版卷二页 91)等多处,皆缘于对旧词曲之格律、古汉语常用之句式等未能熟悉。

五　对科幻的科学史研究

西方科幻电影主题分析[1]

引　言

如果我们不把幻想电影当作"科普"的一种形式——如果这些电影实际上具有这种功能当然也很好——那么我们就不必为影片中"科学"与"幻想"之间的关系而忧心忡忡。比如，我们不必计较这两者在一部影片中的比例，也不必计较一部影片主要是依据"科学"还是依据"幻想"来立论，更不能将科学与幻想的关系看成"真与假的关系"。

讨论科幻电影，按理说也应该考虑美国之外的国家的出品，但是，如果我们只以美国电影作为样本，问题也不大，因为一百年来，世界上最有影响的幻想电影，绝大部分出自美国。这可以从英国人约翰·克卢特所编的《彩图科幻百科》中得到有力支持，书中介绍了1897—1994年间17个国家共455部科幻电影（实际上包括了魔幻或灵异），其中美国独占292部，即2/3的此类电影出自美国（详情请见附表）。

既然如此，我们也就可以放心大胆地往下讨论幻想电影的各种主题了，即使偶尔涉及几部非美国出品的同类电影，也不用担心会对结论产生什么特殊影响。

---

[1] 本文所言之"科幻电影"，其实更确切的名称应该是"幻想电影"，范围较国内通常所说的"科幻电影"要更宽泛一些，这主要是因为，在西方，通常不将"科幻"单独划成一类，而是归入"幻想"这个大类中。事实上，要想把科幻与魔幻或灵异等内容明确分界，确实是不可能的。换句话说，所谓的 Science Fiction，它的界限原本就是不明确的。所以《哈利·波特》、《指环王》可以和《星球大战》、《黑客帝国》归入同一个大类。而我们以往总是将"科幻"单独划出来，因为我们喜欢强调"科学"，而且还习惯于将科幻看成是"科普"的一部分——只是为了让"少年儿童喜闻乐见"，所以才采用一些幻想的形式。这些其实都是相当幼稚的想法。

好莱坞出品的幻想电影,初看起来主题多种多样,但如果仔细将它们分类,则基本上可用七大主题来容纳其中的绝大部分作品。据本人对一百数十部好莱坞幻想电影观看——为此耗费时间超过 300 小时——和思考的结果,认为可以归纳出如下七种主题:

一、星际文明。

二、时空旅行。

三、机器人。

四、生物工程。

五、专制社会。

六、生存环境。

七、超自然能力。

本文将结合若干部较有代表性的影片,依次略论上述七大主题之表现方式及其背后的思想资源。

〔英〕克卢特《彩图科幻百科》所选 1897—1994 年间科幻电影统计一览表

	1897—1929	1930—1939	1940—1949	1950—1959	1960—1969	1970—1979	1980—1989	1990—1994	该国累计
奥地利	1								1
西班牙						1			1
荷兰							1		1
匈牙利						1			1
丹麦	1				1				2
新西兰							2		2
瑞典					1		1		2
意大利					1		1		2
捷克			1		2		1		4
德国	7	5			2	3	2		19
澳大利亚					1	2	5		8
日本				2	2	1	2	1	8
加拿大						4	4	1	9
苏·俄	1		1		2	2	4		10

（续表）

	1897—1929	1930—1939	1940—1949	1950—1959	1960—1969	1970—1979	1980—1989	1990—1994	该国累计
法国	12	1			8	1	4		26
英国	2	3	1	5	25	13	16	2	67
美国	5	21	24	28	32	85	69	28	292
各国总计	29	30	27	35	77	113	112	32	455

一、星际文明——对未来世界的展望，对外部世界的想象

幻想影片的价值，主要在娱乐和思想两方面。从对人类文化的长远贡献来说，当然是影片的思想价值更重要。也就是说，看作品能不能促使读者思考一些问题，这些问题是我们在日常语境中很少会去思考，或不便展开思考的，而幻想电影能够让某些假想的故事成立，这些故事框架就提供了一个虚拟的思考空间。当然，这方面小说往往能做得更好些。

按照上述标准，则七大主题中的"星际文明"，总的来说恰恰是最缺乏思想价值的。因为这类影片，说到底，只是将人类历史上的征服、扩张等王朝兴衰故事，换到未来（或遥远的过去）的星际背景中搬演一遍而已，这类故事其实在地球的人类历史上早就上演过无数次了。当然影片中会有眩人耳目的奇怪生物、航天器、新式武器，可以有种种奇情异想的发明和设备，也会有宏大的战争场面，等等。在美国最负盛名的两大幻想电影系列，《星球大战》(Star Wars)和《星际迷航》(Star Trek)，就是这种主题的代表。

《星球大战》从 1977 年开始第一部，大获成功，此后继续拍摄（票房则服从经济学上的"边际效益递减"规律），终告完成。故事的完整结构应该是如下顺序：

Ⅰ：《幽灵的威胁》(The Phantom Menace, 1999)

Ⅱ：《克隆人的进攻》(Attack of Clones, 2001)

Ⅲ：《西斯的复仇》(Revenge of the Sith, 2005)

Ⅳ：《新希望》(A New Hope, 1977)

Ⅴ：《帝国反击战》(The Empire Strikes Back, 1980)

Ⅵ：《武士归来》(Return of Jedi, 1983)

《星际迷航》从 1979 年正式上映第一部，与两年前的《星球大战》第一部相比，无论是故事架构还是视听特效，都实在是平庸之至。然而《星际迷航》已经拍了 10 集，所拥有的庞大"粉丝"群体，却也与《星球大战》不相上下。已经有两代美国人，是看着这两大幻想电影系列长大的。

《星球大战》和《星际迷航》这两大系列的影响，远远超出其他的幻想电影。这非常符合历年来好莱坞幻想电影所呈现的一种规律：思想越简单票房越好。这种只是变换一下故事场景的老套王朝兴衰故事，原是西方人从小耳熟能详的，接受起来没有任何困难，不需要任何脑力去思考，只要坐进电影院去享受视听即可。类似的著名影片还有《沙丘魔堡》(*Children of Dune*) 系列，纯粹就是一个王朝几代人的恩怨故事；《星际传奇》(*Pitch Black*) 一、二集，一个中世纪骑士故事的科幻版（尤其是第二集），等等。

不过，在"星际文明"的主题下，偶尔也会出现稍有思想深度的作品，例如《火星任务》(*Mission to Mars*, 2000) 就是这样的影片。影片借一位也许是女性的火星人之口，讲述了一部火星和地球的文明史纲要：火星上的高等智慧生物——让我们姑且称他们为火星人吧——曾经发展了极为高级的文明。其高级的程度，只要注意到这一点就可以想象：火星人早已经借助大规模的恒星际航行，迁徙到了一个遥远的星系。这个故事发生于数亿年之前。这位人形高等智慧生物只是留守人员。而当火星人离开太阳系时，他们向地球播种了生命——也就是说，现今地球上的所有生命，都来自火星。

在《火星任务》结尾处，出现了这样的情节：就在宇航员们即将返回地球的那一刻，有一位宇航员忽然拒绝同行——他要和火星人在一起，他说这才叫"回家"——按照影片中的逻辑，既然地球上的生命都来自火星，这位宇航员这么说当然也不算错。这时我们才看出，那位先前讲述火星和地球的文明史纲要的火星人，她的使命是多么浪漫——她在火星上苦苦留守了几亿年，就是为了等待生命在地球上进化出人类，然后把一位愿意与"非我族类"共处的地球人带回去。难怪她一见到三位人类宇航员就流出了眼泪。

这样的影片，接受起来也还是比较容易的，因为关于火星上有高度文明的猜测，已经持续几个世纪了，出版了大量有关的书籍，对西方人来说也是从小就熟悉的，尽管这种猜测至今尚未找到确切的证据。

星际文明主题的另一个重要方向，是关于外星人来到地球，或与地球人发生接触的种种故事。沿着这一方向产生了许多很有影响的影片。

关于地球人类与外星人之间交往的幻想，至少已有百年以上的历史。

1898年威尔斯(H. G. Wells)的小说《星际战争》(*The War of the Worlds*,中译名有《大战火星人》等)可算最早的版本之一,小说描述火星人入侵地球,锐不可当,要不是它们最后意外地死于地球上的细菌,地球被征服已经无可避免。小说后来被搬上了银幕,但因年代较早(1953年),手法老旧,今天看来已经缺乏吸引力(最近重拍的《世界大战》也非常令人失望)。再往后,假想外星文明攻击人类、入侵地球的幻想电影层出不穷,比如《独立日》(*Independence Day*,1996,中文名有时译作《天煞》)之类,那就场面浩大,气势恢宏了。

关于UFO,自然也是幻想影片不可能错过的题材。这方面最有代表性也是最为集大成的,当数斯皮尔伯格"梦工厂"的出品《劫持》(*Taken*,2002,似乎是"电视电影",还有同名小说行世)。《劫持》10集长达20小时,以史诗般的叙事手法,讲述了美国三个家庭在半个世纪里四代人之间,以及他们与来到地球的某种外星人之间的恩恩怨怨。影片故事中的人物,甚至有人类与外星人的混血儿。斯皮尔伯格拍这一主题的电影已经很有些年头了,比如1977年的《第三类接触》(*Close Encounters of the Third Kind*)、1982年著名的《外星人》(*E. T.*)等等。

还有许多人热衷于用无线电等科技手段搜索外星文明的信息,这种探索始于1960年,现在通常被称为SETI(Search for Extra-Terrestrial Intelligence,即"地外文明探索")。现实中的SETI行动,虽然至今未能获得科学意义上的结果,但这并不妨碍电影编剧和导演们借此编故事。1980年,美国天文学家萨根(Carl Sagan)为一部以SETI为主题的科幻小说《接触》(*Contact*)准备了写作计划,分送九家出版社进行投标,结果西蒙-舒斯特出版社以预付200万美元稿费的出价中标。为一部尚未写成的小说竟预付如此惊人的稿费,当时实属空前之举,消息在萨根的天文学家同行当中引起了"强烈的情绪"——其实就是嫉妒。

小说《接触》在签约时就被预定在1984年拍成电影,但是影片《接触》(中译名有时作《超时空接触》)直到1997年才终于上映,当然也获得了许多好评,上座率达到《独立日》的五分之一,应该也算很不错的成绩了。然而不幸的是,萨根已经在半年前撒手人寰,他最终未能看到自己编剧的电影上映,恐怕难免抱恨终天。

可以归入星际文明这一大类的影片还有《第五元素》(*The Fifth Element*,1997)、《星门》(*Star Gate*,1994)、《最终幻想》(*Final Fantasy*,2001)等等。

二、时空旅行——回到过去能不能改变历史？

尽管时空旅行经常与星际文明联系在一起，但时空旅行的主题明显比后者具有更丰富的思想价值，也有着更强烈的科学色彩。

1895年，威尔斯出版了科幻小说《时间机器》(*The Time Machine*)，想象利用"时间机器"在未来世界（公元802701年）的历险。此时距相对论问世还有十年。而正是相对论，使得"时间机器"从纯粹的幻想变成了有一点理论依据的事情。

相对论表明，一个人如果高速运动着，时间对他来说就会变慢；如果他的运动速度趋近于光速，时间对他来说就会趋近于停滞——以光速运行就可以永生。那么再进一步，如果运动的速度超过光速（尽管相对论假定这是不可能的），会发生什么情况？推理表明，时间就会倒转，人就能够回到过去——这就有点像Wells的时间机器了。当然这只是从理论上来说是如此，因为事实上人类至今所能做到的最快的旅行，其速度也远远小于光速。

如果人能够回到过去，就会对常识构成挑战，在理论上产生一个严重问题。将这个问题展示得最为生动的电影，当数《未来战士》系列(*Terminator*，又译《终结者》,1984,1991,2004)。

公元1984年，一个未来世界（公元2029年）的机器人杀手T-800来到洛杉矶地区，以宁可错杀三千绝不放过一个的残酷无情，疯狂追杀一个青年女子莎拉·康纳。为何这个涉世未深、生活也不很如意的平庸女孩如此重要？电影中交代的逻辑是这样的：

在公元1997年8月29日，地球将经历一场核灾难，30亿人死亡，此后电脑"天网"统治了地球，人类开始了艰难的抵抗。后来人类抵抗组织中出现了一个叫约翰的天才青年，成为首领，而他的母亲就是莎拉·康纳。"天网"认为，如果将约翰的母亲在成为母亲之前杀掉，约翰就不会诞生，人类抵抗组织就不会有这样一个首领，抵抗就容易被摧毁。所以决定派杀手机器人回到过去，要他斩草除根消除后患。

与此同时，约翰闻讯也派出了一个战士回到过去，他的任务是保护莎拉·康纳。这个战士不得不以血肉之躯，与施瓦辛格扮演的杀手T-800一次次殊死搏斗。在这场艰苦斗争中，他终于使莎拉·康纳相信了上述未来世界的故事，认识到了自己将要成为未来救世主的母亲。更奇妙的是，他和莎拉·康纳的生死交情发展成了爱情,他成了约翰的父亲!

本来在我们的常识中,因果律是天经地义的——任何事情有因才会有果,原因只能发生在前,结果必然产生于后。但是一旦人可以回到过去,因果律就要受到严峻挑战。比如,约翰可以派遣自己的属下回到过去,这位属下还成了他的父亲,这岂不是说,约翰的出生是约翰自己后来安排的?又如,杀手是"天网"在公元2029年派回来的,可是按照影片第二部的故事,"天网"已经在研发成功的前夕被彻底摧毁,后来又怎么会有"天网"存在?它又怎能派遣杀手呢?这样的问题,在物理学上被称为"佯谬",物理学家早就讨论过。

"回到过去"改变历史,已经成为科幻电影中最重要的灵感源泉之一。比如《星门》、《12猴子》(12 Monkeys,1995)等等,都有这类情节。至于那种简单利用"时间机器"一会儿跑到未来一会儿回到过去,就比较初级了——根据威尔斯小说改编的影片《时间机器》(The Time Machine,2002)就是如此。而在《12猴子》中,回到过去的主人公最终死于警察的乱枪之下,未能制止人类未来的那场惊天浩劫。这个悲剧的结果虽不能伸张正义,却维护了因果律,避免了《未来战士》中光明结局所带来的佯谬。这里可以特别提到二十世纪八十年代斯皮尔伯格的《回到未来》系列(Back to the Future,1985,1989,1990),以充满戏剧性的情节,反复展现了在时空旅行中如何"改变历史"。

关于改变历史,还可以提到近年的影片《蝴蝶效应》(Butterfly Effect,2004),影片中的男主人公伊万,小时候经历了一系列可怕的事情,损坏了他原本可以完美的人生。伊万意外地发现了回到过去的方法,于是他一再回到过去,想让他的童年重新来过,但是回到过去所改变的每一件事,当他回到现在时,都发现它们带来了意想不到的后果,而且损害更加严重,事情变得更糟。为了弥补错误,伊万不得不再次返回过去,试图消除痕迹,但总是事与愿违,他的所作所为,只能再次导致现实世界中他生活的灾难。于是反反复复,他奔波于日益混乱的过去与现实之间,直到不可挽回的结局——他最终决定回到母亲的子宫里并且自杀,这样他就彻底放弃了生活和自我——他已经不想再重来了。

在以时空旅行为思想资源的幻想影片中,《未来战士》系列突出了对因果律的困惑和挑战,而《回到未来》、《蝴蝶效应》等则在"改变历史"上做文章。影片《超人》(Superman)中也有类似的情节(让时间回到女友惨死之前)。其实影片《疾走罗拉》(Run, Lola Run, 1998)中的三种结局,也是让历史重演三次,直到令人满意为止,这和《超人》中的上述情节是类似的,只是没有采用时空旅行的幻想形式而已。

能够从理论上解决时空旅行对因果律可能造成的挑战的,是所谓"多世界"("平行宇宙",parallel universes)理论。这一理论认为,在回到过去的时间旅行中,有可能产生新的平行的世界。胡格·埃沃莱特(Everett) 1957 年在《现代物理评论》发表了关于多重宇宙的构想。他认为,在量子力学中,每当一次测量完成,则诸多可能的结果之一呈现为真正的实在,其余可能的结果不能呈现,但是它们并非不存在,而是在另外的宇宙中继续存在。[1]据此构想,可能的平行的宇宙必有无穷多个。物理学家对此有一种非常明确的表达如下:

> 也许所有的世界历史都是真实的。……如果"多世界"理论是正确的,那么早就存在了另外一个平行的宇宙……因为所有可能的宇宙都是存在的。[2]

也就是说,每次回到过去所做的改变历史的行动,都可能产生出一个新的世界。这种高度抽象的"多世界"理论,居然也被幻想影片引入,并试图给出图解——在《回到未来》中,博士向马蒂解释"多世界"理论时,在黑板上画的示意图,竟和霍金《时间简史》中所用的图几乎一模一样![3]

而《蝴蝶效应》通过讲述伊万的故事,将一个严重问题推到观众面前:即使人类将来掌握了时空旅行的能力,回到过去成为现实,即使"多世界"("多重宇宙")理论是正确的(每次回到过去干预历史都能产生一个新的世界或新的历史),我们能不能保证我们每次回到过去干预历史都产生预期的结果呢?

著名科幻作家克莱顿(Michael Crichton)在小说《重返中世纪》(Timeline)中认为,回到过去的个人行为根本不可能改变历史。这也是一部分物理学家的观点。至于为什么会如此,目前物理学家并未能给出完善的解释,

---

[1] *Reviews of Modern Physics*, vol. 29, p. 454.
[2] 理查德·高特:《在爱因斯坦的时空旅行》,高军译,长春出版社,2003 年,页 23。
[3] 史蒂芬·霍金:《时间简史》,许明贤等译,湖南科学技术出版社,2002 年,页 208。

他们只是坚信"物理学定律会阻止"时空旅行者改变历史。[1]霍金也倾向这种观点,他认为改变历史的概率"小于 10^{-60}"。[2]

三、机器人——它们和人类的区别,它们会不会统治世界?

机器人是幻想影片中很老的主题,最初只是展示机器人如何为人类服务,直到《星球大战》中那两个著名的机器人,R2-D2 和 C-3PO,就还是在这样的初级境界中。而在这一主题上的进一步思考,则至少有如下三个重要方面:一、机器人是否应该或怎样才能得到人权? 二、机器人和人类的界限到底在哪里? 三、机器人最终会不会控制世界、统治人类? 在同一部影片中,这些问题往往交织在一起。

影片《机械公敌》(*I, Robert*, 2004)可以算一部有科学和文化内涵的电影。影片的故事最初来自杰夫·温塔(Jeff Vintar)的剧本,但是片名却取自阿西莫夫(Isaac Asimov)的同名科幻小说,导演从这位科幻作家的小说中得到了灵感。《我,机器人》是阿西莫夫科幻小说中一个重要系列,著名的"机器人三定律"也是在这里提出的。影片开头,特意在浩瀚星空的背景下,展示了这三条定律的文本(也许是暗示这三条定律对整个宇宙都有意义?)。

公元 2035 年的芝加哥,USR 公司开发的 NS-5 机器人大行其道,普遍进入了人类的日常生活。但是 NS-5 机器人的设计者兰尼博士却神秘死亡了。他看上去是自杀的,但是史纳普警官怀疑此事与机器人有关。在调查过程中,确实出现了一个有嫌疑的机器人。史纳普认为这个机器人已经出了问题,但是 USR 公司和市长都不希望史纳普穷追猛打地追究下去,他们对于"机器人谋杀了兰尼博士"这样的指控尤为反感——市长是担心引起市民的恐慌,公司当然是担心 NS-5 机器人的销售受到阻碍。

公司代表为了不让事态扩大,竭力将此事说成普通的意外:即使是这个机器人杀死了兰尼博士,那也只是一桩"工业事故"——他很雄辩地指出:所谓谋杀,是指一个人蓄谋杀害另一个人,他质问道:"如果你们认为是机器人谋杀了兰尼博士,那你们就承认机器人是人了?"——既然机器人不是人,那就不存在什么谋杀。

---

〔1〕 史蒂芬·霍金等:《时空的未来》,李泳译,湖南科学技术出版社,2005 年,页 85。
〔2〕 同上,页 87。

公司代表的辩解,实际上涉及了一个很有深度的问题:所谓"人"的资格,究竟是靠什么获得的? 答案只能有两个:一、靠物种的划分获得——生下来是人就是人,哪怕是白痴也有基本人权,也比任何别的动物高贵;二、靠文化的程度获得——掌握了人类的文化,就可以跻身人类之例。

第一种答案,深究下去就会有问题。幻想影片《X 战警》(*X Men*, 2000) 系列其实就提出了这个问题:如果有一种物种,具有和人类一样的智能和体能,甚至超过人类,但是它们长得和人类不一样(比如,长着尾巴,或者有收放自如的钢铁利爪,等等),人类愿不愿意和它们分享这个世界(这里的意思是指像对待同类那样对待它们)? 影片中的故事和常识都告诉我们,这是很难的。

但是,如果追问下去,就会面临理论上的困难:人类为什么不愿意和它们分享世界? 难道就因为它们长得和人类不一样吗? "非我族类,其心必异"这条古训的依据究竟在哪里呢? 如果只因为长得不一样,那说到底,什么物种的身体不都是由分子原子构成的吗? 在这个层次上大家不都是同一个"族类"? 不都是同一个"物种"? 有什么分别?

第二种答案,听上去有点匪夷所思,其实有一定的合理性。一旦机器人也掌握了人类的文化,那它们为什么不能获得人权? 比如影片《人工智能》(*Artificial Intelligence, A. I.*, 2001)中的那个小男孩,他(它)那么善良,那么可爱,难道不能获得人权吗?

在影片《机械公敌》结尾时,没有出现任何人类,却是出现了一个救世主式的机器人,统帅着广场上无数的机器人,这暗示着什么呢? 一个这样的机器人,它要是反叛人类,手下的机器人要是"只知有恺撒,不知有共和国",只听它的指挥,那人类如何应付? 或者,影片干脆就是暗示一个由机器人统治的未来世界?

《变人》(*Bicentennial Man*)是 1999 年一部不太引人注目的幻想影片,但是其中的思想资源,作为一部电影来说,却应该算是非常丰富的了。

机器人安德鲁刚被工程师买回家时,它被看成一件家用电器,就像冰箱、电视、洗衣机等等一样。但随着它和主人一家的多年相处,它逐渐接受并习惯了人类的许多观念,逐渐萌发了人类的主体意识——它要求工程师为它在银行开设存款户头,它表示要"自食其力",它后来又用那银行户头上的巨款要求向工程师赎买它的"自由"……

安德鲁初到工程师家时,二小姐还只是个小娃娃,但那时她就向安德鲁伸出了友爱的小手。当二小姐出落成亭亭玉立的美女时,他们之间实际上已经有着某种朦胧的爱情。然而"非我族类"阻碍了二小姐向安德鲁付出感情——人怎么能和一件家用电器相爱呢?安德鲁多年来不止一次给自己升级硬件和软件,为的是让自己更接近人类。当它后来又爱上了二小姐的孙女波夏小姐时,这种升级的冲动达到了顶峰——它让自己的外形变得与人类完全一样,它甚至有了男性的性器官,而且能让波夏小姐在和它做爱时达到高度快感!

正是在这里,一个深刻的问题出现了——生命和非生命,现在到底还有没有界限?原初版本的安德鲁,确实只是一件家用电器,但是随着它的不断升级,现在它已经完全是一个"人"了!在影片《变人》的幻想中,只要技术进步到足够的高度,生命和非生命之间的传统界限,确实是可以打破的。这使人联想起影片《人工智能》中,未来世界已经没有人类,只有人工智能,在他们(它们)的知识中,"真的人类"是一个遥远的奇迹。那么"真的人类"到底是什么?我们今天的人类,有没有可能已经是另一种人工智能了?所以我们现在对"生命"和"人"的定义都是有局限的。

影片中那个所谓的"世界议会",始终不肯承认安德鲁是人,不批准它和波夏小姐的事实婚姻。理由是因为安德鲁是永生的——它不会老不会死,因而它不是生命。永生的问题,正是影片引导出的第二个深刻问题。安德鲁已经掌握了让波夏小姐永生——至少是益寿延年、玉颜永驻——的技术,但是波夏小姐却拒绝采用,她认为有生有死才是生命的最基本原则。她的观点,或许也就是影片编剧导演的观点。如果人类真的掌握了永生的技术,世界会变成何种光景呢?

机器人最终会不会控制世界、统治人类?这也是幻想电影乐意探讨的问题。著名的影片《2001 太空奥德赛》(*2001:A Space Odyssey*,1968)和《黑客帝国》(*Matrix*,1999,2001,2003)系列,都可以视为这方面的代表性作品。特别是《黑客帝国》,因为有一定的哲学思考,常被视为"好看而难懂",对其中的故事也言人人殊,以下是本人的解读:

《黑客帝国》的故事背景,设为公元二十二世纪,那时人类已经丧失对地球的统治权,地球由机器人统治,而人类则以自己的肉体为机器人提供能量;人类生活在一个由机器人安排好的巨大的虚拟世界 Matrix 之中,它无所不在,无所不能,人类不识庐山真面目,只缘身在此山中。只有一小部分人,因为特殊的机缘,认识到了事情的真相,决心反抗。而这一小群反抗者被机器人世界的警方视为"恐怖分子"。

反抗者们在地底深处有一个称为 Zion（锡安，原是古代耶路撒冷一个要塞的名称）的秘密基地，而且可以从秘密基地的电脑网络中了解地面世界的几乎一切情况。在影片第一部结束时，反抗者们最大的成功，是找到了神秘女先知启示中所说的"救世主"尼奥（Neo，有人指出这正是 One 的倒拼）——他原是一个年轻的电脑工程师，同时也是网络黑客。他们使他认识到了自己生活的真相，并将他训练成为一个武功高手。在第一部的基础上，第二部的故事似乎就容易理解了。这时人类的反抗事业已经壮大起来，有了自己的地盘和军队。反抗者们甚至向机器世界的要害部门发动了一场进攻，原以为可以一举摧毁敌人，但是他们低估了敌人的能力，进攻失败。

到此为止，似乎该片的主题，就是"人类反抗机器人统治"这一科幻电影中早已有之的旧题。然而，影片向观众显示，上述认识未免太简单了。在第二部的结尾处，安排了尼奥和 Matrix 的设计者之间一长段玄奥的对话，设计者告诉尼奥，不要低估 Matrix 的伟大，因为事实上就连锡安基地乃至尼奥本身，都是设计好的程序（他已经是第六任这样的角色了！），目的是帮助 Matrix 完善自身——在此之前 Matrix 已经升级过五次了。

这样一来，看第一部后得到的认识就被彻底推翻了。现在，真实世界究竟还有没有？它在哪里（如果锡安也只是程序，那么真实世界在这三部电影中就从来也没有出现过）？人是什么——是由机器孵化出来的那些作为程序载体的肉身，还是那些程序本身？什么叫真实，什么叫虚拟？……所有这些问题，全都没有答案了。

怀着这么多没有答案的问题，观众从《黑客帝国 III：革命》中却根本看不到革命，也解决不了第二部中引起的任何问题。影片结尾是一个暂时的和平，一个开放的结局：观众既可以想象 Matrix 已经完成了第六次升级，也可以继续讨论真实世界到底存不存在、存在于何处等等，而且还可以期待《黑客帝国 IV》——那个期待中的革命，原本就是可以招之即来挥之即去的。

四、生物工程——人类不能狂妄自大

生物学是一种非常危险的学问，比物理学危险得多。自从基因改造、克隆人等等概念出现以后，许多电影从中获取思想资源，而对滥用生物技术的忧虑，则成为大部分影片的主基调。其中四部《异形》（*Alien*，1979，1986，

1992，1997），已经成为科幻电影的一个经典系列，而且每一部的票房也都不俗，真正做到了叫好又叫座，不能不令人击节叹赏。

未来岁月的某一天，陌生星球上巨大的化石状虫卵中的活物袭击了一位宇航员，并潜入他的体内，迅速发育成长，再从他体内破膛而出。它身上满是黏液，长着昆虫似的甲壳，刀枪不入；它的血液是强酸，可以蚀穿厚钢板；它具有高度智能，所有试图捕杀它的宇航员一个个死在它的攻击之下。

在《异形》系列中，公司代表了人类对于科学技术的盲目自信。在公司看来，科学研究当然是没有禁区的，他们相信自己掌握的科学技术足以搞定一切事情，所以总想将异形弄回来研究。然而事实上每次局面都失控了，人类已有的科学技术搞不定关于异形的事情，最后只能依靠女英雄芮普莉舍身救世人。

而女英雄芮普莉，恰恰是主张科学研究应该有禁区，主张人类应该敬畏大自然的。她每次都劝阻公司或她的同伴，不要去招惹神秘的外星生物，不要去"研究"异形——异形既然比人类更强大，智慧更高，"研究"一词听上去也就只是狂妄自大而已。但是她身边的男性们没有一个听得进她的逆耳忠言，非要弄到局面失控，自己也都死于非命，最后只能靠女英雄来收拾残局。事实上，在现实世界中，男性更容易有类似的"技术万能"的思维方式，结果技术上的成功只是给他们带来更大的失败。

科学研究如果有禁区的话，实际上范围也相当有限，而且也不会一成不变。《异形》等影片显然认为，禁区的问题，主要出在生物学领域，这里既有伦理道德问题，还有容易失控的问题——因为人类对于生命的奥秘所知还很有限，很难把握某些研究可能导致的后果。非常著名的影片《侏罗纪公园》(*Jurassic Park*)系列，无论是故事结构还是思想倾向，实际上都与《异形》异曲同工。

除了专讲失控问题的《异形》、《侏罗纪公园》等影片，还有不少幻想影片以生物方面的问题为思想资源，比如《异种》(*Species*,1995)系列（人类与外星人的混血儿）、《12猴子》(*Twelve Monkeys*,1995,瘟疫导致全球浩劫)、《变种》(*Relic*,1997,激素滥用使人变成动物)、《第六日》(*The Sixth Day*,2002,非法克隆人)等等。较为独特的有《千钧一发》(*Gattaca*,1997)，专讲未来世界的基因歧视，思想比较超前。而《暗天使》(*Dark Angel*,2000)、《生化危机之启示录》(*Resident Evil：Apocalypse*,2002)和《宇宙战士》(*Universal Soldier*,1992,1999)系列，都以人体改造展开故事，则可以上溯到被视为"科幻文学之祖"的小说《佛兰肯斯坦》(*Frankenstein*),据此拍摄幻想电影也一再尝试,比如1994年的《玛丽·雪莱的佛兰肯斯坦》(*Mary Shelley's Frankenstein*)、2004年的《佛兰肯斯坦》(*Frankenstein*)等等。但在这个方向上,一般很难有多少思想深度。较好的是最近的《逃出克隆岛》(*The Island*,2005),对克隆人的权利问题有所思考。

五、专制社会——西方思想中持久的恐惧

在近几十年大量幻想未来世界的西方电影里,未来世界几乎没有光明,总是暗淡悲惨的。不是资源耗竭,就是惊天浩劫,还有一种前景,就是未来社会的高度专制。描述这第三种前景的幻想影片,较有代表性的有《一九八四》(*1984*)、《撕裂的末日》(*Equilibrium*,2002)和《罗根的逃亡》(*Logan's Run*,1976)。

奥威尔的小说《一九八四》作于1948年,已被译成多种文字在世界各国流行(中译本也已出版多年)。根据小说改编的电影出品于1984年,是一部带有科幻色彩的电影。故事中的1984年虽然在今天已成过去,但是在奥威尔创作他小说时还是一个遥远的未来。

影片中1984年的社会,是一个物质上贫困残破、精神上高度专制的世界。那个能够监视每个人的电视屏幕无处不在,对每个人的所有指令,包括起床、早操、到何处工作等等,都从这个屏幕上发出。绝大部分时间里,电视屏幕上总在播报着两类节目:一类是关于"大洋国"工农业生产形式如何喜人,各种产品如何不断增加其产量;另一类是"大洋国"中那些犯了"思想罪"的人物的长篇忏悔,他们不厌其烦地述说自己如何堕落,如何与外部敌对势力暗中勾结等等。播放第二类节目时,经常集体收看,收看者总是义愤填膺地高呼口号,表达自己对坏分子的无比愤慨。

如果这两类节目都不播放的时候,屏幕上就会出现一个威严的"老大哥"形象——"大洋国"的最高统治者,他从来没有在电影中作为角色出现,但是他在"大洋国"无处不在,时时刻刻监视着他的臣民。臣民居室中的电视屏幕任何时候都不准关闭,只有非常高级的官员才享有关闭自己办公室墙上电视屏幕的特权。

影片中另一个科幻色彩处,是"大洋国"政府的一个特殊机构,这个机构雇佣了大量工作人员——影片的主人公温斯顿也是其中之一,他们的任务

是不停地修改"大洋国"的历史记录。比如,巧克力的供应量曾经是每人每周 30 克,但是当巧克力的供应量下降到 20 克之后,再从 20 克增加为 25 克,这个增加就要被大张旗鼓地宣传,而此时,巧克力曾经是 30 克的历史记录就要被修改。这种荒谬的、不计成本的对历史记录的篡改,在我们今天看来几乎是不可思议的,即使相对于"文革"中对历史的大规模的歪曲、篡改,"大洋国"中温斯顿等人所从事的工作也是漫画式的夸张,但是在影片所营造的情境中却是合乎逻辑的——在"大洋国"中,统治实际上是依靠谎言和暴力来维持的。

"大洋国"中的统治阶层还相当自信。当他们在电视上播放"思想罪"犯人的忏悔时,他们很有把握看到广大臣民的义愤——尽管影片明确暗示,许多人的这种义愤是假装出来的,温斯顿和他的女友朱丽亚就是如此。而当统治阶层发现温斯顿已经出现了异端思想时,他们还愿意玩一会儿"猫玩老鼠"的游戏,他们甚至听任温斯顿和朱丽亚同居了一段日子(这种同居后来被指控为"出轨的性行为"),听任他们在同居的日子里偷偷阅读禁书。当然,最后"老大哥"的走狗们凶相毕露,闯进了温斯顿和朱丽亚的房间,将他们投入监狱。而先前温斯顿身边的几位同情者,其实只是"便衣思想警察"而已。

在《撕裂的末日》中,未来社会的臣民被要求每天服用一种特殊的药物,服用了这种药物就会失去情感,也不会对任何艺术品产生兴趣。在那个社会里,一切艺术品都在严禁之例。如果有谁胆敢一天不服用上述药物,此人的家人必会向政府告密,而不服用药物者必会遭到严惩。谁知有一位高级执法者——他被认为是最高统治者最忠诚的鹰犬——却开始偷偷不服药了,于是一个情感的世界向他打开,他和地下反抗组织联手,最终杀死了最高统治者,埋葬了这个专制社会。

《罗根的逃亡》则描绘了一个怪诞而专制的未来社会,在这个社会中,物质生活已经高度丰富,但人人到了一个固定的年龄(还在青年时代!)就必须死去。罗根和他的女友千辛万苦逃出了这个封闭的城市,才知道原来人可以活到老年。

自从莫尔著《乌托邦》(*Utopia*)以来,类似的著作颇多,如培根的《新大西岛》、康帕内拉的《太阳城》、安德里亚的《基督城》、维拉斯的《塞瓦兰人的历史》、哈林顿的《大洋国》等等。大多是对理想社会的设计和描绘,就是我们政治教科书中所说的"空想社会主义"。但是在二十世纪西方的文学中,又出现了被称为"反乌托邦"的作品。奥威尔的《一九八四》、赫胥黎的《美丽新世界》和扎米亚京的《我们》，被称为"反乌托邦"的三部曲。上面提到的这些幻想影片，也都可以归入"反乌托邦"的范畴。

六、生存环境——对未来的忧虑

对人类未来生存环境的忧虑，也经常和对未来专制社会的忧虑纠缠在一起——他们的思考逻辑是：环境一旦恶化，资源极度短缺，必然导致专制社会的出现。但是还有一些可以算作"灾难片"的电影，实际上也是专门讨论环境恶化问题的，而且其中的科幻还相当"硬"，有相当的科学依据。近年这方面最有代表性的作品，无疑当数影响很大的影片《后天》（The Day After Tomorrow, 2004）。

《后天》的故事框架，简单地说是这样：地球上冷暖气候之所以能够保持稳定，很大程度上与"温盐环流"有关，所谓"温盐环流"，是指原先在北大西洋格陵兰岛附近，寒冷而盐度较高的海水因为较重而下沉，形成向南的深海海流；与此同时为了补充下沉海水，南方的温暖海水被拉向北大西洋，形成暖流，而正是暖流给欧洲高纬度地区带来温暖的气候。《后天》的故事由此展开：由于全球气候变暖，北极冰层融化后流入大西洋，导致海水稀释变淡，使得"温盐环流"停止流动。于是一系列可怕的后果出现了：海洋温度急剧下降，威力骇人听闻的飓风将高纬度地区的冷空气迅速空降南下，再加上海啸和大冰雹，北半球发达地区转瞬变成酷寒的人间地狱——地球上又一次冰河期突然降临了。

按照古气候学家的意见，在过去90万年中，地球大约每隔10万年左右会出现一次冰河期。但对于下一个冰河期何时到来，有两种截然不同的判断：一种认为"马上就要到来"，而且会持续约5万年之久；另一种判断则认为下一个冰河期将在5万年之后才会到来。

电影当然不是科学讲座，进行艺术想象是编剧和导演的权利，科学家不能干涉。对于《后天》，科学家实际上并没有多大反感。当然他们指出，影片中让灾变在如此短促的时间内（几天工夫）发生，是夸张了。或者说，《后天》将某种关于地球气候灾变的理论描述，在时间轴上急剧压缩，这样就对观众的心灵形成巨大震撼。事实上，如果那些灾变是在几千年、几百年，哪怕几十年的时段内发生，很可能就不是什么灾变了——因为那样的话人类有足够的时间来应对和准备,并且也能够逐步适应环境的变化了。

影片上映后引起了轩然大波。首先它得到了科学界的重视——哪怕就是批评,也是重视。另一方面,环保运动人士当然从这部影片的热映中大受鼓舞,他们欣喜地看到,这部影片已经促使环保观念大大深入人心。《后天》所强调的环保意识,不仅仅是某种科学问题或技术问题,它还是思想问题、政治问题。影片中对环境保护持消极态度的美国副总统,被认为是影射美国副总统切尼,影片还被认为是影射攻击了美国政府在环境问题上的政策,因而引起了政府的不满。而影片的导演表示,他希望《后天》成为一部对于地球环境及气候变化的忧思录。

可以归入这一大类的重要影片还有《未来水世界》(*Water World*,1995)、《深度撞击》(*Deep Impact*,1997)、《绝世天劫》(*Armageddon*,1998)等。其中《深度撞击》不仅有如何炸毁撞向地球的彗星这种较"硬"的科幻成分,还涉及了理性与伦理之间的两难问题:浩劫来临之前,已知只有一部分人可以得到避难机会,那么这些机会给哪些人呢?这就使得影片具有了相当的思想深度。

七、超自然能力——我们准备好了吗?

迈克尔·克莱顿(Michael Crichton)的科幻小说,许多都拍成了电影。著名的如《侏罗纪公园》、《失落的世界》(*The Lost World*,《侏罗纪公园》的续集)、《重返中世纪》(*Timeline*)等,皆有同名电影。他迄今出版了14部小说,其中13部被拍成了电影。克莱顿1987年出版的科幻小说《球》(*Sphere*),也有同名电影,中文片名译成《深海圆疑》(1998),则涉及了一个更为玄远的主题——今天,我们人类,能不能"消受"某些超自然的能力?

美国科学家在太平洋的深海水下,发现了一艘来历不明的巨大飞船。看样子这是一艘外星文明的宇宙飞船,而从船体上的珊瑚来推测,飞船是在约300年前坠落在地球上的。美国军方和有关各方当然对此大感兴趣,"半个太平洋舰队"都集中到了这片海域,各种各样的特殊人才,从美国各地被秘密接到考察船上,故事的主人公,心理学家诺曼也在其中。美国人是这样假设的:他们可能要和外星智慧生命打交道了,有一位心理学家参与可能是非常有益的。

考察队进入飞船,没有发现生命的迹象,飞船上的种种设施,倒是都与预想中的吻合,这确实是一艘300年前坠落到地球上来的外星宇宙飞船。但是,当海面出现风暴,考察队不得不滞留在飞船中时,越来越多的怪事出现了:有剧毒的海蛇的袭击、莫名其妙的火灾、数学家哈里的谎言等等,考察队员们一个个死去,最后只幸存下来三个人:诺曼、哈里和年轻的女生化学家蓓丝。此时三位幸存者相互之间也无法信任了。幸好心理学家诺曼的人格较为健全,在他的努力下,他们经过多次相互试探、检验和推理,终于将怀疑的目光集中到了飞船中一件神秘的物体上。

在飞船中,有一只神秘的大球,那球没门没缝,没有把手,没有文字,只有表面上那闪烁不定的金色波纹,似乎暗示着它是有生命的。考察队中不止一人在它面前久久驻足,沉默不语,若有所思。事实上,三位幸存者都曾经有意无意进入过这只神秘的大球,只是无意进入的似乎会忘记,有意进入的似乎想隐瞒。而不管怎么样,只要进入过这只神秘的大球的人,就获得了一种超自然的能力——可以梦想成真!

现在诺曼、哈里和蓓丝都有了这种能力。现在他们才知道,原来海蛇、火灾等等,都是他们心中的恐惧或梦境造成的。但是这种"梦想成真"是真实的——火灾真的能烧毁仪器设备,海蛇真的能咬死人!

所谓"超自然的能力",也是随着时间而变化的概念。今天的科技奇迹,往往就是昨天幻想中的超自然能力;而今天地球人类心目中的某种超自然能力,可能就是昨天外星智慧生物的科技成就。克莱顿在《深海圆疑》中借神秘金球的故事,表明对某些未来的科技成就,今天的人类是无法消受的,因为我们还未准备好。

对于"我们还未准备好",诺曼、哈里和蓓丝后来终于明白了。他们知道自己实际上无法驾驭这种超自然的能力,人类更是没有准备好面对这种能力——要是被邪恶的人掌握了这种能力怎么办?那人类将面临什么局面?于是这三个善良的科学家决定,利用自己已经掌握的"梦想成真"能力,来让一件事情成真,这件事情就是——"让自己失去梦想成真的能力"。随着三人六手相握,一起数到三,大家心中想的是:"我要忘掉我曾经见过这个大球。"突然,一道金光自深海涌出,直上天际,神秘的金球消失了……

在这个主题上,还可以提到幻想影片《少数派报告》(*Minority Report*,2002),这是一个未来世界的"诛心"故事。故事的场景被想象在公元2054年的华盛顿特区,在那里"谋杀"这种事情已经彻底消失——有整整九年没有发生过了,因为犯罪已经可以预知,而罪犯们在实施犯罪之前就会受到惩罚。司法部有专职的"预防犯罪(Pre-Crime)小组",负责侦破所有犯罪的动机,从间接的意象到时间、地点和其他的细节。这一切由拥有超自然能力的"预测者"(Pre-Cogs)——他们能够预知未来的各种细节——负责解析,然后构成定罪的证据。在这样的制度下,公众也就没有任何隐私可言了,因为一切言行都在有关机构的监控之中。

"预防犯罪小组"的精英之一约翰·安德顿,工作卖力,对"犯罪预知系统"的可靠性当然深信不疑。他将全部激情都投入这个系统中,他相信这个系统能够让成千上万的人免于他所经历过的悲剧。……然而有一天,意想不到的事情发生了,一向尽忠职守、遵纪守法的安德顿,竟被侦测出有犯罪企图,他被指控将在36个小时之内谋杀一名他根本不认识的男子!转眼之间,一名忠诚的执法者就变成了被追捕的目标,原本一起并肩作战的同事全变成倾力缉捕自己的敌手。

安德顿当然知道自己是无辜的,但是"犯罪预知系统"不是从来就可靠无误的吗?如果他坚持自己无辜,那又怎么能保证以往由这个系统对别人作出的定罪全都正确呢?安德顿只得在这座对所有公民都严密监控、毫无个人隐私可言的城市中逃亡,并追索原因,以求洗脱自己的罪名。

在某人实施犯罪之前,仅仅因为某些拥有超自然能力的人判定他思想上有犯罪动机,就对他进行制止和惩罚,这种做法虽然从理论上说不无道理,实际操作起来却是不可能的。因为实施了犯罪,就会形成证据,可以据此认定犯罪事实;而犯罪动机则是思想上的事情,没有事实可以被认定,因此就需要"预测者"之类的人或机器来"解读",这种解读必然导致歧义、误读、武断等等问题(比如《水浒》中黄文炳对宋江题在浔阳楼上的"反诗"的解读),据此定罪不可能是公正的。安德顿的蒙冤就是这一点的展演。

另一种重要的超自然能力是"预知未来"。这个概念不仅是理论物理学上非常玄虚的一章,而且会导致深刻的哲学问题。预知未来与时空旅行、多世界等理论都有联系。简单地说,如果你能够到未来时空转一圈,那么一旦你回到现在,就自然成为一个知道未来的人,也就是古人所谓的先知或预言家。这不妨以吴宇森的影片 *Paycheck*(中文译成《记忆裂痕》、《致命报酬》等,2003)为例。

万莱康公司在搞一项秘密研究——可以预见未来的机器,为此雇用了电脑天才迈克尔·詹宁斯,许以上亿美元的报酬,但是要将他在受雇三年期间的记忆消除。詹宁斯答应下来。谁知三年过后,他完成了任务,却不仅没拿到报酬,反而面临公司杀手的追杀。

原来詹宁斯在工作中看到了未来,而那未来是极为暗淡的——包括核灾难。为此他在那台能预见未来的机器的芯片中安放了病毒,使得机器在他离开后无法正常运转。这也是他完成工作恢复记忆之后公司要找他算账的原因。詹宁斯认为那台能预见未来的机器是邪恶的,他指控说:"预测就像创造了一个人人都逃不掉的瘟疫,不论预测什么事,我们就会让它发生。"例证是,万莱康公司的机器预测会有战争,总统(没有说是哪一国的)就决定发动先发制人的进攻,结果战争就真的来了。所以詹宁斯断言:"如果让人们预见未来,那么他们就没有未来;去除了未知性,就等于拿走了希望。"

虽然好莱坞幻想影片中对超自然能力作正面描述的作品也有不少,比如《超人》、《蜘蛛侠》系列(*Spider-Man*, 2002, 2004)之类,但那类作品一般都没有什么思想,而往往是探讨超自然能力带来的问题,才能为影片带来足够的思想深度。这方面影片《飞向太空》(*Solaris*, 2002)还有些意思,想象了人与已故亲人之间进行精神沟通的可能性。[1]

结　语

幻想电影当然不是科学,但是一方面,它们开发了科学的娱乐功能,使科学也能为公众的娱乐生活作出贡献;另一方面,它们也有自己的思想价值。科幻电影中想象的许多人类社会的前景,无疑对我们有着警示作用。

近一两年来,本人观看了一百几十部西方幻想电影,还有若干部小说,竟没有一部是有着光明未来的。结尾处,当然会伸张正义,惩罚邪恶,但编剧和导演从来不向观众许诺一个光明的未来。这么多的编剧和导演,来自不同的国家,在不同的文化中成长,却在这个问题上如此的高度一致,这对于崇尚多元化的西方文化来说,确实是一个值得思考的奇怪现象。对技术滥用的深切担忧,对未来世界的悲观预测,这种悲天悯人的情怀,至少可以理解为对科学技术的一种人文关怀吧?从这个意义上说,这些幻想电影和小说无疑是科学文化传播中的一种类型——非常重要的类型。

今天的科学是由纳税人供养着的,是天下之公器,不是科学家的禁脔。

---

[1] 同样是这个主题,影片《白噪音》(*White Noise*)显得在科幻上比较"硬",好像在报道某种实验进展。

不是科学家的人,也可以思考和谈论科学——当然如果谈得不对科学家可以纠正。科幻电影的编剧导演,虽然不是科学家,通常也不被列入"懂科学的人"之列,但是他们那些天马行空的艺术想象力,正在对公众发生着重大影响,因而也就很有可能对科学发生影响——也许在未来的某一天,也许现在已经发生了。[1]

原载《自然辩证法通讯》29卷5期(2007)

---

[1] 例如,2005年7月4日美国实施的"深度撞击"计划,从名称到实际内容,都是本文中提到的影片《深度撞击》故事中早就出现过的。参见江晓原:《幻想正在影响科学——在"深度撞击"背后》,载2005年10月28日《新京报》。

科幻中时空旅行之物理学历史理论背景研究*

一、绪论:科幻作品中的时空旅行类型

时空旅行是科幻作品中的一个重要题材,通常而言,它表现为三种类型:前往未来,回到过去,以及超空间旅行。

前往未来

在前往未来的时空旅行类型中,英国人 H. G. 威尔斯 1895 年创作的《时间机器》,是最具代表性的作品。由于该小说颇有思想性的情节,它获得了很高的声誉。小说叙述了一个简单的故事:一位科学家乘坐自己研制出的时间机器,旅行到了公元 802701 年的未来世界,那时的世界上存在着两类人种,一类是生活在地上的花园和宫殿里过着舒适安逸生活的"埃洛依",另一类是生活在地下的黑暗中辛勤劳作的"莫洛克",但科学家无意间的揭秘却让人大为吃惊,"埃洛依"不过是一群"莫洛克"豢养起来作为食物的美丽废物而已。

《时间机器》的同名电影到目前为止已经出了三个版本(1960、1978、2002),避其原著在社会政治层面上的强烈隐喻不谈,单从科幻的角度来看,它也有着不容忽视的意义。尽管在早前的一些神话故事和童话故事中,如中国古代的烂柯山传说[1],以及英国著名童话《爱丽丝漫游奇境

---

* 本文系与穆蕴秋合著。

[1] 烂柯山的故事在中国古代流传久远,较详细的记载见《明一统志》卷四十三:烂柯山在府城南二十里,一名石室,下有石桥道,书谓此山为青霞第八洞天烂柯福地。晋樵者王质入山伐木,见二童子对弈,置斧于坐而观,童子与质一物如枣核,食之不饥,局终童子指示之曰,汝斧柯烂矣。质归乡间已及百岁,无复时人矣。唐孟郊诗:仙界一日内,人间千岁穷。双棋未变局,万物皆为空。《钦定四库全书》,史部地理类总志之属,第 472 册,上海古籍出版社,页 1034。

记》[1]，已经出现了时空旅行的思想雏形，但直到《时间机器》才第一次正面触及了时空旅行的技术手段。小说中的"时间机器"一直为后来不少科幻作品所反复借用，成为时空旅行的主要工具(见附录)，如电影《比尔和特德的精彩冒险》中的电话亭和电视系列片《胡博士》中那个超正方体，或是星际探险小说中的太空飞船，都可看作是时间机器。当然，其他时空旅行的凭借手段在科幻作品中也不少见，如催眠、睡觉，或特殊信物方式等等(见附录)。此外，威尔斯还在小说中提出"时间就是第四维"，这个想法颇为值得深入探究一番(后文对此有专门论述)。

《时间机器》之后，出现了多部借用原著中的时间旅行者或是时间机器进行再创作的衍生作品。典型的是 Egon Friedell 创作于 1972 年的小说 The Return of the Time Machine，故事中主人公去到不同的时代，寻找原著中那位未能归来的科学家的故事。电影 Time After Time (1979)，则是一个幼稚的故事，主人公偷走了时间机器逃到 1979 年，威尔斯追寻而至，被当做一个来自乌托邦的大傻瓜。

有很多的与时空旅行相关的科幻作品，在《时间机器》之后相继出现，但在把时间旅行方向设置为前往未来的科幻作品中，它却是一枝独秀，所有的后来者都不能与其相提并论，这一类型最终也彻底萎缩。理由也许正如一些科幻研究者所说的[2]，在绝大多数科幻电影中，事情发生的时间预先就已被设置在未来——这已是科幻创作的一条默认定则，剧作者们用不着一定要主人公通过时空旅行才能去到未来，或是让生活在未来的人去到更遥远的未来。

回到过去

1889 年，马克·吐温创作了一部小说《康州美国佬在亚瑟王朝》[3]，故事涉及时空旅行：主人公昏迷醒来后发现，自己回到了一千三百年前的亚瑟王朝，成为一个回到过去的时空旅行者。马克·吐温的这部小说在科幻中的影响远不及《时间机器》，但它的那些把时间方向设置为回到过去的后来者却是后劲十足，很多优秀的时空旅行作品都来自这一类型。

---

[1] 《爱丽丝漫游奇境记》是英国人刘易斯·卡洛尔于 1865 年创作的童话。故事的一开始，小女主人公爱丽丝掉进兔子洞中，去到了一个充满奇幻的世界里。
[2] 约翰·克卢特：《彩图科幻百科》，陈德民等译，上海科技教育出版社，2006 年，页 60。
[3] 马克·吐温：《康州美国佬在亚瑟王朝》，何文安、张煤译，译林出版社，2002 年。

这种情形的出现,很大程度上归结于回到过去的时空旅行都会遇到一个逻辑难题——时间佯谬,它最极端的例子就是著名的"祖父佯谬"(grandfather paradox)[1]:假如你对自己的现状非常绝望,但是你又不想自杀,你希望自己从来就没有来过这个世界,你于是选择通过时空旅行回到过去,在你的父亲出生之前就杀了你的祖父,那么你的父亲不能出生,自然也就没你的出生,可是,如果没有你的出生,那你就绝不会回到过去杀了你的祖父,所以你还是要出生——佯谬产生了:你存在,所以你不存在;你不存在,所以你才存在。

英国著名幽默杂志《笨拙》(Punch)1923年曾发表过一首与时间佯谬有关的打油诗[2]:

> 一个女孩叫贝瑞,
> 她的速度光难追。
> 相对论啊是捷径,
> 今日出门昨夜归。

从物理学或哲学角度而言,"今日出门昨夜归"这样的时间佯谬的确令人棘手,但就科幻创作而言,它却包含着极丰富的故事元素,很多科幻作品都是以此为"料"创作的,它们的故事情节虽然千差万别,但其实都可以看作是"祖父佯谬"的多版本延伸。如1980年代的电影《终结者》系列、《回到未来》系列就是这一类型的代表作品。不过,这些都属于回到过去的时空旅行故事的较传统演绎方式。

时空旅行科幻作品中回到过去的类型还有另外两种演绎方式,它们完全避开了时间佯谬的产生:一种直接借鉴于量子理论中的"多宇宙解释",另一种则借鉴于后来的"诺维科夫自洽原则"。前者改变历史却不产生佯谬,后者不允许改变历史,自然也就不会产生时间佯谬了。

超空间旅行

关于星际旅行的构想雏形,比较早可以追溯到开普勒撰写的一篇小说

---

[1] 它在René Barjavel的科幻小说 *Future Times Three*(1943)中首次被提到。
[2] 该诗发表于1923年11月23日的《笨拙》(Punch),作者A. H. R. Buller是一位著名的植物病理学家。原诗为:There was a young lady girl named Bright/Whose speed was far faster than light/She traveled one day/In a relative way/And returned on the previous night。

《梦》(Dream)[1]。《梦》讲述了一个名叫 Duracotus 的年轻人跟随其母亲——一名女巫,驮在魔鬼(Demon)身上旅行到月球的故事。旅途中,热心而博学的魔鬼向他们讲述了月亮上一些不为人知的情形,Duracotus 此前曾师从著名天文学家第谷·布拉赫学习过五年天文学,所以他能明白魔鬼所讲述的其中那些关于月亮的天文知识。开普勒想象这些魔鬼居住在太阳照射下的地球阴影中,当发生月食的时候(必须得是正食),地球的锥形阴影触及月球,魔鬼就可以利用这个阴影作为阶梯到达月亮,那些通晓通灵术、能和魔鬼们打上交道的巫师——比如小说主人公 Duracotus 的母亲,就可以在其引领下去往月亮。

开普勒作为一位天文学家,主要目的不在传达这部小说的文学性,而是打算利用小说的样式,来表明他对哥白尼日心宇宙体系所持的赞同立场,并在该体系下对月亮进行一些探讨。[2]他在小说中很认真地想象月亮上居住着和地球上相类似的生物。

空间旅行在科幻小说里一直是一个非常受关注的话题。在牛顿时空观下,关于星际旅行的想象主要局限于太阳系内的星体之间——通常是从地球旅行到其他星球。

乔治·威尔斯在《首先登上月球的人们》(The First Men in the Moon,1901)这部小说中,描写了一位科学家发明了一种奇异材料——根据威尔斯的解释,所有已知的物质对于地球引力都是"可透的",即无法阻挡地球引力——但这种奇异材料却是"各种放射能"都"穿透不过"的,它具有能隔断地球引力的惊人性能。因此,这样一种物质所带来的可能性毫无疑问是非比寻常的,小说中那位聪明的剧作家说服了科学家利用这种材料制作了一个球体,两人乘坐这个球体一起旅行到了月球,进行了一番惊心动魄的探险。

在乔治·威尔斯的另一部著名小说《星际之战》(The War of the Worlds,1898)中,攻击地球的火星人由于不能适应地球微生物,在原本攻势如潮的情形下突然全部灭亡。从浩劫中恢复过来的人类对火星人留下的机械装置

---

[1] 小说的拉丁原名 Somnium,开普勒去世后由其儿子 Ludwig Kepler 于 1634 年第一次出版。通常情况下,这部小说被看作带有开普勒本人的自传色彩,因为他的母亲是一名女巫,而他跟第谷·布拉赫的关系在天文学史上更是众所周知。
[2] 开普勒用自己深厚的天文学知识为这部小说的正文逐条作了详细脚注,脚注长度是其正文长度的差不多四倍。

进行了考察,很快取得了惊人的成果,最让主人公难以置信的是,"飞行的秘密"已经被发现了。尽管威尔斯没有明言,但"飞行的秘密"在小说里指的无疑是已被火星人掌握的空间飞行技术,因为根据主人公无意间的亲眼目睹,火星人在极短的时间就从火星到达了地球。

早期的科幻作品中,关于星际旅行最直接的想象来自儒勒·凡尔纳的《从地球到月亮》(*From the Earth to the Moon*,1865)。小说讲述美国南北战争后,炮兵团的一群退伍军人在巴尔的摩成立了大炮俱乐部,这群炮弹技术方面的精英分子很快对和平时期的安宁生活感到厌倦,为了安抚他们,俱乐部的主席有了一个大胆的设想,倡议他们设计一枚能用炮弹把人送上月亮的大炮。凡尔纳在小说中对这枚大炮设计和发射细节的描述令人叹为观止。

爱因斯坦相对论下的时空观,极大地拓展了后来科幻小说家们在空间旅行上的想象力,星际旅行范围从太阳系延伸到银河系甚至河外星系,是从一个行星系统到另外一个行星系统的旅行,这通常被称为超空间旅行(Hyperspace drive or Hyperdrive)。

阿西莫夫对超空间旅行进行了认真的设想,在他著名的《基地系列》(*Foundation series*)中,"跃迁"(transition)[1]是太空飞船在银河系进行超空间旅行的重要手段,这个过程中,太空飞船连带里面的人及其他物体会被转化成无质无形的"迅子",这是一种"谁也没有侦测到过或见过的东西"。超空间旅行在阿西莫夫的小说中是一项人类在那些被"机器人三大法则"限制的机器人协助下完成的重要成果。[2]

阿西莫夫在他的科普著作《寻访人类的太空之友》中,对超空间旅行的现实可能性进行了认真的探讨。[3]他指出,即便像科幻小说中那样,假定超空间旅行的能量条件已被解决,但仍然还存在着两个棘手问题。首

---

[1] 对"跃迁"(transition)较详细的描述,见该系列《基地边缘》(下)(*Foundation's Edge*)"超空间"一节。"跃迁"从实现距书中主人公的时代已有二万二千年的历史,在超空间技术发展的早期,"跃迁"的过程还会让人有一些轻微的不适感觉,如眩晕呕吐之类——但这也多半是由心理原因引起的。在其发展为一门成熟技术后,它已经能让人在无知无觉的情况下完成,并且极为安全。但无论如何,这一过程还是会让初次参与的人听来有些害怕。

[2] 在阿氏《我,机器人》(*I, Robot*,1950)的第七个小故事《逃避》(*Escape!*)中,对超空间技术的初期发展过程曾有所提及。

[3] 阿西莫夫:《寻访人类的太空之友》,卞毓麟、黄群译,科学出版社,1984年,页81。

先,"迅子"的速度无论怎么快,根据物理学法则,它的最大速度不能超越光速。[1]其次,在"跃迁"时,把物质转变成四处飞散的"迅子",到达目的地后再在极短的时间内把其还原成原样,这是一个在技术细节上很难确保的步骤。

为了弥补超空间旅行在上述两方面存在的缺陷,一些新的旅行方式不断被设想出来。在著名的科幻小说系列《沙丘》(*Dune*,1965)中,超空间旅行被描述成通过复杂的变形技术,空间被折叠起来,旅行可在一瞬间完成,这个过程完全仰赖计算机复杂的计算,但它却是一项极端危险的行动。在另外一部科幻系列剧《星门》(*Stargate*,1994)中,那扇"星门"就是进行超空间旅行的通道。而在《银河系漫游指南》(*Hitchhiker's Guide to the Galaxy*,1978)中,作者道格拉斯·亚当斯把空间旅行称为"无限非概率驱动",它是一种惊人的新方法,可以在几乎不到一秒钟的时间内穿越星际间广阔的距离,不再需要在超空间中单调乏味地东碰西碰。

在众多的超空间旅行手段中,著名的虫洞(Worm-hole)和翘曲飞行(Warp Drive)是其中影响最大的两种方式。

二、《时间机器》与第四维理论

威尔斯在小说《时间机器》中把时间构想为"第四维",神通广大的主人公造出一架机器在时间轴上来回穿梭的时候,依据的就是这个构想,最重要的是,它几乎为后来绝大多数时空旅行类型的科幻作品所借用。在小说开篇,威尔斯借助主人公之口,表达了他的第四维(four-dimension)观点:

> "很清楚,"这位时空旅行者继续说道,"任何真实的物体在四个方向上都有外延:它必须有长度、宽度、厚度和时度。但因为人们的一个弱点,我们倾向于忽略这个事实。四维真的存在,其中的三维是空间的三个平面,第四维是时间。"

1905年,爱因斯坦提出狭义相对论的统一时空观思想,他早年的老师数

---

[1] 阿西莫夫接着指出,这意味着尽管从地球以光速到达最近的半人马座阿尔法星往返一次需9.4年(在科幻小说中,这也够耗时的了),但到稍远一点的参宿七往返一次就需要1081年!

学家闵可夫斯基随后用数学语言对这种绝对四维时空结构进行了描述。如此一来,威尔斯在小说中把时间表述为第四维的思想,似乎就具有了超前的预见性,但事实上,早期第四维概念的产生并非凭空而出,它的发展过程乃至通俗化和形象化更是经历了一番有趣的过程。

1854年,黎曼(G. F. B. Riemann,1826—1866)在德国格丁根大学做了一次就职演讲[1],主要内容是他对弯曲表面和多维空间所进行的探索和思考。黎曼认为,所有这些空间其实都可以被自洽地明确定义。黎曼的这次演讲开拓了高维几何研究的新领域,在数学史上的意义不言而喻,它吸引了一些数学家们对多维空间的热情关注,德国著名的数学家亥姆霍兹(Hermann von Helmholtz)就是它的积极宣扬者。这个理论一开始也如同绝大多数其他数学理论一样,是专属学术界的讨论对象,抽象的数学符号使它远离普通大众。然而,不同寻常的是,关于高维理论的这种情形在稍后却被彻底改变。

1876年7月,一位叫斯莱德(Henry Slade)的美国灵媒人士访问伦敦,为很多名流举行降神会表演魔术,如让两个没有断缝的木质环一个套进另一个,在两头拴在固定位置的绳索中间打结,或是让物体在没有支撑的情况下漂浮在半空等等。这在伦敦引起极大轰动,此种情形引得新当选为英国科学促进会特别委员会成员的兰基斯特教授(Pro. Lankester)大为不满。在一次降神会上,他当场指责斯莱德在表演过程中作弊,并随后在《泰晤士报》上发表揭露文章。

伦敦市治安法庭涉入此事,在听取双方辩护之后,斯莱德被判定有罪,并根据移民法被判处了三个月的劳役监禁。出狱后,他辗转欧洲到达德国,被著名天文学家策尔纳[2]接见。策尔纳当时对数学上的四维概念很感兴趣,在对斯莱德的通灵术进行受控实验后,他认为斯莱德的特异功能实际证明了第四维的存在,因为他那些本领在三维世界中无法想象,在第四维中却

---

[1] 黎曼的演讲题目是《关于构成几何基础的假设》(*On the Hypotheses which lie at the Bases of Geometry*),后由英国数学家 William Kingdon Clifford 将其由德文译为英文。

[2] Johann Zöllner(1834—1882),德国莱比锡大学物理学和天文学教授,1858年发明了在天文学上有重要意义的测量恒星亮度的光度计。国际天文学联合会(IAU)为纪念策尔纳,特别将月球上的一个环形山(crater,或译月坑)命名为"策尔纳"。关于策尔纳和第四维的关系,比较详细的介绍还可见刘华杰(北京大学):《理性的彷徨——介入"超科学"的著名科学家(I)》,http://shc2000.sjtu.edu.cn/article3/lxdph.htm。

是轻而易举的事情——就如同在二维情形下无法做到的事情,在三维世界中却很容易实现。在策尔纳 1878 年出版的《先验物理学》(Transcendental Physics)中,还有对斯莱德通灵术的解释,认为一些自然界中原本不可能发生的事情可以被居住在第四维中的幽灵变为现实。

涉入此事并参与控制实验的还包括一些当时大名鼎鼎的科学家,如著名物理学教授韦伯[1]、费希纳[2]、莱比锡大学的著名心理学、哲学教授冯特[3]和数学教授施伯纳(W. Scheibner)。整个事件在当时备受关注,但总体而言,策尔纳对斯莱德通灵术的第四维解释并没有得到主要科学家团体的接受和认同,也引来了一些评论家的嘲讽。然而,第四维概念却因此在大众中开始广为流传开来。[4]

为了满足公众对第四维的好奇心,当时的一些流行杂志,如《哈珀周报》、《大众科学月刊》甚至《科学》都不惜版面掺和进来,积极培养公众对第四维的兴趣。在十九世纪末的几十年间,第四维成为一个很时髦的话题。

英国数学家查尔斯·欣顿[5]甚至终生致力于第四维的通俗化和形象化,除了撰写出一系列和第四维相关的文章和一部科幻小说《科学冒险故事》,他还花去很多年的时间设计出一个能让人们从中"看见"第四维的"超正方体"(tesseract,也叫欣顿立方体),它曾出现在达利著名的油画《基督的超立方体》中。后来的很多科幻作品中都涉及了超正方体,罗伯特·海因莱茵[6]有不少作品和超立方体有关,其中最著名的是《他造了一所变形屋》(And He Built a Crooked House,1940)和《光荣之路》(Glory Road,1963)。而电视系列剧《胡博士》(Doctor Who)中的时间机器其实就是一个超正方体;另外,电影《异次元杀阵Ⅰ、Ⅱ》(Cube:Hypercube Ⅰ、Ⅱ,1997,2002)讲的则是

---

[1] Wilhelm Eduard Weber(1804—1891),任职于德国哥廷根大学,在电磁学方面作出重要贡献,磁通量单位韦伯就是以他的姓氏命名的。

[2] Gustave Theodore Fechner(1801—1887),莱比锡物理学教授,精神物理学的奠基人,与韦伯一起提出著名的经验公式:韦伯—费希纳对数定律。

[3] William Wundt(1832—1920),实验心理学和认知心理学的奠基人。

[4] 该事件经过在加来道雄《超越时空》第二章中有简要介绍,上海科技教育出版社,1999 年,页 59-64。更详细的介绍来自 http://www.survivalafterdeath.org/mediums/slade.htm 或是柯南·道尔(《福尔摩斯》的作者)的文章,全文可见 http://www.survivalafterdeath.org/articles/doyle/slade.htm。

[5] Charles Hinton (1853—1907),英国数学家,还发明了棒球机,同时也写科幻小说,作品有《科学冒险故事》(Scientific Romances),http://www.ibiblio.org/eldritch/chh/hinton.html 有全文。

[6] 罗伯特·海因莱茵与阿瑟·克拉克和艾萨克·阿西莫夫并称"科幻三杰"。

一群人迷失在超正方体中的故事。

与欣顿同时期,其他科幻作家也纷纷创作和多维相关的作品,阿伯特(Edwin Abbott)在1884年写的《平面国——正方形在多维中的传奇故事》(*Flatland: a romance of many dimensions*),是这方面当之无愧的代表作。小说的主人公是一位正方形先生,他身处一个专制的二维国度,这里等级森严,女人是线条,贵族是多边形,主教是圆圈,最主要的是,讨论第三维是被严厉禁止的,犯者会被施以极刑。正方形先生偶尔会自以为是一下,但其实他性格本分,从未打算向任何权威发起挑战。可某一天,当一位球形勋爵把他带往三维国度一游之后,他的思想世界被彻底颠覆了,这也成为他人生悲剧的开始。

稍后一年,威尔斯在《时间机器》中,也表达了他对第四维的观点。不过,威尔斯的构想并非独一无二,因为欣顿在《科学冒险故事》的第一个故事《什么是第四维?》(*What is the Fourth Dimension*? 1884)中,就已经把第四维描述为时间。

威尔斯的另一部小说《隐身人》(*The Invisible Man*,1897),表达的则是他对第四维的另一种想象方式,和当时绝大多数科幻作品一样,第四维在这里被描述得具有了某种神秘主义色彩的洞悉和超然——从中可以看出策尔纳用第四维概念解释通灵术的思想影响。相较而言,《时间机器》中对"第四维是时间"的构想其实属于少数派,在当时也没有引起很大关注。这一点可以从后来的一个事件中看出:1909年,《科学美国人》发起一次独特的竞赛,悬赏500美元,主题是"给第四维的最佳通俗解释",竞赛的规则是"用2500个单词的文章来阐明第四维的意义,以便一般的非专业读者能理解它"。这次竞赛吸引了来自世界各地大量立论严肃的文章,但是,结果让人惊讶——即便是在狭义相对论已经发表了四年之后——关于第四维的解释,它们中没有一篇提及时间。[1]

三、爱因斯坦场方程

1949年,哥德尔(Kurt Gödel,1906—1978)发现一个爱因斯坦场方程的

---

[1] 相关内容见丹尼斯·奥弗比:《恋爱中的爱因斯坦》,上海科技教育出版社,2005年,页225;另见加来道雄:《超越时空》,页87。

解,描述了一个旋转但既不膨胀也不收缩的全宇宙,后被称作"哥德尔宇宙",从理论上而言,它允许时间旅行。

事情的起因颇具偶然性,这一年的 3 月 14 日,恰逢爱因斯坦 70 岁诞辰,作为爱因斯坦晚年私交甚好的朋友,哥德尔应邀为著名的《在世哲学家文库》(Library of Living Philosophers) 中的"爱因斯坦卷"撰文以作纪念。哥德尔向来以数学家的身份名于世,但他早年在维也纳大学上学时,一开始学习的却是物理学,写一篇关于广义相对论的论文对他而言也算是重操旧业了,可是,哥德尔的偶然客串却得到了意想不到的结论。

他在《爱因斯坦引力场方程一类新宇宙论解的一例》[1]中宣称,他为爱因斯坦引力场方程给出了一个新解,它是一个比其他已知的解都复杂的精确解。这个解把宇宙中的整个物质看作是不可压缩的理想流体物质,在这个模型中,宇宙以不变的角速度绕着一个固定的坐标系旋转。在这个构想前提下,哥德尔对"时空旅行"进行了表述:

> 在这个解中的每一条物质线都是一条无穷长的闭合曲线,它们永远不会再与它前面的任何一点相接近;但是,也存在封闭的类时曲线。特别是,如果 P 和 Q 是物质的一条世界线上的任何两点,而且 P 在 Q 之先,就存在一条连接 P 和 Q 的闭合类时曲线,那么也可以说,Q 在 P 之先。即理论上,在这个世界中回到过去旅行(或者影响过去)都是有可能的。[2]

哥德尔的解一公布就受到很大关注,因果性问题此后一度成为物理学的争论焦点,物理学家后来在哥德尔宇宙中找到了不足,那就是他假定宇宙中的气体和尘埃缓慢转动,但在实验中并没有宇宙尘埃和气体有任何转动,相反,宇宙正在膨胀,但并没有呈现出转动。[3]

---

[1] Kurt Gödel, "An example of a new type of cosmological solution of Einstein's field equations of gravitation", *Rev. Mod. Phys.*, 21 (1949), pp. 447-450.
[2] 约翰·卡斯蒂、德波利·维尔纳:《逻辑人生——哥德尔传》,刘晓力、叶闯译,科学技术出版社,2002 年,页 121。
[3] 在他后来的《广义相对论中的旋转宇宙》中,哥德尔得出一个膨胀的宇宙模型,并且不允许时空旅行。该文是 1950 年 8 月 31 日他在马萨诸塞州剑桥召开的国际数学家会议上应邀发表的演说,此文 1952 年发表在那次会议的《纪事》上,第 1 卷,页 175-181。此处转引自《逻辑人生——哥德尔传》,页 121。

哥德尔并不是第一个从场方程中找到允许时空旅行解的人，1937年，荷兰物理学家J. van Stockum就已从爱因斯坦场方程中得到一个解[1]，得出了一根快速旋转而又无限长的柱体的重力场，这样一个场将会违反因果律，它允许出现连接两个时空的闭合类时间曲线，这意味着这根无限长柱体能够起着时间机器的作用。但是，物理学家从来就认为宇宙间不存在无限长的东西：他们猜测（但没有证明），如果柱体长度有限，它就不会是时间机器。[2]

1974年物理学家Frank J. Tipler在一篇论文中重新提到斯托库姆的解[3]，对旧解进行重新分析后，Tipler认为一根有限长度并接近光速旋转的柱体也可能成为时间机器，这通常被称为"蒂普勒柱体"（Tipler Cylinders）。在蒂普勒之前，物理学家E. 纽曼和他的两名助手在1963年也发现了一个允许时空旅行的爱因斯坦场方程解[4]，这后来被命名为"NUT真空解"（NUT vacuum，以三位作者的首字母命名）。到蒂普勒的理论提出的时候，基于爱因斯坦场方程所预言的黑洞、引力波和时空奇点都已被证明确实存在，所以，物理学界虽然对它允许时空旅行的这些非正常解（pathological solution）不一定接受，却已是见怪不怪了。

以上几个理论研究成果，被科幻作品所借用的主要是"蒂普勒柱体"，它在一些小说或电脑游戏的情节中曾经出现，如John De Chancie的作品 *Starrigger*（1983），Poul Anderson的 *The Avatar*（1978），Terry Pratchett的 *Discworld* 系列（1983），日本电脑游戏《超级机器人大战》（*Super Robot Wars*，1991），以及角色扮演游戏 *Continuum：role playing in The Yet*（1999）等等。

而"哥德尔宇宙"和"NUT真空解"尽管在理论物理学界非常著名，但在科幻作品中却不太见到。究其原因可能是，要把它们合理嵌入作品情节中并不是一件太容易的事情。

---

[1] W. J. van Stockum, "The gravitational field of a distribution of particles rotating around an axis of symmetry", *Proc. Roy. Soc.*, 57（1937），Edinburgh, p. 135.

[2] 见基普・S. 索恩：《黑洞与时间弯曲》，李泳译，湖南科学技术出版社，2005年，页465脚注②。

[3] Frank J. Tipler, "Rotating cylinders and the possibility of global causality violation", *Phys. Rev. D*, 9 （1974），[Issue 8 - 15 April 1974], pp. 2203 - 2206.

[4] E. Newman, L. Tamburino, and T. Unti, "Empty-Space Generalization of the Schwarzschild Metric", *J. Math. Phys.*, vol. 4（1963），p. 915.

四、《接触》与虫洞理论

《接触》(Contact)是著名的天文学家和科学作家卡尔·萨根于1995年根据自己的同名小说所拍摄成的一部电影,为了避免和很多科幻片一样,仅为追求艺术的精致而失去了科学的真实,萨根在拍摄过程中专门聘请了科学界的一些杰出人士,来组成影片的科学顾问班底,并为他们开出了一套有分量的科学参考读物,其中包括索恩的《黑洞与时间弯曲》和加来道雄的《超越时空》。[1]这在好莱坞科幻片制作史上并不多见。

这部影片的主要内容和萨根感兴趣的领域有关——探索地外文明,这个题材在科幻作品中通常都会涉及超空间旅行,因为超空间旅行是探索地外文明时到达其他星球的基本技术手段。《接触》中多处提及时间机器,相关的情节一波三折——第一次造出的那架价值300亿美元的时间机器曾毁于一位宗教狂热分子手中,直到影片最后,对SETI计划(Search for Extra-Terrestrial Intelligence,即"地外文明探索")满怀热忱的女主人公才终于一遂心愿,通过时空旅行到达了织女星。为了体现其科学真实性,影片动用多组画面对时间机器和女主人公的时空旅行过程进行直接描述——在其他影片中,这样的情节通常都是稍带提及的。

事实上,萨根在1985年创作《接触》原著时,就曾在时空旅行这个细节上颇费了一番心思。按照他一开始的构想,女主人公落进地球附近的一个黑洞,然后通过超空间旅行,1小时后出现在距离26光年外的织女星上。因为在当时,大多数科学家和非科学工作者都不知道黑洞中心的性质,所以许多大众文章和一些专业文献声称,你能够穿过黑洞的中心并且在宇宙的其他地方现身。[2]

从爱因斯坦广义相对论中推导出时空旅行的可能性,似乎已被大多数人所认识到——很大程度上这得归功于科幻作品的传播效应,但事实上对其具体细节的认识则是相当模糊和含混的。十年前——也就是1976年,英国培根基金会(Francis Bacon Foundation)还曾悬赏300英镑来专门征求一个

---

[1] 凯伊·戴维森:《萨根传——展演科学的艺术家》,暴永宁译,上海科技教育出版社,2003年,页622–623。

[2] 基普·S.索恩:《物理定律容许有星际航行蛀洞和时空旅行机器吗?》,《卡尔·萨根的宇宙》,上海科技教育出版社,页150。

相关问题的解：

  按照目前的理论，转动黑洞是通往其他时空区域的真实入口，那么一个飞行器怎样才能通过一个转动黑洞进入另一个时空区域，而不被奇点的引力摧毁？[1]

  当然，这个问题从未获得过圆满解决。萨根不是相对论专家，他对自己设置的利用黑洞作为时空旅行手段的技术细节并不是太有把握，为了寻找科学上能站住脚的依据，他向著名物理学家基辅·索恩(Kip S. Thorne)求助。尽管之前已有哥德尔等一些科学家从爱因斯坦场方程中得到允许时空旅行的解，但更多的物理学家则把时空旅行和科幻小说中的流行情节一样对待——差不多归入 UFO 一类，你可以兴意盎然地去阅读，但如果把它纳入物理学范畴来进行探讨，那无异于进行学术冒险——更为保守的物理学家则根本就把它看作无稽之谈。所以，当索恩欣然应允萨根的要求时，还真需要点特立独行的勇气才行。
  索恩和他的学生经过论证得出结论，进入黑洞的所有物体都会被强大的潮汐引力撕得粉碎，作为时空旅行手段这是不可跨越的障碍，并建议萨根在小说中，把黑洞改称"虫洞"。
  "虫洞"的性质很早就被发现了：1916 年，爱因斯坦广义相对论发表后的几个月，史瓦西在爱因斯坦引力场方程里发现了一个解——著名的史瓦西解，同年，弗拉姆(Ludwig Flamm)对其数学推导过程进行重新诠释以后，揭示出它的虫洞本质——它事实上是描述了空的球形虫洞。[2] 1935 年，爱因斯坦和其学术助手罗森在一篇论文中[3]，把连接宇宙中两个遥远区域之间的假想通道称为"桥"——后来这被称为爱因斯坦—罗森桥，其实也就是"虫洞"。
  萨根的小说中，地球距离织女星是 26 光年，但若通过一条虫洞连接它们的话，也许就才 1 公里。但是，以虫洞作为时间机器，也还面临一个棘手问题：按照爱因斯坦场方程的预言，虫洞在某个时刻产生，短暂地打开，然后关

---

[1] 〔法〕约翰-皮尔·卢米涅：《黑洞》，卢炬甫译，湖南科学技术出版社，2000 年，页 164。
[2] 基普·S. 索恩：《物理定律容许有星际航行蛀洞和时空旅行机器吗？》，《卡尔·萨根的宇宙》，页 152。
[3] "Particle problem in general relativity", *Physical Review*, vol. 48 (1935), p. 73.

闭、消失——从产生到消失,时间极短,没有事物能在这么短的时间内从一个洞口穿过它到达另一个洞口。除了因为无法从自然界推导出虫洞的生成方式外——而黑洞则已被证明是恒星的坍塌结果,这也是物理学界长期对虫洞报以怀疑态度的另一个主要原因。索恩最终设想以具有"负能量密度"的奇异物作为保持虫洞持续开放的物质条件,并把实现条件设置在高级智慧生物无限先进的文明背景下。换言之,索恩在这个问题上考虑的主要是数理上的自洽性,而非现实可能性。

索恩把这一系列和时空旅行相关的研究成果,以论文形式主要发表在顶级的物理学杂志《物理学评论》上,这样的杂志每年都会收到大量宣称制造出时间机器的文章,但从来没有一篇被接受发表过,因为它们没有建立在爱因斯坦场方程上的严密推导过程,而索恩的这些论文则很好地满足了这一条件。所以,即便是像《虫洞、时间机器和弱能量条件》[1]这样的论文,尽管文章摘要让人感觉科幻味儿十足:"本文讨论的是,如果物理法则允许一个高级文明智慧生物在空间中制造和维持一个虫洞,那么这个虫洞将被改造成违背因果律的时间机器用于星际航行",题目中也直接就有"时间机器"的字样,但最后还是被接受发表——在此之前,为了避免引人注目并被冠以"科幻物理学家"的头衔,科学家们在参与时空旅行的相关讨论时,通常都把"时间机器"说成"类时闭合曲线"(closed time-like curve)。

对那些有兴趣研究时空旅行的物理学家而言,索恩对时空旅行研究取得的进展无疑令人鼓舞,一些人在之后开始参与其中,他们中有俄籍物理学家诺维科夫、普林斯顿大学的理查德·高特以及史蒂芬·霍金。不过,值得一提的是,很多物理学家还是一如既往拒绝讨论和时空旅行相关的任何问题。

萨根也许未曾预料到,他当初的这一提问会在科学领域内打开这样的局面,引发物理学界对时空旅行新的关注。其中,维持虫洞持续开放的奇异物质的相关研究甚至成为该领域内的一个重要课题,而"祖父悖谬",也找到了新的解决途径:索恩和诺维科夫相对于"平行宇宙"理论,提出了一套更为保守的方案。

---

[1] Michael S. Morris, Kip S. Thorne, and Ulvi Yurtsever, "Wormholes, Time Machines, and the Weak Energy Condition", *Phys. Rev. Lett.*, 61(1988), [Issue 13 – 26 September 1988], pp. 1446 – 1449.

关于萨根对时空旅行研究的间接推进——尽管这已被他其他方面更为耀眼的成就所掩盖,索恩曾有过这样的评价:

> 一本像《接触》这样的小说,在科学研究上促成一个重要的新方向,这很少见,也许真是绝无仅有的。[1]

事实上,《接触》并非真的"绝无仅有"。

五、《星际迷航》与翘曲飞行理论

《星际迷航》(Star Trek)讲述的是发生在二十三世纪以后,一组太空人员驾驶太空飞船"企业号"在银河系中进行探险的多系列故事。《星际迷航》初始系列[2]一开始由美国 NBC 播出,但却收视平平,乃至第三季播放还未结束,NBC 即将其撤下。意想不到的是,停歇了差不多十年之后,随着第二系列《星际迷航:下一代》[3]的播放,该剧却在全美掀起热潮,编剧兼制作人吉恩·罗顿伯里(Gene Roddenberry)晚熟的天才终于得到承认。此后,《星际迷航》又连续出了三个系列[4],播放档期一直排到2005年,加上它早期的动画系列[5],《星际迷航》前后共出了六个系列,它改编成的电影自1979年至2003年前后共上映了十部片子,其电脑游戏从1974年开发以来也一直在不断升级换代。《星际迷航》在全世界范围内培养了数目庞大的"迷航迷"。

在《星际迷航》一、二系列的每集开头(少数几集例外),一个画外音都会响起,"探测未知新世界,寻找新的生命形态和文明形式,勇敢探索那些人类之前从未到达的地方",这是《星际迷航》中"企业号"在太空中的探险目的。

---

[1] 基普·S.索恩:《物理定律容许有星际航行蛀洞和时空旅行机器吗?》,《卡尔·萨根的宇宙》,页145。

[2] Star Trek: The Original Series,缩写为 ST: TOS 或 TOS,三季共79集,首映于1966年9月—1969年2月。

[3] Star Trek: The Next Generation,缩写为 ST: TNG 或 TNG,七季共176集,首映于1987年9月—1995年5月。

[4] Star Trek: Deep Space Nine,缩写为 ST: TNG9 或 TNG9,七季共176集,首映于1993年1月—1999年6月;Star Trek: Voyager,缩写为 ST: VOY 或 VOY,172集,首映于1995年1月—2001年5月;Star Trek: Enterprise,四季共98集,首映于2001年9月—2005年5月。

[5] Star Trek: The Animated Series,22集,首映于1973年9月—1974年10月。

很多幻想技术在这个过程中被涉及,如翘曲飞行(Warp Drive)、虫洞、三维传输器、全息幻觉甲板等等,其中翘曲飞行是《星际迷航》里太空船进行超空间旅行的技术手段。

"企业号"在银河系中的太空航程几乎都是光年量级的,剧情发展不容许它花费太多的时间在星际航行上,所以,打破光速壁垒进行超空间旅行就成为"企业号"必备的一项基本技能,根据《星际迷航》编剧别出心裁的想象,企业号通过翘曲飞行从出发点到达目的地时,它能使两地之间的空间发生卷曲并建立一条翘曲通道,以此来实现超光速旅行。在《星际迷航》的专门技术手册中能看到制作者为"企业号"翘曲飞行编写的基本公式,随着电视新系列的推出,企业号的升级换代,这个公式还被不断加入新的参数来进行修正和完善,尽管它从未直接在电视画面中出现过,但在"迷航迷"中却广为流传,从每一集中寻找与之不符的疏漏,也就成为"迷航迷"们乐此不疲的一项娱乐活动。

翘曲飞行很容易让人联想到索恩为小说《接触》构想的虫洞理论,不过虫洞作为时空旅行手段毕竟是出自物理学家有理论依据的建议,一出来就备受关注。而翘曲飞行理论则完全是幻想的结果,除了"迷航迷"们会认真对待它——这也是纯粹出于娱乐目的,很少会有物理学家对这个杜撰理论加以认真考虑的。

1994年,威尔士大学一名博士生马格尔·埃尔库比尔(Miguel Alcubierre),在《经典与量子引力》上发表了一篇对翘曲飞行进行认真讨论的论文[1],这种情形才开始有所改变。在这篇论文中,埃尔库比尔并不讳言他的研究对象其实就是科幻中"翘曲飞行"的旧话重提,他认为,通过对太空飞船尾部的时空区域进行局部扩展,相对地就会在飞船前方形成一个压缩区域,这种情形下,飞船超光速旅行是可能的。埃尔库比尔的这个结论也是建立在对爱因斯坦场方程求解的基础上,并且,和索恩的虫洞理论一样,要让飞船前后部位的局部时空区域发生扭曲,也同样需要负能量密度的奇异物的支持。

翘曲飞行在物理学上的解释与《星际迷航》中的原本构想已是迥然不同,现在一般也被称作"埃尔库比尔飞行"(Alcubierre Drive),它引发了关于

---

[1] Miguel Alcubierre, "The Warp Drive: Hyper-Fast Travel within General Relativity", *Classical Quantum Gravity*, 11(1994), pp. 73 – 77.

时空旅行新的研究热潮[1],后来的讨论重点主要集中在翘曲飞行的能量条件——奇异物上。

埃尔库比尔在1994年得出对翘曲飞行的研究成果时,也正是在索恩的虫洞理论在物理学界掀起时空旅行研究热潮之后,前者的讨论主要在《经典与量子引力》,后者则集中于《物理学评论》,两份刊物都是物理学的顶级杂志。虫洞研究所带来的影响还波及《星际迷航》新系列的创作,在第三系列《星际迷航:第九外层空间》(DS9)中,罗顿伯里的新任接班人不仅对剧情进行大胆拓展改编,而且还引入了时髦的虫洞作为故事核心,该系列整个剧情都是围绕着在银河系中发现的一个虫洞所引发的冲突展开的。

此外,"三维复制"(tractor beam)在《星际迷航》中也是进行时空旅行的另一种重要手段,这种设想在剧中曾频繁出现,为了不在细节上耗费太多时间,企业号被编剧们设想为永远处于航行状态,从不着陆,编剧为此专门设想出三维传输器,如果飞船中的船员打算亲自探访其他星球,只需对着那装置说一声"将我发射出去"[2],就能实现。在《重返中世纪》(*Timeline*,1999)的原著中,作者迈克尔·克莱顿就是让故事中的人物通过三维复制回到中世纪的,针对它,书中还有详细的"科幻式"解释。[3]

时空旅行中的另外两种类型——前往未来和回到过去,在《星际迷航》的故事系列中占了相当大的比重,据一位资深"迷航迷"的大略统计[4],在它的前两个系列中,就有至少不下22集是涉及时空旅行的,第三系列开始,《星际迷航》的创作由罗顿伯里的接班人继任,他们对时空旅行的兴趣依然非常浓厚。而在《星际迷航》所改编成的十部影片中,公认故事讲得最成功的《星舰迷航 IV:抢救未来》(*Star Trek IV: The Voyage Home*, 1986),也是一

---

[1] 埃尔库比尔的文章发表后,到2002年,已有不少于十篇的相关论文对翘曲飞行作了进一步的讨论,其中主要参见:S. V. Krasnikov, "Hyperfast travel in general relativity", *Phys. Rev. D*, 57 (1998), pp. 4760 – 4766。这篇论文最早的形式是演讲稿,并未正式发表。Allen E. Everett and Thomas A. Roman, "Superluminal subway: the Krasnikov tube", *Phys. Rev. D*, 56 (1997), pp. 2100 – 2108。这是针对上文 Krasnikov 观点的论文。Jose Natario, "Warp Drive With Zero Expansion", *Classical Quantum Gravity*, 19 (2002), pp. 1157 – 1166。

[2] "Beam me up, Scotty",有意思的是,这句话其实在电视剧中从未以这种组合方式直接出现过,但它在美国家喻户晓。物理学家劳伦斯·克罗斯在他《星球旅行的奥秘》的前言中,说自己曾针对这句话作过随机调查,完了幽默地总结道:不知道这句话的人和不知道番茄酱的人一样多。

[3] 已由上海译文出版社出版,祁阿红等译,2000年,页138。

[4] 劳伦斯·克罗斯:《星球旅行的奥秘》,董成茂译,中国对外翻译出版公司,2001年,页12。

个和时空旅行有关的故事。

值得一提的是,相对超空间旅行所达到的"超光速"(Faster Than Light or FTL),在其他影片中,关于"超光速"还有其他描述方式,如著名影片《超人II》中,超人以超光速飞行回到过去,重新对事件的发生进行干扰,挽救了女朋友的生命,在国产片《无极》中,也有通过超光速奔跑回到过去的时空旅行情节。这里的超光速与虫洞和翘曲飞行中的超光速完全不是一个概念:前者指的是绝对速度大于光速,后两者则是改变空间物理结构、建立捷径缩短空间距离,让太空船在时间上"打败光速"航行。事实上,在物理学家针对时空旅行所进行的研究中,光速壁垒不能被打破是首先要被遵从的物理法则之一。

六、时间佯谬的解决——多世界理论和诺维科夫自洽原则

回到过去的时空旅行所引发的因果律背反所造成的时间佯谬,作为一个很好的故事材料,在科幻作品中回到过去的时间旅行类型中被反复使用,一个问题也由此引出:如果可以回到过去,如果历史可以被改变,这个世界将是怎样的情形?科幻作家 John Varley 在他的小说 *Millennium*[1](1983)中,曾从"技术滥用"的角度表达过这种担忧:

> 时空旅行是如此之危险,以至于氢弹也成了孩子们和低能儿的相当安全的礼物了。我的意思是,对于核武器而言,能发生的最坏的情况是什么?几百万人口的死亡——微不足道,而有了时空旅行,我们可以毁坏整个宇宙,根据这个理论大抵如此。[2]

在《时间警察》这样的影片中,这一思想则被演绎到极致:在未来的某一天,时空旅行成为现实,这时候,世界上出现了一种职业——时间警察,他们专门追捕那些通过时空旅行回到过去干涉历史的罪犯。

这的确是一个难题。尽管从1949年哥德尔开始,不少科学家已经先后在爱因斯坦场方程中找到了允许时空旅行的解,但时间佯谬还是被作为排

---

[1] 1989年被拍摄为同名电影。
[2] 瓦利(John Varley):《千禧年》(*Millennium*),1983年。转引《时间之河》,页240。

除人类通过时空旅行回到过去的一个有力反证,也是因为这一点,一些物理学家断然拒绝进行与时间机器论题相关的任何研究。[1]

事实上,时间佯谬还是存在解决方案的。

1957年,埃弗莱特(Hugh Everett)在博士论文中提出"多世界解释"(many world interpretation)[2],这是针对量子测量中波函数坍塌的疑难提出的。他认为,在量子测量过程中,观察者的观察状态分裂成不同的分支,每一分支对应客体系统中的一种本征态,代表观察者所得特定的测量结果,所有分支是共存的,具有同等的实在性,结论是波函数并没有坍塌。

埃弗莱特的"多世界解释"发表后,虽然有导师惠勒(John Wheeler)的推荐和修改,在物理界仍然反应冷淡。受到冷落的埃弗莱特逐渐退出物理学界,而他的"多世界解释"见解也长期不为人们所重视,直到七十年代,布莱斯·德威特(Bryce S. DeWitt)重新发掘了这个理论并在物理学家中大力宣传,它才开始为人所知。

多世界解释后来被时空旅行故事作为背景广为借鉴。在 Michael Moorcock 的小说系列 *Eternal Champion Stories* 中,多世界理论有了一个新的科幻名称"多元宇宙"(multiverse),它被后来的小说家们一直沿用,它的其他别称也相继在科幻作品中产生,如"平行宇宙"、"平行世界"、"更替宇宙"等等,名称大同小异,思想主旨也基本一致:事件发展的每一种可能性都会导致不同的结果产生,从而构成各自的历史事件并独立共存着。"外祖母佯谬"从中也找到了解决方案:时空旅行者回到过去杀死他的祖母,事件进入一个不同的历史分支,这个历史分支包含一个时空旅行者和他死去的外祖母。但是,原来那个历史事件也仍然存在,外祖母活着并生出母亲,母亲又生出后来的时空旅行者。

与这个理论相关的科幻作品最受称道的——特别对崇尚"硬科幻"的人而言,是格雷戈里·本福德的《时景》[3](*Timescape*, 1980)。故事被设置在

---

[1] [俄]伊戈尔·诺维科夫:《时间之河》,吴王杰等译,上海科学技术出版社,2001年,页252。

[2] Hugh Everett III, "Relative State Formulation of Quantum Mechanics", *Reviews of Modern Physics*, 29 (1957), [Issue 3-July 1957], pp. 454–462. "多世界理论"是其支持者德威特(Bryce DeWitt)后来取的名字,埃弗莱特在开始则称它为"相对态超理论"(relative-state metatheory)或是"宇宙波函数理论"。

[3] 它最初由西蒙-舒斯特出版社出版,由于这部小说取得了相当大的成功,此后该出版社把它出版的所有科幻小说命名为"《时景》系列"。

1998年,主人公使用了一个超光速粒子向1963年发送了一个信号,告知那时的科学家1998年将出现席卷全球的生态灾难,让他们预先采取措施以改变事情的发展方向,把历史事件扭向另外一个发展轨道上。理查德·高特[1]一篇论文中的内容,还作为制作超光速粒子发射器的重要线索在小说中被提到。

电影中,《蝴蝶效应》很典型,主人公一次一次通过日记本,回到过去更改历史,使事情行进到平行的另外一个时间分支中发展。表达方式更为极端的影片如《土拨鼠日》,主人公每天清晨醒来后都会发现自己又很怪异地回到了头一天,"土拨鼠日"被不断重复。相类似的《十二点零一分》也是如此,一件事总是在每天的"十二点零一分"重复出现,处置方式不一样,整个事件的发展也完全不一样。相较而言,《救世主》对"平行宇宙"的思想表达则过于简单直白,它讲述的是来自多个宇宙的同一人之间决斗的故事。

"多世界理论"对时间佯谬的解决通常被认为比较激进。后来的 K. S. 索恩和 I. D. 诺维科夫在研究虫洞理论时,对时间佯谬提出了新的解决方法[2]:"诺维科夫自洽原则"(Novikov Self-consistency Principle)。同样,这个原则主要基于物理学上的自洽,而非现实中的事件情形,这里想回避掉的是自由意志的问题,用索恩的话来说:

> 即使宇宙中没有时间机器,自由意志现在也是令物理学家手足无措的问题。我们通常总是逃避它,认为它不过是把原本清楚的事情弄得更复杂罢了。在时间机器上,更是如此,所以……坚持不在文章中讨论人类穿越虫洞的事情,我们只谈简单的非生命旅行……[3]

---

[1] J. Richard Gott III, "A Time-Symmetric Matter, Antimatter, Tachyon Cosmology", *Astrophysical Journal*, vol. 187(1974), pp. 1 – 4. 高特还有专门讨论时空旅行的书《在爱因斯坦的时空旅行》,长春出版社,2003年。

[2] 这个问题引发了一系列讨论,主要论文可参见 Fernando Echeverria, Gunnar Klinkhammer, and Kip S. Thorne, "Billiard balls in wormhole spacetimes with closed timelike curves: Classical theory", *Phys. Rev. D*, 44 (1991), [Issue 4 – 15 August 1991], pp. 1077 – 1099. John Friedman, Michael S. Morris, Igor D. Novikov, Fernando Echeverria, Gunnar Klinkhammer, Kip S. Thorne, and Ulvi Yurtsever, "Cauchy problem in spacetimes with closed timelike curves", *Phys. Rev. D*, 42(1990), [Issue 6 – 15 September 1990], pp. 1915 – 1930。

[3] 基普·S. 索恩:《黑洞与时间弯曲》,页475。

在新的解决方案中,"外祖母佯谬"中那位回到过去想杀死自己外祖母的主人公,无论如何也不会得逞,因为他会被种种因素所干扰限制,这是被时间旅行者进入时间机器前的初始条件就决定了的,所以,过去历史不会被更改。按照诺维科夫的说法[1],物理定律不允许时间旅行者杀死自己的外祖母,就像物理定律不允许人们行走在天花板上一样,只不过前者加在自由意志上的约束是"不寻常的、神秘的",但与后者相比并非全然独一无二的,"虽然有所不同,但不是根本的不同"。

相较多世界理论,自洽原则通常被认为较为保守,但它在科幻作品中仍然被广泛运用。在电影中,《十二猴子》属于这一类型,主人公回到过去,他最终没有改变历史而是被击毙;2002年新版《时间机器》中,科学家多次乘坐时间机器回到过去,希望改变未婚妻被杀害的事实,但这件事却无论如何都会发生。

任职于 NASA 的科学家 Geoffrey A. Landis 在他的小说《狄拉克海上的涟漪》(Ripples in the Dirac Sea, 1989)[2]中设置了"时间旅行准则",把诺维科夫自洽原则成功地和整个故事情节结合起来:1.旅行只能前往过去;2.传送对象要回到精确的出发时间和地点;3.把过去的对象传送到现在是不可能的;4.过去的行为不能改变现在。准则1限制人们不能预知未来,准则4则是专门针对时间佯谬的。故事中那位发明时间机器的天才科学家,在公布他的成果之前,却被困在一个发生火灾的旅馆中,尽管他可以一次又一次地乘坐时间机器逃到过去,但他却不能改变历史,所以,火灾还是会发生,死亡还是在一步步逼近——最重要的是,时间机器也将被毁掉了。

七、物理学家对时空旅行的看法

通过上述对科幻作品中时空旅行物理学历史理论背景的分析,不难看出,该题材科幻作品在不断涌现中,其创作与相关科学理论研究始终保持着密切联系。科幻作品从物理学理论的前沿成果中不断获取创作灵感——这

---

[1] 伊戈尔·诺维科夫:《我们能改变过去吗?》,《时空的未来》,李泳译,湖南科学技术出版社,2005年,页66。

[2] 小说载于《科幻世界》杂志,2002年第10期,页6。

是时空旅行题材的科幻作品能够持续涌现的主要原因,与此同时,物理学研究也在接纳吸收科幻作品所带来的启发性思路。

相关的讨论也还远未结束,在物理学界对时空旅行持否定态度的观点也一直存在着。事实上,早在哥德尔公布他允许时空旅行的场方程解时,爱因斯坦就曾对此作出过回应:

> 这里涉及的问题还在建立广义相对论的时候已经搅得我心烦意乱了,我一直没能把它澄清。完全撇开相对论与唯心主义哲学、与所论问题的任何哲学提法之间的关系不谈,权衡一下有没有物理根据去排除这些解将是令人感兴趣的。[1]

最主要的是,尽管时空旅行的能量条件在科幻小说家那里几乎都不太成问题,但却是物理学家最为关注的问题,由于所有的理论表明时空旅行只有在高速运动的世界中才有可能发生,非凡的能量条件就是时空旅行所必备条件之一。理论物理学家鲁佩茨伯格(Heinz Rupertsberger)针对这种情形曾表达了他颇具代表性的担忧:

> 时间旅行所需的速度需要超过光速的70%,所需要的能量是巨大的。如果把地球想象为火箭,把它的物质想象为以光速喷射的火箭燃料,这件事就变得清楚了。非常粗略的计算,要进入一条物质世界线在过去100年中旅行——旅行者需要在其中旅行100年——至少旅行结束时,需要消耗相当于使地球塌缩成一个半径为6米的天体所需要的那么多的地球物质。[2]

索恩在研究虫洞时,一开始就预料到他的理论将面临这一难题,所以他一再强调把实现时空旅行的计划交给无限高级的先进文明去完成,只单纯探讨物理学理论法则允许物理学家们对此做些什么。即便这样,虫洞理论也还是没有避免来自理论层面的质疑。史蒂芬·霍金提出了时序保护猜想

---

[1] Quoted in Paul Schilpp, ed., *Albert Einstein: Philosopher-Scientist*, New York: Tudor, 1957. 转引自王浩:《哥德尔》,康宏逵译,上海译文出版社,2002年,页254。

[2] 《逻辑人生——哥德尔传》,页122。

（The Chronology Protection Conjecture）[1]，经过论证，霍金认为，物理定律会以某种方式阻止时间旅行成为可能——无限先进的文明也不可能制造出时间机器，在机器启动的那一刻，它会被强大的量子真空引力所击碎。

这个思想也可追溯到科幻作品：前面提及的电影《时间警察》、阿西莫夫的著名小说 *The End of Eternity*（1955）、Charles Stross 的小说 *Singularity Sky*（2003），都是涉及这一主题的作品，电视系列剧《胡博士》和《星际迷航》自然也不会放过这一题材。著名连环漫画 *Marvel Universe*（1961）更是把这一思想夸张到了极致，它里面类似于时间警察的 Time Variance Authority（TVA）主要职能就是管理并存的多宇宙和修剪那些有危险存在的时间线，以及防范那些打算改变过去或未来历史的犯罪行为。

在索恩 60 岁生日上，他提出了十个猜想和预言。[2] 猜想 9 听起来还不无乐观：

> 我们将证明，物理学定律确实允许在人体大小的虫洞内存在足够的奇异物质，从而保持虫洞的开放。但我们也将证明，制造虫洞和打开虫洞的技术远远超越我们人类文明的能力。

但他的最后一个猜想则表明他最终被霍金的理论说服了：

> 我们将证明，物理学定律严禁回到过去的时间旅行，至少在人类的宏观世界是这样的。不论多么先进的文明付出多么艰辛的努力，都不可能阻止时间机器在启动的时刻发生自我毁灭。

---

[1] S. W. Hawking, "The Chronology Protection Conjecture", *Phys. Rev. D*, 46(1992), pp. 603–611. 此文发表后，针对这个问题也引发了一系列的争论，主要参见：Matt Visser, "From wormhole to time machine: Comments on Hawking's Chronology Protection Conjecture", *Phys. Rev. D*, 47(1993), pp. 554–565. Matt Visser, "Hawking's chronology protection conjecture: singularity structure of the quantum stress-energy tensor", *Nucl. Phys. B*, 416(1994), p. 895. Li-Xin Li, "Must Time Machine Be Unstable against Vacuum Fluctuations?", *Class. Quant. Grav.* 13(1996), pp. 2563–2568. Li-Xin Li, J. Richard Gott III, "A Self-Consistent Vacuum for Misner Space and the Chronology Protection Conjecture", *Phys. Rev. Lett.*, 80(1998), pp. 2980–2983.

[2] K. S. 索恩：《时空弯曲与量子世界：对未来的思考》，《时空的未来》，页 127–130。关于索恩对霍金这个理论的看法，还可参见《黑洞与时间弯曲》，页 482–487。

尽管如此，时空旅行——特别是超空间旅行对人类目前的技术拓展毋庸置疑有着很大的诱惑力：1996年翘曲飞行被NASA列入BPP(Breakthrough Propulsion Physics Program)计划之一，2002年该计划被停止[1]，有关翘曲飞行的研究自然也搁置下来，意味着它距离实现依然非常遥远。

事实上，时空旅行的现实可能性除了来自物理学法则和物质技术水平的局限之外，来自哲学层面上对因果律的思考也使它陷入困境，所以，对于时空旅行，现在唯一能做出的预测也许只能是：与其相关的争论还将从这两个方面被继续下去，这也恰恰就是这个科幻分支继续存在下去的主要原因。

原载《我们的科学文化·1·科学败给迷信？》，华东师范大学出版社，2007年

附录

时空旅行题材的电影(电视)作品，按出品年代排序(多年代表示多版本或多系列)，空格表示电影中未提及：

名　称	国别	出品年代	旅行方式	旅行手段
《时间机器》The Time Machine(三个版本)	美国	1968、1969、2001	未来	时间机器
《胡博士》Doctor Who(系列电视剧)	英国	1963—现在	过去、未来超空间	超立方体
《星际迷航》Star Treck(系列电视剧)	美国	1966—2005	过去、未来超空间	太空船
《猿人星球》(Ⅰ、Ⅱ、Ⅲ) Planet of the Apes	美国	1968、1969、2001	未来	飞机
《一次又一次》Time After Time	美国	1979、1985	未来	时间机器
《超人Ⅱ》Superman Ⅱ	美国	1980	过去	超光速飞行

---

[1] 相关内容见NASA官方网 http://www.nasa.gov/centers/glenn/research/warp/warp.html。

(续表)

名　称	国别	出品年代	旅行方式	旅行手段
《时光倒转七十年》Somewhere in Time	美国	1980	过去	催眠
《终结者》(Ⅰ、Ⅱ、Ⅲ) The Terminator	美国	1984、1991、2003	过去	时间机器
《回到未来》(Ⅰ、Ⅱ、Ⅲ) Back to the Future	美国	1985、1989、1990	过去	汽车
《比尔和特德的精彩冒险》(Ⅰ、Ⅱ) Bill & Ted's Excellent Adventure, Bill & Ted's Bogus Journey	美国	1989、1991	过去	电话亭
土拨鼠日 Groundhog Day	美国	1993	停止	
《12点零一分》12:01	美国	1993	停止	
《大话西游》	中国	1994	回到过去	月光宝盒
《时间警察》Time Cop	美国	1994、2003	过去	时间机器
《十二猴子》Twelve Monkeys	美国	1995	过去	时间机器
《接触》Contact	美国	1997	超空间	时间机器
《黑洞视界》Event Horizon	美国	1997	超空间	太空船
《生死调频》Frequency	美国	2000	平行宇宙	
《居家男人》The Family Man	美国	2000	平行宇宙	睡眠
《救世主》The One	美国	2001	平行宇宙	
《穿越时空爱上你》Kate & Leopold	美国	2001	过去到现在	
《触不到的恋人》	韩国	2001	多世界	
《重返中世纪》Timeline	美国	2003	平行宇宙	三维复制
《情牵一线》	中国	2003	平行宇宙	
《蝴蝶效应》The Butterfly Effect	美国	2004	回到过去	日记本
《雷霆万钧》A Sound of Thunder	美国	2005	回到过去	时间机器
《无极》	中国	2006	回到过去	超光速奔跑
《湖边小屋》The Lake House	美国	2006	多世界	

十九世纪的科学、幻想与骗局[*]

——1835年"月亮骗局"之科学史解读

一、绪　言

1834年1月,英国天文学家约翰·赫歇耳(John Herschel,1792—1871)赴南非好望角,在当地一个叫费赫森的小镇附近建造了一座天文台,对整个南天星空进行观测。

由于约翰·赫歇耳成就卓著的父亲——威廉·赫歇耳(Sir William Herschel,1738—1822)已经奠定了赫歇耳家族在欧洲天文学界响当当的名头,小赫歇耳的这次远征考察活动在当时广为人知。但意想不到的是,正是这一点使他成为纽约《太阳报》(The Sun)在1835年制造的一场骗局中最理想的利用对象。[1]

这场骗局后来也被称为"月亮骗局"(moon hoax),在西方广为流传。有相当多数量的文章和书籍已作过介绍,其中代表性的有:美国作家爱伦·坡(Allen Poe,1809—1849)的《理查·亚当斯·洛克》("Richard Adams Locke")[2]、威廉·格雷戈斯(William Griggs)的《广为人知的"月亮故事"》("The Celebrated 'Moon Story'")[3]、弗兰克·奥伯里恩(Frank O'Brien)的《纽约〈太阳报〉传奇:1833—1918年》(The Story of The Sun: New York,

---

[*] 本文系与穆蕴秋合著。
[1] William N. Griggs, ed., The Celebrated "Moon Story", New York: Bunnell And Price, 1852.
[2] Edgar Allan Poe, "Richard Adams Locke", from "The Literati of New York City No. VI", Godey's Lady's Book, 1846-10, pp. 159-162.
[3] The Celebrated "Moon Story".

1833—1918)[1],里维斯(Gibson Reaves)的《1835 年的月亮大骗局》("The Great Moon Hoax of 1835")[2],大卫·埃文斯(David Evans)的《月亮大骗局》("The Great Moon Hoax")[3],迈克·克罗(Michael Crowe)的《地外生命争论:1750—1900》(The Extraterrestrial Life Debate, 1750—1900)[4]等等。

但是,这些论著对"月亮骗局"或只作了零散的初步讨论,或只把这一事件当成趣闻来介绍,并没有注意到此事背后的科学渊源,也未能对这一事件所包含的丰富的科学文化含义作出细致深入的系统考察和分析。

二、"月亮骗局"的发生过程

1835 年 8 月 21 日(星期五),纽约《太阳报》在第二版上刊登了一条看似不怎么起眼的简讯:

> **天上的发现**——来自爱丁堡的杂志报道——我们刚刚从这座城市一位著名的出版人处得知,约翰·赫歇耳,通过一架自制的大型望远镜,在好望角获得了一些非常奇妙的天文发现。

此后几天,《太阳报》上再没出现与此有关的任何消息。直到 8 月 25 日(8 月份的最后一个星期二),《太阳报》头版以连载方式刊登了一篇长文,它的大标题非常醒目:

> 约翰·赫歇耳先生在非洲好望角刚刚获得伟大的天文发现【来自《爱丁堡科学杂志副刊》】

作者在文章开篇,列出了约翰·赫歇耳"显然是利用基于新原理之上制

---

[1] Frank O'Brien, *The Story of The Sun: New York, 1833-1918*, New York: George H. Doran Company, 1918.

[2] Gibson Reaves, "The Great Moon Hoax of 1835", *The Griffith Observer*, 1954-11, XVII(11), pp. 126-134.

[3] David Evans, "The Great Moon Hoax", *Sky and Telescope*, 1981-9, pp. 196-198; 1981-10, pp. 308-311.

[4] Michael Crowe, *The Extraterrestrial Life Debate, 1750-1900*, Cambridge: Cambridge University Press, 1986, pp. 202-215.

成的广角望远镜,所获得的多项有冲击力的天文学新发现"。这些惊人的新发现包括:"从太阳系的每一颗行星上都获得了非凡的发现;给出了一种全新的彗星解释理论;发现了其他太阳系行星;解决修正了数理天文学上几乎每一个重要难题"。而其中最令人震惊的成果,莫过于约翰·赫歇耳"用望远镜把月亮上的物体拉近到类似我们看一百码之外的物体那么近,非常确切无疑地解决了地球这颗卫星是否适宜居住的问题"。

接下去很长的篇幅,主要是对约翰·赫歇耳获得"月亮新发现"、"直径达24英尺、重达15,000磅、放大倍数为42,000倍"的望远镜的详细介绍。

经过一番精心的铺垫之后,读者在之后题为"月亮新发现"的部分中,终于看到了约翰·赫歇耳通过他的巨型望远镜,从月亮表面获得了一些怎样惊人的发现。按照文章中的说法,约翰·赫歇耳的观测始于1835年1月10日,这天晚上当他把望远镜指向月亮时,他看到了各种月亮植被和成群结队的棕色四足动物。

随后从8月27日到31日,《太阳报》对赫歇耳的月亮新发现进行了四天的连载(30日是星期天,报馆休业一天)。其中8月28日这一天刊载的内容,更是把整个事件推向了高潮,其中提到,约翰·赫歇耳在月亮临近东部边缘的郎格尔努斯区域位置,看到了有智慧的月亮生命。

文章对月球智慧生命体的各项外貌特征,进行了仔细的描绘,其中特别提到,它们最令人惊讶的地方是"长着像蝙蝠一样的翅膀",翅膀"由一层半透明的薄膜组成,这层隔膜从肩膀延伸到腿部的部位,整块覆盖在上面,幅度逐渐递减",而且,翅膀看来完全可以由它们的意志自由支配,在水中的时候,它们很敏捷地把翅膀全部打开,出水的时候,它们会像鸭子一样抖落水滴,然后很快收拢闭合。

《太阳报》上这篇精心伪造的文章,除约翰·赫歇耳正在南非进行观测确有其事之外,其他内容全为子虚乌有。文章的始作俑者,是《太阳报》一位名叫理查·亚当斯·洛克(Richard Adams Locke,1800—1871)的记者。

好奇心被挑动起来的大多数读者,注意力已完全被月亮新发现的内容所吸引,根本没想到要去辨识真伪。一种广为流传的说法是,甚至连耶鲁大学的几位天文学教授也上当了。[1]爱伦·坡后来回忆起"月亮骗局"也提

---

[1] Frank O'Brien, *The Story of The Sun: New York,1833 – 1918*, New York: George H. Doran Company,1918,pp. 85 – 86.

到,弗吉尼亚学院的一位资深数学教授很严肃地告诉他,自己对整个事件一点都不怀疑。[1]

三、骗局败露,《太阳报》却并无苦果

《太阳报》凭借月亮新发现故事,获得了巨大的发行量,仅在一周时间内,就蹿升为美国报业界一颗新星。"月亮骗局"成为了足以载入《太阳报》发展史册、具有里程碑意义的标志性事件。奥伯里恩在1918年出版的《纽约〈太阳报〉传奇:1833—1918年》一书中,专门用了一章来记述"月亮故事"为《太阳报》所带来的巨大影响。[2]

其中提到,8月28日所刊登的那篇描写约翰·赫歇耳观测到"像蝙蝠一样的月亮人"的文章,使《太阳报》当天的总发行量达到19,360份——当时世界上发行量最大的报纸《泰晤士报》(Times),这一天的总发行量是17,000份。为了满足大众持续高涨的阅读热情,报社印刷部的双筒印刷机连续不停地工作了十个小时。由于报纸连续脱销,为了能读到《太阳报》上这篇关于"月亮人"的文章,很多人怀着极大的耐心一直等候到下午三点钟。

在《太阳报》获得巨大成功的同时,它的竞争对手们对此事的反应却不太相同。《商业广告报》(The Mercantile Advertiser)知道它那些高品位的商业人士读者群,不大可能会去《太阳报》这种低端报纸上阅读到和月亮新发现有关的事情,所以对原文进行了全文转载,发行量也随之大增。《晚邮报》(The Evening Post)、《泰晤士报》和纽约《星期天新闻报》(Sunday News),也先后发表评论文章说,《太阳报》所登载的这些令人惊讶的月亮新发现,有可能是真实的。

而《信使问询报》(The Courier and Enquirer)、《商业杂志》(Journal of Commerce),以及刚刚开张四个月的《先驱报》(The Herald),对《太阳报》取得的成功满怀嫉妒,它们都不约而同对月亮故事只字未提。不过,在巨大发行量的诱惑之下,《商业杂志》决定先放下自尊,转载《太阳报》的月亮新发现故事。正在这个时候,洛克——有可能是有意,也可能是无意,向他的一位旧友,《商业杂志》的一位抄写员,透露了整件事情的秘密,说所谓的月亮新发

---

[1] E. A. Poe, *The Literati*, New-York: J. S. Redfield; Boston: B. B. Mussey & Co, 1850, p. 126.

[2] Frank O'Brien, *The Story of The Sun*: New York, 1833–1918, pp. 64–102.

现,其实全是出自他本人笔下。很快,《商业杂志》向外界宣布,这是一场骗局。《先驱报》也紧随其后曝光了此事,并指出它的始作俑者就是亚当·洛克。

在《太阳报》的竞争对手们等待观看《太阳报》怎样尴尬收场时,《太阳报》却一直保持沉默——直到两周后的 9 月 16 日,才刊登了一篇文章对此进行回应。[1]

文章没有对整个事件表示出任何歉意和不安,而是以无辜的语气说,大多数不想轻率把整个故事当成一场骗局的人,不吝惜满怀热情对此表示赞赏,他们不仅乐意称它为智慧和天才的杰作,而且也乐见其所产生的积极效果,它把公众的注意力"从苦涩的现实中,从废除奴隶制的争斗中,稍稍解脱出来了一会儿"。

对于造成的所谓"误解",文章辩解说,虚构的月亮新发现可以被解读为"一个机智的小故事",或是"对国家的政治出版机构,以及各种派别的党政编辑负责人令人厌恶行为的一种有针对性的嘲讽",但它拒绝承认这是一场骗局。

文章最后建议让读者自己去解读这个故事,同时也不忘稍带讥讽一下它的对手:"许多明智的科学人士相信它是真实的,他们至死都会坚信这一点;而持怀疑观点的人们,即使让他们身处赫歇耳先生的天文台,也仍然是麻木不仁。"

《太阳报》居然采用这样的方式来化解尴尬局面,而令它的对手意想不到的是,公众在知道"月亮新发现"是一场骗局后,并没有因此拒斥它,这种戏剧性的结果反而更加刺激了他们的阅读热情。为了满足大众的需求,《太阳报》把"月亮故事"连载文章合编成一本小册子。小册子除了在美国国内畅销,还被翻译成各种语言,迅速在法国、德国、意大利、瑞典、西班牙、葡萄牙等欧洲国家传播开来。

一场骗局为什么竟会产生如此戏剧性的后果呢? 要理解这一点,我们必须考察那个时代科学与幻想之间的密切关系。

四、骗局背后的科学渊源

在有关"月亮骗局"的历史文献中,威廉·格雷戈斯 1852 年出版的小册

---

[1] Frank O'Brien, *The Story of The Sun*: New York, 1833 – 1918, pp. 87 – 89.

子《广为人知的"月亮故事"》值得重点关注。关于格雷戈斯其人我们现在所知甚少,但他留下的这本小册子却成为人们了解当年这场"月亮骗局"的一本重要参考文献。全文共分为三部分:第一部分是关于"月亮骗局"事件的背景介绍。第二部分是《太阳报》"月亮新发现"的原文。这部分内容无疑大大便利了后来的研究者,因为对多数人而言,要读到《太阳报》1835年报纸上的连载原文并不是一件容易的事。第三部分是格雷戈斯所写的一篇附录,内容是对月亮基本天文知识的一些介绍。

其中第一部分内容,可能是目前所见对"月亮骗局"事件背景最早进行考察的文献。格雷戈斯特别注意到了"月亮故事"文章标题上出现的"《爱丁堡科学杂志副刊》"(*Supplement to the Edinburgh Journal of Science*),这是一份在现实中从未存在过的刊物,但格雷戈斯认为它与当时的另一份科学刊物——《爱丁堡新哲学杂志》之间,其实存在着隐秘的联系。因为,如果把"副刊"两字拿掉,就正好是《爱丁堡科学杂志》(*The Edinburgh Journal of Science*),而该杂志正好是《爱丁堡新哲学杂志》(*Edinburgh New Philosophical Journal*)的前身。[1]

1826年10月,《爱丁堡新哲学杂志》曾刊登过一篇标题名为《月亮和它的居住者》("The Moon and its Inhabitants")[2]的匿名短文。格雷戈斯推断,正是这篇短文激发了洛克写作"月亮故事"的灵感来源。[3]

匿名短文由两段内容组成,第一段是奥伯斯(Heinrich Wilhelm Olbers, 1758—1840)和格鲁伊图伊森(Franz von Gruithuisen, 1774—1852)等几位科学人士的月亮世界观点:

> 奥伯斯认为,有理性的生命居住在月亮上,是非常有可能的,因为它的表面被或茂盛或稀疏的植被覆盖着,不过这种植被和地球上的是完全不同的。格鲁伊图伊森坚持,他用自己的望远镜,观测到了月亮上

---

[1] William N. Griggs, ed., *The Celebrated "Moon Story"*, p. 20.

[2] "The Moon and its Inhabitants", *Edinburgh New Philosophical Journal*, 1826-10, 1, pp. 389-390.

[3] 格雷戈斯把《爱丁堡新哲学杂志》上的这篇匿名文章,归于当时著名的科学作家托马斯·迪克(Thomas Dick)的名下。这应该是格雷戈斯的一个误解,因为没有确切的证据表明这篇文章出自迪克之手。迪克在他的《天空图景》(*Celestial Scenery*)一书中,倒是从《爱丁堡新哲学杂志》上引用过这篇文章。参见:William N. Griggs, ed., *The Celebrated "Moon Story"*, pp. 4-6; Thomas Dick, *Celestial Scenery*, New York: Harper & Brothers, 1838, pp. 273-274。

被月亮人所建造的雄伟的人工建筑;最近,另一位观测者则宣称,通过实际观测,他发现月亮上存在巨大的建筑。诺埃格拉特(Nöggerath)[1],一位地理学家,尽管没有对格鲁伊图伊森的这些描述的准确性进行否定,但坚持所有这些现象都应该是月球表面所呈现出的巨大的沟壑。

相较而言,第二段内容则相当惊人,它谈及了数学家高斯(Karl F. Gauss,1777—1855)设想的和"月亮居民"进行交流的具体方案:

> 格鲁伊图伊森在一次和伟大的数学家高斯交谈的过程中,描述了他所观测到的月亮上的一些规则的轮廓,谈到了与月亮居民进行交流的可能性。他说,在交谈中他记得高斯回忆说,相关的想法在许多年前他就和齐默曼(Zimmermann)[2]交流过了。他的想法是计划在西伯利亚平原建造一个几何图形,因为他认为,要和月亮上的居民进行交流,唯有通过这种我们和他们所共有的数学方法和思想才能开始。月亮上巨大的环形空洞被一些人认为是月球火山喷发留下的坑洞,但是它们在形状和构造上和火山坑又大不相同,不过现在很多人的看法是,那是巨大的环形山谷。

当时的另一本杂志《哲学年鉴》(Annals of Philosophy),在12月份全文转载了《爱丁堡新哲学杂志》上的这篇短文,文末附评论说:

> 以上是出现在科学智慧版上一个令人匪夷所思的片段,这是一个小测验,还是说,格鲁伊图伊森和另一个观测者诺埃格拉特,都彻底疯掉了?至于格鲁伊图伊森和高斯两人之间的所谓谈话,我们推断,后者一定是在有意窃笑前者的奇怪想法。[3]

当代科学史家迈克·克罗后来对此进行了专门考察,认为《哲学年鉴》

---

[1] 此处指德国著名矿物学家、地理学家,约翰·雅各布·诺埃格拉特(Johann Jacob Nöggerath, 1788—1877)。

[2] 此处指的可能是德国地理学家、动物学家,艾伯赫·范·齐默曼(Eberhard von Zimmermann, 1743—1815)。

[3] Anonymous, "The Moon and its Inhabitants", Annals of Philosophy, 1826 - 12, 12, pp. 469 - 470.

结尾的这段解读并不准确,因为高斯早年的几封通信就已涉及过相关话题。1822年3月25日,高斯在给奥伯斯的一封信中,曾提议了一种同"月亮居民"进行交流的方法:

> 分别用100块镜子,每个面积是16平方英尺……拼接而成后,这块巨大的镜子就能把日光反射到月亮上……如果我们能和月亮上的邻居取得联系的话,这将比美洲大陆的发现要伟大得多。[1]

1824年6月22日,奥伯斯在给高斯的信中对格鲁伊图伊森的想象力表示了赞赏:

> 你看到了格鲁伊图伊森的月亮图画了吗?上面画有月亮城,林荫大道和马路。人类的想象力是非凡的。他所描绘的一座城市,即使和我们的城市并不相同,但的确值得注意,否则我没有理由相信,他的画是正确的。[2]

发生在当时几位著名科学人士之间的这段不太寻常的关于月亮生命的谈话内容,被《爱丁堡新哲学杂志》刊登出来后,曾引起了一些科学人士的关注。其中像德国柯尼斯堡大学(Königsberg University)天文台台长弗里德里希·贝塞耳(Friedrich W. Bessel,1784—1846)对高斯等人关于月亮生命的探讨就很不以为然。在1834年一次关于天体物理属性的演讲中,贝塞耳对月亮上存在居民的想法进行了反驳:

> 尽管所有合理的证据都表明(月亮上不能存在大气),但为什么一些人还希望断言月亮上存在大气?这的确不是一个无关紧要的问题,因为它立刻就会击碎许多人认为月亮可以居住和具备人们居住条件的美好梦想。……月亮上没有空气,也就不会有水;在缺乏大气压的情形下,液态水会全部挥发掉;如此一来,自然也没有火;而没有空气,也就

---

[1] Michael Crowe, *The Extraterrestrial Life Debate*, 1750 – 1900, p. 207.
[2] 此处转引自 Michael Crowe, *The Extraterrestrial Life Debate*, 1750 – 1900, p. 206。

没有什么东西能被点燃。[1]

值得特别注意的是,参与以上讨论的几位人士都是科学历史上的知名人物——高斯的名头早已家喻户晓,奥伯斯以观测彗星和小行星知名(著名的"奥伯斯佯谬"以他的名字命名),贝塞耳则是第一位通过视差方法测定恒星(天鹅座61号星)距离的天文学家。他们对月亮是否存在生命这一"另类课题"的讨论,以文本方式保留下来后,被大众(其中包括像洛克这样的人)所了解,是完全有可能的。而且,匿名短文第一段中谈及的月亮上的"有理性的生命"、"植被"、"人工建筑"等等,也确实可以和《太阳报》"月亮故事"中的内容对应起来。

应该补充的是,在"月亮骗局"之前,月球幻想文学作品从相关科学探索结论中借用创作素材的做法,已有过先例。一个较近的例子,是爱伦·坡在1835年稍早时候发表的月亮幻想故事《汉斯·普法尔历险记》("Hans Pfaall")。小说讲述一位名叫汉斯·普法尔的人,乘坐自制的气球飞行器,经过19天的旅行到达月球的故事。按照爱伦·坡的说法,他最初打算写这篇月亮故事的想法,是来自1835年春天《哈珀周刊》(Harpers)刊载的约翰·赫歇耳的《天文学专论》(Treatise on Astronomy,1835)一书中有一章关于月亮的内容。[2]爱伦·坡后来还严厉指控洛克的月亮新发现故事抄袭了他这篇小说的构想。

五、对"月亮骗局"之新的科学史解读

1838年,约翰·赫歇耳从好望角返回英国,他对整个南天星空进行的观测结果,最终出现在《1834—1838年间好望角天文观测结果》(Results of Astronomical Observations Made During The Years 1834, 5, 6, 7, 8, at the Cape of Good Hope)这本论著中。而在此期间,他本人对"月亮故事"究竟持何种态度,长期以来却不为人所知晓。

直到2001年5月,学者史蒂芬·路斯金(Steven Ruskin)在赫歇耳家族

---

[1] F. W. Bessel, Populäre Vorlesungen über Wissenschaftliche Gegenstände, Hamburg: Perthes-Besser & Mauke, 1848, p. 81.

[2] E. A. Poe, The Literati, p. 121.

的私人档案馆中,找到约翰·赫歇耳在1836年8月21日就"月亮骗局"事件写给伦敦《雅典娜神殿》(*The Athenaeum*)杂志的一封公开澄清信,此事才被人们所了解。赫歇耳在信中颇为无奈地表达了自己所处的尴尬境地,但不知何故,他最终却没有把信寄出。这封信后来被路斯金全文发表在《天文学史杂志》(*Journal for the History of Astronomy*)上。[1]

除了当事人约翰·赫歇耳的回应,苏格兰本土著名科学作家托马斯·迪克(Thomas Dick, 1774—1857)在他1838年出版的《天空图景》(*Celestial Scenery*)中也表达了对这一事件的看法。迪克在书中严厉斥责了洛克,把其称为"骗子和说谎者",并担忧大众以后对真正的科学发现会不再信任。[2]此外,盖伊·丹宁顿(G. Dunnington)在高斯的传记中也谈到,高斯认为月亮骗局非常低俗,并把它看成是说明公众怎样容易受骗的一个例子。[3]

事实上,把"月亮骗局"归结于作者"道德沦丧"或读者"轻信易骗",都过于简单和肤浅了。这一事件包含的含义颇为丰富,我们至少可以尝试从以下两方面进行解读:

1. 借用"科学"名义造假的经典骗局

"月亮故事"取得了惊人的效果,除了让许多人士信以为真,还使得《太阳报》从此跻身名报之列,背后隐藏的深层原因,其实是从另一层面展示了"科学"的威力——这是一出借用"科学"名义进行造假的经典骗局。

从"月亮故事"的整体布局——利用小赫歇耳远赴南非好望角进行天文观测作为契机,到开篇铺垫——对赫歇耳观测望远镜进行不厌其烦的介绍,再到正文中借用了和科学有关的若干要素——伪托出自天文权威的观测结果,背后隐含的科学探讨渊源,逼真的科学观测细节描写,流利的科学语言运用,所有的一切都是因为谋划者对这个道理了解得非常透彻:只有在科学的名义下,大众才会对"月亮新发现"深信不疑。

"月亮骗局"甚至成为了后来一些报刊所仿效的榜样。1869年11月30

---

[1] S. W. Ruskin, "A Newly-Discovered Letter of J. F. W. Herschel Concerning the Great Moon Hoax", *Journal for the History of Astronomy*, 2002, 33(110), pp. 71 – 74.

[2] Thomas Dick, *Celestial Scenery, or, The Wonders or The Planetary System Displayed: Illustrating the Perfections of Deity and a Plurality of Worlds*, New-York: Harper & Brothers, 1838, pp. 272 – 273.

[3] G. Dunnington, *Carl Frederick Gauss: Titan of Science* (1955), Washington: The Mathematical Association of America, 2004, p. 295.

日,新西兰《北奥塔哥时报》(North Otago Times)曾如法炮制了一篇描述宾夕法尼亚大学某位天文学教授观测到太阳居民的小短文,不过并未引起什么反响。[1]

2. 体现科学与幻想密切互动关系的又一典型例证

1610年,伽利略(Galileo Galilei,1564—1642)在《星际使者》(The Sidereal Messenger)一书中,宣布他1609年首次用望远镜发现了月亮环形山。[2]这一发现和他随后陆续观测到的太阳黑子和金星相位的变化,共同颠覆了亚里士多德经院哲学家们一直所宣扬的,月上区天体是完美无瑕的说教。

事实上,除此以外,伽利略的月亮观测结果还产生了另外两方面值得关注的影响:首先,在此之后,一些科学人士——如开普勒(Johannes Kepler,1571—1630)、威尔金斯(John Wilkins,1614—1672)和惠更斯(Christian Huygens,1629—1695)等人,开始撰写专门论著对月球适宜居住的可能性进行持续探讨;其次,与此相对应,文学领域也开始出现大量以月球旅行为主题的幻想作品。而科学与幻想这两个领域在后来齐头并进的过程中,也一直是相互接壤的——科学探索有时从幻想那里获得灵感,幻想文本有时也从相关科学探索理论中借用创作"素材"。[3]

类似本文前面考察的内容——奥伯斯、高斯、贝塞耳等著名人士对月球适宜居住可能性的讨论,在真实的科学历史上并不罕见,这种讨论其实是有着深厚历史渊源的。但是在正统的科学史语境中,却总是被当成奇思异想、不着边际的"错误"而过滤得干干净净。

至于《太阳报》连载的"月亮故事",尽管出发点并不纯洁,但本身却是一篇纯粹的月亮幻想文学作品。而从它借用"科学"名义进行谋篇布局的整个过程来看,则是反映科学与幻想之间长期的密切互动关系的又一典型例证。

原载《上海交通大学学报》19卷5期(2011)

---

[1] "The Sun Inhabited!", North Otago Times, Volume XIII, Issue 471,1869 - 11 - 30,p.3.

[2] G. Galilei, The Sidereal Messenger(1610),London:Rivingtons,1880,p.15.

[3] 穆蕴秋:《科学与幻想:天文学历史上的地外文明探索研究》,上海交通大学博士学位论文,2010年。

科学史上关于寻找地外文明的争论[*]

——人类应该在宇宙的黑暗森林中呼喊吗?

一、前　言

尽管地外文明是否存在的问题,目前尚无定论,但与其相关的理论探讨、实施方案以及由此引发的各种争议,已成为科学史领域的重要研究课题。

十七世纪之前,与其相关的探讨主要限于一些哲学家们的纯思辨性构想。[1]十七世纪初,望远镜发明后,开普勒、伽利略等人基于一系列观测经验之上,对月球可居住性进行了讨论。[2]这场讨论延续了整个十七世纪,至十九世纪,还余波未了。而这一时期,关于火星运河和火星生命的争论,则成为了最被关注的科学问题之一。[3]当时的很多天文学家们着力于提高手中望远镜的观测精度,为的可能只是希望在这场争论中找到属于自己的话语权。此种情形曾惹得英国天文学家爱德华·蒙德(Edward Maunder)埋怨说:

---

[*] 本文系与穆蕴秋合著。

[1] S. J. Dick, *Plurality of Worlds*: *The Origins of the Extra-Terrestrial Life Debate from Democritus to Kant*, Cambridge: Cambridge University Press, 1982, pp. 6–60.

[2] 穆蕴秋:《一部另类的天文学论著——述评〈开普勒之梦〉》,《中国科技史杂志》28卷3期(2007),页91–295。

[3] M. J. Crowe, *The Extraterrestrial Life Debate, 1750–1900*: *The Idea of a Plurality of Worlds from Kant to Lowell*, Cambridge: Cambridge University Press, 1986, pp. 480–540.

1877年之前,行星研究领域被杂乱无章的业余成果所占领……而自1877年以来,最先进的望远镜……全部把观测方向对准了火星,最出色和最有经验的专业天文学家们,也毫不羞愧地把时间全部用于火星研究上。[1]

二十世纪六七十年代,一些科学人士开始掀起了寻找地外文明的热潮——搜寻来自地外文明的讯息,或是主动向地外文明发送信息。在以往国内的公共话语中,这两种行动都被视为纯粹的科学问题,而且都只具有完全正面的价值。但事实上,这两种行动在欧美科学界都引发了相当严重的争议,而这也正是本文所要着重考察的。

二、从SETI到METI

1960年,美国天文学家弗兰克·德雷克(Frank Drake)发起了搜寻地外文明——简称SETI(Search for ExtraTerrestrial Intelligence)的第一个实验项目,"奥茨玛计划"(Project Ozma)。一年后,第一次SETI会议在美国绿岸举行。其后,别的SETI项目随即相继展开,并一直持续至今。与此同时,苏联对SETI也表现出了极大的兴趣,在1960年代同样实施了一系列的搜索计划。

SETI的上马动工,和两项理论乐观的引导有关。1959年,天文学家科科尼(Giuseppe Cocconi)和莫里森(Philip Morrison)发表了一篇文章《寻求星际交流》[2]——如今它已被该领域研究者奉为"经典中的经典",其中提出了利用无线电搜索银河系其他文明的构想。稍后,德雷克1961年在美国绿岸的第一次SETI会议上,提出了一组方程解"德雷克方程"(Drake Equation),用于估测银河系中可能存在地外文明的星球数量是多少。

SETI计划自开展以来,在科学界引起了广泛的争论。与萨根(Carl Sagan)、德雷克以及莫里森等人在此事上的激进与乐观相比,以物理学家弗兰克·蒂普勒(Frank Tipler)为代表的另外一些科学家,对此则持审慎的保守

---

[1] M. J. Crowe, *The Extraterrestrial Life Debate, 1750 – 1900: The Idea of a Plurality of Worlds from Kant to Lowell*, p. 494.

[2] G. Cocconi and P. Morrison, "Searching for Interstellar Communications", *Nature*, 1959, 184, pp. 844 – 846.

态度。[1]

SETI 历经差不多十年,始终一无所获,1970 年代,与 SETI 相对的另一种试图接触地外文明的实践手段——向地外文明发送信息,简称 METI(Message to the ExtraTerrestrial Intelligence 的缩写),或又称"主动 SETI"(Active SETI),开始被提上日程。

METI 基于这样一个猜想之上:我们之所以还没有发现外星文明的踪迹,只是因为他们还不知晓人类的存在,因此,可通过向外太空发射定位无线电信号,告知地外文明人类存在的信息。到目前为止,较有影响的 METI 项目共实施了四次(见表 1)。

表 1 四次 METI 项目重要参数表

名称	阿雷西博信息 Arecibo Message	宇宙呼唤 1999 Cosmic call 1999	青少年信息 Teen Age Message	宇宙呼唤 2003 Cosmic call 2003
日期	1974-11-16	1999-7-1	2001-9-4	2003-7-6
国家	美国	俄罗斯	俄罗斯	美国、俄罗斯、加拿大
发起者	德雷克、萨根等	扎伊采夫等	扎伊采夫等	扎伊采夫等
目标星体	球状星团 M13 Hercules	HD190363 Cygnus HD190464 Sagitta HD178428 Sagitta HD186408 Cygnus	HD9512 Ursa Major HD76151 Hydra HD50692 Gemini HD126053 Virgo HD193664 Draco	Hip4872 Cassiopeia HD245409 Orion HD75732 Cancer HD10307 Andromeda HD95128 Ursa Major
信息量	1679 比特	370967 比特	648220 比特	500472 比特
使用雷达	Arecibo	Evpatoria	Evpatoria	Evpatoria
决议次数	1 次	4 次	6 次	5 次
持续时间	发射 3 分钟	发射 960 分钟	发射 366 分钟	发射 900 分钟
发射功率	83 千焦	8640 千焦	2200 千焦	8100 千焦

三、METI 引发的严重争议

METI 自实施以来,在科学界也引起了颇多争议。1974 年 11 月 6 日,在

---

[1] F. J. Tipler, "Extraterrestrial Intelligent Beings Do Not Exist", *Q. JL. R. astr. Soc.*, 1980, 21, pp. 267–281.

第一个星际无线电信息通过阿雷西博雷达被送往球状星团 M13 后,这一年的年度诺奖获得者、射电天文学家马汀·赖尔(Martin Ryle),随即发表一项反对声明,警告说"……外太空的任何生物都有可能是充满恶意而又饥肠辘辘的……",并呼吁颁布国际禁令,专门针对地球上那些妄图与地外生命建立联系和向其传送信号的任何企图。

赖尔的这项声明,随后得到了一些科学人士的声援,他们认为,METI 有可能是一项因少数人不计后果的好奇和偏执,而将为整个人类带来灭顶之灾的冒险行为。因为,人类目前并不清楚,地外文明是否都是仁慈的——或者说,对地球上的人类而言,即便真的和一个仁慈的地外文明进行了接触,也不一定会得到严肃的回应。在此种情形下,处于宇宙文明等级最低端的人类贸然向外太空发射信号,将会暴露自己在太空中的位置,从而招致那些有侵略性的文明的攻击。而且,地球上所发生的历史一再证明,当相对落后的文明遭遇另外一个先进文明的时候,几乎毫无例外,结果就是灾难。[1]

同样站在反对 METI 立场上的以写科幻而知名的科学家大卫·布林(David Brin),则颇具想象力地猜测说,人类之所以未能发现任何地外文明的踪迹——布林将其称为"大沉默"(Great Silence)[2],有可能是因为一种还不为人类所知晓的危险,让所有其他宇宙文明保持沉默,而人类所实施的 METI 计划,无异于是宇宙丛林中的自杀性呼喊。在一篇文章中,布林提醒 METI 的支持者们:

> 如果高级地外智慧生命是如此大公无私……然而却仍然选择沉默……我们难道不应该考虑以他们为榜样,选择和他们一样的做法?至少稍稍观望一下吧?很有可能,他们沉默是因为他们知道一些我们不知道的事情。[3]

---

[1] 对相关内容有代表性的讨论,见以下文章及书籍:Anonymous, "Ambassador for Earth: Is it time for SETI to reach out to the stars?", *Nature*, 2006, 443, p. 606. M. A. G. Michaud, *Contact with Alien Civilizations: Our Hopes and Fears about Encountering Extraterrestrials*, New York: Copernicus Books, 2007。

[2] D. Brin, "The Great Silence: the Controversy Concerning Extraterrestrial Intelligent Life", *Royal Astronomical Society, Quarterly Journal*, 1983, 24(3), pp. 283–309.

[3] D. Brin, "Shouting at the Cosmos, or How SETI has Taken a Worrisome Turn into Dangerous Territory?" [EB/OL], http://www.davidbrin.com/shouldsetitransmit.html, 2006.

作为告诫,布林还引用了《二十二条军规》中主人公约翰·尤萨林上尉(John Yossarian)的一句话,来作为人类实施 METI 的行为写照:如果别人都在做同一件事,而我却在做另一件事,那我就成了一个白痴。对此,俄罗斯科学家亚历山大·扎伊采夫(Alexander L. Zaitsev)以揶揄的口吻调侃说,如果事情果真如此,SETI 岂不应该是"Search for ExtraTerrestrial Idiots"(搜索地外白痴)的缩写?[1]而作为继阿雷西博信息之后三次 METI 项目的主要发起者和最积极的拥护者,扎伊采夫并不这样认为,他坚持,METI 对人类而言,不仅不是一种冒险,而且还非常必要。

对 METI 可能会为人类带来灾难的看法,扎伊采夫反驳说,人类从外星文明那里获得的不是危险而是学问,有可能,外星文明会传授人类知识和智慧,把人类从自我毁灭,如核战争、生化战争或环境污染中,挽救过来。这种想法无疑是对几位 SETI 先驱所持观点的一种继承。物理学家弗兰克·蒂普勒在发表于英国皇家天文学会杂志上的一篇文章中,历数了萨根、霍伊尔(Fred Hoyle)、德雷克等人类似的书面言论后,很尖锐地指责说,这些对地外文明持拥护态度的科学家,他们抱有的希望地外文明可以充当人类"救世主"的热情,已经到了带有"半宗教动机"(semi-religious motivation)的地步。[2]

而作为 METI 必要性的辩护理由,扎伊采夫对布林等人所呼吁的人类只需实施 SETI 而应禁止进行 METI 的做法,质问说,宣称应该在宇宙丛林中保持沉默的人类,如果自己都不乐意发出声响,又怎能问心无愧期望他的宇宙同伴们做出反应? 这就是扎伊采夫著名的 SETI 悖论(SETI Paradox)。[3]换言之,从宇宙尺度上来考虑的话,如果没有一个宇宙文明认为有向其他文明发射信号的必要,那么 SETI 所实施的单向搜索其实毫无意义,它注定将永远一无所获。

不过,与此相对的另一种看法则认为,从地球辐射到太空中的无线电波,如自 1970 年代以来就每天 24 小时不间断连续运行、担负着一些国家安

---

[1] A. Zaitsev,"Searching for Extraterrestrial Idiots?"[EB/OL],http://www.setileague.org/editor/idiots.htm,2006 – 11 – 04.

[2] F. J. Tipler,"Additional Remarks on Extraterrestrial Intelligence",Q. JL. R. astr. Soc.,1981,22,pp. 279 – 292.

[3] A. Zaitsev,"The SETI Paradox"[EB/OL],http://arxiv.org/ftp/physics/papers/0611/0611283.pdf,2006 – 11 – 29.

全防御任务和作为星际冲撞预警体系的军方雷达系统,它们所发射出的无线电信号,已经让地球文明在宇宙中很醒目地暴露了其存在位置,地外智慧生命——如果他们的确存在的话,迟早都会发现这些信号。所以,对人类而言,现在保持沉默,为时已晚。[1]

但一些科学人士指出,这种观点作为支持 METI 的间接论据,尽管流传甚广,但并非如它表面看来那样具有说服力。因为,一般而言,军方雷达信号在几光年的范围内,就已消散到了星际噪声水平之下,很难被探测到。相较而言,通过大型射电天文望远镜发射的定位传输信号就不一样,它们的传输功率比前者强了好多个量级,要容易被捕获得多。

对此,扎伊采夫反驳说,泄漏到外太空的雷达信号尽管已经减弱到不会被 I 型文明探测到,但这并不意味着就不会被 II 型或 III 型这样的超级文明所捕获。[2]所以,为了避免这些逐渐划过天区的辐射信号被那些"星际入侵者"探测到,就有必要禁止所有和雷达探测有关的活动——而这种做法毫无疑问是不切合实际的。所以,从这个意义上而言,为了能被一些居住在母恒星附近年轻的 I 型文明探测到地球信号,进行定位信号发射是必要的。[3]

四、圣马力诺标度

由于 METI 争论双方观点的相持不下——一种看法认为,所有从地球发送出去的信号,都会招致潜在的威胁;另一个极端的看法则认为,所有 METI 计划都是利大于弊的行为——2005 年 3 月,在圣马力诺共和国举办的第六届宇宙太空和生命探测国际讨论会上,伊凡·艾尔玛(Iván Almár)提出了圣马力诺标度(The San Marino Scale),作为评估人类有目的地向可能存在的地

---

[1] A. Zaitsev, "Detection Probability of Terrestrial Radio Signals by a Hostile Super-Civilization" [EB/OL], http://arxiv.org/ftp/arxiv/papers/0804/0804.2754.pdf, 2008 – 04 – 17.

[2] 1965 年,苏联物理学家卡尔达谢夫(N. S. Kardashev)在一篇文章中,提出了以能量利用率来判定宇宙文明等级的分类标准,将宇宙中的文明分为 I 型、II 型和 III 型,并很快在相关领域内被接受,后称为"卡尔达谢夫标度"(Kardashev Scale)。N. S. Kardashev, "Transmission of Information by Extraterrestrial Civilizations", *Soviet Astronomy*, 1964, 8, pp. 217 – 220.

[3] A. Zaitsev, "Sending and Searching for Interstellar Messages", *Acta Astronautica*, 2008, 63(5 – 6), pp. 614 – 617.

外文明发射信号,这种行为将会导致的危险程度的试用指标。[1]艾尔玛认为,以上两种看法都存在缺陷,因为并非所有的信号发射行为,都能被不加区分地等量观之,在得出结论之前,应对其产生的结果进行具体量化分析。

圣马力诺标度(SMI)主要基于两项参数的考虑:所发射信号的强度(I)和特征(C)(见表2),用公式表示为:SMI = I + C。

表 2　圣马力诺标度表

信号强度(I)	I 数值	信号特征(C)	C 数值
I_{SOL}(太阳背景辐射强度)	0		
~ 10 * I_{SOL}	1	不含有任何讯息的信号(如星际雷达信号)	1
~ 100 * I_{SOL}	2	发射给地外文明以被其接收为目的的稳定非定位讯息	2
~ 1,000 * I_{SOL}	3	为引起地外文明的天文学家注意,在预设时间向定位的单颗或多颗恒星发射的专门信号	3
~ 10,000 * I_{SOL}	4	向地外文明发射的连续宽频信号	4
≥ 100,000 * I_{SOL}	5	对来自地外文明的信号和讯息进行回应(如果他们仍旧不知道我们的存在)	5

通过这种方式,从地球传送向其他星体的信号,所产生的30种可能结果,其危险程度可量化为10个等级(见表3)。

表 3　用圣马力诺标度分析各类 METI 行为所导致的危险程度系数表

评估等级	10	9	8	7	6	5	4	3	2	1
潜在危险	极端	显著	很高	高	偏高	中	偏低	低微	低	无

在圣马力诺标度之前,伊凡·艾尔玛和吉尔·塔特(Jill Tarter)在2000年巴西里约热内卢召开的 SETI 常设研讨会上,曾提出一项专门针对 SETI 的里约标度(The Rio Scale)[2],作为对人类从可能存在的地外文明那儿接收

---

[1] I. Almár, "Quantifying Consequences Through Scales", paper presented at the 6th World Symposium on the Exploration of Space and Life in the Universe, Republic of San Marino, March 2005. P. Shuch and I. Almár, "Shouting in the Jungle: The SETI Transmission Debate", *Journal of the British Interplanetary Society*, 2007, 60, pp. 142 – 146.

[2] I. Almár, "The Consequences of a Discovery: Different Scenarios", Progress in the Search for Extraterrestrial Life, Astronomical Society of the Pacific Conference Series, 1995, 74, pp. 499 – 505. I. Almár and J. Tarter, "The Discovery of ETI as a High-Consequence, Low-Probability Event", Paper IAA – 00 – IAA. 9.2.01, 51st International Astronomical Congress, Rio de Janeiro, Brazil, 2000 – 10 – 2 – 6.

到的信号,其重要性程度进行评估的一项试用指标。

圣马力诺标度和里约标度使用的数学模型,与1997年由行星天文学家理查德·宾泽尔(Richard P. Binzel)提出的都灵标度(The Torino Scale,又称都灵危险系数)类似,都灵标度是试图对小行星和彗星对地球造成的危险程度进行量化分级的一项指标。[1]而三种标度之所以能采用相同的数学方法,是因为在科学人士看来,人类接收到来自地外文明的信号,或是所发射的信号被地外文明接收到,与小行星和彗星撞击地球,三者同属极端低概率事件,是类似的。

五、"费米佯谬"及其解决方案

伴随着METI的进行,另一方面,从理论上来探讨"地外文明是否存在"的问题,也开始在科学界广泛展开。相关讨论后来常被称为"费米佯谬"及其解决。[2]由于缺乏任何经得住推敲的证据来证明地外文明存在或不存在,这使得"费米佯谬"成为了一个极端开放的问题,从而引出各种解决方案。

对METI抱拒斥态度的科学人士,给出的一个重要理由是,外星文明有可能是满怀恶意的。关于这一点,众多科幻作品此前早已进行过各种描绘,《世界之战》(World War)、《火星人攻击地球》(Mars Attack!)、《异形》(Alien)和《独立日》(Independent Day)等作品,都属于这一类型中的代表之作。更值一提的是,一些科幻小说家在此基础上更进一步,除了创作出很好看的故事之外,还为费米佯谬提出了不同的解释。

科幻作家福瑞德·萨伯哈根(Fred Saberhagen)在他的科幻经典《狂暴战士》系列(The Berserker Series)中,设想了一种拥有智能的末日武器"狂暴战士"。这种武器在50,000年前的一场星际战争中被遗留下来,由杀手舰队用智能机器装备而成,统一受控于一颗小行星基地,除了能自主进行自我复制外,被赋予的唯一指令是消灭宇宙中的所有有机生命。受《狂暴战士》故

---

[1] R. P. Binzel, "A Near-Earth Object Hazard Index", *Ann NY Acad Sci.*, 1997, 822(1), pp. 545 – 551.
[2] 1950年夏天,某日早餐后的闲谈中,费米的几位同事试图说服他相信外星生命的存在,最后费米随口说道:"如果外星文明存在的话,他们早就应该出现了。"(If they exited, they'd be here.)由于费米的巨大声望,此话流传开后,一些人将其称为"费米佯谬"(Fermi Paradox)。

事的启发,对"费米佯谬"的一种很严肃的解释就认为,宇宙中可能遍布类似狂暴战士的攻击性极强的末日武器,阻挠或消灭了其他地外文明,而剩存下来的地外文明,则因为害怕引起它们的注意,从而不敢向外发射信号,这导致了人类无法搜索与之相关的讯息。[1]

另外,中国科幻作家刘慈欣最近创作的科幻小说《三体》系列[2],也提出了一种对费米佯谬较为精致的解释——黑暗森林法则。该法则是对前面布林猜想的一种很好的充实和扩展,它基于两条基本假定和两个基本概念之上。

两条基本假定是:一、生存是文明的第一需要;二、文明不断增长扩张,但宇宙中物质总量保持不变。两个基本概念是"猜疑链"和"技术爆炸"。"猜疑链"是由于宇宙中各文明之间无法进行即时有效的交流沟通而造成的,这使得任何一个文明都不可能信任别的文明(在我们熟悉的日常即时有效沟通中,即使一方上当受骗,也意味着"猜疑链"的截断);"技术爆炸"是指文明中的技术随时都可能爆炸式地突破和发展,这使得对任何远方文明的技术水准都无法准确估计。

由于上述两条基本假定,只能得出这样的推论:宇宙中各文明必然处于资源的争夺中,而"猜疑链"和"技术爆炸"使得任何一个文明既无法相信其他文明的善意,也无法保证自己技术上的领先。所以宇宙就是一片弱肉强食的黑暗森林。

在《三体Ⅱ》结尾处,作者借主人公罗辑之口明确说出了他对"费米佯谬"的解释:"宇宙就是一座黑暗森林,每个文明都是带枪的猎人,像幽灵般潜行于林间……他必须小心,因为林中到处都有与他一样潜行的猎人。如果他发现了别的生命……能做的只是一件事:开枪消灭之。在这片森林中,他人就是地狱,就是永恒的威胁,任何暴露自己存在的生命都将很快被消灭。这就是宇宙文明的图景,这就是对费米佯谬的解释。"而人类主动向外太空发送自己的信息,就成为黑暗森林中点了篝火还大叫"我在这儿"的傻孩子。

不过,无论是从萨伯哈根小说中衍生出的"狂暴战士"理论,还是刘慈欣

---

[1] S. Webb, *If the Universe is Teeming with Aliens, Where is Everybody? Fifty Solutions to the Fermi's Paradox and the Problem of Extraterrestrial Life*, New York: Praxis Book/Copernicus Books, 2002, pp. 111 – 113.

[2] 刘慈欣:《三体Ⅱ》,重庆出版社,2008 年,页 441 – 449。

的"黑暗森林法则",作为"费米佯谬"的解决方案,都存在局限。因为,人类通过自己的行为模式所定义出的善、恶等思维方式,是否可套用于所有地外文明,这是一个很有异议的问题。譬如,波兰科幻作家斯坦尼斯拉夫·莱姆(Stanislaw Lem)对类似想法就不屑一顾——某种意义上,他那部奇特而又令人费解的小说《索拉里斯星》(Solaris),正是与这种观点对抗的一项成果。

相较而言,扎伊采夫等人在后来的争论中,设想出的另一种解释要合理一些。他们认为,SETI多年来一直没有搜索到任何来自其他宇宙文明的无线电信号,是因为宇宙中星体间距离非常遥远,无论是来自其他宇宙文明的雷达信号,还是从地球泄漏出去的雷达信号,即便真能到达对方所在天区,但由于信号变得很微弱,也根本无法被探测到。[1]

六、余 论

应该注意到,有关METI的争论还是对科学界产生了影响的。

其中体现在卡尔·萨根身上尤为明显,尽管他本人于1974年主持了首个METI项目,但随后不久对METI的态度就发生了转变,在针对弗兰克·蒂普勒反驳《SETI倡议书》的回应中,萨根特别强调:

> 作为银河系中最年轻的有潜在交流倾向的文明,我们应该监听而不是发射信号。比我们先进得多的其他宇宙文明,应该有更充足的能源和更先进的技术来进行信号发射;根据我们的长期计划,现在还不到花上许多世纪通过单向交流来进行星际对话的时候;一些人担忧,即便是把信号传送到最邻近的星体,也可能会"暴露我们(在宇宙中)的位置"(虽然民用电视和军方雷达系统也会导致这种情形发生);况且,我们也尚不明确有什么特别感兴趣的事情需要告知其他文明。综合以上这些原因,目前SETI的策略仍然是监听而不是向外太空发送讯息,这一点似乎是和我们在宇宙中落后的身份相符的。[2]

---

[1] A. Zaitsev,"Sending and Searching for Interstellar Messages",58th International Astronautical Congress,Hyderabad,India,2007-09-24-28.

[2] C. Sagan,"SETI Petition",*Science*,*New Series*,1983,220,p.462.

此外,国际航天航空学会在1989年发布了一项针对SETI的《关于探寻地外智慧生命的行为准则声明》,条例中第七款提到,只有在经过相关国际共同磋商后,才可对来自地外智慧生命的证据和信号作出回应。而随着METI计划的逐渐引人关注,1995年,国际航天航空学会SETI委员会又提议了专门针对METI的《关于向地外智慧生命发送交流信号的行为准则声明草案》,其中明确规定,在进行相关国际磋商之前,某个国家来单独决定或是几个国家间合作尝试,从地球向地外智慧生命传送信息,都是不被允许的。

不过,从实际情形来看,上述草案并未对METI计划起到真正实质性的约束作用。甚至就在近一段时间里,一些新的METI项目也正在被上马实施。

2008年2月5日,美国国家宇航局在成立五十周年的纪念活动中,通过设在西班牙马德里的巨型天线,向北极星方向发送甲壳虫乐队多年前演唱的一首歌曲:《穿越宇宙》(Across The Universe)。而在刚过去的8月4日,英国RDF电视公司和著名社会网站Bebo又启动了一项新的METI合作计划——"地球呼唤"(Earth Call),他们邀请当代名人、政要,以及Bebo网站的1200多万用户,编辑有关"从新视角看待地球"的信息和图片,参与网络投票评选。至9月30日,届时将从中选出500条信息放入一个电子"时空舱"(Time Capsule),然后通过乌克兰RT-70巨型射电天文望远镜,发射送往于2007年4月刚发现的、距离地球20光年外的一颗类地行星Gliese581 C。

由于大众对地外生命话题的兴趣一向持久不衰,这两项METI计划自然也引来了媒体的广泛关注。英国《每日邮报》(Daily Mail)在事后随即辟出专栏,对其进行了报道评论。评论者对此种做法皆持否定态度,特别是对"地球呼唤"计划,尽管RDF电视公司宣称,这将是首次以民主的方式选择发向太空的信息,但还是招致了严厉的抨击。[1]

寻找地外文明通常被视为一个"科学技术问题"——尽管一些学者也已经开始从科学社会学角度来思考这一问题[2],但占主流的仍然是前者。从

---

[1] D. Derbyshire, "Will beaming songs into space lead to an alien invasion?", *Daily Mail*, 2008-02-07(6). M. Hanlon, "Why beaming messages to aliens in space could destroy our planet?", *Daily Mail*. 2008-08-08(6).

[2] 较早从SSK角度对搜寻地外文明问题进行探讨的文章,参见:R. Pinotti, "Contact: Releasing the news", *Acta Astronautica*, 1990, 21(2), pp. 109-115; R. Pinotti, "ETI, SETI and today's public opinion", *Acta Astronautica*, 1992, 26(3-4), pp. 277-280。

前面关于 METI 的争论中不难看出，METI 的支持者们其实有着一种"唯技术主义"思维倾向，所考虑的只是想尽办法要在技术上达到目的，但在达成目的后准备怎么办，却不事先想好。

人类主动向外太空定位发送的信号，被地外文明发现的可能性也许微乎其微，但一旦产生结果，其影响却十分巨大，这种影响势必波及人类社会的科学、文化、宗教以及哲学等方方面面。所以在寻找外星文明这件事上，更重要的问题应该是：万一真找到了外星文明，我们该怎么办？

我们认为，在尚未做好接触地外文明的准备之前，实施 METI 显然是非常危险的。

原载《上海交通大学学报》16 卷 6 期（2008）

《宇宙创始新论》:求解费米佯谬一例*

一、关于费米佯谬

1960年代,美国科学界掀起了搜寻地外文明的热潮。天文学家弗兰克·德雷克(Frank Drake)在1960年发起了SETI(搜寻地外文明,Search for ExtraTerrestrial Intelligence,简缩为SETI)的第一个实验项目"奥茨玛计划"(Project Ozma)。[1]一年后,第一次SETI会议在美国绿岸举行。随后,SETI的一系列项目相继展开,并一直持续至今(见附录一)。与此同时,苏联对SETI也表现出了极大的兴趣,在1960年代同样实施了一系列的搜索计划。

总体而言,SETI得以立项动工,和两项理论乐观的引导有关。1959年,天文学家科科尼(Giuseppe Cocconi)和莫里森(Philip Morrison)发表了一篇文章《寻求星际交流》。[2]它如今已被该领域研究者奉为"经典中的经典",其中提出了利用无线电搜索银河系其他文明的构想,并建议把通信频道设置在1420 MHz,因为该频道对应于宇宙中含量最丰富的氢元素的放射频率。稍后,1961年,德雷克在美国绿岸的第一次SETI会议上,提出了一组方程解"德雷克方程"(Drake Equation),用于估测银河系中可能存在地外文明的星球数量是多少。

但SETI历经十数年,却始终一无所获。1970年代,从理论上来探讨"地外文明缺席"的问题,开始在科学界被广泛展开。

---

* 本文系与穆蕴秋合著。
[1] 奥茨玛(Ozma),是儿童作家鲍姆(L. Frank Baum)创作的系列童话故事《绿野仙踪》(*Land of Oz*,1900)中小公主的名字。
[2] Giuseppe Cocconi, Philip Morrison, "Searching for Interstellar Communications", *Nature*,1959, vol. 184, Issue 4690, pp. 844–846.

当然，在此之前，粗略的讨论也是有过的。1933 年，俄国科学家康斯坦丁·齐奥尔科夫斯基(Konstantin Tsiolkovsky)[1]在一篇文章中总结说[2]，人们之所以否认地外智慧生命的存在，是因为他们认为，如果地外文明真的存在的话，那他们应该会派出代表来拜访人类，或给人类留下一些表示他们存在的标识——但现实的情形却不是这样。齐奥尔科夫斯基对此给出的解释是，因为先进的智慧文明考虑到，人类还没做好被拜访的准备。

1950 年，物理学家恩里科·费米(Enrico Fermi)在一次非正式讨论中，针对地外生命缺席的现实，提出了一个疑问:地外生命在哪儿？(Where is everybody?)他认为，如果地外生命存在的话，他们应该已经出现了(If they exited, they'd be here)。

在英国工程师维尤因(David Viewing)发表于 1975 年的一篇论文中，首次把费米的这个观点称作是一个悖论。[3]因为，"所有的逻辑，所有的反人类中心主义，让我们确信，人类在宇宙中并不是唯一——地外生命一定是存在的。可事实却是，我们仍然没有接触到地外文明"。

同年，迈克尔·哈特(Michael Hart)在另一篇论文中[4]，针对地外文明缺席的现状，列举了四种解释:

1. 对地外文明而言，进行星际旅行还不可行。
2. 从动机分析，地外文明不打算和人类进行接触。
3. 地外文明刚刚出现不久，和人类的接触还需要一段时间。
4. 地球已经被外星文明拜访过了，只是我们不知道而已。

对以上四种情形逐一进行讨论后，哈特认为它们皆不成立，由此得出的反推结论只能是，地外文明根本不存在。哈特的这篇论文发表后，地外生命

---

[1] 齐奥尔科夫斯基(Konstantin Tsiolkovsky, 1857—1935)，现代航天事业和航天理论的奠基者。他执著地相信宇宙中其他地方一定存在地外文明，并写过两篇文章专门对此进行讨论:"The planets are occupied by living beings" (1933), "There are also planets around others suns" (1934)。他还写过几部科幻小说:*On The Moon* (1895), *Dreams of the Earth and Sky* (1895)和 *Beyond the Earth* (1920)。

[2] V. Lytkin, B. Finney, L. Alepko, "Tsiolkovsky: Russian Cosmism and Extraterrestrial Intelligence", *Q. JL. R. astr. Soc.*, 1995, vol. 36, no. 4, p. 369.

[3] D. Viewing, "Directly Interacting Extraterrestrial Technological Communities", *British Interplanetary Society, Journal*, 1975, vol. 28, 1975, pp. 735-744.

[4] Michael Hart, "Explanation for the Absence of Extraterrestrials on Earth", *Quarterly Journal of the Royal Astronomical Society*, 1975, vol. 16, p. 128.

缺席的问题开始引起一些科学家的积极关注。比如蒂普勒(Frank Tipler)就极力主张[1],用一种理论上能进行自我复制的"冯·诺依曼探测器"(Von Neumann Probe),来代替 SETI 的无线电搜索。格瑞恩(Glen David Grin)在论文《大沉默:关于地外智慧生命的争论》中,则认为德雷克方程的各项参数设置存在缺陷,并提出补充建议。[2]

费米佯谬(Fermi Paradox),现在又被称为齐奥尔科夫斯基-费米-维尤因-哈特-蒂普勒佯谬,或"大沉默"(Great Silence)——因格瑞恩的论文得名。由于还未发现任何经得住推敲的证据,来证明地外生命存在或是不存在,这使得费米佯谬成为了一个极端开放的问题,从而引来了各种解决方案。

二、对费米佯谬有代表性的几种解决方案

1. 动物园假想

动物园假想(The Zoo Scenario),是约翰·鲍尔 1973 年提出的针对费米佯谬的一个解决方案。[3]文中观点建立在三个基本假设前提上:只要满足存在和进化出生命的条件,生命就会出现;生命能在宇宙中的许多星球上出现;宇宙中遍布地外文明,只是人类没有察觉到他们的存在。以科学技术发展为标准,鲍尔把地外智慧生命分为三类。一类因自身或外部因素所致,走向灭绝;另一类,科学技术发展完全停滞;还有一类,科学技术一直持续发展。

鲍尔认为,所有宇宙文明中只需考虑最后一类文明形式,随着科学技术持续发展,这种文明最终成为最先进的文明形态,取得整个宇宙的掌控权,随后慢慢把落后的文明形态摧毁、制服或同化掉。

类比于地球上的情形,人类作为一种高等智慧生物,会留置出荒野地带、野生动植物保护区或动物园,让别的物种在其间不受干扰地自由发展。而最理想的野生动物园(荒野地带或保护区)应该是这样的:身处其中的动物与公园管理者没有任何接触,根本意识不到管理者的存在。

---

[1] F. J. Tipler, "Extraterrestrial Intelligent Beings Do Not Exist", *Royal Astronomical Society*, *Quarterly Journal*, vol. 21, 1980, pp. 267 – 281.

[2] G. D. Grin, "The Great Silence: the Controversy Concerning Extraterrestrial Intelligent Life", *Royal Astronomical Society*, *Quarterly Journal*, 1983, vol. 24, no. 3, p. 283.

[3] J. A. Ball, "The Zoo Hypothesis", *Icarus*, 1973, vol. 19, pp. 347 – 349.

鲍尔由此大胆猜测,地球就是一个被先进的地外文明专门留置出的宇宙动物园。为了确保人类在其中不受干扰地自发生长,先进文明尽量避免和人类接触(他们拥有的技术能力完全能确保这一点),只是在宇宙中默默地注视着人类。所以,人类始终未能接触到别的文明形态——甚至极可能永远不会发现他们。

2. 隔离假想

隔离假想(The Interdict Scenario),是佛格(Martyn Fogg)于1987年提出的一个构想。[1]其中描述了一个早期银河系文明起源、扩张、交流的简单模型:

a) 第一代恒星群出现,这被认为是较年轻的一代星体,它们主要集中在银河系的旋臂上,其年龄不会大于银盘年龄。(距今 $\sim 10^{10}$ 年)

b) 银河系最初的基本生命形式出现。(距今 $\sim 9 \times 10^9$ 年)

c) 第一代银河文明出现,向"殖民时代"进发。(距今 $\sim 5 \times 10^9$ 年)

d) 银河拓殖期基本结束,"稳态"时代到来。(距今 $\sim 4.9 \times 10^9$ 年)

e) 信息变为最有价值的资源,遍及整个银河系的交流渠道被建立,在共同利益基础上达成共有方针,一致同意关于"银河法典"(Codex Galactic)的协商。

f) 太阳系形成。(距今 $\sim 4.6 \times 10^9$ 年)

g) 地球被拜访,原始生物被发现。(距今 $\sim 3.5 \times 10^9$ 年)

h) 太阳系被隔离起来。

按照佛格的构想,在太阳系形成之前,智慧生命就已经在银河系中拓殖了,拓殖阶段结束后,几乎每个星球都能支持智慧生命形式的存在,银河系由此进入"稳态时期"。这一时期,扩张主义彻底衰落,侵略行为、领土和人口问题都已被解决,银河系中智慧生命的分布混杂而有序,协调而均匀。而在几百万年之前,银河系又从"稳态时期"进入到第三阶段的"交流时期"。

根据这个模型,就有一个问题,如果地球处于一个受单个或多个高级文明影响的银河圈内,那么,为什么他们现在还没有顾及地球呢?佛格在这一

---

[1] M. J. Fogg, "Temporal aspects of the interaction among the first galactic civilizations: the interdict hypothesis", *Icarus*, 1987, vol. 69, pp. 370–384.

点上的解释和鲍尔的解释基本一致,他认为,在稳态时期,知识是最有价值的资源,先进的地外文明为此有理由留下一颗能产生生命形式的行星,不受干扰地单独存在着,为他们提供原生态的宇宙文明信息资源。

3. 天文馆假设

英国著名科幻小说家巴克斯特(Stephen Baxter),2001年在一篇论文中提出的"天文馆假设"(The Planetarium Hypothesis)[1]认为,人类很可能是生活在一个虚拟世界里——一个仿真的"天文馆"被高级智慧生命设计出来,为我们制造了一种宇宙中不存在智慧生命的幻象。这也就是说,我们通常接受的那种对外部世界的理解方式可能是不正确的。究竟有多不正确,这取决于ETC为我们提供了哪种类型的"天文馆"。技术含量低的,那就是"楚门式"的天文馆——类似电影《楚门的世界》(*The Trueman Show*, 1999)中那样,除了主人公的活动区域受人为限制外,场景也完全是手工搭建。再高级一点的就是"霍洛德克天文馆"(Holodeck Planetarium),这个设想来自电视系列剧《星际迷航》(*Star Treck*)中的想象,人们所看到的周围的物体,局部或全部都是虚拟出来。相较而言,级别最高的,那就是触及意识层面的"天文馆",拥有高级技术文明的ETC出于某种原因,弄了一个人工宇宙出来,直接植入我们的意识中。不难看出,这种思想元素,其实是直接借鉴于电影《黑客帝国》系列(*The Matrix*)和《十三层》(*The Thirteen Floor*)。

巴克斯特声称,在这点上,我们不能这样追问,即为什么某个地外文明要劳神从人类的利益角度着想,而虚拟出这么个世界出来。注意到这一点就已足够了,那就是,一个完美的虚拟系统,即无法通过某种可想象的检测方式,来区分它与本初物理系统究竟存在什么差别的那种虚拟系统,理论上是能被造出来的。K3型文明(见后文关于"卡尔达谢夫标度"的介绍)应该有这种构造虚拟现实的本领。当然,假定前提必须是,"天文馆"的制造者遵循和我们一样的物理法则。否则,这个讨论就不能继续下去了。

---

[1] Stephen Baxter, "The Planetarium Hypothesis: A Resolution of the Fermi Paradox", *Journal of the British Interplanetary Society*, 2001, vol. 54, no. 5/6, pp. 210–216.

4. 珍稀地球假说

2000年出版的颇具影响力的《珍稀地球:为什么复杂生命形式在宇宙中如此稀有?》[1]一书中,地质学家沃德(Peter Ward)和天文学家布朗利(Donald Brownlee)提出了"珍稀地球假说"(Rare Earth Hypothesis)。

这个观点与生物学领域的一项发现有关,该发现表明,在深海领域以及地表深层的灼热高温和高压状态下,一些微生物仍然能够存活。作者由此推想,如果在地球上如此严酷的条件下,微生物都能存活,那么,在太阳系的其他星体,或是远距离行星系中的别的行星和卫星上,微生物为什么就不能存活呢?"珍稀地球假说"的观点认为,宇宙中的复杂生命形式也许的确是稀有的,地球甚至有可能真的是独一无二进化出复杂生命的行星。如果生命真的能在宇宙的其他地方出现,那也仅仅只是以单细胞的微生物形式存在,比如像菌类。

书中上述观点,后来引来了广泛的争论。尽管作者在书中未曾点明,但"珍稀地球假说",无疑也是提供了对"费米佯谬"的一种解决方案:宇宙中存在的都是最初等的生命形态,人类当然碰不上其他地外文明了。

以上是费米佯谬解决方案中较有代表性的四种观点。目前对此问题的解决方案最详尽的收集,见史蒂芬·韦伯(Stephen Webb)2002年出版的《地外文明在哪儿?》[2]一书,书中列出了费米佯谬的50种解决方案(见附录二)。这些方案有来自科学论文,也有来自科幻作品,韦伯将其粗略归为三类:Ⅰ、认为地外文明已经在这儿了;Ⅱ、认为地外文明存在,但由于各种原因,他们仍然还没有和地球进行交流;Ⅲ、地外文明不存在。

接下去,本文讨论波兰作家斯坦尼斯拉夫·莱姆的科幻短文《宇宙创始新论》[3],文中提供了一种对费米佯谬的解决方案,依莱姆所持的基本观点,它可被归入Ⅱ类,但未被收集在韦伯的书中。

---

[1] Peter Ward, Donald Brownlee, *Rare Earth*: *Why Complex Life is Uncommon in the Universe*, Springer, 2000.

[2] Stephen Webb, *If the Universe is Teeming with Aliens, Where is Everybody? Fifty Solutions to Fermi's Paradox and the Problem of Extraterrestrial Life*, New York: Praxis Book/Copernicus Books, 2002.

[3] 〔波兰〕斯坦尼斯拉夫·莱姆:《完美的真空》,王之光译,商务印书馆,2005年10月第1版,页204。

三、《宇宙创始新论》和费米佯谬

斯坦尼斯拉夫·莱姆（Stanislaw Lem，1921—2006），著名的波兰科幻作家、哲学家和讽刺作家，他的作品现在已经被翻译为四十几个国家的语言。

《宇宙创始新论》是莱姆《完美的真空》一书中的一篇短文。此书是莱姆出版于1971年的作品。初看之下，这似乎是一本典型的评论文集，它由十六篇短评组成，所评的对象包括纯文学、哲学著作和科幻小说。但别具一格的是，以上不过是莱姆构造的文本假象而已，书中所评论的这十七本书，除了开篇所评的《完美的真空》（即此书本身）之外，其他著作其实从未在现实中出现过。

书中所有虚拟书评中，最独特的当属最后一篇：《宇宙创始新论》。在历经五重虚拟以后，它终于让读者得以窥其本貌。这是一篇虚构的"诺贝尔奖颁奖典礼上的发言稿"，它引自一本虚构的纪念文集《从爱因斯坦宇宙到特斯塔宇宙》。发言稿的主要内容，则是一位并非真有其人的物理学家阿尔弗雷德·特斯塔教授，介绍和评论另一本"对他本人影响至深"的虚拟著作：《宇宙创始新论》（下文简称《新论》）。此书的作者，自然也是位虚拟出来的人物，名叫阿里斯蒂德·阿彻罗普斯，一位哲学博士，一生默默无闻，《新论》是其唯一一本哲学论著，由于思想太过怪异，写成后几乎无人理睬，最终作为科幻小说系列丛书中的一本发表。

据特斯塔教授的介绍，书中那种离经叛道思想的产生，除了和作者本人内敛的反叛天性有关之外，另一个原因，则是由于 SETI 长久以来的一无所获：

> 宇宙在最最精妙的电磁仪器监听下顽固地保持沉默，其中仅仅充满了恒星能量的要素放射的"吱吱噼啪"声。宇宙深不可测，所有深渊里都显示无生命迹象。缺乏来自"他宇宙"的信号，外加没有"天文工程学劳绩"的任何迹象，给科学造成了令人烦恼的问题。[1]

而在各门学科参与进这个问题后，它们开始"众口一词"，坚持宇宙一定

---

[1]《完美的真空》，页212–213。

存在其他地外文明,认为理论上地球是被一大批文明所包围,虽然距离都应该是恒星量级的。但这个观点却和实际的搜寻结果不符,地球周围的四面八方仍然是毫无生气的空洞。

理论与现实的这种相悖,促使阿彻罗普斯试图为其找到一种可能的解释。不难看出,这种"相悖",其实就是费米佯谬。

需要说明的是,文中言及,科学界在地外文明缺席的问题上"众口一词",达成一致意见云云,应该是莱姆的一种文学手法。真实的情形是,各门学科——正如书中所逐一列举的:有机化学、生化合成、理论生物学、演化生物学、行星学和天体物理学,在这个问题上,从未达成过一致意见。

四、宇宙文明分级思想

在现实中,莱姆本人曾发表过对费米佯谬的看法。一次访谈中,当采访者问及"是否相信在宇宙的其他地方,其他行星,或别的星系中,存在生命,即别的生命形式",莱姆回答:

> 我想可能会有……我一直为这种可能留有余地,同时也疑惑,尽管一直有各种遭遇其他文明的说法在喧嚣流传,但为什么还没有任何迹象表明他们存在呢?不像目前有些人的悲观,在这点上我很乐观,我想在未来的10年,20年,或者50年内,情形可能会有改变,我的意思是,存在着这种可能性,人类会遇到太空中其他地方一些想象中的兄弟文明,或是别的文明形式的。我主要考虑的是,宇宙中单个生命汇集点的距离远得令人难以置信,它们之间存在着一个难以克服的障碍。[1]

莱姆的笔下人物阿彻罗普斯,无疑秉承了作者的乐观。他坚信,宇宙文明其实无所不在,问题只在于,我们没有感知到他们。人类一系列的观测活动尽管毫无所获,但并不能因此说明他们不存在,很大的可能是,他们原本就是不能被观测到的。

阿氏——特斯塔教授下面对他的尊称——认为,宇宙刚刚出现的时候,

---

[1] Raymond Federman, "An Interview with Stanislaw Lem", *Science Fiction Studies*, vol. 10, part 1, March 1983, http://www.depauw.edu/SFs/interviews/federman29.htm.

第一批生命种子就已经在第一代恒星系的行星上萌动了,经过百亿年不间断的演化变迁,这第一代出现的宇宙生命已经成为了一种高级文明形态。与之相比,才有几十万年历史的地球文明只能算是还处于胚胎阶段。

书中接着提出了一个思想实验:假定,一个文明已经持续繁荣发展了几十亿年,会是什么模样,从事什么工作,给自己定下什么目标?阿氏认为,工具性技术只有在技术文明仍然处于胚胎阶段的文明才需要,十亿年的文明则使用"自然法则"为工具。这种自然法则,对处于"胚胎时期"的文明,如地球文明,当然是不可(也不能)违反的,但对于十亿年的文明层次而言,他们可以自主制定自然法则。此处莱姆着墨不多,不过倒是和科学界一个重要的假想相关。

1965年,苏联物理学家卡尔达谢夫(N. S. Kardashev)在一篇文章中,提出了以能量利用率为判定的宇宙文明分类标准。[1]该分类标准提出后,很快在相关领域内被接受,后被称为"卡尔达谢夫标度"(Kardashev Scale):

Ⅰ型文明(KⅠ):发展这种水平的文明,能够充分开发利用自己栖息的那颗行星上的自然资源。以这个标准衡量的话,地球文明还算不上Ⅰ型文明,因为人类目前只有能力利用地球资源的一部分。

Ⅱ型文明(KⅡ):这种文明类型,可以利用"戴森球"(Dyson Sphere)[2]和类似的装置,来开发利用一颗恒星的能量输出,或采取更加不可思议的方式,比如把星际物质"喂进"一个黑洞,然后产生出能利用的能源。毫无疑问,这样的文明已经可以打破光速壁垒进行超空间旅行,他们要比地球文明先进几千年甚至于几万年。

Ⅲ型文明(KⅢ):处于该级别的文明,已经掌握了能利用其所处星系全部资源的技术,这种能力对我们说来,有着上帝般的全知全能,但却又在物理定律允许的范围内。

---

[1] N. S. Kardashev, "Transmission of Information by Extraterrestrial Civilizations", *Soviet Astronomy*, 1964, vol. 8, p. 217.

[2] "戴森球",是由物理学家弗里曼·戴森设想出的一种超级结构(mega-structure)。戴森认为,地球这样的行星,本身蕴藏的能源是非常有限的,远远不足以支撑其上的文明发展到高级阶段;而一个恒星—行星系统中,绝大部分能源——来自恒星的辐射——都被浪费掉了,目前我们太阳系各行星只接收了极少部分的太阳辐射能量。一个高度发达的文明,必然有能力将太阳用一个巨大的球状结构包围起来,使得太阳的大部分辐射能量被截获,只有这样才可以长期支持这个文明,使其发展到足够的高度。Freeman Dyson, "Search for Artificial Stellar Sources of Infra-Red Radiation", *Science*, 1960, 131, pp. 1667 – 1668.

后来的邓和张,在此基础上提出了更加细化的新的分类标准[1]:

Ⅰ型文明:这种文明形态,以个体方式,通过驯养低级的生命形式,在私人工具的帮助下,本能地利用行星上裸露的表层能源。

Ⅱ型文明:在人工建造物的帮助下,如水轮和风车,利用行星表层的自然资源作为动力支持。

Ⅲ型文明:利用行星表层之下的矿物、裂变同位素和矿藏作为能源支持。

Ⅳ型文明:大规模使用核聚变技术,无论是在行星上,宇宙空间里,还是以最本初的方式(太阳能)。

Ⅴ型文明:反物质作为能源储备被广泛使用。

Ⅵ型文明:利用来自时空中的能源,可能利用黑洞裸奇点来作为动力装置获取能源。

在"卡尔达谢夫标度"和后来新的宇宙文明分类标准下,无论先进的宇宙文明(如果他们存在的话!)技术水平发展到什么程度,他们遵从的都是一套物理学法则。正如物理学家加来道雄(Michio Kaku)所言:

> 虽然不能精确预言这些先进文明的具体特征,但他们的大体轮廓是可以通过物理法则来分析的。无论我们与他们的距离是多少光年,他们也还得遵从物理学铁一般的定律。从亚原子粒子到大尺度的宇宙结构,尽管令人惊愕地跨越了43个量级,但都可通过现在发展得足够先进的物理学定律来得到解释。[2]

但是,上述也仅仅是作为一种猜想。因此也就意味着,可以与它同时并列着完全相反的另一种设想,比如莱姆《新论》中幻想的那种可以操控自然法则的高级文明,就已经远远超越了"卡尔达谢夫标度"中所包含的最高文明类型。著名物理学家约翰·巴罗(John Barrow)对这种设想持开放态度:

> 假定我们把文明级别无限上推,处于Ⅳ、Ⅴ、Ⅵ类型的超级文明成

---

[1] Tong B. Tang, Grace Chang, "Classification of extraterrestrial civilizations", *Q. JL. R. astr. Soc.*, 1991, 32, pp. 189-191.

[2] http://www.astrobio.net/news/modules.php?op=modload&name=News&file=article&sid=939&mode=thread&order=0&thold=0.

员,将能够操控越来越大尺度上的宇宙结构,包括众多的星系、星系团和超星系团。[1]

在上述宇宙文明分级制的讨论下,地球文明始终被设想成一种处于最低端的文明形式。不过,稍稍回想一下前面所提及的"珍稀地球假说",就会发现,这种结论在那儿又被完全倒置了。

五、宇宙博弈理论

阿彻罗普斯设想,宇宙中处于不同等级的文明类型,一开始的时候,共存于一个原生宇宙中。原生宇宙的总体形态,就犹如一个蜂窝状的物理异质同构体。在其中的若干巢室里,会出现独立的文明形态。它们所依托的物理学法则与邻区完全不相同,且相互距离非常遥远。各个文明在这个宇宙圈子里独立发展,相互隔绝,都以为自己在宇宙中是独一无二的。但在无意识不自觉的情形下,它们之间还是会发生相互博弈。阿氏把此过程分为三个阶段。

一开始,随着力量和知识的增长,一个独立的文明形态会向四周扩张。它不可能与其他文明直接接触,但它本身具有的物理学法则在扩张过程中,却能撞上邻区的物理学。这就是宇宙文明初级形态之间的第一次博弈。

继续发展下去就是第二次博弈。各个文明间不同的物理学法则虽然相撞,却没有产生任何沟通及联络,而是发生了激烈的反应,在冲突的前沿出现烈焰爆发,以及各种各样的湮没和转换释放出巨大的能量。

第二次博弈这种正面冲突所产生的结果,使得宏观宇宙中每个独立的文明形态开始着手改变现状,即改变各自的物理法则。阿氏强调,这并非是任何共同协商安排的结果,而是各自为了追求利益最大化而产生的一种自发转向。决策尽管由各个玩家分头做出,但结果却是相同的。博弈进入第三个阶段——也就是现在所处的阶段,整个宇宙最终由相同的物理学法则所支配。

阿彻罗普斯以这样的方式,构建了这样一种"宇宙创始新论":我们这个

---

[1] http://www.astrobio.net/news/modules.php?op=modload&name=News&file=article&sid=939&mode=thread&order=0&thold=0.

宇宙的物理学法则,并非是在宇宙创生时就是现在的样子,它是原生宇宙中各个物理学区域在经历相互博弈后,所得到的结果。

阿彻罗普斯认为,在该理论框架下,宇宙结构的一些基本特点,可以找到"一种深刻的解释"。一、宇宙以有限速度在持续膨胀。新的行星和新的文明在恒星演化中不断产生,膨胀宇宙使得这些未来玩家候选人、年轻文明形态分开的距离,永远是广漠的。二、存在光速壁垒。光速壁垒限制了各个文明形态远距离行动速度的上限——速度与能量投入并非一直成正比,这就消除了那种可能性:某一玩家通过垄断物理学法则,控制参与博弈的所有其他伙伴,从而禁止了宇宙局部同盟的出现(此处几乎就是刘慈欣的"猜疑链"——江按)。三、时间不可逆转。某些文明形态会不遗余力试图找到更改因果律的途径,希望可以借助某种手段回到过去,改变博弈伙伴此前发生的历史事件,进而达到支配它们的目的。时间不可逆转,使得这种企图成为不可能。

按照书中阿彻罗普斯的观点,光速壁垒和宇宙时间不可逆转,彻底限制了时空旅行的可能性。而现实中,时空旅行在物理学界仍然是一个没有定论的问题,针对它的讨论一直还在继续。[1]

在上述宇宙模型下,阿彻罗普斯为"沉默宇宙",即"费米佯谬",提供了一种解释。他认为,尽管宇宙中遍布各种文明形态,但由于受制于宇宙定则,它们只能保持沉默。首先,它们各自使用的语义使得沟通不可能实现;其次,它们之间存在的相当遥远的空间距离,使得某一方即便是能获得另一方的信息,也一律是过期的。

阿彻罗普斯还专门为"沉默宇宙"提出了两条基本规则。第一条,低一等的文明无法找到其他宇宙文明,不仅因为它们沉默,还因为它们的行为在宇宙背景中并不凸出——它们就是那个背景;第二条,高等的宇宙文明并不以关爱或者垂教的态度与年轻文明沟通,因为它们无法明确这种沟通的传送地址。

书中阿彻罗普斯的宇宙创始新论,作为一位哲学家的纯思辨性构想,提出时饱受冷落,事实上,即便是对从它那儿受到极大启发的人而言,也还存在太多的疑虑和困惑。特斯塔教授指出,他的宇宙博弈三阶段论的构想,尽

---

[1] 相关内容较详细的分析,见穆蕴秋、江晓原:《科幻中时空旅行之物理学历史理论背景研究》,《我们的科学文化·1·科学败给迷信?》,华东师范大学出版社,2007年,页87。

管看似简洁明了,但事实很可能不是这么回事儿。那具体细节究竟应该是怎样的呢? 无从知晓。因为,目前所掌握的物理学,完全不可能往前推导出相关的博弈结构细节——连部分都不行。

但是根本的一点,"阿氏的天才直觉",却是正确的。那就是,宇宙法则在宇宙产生的时候就是完备的,这一点作为物理学的第一假设前提,是有问题的。事实上,宇宙常数并非恒常不变——波尔茨曼常数正在变小。特斯塔教授正是凭借与此相关的物理学上的超凡业绩,获得诺奖。

可以看出,《宇宙创始新论》,通篇都是不着边际的幻想,但其与众不同之处在于,它力图为地外文明缺席的问题,构建一套合乎逻辑的解释。这几乎是此前的科幻作品从来没有做过的事情——绝大部分科幻作品在涉及这个题材时,讲述的都是人类怎么样和地外文明相遇的故事。

而事实上,在莱姆此前的另一部小说——为他带来广泛声誉的《索拉里斯星》(*Solaris*, 1961)[1]一书中,就已对地外生命的问题,进行过深度思考了。

六、从《索拉里斯星》到《宇宙创始新论》

《索拉里斯星》,是莱姆发表于 1961 年的一部科幻小说。它曾于 1972 年(苏联)和 2002 年(美国),两次被改编拍成电影。苏联导演安德烈·塔克夫斯基(Andrei Tarkovsky)首次将其搬上银幕并在美国公映时,曾有评论将其称为"一个发生在太空中感人至深的爱情故事"。莱姆不同意这种看法,他声称,由于没看到电影,不好对影片做评价,但可以就自己原作发表一点看法。在为此专门撰写的文章中,莱姆清晰点明了这部小说的主旨:

> 在《索拉里斯星》中,我试图呈现一个主题,人类在太空中和某种生命形态的一次相遇,而这种生命形态既非人类也不具有人的特性。[2]

而之所以萌生这样的写作念头,莱姆的理由是:

---

[1] 斯坦尼斯拉夫·莱姆:《索拉里斯星》,陈春文译,商务印书馆,2005 年。
[2] http://www.lem.pl/english/kiosk/kiosk.htm#solstation.

科幻中一直在假定,我们遇到的外星生命会和我们玩某种游戏,而且人类也很快就知晓了这种游戏规则(大多数情形下,这种"游戏规则"就是战争谋略)。但在这部小说中,我想切断一切能导引出人类化身的线索。[1]

小说中,"索拉里斯星"是一颗围绕两颗太阳运行的地外行星,它直径比地球大 20%,几乎全部为大洋所覆盖。这颗行星最先激起科学家的兴致,是因其运行公转轨道的异常。在人类现有知识无法对此给出一种合理的解释时,问题逐渐集中在索拉里斯星本身——大洋的构成,以及它的存在上。

各门学科各种观点在此狭路相逢,试图一展身手。论战不休的结果是,谁也无法说服谁。针对这颗行星的研究,甚至专门出现了一个学派:索拉里斯学。索拉里斯学家们为这颗行星收集的数据,虽然已到了汗牛充栋的地步,但科学竭尽所能,却还是无法窥穿索拉里斯星的谜底。

到书中主人公的年代,对索拉里斯星的研究,已经延续了差不多一个世纪。蓬勃兴盛的研究风潮在这个时候已彻底跌入谷底,科学团体对先前的一无所获采取一种"复仇式"的态度进行报复,他们干脆在后继研究中把索拉里斯星当作完全没有意义的对象进行冷处理,对其当下状况漠不关心。科学的全身而退,使得伪科学在该领域大行其是了一阵子,同样无所作为后,这股风潮也自行熄灭了。

上述莱姆对索拉里斯星研究的学术史概况描述,尽管纯属虚构的小说情节,但整个过程却足以乱真为一个典型的科学研究范例。

不过,真正令人叹为观止的,还是莱姆在小说中所"虚拟"的一系列索拉里斯星研究手稿和文献——由此亦可见,十年后,莱姆在《完美的真空》中巧妙运用的那种写作形式,为一系列根本并不存在的书写评论,其实在《索拉里斯星》中就已反复演练过了。[2]

---

[1] http://www.lem.pl/english/kiosk/kiosk.htm#solstation.
[2] 《完美的真空》之后,莱姆的另外一本著作 *Imaginary Magnitude*(1973),也采用了这种方式写作,这一次事情变得更加夸张,不仅所评的书不是真实存在的,评论者也不再是人类,而是由人工智能来充当。不过,这种写作手法却并非莱姆所独创。阿根廷作家博尔赫斯(Jorge Luis Borges,1899—1986)出版于 1941 年的小说《赫伯特·奎因作品分析》,就曾采用过这种写作方式。见《博尔赫斯全集》(小说集),浙江文艺出版社,页 110。

莱姆本人对地外文明的观点,集中体现在他笔下虚拟出的两本书中——在小说里,此两书被视为索拉里斯学研究史上不折不扣的"另类"之作,且皆极为短小精悍,都不过十几页篇幅而已。

一本是《索拉里斯引论》,它由一位叫蒙丢斯的人所著。蒙丢斯在书中尖刻地指出,索拉里斯星是太空时代的宗教替身,它是披着科学外衣的信仰,人类寻求与它沟通,这种目标差不多就类似于宗教圣徒们希求神的降临一样,是一种信仰。而科学家对它的勘察活动实际上无异于礼拜仪式,所谓的方法论不过是一种装饰而已,研究者谦恭的劳作实际上就是在等待福音的突然降临罢了。之所以如此,归根结底,原因可归于,索拉里斯星和地球之间没有桥梁,也不可能有什么桥梁。[1]

面对索拉里斯星这一庞然大物,最好的数学家、物理学家、生物物理领域的顶尖人物、信息论领域的高手、电子生物学领域的杰出人物,花了数十年的时间,默默奉献在与此相关的研究上。但是,关于这颗行星,能够被清晰界定的结论仍然遥不可及。在收集资料的速度越来越快,数量也越来越多的同时,那种长久以来一直支持着科学家赖以坚持下去的信念却开始逐渐萎缩。面对一直以来的困惑无解,有科学家甚至因为"突然爆发的绝望",在大洋上空进行了自杀式飞行,驾驶飞行器向索拉里斯大洋腹地直冲而坠。

莱姆在书中描述的科学在索拉里斯星面前遭遇的这种尴尬,很容易让人联想到现实中 SETI 的处境——人类目前所拥有的科学,在地外文明缺席的问题上,一样束手无策。[2] 而且,巧合的是,SETI 在经历长久的一无所获后,也遭遇了与莱姆书中对索拉里斯星研究类似的质疑。物理学家弗兰克·蒂普勒(Frank Tipler),在发表于英国皇家天文学学会杂志上的一篇文章中,历数了萨根(Carl Sagan)、霍伊尔(Fred Hoyle)、德雷克(Frank Drake)等人的书面言论后,就指责说,这些对地外文明持拥护态度的科学家,他们对 SETI 所抱有的热情,已经非理性到了带有"半宗教性动机"(semi-religious motivation)的地步。[3]

---

[1] 《索拉里斯星》,页 266。

[2] 2005 年,美国《科学》(Science)杂志为庆祝创刊 125 周年,在 7 月 1 日的纪念刊上,列出了迄今我们还不能回答的 125 个科学问题。"人类在宇宙中是唯一的吗?"被列入最受关注的 25 个问题中。

[3] F. J. Tipler,"Additional Remarks on Extraterrestrial Intelligence", *Royal Astron. Soc. Quarterly Journal*,1981,vol. 22,p. 279.

与《索拉里斯引论》并列的另一本书,则是一个名叫格拉腾斯特罗姆的人所写的小册子——尽管没有书名,却被誉为索拉里斯学文献史上最鲜艳夺目的另类"奇葩"。[1]

在各个科学门类试图为大洋的存在找到一个解释,但最后全以失败而告终后,格拉腾斯特罗姆把目光转向了反省人类自身。在追踪了那些极为重要的经典理论——相对论、场论、超静态理论和宇宙统一场论后,他提出,人类身体的感觉痕迹,所有这一切都是由人类感知的存在所决定,都由人类技能的构造所决定,由人类躯体在动物性方面的局限性和缺陷所决定。由此得出的结论是:人类与任何一种非人类的"沟通"都是不可能的,与任何一种人类之外的文明"沟通"都是不可能的,而且根本就考虑都不要考虑。[2]

故事中,每一位亲临索拉里斯星大洋上空进行考察的科学家,都有过梦魇一般的经历,他们会遇见一些原本存在于记忆中的访客。比如,主人公凯尔文在太空舱中就见到了他死去的妻子海若,而一些细节提示她显然是复制版本。据书中另一位考察者斯诺的猜想,这种情形的始作俑者其实就是索拉里斯大洋,"大洋能从人类的大脑索取记忆,并摘录它们"[3],因此,"一个不能否认的事实就是,大洋有能力合成加工连人类自己都办不到的事,如合成加工人类的身体,它甚至还能把人类的身体搞得更加完美,对人体进行亚原子层次的结构改造"。

但是,为什么大洋要进行这种行为,人类却无法理解。也就是说,索拉里斯星作为一个生命体,它不仅存在,而且会思考,还有作为能力,但是,人类无法也不可能换位去思考,它那些古怪的行为究竟含有什么目的。

人类不可以把自己对周围世界的感知经验,妄图套用于存在于宇宙中其他地方的"非人类"身上,比如像"索拉里斯星"这样的地外生命形式。这是莱姆在《索拉里斯星》中反复强调的观点,并且,这个思想还被他一以贯之到后来的《宇宙创始新论》中。

特斯塔教授在他的演讲中指出,阿彻罗普斯在利用他的宇宙博弈理论来解释"沉默宇宙"时,尽管已经意识到,宇宙中玩家们的动机不能依靠人类的内省来进行重温,但还是无法避开这一点,而是宣称,在工具上、科学上越

---

[1] 《索拉里斯星》,页263。
[2] 同上,页264。
[3] 同上,页111。

发达的宇宙文明,应该会越符合伦理道德的说教,高级玩家们之所以保持沉默,是因为他们希望年轻的文明走好。特斯塔教授认为,这是该理论中最明显的败笔,因为:

> 人类不可能了解玩家的心理,不可能理解他们的伦理法则,因为没有数据。我们不能顾自想象玩家们的想法、感觉、欲望,就像猜想某物"作为电子而存在"的含义无法建立物理学一样。[1]

从上述可以看出,莱姆在写作《索拉里斯星》的时候,其实就已从多个层面开始思考关于地外文明的问题了——此书出版的1961年,正值SETI项目刚刚开始。作进一步的设想,也许还能这样说,后来的《宇宙创始新论》,可算是他在这个问题上的一篇集成之论。

七、余 论

莱姆的《宇宙创始新论》,在幻想背后,其实是欲图对地外文明缺席的问题,构建一套解释体系。这使得它相比于此前绝大多数科幻作品,显得很与众不同。本文第一、二部分揭示了产生这种结果的背景原因,并得出结论,《宇宙创始新论》,尽管作为一篇幻想故事,但可归入费米佯谬解决的一例。

从发表年份上可以看出,《宇宙创始新论》,先于其他几种有代表性的解决方案,对费米佯谬作出了专门回应。

尽管费米佯谬存在诸多解决方案,但在目前的情形下,都无法得到证实或证伪。完全存在一种可能性:当谜底最终被揭晓时,它们中谁也不是真正的答案。

布瑞恩(Brin)在他那篇著名的论文中曾说过:"很少有哪个重要的问题像地外文明问题这样,研究证据如此缺乏,无任何预期保证,仅能靠推测进行——却又是如此和人类的终极命运息息相关。"[2]所以,费米佯谬,某种意义上而言,更是一块神奇的"精神狩猎场",它给那些有志于此的研究者和幻想者留下了巨大的施展空间。其中典型的像巴克斯特,除了为费米佯谬

---

[1] 《完美的真空》,页226。
[2] G. D. Brin, "The Great Silence: the Controversy Concerning Extraterrestrial Intelligent Life".

提供了"天文馆假说"之外,在他著名的科幻小说 Manifold 三部曲[1]中,每篇故事分别为费米佯谬提供了一种不同的解决方案。

　　费米佯谬,虽然目前是作为一个严肃的问题被讨论,但这一概念的产生,却是得自于费米和其他几位科学家在早餐闲聊过程中谈及的一个话题。当时在座的除费米本人外,还包括他在洛斯阿拉莫斯国家实验室(Los Alamos National Laboratory)的几位同事:爱德华·特勒(Edward Teller)[2],赫伯特·约克(Herbert York)[3],埃米尔·科诺平斯基(Emil Konopinski)[4]。该问题后来得以用费米的名字命名,并广为流传,除了它本身确实是一个问题外,某种程度上,与当时参与谈论这个问题的科学家们的显赫名声似乎也不无关系。

原载《我们的科学文化·3·科学的异域》,华东师范大学出版社,2008 年

附录一:SETI 实施至今的一系列项目(根据 SETI 官方网提供数据整理所得):

计　划	实施年份	发起方	观测配置及范围
奥茨玛计划(Project Ozma)	1960 年	康奈尔大学	直径为 25 米的射电天文望远镜
"大耳朵"(Big Ear)	1963 年	俄亥俄州立大学	使用装备了抛物面镜的平面(flat-plane)射电望远镜,扫描宇宙中无线电信号

---

[1]　巴克斯特的 Manifold 三部曲,分别为 Time:Manifold 1(1999),Space:Manifold 2(2000),Origin:Manifold 3(2001)。三个故事分别被设置在不同的多宇宙世界中,每个故事的主人公是同一个人。

[2]　爱德华·特勒(Edward Teller,1908—2003),"氢弹之父"。特勒将毕生的精力用以研发美国的核武器。他极力主张发展原子弹和氢弹、核能以及战略防御体系,因此对美国的国防和能源政策产生了深远影响。

[3]　赫伯特·约克(Herbert York, 1921—),核物理学家。

[4]　埃米尔·科诺平斯基(Emil Konopinski,1929—2007),核物理学家。参与研制美国第一枚原子弹和第一枚氢弹的工作。

(续表)

计　　划	实施年份	发起方	观测配置及范围
赛克罗普斯计划（Project Cyclops）	1971 年	NASA 新成立的 SETI 研究中心	带有 1500 个碟形天线的置地式射电天文望远镜
SERENDIP Ⅰ SERENDIP Ⅱ SERENDIP Ⅲ SERENDIP Ⅳ	1979 年 1986—1988 年 1992—1996 年 1997—	加利福尼亚大学	100 个频道的光谱分析能力 每秒能观测 65,000 个频道 每 1.7 秒能检测 4,200,000 个频道 每 1.7 秒能检测 168,000,000 个窄带频道
"哨兵"计划（Sentinel）	1983—1985 年	哈佛大学	具有扫描 131,000 窄带频道的能力
百万频道地外文明搜索计划（META）	1985—1999 年	哈佛大学	能够同步对 8,400,000 个频道进行扫描分析
微波观测计划（MOP）	1992—1993 年	美国政府	计划对 800 颗特定临近星体实施"目标搜索"，同时用望远镜进行一般"天空观测"，扫描整个天区
千万频道地外文明搜索计划（BETA）	1995—1999 年	哈佛大学	能够同步接收 250,000,000 个频道的信号，并对其进行扫描分析
凤凰计划（Project Phoenix）	1995—2004 年	加利福尼亚山景市 SETI 协会	通过可利用频道，观测了从 1200MHz 到 1300 MHz 频率区间内的 800 颗星体
SETI@home	1999 年至今	伯克利分校	全球分布式计算
艾伦望远镜阵列（Allen Telescope Array）	计划 2007 年完成	SETI 协会和伯克利分校的射电天文实验室合作项目	其灵敏度将与直径超过 100 米的单个巨型碟型射电天文望远镜相当

附录二：史蒂芬·迪克所收集的对费米佯谬的五十种解决方案

一、他们在这儿
1. 他们在这儿，他们叫自己匈牙利人（该方案纯属调侃）。
2. 他们在这儿，他们正卷入人类事务中。
3. 他们在这儿，已经留下了他们出现的证据。
4. 他们是存在的，他们就是我们——我们都是外星人。
5. 动物园假想。
6. 隔离假想。
7. 天文馆假想。
8. 外星文明有着上帝般的全知全能，正是他们创造了我们的宇宙。

二、他们是存在的，但仍然没有和我们进行通信
9. 他们居住的星球是遥远的。
10. 他们还没来得及到达我们这儿。
11. 用浸透理论来解释地外文明的缺席。[1]
12. 地外文明没有亲自进行星际旅行，而是利用探测器（如能进行自我复制的布瑞斯威尔-冯·诺依曼探测器）来进行星际拓殖，所以我们未能接触到他们。
13. 宇宙中很多别的地方，比太阳系对地外文明的吸引力要大。
14. 受制于技术能力，或是压根就缺乏这方面的兴趣，地外文明选择自给自足地留在自己的行星上。
15. 地外文明生活在虚拟世界之中，他们已经彻底脱离真实世界，自然就不会有与其他文明交流的想法。
16. 他们也在发射信号，但我们不知道怎么接收。
17. 他们也在发射信号，但我们不知道接受哪个频率。
18. 我们的搜寻策略是错误的。

---

[1] Geoffrey A. Landis, "The Fermi Paradox: An Approach Based on Percolation Theory", *Journal of the British Interplanetary Society*, London, 1998, vol. 51, pp. 163–166. Originally presented at the NASA Symposium "Vision – 21: Interdisciplinary Science and Engineering in the Era of Cyberspace" (NASA CP – 10129), Mar. 30–31, 1993, Westlake, OH U.S.A.

19. 地外文明的信号已经收集在数据库中了,只是还没有被分辨出来。
20. 我们接听信号的时间还不是足够长。
21. 所有的宇宙文明都在接听信号,却没有往外发射信号。
22. 宇宙中遍及攻击性很强的"狂暴战士"(Berserkers),它们阻挠了地外文明的出现,或是消灭了其他地外文明。另一种可能是,地外文明害怕引起它们的注意,从而不敢向外发射信号。
23. 地外文明没有接触其他文明的欲望。
24. 地外文明发展出了一套不同的数学理论。
25. 地外文明正在呼叫,但是我们却没有辨识出信号。
26. 地外文明在某个地方,但是宇宙比我们想象的要奇怪。
27. 地外文明在能进行星际旅行之前,由于自身造成的灾难,已经灭绝了——战争,人口过剩,纳米技术带来的危害(纳米机器人),量子物理带来的危害。
28. 他们撞到了发展的"奇点"上,已经自行毁灭了。
29. 地外文明没能进一步了解他们自己星系之外的宇宙情形,没萌生出星际交流的想法。
30. 无数个外星文明存在着,但是只有一个落在了我们的量子视界内——我们自己。

三、他们并不存在

31. 强人择原理。宇宙的存在就是为了观测者——人类的出现。
32. 生命形式在宇宙中才刚刚出现不久。
33. 行星系在宇宙是稀有的。
34. 我们是首先出现的宇宙文明。
35. 岩质行星是稀有的。
36. 在一个星系里,连续的可居住区域是狭窄的。
37. 太阳系中,木星对地球生命的存在起到至关重要的作用。别的星系没有像木星这样的星球出现。
38. 地球拥有一种最佳的"进化泵"。
39. 银河系中危险无处不在。
40. 行星系中危险无处不在。
41. 地球的板块构造体系是独一无二的。

42. 从原核生物进化到真核生物,是稀有现象。
43. 地球的月亮是独一无二的。
44. 生命的基因是稀有的。
45. 能使用工具的物种是稀少的。
46. 科技的发展并非是必然的。
47. 能到达人类水平的智慧生物是稀有的。
48. 人类语言是独一无二的。
49. 科学的出现,并非是必然的(地外文明也许并没有发展出他们的科学)。
50. 史蒂芬·迪克本人的观点——综合上述多项因素考虑,地球是独一无二的。

《自然》杂志科幻作品考*
——Nature 实证研究之一

一、绪　　论

英国《自然》(*Nature*)杂志从1869年创办至今,经过约一个半世纪的经营,已成为具有国际声誉的周刊。在习惯性的语境中,它的声望总是与它发表过的那些科学史上的重要论文联系在一起:中子的发现(1932年),核裂变(1939年),DNA双螺旋结构(1959年),板块构造理论(1966年),脉冲星的发现(1968年),南极上空臭氧空洞(1985年),多利羊的克隆(1997年),等等。相关的科学经典论文选集,目前已出版数种,兹举其中有代表性的两种:

《〈自然〉百年》(*A Century of Nature*),书中收入了1900年(普朗克提出量子理论)到1997年(多利羊克隆)近一百年间的102项重大科学发现。其中重点列出21项,每篇原始论文皆附有知名科学人士所写的导读。[1]

《〈自然〉百年科学经典》(*Nature: the Living Record of Science*)预定出版十卷,所选文章涵盖物理、化学、天文、地理和生物等基础学科及众多交叉学科,全部中英文对照。从已出版的一、二卷来看,和前面那类集选已经有了一个明显的区别,它不再试图向读者勾勒这样的图景:科学发展的历程,是从一个胜利走向另一个胜利,一个成果接着另一个成果。书中甚至收进了

---

* 本文系与穆蕴秋合著。
[1] *A Century of Nature: Twenty-One Discoveries that Changed Science and the World*, Chicago: University of Chicago Press, 2003.

一些在主编看来"简直算得上是臭名昭彰"的文章,比如关于"水的记忆"的文章,以及关于名噪一时的"冷核聚变"的文章。这两个事件现在基本上被科学共同体界定为骗局。[1]

以上两类选集所记录的科学史上的一座座"丰碑",在彰显《自然》丰功伟绩的过程中发挥了重要的作用,但它们并不能代表《自然》的全部,事实上,还存在另一类文集,它们在内容上可以与上面那类选集形成互文。兹举两例:

《枕边〈自然〉:科学史上的天才和怪异》(*A Bedside Nature*: *Genius and Eccentricity in Science*),是1869年到1959年90年间发表在《自然》杂志上的文章选集。与前两种文集最大的区别在于,"科学经典"不再是筛选标准,"趣味性"成了主要侧重点——书名"枕边"即隐含此义。书中收入了大量曾正式发表在《自然》杂志上,但在今天看来匪夷所思、错误甚至荒谬的文章。本书编者声称,希望用《自然》杂志上的这些"成功失败,奇情异想"的文章,呈现一幅十九至二十世纪的科学全景图。[2]

《幻想照进〈自然〉:百篇科幻精选》(*Futures from Nature*: *100 Speculative Fictions*,后面简称《百篇精选》)[3],这是刊登在《自然》的短篇科幻小说选集。《自然》从1999年起新辟了一个名为"未来"(Futures)的栏目,专门刊登"完全原创"、"长度在850—950字之间"的"优秀科幻作品"。[4]2007年,专栏主持人亨利·吉(Henry Gee)从中挑选出100篇优秀作品,集辑成此书。

到目前为止,尽管《自然》杂志的各类精选集已经出了好几部,但让人感到诧异的是,相关的科学史研究成果却并不多见。[5]

本文将以《自然》杂志上发表的科幻作品作为主要研究对象,从科幻

---

[1] Sir John Maddox、Philip Campbell:《〈自然〉百年科学经典》,第一卷,路甬祥主编,外语教学与研究出版社、麦克米伦出版集团、自然出版集团联合出版,2009年。

[2] Walter B. Gratzer, ed., *A Bedside Nature*: *Genius and Eccentricity in Science 1869 – 1953*, London: W. H. Freeman & Co, 1997. 该书中译本近期将由上海交通大学出版社出版。

[3] Henry Gee, ed., *Futures from Nature*: *100 Speculative Fictions*, New York: Tor Books, 2007. 该书中译本近期亦将由上海交通大学出版社出版。

[4] "Nature's Guide to Authors: Futures" [EB/OL], 2013 – 5 – 7, http://www.nature.com/nature/authors/gta/others.html#futures.

[5] 这一点可以从《自然》现任主编威廉·坎贝尔那里得到支持,他在《〈自然〉百年科学经典》的前言中说:"然而,令人颇为诧异的是,此前居然没有任何关于《自然》出版历史的有分量的概述。"参见:《〈自然〉百年科学经典》,页13。

参与科学活动的角度出发,对这些作品的科学史意义进行系统考察。这一方面,固然是对作者先前一系列相关实证研究的进一步延伸和拓展;另一方面,则是由于《自然》在国内学界如今享受着至高无上的待遇,本文的研究,亦可以为人们更加全面认识和了解这份杂志,提供另一种视角下的例证。

二、《自然》杂志荣膺"最佳科幻出版刊物"

"未来"专栏1999年开设至今,中间暂停过两次。第一次时隔最长,达5年之久,从2000年12月到2005年2月。第二次从2006年12月至2007年7月5日,其间被续接到了《自然物理学》(Nature Physics)上。[1]专栏开设初期,就得到了科幻界很大程度的接纳,这一点从它入选美国《年度最佳科幻》(Year's Best SF)的数据统计可以看出,参见表1[2]:

表1 《自然》杂志科幻作品入选美国《年度最佳科幻》数据统计

杂志 \ 年度入选	2001	2006	2007	2008	2009	2010	2011	2012
《自然》	7	10	3	3	1	0	1	0
《阿西莫夫科幻杂志》	2	8	10	4	4	5	3	2
《奇幻与科幻》	4	1	3	2	3	3	3	4

列表显示,在2000年,也就是"未来"专栏开设一周年的时候,《自然》就有7篇作品入选《年度最佳科幻》(Year's Best SF 6),而老牌科幻杂志《阿西莫夫科幻杂志》(Asimov's Science Fiction)和《奇幻与科幻》(F&SF),入选的数量分别是2篇和4篇。2006年——"未来"专栏二次回归的当年,《自然》更是有10篇作品入选年度最佳。

《自然》刚涉足科幻就受到热捧,与它"顶级科学杂志"的头衔有直接关系。按照通常的看法,科幻一般被当做一种和科学有关的文学类型,但事实上,它在文学领域一直处于边缘,从未成为主流,相比科学更是大大处于弱

---

[1] "Futures' End", Nature, 2000-12-21, 408, p. 885. "Days of Futures Past", Nature, 2006-12-21, 444, p. 972. "Parallel Worlds Galore", Nature, 2007-07-05, 448, p. 1.

[2] David G. Hartwell, ed., Year's Best SF (5-17), New York: Harper Collins, pp. 2001-2012.

势地位。[1]这种情形下,《自然》杂志开设科幻专栏,对科幻人士无疑是一种鼓舞,他们很愿意向外界传达这样一个信息,即科幻尽管未能进入文学主流,却得到了科学界的高调接纳。2005年,欧洲科幻学会甚至把"最佳科幻出版刊物"(Best Science Fiction Publisher)的奖项颁给了《自然》,专栏主持人亨利·吉事后说过一句很有意思的话,他说,颁奖现场"没有一个人敢当面对我们讲,《自然》出版的东西是科幻"。[2]

除此之外,《自然》的号召力还带来了另一重效应,在极短时间内,它就汇集了欧美一批有影响力的科幻作家,"未来"专栏成为一个名副其实的科幻论坛。

为了达到更直观的认识,此处可以《百篇精选》为例作进一步分析。书中对入选文章的作者背景都有简要介绍,通过简单归类统计,可以把这些作者分成三类,参见表2:

表 2 《百篇精选》的作者背景

职业			性别	
科幻作家	写作科幻的科学人士	业余作者	男	女
56人	27人	17人	77人	23人

(资料来源:根据《百篇精选》相关内容整理)

第一类,专职科幻作家。其中包括了阿瑟·克拉克(Arthur C. Clarke,1917—2008)、布莱恩·爱尔迪斯(Brian Aldiss,1925—)[3]、女作家厄休拉·勒奎恩(Ursula K. Le Guin,1929—)[4]、欧洲科幻"新浪潮"代表人物迈克尔·莫尔科克(Michael Moorcock,1939—)[5]等科幻界元老。克拉克的《成长中的太空邻居》("Improving the Neighbourhood"),是《自然》刊登的第

---

[1] 关于科幻在科学和文学两个领域遭遇的现状,资深科幻作者格里高利·本福特在《自然》发表的文章中曾有过论述,参见:Gregory Benford,"Where might it lead?",*Nature*,2001-11-22,414,p.399。他谈到,一些人把虚构的想法贬低为"不过是科幻",言下之意是这类思想缺乏科学所能利用的特设条件。这样的看法可能是来自一种职业文化,即看重的是严格的观测报告,讲求的是符合已被接受的观点,但却很少会去谈及科幻的社会影响。另一方面,即便是现在,主流文学实际上还没有认识到科幻的思想性、创造性和它的社会影响。

[2] "Three cheers",*Nature*,2005-09-01,437,p.2. "Quantified:Futures",*Nature*,2006-07-06,442,p.xi.

[3] Brian Aldiss,"Cognitive ability and the light bulb free",*Nature*,2000-01-20,403,p.253.

[4] Ursula K. Le Guin & Vonda N. McIntyre,"LADeDeDa",*Nature*,2009-03-12,458,p.250.

[5] Michael Moorcock,"The visible men",*Nature*,2006-05-18,441,p.382.

一篇科幻小说。[1]

值得一提的是,这并不是克拉克的作品第一次出现在《自然》上。1968年,导演库布里克(Stanley Kubrick,1928—1999)与克拉克的同名小说创作时同步拍摄的著名科幻影片《2001:太空奥德赛》(*2001:Space Odyssey*)上映后,《自然》随即发表了影评。只是对这部后来被尊奉为"无上经典"的影片,《自然》的评价却并不高,认为故事"进入人类阶段就走向了失败",情节"含糊其辞、轻描淡写",甚至嘲讽它"好在两小时二十几分钟的电影只用了三十几分钟不着边际的对话来破坏极致的视觉体验"。[2]2008年,克拉克91岁高龄去世,《自然》举行了高规格悼念活动,除发表讣告,主编还撰写了社论。[3]

中青代科幻作家中,则有弗诺·文奇(Vernor Vinge,1944—)[4]、罗伯特·索耶(Robert J. Sawyer,1960—)[5]、格里格·拜尔(Greg Bear,1951—)[6]、尼尔·阿舍(Neal Asher,1961—)[7]等知名科幻人士。

第二类,写作科幻的科学人士,依侧重有所不同,还可再分为两类。一类是科学人士中的专职科幻作家。尝试科幻创作最成功的两位科学人士,加利福尼亚大学物理天文学系的格里高利·本福特(Gregory Benford,1941—)和NASA天文学家杰弗里·兰迪斯(Geoffrey A. Landis,1955—),目前都活跃在"未来"专栏上[8],其中本福特最高产。[9]而生物学家杰克·科

---

[1] Arthur C. Clarke, "Improving the Neighbourhood", *Nature*,1999 – 11 – 04,402,p. 19.

[2] Aubrey E. Singer, "Homo Cyberneticus", *Nature*,1968 – 06 – 01,218,p. 901.

[3] "1917 – 2008:A Space Optimist", *Nature*,2008 – 03 – 27,452,p. 387. Gregory Benford, "Obituary:Arthur C. Clarke (1917 – 2008)", *Nature*,2008 – 04 – 02,452,p. 546.

[4] Vernor Vinge, "Win a Nobel prize!", *Nature*,2000 – 10 – 12,407,p. 679.

[5] Robert J. Sawyer, "The Abdication of Pope Mary III", *Nature*,2000 – 07 – 06,406,p. 23.

[6] Greg Bear, "RAM Shift Phase 2 Free",2005 – 12 – 14, *Nature*,438,p. 1050.

[7] Neal Asher, "Check Elastic Before Jumping Free", *Nature*,2006 – 06 – 21,441,p. 1026. Neal Asher, "Recoper Free", *Nature*,2007 – 12 – 12,450,p. 1126.

[8] Geoffrey A. Landis, "Avatars in Space Free",2000 – 02 – 24, *Nature*,403,p. 833.

[9] Gregory Benford 在《自然》上已经发表了如下科幻短篇:"Taking Control", *Nature*,2000 – 08 – 03,406,p. 462. "A Life with a Semisent", *Nature*,2005 – 05 – 11,435,p. 246. "Applied Mathematical Theology", *Nature*,2006 – 03 – 01,440,p. 126. "Reasons not to Publish", *Nature Physics*, 2007 – 11,3,p. 896. "The Champagne Award", *Nature*,2008 – 02 – 13,451,p. 864. "SETI for Profit", *Nature*,2008 – 04 – 23,452,p. 1032. "Caveat Time Traveller", *Nature*,2009 – 04 – 01,458, p. 668. "Penumbra", *Nature*,2010 – 06 – 09,465,p. 836. "Gravity's Whispers", *Nature*,2010 – 07 – 14,466,p. 406.

恩（Jack Cohen, 1933—）[1]和数学家伊恩·斯图尔特（Ian Stewart, 1938—）[2]，则是既能在《自然》上发表学术论文，又能发表科幻小说的"多面手"。另一类是把科幻创作当成业余爱好的科学人士。像收入《百篇精选》的《实例》("A Concrete Example")，就是科学人士 J. Casti 和他的研究小组成员一人一段写成的游戏之作。[3]此外，《自然》杂志一些编辑也可归入此类中。[4]

第三类是业余科幻作者。他们在《百篇精选》中所占比例不到五分之一，其中《爸爸的小错算》("Daddy's Slight Miscalculation")的作者只是一个11岁小女孩——她很可能是《自然》目前为止年龄最小的一位作者。[5]

三、《自然》杂志科幻作品主题分析

《自然》"未来"专栏上的科幻作品，几乎涉及所有常见的科幻主题：太空探索、时空旅行、多世界、克隆技术、全球变暖、人工智能，等等。本节将选择其中有代表性的例证，从科幻作品参与科学探索活动的角度入手，对这些文本进行考察。

1. 科幻作品对科学难题的解答——"费米佯谬"

与地外文明探索有关的"费米佯谬"，尽管源于费米的随口一语，却有着深刻意义。由于迄今为止，仍然缺乏任何被科学共同体接受的证据，能够证明地外文明的存在，另一方面，科学共同体也无法提出任何令人信服的证据，能够证明外星文明不存在，这就使得"费米佯谬"成为一个极端开放的问题，从而引出各种各样的解答方案。这些解决方案大致可以分成三大类：一、外星文明已经在这儿了，只是我们无法发现或不愿承认；二、外星文明存在，但由于各种原因，他们还未和地球进行交流；三、外星文明不存在。

---

[1] Jack Cohen, "Omphalosphere: New York 2057", Nature, 2005-06-22, 435, p.1136.
[2] Ian Stewart, "Play it Again, Psam Free", Nature, 2005-02-02, 433, p.556. Ian Stewart & Jack Cohen, "Monolith", Nature, 2000-12-21, 408, p.913.
[3] J. Casti, "A Concrete Example", Nature, 2006-11-02, 444, p.122.
[4] "Quantified: Futures", Nature, 2006-07-06, 442, p.xi. 文章中提及，截至当时，"未来"专栏上共有15篇科幻小说出自《自然》杂志的编辑之手。
[5] Ashley Pellegrino, "Daddy's Slight Miscalculation", Nature, 2006-02-15, 439, p.890.

本文作者之前曾发表论文,对参与解决"费米佯谬"的科幻作品进行过考察。[1]其实在《自然》杂志上,同样可以找到不少这样的科幻作品,见表3[2]:

表3　《自然》杂志上解决"费米佯谬"难题的科幻小说举例

作　　　者	作品及发表年份	解　决　方　案
大卫·布林	《现实写照》,2000	外星文明已经毁灭
巴克斯特	《火星冰下的秘密》,2005	外星文明已拜访过太阳系的火星
阿拉斯泰尔·雷诺兹	《遭拒绝的感情》,2005	外星文明存在,但无法交流沟通
查尔斯·斯特罗斯	《MAXO信号》,2005	宇宙中充满危险
格里高利·本福特	《不可发表之秘》,2007	宇宙图景是高等文明虚拟出来的

这些对"费米佯谬"的解决当然也可归入上述三大类,其中巴克斯特的设想——人类始终没有发现外星文明的踪迹,是因为他们在几十亿万年前就已拜访过太阳系的火星,当时地球还处于混沌状态——尽管并不太具有说服力,但有两位科学人士随后在给《自然》的来信中谈到,他们关于"费米佯谬"的讨论结果,正是在阅读这篇短文后才受到的启发。[3]

值得一提的是,地外文明探索作为一个受到关注的科学问题,《自然》杂志曾发表过不少这方面的重要论文。其中像天文学家科科尼(G. Cocconi)和莫里森(P. Morrison)1959年发表的《寻找星际交流》("Searching for Interstellar Communications",提出了利用无线电搜索银河系其他文明的构想),就已被一些研究者奉为"经典中的经典"。[4]

---

[1] 江晓原、穆蕴秋:《科学与幻想——一种新科学史的可能性》,《上海交通大学学报(哲学社会科学版)》,20卷2期(2012),页51–60。

[2] David Brin, "Reality Check", Nature, 2000-03-16, 404, p. 229. Stephen Baxter, "Under Martian Ice", Nature, 2005-03-10, 433, p. 668. Charles Stross, Caroline Haafkens & Wasiu Mohammed, "MAXO Signals", Nature, 2005-08-25, 436, p. 1206. Alastair Reynolds, "Feeling Rejected", Nature, 2005-09-29, 437, p. 788. Gregory Benford, "Reasons not to Publish", Nature Physics, 2007-11, 3, p. 896.

[3] R. Kamien, M. Kaul, "Nice Planet, Shame about the Human Race", Nature, 2005-04-28, 434, p. 1067.

[4] Giuseppe Cocconi, Philip Morrison, "Searching for Interstellar Communications", Nature, 1959, 184 (4690), pp. 844–846.

2. 《自然》杂志与时空旅行科幻作品的历史渊源

时空旅行作为一个处于科学与幻想交界上的经典论题,《自然》曾发表过大量相关的学术文章。开设"未来"专栏后,《自然》也刊登了多篇这一主题的科幻作品,如《自造时间机器》("Build Your Own Time Machine")[1]、《照顾自己》("Taking Good Care of Myself")[2]、《特斯拉行动》("Operation Tesla")[3],以及《(外)祖父悖谬》("Grandfather Paradox")[4],等等。其中像《照顾自己》这样的故事还很发人深省,它讲述在未来世界,老无所依是个非常普遍的问题,人们只能通过时间旅行去到未来,陪伴自己直到终老。

事实上,《自然》与该题材的科幻作品素有渊源。早在 1895 年,乔治·威尔斯(H. G. Wells, 1866—1946)发表科幻小说《时间机器》(*Time Machine*),《自然》就刊登了一则匿名书评,书评作者结合威尔斯生物学专业的学业背景,认为小说的科学性在于"帮助人们对持续生物进化过程所产生的可能结果,有了连贯的认识"。[5]不过《时间机器》在科幻历史上产生深远影响,却并非得益于此,而是与小说情节中的两个要素有关——"时间机器"和"时间就是第四维"的创造性设想,它们为后来的科幻作品所反复借用。

1915 年,爱因斯坦发表的广义相对论,使得《时间机器》中"时间就是第四维"的设想,成了有一点理论依据的事情,此后多位物理学家在爱因斯坦场方程中找到了允许时空旅行的解。但时间旅行真正成为一个专门的科学研究课题,或始于基普·索恩(Kip Thorne)有关虫洞理论的研究,而这一研究背后的直接动因,则源于著名天文学家卡尔·萨根 1985 年出版的科幻小说《接触》(*Contact*)。

萨根在创作《接触》的过程中,对自己设想的利用黑洞作为时空旅行手段的技术细节不是太有把握,为了寻找科学上能站住脚的依据,他向索恩求助。索恩和他的助手把相关的研究成果发表在物理学杂志《物理学评论》(*Physical Review*)上,随后在科学领域打开了一个新的研究方向,使得一些科学人士开始思考虫洞作为时空旅行手段的可能性。用索恩的话来说:"一本像《接触》这样的小说,在科学研究上促成一个重要的新方向,这很少见,也

---

[1] Igor Teper, "Build Your Own Time Machine", *Nature*, 2008 – 05 – 01, 453, p. 132.
[2] Jan R. MacLeod, "Taking Good Care of Myself", *Nature*, 2006 – 05 – 04, 441, p. 126.
[3] Jeff Hecht, "Operation Tesla", *Nature*, 2006 – 10 – 05, 443, p. 604.
[4] Ian Stewart, "Grandfather Paradox", *Nature*, 2010 – 04 – 29, 464, p. 1398.
[5] "The Time Machine", *Nature*, 1895 – 07 – 18, 52, p. 268.

许真是绝无仅有的。"[1]

1995年,《接触》被改编成同名影片上映,《自然》给予了其他科幻影片在这本杂志上从未获得过的褒赞,认为它娱乐性和思想性兼具,在保证科学准确性方面也颇为值得称道,"虽然这是以丧失某些艺术上的美感换取来的"。[2]

3. 科学与幻想存在互动关系的典型例证——多世界理论

1957年,休·埃弗里特(H. Everett)首次提出"多世界"理论,并未引起物理学界的重视。这个在物理学界遭受冷遇的理论,在科幻领域却结出了丰硕的成果。在"未来"专栏上,也可以找到大量相关题材的作品,如《隐身人》("The Visible Man")、《奥林匹克天才》("Olympic Talent"),等等。

值得注意的是,多世界假想与科幻作品之间的这种相互影响,作为科学与幻想存在密切互动关系的一类典型例证,还引起了《自然》杂志的关注。

2007年7月5日,为了纪念"平行宇宙"思想诞生50周年,《自然》发行了一期"科幻特刊",封面被有意做成早期科幻通俗杂志《科学惊奇故事》的风格:一个表情惊悚的女人,在多世界里有着若干的分身。社论的解释不乏幽默,大意是,之所以要费尽心思通过这种方式"误导"读者,让他们以为这一期的《自然》是"来自另一个平行宇宙",目的只是为了"展示科学世界与它所激发和哺育出的诸多故事之间的互动关系",那些以多世界为主题、数量丰富的"惊奇故事",一方面是一个已经用滥了的科幻素材,但另一方面得承认,它们也是理解薛定谔波动方程基本原理的一种有效手段。[3]

特刊组稿部分,资深科幻编辑加里·沃尔夫(Gary Wolfe,1946—)撰文对多世界题材的科幻作品进行了系统回顾,其中重点分析了《永冕之冠系列》(*The Eternal Champion*,1962年至今)[4]、《高塔里的男人》(*The Man in the High Castle*, 1962)、《时景》(*Timescape*, 1981)、《时间之船》(*The Time Ships*,1995)这几部经典著作。值得一提的是,这些作品的作者,除菲利普·

---

[1] 基普·S.索恩:《物理定律容许有星际航行蛀洞和时空旅行机器吗?》,耶范特·特奇安、伊丽莎白·比尔森主编,《卡尔·萨根的宇宙》,上海科技教育出版社,2000年,页145。

[2] "Aliens, Lies and Videotape", *Nature*,1997-08-14,388,p.637.

[3] "Parallel Worlds Galore", *Nature*,2007-07-04,448,p.1.

[4] 莫尔考克在这部小说中首次使用了"multiverse"(多宇宙)一词,德国物理学家David Deutsch后来把它与埃弗里特的理论联系在一起,后成为一个正式的物理学术语。

狄克已离开人世之外,其他的几位——莫尔考克、本福特和巴克斯特,本文前面就已提及,目前都是"未来"专栏的常约作者。

这期特刊随后引起了一位化学家的兴趣,他给《自然》来信说,在相关的讨论中,化学这门学科被忽略了,事实上,一些化学家对"以原子而不是以碳作为生命构成基础的平行宇宙中,生命会以什么形式存在",诸如此类的问题,也非常感兴趣。[1]

4. 对生物技术滥用的反思

转基因、克隆等生物技术早已成为科研领域的热门课题,与此同时,许多科幻作品也在从中获取思想资源,而对滥用生物技术的忧虑,也就成了这类作品的主基调。

以克隆技术为例,《自然》杂志上相关题材的作品有《长生猫咪》("The Forever Kitten")[2]、《肉》("Meat")[3]、《教母协议》("The Godmother Protocols")[4]等。其中《肉》最有思想深度——受限于篇幅的缘故,它读起来更像是一部长篇小说的故事背景介绍:未来世界,利用活体细胞克隆肉块的技术已广为普及,为了满足一些人食用名人、政要克隆肉的特殊癖好,买卖这类人士的活体细胞成了一项流行的黑市交易,一种新兴职业随即出现——清理员,他们的职责是采取一切可能的预防措施,防止委托人的活体细胞落入"肉耗子"之手。

除了刊登这些科幻作品,以克隆为主题的科幻电影《侏罗纪公园》(Jurassic Park)和科幻小说《秘密》(The Secret),也是《自然》关注的对象。[5]《侏罗纪公园》当年票房大卖,《自然》认为它"表现还算上乘",是一部与斯皮尔伯格之前《印第安纳·琼斯》(Indiana Jones)系列类似的冒险电影。自然出版集团下的《自然应用生物学》(Nature Biotechnology)则评价它对科学的运用缺乏准确性。对此,影片故事作者迈克尔·克莱顿回应说:"正如希

---

[1] Pedro Cintas, "Chemical Reaction to the Many-Worlds Hypothesis", *Nature*, 2007 – 08 – 16, 448, p. 749.

[2] Peter Hamilton, "The Forever Kitten", *Nature*, 2005 – 07 – 28, 436, p. 602.

[3] Paul McAuley, "Meat", *Nature*, 2005 – 05 – 05, 435, p. 128.

[4] Heather M. Whitney, "The Godmother Protocols", *Nature*, 2006 – 12 – 14, 444, p. 970.

[5] Henry Gee, "Jaws With Claws", *Nature*, 1993 – 06 – 24, 363, p. 681. Justine Burley, "Exactly the Same but Different", *Nature*, 2002 – 05 – 16. 417, pp. 224 – 225.

区柯克曾经说过的——这只是一部电影。"[1]

可以看出,撰写这类影评的这些科学人士,其思想还停留在比较初级的层次上,他们仍然习惯高高在上以垂教的姿态,总是以"在科学上准确与否"来评判科幻作品的优劣,却完全忽视影片深刻的思想价值——技术滥用可能导致玩火自焚式的悲剧结果。

相较而言,波兰女作家伊娃·霍夫曼(Eva Hoffman)的科幻小说《秘密》引发的讨论要深入一些。故事讲述一位事业成功的女性通过克隆方式获得了一个女儿,为了避开周围人非议,让女儿有良好的生长环境,她来到乡下小镇过起半隐居生活,但逐渐长大的女儿对自己身世来历的疑惑却日益加深,当她发现母亲讳莫如深的背后其实隐藏着一个惊人秘密后……事情被推向了失控的境地。

书评作者认为小说是在"利用文学反科学",向读者释放的信息是,克隆本身对克隆个体的成长经历、家庭和社会关系会产生消极的干扰效应,所以应该被禁止。[2]结合小说的故事情节来看,这样的观点或许有点过度解读,但无论如何,小说引发评论者在一份科学杂志上对克隆技术的伦理问题进行探讨,本身就是一件很有意义的事情。

5. 对气候环境问题的关注

《自然》杂志发表了大量的文章对气候环境问题进行讨论,但极少被关注到的是,科幻作品其实也是参与讨论的一种重要文本形式。

《自然》上以气候环境问题为主题的作品有:《乔治之岛独立王国》("The Republic of George's Island")[3]、《世界尽头的热狗》("Hotdogs at the End of the World")[4]、《沙堡:一个反乌托邦》("Sandcastles: A Dystopia")[5]、《祖父的河流》("Godfather's River")[6]等。其中《世界尽头的热狗》构思很有意思,作者把看似无关的两件事情结合到了一起,认为超空间旅行是人类避免全球变暖灾难后果的可行方式。从目前的研究现状来看,"全球变暖"当然

---

[1] Michael Crichton,"Correspondence", *Nature Biotechnology*,1993-08-01,11,p. 860.
[2] Justine Burley,"Exactly the Same but Different", *Nature*,2002-05-16,417,pp. 224-225.
[3] Donna McMahon,"The Republic of George's Island", *Nature*,2006-07-13,442,p. 222.
[4] Jeff Crook,"Hotdogs at the End of the World", *Nature*,2006-12-21,444,p. 1104.
[5] Kathryn Cramer,"Sandcastles: A Dystopia", *Nature*,2005-10-06,437,p. 926.
[6] Brenda Cooper,"Godfather's River", *Nature*,2006-08-17,442,p. 846.

还是一个很有争议的问题，但无论这个结论是真是假，作品本身隐含的"应该保护环境"的思想总是正确的。

除了科幻小说，《自然》对相关题材的科幻影片也很关注。2005年，反映气候灾变的科幻影片《后天》(*The Day After Tomorrow*)上映，引发全球观影热潮，《自然》先后发表了三篇文章进行讨论。

第一篇介绍的是《后天》在科学界引发的关注。其中提到剧中全球变暖使气候发生突变的故事前提，在科学人士中就引来了广泛的争议。[1]

第二篇是主张"人为全球变暖理论"(Anthropogenic Global Warming)的著名气候学者迈尔斯·艾伦(Myles Allen)撰写的影评。按照艾伦"科学准确性"的衡量标准，影片尽管把地球物理专业弄得很酷（片中拯救世界的英雄从事的正是这个专业），但所借用的流体热力学理论模型其实存在很大谬误。此外，他还顺带驳斥了丹麦学者比尤恩·隆伯格(Bjørn Lomborg)[2]的观点，后者在《星期日独立报》上指责说，《后天》试图煽动各国政要签订《京都议定书》，完全是大惊小怪。[3]

第三篇是对美国观众和德国观众观影反应的两份调研报告综述。调研结果显示，一些原本相信全球变暖理论的德国观众看完电影后，开始认为这种观点的说服力在下降，美国观众则没有受到影片太大的影响。[4]

从这些文章可以看出，《后天》的影响确实很大，在大众、科学家以及政界人士中，都引起了广泛的注意。而《自然》发表多篇文章进行讨论，也体现了它对《后天》的重视程度。这一方面固然与影片积极"借用"科学造势有关，另一方面也反映了《自然》大众科学杂志的本色——它乐于关注公众感兴趣的话题。

---

[1] Mark Peplow, "Disaster Movie Makes Waves" [EB/OL], 2004-05-17, [2013-05-07], http://www.nature.com/news/2004/040512/full/news040510-6.html.

[2] 隆伯格曾在他《多疑的环境保护论者》(*The Skeptical Environmentalist*)一书中表达了这样的观点：在全球变暖、人口增长、物种灭绝、资源枯竭等焦点问题上，绝大多数环境保护论者选择性地利用一些科学证据，给公众形成了许多错误印象。而他想要告诉公众的是，环境问题并没有想象的那么糟糕。

[3] Myles Allen, "Film: Making Heavy Weather", *Nature*, 2004-05-27, 429, pp. 347-348.

[4] Quirin Schiermeier, "Disaster Movie Highlights Transatlantic Divide", *Nature*, 2004-09-02, 431, p.4.

四、《自然》杂志上和科幻有关的其他文本

除"未来"专栏开设至今已发表的几百篇科幻作品,《自然》杂志上和科幻有关的其他文本形式,种类也非常丰富,归结起来,至少有如下几类:

1. 对科幻作品的述评

《自然》书评专栏(*Book Review*)的主旨是"发表科学界普遍感兴趣的新书评论",有时也会推介和科幻有关的论著。如:

1)《万亿年狂欢:科幻史》(*Trillion Year Spree: The History of Science Fiction*,1986)[1];

2)《吉恩·罗登伯里:最后的访谈》(*Gene Roddenberry: The Last Conversation*,1994)[2];

3)《幻想旅程:从科幻电影里学科学》(*Fantastic Voyages: Learning Science through Science Fiction Films*,1994)[3];

4)《〈X档案〉背后的真科学:微生物,陨星和突变异种》(*The Real Science Behind The X-Files: Microbes, Meteorites and Mutants*,1999)[4];

5)《〈银河系漫游指南〉之科学指南》(*The Science of the Hitchhiker's Guide to the Galaxy*,2005)[5];

6)《未来的证据》(*Future Proof*,2008)[6]。

以上这些文章,除《吉恩·罗登伯里:最后的访谈》是对科幻长剧集《星际迷航》首创编剧罗登伯里的访谈记录之外,其他几部倒是可以囊括进当今科幻研究的两种主流中:《万亿年狂欢:科幻史》属于科幻作品的文学研究,如今已被奉为这一领域的经典;余下几部则是把科幻当成科普的一种方式,对作品中所涉及的科学背景进行知识性介绍。

---

[1] John Treherne,"Back to the Future", *Nature*,1986-11-27,324,p.312.
[2] Grace A. Wolf-Chase, Leslie J. Sage,"Science Boldly Popularized", *Nature*,1994-11-10,372, p.141.
[3] Harry T. Kloor, Dennis Harp,"Vulcans, Terminators and Science", *Nature*,1994-03-10,368, p.112.
[4] Henry Gee,"The Truth is in Here", *Nature*,2000-01-13,403,pp.135-136.
[5] Joanne Baker,"Don't Panic!", *Nature*,2005-05-12,435,p.148.
[6] Adam Rutherford,"The Future Ain't What It Used To Be", *Nature*,2008-08-28,454,p.1051.

2. 对科幻作家的访谈

《自然》杂志的访谈对象通常以科学人士为主,有时科幻作家也会接受访谈,不过他们大多是有科学职业背景的(参见表4)。列表中的这些科幻作家,除玛格丽特·阿特伍德(M. Atwood)外,其他人士都在"未来"专栏上发表过科幻作品。

表4 《自然》杂志访谈的科幻人士及代表作品

姓 名	职 业 背 景	科幻代表作品
R. Metzger	电学工程师	《尖端》(*Cusp*,2005)
P. Watts	海洋生物学家	《冰山裂缝》系列(*Rifters Trilogy*,1999—2004)
J. Slonczewski	微生物学家	《大脑瘟疫》(*Brain Plague*,2000)
K. Macleod	生物学家	《星体片段》(*The Star Fraction*,1995)
P. McAuley	生物学家	《四千亿颗星》(*Four Hundred Billion Stars*,1988)
G. Bear	科幻作家	《血乐曲》(*Blood Music*,1983)
B. Aldiss	科幻作家	《温室》(*Hothouse*,1962)
D. Brin	行星物理学家	《提升之战》(*The Uplift War*,1987)
M. Atwood	科幻女作家	《羚羊与秧鸡》(*Oryx and Crake*,2003)

(资料来源:见本文注释)[1]

3. 对科幻活动的参与和关注

《自然》杂志对各类科幻活动保持着持续的关注和参与热情。[2]如2004年的一期上,就刊登了著名科幻作家格雷·拜尔的文章,其中提到,微软公司合伙人艾伦(P. Allen)打算创办世界上第一个综合式科幻博物馆,邀请拜尔和另一位科幻作家尼尔·史蒂文森,就展馆的布局进行了讨论。[3]而后

---

[1] "The Biologists Strike Back", *Nature*,2007 - 07 - 05,448,pp. 18 - 21. Nicola Jones, "Q&A: David Brin on Writing Fiction", *Nature*,2010 - 02 - 18,463,p. 883. Caspar Henderson, "Q&A: Turning up the Heat on Sci-Fi", *Nature*,2008 - 08 - 07,454,p. 698. "Abstractions: Futures Author", *Nature*,2005 - 11 - 17,438,p. xi. "Futures Author", *Nature*,2005 - 12 - 15,438,p. xiii. Jascha Hoffman, "Q&A: Speculative Realist", *Nature*,2011 - 10 - 06,478,p. 35.

[2] 关于这一问题本文作者将另文详细考察论述。

[3] Greg Bear, "Science in Culture", *Nature*,2004 - 07 - 08,430,p. 147.

在2007年,《自然》杂志赞助了想象科学电影节(Imagine Science Film Festival,参展影片以科学和科幻类为主)两个奖项:《自然》科学价值奖和《自然》民众公选奖。[1]

五、《自然》刊登科幻作品之缘由

本文前面几节的内容,对《自然》杂志上的科幻作品以及和科幻有关的其他文本材料进行了梳理和分析。在此基础上,一个疑问也随之浮现,《自然》杂志作为一份科学杂志,为何会开设科幻专栏并发表了数量如此丰富的科幻作品?

关于这个问题,"未来"专栏开设之初,《自然》杂志在社论中进行过解答:

> 科幻作为一种文学类型,还具有除了娱乐之外的其他功能。作者通过它,不仅可以表达他们对未来的预期,还可以表达他们对当下的关注。而且,比起科学家,科幻作家也许能更好地理解和传达技术的改变会对人们的生活产生怎样的影响。[2]

从这段话可看出,科幻的三种功能:对未来的预期、娱乐、表达作者对当下的关注,构成了《自然》开设科幻专栏的主要理由。

其中科幻的"预见功能",即认为科幻能够预言某些具体的科学进展或成就,是《自然》最重视的。这一点从"未来"专栏的征稿条件就反映出来,它要求"来稿风格最好是'硬科幻'(和科学直接有关的),而不是纯粹的幻想、意识流或恐怖小说"。[3]所谓"硬科幻",通常以当下的科学技术知识作为依据,并对想象中的科学技术细节有较为详细的描写,这类作品追求的主要旨趣,就在于展现其"预见功能",而比较小说中幻想的某些技术性细节与后来的发展在多大程度上能够吻合,也就成了衡量"硬科幻"作品优劣的一个重要标准。

---

[1] Jascha Hoffman,"Science at the Movies", *Nature*,2008 – 10 – 09,455,pp. 734 – 735.
[2] "Fiction's Futures", *Nature*,1999 – 11 – 04,402,p. 1.
[3] "Nature's Guide to Authors: Futures" [EB/OL], [2013 – 5 – 7], http://www.nature.com/nature/authors/gta/others.html#futures.

《自然》杂志在后来的社论中,对科幻的"预见功能"还反复论及:

> 《自然》非常自豪"未来"专栏已成为目前最具号召力的科幻新论坛,专栏里的这些文章——无论出自名家还是新手——探索的主题,在接下去的半个世纪里都可能成为我们所要面临的挑战。[1]

> 当前的系列——千禧之际新设的一个专栏——关注的是在下个50年可能出现的新事物……[2]

强调科幻作品的"预见功能",其实主要是与一个相当陈旧的观念有关,即把科幻当作科普的一种方式,认为科幻小说家创作科幻作品,只是为了普及科学知识、展望美好的科学未来,之所以采用小说、电影等文学艺术表达形式,只是让普及方式更容易理解、更容易接受而已。然而事实上,科幻当然不是教科书科学知识的附属品,科幻之所以能一直经久不衰,保持旺盛的生命力,与它扎根深厚的科学土壤,包含丰富的人文思想价值,拥有自身独特的角色定位,有着直接的关系——在"未来"专栏上,我们能阅读到大量这样的作品。

关于科幻作品的"娱乐功能",杂志现任主编菲利普·坎贝尔(Philip Campbell)在后来的一篇社论中作了进一步的论述。他表示,《自然》自1999年以来,已发表了不少于156篇科幻故事,有些严肃,有些异想天开,(希望)它们为读者带来愉悦——值得关注的是他接下去的这句话:

> 那正是关键所在——科幻在当下意味着娱乐。(And that's the key——SF is meant to amuse in the present.)[3]

坎贝尔对达成这一目的的路径补充说:"大多数让人难忘的科幻作品,正是通过把我们对当下的关注,投射到作为未来历史一部分而存在的更宏大的不确定的时代背景中,来做到这一点的。"但"科幻意味着娱乐"为何是

---

[1] "Sooner Than You Think", *Nature*, 2005-02-24, 433, p.785.
[2] "Three Cheers", *Nature*, 2005-09-01, 437, p.2.
[3] "Days of Futures Past", *Nature*, 2006-12-21, 444, p.972.

"关键所在",对于这一更加重要的问题,他却没有进一步说明。不过,《自然》杂志刊登的另一则事例或许有助于我们对这句话作进一步理解。

2009年的一期上,剑桥大学一位著名生物学教授给《自然》来信,表达了他对专栏上一篇与宗教相关的讽刺小故事的不满。他说自己不是一名天主教徒,但认为"这样一篇莫名其妙、带有攻击色彩的垃圾文章,确实不应该出现在一本严肃的科学杂志上"。[1]一段时间后,《自然》刊登的另一封读者来信措辞激烈地反驳了教授的看法,认为"未来专栏除了使人可以从阅读前面那些严肃的科学文章中解脱出来放松一会儿,有的文章还很发人深省"。[2]杂志刊登的读者来信,当然都是筛选的结果,所以可以这样认为,第二封信其实是《自然》为所刊登的科幻短文进行辩护的一种做法,其中让读者"从阅读科学文章中解脱出来放松一会儿",即"娱乐功能",成为了一个重要的理由。

说到底,"娱乐"就是想要取悦读者,而任何一本杂志,无论通过何种方式、何种文本取悦读者,其背后的目的通常是为了满足增加发行量的需求,《自然》杂志在这一点上当然也不例外——这应该就是坎贝尔所言"关键所在"背后的真正缘由吧。[3]

相比较而言,社论中提及的科幻的另一项功能——表达作者对当下的关注,其实是最有理论深度的,因为它已经触及了科幻的人文价值。

以本文前面提到的涉及克隆技术和气候问题的那些作品为例,尽管故事背景大多被设置在未来,但作者所要表达的,其实是对当下基因工程、克隆技术以及环境气候问题发展走向的关注。这类作品已不再满足于对未来的科学技术进行简单预想,而是对未来社会中科学技术的无限发展和应用开始进行深刻思考。这样的思考,是在立足当下的基础上,对科学发展前景提出的警示。

除了以上这些专门针对"未来"专栏发表的社论,《自然》对待科幻的态

---

[1] Ian Watson, "Divine Diseases", *Nature*, 2009-12-24, 462, p. 1088. Denis Alexander, "Science Fiction as Fantasy Irritates Religious Sensibilities", *Nature*, 2010-01-28, 463, p. 425.

[2] Robin Thompson, "Futures Perfect-Food for Thought and Welcome Light Relief", *Nature*, 2010-02-24, 463, p. 1018.

[3] 如曾任《科学》杂志编辑的查尔斯·塞费在《瓶中的太阳》(上海科技教育出版社,2011年12月第1版)一书中就提到过(页188),《自然》杂志的读者来信专栏就是以不时发表能够吸引眼球但并不可靠的研究而著称的。

度,还体现在它别的一些文章里。

如 1989 年有一期上报道了这样一则内容:澳大利亚默多克大学给科学专业学生开设了科幻阅读课程,其中"生命和宇宙"的阅读专题选用的科幻读物是《沙丘》(Dune)和《环形世界缔造者》(The Ringworld Engineers)。课程设计者认为,这种做法不但培养了学生对课外读物的兴趣,还让他们了解了生物学的基本概念。[1]

又如,澳大利亚新南威尔士大学的两位教师也给《自然》写信说,他们开设了一门名为"科学与电影"(Science and Cinema)的课程,利用电影教授非科学专业学生一些基础科学,如通过《极度恐慌》(Outbreak,1995)让学生了解病毒,《侏罗纪公园》讨论克隆话题,《千钧一发》(Gattaca,1997)讨论基因优生学,《后天》讨论和气候改变有关的科学问题,效果非常理想。教学中还发现,尽管电影品质参差不齐,但正是这些瑕疵激发了学生们的学习兴趣,使他们对"当下的科学研究,未来的可能性及与之相应他们应该承担的责任",有了想要进一步了解的想法。[2]

六、余论:《自然》是一本什么杂志

《自然》杂志如今在国内科学界似乎拥有至高无上的声誉,很多研究机构把能在《自然》上发表文章当作衡量科研人员学术水平的一项重要指标。前些年流传的"能在《自然》上发文章,评上院士就是迟早的事情"之说,也反映了这种情况。既然如此,人们就很难不对《自然》杂志长期刊登与科幻有关的作品和文章感到惊奇——高居神坛的"顶级科学杂志"怎么可能是这样的呢?

仅仅考虑本文第五节的讨论,还不足以给出理想的解释。这里我们必须直面一个国内很少有人认真考虑过的问题——《自然》杂志到底是一份什么性质的杂志?而这个问题恰恰是国内不少人士颇有误解的。

《自然》杂志现任主编菲利普·坎贝尔在《〈自然〉百年科学经典》前言中,给中国读者写了一封信,其中有一段对于理解《自然》杂志的性质非常

---

[1] Tania Ewing,"Science Fiction for Science Students", Nature,1989 - 04 - 20,338,p. 609.
[2] J. Justin Gooding, Katharina Gaus, "Yet Even Flawed Films Raise Interest in Research", Nature, 2004 - 09 - 16,431,p. 244.

重要:

> 我们在编辑方针上是独立的,我们应当发表什么内容由我们自己来判断。关于作者所投论文的决定,由我们与专家审稿人协商做出。但我们没有编委会,所以我们经验非常丰富的编辑人员可以不受约束地就哪些论文会对不同领域产生重大影响做出自己成熟的判断。完全独立的另一个好处是,在判断我们的读者喜欢阅读什么样的内容时,我们可以不必苛求意见一致,我们的学术思想可以更加灵活。[1]

这段话的要点是:《自然》杂志并非我们通常意义上的学术刊物——因为它既不实行学术同行的匿名审稿制度,也没有编委会。

《自然》如今每期会设置15个左右的栏目,但只在"来信"(Letters)和"论文"(Articles)两个栏目上刊登论文,前者约16篇左右,比较简要,是对某一原始科研成果的初步介绍,后者约2篇左右,篇幅稍长,是对某一项研究工作更全面的介绍。只有当杂志编辑部认为某篇论文需要送审时,责任编辑才会选择两到三位审稿人进行审稿,这些审稿意见固然会成为决定论文发表与否的重要参考,但编辑并不会完全受这些审稿意见的约束。

《自然》杂志在中国获得神话般的地位和声誉,被许多学界人士视为"国际顶级科学杂志",很大程度上只是得自对"来信"和"论文"两个栏目的印象——本文开头提到的《〈自然〉百年》和《〈自然〉百年科学经典》两种选集,入选文章大多是来自这两个栏目。

但是,国内严格意义上的学术刊物,以在编辑审稿制度上早就"与国际接轨"的《天文学报》为例:首先是一定有编委会;其次,发表的任何一篇论文都必须由同行匿名审稿;最后,一篇文章是否发表,既不是主编也不是编辑部的什么人能说了算的,而是取决于审稿专家的意见,最终由编委会决定。这样的刊物是学术公器。而将这三条标准与坎贝尔上文所述《自然》杂志工作规程一比较,《自然》杂志的性质就一目了然了。

坎贝尔在《〈自然〉百年科学经典》前言中,曾对《自然》的性质有过简明的概括:最初《自然》杂志是一份"完全针对专业人士的期刊",但它早就经过转型,现在的《自然》杂志是"一个集记录科学与将科学的最新进展以易于理

---

[1] 《〈自然〉百年科学经典》,第一卷,页13。

解的方式呈现给读者为一体的出版物"——这样的刊物非常接近国内通常意义上的"科普刊物"。至于它记录什么、呈现什么，如上所述，由主编和他的工作团队决定。所以从本质上说，《自然》并非学术公器。从文章层次上来看，它和上海的《自然》和《科学》非常相似，而这两个刊物在国内多年来一直被视为"科普杂志"（尽管它们从不刊登科幻小说和影评）。

事实上，《自然》从1869年创刊至今，从来就不像我们想象的那样"科学"，它一直在刊登许多并不那么"学术"的东西。只是在科学主义的传统科学评价体系中，这些"常常异想天开，有时荒唐无稽，总是令人吃惊（often humorous, sometimes silly, consistently startling）"[1]的内容，都会被人为过滤掉——《自然》在国内学界所呈现的神化幻象，也是由这种过滤帮助形成的。而本文前面探讨的《自然》上的大量科幻文本，无疑就是其中最具代表性的案例。

原载《上海交通大学学报》21卷3期（2013）

---

[1] Walter B. Gratzer, ed., *A Bedside Nature: Genius and Eccentricity in Science 1869 – 1953*, 见封面内页。

威尔斯与《自然》杂志科幻历史渊源[*]
——Nature 实证研究之二

一、《自然》杂志上与 H. G. 威尔斯相关的文本

作为过去一个多世纪以来世界上最知名、作品传播范围最广、影响最大的科幻作家,H. G. 威尔斯(H. G. Wells,1866—1946)在科幻历史上有着无可争议的地位。

威尔斯一生著述甚丰,除了科幻,在其他领域涉猎也相当广泛,生前身后有多种精选集流传世面,与其相关的研究成果更是多不胜数。而相当出乎现今学术界及公众想象的是,威尔斯和英国老牌科学杂志《自然》之间,有着长达半个世纪的、非常深厚的渊源关系。这种渊源关系不仅在前人的研究中极少被关注到,而且很可能对《自然》杂志现今所呈现出来的风格的形成,产生过关键性的影响。

专攻威尔斯的资深学者约翰·帕丁顿(John S. Partington)除出版过一部研究专著之外,还编纂了四部和威尔斯研究成果有关的集选。[1]这些集选中,2008 年出版的《〈自然〉杂志上的威尔斯(1893—1946):一位受优待的读者》(H. G. Wells in Nature,1893 - 1946:A Reception Reader)显得尤为"另类",

---

[*] 本文系与穆蕴秋合著。

[1] The Wellsian:Selected Essays on H. G. Wells,John S. Partington,ed.,Oss,Netherlands:Equilibris Pub,2003. The Reception of H. G. Wells in Europe,John S. Partington,ed.,New York:Continuum,2005. H. G. Wells's Fin-de-Siècle:Twenty – first Century Reflections on the Early H. G. Wells,John S. Partington,ed.,Frankfurt:Peter Lang,2007. H. G. Wells in Nature,1893 – 1946:A Reception Reader,John S. Partington,ed.,Frankfurt:Peter Lang,2008.

全书跨越"科学史"和"科幻"两个领域,收录了《自然》杂志上与威尔斯相关的文章66篇——这样的数量在《自然》杂志出版历史上的作者中是相当罕见的。该书出版后,除《爱西斯》(*Isis*)和《科幻研究》(*Science Fiction Studies*)发表书评作简要介绍外[1],还未见专门研究成果出现。本文将结合这些文本,对威尔斯相关作品及其与《自然》杂志的关系进行科学史研究。

《〈自然〉杂志上的威尔斯》一书收入的文章大致被分成三类:

第一类,威尔斯署名发表的文章共计26篇(该书收录了其中13篇):

篇\类别	科学教育与普及	科学与社会	生理学	心理学	社会观点	植物学	人类学	通灵术
数量	9	5	2	1	3	1	3	2

第二类,威尔斯40部著作的36篇评论(其中几篇属多部作品合评):

篇\类别	科幻作品	历史	政治	传记	经济	小说和短篇文集
数量	11	3	14	2	2	4

第三类,涉及威尔斯的17篇文章:

篇\类别	社会活动	科学教育与普及	社会观点	科学与社会	科学与文学	讣告
数量	6	5	2	2	1	1

上述三类文本的选取时间截点从1893年至1946年威尔斯去世,时间跨度大约半个世纪。而在威尔斯去世后,《自然》杂志对他的关注也没有终结,后来还至少发表过两部他个人传记的评论。[2]

从以上三类文本,大致可看出威尔斯的知识构成和社会活动背景。相关内容在《自然》杂志第二任主编理查德·格里高利(Richard Gregory,1864—1952)对威尔斯的纪念文章中,也有较为详细的记述。[3]

---

[1] Pamela Gossin,"Book Reviews",*Isis*,2009 - 12,100(4),pp. 933 - 934. David Ketterer,"The 'Martianized' H. G. Wells?",*Science Fiction Studies*,2009 - 07,36(2),pp. 327 - 332.

[2] Peter Kemp,"Father, Mother and Son",*Nature*,1984 - 06 - 14,309,pp. 643 - 644. Michael Sherborne,"The Invisible Man of Science",*Nature*,1996 - 02 - 18,379,pp. 215 - 216.

[3] Richard Gregory,"H. G. Wells: A Survey And Tribute",*Nature*,1946 - 12 - 21,158,pp. 399 - 402.

威尔斯早年生活并不十分顺利,他 1884 年进入英国南肯辛顿科学师范学院(如今的伦敦帝国理工学院分部)学习,这期间正好托马斯·赫胥黎(Thomas Huxley,1825—1895)在该校教授生物学课程,他的生物学观点对威尔斯产生了很深的影响。[1]值得一提的是,作为伦敦知识界著名的"X 俱乐部"(X Club)[2]核心成员,赫胥黎还是《自然》杂志的主要创刊人——杂志创刊语正是出自他的笔下。[3]

由于地理科目考试失败,威尔斯毕业时未能获得学位,之后他辗转一些私立学校靠教书维生。直至 1890 年,威尔斯才获得理学学士学位——或许是吸取上次的教训,这次他以优异的成绩通过了地理考试。1893 年,威尔斯结束教书生涯,开始靠专职写作谋生。他除了定期在一些刊物上发表文章之外,还尝试创作科幻小说,而他这方面的天分也很快显现出来。1895 年,威尔斯发表《时间机器》(*Time Machine*),这部小说随后为他带来了举世瞩目的声誉。

成名后的威尔斯一面继续科幻小说创作,一面开始承担起公共知识分子的角色,对各领域中的问题表达观点——这一期间,《自然》杂志无疑成了他发表看法的主要刊物。

值得一提的是,在威尔斯涉及的各类话题中,甚至有对通灵术的讨论。在 1894 年发表的一篇书评中,威尔斯站在"唯物主义"的立场,认为科学发现与通灵术最明显的区别在于,前者的发现过程可以被检验,后者不能完全满足这个条件。[4]

毫无疑问,尽管威尔斯多年来持续向世人展示他在各个领域的丰富知识背景,但他举世公认的成就还是科幻小说创作。1999 年 11 月 4 日,《自然》杂志新辟"未来"专栏发表科幻短篇作品,社论把这一新举措的历史追溯至威尔

---

[1] John S. Partington,"H. G. Wells's Eugenic Thinking of the 1930s and 1940s",*Utopian Studies*,2003,14(1),pp.74 – 81.

[2] X 俱乐部,是十九世纪英国一个著名科学团体,由赫胥黎等九人组成。除哲学家赫伯特·斯宾塞(Herbert Spencer,1820—1903)外,其余八人皆是英国皇家学会成员,他们在 1869 年共同创办了《自然》杂志。

[3] T. H. Huxley,"Nature:Aphorisms by Goethe",*Nature*,1869 – 11 – 04,1,pp. 9 – 11.

[4] H. G. Wells,"Peculiarities of Psychical Research",*Nature*,1894 – 12 – 06,51,pp. 121 – 122. H. G. Wells,"Peculiarities of Psychical Research",*Nature*,1895 – 1 – 17,51,p. 274.

斯1902年发表的文章《发现未来》("The Discovery of the Future")。[1]事实上,《自然》杂志的科幻历史渊源当然另有源头(后文将对此作详细论述),而更加直接体现威尔斯科幻创作与《自然》杂志存在关系的,则是他十几部科幻小说的书评。

二、对《自然》杂志关于威尔斯科幻小说的推介及评论的分析

《自然》杂志总共发表过11篇威尔斯科幻小说的书评,被评论的威尔斯科幻小说中,除去《威尔斯短篇小说集》(*The Short Stories of H. G. Wells*,1927,其中收入威尔斯短篇作品62篇)不易归类之外[2],其他被评论的威尔斯科幻小说大致可分为四类(我们顺便还讨论了若干在《自然》杂志上发表的其他作者同类主题科幻小说的评论):

1. 时空旅行

《时间机器》是《自然》杂志发表的第一篇威尔斯的科幻小说书评,书评作者认为小说的科学性在于"帮助人们对生物进化持续过程所产生的可能结果,有了连贯的认识"。[3]事实上,威尔斯的这部小说更重要的地方在于,书中想象的"时间机器"对后来的科幻作品产生了深远影响。[4]如1929年出版的《巴顿博士的时间旅行》(*The Time-Journey of Dr. Barton*),讲述的就是一位科学家乘坐"时间机器"旅行到2000年后未来世界的故事。《自然》杂志对该书也发表了书评。[5]

威尔斯对时间机器的想象其实和当时一个时髦的科学论题——第四维(the fourth dimension)有关。这一时期的一些流行科学杂志——其中包括《自然》,为了满足公众对第四维的好奇心,不时会刊登一些和"第四维"相关

---

[1] H. G. Wells,"The Discovery of the Future", *Nature*,1902 – 02 – 06,65,pp. 326 – 331. "Days of Futures Past", *Nature*,2006 – 12 – 21,444,p. 972.
[2] H. Levy,"The Short Stories of H. G. Wells", *Nature*,1927 – 10 – 08,120,pp. 503 – 504.
[3] "The Time Machine", *Nature*,1895 – 07 – 18,52,p. 268.
[4] Paul J. Nahin, *Time Machines*:*Time Travel in Physics*,*Metaphysics*,*and Science Fiction*, Springer,1999,p. 22.
[5] H. Levy,"World Power and the Power of Man", *Nature*,1930 – 05 – 31,161,p. 810.

的文章。[1]1908年底,《科学美国人》甚至公开悬赏500美元,寻求对"第四维"的最佳解释,这一征文比赛吸引了大量的读者来稿。[2]

小说中,威尔斯把"第四维"表述为"时间"尽管别具匠心,但并非是开创性的。终生致力于"第四维"通俗化和形象化的英国数学家查尔斯·欣顿(Charles Hinton)在他1884年发表《科学冒险故事》的第一个故事《什么是第四维?》("What is the Fourth Dimension?")中,就已经把第四维表述为时间了。

值得一提的是,在《时间机器》之前,《自然》杂志还发表过另一部和"维度"有关的幻想小说书评:《平面国:多维冒险故事》(*Flatland: A Romance of Many Dimensions*,1884)。[3]2001年,数学家伊恩·斯图尔特(Ian Stewart,1945—)仿照这部小说写了数学普及著作《平面国续篇》(*Flatterland: Like Flatland Only More So*,2001),讨论数学上的一些高维问题,《自然》随后也发表了评论。[4]

2. 星际旅行幻想

《自然》杂志发表了以下几部威尔斯星际幻想小说的书评:《世界之战》(*The War of the Worlds*,1898)[5]、《先到达月球的人》(*The First Men in The Moon*,1902)[6]、《新人来自火星》(*Star Begotten*,1937)。

十九世纪后期,火星探索研究在欧洲天文学界炙手可热,相对应的,这一时期文学领域出现了大量以火星为主题的科幻作品,其中最知名的当属威尔斯1898年发表的《世界之战》。小说引入了1894年刊登在《自然》杂志上一次备受关注的火星观测结果,作为故事背景。笔者在此前的一篇文章

---

[1] "Four-Dimensional Space", *Nature*,1885-03-26,31,p. 481. "The Fourth Dimension", *Nature*,1904-07-21,70,p. 268. "The Fourth Dimension Simply Explained", *Nature*,1910-06-16,83,p. 457. S. Brodetsky, "The Fourth Dimension Simply Explained", *Nature*,1922-04-15,109,pp. 474-475.

[2] "A \$500 Prize for a Simple Explanation of the Fourth Dimension", *Scientific American*,1908-11-28,66,pp. 351-352.

[3] R. Tucker, "Flatland", *Nature*,1884-12-27,31,pp. 76-77.

[4] Lisa Lehrer Dive, Andrew Irvine, "Hopping through the Mathiverse", *Nature*,2001-05-11,411,pp. 240-241.

[5] R. A. G., "The War of the Worlds", *Nature*,1898-02-10,57,pp. 339-340.

[6] "A Lunar Romance", *Nature*,1902-01-09,65,pp. 218-219.

中,对这一过程已进行了详细考察。[1]

1937 年,威尔斯发表了另一部火星题材科幻小说《新人来自火星》(*Star Begotten*)。书中火星人不再像《世界之战》一样,通过飞行器加死光武器的豪夺强取来入侵地球,而是采用一种渐进式的、更为隐秘也更为有效的手段,他们以"不断增加的精确度和有效性,向人类发射某种宇宙射线",改变人类内部身体结构,最终把地球人改造成火星人。当谜底揭开时,那些最先意识到地球已经被火星人入侵的人们,却很可能就是新一代的火星人。《新人来自火星》隐含的社会寓意也许远远超越《世界之战》,但名头却远不如前者来得响亮,不过,《自然》杂志同样对它发表了评论。[2]

相较火星幻想题材的小说在十九世纪后期才大量涌现,以月球旅行为主题的幻想作品十七世纪就已出现,并一直延续至今,威尔斯的《先到达月球的人》只是其中较为人知的一部。小说十三章中提到开普勒的《月亮之梦》(*Kepler's Dream*,1634)一书中对月亮背面世界的想象,证明威尔斯是仔细阅读过开普勒这部掺杂大量想象的天文学论著的。开普勒的《月亮之梦》1965 年、1967 年先后两次被译成英文出版,《自然》杂志都发表了评论。[3]

除了以上威尔斯的三部星际幻想小说,《自然》杂志还发表了大量星际幻想主题的科幻小说书评,这里附带整理如下:

《奇人先生的密封袋》(*Mr. Stranger's Sealed Packet*,1889)[4]、《旅行到其他世界:未来历险记》(*A Journey in Other Worlds: A Romance of the Future*,1894)[5]、《月亮上的人》(*The People of the Moon*,1895)[6]、《火星确有来世》(*The Certainty of a Future Life in Mars*,1903)[7]、《金星旅行记》(*A Trip to Venus*,1897)[8]、《插翅之旅,关于两颗星球的故事》(*Their Winged Destiny*,

---

[1] 江晓原、穆蕴秋:《十九世纪末被视为火星信号的天文观测和影响》,《自然科学史研究》,31 卷 2 期(2012),页 248 – 255。

[2] J. B. S. H. "Messianic Radiation", *Nature*,1937 – 07 – 31,140,p. 171.

[3] Bernard Pagel, "Kepler's Dream (1634)", *Nature*,1965 – 12 – 04,208,pp. 960 – 961. J. R. Ravetz, "Lunar Point of View", *Nature*,1967 – 07 – 01,215,p. 103.

[4] R. A. Gregory, "A Journey to the Planet Mars", *Nature*,1889 – 07 – 25,40,pp. 291 – 292.

[5] R. A. Gregory, "An Astronomical Romance", *Nature*,1894 – 10,50(1303),pp. 592 – 593.

[6] "The People of the Moon", *Nature*,1895 – 11 – 28,53,p. 77.

[7] "The Certainty of a Future Life in Mars", *Nature*,1904 – 02 – 07,69,pp. 221 – 222.

[8] "A Trip to Venus", *Nature*,1898 – 08 – 18,58,p. 366.

being a Tale of Two Planets, 1912)[1],《黑云》(The Black Cloud, 1957)[2],《行星地球之外》(Beyond the Planet Earth, 1961)[3],《乔治开启宇宙的秘密钥匙》(George's Secret Key to the Universe, 2007)[4]。

3. 反思科学技术的作品

《自然》杂志评论的威尔斯的《神食》(The Food of the Gods, 1904)[5]和《制造奇迹的人》(Man Who Could Work Miracles, 1936)[6],都含有很明显的对科学技术进行反思的意味。

《神食》讲述一种叫"神食"的药物能让所有生物疯狂生长,吃了这种食物的人也变成了"巨人",如此一来,普通人和"巨人"的矛盾就不可避免地产生了。《制造奇迹的人》充满童话寓言色彩,小说主人公发现自己突然具备了可以随心所欲改造世界的超凡能力,他原本希望用这种能力把世界变得更美好,但事情却弄得一团糟,他最后许愿放弃这种能力,事情才重回正轨。

除了这两部作品,《自然》杂志发表的类似作品书评还包括:《美丽新世界》(Brave New World, 1932, 反乌托邦)[7],《温室》(Hothouse, 1962, 全球变暖)[8],《秘密》(The Secret, 2002, 克隆技术)[9],《窑人》(Kiln People, 2002, 人工智能)[10],《阿纳塞姆》(Anathem, 2008, 科学与社会)[11],《螺旋线》(Spiral, 2011)[12]等等。

这些著作中,名头最大的当属"反乌托邦三部曲"之一的《美丽新世界》,它刚一出版,《自然》杂志即推断它会是"一部伟大的著作"——这倒确实是一个正确的预言。

---

[1] R. A. G., "Their Winged Destiny, being a Tale of Two Planets", Nature, 1912 – 10 – 10, 90, pp. 160 – 161.
[2] Jay M. Pasachoff, "In Retrospect: Out of the Darkness", Nature, 2006 – 08 – 31, 442, p. 986.
[3] G. R. Noakes, "Beyond the Planet Earth", Nature, 1961 – 04 – 15, 190, p. 204.
[4] George F. R. Ellis, "Hawking's Fact and Fiction", Nature, 2007 – 12 – 13, 450, p. 949.
[5] F. W. H., "The Future of The Human Race", Nature, 1904 – 12 – 29, 71, pp. 193 – 194.
[6] "Man Who Could Work Miracles", Nature, 1936 – 06 – 06, 137, p. 929.
[7] Charlotte Haldane, "Dr. Huxley and Mr. Arnold", Nature, 1932 – 04 – 23, 129, pp. 597 – 598.
[8] Caspar Henderson, "Q&A: Turning up the Heat on Sci-Fi", Nature, 2008 – 08 – 07, 454, p. 698.
[9] Justine Burley, "Exactly the Same but Different", Nature, 2002 – 05 – 16, 417, pp. 224 – 225.
[10] Henry Gee, "Golem Schmolem", Nature, 2001 – 12 – 20, 414, pp. 848 – 849.
[11] "Imprisoned by Intelligence", Nature, 2008 – 11 – 27, 456, pp. 446 – 447.
[12] P. Ball, "Fiction: Attack of the Killer Fungi", Nature, 2011 – 03 – 10, 471, p. 163.

此外,美国科幻作家尼尔·史蒂文森(Neal Stephenson,1959—)在2008年发表的《阿纳塞姆》(Anathem),也很值得一提。小说故事背景设置在虚构行星阿伯雷(Arbre)上一个名叫阿纳塞姆的国度,多年前一系列严重的技术灾难使得这颗星球差点毁灭,科学家此后沦为下等人,被流放到和普通阿纳塞姆民众居住的"塞库拉世界"(Saecular World)完全隔离的地方。为了避免重复过去的灾难,阿纳塞姆严禁讨论科学问题,也不允许使用先进技术,科学家甚至没有生育权,他们只能从塞库拉世界寻找一些有天赋的孤儿来补充群体的数量。小说主要情节围绕突然出现在行星上空的一艘外星飞船所引发的各种矛盾展开。《自然》杂志的书评认为,小说是一次"别具匠心的尝试"。而作品真正有思想深度的地方还在于,作者对科学与社会关系进行探索的思想实验是在"反科学主义"纲领下展开的。

4. 乌托邦作品

作为一位热衷于社会变革的知识分子,威尔斯还创作了多部乌托邦小说来表达自己对未来社会的愿景。《自然》杂志发表评论的乌托邦小说包括:《制造人类》(Mankind in the Making),《现代乌托邦》(A Modern Utopia, 1905)[1],《彗星来临》(In the Days of the Comet, 1906)[2],《上帝化身》(Men Like Gods, 1923)[3],《未来事件:终结革命》(The Shape of Things to Come: the Ultimate Revolution, 1933)[4]。

《现代乌托邦》描写了一个"大同世界"的理想社会,在虚构基础上掺杂了大量哲学讨论。《彗星来临》讲述一颗从天空中划过的彗星,对人类本性产生了奇特影响,人们从短暂的沉睡中醒来后都变得理性、诚实、善良,世界秩序从此大大改观,原本已经腐化、堕落、濒临崩溃的世界随后转变成了一个美好的乌托邦世界。《上帝化身》讲述主人公在一次驾车过程中,意外行驶到了另一个"乌托邦"平行世界的故事。

小说《未来事件:终结革命》是"未来历史"(future history)故事类型中最知名的作品。假托出自一位外交官之手,他在睡梦中阅读了一本2106年出版的历史课本,醒来后记录了书中的一些片段。小说别具创意的地方还在

---

[1] F. C. S. S.,"A Modern Utopia", *Nature*,1905,72,pp. 337-338.
[2] "In the Days of the Comet", *Nature*,1906,75,pp. 124-125.
[3] J. S. H.,"Men Like Gods", *Nature*,1923,111,pp. 591-594.
[4] L. H.,"Wells Comes Back", *Nature*,1933,132,pp. 620-622.

于,威尔斯在书中采用"伪学术"的方式添加了大量注释和索引,用来解释那些发生在未来的著名虚拟事件。通过这种对未来世界局势的想象和描绘,威尔斯表达了他把世界政府作为解决人类问题方案的政治理想。

《自然》对《未来事件》这部作品颇为关注,小说在1936年被改编拍摄成同名电影时,杂志先后发表了两篇影评,除了称其为"不同凡响的影片"(marvellous film),还提及威尔斯也积极参与了影片的制作。[1]

值得一提的是,在刚刚过去的2013年11月20日,《自然》杂志于显著位置发表了正在热映的影片《地心引力》(Gravity)的影评,称"《地心引力》确实是一部伟大的影片"。[2]这篇影评的发表让许多迷信《自然》杂志神坛地位的人士感到"震撼",他们惊呼:《自然》杂志竟然会发表影评?!是科幻变了,还是《自然》变了?

其实,《自然》一直持续发表科幻影评,到目前为止评论的科幻电影已达近二十部,其中著名的影片包括1968年的《2001:太空奥德赛》(*2001: A Space Odyssey*),2004年的《后天》(*The Day After Tomorrow*)和2010年的《盗梦空间》(*Inception*),《后天》的影评甚至达三篇之多。参见表1及相关注释。

除了威尔斯乌托邦作品的评论,2001年,《自然》还发表了爱德华·贝拉米(Edward Bellamy,1850—1898)1888年发表的"未来历史"乌托邦经典《回顾:2000—1887》(*Looking Backward: 2000 - 1887*)新版书评。评论认为,《回顾》是乌托邦作品中的一个异类,相较于反乌托邦作品正受到越来越多的关注,乌托邦题材的作品已经逐渐走向衰落,但《回顾》目前仍然畅销不衰。[3]

表1 《自然》杂志发表影评的科幻电影

导演	电影	年份	主题
Fritz Lang	《月亮上的女人》(*Frau im Mond*)[4]	1929	月球旅行
Alexander Korda	《未来事件》(*Things to Come*)[5]	1936	乌托邦

---

[1] T. G., "Things to Come", *Nature*, 1936 - 01 - 11, 137, p. 50. L. V., "Mr. H. G. Wells's Film 'Things to Come'", *Nature*, 1936 - 02 - 29, 137, p. 352.

[2] "Space Spectacular", *Nature*, 2013 - 11 - 20, 503, p. 213.

[3] Howard P. Segal, "Back to the Future from 1888", *Nature*, 2001 - 02 - 01, 409, p. 563.《回顾》是中国晚清引入的第一部西洋小说,它目前已出了五个中译本。最早的节译本由《万国公报》于1891年12月至1892年4月进行了连载,名为《回头看纪略》(译者析津)。1963年,该小说的中文全译本由商务印书馆出版,书名改为《回顾》。

[4] "Science in Culture", *Nature*, 2001 - 11 - 08, 414, p. 152.

[5] L. V., "Mr. H. G. Wells's Film 'Things to Come'", *Nature*, 1936 - 02 - 29, 137, p. 352.

(续表)

导演	电影	年份	主题
Stanley Kubrick	《2001:太空奥德赛》(2001: A Space Odyssey)[1]	1968	太空探索
George Miller	《罗伦佐油》(Lorenzo's Oil)[2]	1993	新技术
Steven Spielberg	《侏罗纪公园》(Jurassic Park)[3]	1993	克隆技术
Andrew Niccol	《千钧一发》(GATTACA)[4]	1997	基因技术
Roger Donaldson	《丹特峰》(Dante's Peaks)[5]	1997	火山灾难
Carl Sagan(作者)	《接触》(Contact)[6]	1997	地外文明
Miriam Leder	《大冲撞》(Deep Impact)	1998	末日灾难
Jonathan Hensleigh	《绝世天劫》(Armageddon)[7]	1998	末日灾难
Robert Mandel et al.	《X档案》(X-Files)[8]	1998	遭遇外星人
A. Christopher Stanton Jr.	《海底总动员》(Finding Nemo)[9]	2003	冒险故事
Roland Emmerich	《后天》(The Day After Tomorrow)[10]	2004	气候与环境
Nick Hamm	《天赐》(Godsend)[11]	2004	克隆技术
Darren Aronofsky	《珍爱泉源》(The Fountain)[12]	2006	寻求永生

---

[1] Aubrey E. Singer,"Homo Cyberneticus", Nature,1968-06-01,218,p.901.

[2] Fred S. Rosen,"Pernicious Treatment", Nature,1993-02-25,361,p.695. Ian D. Duncan,"Correspondence-Lorenzo's Oil", Nature,1993-08-05,364,p.476.

[3] Henry Gee.,"Jaws With Claws", Nature,1993-06-24,363,p.681.

[4] Kevin Davies,"Discrimination Down to a Science", Nature,1997-11-06,390,p.33.

[5] Jonathan Fink,"Cinemagmatic Mayhem", Nature,1997-03-06,386,p.33.

[6] Leslie Sage,"Aliens, Lies and Videotape", Nature,1997-08-14,388,p.637.

[7] Kevin Zahnle,"Rocky Horror Picture Shows", Nature,1998-07-30,394,p.435.

[8] "How not to respond to The X-Files", Nature,1998-08-27,394,p.815.

[9] Alison Abbott,"Science at the Movies: The Fabulous Fish Guy", Nature,2004-02-19,427,pp.672-673.

[10] Mark Peplow,"Disaster Movie Makes Waves"[EB/OL],2004-05-17,[2013-5-7], http://www.nature.com/news/2004/040512/full/news040510-6.html. Myles Allen, "Film: Making Heavy Weather", Nature,2004-05-27,429,pp.347-348. Quirin Schiermeier,"Disaster Movie Highlights Transatlantic Divide", Nature,2004-09-02,431,p.4.

[11] Helen Pearson,"Hollywood Grapples with Human Cloning", Nature, published online,2004-04-29.

[12] Emma Marris,"Film: The Quest for Immortality", Nature,2006-12-07,444,p.684.

(续表)

导　　演	电　　影	年份	主题
Danny Boyle	《太阳浩劫》(Sunshine)[1]	2007	末日灾难
Randy Olson	《极热》(Sizzle)[2]	2008	气候变暖
Andrew Stanton	《机器人瓦力》(WALL. E)[3]	2008	人工智能
Christopher Nolan	《盗梦空间》(Inception)[4]	2010	现实与梦境
Alfonso Cuarón	《地心引力》(Gravity)	2013	太空探索

三、《自然》杂志与科幻的历史渊源

本文上一小节对《自然》杂志上与威尔斯相关的科幻小说书评进行了分类考察,上述考察不能不使人产生这样一个疑问:从威尔斯的年代直至现今,《自然》杂志上为何会发表数量如此众多的科幻书评和影评?

当然,从前面的论述结果来看,如果认为被评论的这些科幻作品通过各种方式在不同程度上参与了科学探索活动,可以构成这个问题的一个解释。[5]但除此以外,我们还可以从两个方面来解答这个问题。

首先,《自然》杂志关注科幻,是最初两任主编就遗留下来的传统。

1869年,著名天文学家诺曼·洛克耶(Norman Lockyer,1835—1920)成为《自然》杂志第一任主编,他在这一职位上任职达50年之久。洛克耶在欧洲天文学界的名头主要和他的一项成就有关。1868年,他通过分析日珥光谱推断出存在一种新元素"氦"——几乎同时,法国物理学家朱利叶斯·詹森(Jules Janssen,1824—1907)也获得了相同的结论,他们两人随后共同分享了这一荣誉。

洛克耶除了专职进行太阳物理学前沿研究,晚年时还对科学史萌生浓

---

[1] Richard Webb, "Film: Dark Days Ahead", *Nature*, 2007-04-05, 446, p.615.
[2] Emma Marris, "Climate Comedy Falls Flat", *Nature*, 2008-07-17, 454, p.279.
[3] Andrew H. Knoll., "Romance among Robots", *Nature*, 2008-07-24, 454, p.407.
[4] Christof Koch, "A Smart Vision of Brain Hacking", *Nature*, 2010-09-02, 467, p.32.
[5] 江晓原、穆蕴秋:《〈自然〉杂志科幻作品考——Nature实证研究之一》,《上海交通大学学报(哲学社会科学版)》,21卷3期(2013),页15-26。

厚兴趣，在《自然》上发表了大量这方面的文章[1]，而《自然》杂志最早的科幻源头，就可以追溯到他1878年为儒勒·凡尔纳（Jules Verne, 1828—1905）英文版科幻小说集写的书评。[2]

在这篇评论中，洛克耶认为凡尔纳小说最具价值的地方在于能够准确向青少年传授科学知识。他举《从地球到月亮》中非常"符合天文学原理"的情节——向月亮发射炮弹为例，认为这段故事有助孩子们对重力原理的认识和了解，"很可能是他们阅读半打教科书都无法取得的"。洛克耶还用去文章三分之一的篇幅摘引凡尔纳《太阳系历险记》第二部分第八章中一位科学人士测量彗星体积、质量和密度的过程，借以说明"法国通俗文学令人愉快的写作风格"是如何寓教于乐的。[3]

事实上，与洛克耶的看法相反的是，单纯追求科学知识的准确性，但缺乏思想性，恰恰是凡尔纳的科幻作品在一些文学人士眼中"品次"不高的缘故。譬如阿根廷著名作家博尔赫斯（J. Borges, 1899—1986）就评价王尔德（O.

---

[1] N. Lockyer, "A Short History of Scientific Instruction: I", *Nature*, 1898 – 10 – 13, 58, pp. 572 – 575. "A Short History of Scientific Instruction: II", *Nature*, 1898 – 10 – 20, 58, pp. 597 – 600. "On Some Points in Ancient Egyptian Astronomy: I", *Nature*, 1892 – 01 – 28, 45, pp. 296 – 299. "On Some Points in the Early History of Astronomy", *Nature*, 1891 – 05 – 21, 44, pp. 57 – 60. "The Astronomical History of on and Thebes", *Nature*, 1893 – 08 – 03, 48, pp. 318 – 320. "On Some Points in Ancient Egyptian Astronomy: II", *Nature*, 1892 – 02 – 18, 45, pp. 373 – 375. "The Story of Helium", *Nature*, 1896 – 02 – 13, 53, pp. 342 – 346.

[2] 凡尔纳的这部小说集收入了七部科幻小说：《太阳系历险记》（*Hector Servadac, Or The Career Of A Comet*），《从地球到月亮》（*From The Earth To The Moon*），《环绕月球》（*Around The Moon*），《海底两万里》（*Twenty Thousand Leagues Under The Sea*），《八十天环绕地球》（*Around The World In Eighty Days*），《盛产皮毛之邦或北纬七十度》（*The Fur Country*），《一个在冰雪中度过的冬天》（*A Winter Amid The Ice*）。洛克耶的书评参见："Hector Servadac, or the Career of a Comet", *Nature*, 1878 – 01 – 10, 17, pp. 197 – 199。《自然》杂志上的这篇文章没有出现作者名，不过《枕边〈自然〉》一书指明该文出自洛克耶之手。参见：*A Bedside Nature: Genius and Eccentricity in Science 1869 – 1953*, Walter B. Gratzer, ed., London: W. H. Freeman & Co., 1997, p. 52。

[3] 这种风格的寓教于乐和洛克耶的文学情怀，还体现在他和英国著名作家哈格德（H. Haggard, 1856—1925）交往的一段趣事中。据其生前通信记载，1916年，哈格德向洛克耶谈及他正在构思一篇幻想小说，洛克耶把英国著名天文学家阿瑟·爱丁顿（A. Eddington, 1882—1944）引入讨论中来。哈格德随后向爱丁顿请教，他小说中一个名叫奥罗（Oro）的超人在人间引发一场洪灾后沉睡了250,000年，但让他感到棘手的是，仅仅通过观看星空，奥罗怎样知道自己沉睡了250,000年？爱丁顿很快回信对这个问题进行了详细解答。哈格德后继续询问爱丁顿，要用什么科学方法才能让奥罗的女儿伊娃阻止她父亲的恶行，并在这个过程中丧生。爱丁顿幽默地拒绝说："别的问题我就搞不定了！处理女英雄确实非我所长！"参见："Selections from the Letters of Sir Norman Lockyer", *Nature*, 1969 – 11 – 01, 224, pp. 473 – 477。

Wilde,1854—1900)的观点——威尔斯是"一个科学的凡尔纳",认为这完全是对威尔斯的"糟蹋"。理由是两者完全不具可比性,"威尔斯是一位可敬的小说家,是斯威夫特、爱伦·坡简洁风格的继承人;而凡尔纳,只是一位勤奋而笑容可掬的短工。凡尔纳是写给青少年看的,而威尔斯老少皆宜"。[1]

在洛克耶之后,《自然》杂志的第二任主编格里高利同样对科幻保持浓厚兴趣。格里高利与威尔斯早年同在伦敦科学师范学院上学,成名后一直保持着友谊。[2]他曾先后为四部科幻小说——《奇人先生的密封袋》[3]、《旅行到其他世界:未来历险记》[4]、《世界之战》[5]、《插翅的命定之旅,关于两颗星球的故事》[6],撰写过书评。

值得一提的是,格里高利在《自然》杂志上还发表过大量对科学技术进行反思的文章,其中一些观点在今天看来也很具启发意义,比如下面文章中的这段话:

> 认为科学唯一作用是发现和研究自然现象和法则,并不关乎所获得的社会观感知识的观点,应该予以舍弃了。科学不能和道德相剥离,也不能把它作为在和平时期发动战争和搞经济破坏的借口来开脱罪责。科学人(man of science)不应该把和科学发现相关的社会及政治问题撇往一旁,因为这类东西很有可能被用于致毁目的。[7]

其次,发表科幻作品评论是二十世纪早期一些科学杂志的普遍做法。除了《自然》杂志,同期的《大众天文学》(*Popular Astronomy*)、《现代电学》(*Modern Electrics*)等科学普及期刊,也发表科幻小说的书评。[8]以《大众天

---

[1] [阿根廷]博尔赫斯:《博尔赫斯谈艺录》,王永年、徐鹤林等译,浙江文艺出版社,2005年,页127。

[2] Sir Harold Hartley, "The Life and Times of Sir Richard Gregory, Bt., F. R. S.,1864 - 1952",1953 - 01 - 13,171,pp. 1040 - 1046.

[3] R. Gregory, "A Journey to the Planet Mars", *Nature*,1889 - 07 - 25,40,pp. 291 - 292.

[4] R. Gregory, "An Astronomical Romance", *Nature*,1894 - 10,50(1303),pp. 592 - 593.

[5] R. Gregory, "The War of the Worlds", *Nature*,1898 - 02 - 10,57,pp. 339 - 340.

[6] R. Gregory, "Their Winged Destiny, being a Tale of Two Planets", *Nature*,1912 - 10 - 10,90,pp. 160 - 161.

[7] R. Gregory, "Cultural Contacts of Science", *Nature*,1938 - 12 - 17,pp. 1059 - 1061.

[8] "To Mars via the Moon, An Astronomical Novel by Mark Wicks", *Popular Astronomy*,1911,19,pp. 460 - 461. "Book Review of Wicks's To Mars via the Moon", *Modern Electrics*,1911 - 08,p. 371.

文学》为例,它讨论过的科幻作品包括儒勒·凡尔纳的《地心游记》[1]、《从地球到月亮》[2],H. G. 威尔斯的《时间机器》[3]、《世界之战》[4]、《到达月球的第一个人》[5],埃德加·巴勒斯(E. Burroughs,1875—1950)的《地心历险》(*The Center of The Earth*)和《火星人系列》(*The Martian Series*)[6]等等。

从形式上看,《大众天文学》上这类文章通常有着固定套路,前半部分是科幻作品的故事梗概,后半部分逐条列举作品中的科学谬误(scientific inaccuracies)——这些谬误通常都达数十条之多。在这种讨论框架下,那些有名的科幻经典几乎完全沦为科学发现和科学事实的附庸。相较而言,尽管《自然》杂志不乏对科幻作品进行"纠错"的那类文章,但总体来看,评论内容要丰富许多。

四、从威尔斯的遭遇看英国学界眼中的《自然》杂志

《自然》如今被看作"顶级科学杂志",在中国学界更有着神话般的声誉和地位,这很容易给人造成一种错觉,即《自然》在科学界所具有的这种"高贵"形象,似乎是与生俱来的。但真实的情形究竟如何呢?通过威尔斯的遭遇,或许有助于我们澄清这样的误解。

1966 年,伦敦帝国理工学院举办威尔斯诞辰一百周年纪念活动,因提出"两种文化"观点而知名的斯诺(C. P. Snow,1905—1985)撰写了纪念文章。[7]斯诺谈到与威尔斯生前的一些交往细节,披露了一件鲜为人知的事情:尽管威尔斯在文学领域有着无可争议的杰出声望,但他更在意的却是另

---

[1] L. J. Lafleur, "Marvelous Voyages I: The Center to the Earth", *Popular Astronomy*, 1942 – 01, vol. 50, p. 16.

[2] L. J. Lafleur, "Marvelous Voyages III: From the Earth to the Earth", *Popular Astronomy*, 1942 – 04, vol. 50, p. 196.

[3] L. J. Lafleur, "Marvelous Voyages VIII: The Time Machine", *Popular Astronomy*, 1943, 51, p. 434. L. J. Lafleur, "Errors in Marvelous Voyages VIII", *Popular Astronomy*, 1943, 51, p. 438.

[4] L. J. Lafleur, "Marvelous Voyages VII: The War of the Worlds", *Popular Astronomy*, 1943, 51, p. 359. L. J. Lafleur, "Errors in Marvelous Voyages VII", *Popular Astronomy*, 1943, 51, p. 384.

[5] L. J. Lafleur, "Marvelous Voyages V: The first Men in the Moon, Part I", *Popular Astronomy*, 1943, 51, p. 76.

[6] L. J. Lafleur, "Marvelous Voyages II", *Popular Astronomy*, 1942 – 02, 50, p. 69. "Errors in Marvelous Voyages II", *Popular Astronomy*, 1942 – 05, 50, p. 249.

[7] C. P. Snow, *Variety of Men*, New York: Charles Scribner's Sons, 1966, pp. 63 – 87.

一件事——渴望成为英国皇家学会成员,得到科学共同体的接纳。按照斯诺的说法:

> 这样的想法并没有随着威尔斯逐渐年老而消退,而是变得愈发强烈。尽管越来越失望,但他坚持认为,只有进入皇家学会才能证明自己的成就。[1]

1930 年代,年过七十的威尔斯向伦敦大学提交博士论文获取学位——《自然》杂志后来刊登了这篇论文的节选![2]斯诺把这一行为解读为"这只是他为了证明自己也能从事令人尊敬的科学工作"。

一些和威尔斯交好的科学人士,如著名生物学家、皇家学会成员朱利安·赫胥黎(Sir J. Huxley,1887—1975),曾努力斡旋推举他进入皇家学会,但结果未能如愿。在威尔斯晚年,这件事成了困扰他的一大心结。1936 年,威尔斯被推举为英国科学促进会教育科学分会主席,但他仍然满怀失望,认为自己从未被科学团体真正接纳。

这里值得注意的是斯诺提到的皇家学会拒绝威尔斯的理由:

> 皇家学会当前只接受从事科学研究或对知识作出原创性贡献的人士为会员。威尔斯是取得了很多成就,但并不符合可以为他破例的条件。[3]

从前文的考察结果来看,威尔斯本人在《自然》杂志上共发表过 26 篇文章,但这些文章显然并没有被英国皇家学会看作"科学研究或对知识作出原创性贡献"的成果。换言之,威尔斯并没有因为在《自然》杂志上发表的这些文章获得"科学人士"的资格。

从实际情形来看,这个结论倒并非是对威尔斯的个人偏见所致,因为,即便是为威尔斯抱不平的斯诺那里,也是持同样的观点。斯诺为威尔斯辩护,说尽管皇家学会的说法貌似合理体面,但并不是事实,皇家学会一直以

---

[1] C. P. Snow, *Variety of Men*, p. 84.
[2] H. G. Wells, "The Illusion of Personality", *Nature*, 1944 - 04 - 01, 153, pp. 395 - 397.
[3] C. P. Snow, *Variety of Men*, p. 85.

来实行的是推选制,被推选的人中不乏内阁大臣和高官——甚至就在威尔斯落选前两三年,还有多名政客高官入选。斯诺因此替威尔斯叫屈:

> 这些非科学人士为国家作出过杰出贡献,当然没错;他们当选是荣誉的象征,实至名归;但问题是,他们都行,为什么威尔斯不行?[1]

斯诺的这段话包含了两个层面的意思:首先,非科学人士也可入选英国皇家学会;其次,斯诺想要争取的只是威尔斯能享有和其他杰出非科学人士一样的待遇。

按照学界规则,被同行接纳最直接有效的方式,就是到相关的正规学术期刊上发表文章表达自己的观点。但是,被《自然》杂志"宠爱"了将近半个世纪的威尔斯,却始终未能获得英国主流科学共同体的接纳,这只能证明,至少在威尔斯生活的年代,《自然》在英国学界眼中还只是一份普通的大众科学读物。

说到底,威尔斯的遭遇只是从另一个侧面证明了这种偏见的普遍性:在科普杂志上发表文章,无论数量、质量和社会影响达到怎样的程度,都完全不会有助于提升作者在科学界的学术声誉。

原载《上海交通大学学报》22 卷 1 期(2014)

---

[1] C. P. Snow, *Variety of Men*, p. 85.

科学与幻想:一种新科学史的可能性*

一、绪论:伽利略月亮新发现的影响

和科学史上的许多其他问题一样,关于宇宙中其他世界上是否存在生命的问题,也同样可以追溯到古希腊。

原子论的提出者,留基伯(Leucippus,公元前500—450年)和德谟克里特(Democritus,公元前470—400年)最早表达了无限宇宙的思想,认为生命存在于宇宙的每一个地方。随后伊壁鸠鲁(Epicurus,公元前341—270年)及其思想继承人卢克莱修(Lucretius,公元前99—55年),也分别在各自的著作中表达过类似的思想。[1] 与原子论者的看法相反,柏拉图(Plato,公元前429—347年)在《蒂迈欧篇》(Timaeus)中并不赞同"无限宇宙"的观点。[2] 亚里士多德(Aristoteles,公元前384—322年)从构成世界的物体本性相同的前提出发,在《论天》(On the Heaven)中也对"多世界"观点进行了反驳。[3]

而伽利略(Galileo Galilei,1564—1642)在1609年通过望远镜所获得的月亮环形山新发现,成为一个分界点:在此之前,关于外星生命或文明的讨论主要来自哲学家们的纯思辨性构想;在此之后,相关探讨结论是在望远镜观测结果的基础上进行的。1610年,伽利略在新出版的《星际使者》(The Sidereal Messenger)一书中提到,1609年12月,他用望远镜对月球进行了一段时间的连续观测后确信:

---

* 本文系与穆蕴秋合著。
[1] Diogenes Laertius, *The Lives and Opinions of Eminent Philosophers*, C. D. Yonge, trans., London: H. G. Bohn, 1853, p.440. 卢克莱修:《物性论》,方书春译,商务印书馆,1999年,页123–124。
[2] 柏拉图:《蒂迈欧篇》,谢文郁译,上海人民出版社,2005年,页21。
[3] 亚里士多德:《论天》,《亚里士多德全集》第二卷,苗力田译,中国人民大学出版社,1991年,页289。

月亮并不像经院哲学家们所认为的,和别的天体一样,表面光滑平坦均匀,呈完美的球形。恰恰相反,它一点也不平坦均匀,布满了深谷和凸起,就像地球表面一样,到处是面貌各异的高山和深谷。[1]

伽利略对月亮环形山的发现,和他观测到的太阳黑子和金星相位的变化,推翻了亚里士多德经院哲学家们一直所宣扬的,月上区天体是完美无瑕的说教。除了这一重要影响之外,伽利略通过望远镜所得到的天文观测结果,还在其他两个方面产生了值得关注的影响。

首先,一些科学人士基于望远镜的观测结果,开始对其他星球适宜居住的可能性,展开了持续的探讨。天文学历史上许多很有来头的人物,如开普勒(Johannes Kepler,1571—1630)、威尔金斯(John Wilkins,1614—1672)、冯特奈尔(Bernard le Bovier de Fontenelle,1657—1757)、惠更斯(Christian Huygens,1629—1695)、威廉·赫歇尔(Sir William Herschel,1738—1822)等,都参与了相关的讨论——不过几乎无一例外,在大多数正统的天文学史论著中,这些内容都被人为"过滤"掉了。

其次,与科学界人士对地外生命的探讨相对应的是,从十七世纪开始,文学领域开始出现一大批以星际旅行为主题的幻想作品。公元二世纪卢西安(Lucian,ca.115—200)的幻想小短文《真实历史》(*True History*),现在一般被认为是最早的星际旅行幻想故事,此后文学作品中有关星际旅行的作品极为少见。这一题材在十七世纪的重新复苏,很大程度上与伽利略望远镜天文观测新发现有着直接关系。[2]

---

[1] Galileo Galilei, *The Sidereal Messenger* (1610), E. S. Carlos, trans., London: Rivingtons,1880,p.15.
[2] 星际旅行幻想小说的这种中断和复苏的状况,很容易让人把它和亚当·罗伯茨在《科幻小说史》(北京大学出版社,2010年)中提到的一个"所有(研究)科幻小说的历史学家必须回答的问题"对应起来:在整个文学领域,从400年到十七世纪初,科幻出现了一千一百年的中断期。罗伯茨把出现这一漫长中断过程的原因,归结为这一时期占主流的"(新)柏拉图哲学、亚里士多德宇宙论和基督教神学的混合体"。这种"混合体"的特征是,"地上的王国与形而上—超越的天上王国的区别"。天上的王国被认为由高等而纯粹之物(以太)构成,尘世之物完全不可与之相比。因此,罗伯茨认为,这一时期的星际旅行面对的是一神教群体,受控于专制的宗教权威,它禁止了科幻小说所需要的想象空间。罗伯茨给出的这一理由,用于解释月球旅行幻想小说的中断其实也是贴切的,作为同属"月上区"完美天体的月亮,一样被纳入了宗教"神界"的范畴,旅行到那里并不是一个合适的构想。至于科幻小说在十七世纪的复苏,罗伯茨认为,这是哥白尼宇宙理论取代托勒密宇宙体系的过程中,在多方面产生革命性影响的一个附带结果。在哥白尼的宇宙模型中,从前的"神界"被尘世化了,这种宗教的禁忌一旦被逐渐打破,幻想的障碍也就随之不复存在。罗伯茨的这个解释观点颇有创见,但他在论述中完全忽略了望远镜的出现对这种文学类型的复苏所起到的重要影响。

上述科学与幻想两方面的成果,在后来不断累积的过程中并非彼此隔绝,它们的边境始终是开放的,很多幻想都可以看作科学活动的一部分。下文将通过具体例证从三个方面对此进行详细论述。

二、幻想作为科学活动的一部分

1. 星际幻想小说对星际旅行探索的持续参与

约翰·威尔金斯是英国皇家学会的创始人之一,他很可能是科学历史上第一位对空间旅行方式系统进行关注的人士。1640 年,他在《关于一个新世界和另一颗行星的讨论》(*A Discourse Concerning a New World and Another Planet*)一书第 14 小节的内容中,总结了三种到达月球的方式。[1] 在 1648 年出版的《数学魔法》(*Mathematical Magick*)第二部分有关"机械原理"的ⅵ、ⅶ和ⅷ三节内容中,威尔金斯又补充了第四种月球旅行方式。[2]

威尔金斯的四种月球旅行方式分别为:第一,在精灵(spirits)或天使(angels)的帮助下;第二,在飞禽的帮助下;第三,把人造翅膀扣在人体上作为飞翔工具;第四,利用飞行器(Flying Chariot)。在对第一种和第二种方案进行阐释时,威尔金斯特别援引了两部科幻小说的设想来作为例证——开普勒的《月亮之梦》(*Kepler's Dream*, 1634)和戈德温(Francis Godwin, 1562—1633)的《月亮上的人》(*The Man in the Moon*, 1634)。

事实上,威尔金斯所谈及的其他两类旅行方式,也同样可以在幻想小说中找到类似的设想。把人造翅膀扣在人体上作为飞翔工具这种方法,公元二世纪卢西安在《真实历史》中就已经想象过。至于飞行器的设想,和威尔金斯同时代的法国小说家伯杰瑞克(Cyrano de Bergerac, 1619—1655)的《月球旅行记》(*The Voyage to the Moon*, 1656)和英国文学家丹尼尔·笛福(Daniel Defoe, 1659—1731,他更有名的著作是《鲁滨逊漂流记》)的《拼装机》(*The Consolidator*, 1705)两部小说中的主人公,都是通过这种方式到达月亮的。[3]

---

[1] *The Mathematical and Philosophical Works of the Right Rev. John Wilkins*, London: C. Whittincham, 1802, pp. 127–129.

[2] John Wilkins, *Mathematical Magick* (1648), London: Printed For Edw. Gellibrand at the Golden Ball in St. Pauls Church-yard, 1680, pp. 199–210.

[3] 书名中的"Consolidator"是笛福小说中飞行器的名称。因找不到对应的中译词汇,暂译为"拼装机"。

相较于十七、十八世纪的月球旅行,十九世纪科幻小说中开始出现更多新的太空(时空)旅行方式,归纳起来主要有以下几种:

一、通过气球旅行到其他星体上,代表作品是《汉斯·普尔法旅行记》(*Hans Pfaall*,1835);二、通过特殊材料制成的飞行器,代表作品是《奇人先生的密封袋》(*Mr. Stranger's Sealed Packet*,1889);三、太空飞船,代表作品是《世界之战》(*The War of the Worlds*,1898);四、炮弹飞行器,代表作品是《从地球到月亮》(*From the Earth to the Moon*,1865)、《金星旅行记》(*A Trip To Venus*,1897)等;五、时间机器,代表作品是《时间机器》(*Time Machine*,1895);六、睡眠,代表作品是马克·吐温的《康州美国佬在亚瑟王朝》(*A Connecticut Yankee in King Arthur's Court*,1889)。

上述这些设想中,"时间机器"最具生命力。1895年,H. G. 威尔斯(H. G. Wells,1866—1946)在小说《时间机器》中,让主人公乘坐"时间机器"回到了未来世界(公元802701年),所依据原理是"时间就是第四维"的设想。爱因斯坦在1915年发表的广义相对论,使得这一纯粹的幻想变成了有一点理论依据的事情。此后不少科学家,如荷兰物理学家斯托库姆(J. Van Stockum)[1]、哥德尔(Kurt Gödel,1906—1978)[2]、蒂普勒(Frank J. Tipler,1947—)[3]等人,先后在爱因斯坦场方程中找到了允许时空旅行的解。事实上,关于时空旅行的探讨,在理论物理专业领域内已经成为一个重要的研究课题。

在《时间旅行》之后,科幻领域出现了数量蔚为壮观的以时空旅行为题材的科幻作品。从科学与幻想存在互动关系的角度而言,最值一提的有两部:一部是天文学家卡尔·萨根(Karl Sagan,1934—1996)创作的科幻小说《接触》(*Contact*,1985),另一部是吉恩·罗顿伯里(Gene Roddenberry,1921—1991)编剧兼制作人的长播科幻剧集《星际迷航》系列(*Star Trek*,1966—2005)。

《接触》在1995年改编为同名电影的过程中,由于萨根对自己设置的利

---

[1] J. Van Stockum, "The Gravitational Field of a Distribution of Particles Rotating Around an Axis of Symmetry", *Proc. Roy. Soc.*, Edinburgh, 1937, 57, p. 135.

[2] K. Gödel, "An Example of a New Type of Cosmological Solution of Einstein's Field Equations of Gravitation", *Rev. Mod. Phys. D*, 1949, 21, pp. 447–450.

[3] F. J. Tipler, "Rotating Cylinders and the Possibility of Global Causality Violation", *Phys. Rev. D*, 1974, 9(8), pp. 2203–2206.

用黑洞作为时空旅行手段的技术细节并不是太有把握,为了寻找科学上能站住脚的依据,他向著名物理学家基辅·索恩(Kip. S. Thorne)求助。索恩随后和他的助手把相关的研究成果,以论文形式主要发表在顶级物理学杂志《物理学评论》(*Physical Review*)上,从而在科学领域打开了一个新的研究方向,使得一些科学人士开始思考虫洞作为时空旅行手段的可能性。[1]

在《星际迷航》中,罗顿伯里想象了另一种新的超空间旅行方式——翘曲飞行(Warp Drive),它能使两个星球之间的空间发生卷曲并建立一条翘曲通道,以此来实现超光速旅行。翘曲飞行现在一般也被称作"埃尔库比尔飞行"(Alcubierre Drive),这是因为1994年英国威尔士大学的马格尔·埃尔库比尔(Miguel Alcubierre)在《经典与量子引力》杂志上发表论文对翘曲飞行进行了认真讨论,引发了关于时空旅行新的研究热潮。[2]

2. 科幻小说作为单独文本参与科学活动

科幻小说作为独立文本存在时,也会直接或是间接地参与到科学活动中来,参与的形式归结起来主要有以下三种:

第一种,科幻小说中的想象结果对某类科学问题的探讨产生直接影响。这类例证中,最典型的是十七世纪英国科学人士查尔斯·莫顿(Charles Morton,1627—1698)撰写的一篇阐释鸟类迁徙理论的文章。莫顿在文中提出一种惊人的观点认为,冬天鸟都飞到月亮上过冬去了。[3] 研究鸟类迁徙理论的一些人士在后来谈及莫顿这个结论时,都倾向把它当成一种匪夷所思的观点[4],直到1954年,得克萨斯大学的学者托马斯·哈里森(Thomas P. Harrison)在《爱西斯》(*Isis*)上发表的一篇论文中,才从新的视角对莫顿这本

---

[1] M. S. Morris, K. S. Thorne, U. Yurtsever,"Wormholes, Time Machines, and the Weak Energy Condition", *Phys. Rev. Lett.*, 1988, 61(13), pp. 1446 – 1449.

[2] M. Alcubierre,"The Warp Drive: Hyper-Fast Travel within General Relativity", *Classical Quantum Gravity*, 1994, 11, pp. 73 – 77.

[3] "An Enquiry into the Physical and Literal Sense of that Scripture Jeremiah", viii. 7, *Harleian Miscellany*, London: Robert Dutton, 1810, 5, pp. 498 – 511.

[4] Daines Barrington,"An Essay on the Periodical Appearing and Disappearing of Certain Birds, at Different Times of the Year. In a Letter from the Honourable Daines Barrington", Vice-Pres. R. S. to William Watson, M. D. F. R. S., *Philosophical Transactions*, 1772, 62, pp. 265 – 326. Frederick C. Lincoln, *The Migration of American Birds*, New York: Doubleday, Doran & Company, 1939, pp. 8 – 9.

小册子中相关内容的思想来源进行了考证,他认为莫顿的鸟类迁徙理论是受了戈德温1634年出版的幻想小说《月亮上的人》的影响。[1]

小说情节很简单,讲述了一位被流放到孤岛上的英雄,在偶然情形下被他驯养的一群大鸟带到月亮上,经历了一番冒险的故事。在第五章中,戈德温通过描述主人公在月亮上的所见对月亮世界进行了想象,其中特别描写主人公看到了许多从地球迁徙来的鸟类,并得出结论说:"现在知道了,这些鸟类……从我们身边消失不见的时候,全都是来到了月亮上,因为,它们和地球上同种类型的鸟类没有任何不同,长得几乎完全一模一样。"

很难判断戈德温对月亮上飞鸟的这种描述,究竟只是他的一种想象,还是他本人对鸟类迁徙理论观点的一种表达。不过这样的情节出现在一本幻想小说中,对读者来讲,原本应见怪不怪。但按照哈里森的解读,戈德温的这种想象结果,却给了同时代的莫顿极大启发,进而用科学论证的方式来对此进行解释。而前面提及的威尔斯的《时间机器》、萨根的《接触》,以及电视系列剧《星际迷航》,其实也都可以归入这样的例证中。

第二种,科幻小说把科学界对某一类问题(现象)讨论的结果移植到自身创作情节中。此处可举H. G. 威尔斯1898年发表的《世界之战》(The War of the Worlds)为例。在小说第一章交代的故事背景中,威尔斯描绘了书中主人公和一些天文学家观测到了火星上出现一系列奇异的火星喷射现象。[2] 而让地球人始料未及的是,这一切奇怪的现象,其实是生存条件恶化、已濒临灭亡的火星人派遣先头部队入侵地球的前兆。

小说中所描述的这一系列奇异的火星观测结果,并非威尔斯杜撰而来,书中提到的1894年8月2日发表在《自然》杂志(Nature)上报告"火星上出现剧烈亮光"的文章,在现实中确有其文,匿名作者甚至还把这种现象的"人为原因"指向了来自火星讯息的可能性。[3] 这一猜想导致该文随后受到了科学界人士和大众媒体的广泛关注,而威尔斯创作这一故事的灵感,也正是从当时关于猜测火星在向地球发射信号的传言中获得的。

除《世界之战》外,类似的例证还可举出很多。如1835年《太阳报》上的著名骗局"月亮故事",就是受到了数学家高斯(Karl F. Gauss,1777—1855)

---

[1] Thomas P. Harrison, "Birds in the Moon", *Isis*, 1954, 45(4), pp. 323-330.

[2] H. G. Wells, *The War of the Worlds*, Derwood: Arc Manor LLC., 2008, pp. 9-14.

[3] "A Strange Light on Mars", *Nature*, 1894-08-02, 50(1292), p.319.

等人对月亮宜居可能性讨论结果的启发[1];博物学者路易斯·格拉塔卡普(Louis Gratacap,1851—1917)发表于1903年的《火星来世确证》(*The Certainty of a Future Life in Mars*),则是借用了特斯拉(Nikola Tesla,1856—1943)等人通过无线电和假想中的火星文明进行交流的设想[2];而业余天文学家马克·威克斯(Mark Wicks)之所以写作《经过月亮到达火星》(*To Mars via the Moon: An Astronomical Story*,1911),则是想通过这部幻想小说来表达他对洛韦尔"火星运河"观测结果的支持。

第三种,科幻小说直接参与对某个科学问题的讨论。这样的案例中最有代表性的是对"费米佯谬"的解答。"费米佯谬"源于费米的随口一语,却有着深刻意义。[3]由于迄今为止,仍然缺乏任何被科学共同体接受的证据,能够证明地外文明的存在,另一方面,科学共同体也无法提出任何令人信服的证据,能够证明外星文明不存在,这就使得"费米佯谬"成为一个极端开放的问题,从而引出各种各样的解答方案。这些解决方案大致可以分成三大类:一、外星文明已经在这儿了,只是我们无法发现或不愿承认;二、外星文明存在,但由于各种原因,它们还未和地球进行交流;三、外星文明不存在。

在上述三种可能性并存的情形下,"费米佯谬"为科学研究者和科幻作家们提供了巨大的施展空间,到目前为止,它已经被给出了不少于50种解答方案。其中代表性的学术成果有动物园假想(The Zoo Scenario)[4]、隔离假想(The Interdict Scenario)[5]、天文馆假设(The Planetarium Hypothesis)[6]等。为"费米佯谬"提供解答的知名科幻作品则有阿西莫夫的《日暮》,波兰科幻小说家斯坦尼斯拉夫·莱姆的《宇宙创始新论》等等。[7]值得一提的是,中国科幻作家刘慈欣在2008年出版的科幻小说《三体 Ⅱ》中,提供了第一个中国式解答——"黑暗森林法则"。

---

[1] 江晓原、穆蕴秋:《十九世纪的科学、幻想和骗局》,《上海交通大学学报》19卷5期(2011)。

[2] "Talking With the Planets", *Collier's Weekly*, 1901 - 02 - 19, pp. 4 - 5.

[3] 江晓原、穆蕴秋:《〈宇宙创始新论〉:求解费米佯谬一例》,《我们的科学文化·3·科学的异域》,江晓原、刘兵主编,华东师范大学出版社,2008年。

[4] J. A. Ball, "The Zoo Hypothesis", *Icarus*, 1973, 19, pp. 347 - 349.

[5] M. J. Fogg, "Temporal Aspects of the Interaction among the First Galactic Civilizations: The Interdict Hypothesis", *Icarus*, 1987, 69, pp. 370 - 384.

[6] S. Baxter, "The Planetarium Hypothesis: A Resolution of the Fermi Paradox", *Journal of the British Interplanetary Society*, 2001, 54(5/6), pp. 210 - 216.

[7] 江晓原、穆蕴秋:《〈宇宙创始新论〉:求解费米佯谬一例》。

3. 科学家写作的科幻小说

科学与幻想开放边境两边的密切互动，还体现为另一种比较特殊的文学现象——由科学家撰写的幻想小说。此处姑以早期文献开普勒的《月亮之梦》(Kepler's Dream)为例，来进行论述和分析。

《月亮之梦》的雏形，始于1593年开普勒就读德国图宾根大学期间。在文中开普勒设想，如果太阳在天空中静止不动，那么对于站在月球上的观测者，天空中其他天球所呈现出的运行情况将会是怎样的——是在日心体系中的情形。这篇已经富有科学幻想色彩的论文在当时未能公开发表。15年后开普勒重拾旧作，在原文基础上扩充内容，1620年至1630年期间，他又在文末补充增添了多达223条的详细脚注，合起来其长度4倍于正文还不止，即成《月亮之梦》(Kepler's Dream)。[1]

《月亮之梦》除了作为一部讨论月亮天文学的论著，有时也被当作科幻小说的开山之作。[2]从全书内容来看，这主要是由于以下三方面的内容：

首先是它的形式——以梦的形式写成。开普勒在书中说，本书中的内容，来自他某次"梦中读到的一本书"中主人公留下的记载。在那本梦中的书里，精灵引领着主人公和他的母亲作了一次月球旅行。

其次是关于月球旅行的方式。开普勒对这个情节的幻想完全体现了他天文学家的职业背景：那些掌握着飞行技艺的精灵，生活在太阳照射下地球形成的阴影中，精灵们选择当地球发生月全食时作为从地球飞向月亮的旅行时刻——这时地球在太阳照射之下所形成的锥形阴影就能触及月亮，这就形成了一条到达月球的通道。

再次，相比以上两点更重要的，是开普勒对"月亮居民"的描述。这并非是开普勒的凭空想象，而是他对望远镜月亮观测结果的一种解释，所依据的观测现象是：月亮上一些斑点区域内的洞穴呈完美的圆形，圆周大小不一，排列井然有序，呈梅花点状。开普勒认为，这些洞穴和凹地的排列有序以及和洞穴的构成情形，表明这是月球居民有组织的建筑成果。

由此可见，《月亮之梦》中的幻想与开普勒所讨论的月亮天文学其实有

---

[1] J. Kepler, *Kepler's Dream* (1634), P. F. Kirkwood, trans., California: University of California Press, 1965.

[2] D. H. Menzel, "Kepler's Place in Science Fiction", *Vistas in Astronomy*, 18(1), pp. 895-904.

着直接关系。或者也可以这样说,这类幻想是开普勒关于月球天文学的科学探索活动的一部分。

除了开普勒的《月亮之梦》,当然还有很多科幻小说出自科学家之手,表1是其中代表性文本的概览:

表1 天文学家和物理学家所著科幻小说举要(根据相关作品整理)

姓　名	专业背景	代　表　作　品	年代	国别
开普勒	天文学家	月亮之梦(Kepler's Dream)	1634	德国
弗拉马里翁	天文学家	鲁门(Lumen)	1872	法国
		世界末日(La Fin du Monde)	1893	
马克·威克斯	天文学家	经过月亮到达火星(To Mars via The Moon)	1911	英国
齐奥尔科夫斯基	火箭科学家和太空航行理论的先驱	月亮之上(On The Moon)	1895	俄国
		地球和天空之梦(Dreams of the Earth and Sky)	1895	
		地球之外(Beyond the Earth)	1920	
弗里德·霍伊尔	天文学家	黑云(The Black Cloud)	1957	英国
		仙女座安德罗米达A(A for Andromeda)	1962	
卡尔·萨根	天文学家	接触(Contact)	1986	美国

值得补充的是,科学家所写作的科幻小说,作为一种较为特殊的文本,也已经被其他人士注意到了。1962年,著名科幻小说编辑克罗夫·康克林(Groff Conklin,1904—1968)主编了一本科幻小说选集《科学家所著之优秀科幻小说》(Great Science Fiction by Scientists)。[1]书中选取了16位科学家写作的科幻小说。除了大名鼎鼎的阿西莫夫和阿瑟·克拉克之外,其他人物还有赫胥黎家族的朱利安·赫胥黎(Julian Huxley,1887—1975)——人们更熟知的可能是朱利安的同父异母弟弟奥尔德思·赫胥黎(Aldous Huxley,1894—1963),即著名"反乌托邦"小说《美丽新世界》(Brave New World,1932)的作者,还有著名核物理学家里奥·西拉德(Leo Szilard,1898—1964)等人。西拉德入选的作品是《中央车站》(Grand Central Terminal,1952),他还创作了另外七篇科幻小说。

---

[1] G. Conklin, *Great Science Fiction by Scientists*, New York: Collier Books, 1962.

三、如何看待含有幻想成分的"不正确的"科学理论

上一节中,我们探讨了科幻作品参与科学活动的几种形式,与此相对应的是,天文学历史上对地外文明进行探索的过程中,许多理论也包含幻想的成分。

要尝试将科学幻想视为科学活动的一部分,主要的障碍之一,来自一个观念上的问题:即如何看待历史上的科学活动那些在今天已经被证明是"不正确"的内容?因为许多人习惯于将"科学"等同于"正确",自然就倾向于将幻想和探索过程中那些后来被证明是"不正确的"成果排除在"科学"范畴之外。

关于科学与正确的关系,前人已有论述。英国剑桥大学的古代思想史教授G. E. R. 劳埃德,在他的《古代世界的现代思考——透视希腊、中国的科学与文化》一书中,就引入了对"科学"与"正确"的关系的讨论。[1]针对一些人所持有的,古代文明中的许多知识和对自然界的解释在今天看来都已经不再"正确"了,所以古代文明中没有科学的观点,劳埃德指出:"科学几乎不可能从其结果的正确性来界定,因为这些结果总是处于被修改的境地。"他认为:"我们应该从科学要达到的目标或目的来描绘科学。"

劳埃德深入讨论了应该如何定义"科学"。他给出了一个宽泛的定义:凡属"理解客观的非社会性的现象——自然世界的现象"的,都可被称为"科学"。劳埃德认为,抱有上述目标的活动和成果,都可以被视为科学。按照这样的定义,任何有一定发达程度的古代文明,其中当然都会有科学。

与此相应的是,笔者之一在2005年发表的《试论科学与正确之关系——以托勒密与哥白尼学说为例》一文中,也从学术层面对该问题进行了正面论述。[2]文中特别指出:

> 因为科学是一个不断进步的阶梯,今天"正确的"结论,随时都可能成为"不正确的"。我们判断一种学说是不是科学,不是依据它的结论

---

[1] G. E. R. 劳埃德:《古代世界的现代思考——透视希腊、中国的科学与文化》(2004),钮卫星译,上海科技教育出版社,2008年,页15-27。

[2] 江晓原:《试论科学与正确之关系——以托勒密与哥白尼学说为例》,《上海交通大学学报(哲学社会科学版)》,13卷4期(2005),页27-30。

在今天正确与否,而是依据它所用的方法、它所遵循的程序。

为了论证这一观点,文中援引了科学史上最广为人知的两个经典案例:

第一个案例是托勒密的"地心说"。站在今天的立场来看,托勒密的这个宇宙模型无疑是不正确的。但这并不妨碍它仍然是"科学"。因为它符合西方天文学发展的根本思路:在已有的实测资料基础上,以数学方法构造模型,再用演绎方法从模型中预言新的天象。如预言的天象被新的观测证实,就表明模型成功,否则就修改模型。托勒密之后的哥白尼、第谷,乃至创立行星运动三定律的开普勒,在这一点上都无不同。再往后主要是建立物理模型,但总的思路仍无不同,直至今日还是如此。这个思路,就是最基本的科学方法。

第二个案例是哥白尼的"日心说"。托马斯·库恩(Thomas Samuel Kuhn)等人的研究已经指出,哥白尼学说不是靠"正确"获胜的。因为自古希腊阿里斯塔克的"日心说"开始,这一宇宙模型就面临着两大反驳理由:一、观测不到恒星周年视差,无法证明地球的绕日运动;二、认为如果地球自转,则垂直上抛物体的落地点应该偏西,而事实上并不如此。这两个反驳理由都是哥白尼本人未能解决的。除此以外,哥白尼模型所提供的天体位置计算,其精确性并不比托勒密模型的更高,而和稍后出现的第谷地心模型相比,精确性更是大大不如。按照库恩在《哥白尼革命》一书中的结论:哥白尼革命的思想资源,是哲学上的"新柏拉图主义"。换言之,哥白尼革命的胜利并不是依靠"正确"。

上述对"科学"与"正确"关系的探讨虽然没有涉及幻想的成分,但那些包含有幻想成分而且已被证明是"不正确"的理论,无疑也可纳入同一框架下来重新思考和讨论。在此我们不妨以英国著名天文学家威廉·赫歇尔"适宜居住的太阳"观点为例,来作进一步考察和分析。这个例子中明显包含了幻想的成分。

1795 年和 1801 年,威廉·赫歇尔在皇家学会的《哲学通汇》(Philosophical Transactions)上发表了两篇文章,对太阳本质结构进行探讨。他提出了一个非常有想象力的观点——认为太阳是适宜居住的。根据前面提及的判断一种学说是否"科学"的两条标准,我们来看一看,赫歇尔在得出这一今天看来貌似荒诞的结论时,所使用的研究方法和所遵循的程序。

在第一篇论文开篇,赫歇尔对其研究方法进行了专门介绍:在一段时间内对太阳进行连续观测,然后对几种观测现象的思考过程进行整理,并附加了几点论证,这些论证采用的是"认真考虑过的"类比方式。[1]通过此法,赫歇尔最后得出结论认为,发光的太阳大气下面布满山峰和沟壑,是一个适宜居住的环境。在第二篇论文中,威廉·赫歇尔在研究方法上更进一步,他提出了一种存在于太阳实体表面的"双层云"结构模型。在他看来,"双层云"结构模型除了为各种太阳观测现象的解释提供了更加坚固的理论前提之外,还进一步巩固了他的太阳适宜居住观点。他很自信地宣称:

> 在前面发表的一篇论文中,我提出过,我们有非常充足的理由把太阳看作是一个最高贵的适宜居住的球体;从现在这篇论文中相关的一系列观测结果来看,我们此前提出的所有论据不仅得到了证实,而且通过对太阳的物理及星体结构的研究,我们还被激励了向前迈出了一大步。[2]

毫无疑问,威廉·赫歇尔采用的论证方法,完全符合西方天文学发展的根本思路:在已有的实测资料基础上,构造物理模型,再用演绎方法,尝试从模型中预言新的观测现象。

我们再来看看赫歇尔所遵循的学术程序。所谓学术程序,指的是新的科学理论通过什么方式为科学共同体所了解。当然,通常而言,最正式也最有效的途径,就是在相关的专业杂志上发表阐释这种理论的论文。而赫歇尔的做法也完全合乎现代科学理论的表达规范——他的两篇论文,都发表在《哲学通汇》这样的权威科学期刊上。

站在今天的立场来看,托勒密的"地心说"和哥白尼的"日心说"都是"不正确的",但它们在科学史上却取得过几乎全面的胜利。而威廉·赫歇尔"适宜居住的太阳"观点,不仅是"不正确"的,而且几乎从未取得过任何胜利——只有极少数的科学家,如法兰西科学院院长弗兰西斯·阿拉贡

---

[1] W. Herschel, "On the Nature and Construction of the Sun and Fixed Stars", *Philosophical Transactions of the Royal Society of London*, 1795, 85, pp. 46–72.

[2] W. Herschel, "Observations Tending to Investigate the Nature of the Sun, in Order to Find the Causes or Symptoms of its Variable Emission of Light and Heat; with Remarks on the Use That May Possibly Be Drawn from Solar Observations", *Philosophical Transactions of the Royal Society of London*, 1801, 91, pp. 265–318.

(François Arago,1786—1853)和英国物理学家大卫·布鲁斯特(David Brewster,1781—1868),对它表示过支持。[1]但这仍然不妨碍它在当时被作为一个"科学"理论在学术期刊上发表,换言之,这个几乎从未被接受,如今看来也"不正确",而且还包含有幻想成分的理论,在当时确实是被视为科学活动的一部分的,所以它完全可以获得"科学"的资格。

四、科学与幻想之间开放的边境

关于科学和幻想之间存在的互动关系,前人已通过各种研究路径进行过探讨。[2]此外,还有一些研究者则把科幻看作科学与人文"两种文化"的桥梁。[3]而无论是"存在互动关系",还是"两种文化的桥梁",隐含的意思都是科学与幻想分属不同的领地,它们之间存在一条泾渭分明的分界,只在某些地方才会出现交汇和接壤。

但事实上,通过上文考察天文学发展过程中与幻想交织的案例,以及其他例证看来,科学与幻想之间根本没有难以逾越的鸿沟,两者之间的边境是开放的,它们经常自由地到对方领地上出入往来。或者换一种说法,科幻其实可以被看作科学活动的一个组成部分。

这种貌似"激进"的观点其实已非本文作者单独的看法。另一个鲜活的例子来自英国著名演化生物学家理查德·道金斯(Richard Dawkins,1941—),在其《自私的基因》一书前言第一段中,道金斯就建议他的读者"不妨把这本书当作科学幻想小说来阅读",尽管他的书"绝非杜撰之作","不是幻想,而是科学"。[4]道金斯的这句话有几分调侃的味道,但它确实说明了科学与幻想的分界有时是非常模糊的。

又如,英国科幻研究学者亚当·罗伯茨在他的著作《科幻小说史》第一章中,也把科幻表述为"一种科学活动模式",并尝试从有影响的西方科学哲

---

[1] F. Arago, J. A. Barral, P. Flourens, *Astronomie Populaire*, Paris: Gide et J. Baudry,1855,2,p.181.
 D. Brewster, *More Worlds Than One*: *The Creed of the Philosopher and the Hope of the Christian*, New York: Robert Carter & Brothers,1854,pp.100 – 107.

[2] Mark Brake, Neil Hook, *Different Engines*: *How Science Drives Fiction and Fiction Drives Science*, Basingstoke: Palgrave Macmillan,2007.

[3] S. Schwartz, "Science Fiction: Bridge between the Two Cultures", *The English Journal*,1971,60(8),pp.1043 – 1051.

[4] 〔英〕R.道金斯:《自私的基因》,科学出版社,1981年,页ix。

学思想家那里找到支持这种看法的理由。[1]罗伯茨特别关注了费耶阿本德（Paul Feyerabend,1924—1994）在《反对方法》一书中，关于科学方法"怎么都行"的学说，其中专门引用了一段费耶阿本德对"非科学程序不能够被排除在讨论之外"的论述：

> "你使用的程序是非科学的，因为我们不能相信你的结果，也不能给你从事研究的钱"，这样的说法，设定了"科学"是成功的，它之所以成功，在于它使用齐一的程序。如果"科学"指的是科学家所进行的研究，那么上述宣称的第一部分则并不属实。它的第二部分——成功是由于齐一的程序——也不属实，因为并没有这样的程序。科学家如同建造不同规模不同形状建筑物的建筑师，他们只能在结果之后——也就是说，只有等他们完成他们的建筑之后才能进行评价。所以科学理论是站得住脚的，还是错的，没人知道。[2]

不过，罗伯茨不无遗憾地指出，在科学界实际上并不能看到费耶阿本德所鼓吹的这种无政府主义状态，但他接着满怀热情地写道：

> 确实有这么一个地方，存在着费耶阿本德所提倡的科学类型，在那里，卓越的非正统思想家自由发挥他们的观点，无论这些观点初看起来有多么怪异，在那里，可以进行天马行空的实验研究。这个地方叫做科幻小说。[3]

尽管罗伯茨提出的上述观点很具有启发性，但只是从思辨层面进行了阐释，在《科幻小说史》中并未从实证方面对该理论给予论证。而本文前面两节正是这样的实证，通过具体实例的分析，我们已经表明，可以从几个方面论证科学幻想确实可以被视为科学活动的一部分。

---

[1] [英]亚当·罗伯茨：《科幻小说史》，北京大学出版社，2010年，页14–20。
[2] 费耶阿本德的《反对方法》有中译本，但我们在中译本中没有找到这段被罗伯茨所引用的文字。所幸它在英文版中可以找到：P. K. Feyerabend, *Against Method* (1975), New York: Verso Books, 1993, p.2。
[3] [英]亚当·罗伯茨：《科幻小说史》，页19。

五、一种新科学史的可能性及其意义

如果我们同意将科学幻想视为科学活动的一部分,那么至少在编史学的意义上,一种新科学史的可能性就浮出水面了。

以往我们所见到的科学史,几乎都是在某种"辉格史学"的阴影下编撰而成的。这里是在这样的意义下使用"辉格史学"(Whig History)这一措词的——即我们总是以今天的科学知识作为标准,来"过滤"掉科学发展中那些在今天看来已经不再正确的内容、结论、思想和活动。这样做的结果是,我们给出的科学形象就总是"纯洁"的。所有那些后来被证明是不正确的猜想,科学家走过的弯路,乃至骗局——这种骗局甚至曾经将论文发表在《自然》这样的权威科学杂志上[1]——都被毫不犹豫地过滤掉,因为几乎所有的人都同意(或在潜意识中同意),科学史只能处理"善而有成"的事情。

在科学史著作中只处理"善而有成"之事的典型事例,可举两个案例为证。第一个和权威巴特菲尔德(H. Butterfield,1884—1958)有关。他的《历史的辉格解释》一书本来是讨论"辉格史学"的经典名著,可是 20 年后当他撰写《近代科学的起源》一书时,他自己却也置身于"辉格史学"的阴影中:他只描述"十七世纪的科学中带来近代对物理世界看法的那些成分。例如,他根本就没有提到帕拉塞尔苏斯、海尔梅斯主义和牛顿的炼金术。巴特菲尔德甚至并未意识到自己正在撰写一部显然是出色的辉格式的历史"。[2]

另一个典型例证则与法国著名天文学家卡米拉·弗拉马里翁(Camille Flammarion,1842—1925)1880 年出版的《大众天文学》(*Astronomie Populaire*)有关。该书在 1894 年首次被翻译成英文出版,是西方广为流传的一本天文学通俗读物。全书共分为六个部分,讨论的主题分别是地球、月亮、太阳、行星世界、彗星和流星、恒星及恒星宇宙。在笔者所看到的 1907 年英译本与月亮相关的第二部分中,有一小节的标题为"月亮适宜居住吗?",内容

---

[1] 即使到了二十世纪,这样的骗局也不鲜见,例如八十年代 *Nature* 上发表的关于"水的记忆"的文章、关于"冷核聚变"的文章,现任 *Nature* 主编 Philip Campbell 承认,这些文章"简直算得上是臭名昭彰"。见 Philip Campbell、路甬祥主编:《〈自然〉百年科学经典》,外语教学与研究出版社·麦克米伦出版集团·自然出版集团,2009 年,页 21。
[2] 刘兵:《克丽奥眼中的科学——科学编史学初论》,上海科技教育出版社,2009 年,页 45。

主要是对月亮存在生命可能性进行讨论。[1]

但通过对照发现,在此书1965年初版和2003年再版的中译本中,相关内容却没有出现。[2]根据译者序中的说明,中译本依照的版本是1955年的英译本。因此,出现上述结果,也就存在三种可能性:一种是1901年的英文版本在原作基础上,额外增添了这一节内容。不过,按常理度之,这种可能性实在不大。另一种可能性是1955年的英译本中删减了这一节的内容。第三种可能性是,中译本出版过程中,相关内容被去除掉了。而后面两种情形无论哪种发生,都至少证明有关月亮生命的讨论在一些人士的心目中被当成了"无成"的事情,他们甚至很可能认为这样的内容出现在一本权威天文学著作中简直格格不入,所以应将其删除——哪怕是在违背原著作者本意的情形下。

不过,对于一种能够将科学的历史发展中所经历的幻想、猜想、弯路等等有所反映的新科学史,我们认为暂时还不必将它在理论上上升到某种新的科学编史学纲领的地步。因为在不止一种旧有的科学编史学纲领——比如"还历史的本来面目"或社会学纲领——中,这样的新科学史其实都是可以得到容忍乃至支持的。另外,这些幻想、猜想、弯路乃至骗局,虽不是"善而有成"之事,却也并不全属"恶而无成"。

这种新科学史的现实意义在于,通过它,我们可以纠正以往对科学的某些误解,帮助我们认识到,科学其实是在无数的幻想、猜想、弯路甚至骗局中成长起来的。科学的胜利也并不完全是理性的胜利。[3]在现今的社会环境中,认识到这一点,不仅有利于科学自身的发展,使科学共同体能够采取更开放的心态、采纳更多样的手段来发展自己,同时更有利于我们处理好科学与文化的相互关系,让科学走下神坛,让科学更好地为文化发展服务,为人类幸福服务,而不是相反。

原载《上海交通大学学报》20卷2期(2012)

---

[1] Camille Flammarion, John Ellard Gore, *Popular Astronomy: A General Description of The Heavens* (1880), New York: D. Appleton, 1907, pp. 145 – 165.

[2] [法]卡米拉·弗拉马利翁:《大众天文学》,李珩译,科学出版社,1965年;广西师范大学出版社,2003年。

[3] 正如 B. K. Ridley 在《科学是魔法吗?》一书中描述这种假象时所说,"从事经验科学的人就好像与物理世界达成了一项协议,他们说:我们保证从不使用直觉、想象等非理性能力"(广西师范大学出版社,2007年,页19),但事实当然并非如此。前引关于哥白尼学说胜利的例子同样说明了这一点。

六　科学政治学

当代东西方科技竞争中的权益利害与话语争夺[*]

——黄禹锡事件后续发展与定性研究

对韩国细胞分子生物学家黄禹锡(Hwang Woo-Suk)而言,2005年秋后的日子,是生命中注定难逃一劫的岁月。面对一边倒的舆论狂轰,即使作为曾经的国民英雄,黄禹锡阵营毕竟人单马稀,毫无招架之力。黄禹锡团队背负学术造假的丑闻,黯然告退。[1]诡异的是,2009年10月26日,韩国首尔中央地方法院对黄禹锡案一审判决,仅以侵吞政府研究经费和非法买卖卵子二宗罪,判处其有期徒刑2年。法院考虑到黄禹锡在科研领域的贡献等因素,同时宣布对其缓期3年执行。所挪用的政府研究经费,主要指对妇女的取卵补贴和匹兹堡大学夏腾教授的合作津贴。黄禹锡案件成为科学史上少见的,以司法介入告终的案例,即科学家被冠以侵犯社会伦理的罪名,依赖科学体系之外的司法话语体系,最终将其逐出学术共同体。

值得玩味的是,首尔中央地方法院有意扮演学术共同体角色,强调曾被视作假冒的黄氏科研成就,将其作为缓刑理由。黄禹锡在学术上到底有何贡献,得以功过相抵,免除牢狱之灾? 在这里,时间充当了意想不到的法官,而且兼任幽默大师。

作为韩国本土培养的动物育种专家,黄禹锡不仅是世界上最早克隆牛的专家之一,更被誉为克隆狗之父。世界上第一条克隆狗"斯努比"就是他的杰作,举世公认。直到2004年,他开始转向更为先进的干细胞克隆领域,收获累累,一些本该属于正常范畴的学术观点争论,被一些大众媒体有意引

---

[*] 本文系与方益昉合著。
[1] 方益昉、叶剑:《克隆猴、基因鸡尾酒和黄禹锡事件——干细胞研究进展及科学话语权之争》,《科学》,60卷2期(2008),页32–35。

向社会舆论的关注。缺乏西方现代分子生物学培育背景的黄禹锡开始陷于转型危机,既无力及时洞察大量实验结果背后的开拓性意义,也无力要求国际学术共同体提供公正的学术鉴定与评估。技术同行,利益团体,甚至团队内部,质疑声一波高过一波。先是指责他违背伦理约定,获取妇女卵子,用于克隆研究,最终排山倒海的舆论,一致认定黄禹锡获得的克隆干细胞株,缺乏传统识别标记,属于伪造作假。其实,此时的黄禹锡已经站在了将人类干细胞克隆带向单性繁殖的关口,而他本人正被各界压力搞得晕头转向。

2007年,黄禹锡被认定"造假"500天后,哈佛大学达利(G. Daley)教授通过确认黄氏干细胞株实属克隆产物,一夜功成名就[1];又过了100天,体细胞克隆猴胚胎出笼[2],"基因鸡尾酒"诱导的非胚胎型干细胞上桌[3],在转折性的2007年,有关生命本质的三项突破性成果,全部突破了传统意义的有性克隆范畴,被美国和日本科学家尽收囊中。此时,斯坦福大学人类胚胎干细胞研究与教育中心主任培勒教授(Renee Reijo Pera)所言相当明确,黄禹锡事件大大影响了细胞核转移研究。其实,只要在当时认识并报道了单性繁殖(parthenogenesis)成果,他的工作将遥遥领先,这些成果将使黄禹锡博士成为真正的科学大师。[4]因此,2005年以后的干细胞克隆领域,告别了与性别和胚胎的瓜葛,黄禹锡曾经的实验,功不可没。

2010年5月,美国科学家克雷格·文特尔(J. Craig Venter)博士又将生物技术推进到了分子合成的水准,炮制出人工合成基因组编码的细胞。"人造生命"发端于科学家掌控的电脑程序设计,可以自我繁殖。这种生灵在天堂和地狱的花名册上未曾登记,就连上帝也未曾相识,完全颠覆了西方宗教伦理和社会进化伦理,风险难料。尽管各个利益团体对此褒贬截然相反,也

---

[1] Kim K, Ng K, Rugg-Gunn PJ, Shieh JH, Kirak O, Jaenisch R, Wakayama T, Moore MA, Pedersen RA, Daley GQ, "Recombination Signatures Distinguish Embryonic Stem Cells Derived by Parthenogenesis and Somatic Cell Nuclear Transfer", *Cell Stem Cell*, 2007 - 09 - 13, 1(3), pp. 346 - 352, Epub 2007 - 08 - 02.

[2] Byrne JA, Pedersen DA, Clepper LL, Nelson M, Sanger WG, Gokhale S, Wolf DP, Mitalipov SM, "Producing Primate Embryonic Stem Cells by Somatic Cell Nuclear Transfer", *Nature*, 2007 - 11 - 22, 450(7169), pp. 497 - 502, Epub 2007 - 11 - 14.

[3] Takahashi K, Okita K, Nakagawa M, Yamanaka S, "Induction of Pluripotent Stem Cells from Fibroblast Cultures", *Nat Protoc*, 2007, 2(12), pp. 3081 - 3089.

[4] Alice Park, "Korean Cloner Redeemed... Sort Of", *Time*, 2007 - 08 - 02, http://www.time.com/time/health/article/0,8599,1649163,00.html.

有对文特尔博士绳之以法的呼吁,但法院尚未受理任何指控科学家违背伦理的起诉。伦理规范作为有别于科学话语的另一套理论建构,伴随文化背景和社会发展的时空变化,与时俱进的性质成为评价西方伦理学说进步的特点之一。美国国会和政府首脑的最大动作,也就是请文特尔博士前去出席公开的听证会,当面了解学者下一步的研究计划,予以风险预警,包括探讨合作可能性。[1]

历史学者对于举世关注的公共事件,无疑必须超越大众媒体的围观心态和炒作手段。抗议学术作假的激情消退以后,作者持续五年,跟踪黄禹锡事件,梳理史实,有关细节已经公开发表。[2]

一、后黄禹锡时代的全球几项干细胞研究重大进展

2007年11月14日,《自然》杂志宣布,位于美国俄勒冈州比弗顿的国立灵长类动物研究中心科学家沙乌科莱特·米塔利波夫(S. Mitalipov)率领的研究小组,成功克隆出猴胚胎,并从中获得两批胚胎干细胞,研究人员从克隆胚胎中已经培育出成熟的猴子心肌细胞和大脑神经细胞。该中心前负责人唐·沃尔夫(T. Wolf)说,米塔利波夫的体细胞克隆技术首次突破了人体克隆的关键障碍,人类应用临床细胞治疗的时间可能在未来五至十年期间。他小心而巧妙地评价了该成果:"我们在这方面首开先河,尽管该领域因韩国的造假事件被玷污。但韩国的研究可能有一定的有效性……"在此,曾经风风雨雨的黄禹锡克隆工作无法绕过,再一次在本月的干细胞研究进展中被提及。

就在两天前,联合国11月12日的声明《人体生殖克隆不可避免吗? 联合国管理未来之选项》警告说,利用克隆技术制造的克隆人,可能面临被虐待、伤害和歧视的处境,各国应将人体克隆列为非法行为,或者出台严格措施规范相关技术的应用。该报告主要执笔人之一布伦丹·托宾告诉法新社:"如不把人体克隆列为非法,将意味着克隆人与我们分享地球将仅仅是

---

[1] Elizabeth Pennisi,"Synthetic Genome Brings New Life to Bacterium", *Science*,328,2010 – 05 – 21,p. 959.

[2] 方益昉、叶剑:《克隆猴、基因鸡尾酒和黄禹锡事件——干细胞研究进展及科学话语权之争》;方益昉:《关注干细胞时代的公共生物卫生安全》,《2007上海公共卫生国际研讨会论文集》,ISSN#1006 – 3617,2007年12月,页187 – 192。

时间问题。"

一周后的 11 月 20 日,由美国和日本科学家组成的另外两个独立研究团队几乎同时宣布,他们已经找到了一种全新的基因技术,通过将 Oct3/4、Sox2、c-Myc 和 Klf4 基因与成熟的人体细胞整合,可以将普通的皮肤细胞转换成任何组织细胞,从而避开了克隆胚胎技术引发的伦理学争议。将成熟细胞诱导后向未分化细胞水平发展,其失控的后果将与化学和物理致癌如出一辙,公共卫生专家们又将面临新的挑战。[1]

事实上,早在 2007 年 8 月,《时代周刊》科学专栏就发表了有别于主流大众媒体言论的报告[2],展示了公正透明的专业素质。该专栏的美籍韩裔专栏记者爱丽丝·朴(Alice Park),一直在跟踪报道黄禹锡博士的学术造假事件,依据刚刚获悉的重大科学进展信息,及时报道了科学新闻并发表了专家评论:当天,哈佛大学的乔治·达利教授刚刚发表在《细胞》上的一篇论文宣布,由韩国胚胎干细胞专家黄禹锡博士 2004 年建立的人类疾病基因胚胎干细胞株,已被该研究团队确认,这些细胞株的建立方法是不含外源性基因污染的单性繁殖胚胎干细胞,很有可能是一项历史性的创举。

通常,胚胎干细胞克隆又被描述为体细胞核酸转移融合法(Somatic Cell Nuclear Transfer,SCNT),常规的方法就是,通过人工微穿刺技术,将分离出来的皮肤细胞核转移植入卵子,而卵子的细胞核事先已被清除,经过 SCNT 克隆的细胞,在理论上还是属于双性繁殖,克隆后的胚胎干细胞带有 XY 两条染色体;被达利教授证实的方法可以被真正称之为单性(孤雌)繁殖(parthenogenesis),达利教授的团队与英国、加拿大和日本科学家紧密配合,针对黄禹锡团队筛选的胚胎干细胞株,经过对成千上万枚细胞个体作全染色体 DNA 分析(whole-genome analysis of the DNA),一致认可上述细胞是不含外源性基因污染的单性繁殖胚胎干细胞。传统的 SCNT 胚胎干细胞克隆,成功率仅为3% ~5%,而胚胎干细胞的单性繁殖成功率高达20%,向实现糖尿病、帕金森氏病、早老性痴呆综合征和脊椎神经损伤等等细胞治疗目标,大大迈进了一步。

在宣布自己研究进展的同时,达利教授也不无可惜地对记者表示,2005

---

[1] Elizabeth Pennisi,"Synthetic Genome Brings New Life to Bacterium", Science,328,2010 - 05 - 21, p.959.

[2] Alice Park,"Korean Cloner Redeemed... Sort Of", Time,2007 - 08 - 02, http://www.time.com/time/health/article/0,8599,1649163,00.html.

年,巅峰时期的黄禹锡博士还没有来得及认识到自己科研成果的价值,就已经被涉及"伦理和造假"的舆论导向搞得焦头烂额,根本无法顾及对科研数据的深入分析,制定下一步的科研方向。与此同时,许多西方学者却从其初步的分析报告中,预见了一缕人类胚胎干细胞克隆的曙光。

二、与黄禹锡事件直接相关的关键人物和机构

1. 黄禹锡(Hwang Woo-Suk)

事实上,放牛娃出身,个性倔强的黄禹锡,从来就没有对自己的能力与追求丧失信念。2006年11月6日,距离年初纷纷扬扬的"造假事件"仅半年,稍作休整的黄禹锡就利用风波有所缓和的机会,向当地法院提起诉讼,要求重新恢复其首尔大学教授的名誉和职位。黄禹锡在诉讼书中称,首尔大学解雇他,是基于一次内部调查后取得的"被歪曲的、夸大其词的证据"。此项行动表明,黄禹锡并非就此沉沦,他依然雄心勃勃,希望重新证明他是世界上第一个成功克隆胚胎干细胞的人。当时的现实是,韩国政府取消了黄禹锡进行人类胚胎干细胞研究的资格,但是他培育出世界首条克隆狗的成就并没有遭到否定。

此前,在2006年8月18日,黄禹锡就已经开始商业行动。他通过律师宣布,重新设立研究机构,开展动物克隆研究。在首尔南部的生物研究设施,共集聚了三十多名以前实验室的工作人员,与黄禹锡一起从零出发。当日,韩国科技部证实,黄禹锡已于7月14日从科技部获得设立"生命工程研究院"的许可。该机构由私人出资25亿韩元设立。

2008年5月22日,黄禹锡领衔的韩国Sooam生物技术研究基金会发表声明,从2008年6月18日开始,基金会的合作伙伴,美国加利福尼亚州的生物科技企业"生物艺术"公司将通过网络在世界范围内拍卖5条狗的克隆服务,每条狗的克隆服务起拍价为10万美元。6月19日,生命工程研究院高调宣布,以黄禹锡博士为首的一个科研小组成功克隆出了17只在中国广受欢迎的濒危动物藏獒,DNA检测证明,全部17只小藏獒都克隆自同一只藏獒。

同年9月25日,"人类干细胞研究以及制造方法"获得澳大利亚专利号2004309300。发明人共有19人,而此项发明的全部股份都归黄禹锡所有。事实上,2003年12月起,黄禹锡等已就人类干细胞研究技术向11个国家申

请了专利。目前,他们还在等待加拿大、印度、俄罗斯以及中国的回复。生命工程研究院认为:"申请手续结束后,我们就可以从利用人类干细胞研究技术开发新药物的公司那里收取技术费了","这是一项可以与克隆羊多利持平的技术"。

从2005年遭遇低谷以来,黄禹锡研究团队不言放弃,满怀对自身成果与能力的信念,绝地反攻。与此同时,来自西方学术团体的科学数据与信息不断证实,黄禹锡们的努力成就从来就不应该被排斥在科学研究共同体之外。从2006年事发,到2009年6月,全球最完整的生物医学文献查询系统(PUBMED)内,可以发现黄博士至少已经发表了SCI论文27篇。[1]

2. 杰·夏腾(Gerald Schatten)

对于匹兹堡大学的夏腾教授而言,2009年6月,无疑是一段具有转折意义的日子。自从2005年告别《科学》等一流学术杂志近五年后,这个夏天,他的名字再次出现在同样著名的《自然》杂志上。唯一不同的是,这一次,他的文章合作伙伴不再是黄禹锡博士,取而代之的,是另一位以克隆猴而闻名的俄勒冈州比弗顿国立灵长类动物研究中心的沙乌科莱特·米塔利波夫博士。与世界一流的克隆专家联手撰写有关论文似乎成了夏腾教授的特色,尽管2005年,他以揭发人的身份,义正词严地举报了黄禹锡博士的学术伦理瑕疵,一度引起世人的关注,但同时也招来了一身的臊臭。这一次,针对5月27日日本庆应义塾大学实验动物研究中心佐佐木(Erika Sasaki)博士的研究团队成功利用普通狨猴,培育出世界上第一批可以复制人类疾病,并且会发出绿色狨猴皮肤荧光的转基因灵长类动物[2],夏腾以"一个毋庸置疑的里程碑"加以评论。事实上,转基因技术的长期危机与伦理危机一直困扰当今社会。[3]

1971年和1975年,夏腾教授分别获加州大学伯克莱分校动物学学士学位和细胞生物学博士学位,以后在美国洛克菲勒大学和德国癌症研究中心做了多年的博士后研究。1999年起,他在《科学》与《自然》杂志上开始发表论文,成为以生物医学基础研究为业的千百位美国大学科研人员之一。

---

[1] Hwang Woo-Suk, http://www.ncbi.nlm.nih.gov/pubmed.
[2] Erika Sasaki et al:"Generation of Transgenic non-human Primates with Germline Transmission", *Nature*, 459, 2009-05-28, pp.523-527.
[3] 方益昉:《转基因水稻:科学伦理的底线在哪里?》,《东方早报》,2010年3月21日。

2004年以前的夏腾并无特别建树，谈不上举世瞩目的贡献。2003年，作为灵长类克隆研究人士的夏腾甚至归纳说："以目前的技术方法，在非人类灵长类动物身上利用核移植（NT, nuclear）获得胚胎干细胞也许比较困难，生殖性克隆也难以实现"，这是继其经过716个猴卵实验，未获得单克隆细胞之后发表的言论。

2004年起，夏腾教授作为黄禹锡团队的主要研究人员，在《科学》与《自然》等重要杂志上刊登系列人类胚胎干细胞的克隆、纯化、分离和培育的文章，从而吸引学术圈的关注。夏腾教授如此评价黄禹锡团队的工作：这是一件"比研制出疫苗和抗生素更具划时代意义的大事"，"工业革命虽然起源于英国，但当时谁也不知道那是一场革命，如今在韩国首都首尔也许已经发生了能够改变人类历史的生命科学革命"。显然，处于欧美科学共同体中心的夏腾教授，此时已经比任何局外人都认可与了解这项工作的生物学专业意义，甚至可以说，具有战略眼光的夏腾教授已经更深刻地体会到了韩国团队的工作在科学发展历史上的永恒意义。

令人吃惊的是，2005年11月12日，夏腾突然指控黄禹锡在获取干细胞方面存在伦理学问题。11月21日，黄禹锡的合作者，生殖学专家卢圣一召开新闻发布会，承认他提取并交给黄禹锡作研究之用的卵子是付费获取的。11月24日，黄禹锡因其主导的科研团队使用本队女研究员的卵细胞从事研究，并发生了与细胞获得有关的费用，黯然宣布，辞去首尔大学的一切公职。

当黄禹锡的论文受到公开质疑后，夏腾立即远离了黄禹锡，在吸引全球眼光的黄禹锡事件中，作为当事人之一的夏腾，却从各路媒体中隐身，不再发表任何话语。原因之一是，当初，得知《科学》编辑部退还黄禹锡2004年的投稿后，正是夏腾自告奋勇，主动投奔黄禹锡主导的庞大科研团队，利用其置身欧美学术共同体中央的有利角色，出面为该论文在《科学》的发表进行游说，同时，夏腾与黄禹锡达成合作协议，开始筹划另一篇投寄2005年《科学》的论文写作。

事实上，此时的夏腾还有更大的麻烦。因卷入黄禹锡事件，他正处于匹兹堡大学一个专门调查委员会的"研究不端行为"听证过程中。以卢森博格（Jerome Rosenberg）博士为委员会主席的听证报告指出，夏腾与黄禹锡的合作缘于2003年12月，在首尔召开的一次学术会议后，夏腾"辛苦地为这篇论文在《科学》杂志的发表进行游说，他并不真正知道这些数据的真实性"。委员会认为，夏腾的不端行为在于他在根本没有实施任何实验的情况下，将自已列为这篇论文的高级作者,但又"逃避"了验证数据的责任,"这是一个严重的过失,促成了伪造实验结果在《科学》杂志上的发表"。报告指出,夏腾还提名黄禹锡为美国科学院外籍院士和诺贝尔奖获得者。与此同时,夏腾接受了黄禹锡4万美元酬劳费,并要求黄禹锡再给他20万美元的研究经费,而且希望这笔经费每年都能更新。夏腾承认,自己负责了2005年《科学》论文的大部分写作,但三周后,他却告诉首尔大学调查委员会,自己没有为这篇论文写任何东西。可见其已前言不搭后语。

鉴于夏腾是在黄禹锡获取干细胞的途径方面首先发难,引发伦理学争议的,一般理解是,夏腾应是一位坚守传统西方伦理道德标准的忠实实践者,但事实并非如此。按西方伦理标准设立的科学道德规范中,夏腾在涉及卵子、金钱和人类生命终极关怀等一系列问题上,在实际操作中是有选择性的,带有明显的功利倾向性。

2009年4月4日,《匹兹堡观察》披露,当年1月公布的专利申请中,刊登了夏腾与另两位匹兹堡大学同仁一起提交的人体干细胞克隆技术。其中的许多细节,与他曾经的合作伙伴黄禹锡的技术如出一辙,为此,将其收受黄禹锡资助的旧事重提,但匹兹堡大学与夏腾均保持沉默,可见,一场有关人体干细胞克隆技术的商业专利之争,刚刚拉开帷幕。

掮客是商业发展中被认可的角色。当今时代,科学和技术,已经与资本和利益捆绑在一起,学术掮客就必然成为科学共同体无法回避的现象之一。

3. 唐纳德·肯尼迪

在2005年的黄禹锡事件中,《科学》杂志被推向了浪尖。时至今日,如果在《科学》杂志的官方网站查阅黄禹锡的那两篇论文,刺眼的红字依然如故——"该文章已被撤销"。

2006年1月12日,美国《科学》杂志在首尔大学调查结果宣布当天,立即跟进撤稿。此时,离首尔大学介入调查(2005年12月18日)仅24天。时任《科学》主编唐纳德·肯尼迪(D. Kennedy)的声明反复强调,稿件撤除的最终依据,是基于首尔大学的调查报告。编辑部对论文数据概不负责,编辑部谨对《科学》的审稿人员和信任该杂志的其他独立研究人员企图重复该试验所花费的财力精力表示歉意。当然,他也披露,在黄禹锡涉及卵子伦理的2004年论文中,总共15名作者中有7人表示异议;2005年论文的全体作者同意了编辑部的撤稿决定。[1]肯尼迪只字未提发稿过程中,夏腾对《科学》的游说,以及《科学》的反应。直到"游说门"事件被披露后,他仍然冠冕堂皇地表示,夏腾为黄禹锡2004年论文的游说并没有违规,但这种行为已接近底线。夏腾的游说对发表论文的决定没有影响,因为《科学》杂志曾经要求过黄禹锡对论文作重新投稿处理。而同样掌握科学话语权的《美国医学联合会期刊》的执行编辑瑞尼(Drummond Rennie)说,夏腾的游说行为和署名行为"是教科书上讲的典型例子,即将论文贡献与责任和义务分开"。

将学术争论视为促进科学发展的必需途径,不屈服于一边倒的舆论影响,曾是《科学》等名牌杂志坚守的做派,他们对待争议论文和撤稿措施,一贯相当慎重,其中最为著名的事件,就要算基于肿瘤病毒研究,获1975年诺贝尔生理和医学奖之一的"巴尔的摩事件"。1986年4月,时任美国洛克菲勒大学校长的巴尔的摩教授,与麻省理工大学(MIT)的合作者嘉莉(T. I. Kari)教授,在《细胞》杂志发表了一篇有关重组基因小鼠内源性免疫球蛋白基因表达变化的论文,文章数据完整,程序清晰,结论合理。一个月后,嘉莉的实验室同事、博士后研究员欧图勒(M. O'Toole)在仔细阅读原始实验记录后发现,论文中的关键数据无法在原始材料中找到,于是,她向有关方面对嘉莉教授提出实验与论文造假的指控。但MIT认为,此事仅属记录有误,不算造假。欧图勒不服,继续向国立卫生研究院(NIH)控告,《科学》、《自然》、《细胞》等权威杂志都拒绝刊登她的批评文章,巴尔的摩教授也拒绝声明撤回该论文。1988年,官司打到了国会。巴尔的摩教授在一份公开信中全力担保嘉莉教授的人品与工作,并反击NIH调查小组的行为是恶意干涉科学研究。直到1991年,另一个国会和联邦经济情报局的独立调查结果表明:实验的日期与嘉莉教授的记录不一致。至此,巴尔的摩教授才承认自己为嘉莉教授的辩护有误,辞去了洛克菲勒大学校长职务,并撤回论文;嘉莉教授则被禁止十年内获取联邦研究经费资助。1996年,NIH的另一个独立调查小组,再次推翻了对嘉莉的全部19项指控,嘉莉教授重新获聘任教,巴尔的摩教授随后出任加州理工大学校长,历时十年的科学声誉维权道路算是告一段落。

把巴尔的摩的陈年往事翻出来,并不是去评判这位出色的生物学家的

---

[1] Donald Kennedy (Editor-in-Chief), "Editorial Retraction", Science, vol. 311, 2007-01-20, p. 335.

是非短长。以今日相对于当初,《科学》在黄禹锡事件中的处理标准和手法很不寻常,与巴尔的摩事件形成了一个显著对照。以 24 天对 10 年,《科学》在事件中的双重标准和处理手法,形成了一个显著的对照。时至今日,面对全球一流学者与杂志对黄禹锡贡献的逐步认识与肯定,相煎何急的 24 天中,主持《科学》的肯尼迪又作何感想。

4. 韩国政府

2009 年 4 月底,面对愈演愈烈的干细胞领域的商业竞争,韩国卫生福利部直属的健康产业政策局主任金刚理(Kim Gang-lip)宣布,全国生物伦理委员会即日起有条件接受查氏医学中心(Cha Medical Centre)从事人类成体干细胞克隆的研究工作,该治疗性研究工作将在政府的严密监控下进行,项目主持人由曾作为黄禹锡研究团队主要研究人员的李柄千博士担任。至此,三年前由于黄禹锡突发事件被韩国政府迅速采取灭火措施,禁止任何形式的人体干细胞研究禁令最终松动。研究工作将直接从黄禹锡中断的体细胞核酸转移融合法(SCNT)开始,考虑到愈来愈多的数据显示,该项工作的潜力与意义重大,而韩国在此领域的研究已经停顿了三年,从国际领先的地位落到如今必须从头来过的尴尬境地。李柄千博士披露,他们的团队拥有二百余位技术精英,政府每年拨款 1500 万美元资助,人体干细胞克隆的治疗性研究肯定会获得突破性进展。相比较上一次举全国之力,将黄禹锡奉为民族英雄的全国战略,这一次,政府的起步相对低调,但政府背景的全力背书格局,没有发生根本性的变化。在国家干细胞产业的战略层面,韩国目前面临了国内与国际的两大挑战:一方面,美国、日本、英国和中国的研究团队,分别在人体干细胞领域开展白热化程度的竞争;另一方面,至今被韩国政府吊销人体干细胞研究资格的黄禹锡,已经另辟动物克隆商业竞争战场。背靠韩国政府的李柄千团队声称,掌握狗克隆技术的首尔大学日前已向总部设在首尔的 RNL Bio 生物技术公司颁发了克隆许可,由李柄千亲自负责克隆狗项目。克隆狗服务的价格高达 3～5 万美元/条,一旦成功投放市场,将给公司带来数百万美元的丰厚回报。由此,黄与李分别领衔的、目前世界上仅有的成功克隆出狗的这两个团队之间的竞争随之升级,陷入了一场激烈的专利权争夺战。

对于韩国政府而言,近年来实施的干细胞全攻略的教训是惨烈的,因为这是一场基于西方学术、伦理、文化标准的高科技竞赛。黄禹锡被韩国民众捧上神坛,又因丑闻从神坛上跌落,从"国宝"变为"国耻"的这一过程,与韩国政府和民众寄予这位"克隆之父"过多的赞誉和过高的期盼,密不可分。韩国民众执迷于韩国科学家荣获诺贝尔奖的急切企盼之中,并将希望寄托于黄禹锡的身上。韩国政府也头脑发热,授予黄韩国"最高科学家"称号,并迫不及待地将黄的"丰功伟绩"写入了韩国历史教科书。黄禹锡事件曝光后,韩国各界开始进行痛苦的、然而却是冷静的反思,领悟到这一切的一切似乎都来自于"在真相和国家利益中,国家利益至高无上"的错误思想。黄禹锡所描绘的干细胞研究造福人类的美好前景,恰恰契合了韩国经历金融危机后,迫切寻求经济动力的心理需求。在这种心理的推动下,很多人甚至在黄禹锡"反道德"获取卵子一事被披露后,仍主动要求捐献卵子用于研究,并对曝光"黄禹锡事件"的电视台进行攻击。一些支持黄禹锡的网民还摆出了"为了国家利益不管真的假的都支持"的理论。[1]

从政治层面而言,以举国之力承担国家战略,是儒家文化圈中理所当然的原则,而这恰恰击中了西方民主理念的大忌。作为一种国家战略,韩国政府表示,干细胞技术的产业化,可以体现新世纪科技实用主义与全球经济竞赛的绝妙关系,可谓阐述一针见血。韩国的干细胞研究仍然需要继续,为避免已达到国际水平的干细胞研究技术被埋没,决定由科技部和产业资源部等制订和推进多部门的综合计划,由来自政府和学术机构的有关专家,初步计划推动韩国在2015年进入世界干细胞研究三强,相关产品的产值占领全球市场的15%份额,按估算,计划中的干细胞产业经济总额将是目前韩国在全球电子与汽车产业所占份额的100倍。

2009年8月31日到9月3日,由韩国"国际组织工程和再生医学学会"召集的第二届世界年会与2009年首尔干细胞论坛(2ndTERMIS World Congress in conjunction with 2009 Seoul Stem Cell Symposium)高调推出,论坛主旨是"一切为了患者的科学与技术"。这一次,曾经的业内大腕过易引发联想,黄禹锡与夏腾均不在专家委员会名单中。

黄禹锡事件上,首尔方面既要向西方世界表明,其无意实行科学国家主义,政府举国之力争夺生物技术市场,有悖市场自由化的现代国家整体形象;又在黄禹锡事件的最终处理上,采用高高举起,轻轻放下的策略。牺牲一个小我,拯救家国大我,东方儒家文化在与西方的文化周旋中,有两难,未

---

[1] 方益昉、叶剑:《克隆猴、基因鸡尾酒和黄禹锡事件——干细胞研究进展及科学话语权之争》。

必两输。

三、黄禹锡事件的科学史研究意义

基于过去五年中,发生在黄禹锡事件中的关键细节与关键人物,尤其是发生在整个全球干细胞研究领域中的相关进展,任何一位历史学者都已经不难看出,黄禹锡事件不再是一个结论清晰的学术造假事件。从黄禹锡事件出发,获得史学与哲学层面上的研究成果,还有相当艰巨但是意义非凡的工作,有待落实:一、完整理清历史真相;二、将上述事件置于科学发展的整个历史进程中全盘研究;三、科学交流对于世界进程的历史作用;四、当下国际政治、经济、文化生态下,如何制定与采取战略性的科技发展政策;五、建立一个基于东方文化传承的伦理标准和学术话语的可能性,等等。

回顾人类社会发展的历史,科学技术的进步与发展从来伴随了政权的争夺与资源的掌控。[1] 近三百年来,西方基督教文明的东征历程中,一直是以科学技术传播打头阵,甚至不惜以先进科学技术发展起来的快舰重炮打头阵,但是,世事并不如愿。"自我中心错觉"中的西方"狭隘与傲慢",自始至终遭遇儒家文化圈的主流思想化解、解构与改良,晚清倡议的"中学为体,西学为用",日本提出的"日本的精神,西方的技术",最终使得西方赢得世界不是通过其思想、价值或宗教的优越,而是通过它运用有组织的暴力方面的优势。西方人常常忘记这一事实,非西方人却从未忘记。[2]

进入二十一世纪后,全球化的趋势又将资本的话语和文明的平等,这些更为现实的普世基本理念植入世界文明圈、政权地缘、科学共同体和利益财团,用于交流、维持、帮衬和争夺的实际操作过程之中,话语和利益之争一如既往地成为科学、技术、经济和社会交流之间的重大影响因素。对科学史与科学哲学研究者而言,及时介入有关科学技术的发展策略领域,妥善援用对话、理解与妥协的政治手段,适时提出"科学政治学"的学术概念,理应正逢其时。

以黄禹锡事件为研究样本,探讨科学史和科学哲学领域内,东亚儒家文化背景下的共同焦点,实属难得,极具借鉴作用。科学与技术的发生和发

---

[1] 江晓原:《天学真原》,辽宁教育出版社,2004年。
[2] 塞缪尔·亨廷顿:《文明的冲突与世界秩序的重建》,新华出版社,2002年。

展,不仅展示了人类在科技进步中的智慧,同时延伸出人类社会应对伦理、利益与全球发展的深层焦虑,有待体现与高新技术发展孪生的、人类精神与社会层面的进化水准。

原载《上海交通大学学报》19 卷 2 期(2011)
《新华文摘》2011 年第 13 期全文转载

中国转基因主粮争议的科学政治学分析[*]

导言：转基因主粮争议与社会及科学伦理

自2010年初起，针对农业部是否应该，或者是否有权，从法律意义上许可转基因主粮种子商业化种植、加工、销售的争论，贯穿于从草根到精英、从学府到企业等不同社会阶层和利益集团。极力支持与坚决反对两种意见不断碰撞，当下正在日夜发酵，愈演愈烈。引爆这场社会大争论的诱因，是农业部2009年5月批准，但直到年底才经由媒体披露的，包括世上首批转基因水稻生产应用安全许可证颁发。[1]法律上，这批三张转基因主粮许可证仅具象征意义，不得据此获取经济效益。也就是说，行政主管部门只不过从立项监管层面，放行了转基因主粮种子的中试规模种植，但继续严禁该种子的全面产业化种植和商业化流通。由于主粮种子兼具直接食用特征，所以该类农产品不具备出现在食品加工、市场销售和餐饮制作环节的合法性，相关安全许可有待卫生食药行政主管部门依法审批，至今未予放行。上述农业许可证的有效期2014年即将终止，为此"挺转"和"反转"双方不断提升各自的诉求分贝，试图最大程度影响主管决策部门。短期来看，观察上述许可证有幸继续生存，还是调整取消，似可作为判断这场短短五年之争的暂时胜负节点的依据，并且随着临界点的接近，主管层方面不断释放渐趋明朗的走向暗示。[2]

---

[*] 本文系与方益昉合著。

[1] 许可证分别是抗虫转基因水稻"华恢1号"、杂交种"Bt 汕优63"和转植酸酶玉米"BVLA430101"。

[2] 2014年1月22日国务院新闻办农业问题记者会上，中央农村工作领导小组副组长、办公室主任陈锡文代表中央农业最高决策层，就转基因农产品明确表态：①转基因是世界先进前沿技术，中国不能落后。②转基因农产品能否上市销售，必须经过严格安全评价。③要让消费者有充分知情权，买与不买由消费者自己决定。http://news.sohu.com/20140122/n393975620.shtml。目前中国的口粮97%来自本土，粮食连续十年增产。http://roll.sohu.com/20140122/n393964956.shtml。

但是,纵观人类农业的漫长历史,转基因主粮被广泛欣然接受的时代,恐怕还是遥遥无期。[1]

抗虫转基因水稻和转植酸酶玉米项目,因涉及广大公众的日常主粮,且系由纳税经费资助,就必然要接受社会伦理与科学伦理的充分质疑。

转基因主粮项目讨论的范畴大大超越技术本身,涉及错综复杂的综合问题。政府高层官员在转折关口主动介入该项目的未来预测,以及多年来的该争议项目所涉及的话题范围,更加证实它兼具科学政治的特征。在学术层面上,该项目也是现代科学技术发展模式下,考察各方利益平衡的研究范例。作为典型的科学政治项目,又事关国计民生,允许各行各业不分专业背景,充分表达利益诉求,这是现代政治的基本原则。从科学政治学的学术角度出发,通过洞察粮食安全治理工程,研究技术精英与垄断资本、市场利润和行政许可的关系,则是科学史与科学文化学科建设直接融入社会发展的历史使命。

本文拟按照科学政治学评价原则,对技术升级的社会环境、技术本身的先进程度、技术带来的安全漏洞、技术研发的人员素质,以及技术监督的有效管理等层面,进行评估、分析和论述。

一、转基因主粮争议与许可证颁发权位及程序质疑

转基因主粮的特殊性在于,纯科学层面的常规实验室技术,竟然与涉及国家稳定的口粮安全产生了瓜葛,社会关注的焦点自然迅速从"基因"转移至"主粮",两者结合掀起的社会冲击,波及传统科学范式之外的,与现代科技孪生的价值判断。

过去几年,转基因棉花、转基因木瓜面世,也曾掀起一波伦理研讨,但两者在国民经济和民生保障中的战略高度与威胁广度,与转基因主粮不具可比性,无缘成为当下深入讨论转基因主粮项目的参照标杆。必须强调的是,自二十世纪中叶 DNA 基因概念确定,伦理界针对基因技术包括转基因技术

---

[1] 农业发展史表明,人类从采集渔猎社会过渡到农业定居社会,花费了几十万年。现代多元化社会特征在于允许体现不同价值观的生存方式,科技进步不是快速灭绝生态多样性的托词。有关历史参考游修龄著:《中国农业通史·原始社会卷》,中国农业出版社,2008 年。

的质疑，基本限于理论层面[1]，自然科学与社会科学研究人员、社会公众和行政立法机构达成基本的社会共识，并不反对转基因技术的科学研究。[2]

粮食安全作为立国之本，历来是世界各国的决策基石，在不同的历史阶段，关注焦点各有侧重。迄今为止，我国粮食总量保持10年连续增产，小麦、稻谷和玉米的进口量不到自产谷物的2.7%，即中国口粮97%来自本土。国家持续粮食进口是市场价格和品种调剂的策略，并非粮食短缺。现阶段，中国粮食安全的主要威胁来自耕地荒废流失、重金属和化学污染、水资源减少、生产流通成本和腐败浪费等因素，有关宏观环境与制度建设的主要问题，2013年末以来的《十八届三中全会公报》、中央经济工作会议、中央农村工作会议及其2014年一号文件中，均作了详尽表述。

在这样的局面之下，农业科技界某些人士，极力推动技术上尚欠完善、安全性尚留疑虑、经济上回报存疑、战略上漏洞无数的转基因主粮，试图将转基因主粮商业化实质性地转化为国家农业规划。此举既非雪中送炭，也非锦上添花，实属忙中添乱。最为蹊跷的是，"挺转"精英始终欠缺一个直截了当的理由：为何国泰粮足之际，中国必须立即实施转基因主粮商业化？

现代政治作为一种平衡艺术，旨在缓解社会矛盾，调整导向偏差。将此运用于现代资本捆绑下的科学技术决策，即成科学政治的艺术。2009年农业部转基因主粮安全证书出台以来，社会各界从不同视角，直指农业部颁布证书的程序与实质瑕疵。面对争议，代表"华恢1号"和"Bt汕优63"安全证书获得方的华中农业大学生命科学学院院长张启发院士依旧表示：不知为什么那么多人反对转基因。并对该证书的前景表示悲观，流露出批评农业部行政不作为的牢骚情绪。[3]

如果换一个角度来解读，这恰恰说明当下国家农业最高决策层，对农业

---

[1] 理查德·道金斯《自私的基因》不仅从生物技术层面，而且从社会行为层面诠释了基因的潜能。见卢允中等翻译的中信出版社三十周年纪念版。本文作者以"基因自私，人更贪婪"为题撰写书评，讨论了转基因技术，载《文汇读书周报》，2013年7月23日。
[2] 小布什总统行政期间，严格限制联邦经费资助人类胚胎干细胞研究。
[3] 2013年10月20日《南方都市报》采访：张启发院士对转基因水稻在中国的前景表示悲观："2009年5月，在11年的争取之后，我们研究的两种转基因水稻，华恢1号与Bt汕优63取得了国家所颁发的安全证书，当时我比较乐观，但现在4年过去了，这两张证书也将在明年失效，但转基因水稻商业化不是更近，而是更遥远了。"张启发透露，今年7月，我国61名两院院士联名上书国家领导人，请求尽快推进转基因水稻产业化。同时院士们指出农业部的不作为。http://epaper.oeeee.com/A/html/2013-10/20/content_1954195.htm。

部当年颁布的转基因主粮证书及其后续社会反应,开始予以重视,并采取审慎的态度。2010年设立的"国务院食品安全委员会",作为国家食品安全工作的高层次议事协调机构,由15个部门构成。此委员会按照《中华人民共和国食品安全法》授权,"国务院农业行政、质量监督、工商行政管理和国家食品药品监督管理等有关部门应当向国务院卫生行政部门提出食品安全风险评估的建议,并提供有关信息和资料"(第十五条)。也就是说,未来由农业部独自定夺转基因主粮出台的程序将被纠正,以避免行政纰漏。

对照《中华人民共和国行政许可法》信息公开有关规定,农业部组织的转基因安全审批人员构成相当片面,以系统内部人员为主,利益倾向明显,至今未见结构调整。如今农业部公开信息栏目,仍列有2004年"全国农业转基因生物安全管理标准化技术委员会"构成名单,参见下表[1]:

表1 全国农业转基因生物安全管理标准化技术委员(SAC/TC276)成员构成

委员会职务	农业部		直属科研院校		其他监管		疾控与健康		其他		总计	
	人	%	人	%	人	%	人	%	人	%	人	%
主任委员	1	2	0	0	0	0	0	0	0	0	1	2
副主任委员	1	2	2	5	2	5	0	0	0	0	5	12
秘书长	1	2	0	0	0	0	0	0	0	0	1	2
副秘书长	1	2	0	0	0	0	0	0	0	0	1	2
委员	4	10	19	46	2	5	5	12	3	7	33	81
总计	8	20	21	51	4	10	5	12	3	7	41	100

这份统计分析名单提供了值得关注的问题:1.农业部官员直接担任主任和委员,标准制定与监督裁判合二为一,计主任1名,副主任1名,正、副秘书长各1名,委员4名,占20%;2.来自农业部直属单位的委员占了51%;3.直接监管消费者健康安全的委员仅4名,占10%。6名主任及副主任委员中,仅两名农业部以外的食品安全监督部门官员。未见环保机构专业人员,社会伦理等人文学科专家的意见更是无从表达。可见,"全国农业转基因生物安全管理标准化技术委员会"严重轻视主粮质量、消费者健康安全、环境保护与文化传承,是公信力极其有限的咨询机构。由其审核并蹊跷出台的安全证书,越位越权,垄断了涉及全国民众饥饱、健康和环境全局的头等大事。

---

[1] 农业部信息中心:http://www.stee.agri.gov.cn/biosafety/gljg/t20051107_488652.htm。

二、仅靠陈旧粗糙的技术无力参与国际政经博弈

抗虫转基因水稻和转植酸酶玉米等转基因作物的技术实现路径，主要依靠抗虫、抗旱、抗药、功能蛋白等特定基因片段，在传统主粮基因上克隆或者修饰。该分子生物学思路并非农业科研原创，在二十世纪七八十年代在基础生命科研中已经成熟，我国也有大批理论与技术胜任基因改造的研究机构和研发人员。

九十年代起，转基因作物如番茄、木瓜、大豆、棉花的人工育种和大田应用趋于完成，至今仍在跨国公司的注册专利保护之中。[1] 2013年11月，以安德生（Heather M. Anderson）为主的7名美国孟山都公司（Monsanto Technology LLC, St. Louis, MO）雇员再次重新补充，并且重申了对Bt基因在玉米种植上下游产业链中的技术更新和专利保护（美国专利局登记号USP# 8,581,047）。

据本文作者之一在美国的调查，目前，孟山都公司仅在美国专利局，就拥有与Bt基因有关的有效专利87项。孟山都公司的主要市场对手杜邦公司，也在美国专利局获得74项有效Bt基因专利保护。在其他国家专利局中，跨国公司早已将自己的利益登记在册，随时启动司法诉求。

就目前的"华恢1号"和"Bt汕优63"水稻而言，即使水稻原株土生土长，但抗虫基因显然缺乏自主技术产权，随时会遭遇外强挑战。除非我们在此研究基础上，再接再厉，开创性地发现本土抗虫基因并且在植株上克隆修饰成功，具有广泛杀灭各种害虫的实用特性，真正名副其实地积聚中国创新能量。在此之前，所有夸大其词地宣传我国转基因主粮将有效应对未来粮食危机的战略口号，都为时过早。

---

[1] 仅美国专利局电子数据库中，孟山都公司对Bt基因的有效专利就有87种，最新专利注册于2013年11月12日（专利号USP#8,581,047），最早相关专利可追溯到1983年（专利号#USP4,370,160）。http://patft.uspto.gov/netacgi/nph-Parser? Sect1 = PTO2&Sect2 = HITOFF&u = %2Fnetahtml%2FPTO%2Fsearch-adv.htm&r = 1&f = G&l = 50&d = PTXT&s1 = monsanto&s2 = %22bt + gene%22&co1 = AND&p = 1&OS = monsanto + AND + "bt + gene"&RS = monsanto + AND + "bt + gene"。杜邦公司拥有对Bt基因的有效专利也有74种，最新专利注册于2013年5月7日（专利号USP# 8,436,162）。http://patft.uspto.gov/netacgi/nph-Parser? Sect1 = PTO2&Sect2 = HITOFF&p = 1&u = %2Fnetahtml%2FPTO%2Fsearch-bool.html&r = 1&f = G&l = 50&co1 = AND&d = PTXT&s1 = dupont&s2 = %22bt + gene%22&OS = dupont + AND + "bt + gene"&RS = dupont + AND + "bt + gene"。最早相关专利可追溯到1993年（专利号USP# 5,218,104）。

绿色和平组织近年连续发表报告,警示中国转基因水稻中的外国专利问题,例如2013年提交的报告《双重风险下的转基因水稻研究》,主要结论认为:目前中国国内的三种转基因稻种,不仅涉及孟山都公司的专利,而且还涉及先锋公司和拜耳公司的专利。这些专利可能会对中国的粮食自主权、中国农民的生计、中国的粮食价格等方面产生负面影响。[1]

作为我国现代生命科学分支的农业基础科研,在分子生物学整体水平中起步晚、理论弱,目前尚处消化、吸收、模仿学科成熟技术的阶段。至于生命科学要求配套实施的科学伦理,更是长期滞后,缺乏重视。近年来,政府从粮食安全和基础保障考虑出发,投入上百亿的公共研究经费加强农业基础研究固属必要,但科研的主导方向,首先应该着眼弥补基础断层,其次突出成熟技术应用指导,再次赶超世界先进学术目标。上述农业科研发展优先顺序的定位中,研究主体的内在意识起了决定作用,研发人员要摆脱急功近利的利益考虑,行政部门摆脱好大喜功的政绩羁绊。

2013年,哈佛大学等机构的最新植物分子生物学研究,包括在人工设计的小分子RNA上,自主调控目标基因的开、关程序,未来的转基因作物将按照人类目的,产生精确、高效、及时的终极产品。[2]诸如此类的研究方向和技术储备,国内农业科研资金最充沛的院士级实验室,尚无公开发表。主要农业科研机构发表的研究成果影响力有限,与大部分国产学术数据结局类似,研究成果缺乏同行引用,远离实质贡献。[3]

比较而言,上海交通大学生命科学与技术学院在转基因植物表达数字化分析上,尚属领先一步。[4]而农业部许可的转基因主粮样本,不过原始转

---

[1] 文佳筠:《养活中国必须依靠转基因吗?》,北京大学中国与世界研究中心《研究报告》总第78号(2013年12月)。

[2] Li JF, Chung HS, Niu Y, Bush J, McCormack M, Sheen J, "Comprehensive Protein-Based Artificial MicroRNA Screens for Effective Gene Silencing in Plants", *Plant Cell*, 2013 – 05, 25(5), pp. 1507 – 1522.

[3] 2011年中国科技人员发表的国际热点论文数量,超过加拿大,排在美国、英国、德国和法国之后,位居世界第5位。2001—2011十年间,中国科技人员发表的国际论文总数为83.63万篇,排在世界第2位。http://www.people.com.cn/h/2011/1203/c25408 – 2250063430.html。但 2009—2011两年间,最有影响力的百篇中国论文中,被引用不足10次的占31篇,被引用超过100次的仅2篇。其中一篇共9位作者,外籍占了7位。详见http://www.istic.ac.cn/Science-EvaluateArticalShow.aspx? ArticleID = 91495。

[4] Rao J, Yang L, Wang C, Zhang D, Shi J, "Digital Gene Expression Analysis of Mature Seeds of Transgenic Maize Overexpressing Aspergillus Niger phyA2 and its non-transgenic Counterpart", *GM Crops & Food*, 2013 Apr-Jun, 4(2), pp. 98 – 108.

基因技术的同质重复。一代转基因作物依托基因枪技术,随机将基因片断插入目标作物,已被发现潜伏重大缺陷,比如基因活性逐年递减、非特异性未知蛋白意外分泌等。国内某些号称转基因主粮领军人物者,其学术专长与技术优势,与分子生物学研究前沿相距几何?即使在同行联盟和科研立项中占据优势,但在国际上转基因理论拓展和技术创新的竞争中,仍难免捉襟见肘。故即使转基因主粮研发有诱人前景,欲蒙其利则路尚遥远。

三、目前转基因主粮有严重缺陷,当下绝不应在国内推广

转 Bt 基因主粮作物分泌各种不同分子结构的 CRY 抗虫蛋白,直接毒死对其敏感的部分农作物害虫。据此,部分转基因主粮理论上被间接解释为减少农药用量,增加产量,从而获得经济效益。由于主持方至今未公布转基因主粮大田种植基本数据,上述观点缺乏科学数据的有力佐证,有关信息只能作为理论假设,对转基因主粮远景有所期待而已。

曾有中科院遗传与发育所研究员在基因农业网上撰文[1],2011 年中国抗虫棉种植面积达到 390 万公顷,占全国棉花总种植面积的 71%,目前自主抗虫棉品种已占中国抗虫棉市场的 95% 以上。至 2011 年,全国累计种植抗虫棉约 2500 万公顷,14 年的应用,减少农药用量 80 多万吨,新增产值 440 亿元,农民增收 250 亿元。单因种植抗虫棉,每年减少的化学农药使用量,相当于中国化学杀虫剂年生产总量的 7.5% 左右;棉农的劳动强度和防治成本显著下降,棉田生态环境得到明显改善。但以上描述缺少基本数据支撑,如年度种植面积与用药量的关系,年度棉花市场价格,当年其他非转基因经济作物与农药关系等等,因此难以就此得出成绩归功于转基因作物的结论。

在中国基层总体统计数据不准、国务院宁愿通过用电量估计各地 GDP 实况的背景下,即使上述棉业数据计算无误,但在缺失统计学指标的方式下非但难以证明农药减少、增产量加,反而暴露出统计素质的低下。类似的困扰,一直影响到中国顶级农口院士的形象。[2]

---

[1] 储成才:《中国转基因作物研究回顾》,http://www.agrogene.cn/info-418.shtml。
[2] 作为转基因主粮争论双方共同争取的话语对象,袁隆平院士一再声称自己愿意试吃转基因主粮。2014 年 1 月 10 日,袁隆平接受记者采访,再次声称愿"身体力行支持转基因技术的发展,自己也愿意试吃转基因作物",http://finance.sina.com.cn/consume/20140110/133817913824.shtml。

对转基因农业描绘的诱人前景,必须有清醒认识,并考察已规模化种植的南美诸国和印度国民经济发展现况。在目前的技术水准和市场格局下,上述国家先行转基因种植十几年,饥饿与贫困依然同行,向中国大量出口转基因大豆、转基因玉米,是他们缓解农业困境的强国战略。[1]显然,转基因主粮未能担当农业救济手段,粮食安全的危机在发展中国家具有政治共性。[2]法国卡逊奖得主罗宾的《孟山都眼中的世界——转基因神话及其破产》陈述了重要观点[3],转基因技术的安全漏洞,和跨国资本的种业垄断阴谋,应该作为两个极端重要的科学政治学视角。主权国家切忌匆忙实行转基因主粮种植。

北美从1996年开始大规模种植玉米、大豆、油菜籽这几种作物的转基因品种,而在西欧,法国、德国、荷兰、奥地利、比利时、卢森堡、瑞士等国家是不准种植转基因作物的(西欧只有西班牙允许种)。新西兰Heinemann教授等5人,比较了数十年来北美和西欧这几个作物的种植,旨在考察同样的作物,具体到种植转基因品种和非转基因品种,到底孰优孰劣。他们的研究结果发表在2013年6月的《国际农业可持续性》(*International Journal of Agricultural Sustainability*)杂志上[4],已被广泛引用。在该论文中,详细数据和图表都清楚表明:无论是在种转基因品种的北美,还是在不种转基因品种的西欧,上述作物的产量都在上升,农药的使用量都在下降。但是西欧的产量上升得比北美的快,在农药的使用上更明显地比北美下降得多。所以,转基因品种能够增产和减少使用农药这两个神话,至少在这项研究中,是完全破产了。

Heinemann教授的论文还强调了一点:凡是种植转基因品种的地区,可

---

[1] 最新消息见凤凰网2013年11月10日报道:《全球三大转基因玉米生产国玉米全获批进入中国》,http://finance.ifeng.com/a/20131110/11044736_0.shtml;2013年12月21日,《中国退回54.5万吨美转基因玉米》,http://news.ifeng.com/mainland/detail_2013_12/21/32357613_0.shtml。

[2] 《陈锡文:中国粮食政策面临两难选择》,http://china.caixin.com/2013-12-31/100623750.html;《李国祥:为何中国要强调粮食安全》,http://opinion.caixin.com/2013-12-25/100621509.html。

[3] 玛丽-莫尼克·罗宾:《孟山都眼中的世界——转基因神话及其破产》,吴燕译,上海交通大学出版社,2013年8月。此书为国内首部科学政治学系列丛书中的一册。

[4] Jack A. Heinemann, Melanie Massaro, Dorien S. Coray, Sarah Zanon Agapito-Tenfen, 文佳筠, "Sustainability and Innovation in Staple Crop Production in the US Midwest", *International Journal of Agricultural Sustainability*, 2013-06-18.

供种植的同类作物的品种就会急剧减少。换言之,实际上转基因品种会破坏当地环境的多样性。而对于转基因品种的这一有害之处,推广转基因主粮的人从未向公众提及。

中国农业科学院作物科学研究所佟屏亚研究员最接近农业科研核心内层,他提供的数据厘清了中国转基因农业进程的前世今生:学术界至今没有获得粮食增产基因;所谓杀虫可以减少农药使用,只是理论计算;Bt 蛋白不能对所有自然界的昆虫起作用,况且还有昆虫抗药反应。他的原话令人震撼,国际跨国种业巨鳄布局十年,渗入民族种业,从人才培育到市场垄断,都已大有斩获,有关情形令人触目惊心。[1]

四、以史为鉴,在转基因主粮争论中实践民主协商机制

2010 年初,本文作者之一率先从学术角度挑战"转基因主粮技术有助于解决我国粮食危机"的观点,从科学政治学的研究角度,开始探寻现阶段实质放行转基因主粮的"科学伦理底线在哪里"。[2]此后几年,本文作者一直近距离关注这场涉及生命科技畸化的争论[3],到目前为止,这场争论中政府运作记录所表现的开明姿态,最值得称道。几年来各方利用报刊、电视、网络、讲座和街头示威等各种方式,表达观点诉求。[4]他们往往从技术层面切入,直面转基因主粮产业化导致的产品安全问题。但争议的深层其实涉及国家政策制定、行政执法困境、民生危机根源、集团利益掠夺等重大政治

---

[1] 佟屏亚:《中国没有必要率先种植与推广转基因水稻》,载《我们的科学文化·科学的畸变》,华东师范大学出版社,2012 年,页 32 – 42。作为农业科学技术专家,佟屏亚研究员的观点被新华网、环球网等媒体转载报道。http://finance.huanqiu.com/data/2013 – 10/4492898.html。

[2] 方益昉:《转基因水稻:科学伦理的底线在哪里?》,《东方早报》整版特稿,2010 年 3 月 21 日。转载于《上海书评》五周年佳作精选《流言时代的赛先生》,译林出版社,2013 年。

[3] 方益昉、江晓原:《当代东西方科技竞争中的权益利害与话语争夺》,《上海交通大学学报》19 卷 2 期,《新华文摘》2011 年第 13 期作为封面文章全文转载。该文提出的"生命科技畸化"概念,起源于生物学中诱导染色体质量和数量变化从而发生畸形和死亡的专用概念,在此特指当下生物科技异化现象。科学政治重在探讨影响科学发展所有相关因子的平衡艺术。哈佛大学教授克尔·桑德尔则从哲学层面长期探讨生命科学技术突破超越社会价值观调整速度带来的生存危机,见《反对完美——科技与人性的正义之战》,中信出版社,2013 年。

[4] 街头抗议作为草根民众最直接表达利益诉求的方式,近年来首先出现在转基因食品的主题上,并被新华网、环球网等主流媒体所公开报道。http://health.huanqiu.com/headline/2012 – 01/2368264.html。

元素。

这是一场源于技术争论的意外公民实践,实为科学政治学的极佳研究范例。在我国转基因主粮争议中,也不乏利益部门及其代言人物,试图将激烈、平等的争论焦点,贴上政治归类标签,拖入"阻碍科学发展"、"造谣生事"等意识形态边缘[1],所幸目前结果显示,高层决策与实施部门相对开明,这种运动式惯伎并未得逞。我国科技思想探讨园地尚留一方净土,使之得以按照自身的发展规律求生、进化。

现代文明进程中曾有过科技清明阶段的纯真年代,回顾历史,可知开创和培育去意识形态化的宽松环境,是促进科学技术健康发展的先决条件。

二次世界大战前后,DDT 在传染病控制和粮食增产上确实起了很大作用,但战后长期累积和普遍喷洒 DDT 引起的环境毒害和健康危害,日益显现并逐步得到技术实证。至上世纪六十年代,有关 DDT 与环境危害的争论,被罹患乳腺癌的弱女子卡逊《寂静的春天》点燃后,反对 DDT 阵营中,加入了《纽约客》这样文艺时尚的大众媒体,杂志居然将该书关键文字,以一线记者报道的形式,连续三期原文刊登。而支持 DDT 阵营的论点,则延续一贯的冠冕堂皇,高谈"民生温饱"、"国家利益"和"全球战略",他们代表的既得利益集团,维持惯用的思维定式,以政治正确占据舆论高地。

如果我们查阅六七十年代有关 DDT 生产、使用和争论的原始记载,有关专家、政客、媒体从不同视角发表的未来发展憧憬和当下危机证据,继而比较今日发生在我们身边的转基因主粮争论,历史就是如此轮回相似。

有关 DDT 对环境与健康危害的思想、作品,直到二十世纪七十年代末的中国,才开始被有识之士逐步介绍、出版。其中,代表作《寂静的春天》被认为是近五十年最有影响力,改变了科学技术与人类生存关系的扛鼎之作。"多数人希望通过科学和技术的发展来解决这些问题,而没有意识到这些问题恰恰根源于我们现代性的存在方式。"[2]

---

[1] 2013 年 10 月 17 日,农业部新闻办公室以答记者问形式,将转基因食品致癌、影响生育、导致土地报废等争论焦点,直接定性为"谣言"、"说事"。相关背景则是有关农业部某副部长曾任职美国杜邦公司高层的传言不绝于耳。见农业部官方网站:http://www.moa.gov.cn/zwllm/zwdt/201310/t20131017_3633155.htm。

[2] 吴国盛:《寂静的春天》英文评点本序,科学出版社,2007 年。方益昉:《农药 DDT 命运的争议》,《科学》杂志,39 卷 2 期(1988),页 141 – 144。

《寂静的春天》的思想性,长期没有在中国达成共识,这一方面是因为盲目崇拜科学技术的风气浓烈,另一方面是唯利是图的初级市场对科学技术已经告别纯真年代的实况视而不见。二十世纪下半叶,国际社会开始思考"增长的极限"、"只有一个地球"等问题。[1]美国前副总统、诺贝尔和平奖获得者戈尔为1994年版《寂静的春天》作序说:"作为一位民选政府官员,给《寂静的春天》作序有一种自卑的感觉,因为它是一座丰碑,它为思想的力量比政治家的力量更强大提供了无可辩驳的证据。"[2]我们希望更多对国家科技决策具备影响力的精英阶层,关注和审视当下中国的转基因主粮化产业进程。

五、转基因主粮"试吃"活动的合法性问题

按照中国食品分段管理制度,农业部的转基因主粮许可,应严格控制在种子产业范围内。所有关于试吃、人体试验和营养毒性的话题,都超越了农业部门行政许可范围。中国卫生食药部门至今没有颁发任何转基因主粮加工、流通和餐饮行政许可,即使转基因产品的科学实验,也在美国塔夫茨大学私自来华开展黄金大米人体试验事件中[3],被医学主管单位一再否认曾经立项。现阶段,法律禁止任何境内的转基因主粮加工、烹饪和流通,上述行为均涉嫌违法。

这有《中华人民共和国食品安全法》明文规定的法律条款为据。该法第4条:国务院质量监督、工商行政管理和国家食品药品监督管理部门依照本法和国务院规定的职责,分别对食品生产、食品流通、餐饮服务活动实施监督管理。第36条:食品生产者采购食品原料、食品添加剂、食品相关产品,应当查验供货者的许可证和产品合格证明文件;对无法提供合格证明文件的食品原料,应当依照食品安全标准进行检验;不得采购或者使用不符合食品

---

[1] 李克强:《建设一个生态文明的现代化中国——在中国环境与发展国际合作委员会2012年年会开幕式上的讲话》,中央政府门户网站,2012年12月12日,http://www.gov.cn/ldhd/2012-12/13/content_2289232.htm。

[2] 蕾切尔·卡逊:《寂静的春天》,吕瑞生、李长生译,吉林人民出版社,1997年,页9。

[3] 新华网2013年9月报道,美国塔夫茨大学就科研人员私自来华,从事转维生素A基因"黄金大米"非法人体试验事件致歉。无论出于何种动机,任何科研项目的程序与伦理失序,直接影响结果的有效性和正义性。http://news.xinhuanet.com/world/2013-09/18/c_117425514.htm。

安全标准的食品原料、食品添加剂、食品相关产品,等等。[1]

但是,由于留种稻谷和玉米均可直接食用,农业部转基因主粮许可证问世之后,有关专家有意混淆农业许可与食药许可的区别,混淆基本毒理学评价概念,罔顾科学伦理,欺骗并误导公众,实属主动突破伦理底线,违纪、违规和违法的行为明证。

2013年10月19日,《北京晚报》和《南方都市报》等记者被邀出席在武汉华中农业大学国际会议报告厅举行的"全国首届黄金大米品尝会"。[2]现场提供转Bt基因大米制作的月饼、米糕、米粑和豆皮,另有10公斤"黄金大米"(转胡萝卜素基因,连农业安全许可证也没有的试验产品)熬成米粥。张启发院士当场作了题为《作物育种的主要发展趋势》的演讲。

当公众质疑上述活动组织者将尚未通过生产、流通和卫生许可的中试样品,提供非特定人群食用,有重大违规、违法嫌疑,呼吁行政、执法部门严肃查处时,11月9日,黄大昉研究员接受《新京报》记者采访,为该活动掩饰,声称是"网民、消费者自发组织的一些转基因食品的品尝",试图以此规避法律与道德追究。然而,普通网民和消费者从何处得到转Bt基因大米和"黄金大米",并可公然占据重点大学国际会议厅从事涉嫌违法的聚众事件?公众还强烈要求张院士公开其声称的61名院士的集体"挺转"文字和名单,则至今未见答复。

其实按照科学共同体规范,即使品尝试验阶段的产品,也必须遵循人体试验的伦理和技术程序。依靠大众媒体报道,诉诸再多的"口感好、香气浓"之类溢美之词,依然不具任何科学价值,缺乏统计学设计与分析的数据,展示不了任何学术结论。

某些技术精英的欺骗性在于,他们通过改装的科学共同体专业话语,随意歪曲和偷换概念。比如"国内大部分人吃过转基因食物"的说法,就有意

---

[1]《中华人民共和国食品安全法》第6条:县级以上卫生行政、农业行政、质量监督、工商行政管理、食品药品监督管理部门应当加强沟通、密切配合,按照各自职责分工,依法行使职权,承担责任。第28条:禁止生产经营下列食品:第一款,用非食品原料生产的食品或者添加食品添加剂以外的化学物质和其他可能危害人体健康物质的食品,或者用回收食品作为原料生产的食品。

[2]《300网友武汉试吃"黄金大米"》,http://news.ifeng.com/gundong/detail_2013_10/21/30491198_0.shtml。类似的违法活动两个月后再次举行,包括食品安全专家到场背书。《首届转基因食品嘉年华,院士当场辟谣破解误区》,http://news.ifeng.com/gundong/detail_2013_12/01/31706064_0.shtml。

混淆食用油和食用主粮摄入人体数量上的几何级差别,摄入质量也有本质区别,前者主要由提纯脂肪构成,后者则为全成分食品,含有更多未知成分。再如"转基因食品无毒"的言论,只是简单表述了没有腹泻、发热等90天急性毒性试验结果,有意回避教科书上被学术共同体重点讨论的慢性毒性试验、致畸、致癌、致突变等为期数年甚至几代的动物实验、人体实验、流行病学回顾实验和队列前瞻实验。[1]类似的经典工作,老一辈食品卫生工作者皆亲力亲为,本文作者之一30年前作为大学生志愿者,也曾参与国家为期数年的辐照食品人体实验。再看现在"试吃"活动中的某些专家,他们没有能力向国际学界提交数据确凿的毒理学和统计分析论文,却在国内大众媒体上公开误导公众,真让人有往事不堪回首之感。

又如,2012年,美国塔夫茨大学在湖南涉案黄金大米人体试验,既违背科学伦理,更有乘人之危的恶劣事件出现后,预防医学领域的专家除了急欲自证清白,丝毫没有就"黄金大米"所代表的转基因主粮和人体试验现实危机公开深刻反省。

在某些人看来,转基因主粮项目预示着未来巨大的商业机会和资本利润。即使真是如此,地方政府的食药监督管理部门对这种面向非特定人群的社会活动,理应及时核查许可文件,对违规、违法行为公开予以取缔、惩戒。而公众对此提出任何高标准的、哪怕是苛刻的技术挑剔和道德质疑,也绝对是应有的权利。

六、远离商业经济诱惑,转基因研发需要伦理约束

另一方面,转基因主粮项目面对着巨大的研究经费诱惑。农业是根本,随着国力的强盛,加大农业扶持,改变我国现代农业起步晚、农业科研投入少、农业院校招生难、技术成果最零碎的现状,也是中国梦的一个片段。但是,实际操作中的现况依然不容乐观,在农业部网站嵌入"2012年科研经费总数"的查询,电脑搜索结果为"零",其管理方式之落后可见一斑。农业部

---

[1] 作为农业部直属机构、中国农业科学院农作物分子生物学重点实验室主任的黄大昉研究员目前是最活跃的代言人,发表大量转基因救国、转基因无害的言论。最新言论见其2013年11月9日接受《新京报》记者的原始记录,A17版,http://epaper.bjnews.com.cn/html/2013 - 11/09/node_8.htm。

网站挂出的人民日报观点《别让腐败捆住科技创新之翼》，更加触目惊心[1]，揭示有"造假也能过审批"、"不论证也可立项"、"没条件也得资金"、"未完成也过验收"等科研监管漏洞。

基于科研项目的公众透明度极差，我们只能参考农业科研内部人士的数据，分析转基因农业的框架。佟屏亚披露："在跨国公司策动下，转基因种业规划未经广泛听取意见，农业部科教司每年下达项目。比如支持种子企业发展生物育种共5个亿，明确规定培育转基因品种，41家申报单位获1200万到600万不等，当年1200万花完，滚动再给1200万，这样滚动三次。外国公司稳步渗透，不仅科研单位，中国主要的水稻为主的企业都进去了。为什么会这样？因为第一是有钱，这十年当中，由张启发带头的十位专家给原国务院负责人的一封信很起作用，240个亿就下来了。生物育种比常规育种要多出十倍上百倍的资金，有钱就好办，就能拉拢一部分人。"[2]

难怪转基因主粮利益抢占中，勇夫泛滥，重赏之下，自私的基因和人性的懦弱双重发酵。在上百亿科研经费追逐中，转基因主粮的研究意义必须膨胀到拯救农业命运、拯救民族命运的救世主层面，方才名至实归。笔者在研究过程中，希望核实或者反驳上述数据，此事唯有赖于农业官方部门及时提供更新确凿的数字依据，向全社会纳税者澄清。而更高的层面上，必须反思科技转化的现实动力和遗留弊端，促使科学研究回归技术贮备的创新基石角色，发挥厚积薄发的潜在能量。

因科技人员在技术发展活动中的核心地位，遭受该人群的生理、心理和利益的潜移默化，影响和决定项目的未来走向。因此规划相应的制衡设计，即利用法治社会的司法约束，为科研活动划定红线、底线，从科研立项、经费审计、技术评审和司法惩戒诸方面，建立最优化监督管理，从中逐渐调适新时代的科学伦理观念，使之更加符合人类社会健康生存与进化的终极理想。

转基因主粮事关民族口粮与农业技术，但单纯相信"科技解决一切"最终很可能事与愿违。其实，拯救人类社会共同危机的理性方案，在于各领域科学技术与人文成果的沟通、尊重与合作。经济落后、制度缺陷和慈善缺乏的复合纠结，才是造成当下社会贫困与饥饿的关键因素。农业科研精英如

---

[1] 杨凯：《别让腐败捆住科技创新之翼》，《人民日报》，2013年10月15日，农业部官网转载，http://www.moa.gov.cn/sjzz/jcj/llyd/201310/t20131015_3629955.htm。

[2] 佟屏亚：《中国没有必要率先种植与推广转基因水稻》。

能分出一点点参与转基因主粮"试吃"闹剧的热情,直接加入扶贫行动,对国家更有帮助。也能够为农业科研争取时间空间,有助于资质浅薄却雄心勃勃的农业研究队伍静下心来,不是急于推出导致严重争议的产品,而是研究精准的、自主的未来农业技术。

原载《上海交通大学学报》22 卷 4 期(2014)

气候大战:一堂科学政治学的现场课*

与几年前相比,关于气候变化的争论似乎已经无法再局限于科学问题本身了。2009年"气候门"事件之后,风口浪尖上的迈克尔·曼(Michael E. Mann)——"曲棍球杆曲线"的发明者——开始了他的"战争"。在接受美国生活科学网采访时,曼不无动情地说:"之所以能熬过这一切,是因为可以把它们写下来。我知道,总有一天我会把那些攻击的真相告诉世人。"[1]

《曲棍球杆和气候大战》(The Hockey Stick and the Climate Wars)就是曼口中那本讲"真相"的书。[2]鲜红色的封面,一条黄色的、尖锋迭起的曲线贯穿其上,硕大的"Wars"(战争)字样夺人眼球,使许多不明就里的人以为是一本战争小说。

1998年,还是古气候学博士的曼在Nature上发表论文,将"曲棍球杆曲线"推向了世界的舞台。这条代表1400—1980年近六百年北半球地表平均温度的曲线,呈现出前大段平缓、尾部突然翘起的趋势,形状酷似曲棍球杆。[3]1999年,曼及其合作者,又将曲线的长度推广至1000年(1000—1998),成果发表在《地球物理学研究通讯》(Geophysical Research Letters)上。[4]被称为"MBH98"

---

* 本文系与孙萌萌合著。

[1] Stephanie Pappas,"The Hockey Stick Chronicles: An Insider's Look at the 'Climate Wars'" [EB/OL], http://www.livescience.com/19064-hockey-stick-climate-wars-mann.html,2012-03-15.

[2] Michael E. Mann, The Hockey Stick and the Climate Wars: Dispatches from the Front Lines, New York: Columbia University Press,2012.

[3] Michael E. Mann, Raymond S. Bradley, Malcolm K. Hughes, "Global-Scale Temperature Patterns and Climate Forcing over the Past Six Centuries", Nature,1998,392,pp.779-787.

[4] Michael E. Mann, Raymond S. Bradley, Malcolm K. Hughes, "Northern Hemisphere Temperatures During the Past Millennium: Inference, Uncertainties, and Limitations", Geophysical Research Letters,1999,26,pp.759-762.

和"MBH99"(以三位合作者姓氏的首字母为名)的这两篇论文,不仅一出世就受到媒体的关注,并且在2001年的IPCC(政府间气候变化委员会)第三次评估报告中高调亮相。IPCC评估报告是国际社会应对气候变化的主要科学依据,对气候政策有十分重要的影响。曼的研究声称,地球表面温度在最近一百年,以千年以来最高的幅度上升,而导致全球变暖的罪魁祸首正是人类自己。

曼以当事人的身份回忆起文章刊出时所引发的冲击:"我们的研究文章上了《纽约时报》、《今日美国》、《波士顿环球报》,以及一堆其他的美国主流报纸。……一天下午,我被CNN、CBS和NBC邀请做电视采访。"[1]从此时开始,曼就不再是一个默默在工作室中做研究的科学家,而成为一个不断卷入各种争论和风波里的公众人物了。成为IPCC第三次评估报告的领衔作者后,一系列的荣誉和奖励接踵而来,包括美国国家海洋局(NOAA)杰出出版奖(2002),《科学美国人》评选的科技领域最具远见卓识的50个人物之一(2002),与IPCC其他作者共享的诺贝尔和平奖(2007)等等。[2]然而,在一波又一波的争议与风波里,这些荣誉已显得不那么令人瞩目了。

被"民科"纠缠,还是遭企业暗算?

正当曼的事业蒸蒸日上之时,却不幸遇到了难缠的"民科"。毕业于牛津大学的加拿大人麦金太尔(Steven McIntyre)长期在金融领域工作,专业是矿产行业的数据分析。处于退休且"空巢期"的他,有一天收到了一张印有"曲棍球杆曲线"的政府宣传单。在阅读了相关的学术论文和IPCC第三次评估报告后,他想到的是:"在金融领域,当有人想蒙骗你的时候,就会拿出一条曲棍球杆曲线。"[3]在曼的曲线中,麦金太尔没有找到中世纪暖期的明显痕迹,然而在中世纪时,格陵兰岛蓄养牲畜,苏格兰地区种植葡萄,这些广为人知的历史都说明那时比今天热。通过不懈的努力,2003年麦金太尔终于从曼那里要来了他们的研究数据,并开始了检验"曲棍球杆曲线"的工作。

---

[1] Michael E. Mann, *The Hockey Stick and the Climate Wars: Dispatches from the Front Lines*, p.49.
[2] "Biographical Sketch of Michael E. Mann"[EB/OL], http://www.meteo.psu.edu/holocene/public_html/Mann/about/index.php,2012-11-04.
[3] Marco Evers, Olaf Stampf, Gerald Traufetter, "A Superstorm for Global Warming Research"[EB/OL], http://www.spiegel.de/international/world/climate-catastrophe-a-superstorm-for-global-warming-research-a-686697.html,2010-04-01.

要解释这项工作,必须先对 MBH98 和 MBH99 所使用的方法做一简要介绍。对于没有气温测量记录的遥远年代,气候学家使用"代用资料"表示气温,包括树木年轮、极地冰芯等。这两篇论文既使用了代用资料又使用了较晚近年代的气温记录资料;在代用资料中,树木年轮年表资料是最丰富、最重要的资料。如此众多的代用资料,怎样才能最有效率地转化成气温变化曲线呢?他们使用了一种统计学中常用的方法,即"主成分分析法"(Principal Components Analysis,简称 PCA)。简单来说,通过 PCA,气候学家可在所有的数据组中找到对整个时间长度上气候变化影响最大的数据组,称为 PC_1,再从剩余的数据组中找到对剩余部分变化影响最大的数据组,称为 PC_2……依此类推,所有的数据最终可以替换为以 PC_i 为标志的主成分,主成分的重要性随着 i 数值的增加而降低。通过这种方法,曼介绍说:"可以把气候信号(关键的,资料组中最稳健的变化模式)从噪音中找出来。"在 MBH98 中,曼对代用资料和仪器记录都用 PCA 方法进行了处理,并最终用带有二十世纪气温上升趋势的 PC_1 和较少这种趋势的 PC_2 两个主成分合成了曲棍球杆曲线。[1]

在企图重复曼工作的过程里,麦金太尔发现了一些"小错误",包括地区标签的错误、过时版本的使用,以及好好的数据组被毫无理由地截断等等。更重要的是,MBH98 里使用的主成分,麦金太尔也重复不出来。后来,另一位加拿大人麦特里克(Ross McKitrick)也加入了检验工作,他们发表了一篇被称为 MM03 的论文,声称如果去掉 MBH98 中的错误,曲棍球杆曲线就会消失不见。[2]曼回应说先前提供的数据存在错误,于是又给了他们一份新数据。经过麦金太尔和麦特里克的分析,这些数据跟原来的根本就是同一份,只不过在关键的地方与 MBH98 中描述的不一样。[3]他们将这些不同总结出来寄给了 Nature。2004 年,Nature 发布了一份勘误表,曼在里面修正了这些错误,但同时声明"这些错误并不影响论文的结论"。[4]

---

[1] Michael E. Mann, *The Hockey Stick and the Climate Wars: Dispatches from the Front Lines*, pp. 43 – 48.

[2] Stephen McIntyre, Ross McKitrick, "Corrections to the Mann et al (1998) Proxy Data Base and Northern Hemisphere Average Temperature Series", *Energy and Environment*, 2003, 14(6), pp. 751 – 772.

[3] Ross McKitrick, "What is the 'Hockey Stick' Debate About?" [EB/OL], http://climateaudit.org/2005/04/08/mckitrick – what – the – hockey – stick – debate – is – about/, 2005 – 04 – 04.

[4] Michael E. Mann, Raymond S. Bradley, Malcolm K. Hughes, "Corrigendum: Global – Scale Temperature Patterns and Climate Forcing over the Past Six Centuries", *Nature*, 2004, 430, p. 105.

要检验某个科学结论,不仅需要原始数据,而且要严格遵循正确的计算方法和步骤。然而由于学者在处理某些技术细节时往往有不同的做法,对于什么是"正确的计算方法和步骤"就会变得不像想象的那样明确。不过,一项科学结论是否站得住脚却不应该由一些技术细节来决定,除非这些细节在整个研究中十分重要。麦金太尔正是从一个十分重要的技术细节中找到了曼的破绽。

在被曼指出没有按照原计算步骤和原代用资料顺序进行研究后,麦金太尔向曼索要计算程序,但被拒绝了。让麦金太尔感到幸运的是,在曼给他的数据中保留了一些计算机代码文件,正是这些文件帮他找到了问题的关键。根据麦金太尔的解释,在对数据进行"中心化"(使新得到的数据均值为零)时,通常的做法是减去所有数据的均值,但 MBH98 只减去了二十世纪的均值。由于曼所使用的大部分数据组都是平缓的,也就是后半段的均值与整段的均值相近,因此这样做对它们不会有很大影响。但还有一些特殊的数据组,后半段的均值与整体均值有很大差异(具体来说是全部为后半段翘起),对于这部分数据来说,这样做"有巨大影响":"因为二十世纪气温均值高于整个年代长度均值,减去二十世纪均值就意味着'去中心化'数据,把数据均值降到 0 以下,从而扩大这部分数据组的方差。"[1] 在 PCA 方法中,此过程意味着赋予这类数据组更高的权重。MBH98 的 PC_1 中有 15 组数据权重极高,占 PC_1 的所有 70 组数据 93% 的变化量,并在最终的曲棍球杆曲线中提供了 38% 的变化量。而它们的变化都呈现出曲棍球杆的形状。这些特别的数据就是著名的美国西部狐尾松的年轮数据。麦金太尔举例说:在 PC_1 中,最具曲棍球杆形状的美国加州 Sheep Mountain 狐尾松数据被赋予最高权重,这一数值是无此形状、同时也被赋予最低权重的 Mayberry Slough 数据的 390 倍。麦金太尔用他认为正确的方法重新进行了主成分分析,结果发现狐尾松年轮数据只能在 PC_4 中显现出来,对最后气温曲线的贡献量仅为 8%。[2]

这一指控几乎是致命的,因为这意味着曲棍球杆曲线纯属虚构。早在 2005 年麦特里克就指出,围绕曲棍球杆曲线的争论不只局限在技术层面,

---

[1] "Biographical Sketch of Michael E. Mann" [EB/OL], p. 8.
[2] Stephen McIntyre, Ross McKitrick, "Hockey Sticks, Principal Components, and Spurious Significance", *Geophysical Research Letters*, 2005 (32), p. 3.

"在政治层面上我们讨论的是,IPCC 是否背叛了国际社会对它的信任。曲棍球杆曲线的故事揭示了 IPCC 使用有如此缺陷的研究作为第三次研究报告的内容,可能意味着报告撰写程序存在偏见"。[1]麦金太尔和麦特里克将论文投给 Nature 但被拒绝发表,理由是"无法浓缩到可提供的 500 字篇幅"、"对读者没有吸引力"。[2](曼在书中认为他们被拒稿的原因是"缺少价值"。[3])麦金太尔和麦特里克的工作得到了一些人的支持,其中不乏科学家。加州大学伯克利分校物理学教授马勒(Richard Muller)一直相信人为导致全球变暖,2004 年他在 MIT 的《技术评论》上引述麦金太尔和麦特里克对曼的批评,将"曲棍球杆曲线是统计假象"的说法带进了学术圈。[4]虽然他在 2012 年 6 月又重新确认"地球在变暖是真的……人类几乎要负全责"[5],在当时还是被气候变化反对者当成"倒戈者"看待,使曲棍球杆曲线的谜题在科学界和公众间传播开来。与此同时,互联网又加速了这种传播,2004 年曼开始在他的网站"真实气候"(Real Climate)上回应麦金太尔和其他"气候变化反对者",麦金太尔也在互联网上部兵摆阵,用"气候监测"(Climate Audit)网站与之对抗。

想要反驳麦金太尔看起来并不容易,毕竟是曼自己没按常规办事,要不是有明确目的,干吗非得使用违规做法呢?况且还没有在论文中加以说明。因此,曼"真实的故事"如何回应麦金太尔的批评便成为整本书的重头戏之一。事实上,他并未让观众失望。

反驳麦金太尔的"好戏"以一件看起来毫不相干的事拉开了帷幕。1981年,哈佛进化生物学家及科学史学家古尔德(Stephen Jay Gould)的著作《人的误测》(The Mismeasure of Man)出版。这本书批评了那些持有"生物决定论"思想的科学研究者,他们认为存在一种独特的方法可以测量属于不同文化、种族甚至部落的人的智商。研究者使用的是统计学中的"因子分析法",即在大量因子中找到对整体变动影响最大的因子(相当于 PCA 中的 PC_1)。

---

[1] "Biographical Sketch of Michael E. Mann" [EB/OL],p.1.
[2] 同上,p.11。
[3] Michael E. Mann, *The Hockey Stick and the Climate Wars*:*Dispatches from the Front Lines*,p.130.
[4] Richard A. Muller,"Global Warming Bombshell:A Prime Piece of Evidence Linking Human Activity to Climate Change Turns out to be an Artifact of Poor Mathematics"[J/OL],http://www.technologyreview.com/news/403256/global – warming – bombshell/,2004 – 10 – 15.
[5] Richard A. Muller,"The Conversion of a Climate Change Skeptic"[N/OL],http://www.nytimes.com/2012/07/30/opinion/the – conversion – of – a – climate – change – skeptic.html,2012 – 07 – 28.

研究者认为通过这种方法挑选出来的因子是最能反映智商的,便称其为"一般智力因素"(General Intelligence Factor,简称 g Factor)。要测量人的智商,只要测量 g factor 即可。古尔德对"生物决定论者"提出了多方面的批评,不过曼觉得他们所犯的最大错误在于对统计方法的误解:整体图景并不能仅靠 PC_1 就反映出来。[1]那么,到底应该使用多少个 PC 呢? 曼自己也不能给出明确答案——"这样的标准也许表明需要保留对整体变动至少有50%影响力的 PC,但人们可能同时发现,多达 90% 或少至 10% 的 PC 都需要保留;准确来说,这要视手头上数据的特点而定。"[2]曼突出了麦金太尔没指出的问题,那就是"中心化数据"的过程其实是确定应该使用几个 PC 的步骤。

如此一来,原本被认为是重要的问题就变成了次要的:减去整个长度的均值还是二十世纪的均值只是中心化方法上的区别——只减掉二十世纪的均值叫做"现代中心化方法"(Modern Centering Convention)[3],之所以采用这种方法仅仅是因为对仪器测量数据用二十世纪均值做了中心化,为了保持一致,其他数据需要做同样处理——真正重要的问题是,麦金太尔只使用了一个 PC,那么他跟那些荒谬的"生物决定论者"又有什么区别呢? 在"隐藏曲棍球杆曲线"一节中,曼指出:减去整个时间长度的均值当然也可以,但要有与之配套的"使用几个 PC"的规则,否则将会使有意义的 PC 排除在外。鉴于曲棍球杆的形状在 PC_4 里才能显现,麦金太尔也许应该使用 4 个 PC。[4]

曼总结道:"要说这一严重后果有什么教训,那就是,基于如此复杂技术的科学发现,很容易被暗怀不轨的人所滥用。统计学分析里不适当的决定将对结果造成深刻影响。基于这种复杂性,犯错实在很容易,过分看重这些错误就更容易了,最坏的是利用它们达到自己的目的。"[5]

麦金太尔有什么特别的目的吗? 难道他不是仅仅出于一种类似"民科"的热情,想要探索一下科学的真相吗? 饱受"折磨"的曼可不这么看。在介绍 MM03 时,曼写道:"右翼经济学家麦特里克是两个作者之一,另一个是气候审计网站的麦金太尔,其在科学领域从未发表过文章,且无任何与气候直接相关的科学领域的明确、正式的训练。麦金太尔宣称自己是'半退休矿产

---

[1] Michael E. Mann, *The Hockey Stick and the Climate Wars: Dispatches from the Front Lines*, pp. 131 – 132.
[2] 同上,p. 136。
[3] 同上。
[4] 同上,pp. 135 – 138。
[5] 同上,p. 135。

分析师',而调查记者撒克(Paul Thacker)却揭露他与能源企业关系密切,曾是能源公司 CGX Energy 之前身"西北勘探有限公司"(Northwest Exploration Co. Ltd.)的主席。CGX Energy 主营石油天然气勘探,后将麦金太尔列为'策略顾问'。"[1]

在气候变化反对者眼里,麦金太尔独自对抗有政府背景的科研团体,是捍卫真理的坚强战士;在曼眼里,他却是一个"拥有世界最强企业背景"的人,而相比之下,自己不过是一名"小型公立大学地位低微的助理教授"。[2]在"气候大战"中打身份牌是基于一个简单的逻辑——弱者等于"正确"。这不是科学的逻辑,这是政治的逻辑。

谁来评价科学?谁是专业人士?

曼的"保卫战"打得并不完美,主要问题有两个:一是没有给出"现代中心化方法"的依据或学术史,对为何使用这种方法解释得也太过不认真;二是增加 PC 个数的说服力不够。举例来说,我们对一个数值估计到小数点第 2 位,再继续估到第 3 位、第 4 位其实并不会增加这个数值的精确度,因为第 2 位已经是估值了。不过,作为一个"非专家",我们是否有能力去评价专家的工作呢?公众不行的话,专业人士呢?

麦金太尔和麦特里克的研究引起了国会能源与商业委员会的兴趣。后者委托国家科学院应用与理论统计学委员会主席韦格曼(Edward Wegman)牵头调查此事。国家科学院也成立调查小组,与韦格曼展开同时、独立的调查,领头人为气候研究领域的诺思(Gerald North)。结果两个调查小组得出了相反的结论。统计学家韦格曼明确表示,曼的结论无法通过其统计学方法得到支持[3],而气候学者诺思则认为曼的方法虽有瑕疵,结论却是正确的,诺思的团队甚至给出了长度为两千年的气温变化曲线。[4]在全球变暖

---

[1] Michael E. Mann, *The Hockey Stick and the Climate Wars: Dispatches from the Front Lines*, p. 123.
[2] 同上,p. 127。
[3] Edward J. Wegman, David W. Scott, Yasmin H. Said, "AD HOC Committee Report on the 'Hockey Stick' Global Climate Reconstruction" [R/OL], http://www.uoguelph.ca/~rmckitri/research/WegmanReport.pdf,2012 – 12 – 04.
[4] Gerald R. North, Franco Biondi, Peter Bloomfield, et al., "Surface Temperature Reconstructions for the Last 2,000 Years" [R/OL], *National Academy of Sciences*,2006.

批评者看来,韦格曼的统计学家身份对于审查工作是具有很高权威的,不仅因为"曲棍球杆曲线"的得出很大程度上依赖于统计学方法,而且因为麦金太尔与曼的争论焦点也在这"复杂的技术"上。相比之下,诺思的团队则有点"搅浑水"的意思,对曼所使用的研究方法没有给出确切的结论不说,还多此一举地弄出个新模型出来,其目的无非是混淆视听,转移公众注意力。[1]

这一切在曼眼里却是另一番景象。标题"双报告记"(A Tale of Two Reports)借用了狄更斯的"双城记"。在曼的故事里,诺思的报告代表着"学院讲话"(The Academy Speaks),是专业的、科学家的声音[2],而当讲到韦格曼的报告,则变成了"巴顿反咬一口"。[3]巴顿(Joe Barton)是美国国会议员,韦格曼的调查小组正是受他委托。在曼看来,韦格曼审查他们的工作根本就不够格。他没有受过任何物理学训练,更不懂气候学。[4]至于统计学的研究方法,也不过是"不加批判地重复又老又弱的麦金太尔和麦特里克的观点"。[5]在曼看来,韦格曼所提出的唯一新颖的东西则是"靠不住的"社会网络分析。[6]

社会网络分析发端于二十世纪七十年代,是基于数学、图论等发展起来的定量分析方法。通过对行动者社会关系的分析,这种统计学方法可以帮助人们了解社会结构。从社会网络分析给出的图形来看,曼与绝大多数团体有直接合作关系,气候学者团体与其他学科之间较为疏远。韦格曼认为这是同行审议机制未能发挥有效作用的主要原因。[7]韦格曼还统计了气候学家几年来在主要论文中所使用的代用资料,发现这些资料在不同的论文中被重复使用,那么他们"得出类似的结果也就不足为奇了"。[8]

韦格曼的社会网络分析使曼对他"非专家"的指责变得不再有力,因为

---

[1] 黄为鹏:《"曲棍球杆曲线"丑闻、气候泡沫与气候政治的未来》(EB/OL),http://shc2000.sjtu.edu.cn/20110220/qugunqiuganlilun.pdf,2012-12-06。

[2] Michael E. Mann, *The Hockey Stick and the Climate Wars: Dispatches from the Front Lines*, pp.161-164.

[3] 同上,p.164。

[4] 同上,p.160。

[5] 同上,p.164。

[6] 同上,p.165。

[7] Edward J. Wegman, David W. Scott, Yasmin H. Said, "AD HOC Committee Report on the 'Hockey Stick' Global Climate Reconstruction", p.41.

[8] 同上,p.46。

基于同行之间的这种联系网,气候学"专家"反而更不具备审查资格。更为重要的是,由于社会网络分析是基于图论的方法,其研究结果会以相当通俗的图形展示出来。再加上公众对"社会关系"的兴趣远远超过枯燥难懂的科学,这只会进一步引导公众的判断,削弱曼辩驳的力量。几乎是理所当然的,韦格曼的报告成为反对者争相引用的依据,这让曼愤恨不已。

在《曲棍球杆和气候大战》里,曼再一次显示了他引经据典的高超手法。他将韦格曼的结论指为"荒谬不经",并向读者介绍了两个新奇的名词:"六度空间"(Six Degrees of Kevin Bacon)和"埃尔德什数"(Erdos Number)。[1] 这两个带有娱乐性质的概念都是用来计算人们与某特定人物之间的联系的。曼的言外之意是,不光气候学领域,数学乃至艺术领域都有类似的广泛合作关系。他进一步解释说,他和众多研究者都有合作关系,完全是他早期学术成果(MBH98、MBH99)的副产品——他的这两篇文章往往成为后来的理论气候模型模拟的对照基准。难以抑制的愤怒从他有意歪曲韦格曼关于同行审议问题的评论中体现得淋漓尽致。韦格曼在结论的第一条就提出,学术文章虽然能得到同行审议的把关,但在公共讨论中原始数据和材料却很难得到,况且同行审议本身并非那么独立,所以人们不能过分依赖于这种机制。[2] 曼对韦格曼的话断章取义,他写道:"韦格曼用社会网络分析去支持那个奇怪的论点,即在我们的领域中'对同行审议过于依赖'。这个论点当然是与任何科学实践原则相违背的。也许对同行审议重要性的摒弃,至少部分是为了预防有人批评他的报告没有任何正式的同行审议,而诺思的报告却有。"[3] 为了进一步增强自己的力量,曼甚至不惜花一个章节的篇幅讲述韦格曼的委托人巴顿的商业、政治背景,从他自己嗤之以鼻的阴谋论那里找到了非常管用的武器。[4]

丑闻是科学社会化的捷径

科学可以通过多种途径被公众了解,也许科学的主动传播有一些效果,

---

[1] Michael E. Mann, *The Hockey Stick and the Climate Wars:Dispatches from the Front Lines*, p. 165.
[2] Edward J. Wegman, David W. Scott, Yasmin H. Said, "AD HOC Committee Report on the 'Hockey Stick' Global Climate Reconstruction", p. 48.
[3] Michael E. Mann, *The Hockey Stick and the Climate Wars:Dispatches from the Front Lines*, p. 166.
[4] 同上, pp. 146 – 159。

但更为有效的途径可能是灾难或丑闻。2009 年 11 月 17 日,随着震惊世界的"气候门"事件的发生,气候变化研究以一种非常具体而又破碎的形式突然传向了公众,并很快淹没在阴谋、利益、党争等复杂的意象中。

曼一开篇就描述起那天的情形:"2009 年 11 月 17 日一大早,醒来后我发现自己与同事交流的私人邮件被人从英国东英吉利大学气候研究中心盗出,并有选择地放到互联网上,让所有人都能看到。词句被精挑细选,从它们本来的语境中抽出,以企图诽谤我和同事以及气候研究本身的方式串联起来。暗含对我们不利意思的摘录在网上迅速散播。通过一场协调一致的公关活动,与化石燃料企业有染的团体和其他气候变化批评者帮忙将这些摘录送上全世界主流报纸以及电视屏幕上去。……我早知道气候变化批评者总想千方百计地诋毁像我这样的气候科学家,但我还是被他们如今的堕落吓坏了。"[1]

被曝光的 1000 份东英吉利大学气候研究中心成员和世界各地同行之间的邮件中,涉及曼自己的一条引用率极高,邮件的作者是气候研究中心主任琼斯(Phil Jones)。他写道:"刚刚完成麦克为 *Nature* 撰写的戏法,也就是将实际气温数据添加到过去 20 年(自 1981 年开始)里的系列中的工作,同时完成的还有肯尼斯对 1961 年以来气温下降趋势的隐瞒。"[2]这里的"戏法"一词引起了大家的广泛兴趣。曼随后解释说,"戏法"指的是"解决问题的好方法"。[3]

"怀疑主义者"对曼的辩解并不买账,攻击不仅仅针对曼,也不停留在气候学家或气候学研究上面,而是直指 IPCC:

> IPCC 并非科学机构,它是一个政治机构,一个打着绿色旗号的非政府组织。组织中的科学家既非中立,人员组成也不均衡。他们都是政治化的科学家,戴着有色眼镜来进行片面论证。(捷克共和国总统瓦茨拉夫·克劳斯)

---

[1] Michael E. Mann, *The Hockey Stick and the Climate Wars: Dispatches from the Front Lines*, p. xi.
[2] "A Email from Phil Jones to Ray Bradley" [EB/OL], http://yourvoicematters.org/cru/mail/0942777075.txt,1999 – 11 – 16.
[3] Kevin Grandia, "Michael Mann in his own words on the stolen CRU emails" [EB/OL], http://www.desmogblog.com/michael – mann – his – own – words – stolen – cru – emails,2009 – 11 – 25.

> IPCC 是单方利益团体,他们的指导原则便是断定人类对气候有所影响,却不管这种影响是否能够忽略。(美国科学与公共政策研究所)

> IPCC 的气候科学评估完全由一部分危言耸听的人主导,他们在 IPCC 之外也常常密切合作。(NIPCC,与 IPCC 针锋相对的"非政府间气候变化专门委员会")[1]

面对"阴谋论者"的指控,曼大概也失去了"划分敌我"的耐心,那些对科学家工作的合理质疑也往往被贴上"怀疑论者"的标签,与"阴谋论者"同等对待。"怀疑不正是科学精神的一部分吗?"人们会问。而气候变化的信奉者,比如戈尔(Al Gore)就会反驳说:"现在仍有人相信大地是平的,但是,当你面对全世界观众对此做相同报道时,你不会邀请也不会寻找一个'地平说'的支持者并给他足够时间发表观点。"[2]然而,地球说通过哥伦布或麦哲伦航行一圈即可得到证明,人为导致全球变暖该怎么验证呢?

"气候门"之后,英国东英吉利大学成立了独立调查团调查此事。对 IPCC 及为其工作的科学家们已失去信任的人们,往往在"独立"二字上加上引号。经过半年的多轮调查,结果是"科学家的严谨和诚实"没有疑问,邮件的公开无法否定 IPCC 报告的结论,只是批评了这部分科学家没有奉行英国《信息自由法》中的"公开精神"。[3]英国下议院科学技术委员会的另一项报告也得出类似的结论。[4]

既无法从科学争论中看出名堂,又难以靠"专家"的帮助辨明是非,怀疑的公众很容易陷入阴谋论的泥潭。然而常识使我们知道,科学家互相勾结伪造数据的场景在现实中很难出现,因为科学界并不是铁板一块。但是,早在 1985 年科学史家科恩(I. B. Cohen)就指出了另一种可能性,尽管

---

[1] [美]马克·列文:《美国可以说不:站在自由与暴政十字路口的美国》,施轶译,北京:法律出版社,2010 年,页 121。
[2] 同上,页 120。
[3] Sir Muir Russell, et al.,"The Independent Climate Change Email Review" [R/OL], http://www.cce-review.org/pdf/FINAL%20REPORT.pdf [R/OL],2010-07-07,p.11.
[4] House of Commons Science and Technology Committee,"The Disclosure of Climate Data from the Climatic Research Unit at the University of East Anglia" [R/OL], http://www.publications.parliament.uk/pa/cm200910/cmselect/cmsctech/387/387i.pdf,2010-03-24.

事实未必如此,却具有一定的启发性:"人们总有一种强烈的欲望要投身于科学的前沿,要成为为新的有争议的事业而工作的队伍中的一员。这些研究人员们不大可能搞什么阴谋来哄骗他们的科学家同行,但是相反,他们却很可能由于想获得具有建设性成果的欲望过于强烈而自己欺骗自己。"[1]

耶鲁大学和乔治梅森大学的联合项目"气候变化传播"从 2008 年开始一直追踪着公众对气候变化的看法。2010 年 1 月进行的民调显示:相信全球变暖的公众已从 2008 年的 71% 下降至 57%,不相信的则上升了 10 个百分点(从 10% 到 20%),无法做出判断的人数也上升了 4 个百分点(从 19% 到 23%)。[2]根据这份民调数据画出的图表直观地展示出公众对"气候门"的看法。(参见图 1)

此前,"气候变化传播"项目并未注意到关于人为导致全球变暖的民意在文化世界观、政治意识形态,以及动机等方面存在某种结构,直至"丑闻"发生,民意的变化在不同党派之间表现出显著差异时,这种结构才浮出水面。民调数据显示,最"支持"全球变暖的是民主党的支持者(78%),共和党有较高比率(30%)的支持民众"反对"这一命题,而最为"反对"的则是近几年才名声大振的"非政党党派"——"茶叶党",比率高达 53%。[3]这一统计有趣地揭示出公众对科学问题的意见并不仅仅基于他们对科学事实本身的理解。

经过长期"磨炼",曼已发现其中端倪,这也是为什么他要在结尾处号召科学家"走上前线"的原因。他说:"仅有科学事实并不能在民意法庭上获胜,当气候变化反对者成功迷惑和转移公众注意力,并阻止政策制定者做出正确决策的时候,我们还沉默地站在一旁是不负责任的。"[4]

---

[1] 〔美〕科恩:《科学中的革命》,鲁旭东等译,北京:商务印书馆,1998 年,页 45。

[2] Yale Project on Climate Change and the George Mason University Center for Climate Change Communication, "Climate Change in the American Mind: Americans' Global Warming Beliefs and Attitudes in January 2010" [R/OL], http://e360.yale.edu/images/digest/AmericansGlobalWarmingBeliefs2010.pdf, 2012 - 12 - 06.

[3] Yale Project on Climate Change and the George Mason University Center for Climate Change Communication, "Politics & Global Warming: Democrats, Republicans, Independents, and the Tea Party" [R/OL], http://environment.yale.edu/climate/files/PoliticsGlobalWarming2011.pdf, 2011 - 09 - 07.

[4] Michael E. Mann, *The Hockey Stick and the Climate Wars: Dispatches from the Front Lines*, p. 254.

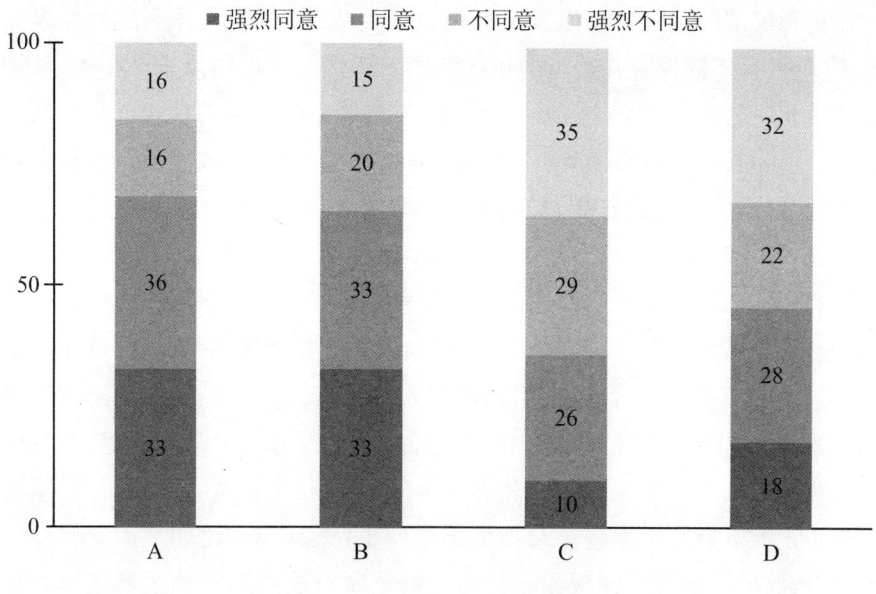

图 1 "气候门"的公众理解[1]

n = 236

A = 科学家修改结论使全球变暖看上去比事实上更严重。
B = 科学家合谋压制他们不同意的全球变暖研究。
C = 邮件中不存在任何内容可以否定全球变暖正在发生的科学结论。
D = 气候怀疑论者有目的地把邮件断章取义以引起对全球变暖的怀疑。

科学主义怎成解决之道？

一个科学问题能够超越科学界，在社会上产生如此长久而激烈的争论，在科学史上并不多见。这一方面固然是由于气候变化与能源政策、经济转型等问题紧密相关，另一方面，也是因为气候研究本身并非精密科学，无法轻易判断对错。这一点，从气候变化预测技术即可见一斑。

气候变化预测的核心技术是气候模式（climate models）模拟，它"建立在物理、化学、生物学等基础上，用数学方程式表现地球气候系统各个圈层相

---

[1] A. A. Leiserowitza, "Climategate, Public Opinion, and the Loss of Trust" [EB/OL], http://environment.yale.edu/climate/files/Climategate_Opinion_and_Loss_of_Trust_1.pdf, 2012-12-06.

互作用和反馈的主要过程以及与外强迫的关联"。[1]用作预测的气候模式有很多种,且不同模式在给定的相同条件下产生的模拟结果未必相同,甚至会产生相反的预测结果。气候变化预估首先就要对不同的模式进行比较和评价。但随着模式自身细节不断完善,可以想见,未来模式间的差异只会增加不会减少。另外,为了提高预测的精确性,气候模式需要不断引入新变量。比如"地球系统模式"就引入了碳循环、气溶胶、甲烷循环、植被及野火、土地利用、O_3、大陆冰盖等描述,可谓"包罗万象"。随着气候研究的深入,引入的变量会越来越多,有人对"无限"增加模式的复杂性表示担忧,认为这是引入过多的"垃圾"。而 Mark Maslin 等人则指出,这相当于引入了更多"已知未知数",是气候模式不确定性的来源之一。[2]除此之外,被认为与气候变化相关的人类经济模式的变化和用大气环流模式驱动的区域模式,不确定性也很大。有些因素将会对预测结果产生巨大影响,比如平衡气候敏感度、气溶胶的影响及海洋吸收。[3]但气候学家对这些因素的了解还远未达到令人满意的程度。[4]

没有人可以因 IPCC 的气候预测"不准确"而否定其"人为导致全球变暖"假说,IPCC 的评估报告也并非检验其假说能否成立的"判决性实验"。正因如此,当 IPCC 第二工作小组"影响、脆弱性与适应"的某些"预测"陷入"丑闻"时,IPCC 主席仍然可以坚持说,这些错误并不能影响"人为导致全球变暖"的结果。[5]——2010 年,尚未从"气候门"泥潭中挣脱的 IPCC,被指使用了"喜马拉雅冰川将于 2035 年消失"的错误预言;IPCC 刚就此事公开道歉不久后,马上又陷入所谓"亚马逊门",被指"气候变化将威胁 40% 的亚马逊雨林"的预言是完全错误的。[6]IPCC 可以用各种偶然因素来解释这些错误,

---

[1] 王绍武、罗勇、赵宗慈等:《气候模式》,《气候变化研究进展》,9 卷 2 期(2013),页 150–154。
[2] Mark Maslin, Patrick Austin, "Uncertainty: Climate Models at Their Limit?", *Nature*, 2012, 486, pp. 183–184.
[3] 王绍武、罗勇、赵宗慈等:《气候模式》。
[4] 王绍武、罗勇、赵宗慈等:《平衡气候敏感度》,《气候变化研究进展》,8 卷 3 期(2012),页 232–234。
[5] Pallava Bagla, "Climate Science Leader Rajendra Pachauri Confronts the Critics" [N/OL], http://www.sciencemag.org/content/327/5965/510.full,2010–01–29.
[6] George Monbiot, "The IPCC messed up over 'Amazongate' – the threat to the Amazon is far worse" [N/OL], http://www.guardian.co.uk/environment/georgemonbiot/2010/jul/02/ipcc–amazongate–george–monbiot,2010–07–02.

但他们唯一不能承认的是,"气候变化难以预测"。

"杞人忧天"一词的寓意在现代社会已变了意味。虽然人为导致全球变暖理论是否正确只能等待科学研究给出答案,但这一问题本身却足以体现人类对未来生存的忧虑。工业文明带来的环境问题,在二十世纪六十年代引发了西方的环境保护运动。当今的气候变化研究起源于五十年代对大气中二氧化碳的监测。当时科学家认为大气中二氧化碳浓度的上升是人类燃烧化石燃料直接导致的。到八十年代,又出现环保运动"新浪潮",注重环境与经济发展的关系,并出现了以保护环境为宗旨的政党,更深入地影响了各国的政治生活。这正是 1986 年 IPCC 成立时的社会背景。根植于这一背景中的气候变化研究,其初衷本应与其他环境主义运动一致,是对现代工业社会的批判反省,也是对人类未来道路的重新思考。

然而,这一初衷却并未被继承,科学主义与技术主义仍然控制着这一议题,甚至产生出一些荒诞不经的设想。比如,由于大气中的硫化物气溶胶会带来与温室效应相反的冷却效应,可在短时间内给地球降温,因此早在九十年代就有人提出可以通过排放硫化物阻止全球变暖。最著名的就是 Nathan Myhrvold 的"长袜子方案":在高空气球的牵引下,一根 18 英里长的管子,从地面一直伸入平流层,好将硫化物从地表直接排入大气。北半球一个,南半球一个,全球便不会变暖了。先不说这种"义无反顾"的方案是不是带人走向一条不归绝路,单是硫化物排放可能带来的负面效应,比如臭氧层破坏或全球干旱,就足以使地球陷入更大危险。但支持这一方案的技术主义者却认为,这是最"经济"的方法。[1]

曼尚未认识到,用"科学"争取民众支持,不过是陷入不确定性的泥潭;反对者也不得不承认,即使人为导致全球变暖不成立,收回攫取自然的双手,恢复健康的环境,却的确刻不容缓。科学主义在全球变暖问题上只能带来重重矛盾,更不可能成为这一难题的解决之道。脱离对技术的过度依赖,转变价值观念,才能扭转人类的最终命运。

原载《我们的科学文化·9·科学告别纯真年代》
华东师范大学出版社,2015 年

---

[1] 列维特、都伯纳:《超爆魔鬼经济学》,曾贤明译,北京:中信出版社,2010 年。Bjorn Lomborg, *Cool It*,武汉:武汉大学出版社,2010 年。

江晓原教授著作要目

江晓原,1955 年生,上海交通大学讲席教授,博士生导师,科学史与科学文化研究院院长。曾任上海交通大学人文学院首任院长、中国科学技术史学会副理事长。

1982 年毕业于南京大学天文系天体物理专业,1988 年毕业于中国科学院自然科学史研究所,中国第一个天文学史专业博士。1994 年中国科学院破格晋升为教授,曾在中国科学院上海天文台工作十五年。1999 年春调入上海交通大学,创建中国第一个科学史系并任首任系主任。

已在国内外出版专著、文集、译著、主编丛书等约八十余种,在国内外著名学术刊物上发表论文一百四十余篇。此外还长期在京沪等地报刊杂志上开设个人专栏,发表了大量书评、影评、随笔、文化评论等。科研成果及学术思想在国内外受到高度评价并引起广泛反响,新华社曾三次为他播发全球通稿。

学术著作

1. 江晓原:《天学真原》,辽宁教育出版社,1991、1992、1995、2004、2007 年
   《天学真原》(繁体字版),洪叶文化事业有限公司(台湾),1995 年
   《天学真原》(新版),译林出版社,2011 年
2. 江晓原:《星占学与传统文化》,上海古籍出版社,1992 年
   《星占学与传统文化》(新版),广西师范大学出版社,2004 年
3. 江晓原:《历史上的星占学》,上海科技教育出版社,1995 年
   《12 宫与 28 宿——世界历史上的星占学》(新版),辽宁教育出

版社,2005年

《12宫与28宿——世界历史上的星占学》(韩文版),Bada出版社(韩国),2008年

《世界历史上的星占学》(修订版),上海交通大学出版社,2014年

4. 江晓原:《性张力下的中国人》,上海人民出版社,1995年

《云雨——性张力下的中国人》(插图修订版),东方出版中心,2006年

《性张力下的中国人》(新版),华东师范大学出版社,2011年

5. 江晓原、谢筠:《周髀算经译注》,辽宁教育出版社,1996年
6. 江晓原、钮卫星:《天学志》,上海人民出版社,1998年

《中国天学史》,上海人民出版社,2005年

7. 江晓原、钮卫星:《回天——武王伐纣与天文历史年代学》,上海人民出版社,2000年

《回天——武王伐纣与天文历史年代学》,上海交通大学出版社,2014年

8. 江晓原:《江晓原自选集》,广西师范大学出版社,2001年
9. 江晓原、钮卫星:《天文西学东渐集》,上海书店出版社,2001年

《欧洲天文学东渐发微》(增订版),上海书店出版社,2009年

10. 霍斯金主编、江晓原等译:《剑桥插图天文学史》,山东画报出版社,2003年

《剑桥插图天文学史》(繁体字版),如果出版社·大雁文化事业股份有限公司(台湾),2008年

11. 江晓原、吴燕:《紫金山天文台史》,河北大学出版社,2004年

《紫金山天文台史稿:中国天文学现代化个案》,山东教育出版社,2004年

12. 江晓原:《中国星占学类型分析》,上海书店出版社,2009年
13. 江晓原:《随缘集——江晓原30年集》,复旦大学出版社,2011年
14. 江晓原:《性学五章》,海豚出版社,2013年

其他著作

1. 江晓原:《中国人的性神秘》,科学出版社,1989年

   《中国人的性神秘》,博远出版有限公司(台湾),1990年

   《中国人的性神秘》,国际文化出版公司,1993年

   《中国人的性神秘》(盲文版),中国盲文出版社,2001年

2. 江晓原:《星占》,香港中华书局,1997年
3. 江晓原:《东边日出西边雨》,青岛出版社,2000年
4. 江晓原:《走来走去》,华东师范大学出版社,2001年
5. 江晓原口述、穆小文整理:《交界:江晓原的思想轨迹》,河北大学出版社,2001年
6. 江晓原:《年年岁岁一床书:红尘中的科学文化阅读》,河北大学出版社,2003年

   《年年岁岁一床书:红尘中的科学文化阅读》,未来书城(台湾),2004年

7. 江晓原:《性感:一种文化解释》,海南出版社,2003年

   《性感:一种文化解释》,上海交通大学出版社,2014年

8. 江晓原:《交界上的对话:二化斋科学文化论集》,江苏人民出版社,2004年
9. 江晓原:《小楼一夜听春雨》,湖北教育出版社,2005年
10. 江晓原、刘兵:《南腔北调——科学与文化之关系的对话》,北京大学出版社,2007年
11. 江晓原、刘兵:《温柔地清算科学主义——南腔北调2集》,北京大学出版社,2010年
12. 江晓原、刘兵:《要科学不要主义:南腔北调百期精选》,上海交通大学出版社,2010年
13. 江晓原:《我们准备好了吗?——幻想与现实中的科学》,科学出版社,2007年
14. 江晓原、王一方:《准谈风月》,上海书店出版社,2008年

    《准谈风月》(平装本),上海书店出版社,2012年

15. 江晓原、陈志辉编著:《中国天文学会往事》,上海交通大学出版社,

　　　　　　　　2008年
16. 江晓原口述、吴燕整理：《老猫的书房》，上海交通大学出版社，2010年
17. 江晓原：《想象唐朝·唐人小说》（繁体字版），大块文化出版股份有限公司（台湾），2010年
　　　《想象唐朝·唐人小说》，文化艺术出版社，2010年
18. 江晓原：《技术与发明》，复旦大学出版社，2010年
　　　《技术与发明》（平装本），复旦大学出版社，2012年
　　　《新说中国古代技术与发明》，中和出版有限公司（香港），2012年
19. 江晓原：《脉望夜谭》，复旦大学出版社，2012年
20. 江晓原：《科学外史》，复旦大学出版社，2013年
21. 江晓原：《科学外史 II》，复旦大学出版社，2014年

主编

1. 李约瑟原著、江晓原策划：《中华科学文明史》（全五卷），上海人民出版社，2002—2003年
　　　《中华科学文明史》（两卷本），上海人民出版社，2010、2014年
2. 江晓原、钮卫星编著：《人之上升·科学读本》，上海教育出版社，2005年
3. 江晓原主编：《科学史十五讲》，北京大学出版社，2006年
4. 江晓原、刘兵主编：《萨顿科学史丛书》（五种），上海交通大学出版社，2007年
5. 江晓原主编：《看！科学主义》，上海交通大学出版社，2007年
6. 江晓原、刘兵主编：《我们的科学文化》（已出八辑），华东师范大学出版社，2007—
7. 江晓原总主编：《中外科学文化交流历史文献丛刊》，上海交通大学出版社，2012—
8. 江晓原主编：《中华大典·天文典》，重庆出版社，2012—
9. 江晓原主编：《文化视野中的科学史》（三卷本），上海交通大学出版社，2013年
10. 江晓原主编：《ISIS 文库》，上海交通大学出版社，2013—

图书在版编目（CIP）数据

反思科学/江晓原著.-上海：上海文艺出版社.2015.10
ISBN 978-7-5321-5749-5
Ⅰ.①反… Ⅱ.①江… Ⅲ.①科学主义-文集
Ⅳ.①G301-53
中国版本图书馆 CIP 数据核字（2015）第 238729 号

责任编辑：吕　晨
封面设计：钱　祯

反思科学
江晓原　著
上海世纪出版集团
上海文艺出版社　出版
200020　上海绍兴路 74 号
上海世纪出版股份有限公司发行中心发行
200001　上海福建路 193 号　www.ewen.co
上海文艺大一印刷有限公司印刷
开本 787×1092　1/16　印张 36.5　插页 5　字数 591,000
2015 年 10 月第 1 版　2015 年 10 月第 1 次印刷
ISBN 978-7-5321-5749-5/C・50　　定价：98.00 元

告读者　如发现本书有质量问题请与印刷厂质量科联系
T：021-57780459